国家自然科学基金重点项目（41430317）资助

构造煤及其瓦斯地质意义
Tectonically Deformed Coal and Its Gas Geological Significance

姜波 李明 宋昱 程国玺 朱冠宇 著

U0389177

科学出版社

北京

内 容 简 介

　　面向煤与瓦斯突出重大安全隐患预测与防治以及煤层气勘探与开发的战略需求，构造煤的研究备受人们重视。针对瓦斯突出预测与评价领域"构造煤形成的动力学机制及其瓦斯特性"这一关键科学问题，本书以安徽淮北矿区和山西阳泉矿区为重点研究区域，在区域构造背景及演化分析的基础上，深入探讨矿区（矿井）构造发育、叠加改造规律及其对区域构造演化的响应特征，揭示矿井构造对构造煤发育及分布的控制机理。提出构造煤分类的原则与分类方案，系统地研究不同类型构造煤宏-微观变形结构、孔-裂隙结构和大分子结构特征及其瓦斯特性；阐述和评价不同类型构造煤对瓦斯赋存和突出的影响；初步揭示糜棱煤瓦斯赋存与突出的微观机制；阐释不同煤体结构地球物理判识方法及其分布规律；形成瓦斯赋存与突出的构造动力学预测与评价的研究思路与技术流程。

　　本书是一部以构造煤为主线进行瓦斯赋存与突出预测的全面且系统的学术专著，可供瓦斯地质、煤层气地质领域科研人员及现场科技工作者阅读参考，也可作为高等院校相关专业研究生的教学参考用书。

图书在版编目（CIP）数据

构造煤及其瓦斯地质意义 / 姜波等著. —北京：科学出版社，2020.3
ISBN 978-7-03-063847-2

Ⅰ. ①构⋯　Ⅱ. ①姜⋯　Ⅲ. ①煤层－地质构造－研究　②瓦斯煤层－地质学－研究　Ⅳ. ①P618.11　②TD712

中国版本图书馆 CIP 数据核字（2019）第 288615 号

责任编辑：沈　旭　黄　梅　石宏杰 / 责任校对：杨聪敏
责任印制：师艳茹 / 封面设计：许　瑞

科 学 出 版 社 出版
北京东黄城根北街 16 号
邮政编码：100717
http://www.sciencep.com

三河市春园印刷有限公司印刷
科学出版社发行　各地新华书店经销
*

2020 年 3 月第 一 版　开本：787×1092　1/16
2020 年 3 月第一次印刷　印张：25 1/4
字数：598 000
定价：299.00 元
（如有印装质量问题，我社负责调换）

序

　　煤炭作为我国的主要能源，有力地支撑着国民经济和社会长期平稳较快发展，在相当长时间内依然是我国最重要的能源资源。然而，我国煤炭开采难度大，是世界上煤矿灾害最严重的国家，瓦斯灾害尤为突出，成为煤矿安全生产的第一杀手，反映出我国煤与瓦斯突出预测与防治依然面临着十分严峻的挑战。国民经济快速发展对煤炭的过高依赖、煤矿安全特别是人们与煤矿和瓦斯之间巨大的需求矛盾成为制约我国煤炭工业健康可持续发展的瓶颈。煤的物理力学性质是影响煤与瓦斯突出的关键因素之一，而不同地质条件（尤其是构造条件）直接影响了煤的变形，形成不同类型和性质的构造煤。不同类型构造煤结构构造的差异性又会影响瓦斯含量及其解吸、扩散和渗流性能，因此，煤结构的破坏程度是评价突出危险性的一项重要指标，构造煤的发育是煤与瓦斯突出的一个必要条件。

　　构造煤形成的动力学机制是矿井瓦斯突出预测与评价的关键科学问题。该书以我国瓦斯地质条件较为复杂、不同类型构造煤发育较为普遍的安徽淮北矿区和山西阳泉矿区为重点研究区域，围绕"构造煤形成的动力学机制及其瓦斯特性"这一科学问题开展研究，系统地分析构造煤形成的地球动力学过程及其影响因素，结合不同类型构造煤变形特征、孔隙结构和大分子结构及其瓦斯特性分析，构建构造煤发育和瓦斯突出构造动力学预测及评价理论与方法，取得的成果主要体现在以下方面。

　　（1）在深刻剖析区域构造演化对矿井构造和构造煤发育控制作用的基础上，提出关键构造期次的构造作用不仅奠定了矿井构造格局，同时对构造煤的发育也具有关键的控制作用；通过挤压、伸展和剪切构造应力场对煤体变形和构造煤发育控制机理分析，揭示不同类型构造煤形成的构造动力学机制及不同类型和性质的矿井构造对构造煤发育及其非均质性分布的控制作用。

　　（2）在已有构造煤分类方案系统归纳和综合分析的基础上，提出构造煤分类原则、依据和新的分类方案，将构造煤划分为脆性、脆-韧性过渡和韧性 3 个变形系列、4 个构造煤类别和 9 种构造煤类型，系统地阐释不同类型构造煤的宏观、微观和超微观构造变形特征及其判识标志。指出强脆性变形系列、脆-韧性过渡系列和韧性变形系列构造煤（主要包括碎粒煤、薄片煤、鳞片煤、揉皱煤和糜棱煤等构造煤类型）为易发生煤与瓦斯突出的构造煤类型，尤其是韧性变形系列构造煤发育区更是煤与瓦斯突出的危险区。

　　（3）系统地分析不同类型构造煤的孔隙结构及其演化特征，揭示不同孔径孔隙随着构造变形增强的变化规律及其非均质性的分形表征，指出强剪切和韧性变形构造煤相较于原生结构煤和脆性变形构造煤具有更好的团簇性分布，不利于瓦斯的扩散与渗流。

　　（4）揭示构造煤大分子结构演化特征，探讨煤岩有机大分子结构对构造变形的响应及构造煤中芳香条纹长度分布（芳香族尺寸和相对分子质量分布）、晶格条纹方向性及其堆叠和曲率分布特征。结果表明，构造应力促使煤大分子侧链脱落，破坏了芳香族的结构完整性，从而提高了煤岩有机大分子结构缺陷的发育程度，韧性变形构造煤较为发育的 SW 缺陷和 MV 缺陷可能是导致微孔发育的一个重要微观机制；韧性变形可以促使长芳香条纹增加和短芳香条纹减少，随着芳香族相对分子质量的升高，各阶段分子量的芳香族比例逐渐降低，鳞片煤和揉皱煤的弯曲芳香条纹具有较高的复杂性或波动性，其他类型构造煤的芳香条纹曲率发育程度较为一致，而糜棱煤芳香条纹定向性特征更为显著。

（5）剖析了不同类型构造煤的瓦斯特性，初步揭示了糜棱煤瓦斯赋存与突出的微观机制。糜棱煤中大尺寸芳香族占比的升高、SW 和 MV 缺陷的发育和纳米孔的强非均质性促使了甲烷赋存能力的增强；分子溶胀机制使得糜棱煤力学性质进一步降低；微孔孔径配置中缺少活化解吸孔和 Knudsen 扩散孔，不利于瓦斯的扩散，从而造成高能瓦斯集聚，一旦受到扰动，便可能引发煤与瓦斯突出。

（6）提出了构造煤发育动力学评价与预测的研究思路以及基于构造煤的瓦斯赋存与突出的评价方法。基于构造煤形成及分布规律动力学评价的核心问题，即构造应力作用的性质、大小、方向和来源以及不同期次构造应力场的演化及其作用特征，提出了围绕区域地质背景及演化—矿区（矿井）构造特征及其叠加改造规律—构造煤特征、分布规律及其构造控制—不同类型构造煤瓦斯特性这一主线，采用构造地质、瓦斯地质、数学地质和地球物理等多学科相结合以及煤的物理结构、化学结构、瓦斯特性和岩石力学性质等多种手段相结合的瓦斯突出预测研究思路与技术流程。

总之，该书内容丰富、资料翔实、立论有据、分析透彻，是目前以构造煤为主线进行瓦斯赋存与突出预测的全面而系统的学术专著，不仅为矿井瓦斯突出预测与评价提供重要的理论和技术支撑，而且对煤层气资源勘探与开发也具有重要的参考价值。

中国工程院院士

2019 年 9 月 29 日

前　　言

　　煤炭作为我国的主要能源，有力地支撑着国民经济和社会的长期平稳较快发展，在相当长的时期内，煤炭作为我国的主导能源不可替代。然而，我国煤炭开采自然灾害严重，特别是瓦斯灾害尤为突出，成为煤矿安全生产的第一杀手。煤与瓦斯突出是煤矿地下开采的一大地质灾害，世界各主要产煤国都发生过不同程度的煤与瓦斯突出，中国是世界上瓦斯突出发生最多的国家且瓦斯突出分布范围广。Farmer 和 Pooley（1967）基于西威尔士煤田突出煤的研究，发现瓦斯突出的特征是在易发突出的区域存在一种具有特殊结构特征的煤，且突出仅发生在构造变形强烈的区域；Shepherd 等（1981）调查研究发现 90%以上的典型突出集中发生在局部强烈变形带。凡突出地点的煤层一般都具有层理紊乱、煤质松软的特点，即软分层煤，属于构造煤，构造煤的存在是煤和瓦斯突出的一个必要条件。

　　构造煤的研究在我国始于 20 世纪 70 年代，不同的学者分别给出了类似的概念和相应的分类方案，如软煤（soft coal）、破坏煤（broken coal）、突出煤（outburst coal）、变形煤（deformed coal）和构造煤（tectonically deformed coal）等。但迄今为止，对构造煤的概念和类型的划分尚未达成共识。韧性变形构造煤糜棱煤的提出及对其变形特征的认识，是构造煤研究最为重要的进展之一，在特定的构造环境下、特殊变形物质中，浅层次环境同样可以产生韧性变形，因此在构造煤中同样可以形成与糜棱岩相对应的糜棱煤，赋予了糜棱煤新的内涵（侯泉林和张子敏，1990）。由于糜棱构造煤质地疏松，如果其他条件（如瓦斯含量、瓦斯压力等）相同，那么那些包含有糜棱煤的"软分层"，才是煤与瓦斯突出最危险的部位（李康和钟大赉，1992），从而引起了人们对韧性变形构造煤及其对煤与瓦斯突出影响的高度重视，并明确了构造煤存在脆性和韧性 2 个完全不同的变形系列，进一步形成了脆性、脆-韧性和韧性 3 个系列构造煤的分类方案。煤的物理力学性质是影响煤与瓦斯突出极为重要的因素之一，我国煤田在多期构造应力场作用下，不同类型和性质的构造煤发育普遍，而不同类型构造煤结构构造的差异性又影响到瓦斯含量及其吸附/解吸、扩散和渗流特性，因此，构造煤就成了矿井煤与瓦斯突出重要而关键的研究内容。

　　构造煤形成的动力学机制不仅是矿井瓦斯突出预测与评价的关键科学问题，而且对煤层气资源勘探与开发也具有重要的理论及实践意义。为此，本书第一作者在 20 世纪 90 年代以煤变形的高温高压实验研究为开端，开展了构造煤及实验变形煤的相关研究，此后，在国家自然科学基金、973 计划和国家科技重大专项等项目的资助下，率领一批博士和硕士研究生将构造煤的研究拓展到煤层气物性评价和矿井瓦斯突出预测领域。2015 年在国家自然科学基金重点项目"矿井瓦斯运移与富集的动力学过程及地球物理探测基础"（41430317）的资助下，以安徽淮北矿区和山西阳泉矿区为主要研究对象，以影响瓦斯生成、运移、散失和赋存地球动力学过程研究为基础，系统分析了瓦斯运移和富集的动态过程及其影响因素，通过构造控制和煤变形及其瓦斯特征分析，构建构造煤发育和瓦斯突出的动力学预测理论与方法，为矿井瓦斯突出预测和预防提供重要的理论和技术支撑。本书的核心内容为国家自然科学基金重点项目的主要研究成果，重点围绕"构造煤形成的动力学机制及其瓦斯特性"这一科学问题开展研究工作，中国矿业大学的韦重韬、崔若飞、杨永国、陈同俊、汪吉林、潘冬明、屈争辉、李伍和鞠玮等教师以及数十名博士和硕士研究生参加了相关的研究工作，书中引用了第一作者 20 余名研究生学位论文中相关资料和内容，主要有李明、屈争辉、宋昱、陈红东和刘杰刚等的博士学位论文以及程国玺、张坤鹏、史南南和朱冠宇等的硕士学位论文。

　　本书的内容共包括 8 章，全书由姜波统稿。各章节的执笔人分别为：姜波（1、2、3、8.1），李明（4、5.2），宋昱（5.1、5.3～5.5、6、7.2），程国玺（7.1），李明和朱冠宇（8.2、8.3）；博士研究生李凤丽与刘和武协助进行了部分资料的整理、分析和图件的绘制，博士研究生侯晨亮和硕士研究生屈美君绘制了部分图件。

　　研究工作得到了淮北矿业集团朱慎刚、戚晓东、韩东亚和吴建国等，阳泉煤业集团王一、刘最亮和张会青等，皖北煤电集团周增强、洪荒和解健等领导和专家的大力支持和帮助。在矿井地质工作中得到淮北矿业集团朱仙庄矿、芦岭矿、祁南矿和桃园矿，阳泉煤业集团新景矿、一矿、二矿、三矿和五矿，皖北煤电集团祁东矿和五沟矿等单位及其技术人员的大力支持和帮助。中国矿业大学煤层气资源与成藏过程教育部重点实验室、中国矿业大学现代分析与计算中心、江苏地质矿产设计研究院、中国科学院山西煤炭化学研究所、中国石化石油物探技术研究院和美国宾夕法尼亚州立大学能源与矿物工程学院等单位协助完成了相关分析测试及模拟工作。

　　研究工作中得到中国矿业大学秦勇、郭英海、张万红、范炳恒、朱炎铭、傅雪海、王文峰、刘树才、刘盛东和于景邨等教授的指导和帮助。

　　特别感谢中国科学院大学侯泉林和琚宜文教授，中国石油天然气集团有限公司王红岩教授，河南理工大学曹运兴和宋党育教授，安徽理工大学赵志根教授，中国矿业大学秦勇、范炳恒、朱炎铭、傅雪海和吴财芳教授认真审阅了本书初稿，并提出了宝贵的意见和建议。

　　特别感谢中国工程院院士袁亮教授为本书作序。

　　借本书出版之际，特向以上各单位、专家和同志所给予的指导、帮助和支持致以崇高的敬意和衷心的感谢！

　　由于作者水平所限，书中不当之处恳请读者不吝赐教。

著　者

2019 年 9 月

目　录

1 绪　　论

在全球板块构造中，中国位于欧亚板块的东南部，西太平洋活动带中段，南为印度板块，东为太平洋板块和菲律宾海板块。中国乃至亚洲大陆并不是以一个巨型的前寒武纪地台为主体形成的单一大陆，而是由一些小型地台、中间地块和众多微地块及其间的褶皱带镶嵌起来的复合大陆，具有稳定地块规模小、刚性程度低、活动性大，构造运动期次多、沉积盖层变形强烈的显著特点（马文璞，1992），中国是亚洲乃至全球构造极为复杂的一个区域（任纪舜等，2016）。中国含煤盆地的形成主要依托于微小的破碎陆块，中国煤田构造具有煤盆地类型多样，后期改造强烈，时空差异显著的鲜明特点（曹代勇等，2016），尤其是古生代煤盆地形成后，经历了不同期次（主要有印支期、燕山期和喜马拉雅期）、不同性质（挤压、拉伸和剪切）应力作用的叠加与改造，形成了形式多样、类型繁多及各具特色的煤田构造类型。

复杂的构造作用不仅使煤层的赋存状态发生了重大变化，导致煤炭资源赋存状况的复杂性，给煤炭资源的寻找、勘探与开发带来不利的影响，而且由于煤对应力及应变的特殊敏感性，煤体结构也遭受了不同程度的改造，不同变形性质和变形程度的构造煤普遍发育，对矿井安全生产和煤层气的勘探与开发产生重要影响。

1.1　构造煤研究的意义

面向煤与瓦斯突出重大安全隐患预测与防治这一重大科学问题，以及煤层气勘探与开发的战略需求，构造煤的研究备受人们重视，研究工作不断深入，并取得了一系列重要成果。另外，构造煤变形过程中形成的镜质组反射率各向异性组构，作为一种特殊的有限应变分析的标志物，在煤田构造研究中发挥了重要作用，促进了煤田构造的定量研究。

1.1.1　瓦斯地质意义

煤炭作为我国的主要能源，有力地支撑着国民经济和社会长期平稳较快发展，2004 年 6 月 30 日国务院常务会议讨论并原则通过《能源中长期发展规划纲要（2004—2020 年）》（草案），指出解决我国能源问题，要大力调整和优化能源结构，坚持以煤炭为主体、电力为中心、油气和新能源全面发展的战略。中国工程院重大咨询项目《中国能源中长期（2030、2050）发展战略研究报告》指出，应该也可以把合理的煤炭安全产能控制在 38 亿 t 以内，占我国总能耗的 40%（甚至 35%）以下，煤炭仍然为我国重要的基础能源。但是，煤炭资源的巨量需求与煤矿安全之间的矛盾制约了我国煤炭工业可持续健康发展，我国是世界上煤矿自然灾害最严重的国家（张子敏和吴吟，2014），瓦斯灾害尤为突出，成为煤矿安全生产的第一杀手（袁亮，2011），反映出我国煤与瓦斯突出预测与防治依然面临着十分严峻的挑战。

1. 瓦斯突出现象

煤与瓦斯突出是煤矿地下开采的一大地质灾害，已有180多年的历史，在世界范围内仍存在严重问题（Fisne and Esen，2014）。1834年法国鲁尔煤田伊萨克矿井发生的第一次煤与瓦斯突出以后，世界各主要产煤国都发生过程度不同的煤与瓦斯突出，Ryncarz 和 Majcherczyk（1986）将瓦斯突出定义为瓦斯地球动力学现象，Lama 和 Bodziony（1998）指出，煤与瓦斯突出是世界范围内的现象，在世界上发生的煤与瓦斯突出超过30000起，并讨论了地质条件、煤的物理性质、瓦斯含量及瓦斯压力等因素对瓦斯突出的影响，认为地质构造复杂的煤层，在高瓦斯条件下易发生突出。中国自1950年辽源富国西二井发生有记载的第一次煤与瓦斯突出以来（何俊和陈新生，2009），到1995年已发生煤与瓦斯突出14000余起，是世界上瓦斯突出发生最多的国家，同时分布范围广（Lama and Bodziony，1998）。胡千庭和赵旭生（2012）分析了中华人民共和国成立以来煤与瓦斯突出事故发展的总体变化具有上升迅速，下降平缓且有起伏的特点，并划分为 4 个阶段：①上升阶段（1950～1980 年），煤炭工业发展迅速，突出矿井的数量增长快，由 1 个很快增加到205个，每年发生突出事故数量从 2 起增加到 1151 起；②稳定下降阶段（1981～2000 年），随着防突措施研究与实施的加强，突出事故起数逐年下降；③回升抬头阶段（2001～2005年），随着国民经济的快速增长，煤炭产量大幅增加，矿井开采强度和开采深度不断增大，突出事故起数也维持在一个较高的水平；④下降和稳定阶段（2006～2010 年），在国家的大力整治下，突出事故起数逐年下降，在矿井开采深度、突出矿井数量和全国煤炭产量逐年增加的形势下，保持了突出伤亡事故起数和死亡人数的基本稳定。近年来，中国瓦斯突出事故进一步减少，煤矿安全形势进一步好转。

2. 构造煤与瓦斯突出

Taylor 在 1852～1853 年调查北英格兰诺森伯兰和达勒姆煤田的瓦斯爆炸时，首次发现了瓦斯突出现象，他观察到，突出发生在构造扰动附近，喷出的煤来自煤层的一部分，该部分煤层松软、原生结构消失，通过对不同煤田资料的统计分析，Taylor 的观察结果已得到证实（Lama and Bodziony，1998）。Beamish 和 Crosdale（1998），Aguado 和 Nicieza（2007）认为瓦斯突出是由应力、含气量和煤的物理力学性质的综合作用引起的。周世宁和何学秋（1990）提出影响煤和瓦斯突出的主要因素是地应力、瓦斯压力、煤强度和时间，认为在突出的发动和发生阶段，地应力和煤强度是最重要的因素。影响瓦斯突出的所有地质因素可以分为直接表征煤层产状和几何形状的参数及煤层和邻近岩石构造扰动的参数（Esen et al.，2015）。

众多的研究成果及瓦斯突出实例都表明，煤的物理力学性质是影响煤与瓦斯突出极为重要的因素之一，而不同的地质条件（尤其是构造条件）直接影响了煤的变形，形成不同类型和性质的构造煤；不同类型构造煤结构构造的差异性又影响到瓦斯含量及其解吸、扩散和渗流性能，因此，构造煤就成了矿井瓦斯突出研究的重要而关键内容。煤结构的破坏程度是衡量突出危险性的一项重要指标，凡突出地点的煤层一般都具有层理紊乱、煤质松软的特点，即软分层煤，属于构造煤（袁崇孚，1986），构造煤的存在是煤和瓦斯突出的一个必要条件。

正是因为如此,构造煤(软煤或突出煤)的物理力学性质及其对瓦斯突出的影响受到了人们的广泛关注,对构造煤的瓦斯突出机理开展了较为深入的研究。李康和钟大赉(1992)通过煤的显微构造研究得出,由于糜棱构造煤质地疏松,具明暗相间的微条带构造,如果其他条件(如瓦斯含量、瓦斯压力等)相同,那么,那些包含糜棱煤的"软分层",才是煤与瓦斯突出最危险的部位。李晓泉和尹光志(2011)通过煤微观特性的测试分析,指出煤的渗透特性和微观特性是密切相关的,突出煤吸附/解吸特性能力强,煤的渗透特性较差,强度较低,较易发生破坏,突出危险性较大。张玉贵等(2007)认为构造煤分子间的作用力小,决定了构造煤强度低和吸附性能高,从而控制了煤与瓦斯突出灾害的发生。

孔隙是煤结构的重要组成部分,直接影响到煤层的储气能力和透气性等瓦斯特性。不同类型构造煤的孔隙性不同,也就决定了瓦斯特性的差异(姜波等,2009)。随着煤体破坏强度增大,煤的比表面积和孔体积分形维数逐渐增大,孔隙系统复杂性增强,碎粒煤、糜棱煤中的狭缝形平板孔、墨水瓶形孔是导致构造煤瓦斯突出的主要内在因素之一(降文萍等,2011)。从脆性变形煤到韧性变形煤,构造煤孔隙分形维数与其平均孔径、累积比表面积、累积孔体积、氮气吸附量有良好的相关关系,分形维数随着平均孔径的减小、微孔比表面积的升高及吸附能力的增强而增大,说明由脆性变形煤到韧性变形煤,平均孔径变小,孔隙结构变复杂,韧性变形的揉皱煤发育区瓦斯突出危险性高于碎裂煤及原生结构煤发育区(李凤丽等,2017)。韧性变形的糜棱煤总孔容高、孔隙连通性弱,这一特征决定了糜棱煤含气量较高和透气性差的瓦斯特性,因此,糜棱煤发育区是瓦斯聚集和突出最危险的地带(姜波等,2009)。

综上所述,煤的物理力学性质是煤与瓦斯突出的重要影响因素之一并且已得到普遍的认同,而那些变形强烈、煤质松软、力学强度低的构造煤的发育更是瓦斯突出最危险的区域。按照现今的认识,这一类构造煤(突出煤或软煤)属于构造煤分类中的强脆性、脆-韧性过渡和韧性变形系列构造煤,而脆性变形程度相对较弱的构造煤(如初碎裂煤和碎裂煤)发育区瓦斯突出危险性较低或无突出危险性。

1.1.2　煤层气地质意义

瓦斯(煤层气)虽然是矿井安全生产的重大隐患之一,但同时也是一种清洁高效的非常规能源,煤层气作为天然气资源实现商业性开采,是世界油气工业史上的一个重要里程碑(Flores,1998)。中国煤层气资源丰富,地质资源量为 $36.8 \times 10^{12} m^3$,居世界第三位,有利勘探面积约为 $37.5 \times 10^4 km^2$,可采资源量为 $10.9 \times 10^{12} m^3$(国土资源部油气资源战略研究中心,2010)。我国于"六五"计划期间开始煤层气地质研究与勘探开发试验,进展显著,揭示出我国煤层气资源的巨大潜力和商业性开发的光明前景(秦勇,2006)。但是,与美国、加拿大和澳大利亚等主要煤层气开发国家相比,中国煤层气产业发展缓慢,2018年我国煤层气地面产量仅为 72.6 亿 m^3,即使与"十二五"规划目标的 160 亿 m^3 相比也相差甚远。我国煤层气资源赋存条件复杂,受控于以大地构造背景为主导的区域地质动力条件的有利匹配(叶建平等,1998),在构造煤发育普遍的背景下,由于尚缺乏构造煤储层物性及其控气地质机理方面的深入研究和探讨,构造煤发育区甚至被视为煤层气勘探的禁区（叶建平等，1998）。以目前的技术基础，还没有能力逾越构造煤所设置的煤层气开发障碍，所有开发工程都必须尽可能远离构造煤发育区（杨陆武和孙茂远，2001），这就使得我国煤层气的有利开发区域大大缩减，目前煤层气产量主要集中于沁水盆地南部、鄂尔多斯盆地东南缘和阜新煤田等（门相勇等，2017）。因此，开展构造煤发育区煤层气勘探与开发地质研究，在我国煤层气产业发展中具有举足轻重的地位。

应该说，将构造煤发育区视为煤层气开发的规避区，可能是限于对构造煤的狭义理解，即将构造煤局限于习惯上认知的"软煤"。实际上，"软煤"仅代表了强烈构造变形导致的力学性质软弱的一类构造煤，这一类构造煤往往与强烈且复杂的构造作用密切相关，并且在空间分布上具有很大的局限性。实际上，一定破碎程度的构造煤常具有割理发育和渗透性好的特点，因此，在构造煤发育区寻找有利的煤层气资源地质背景，将构造应力作用下煤结构的演化、储层物性特征和控气地质条件结合起来进行研究，将有望在构造煤发育区实现煤层气资源的有效开发利用（要惠芳等，2014）。

Hou 等（2012）探讨了构造煤结构对煤层气赋存的影响，姜波和琚宜文（2004）对不同类型构造煤的储层物性进行了初步探讨，认为初碎裂煤和碎裂煤裂隙发育、连通性好、渗透率较高，是较好的储层类型；韧性变形系列构造煤裂隙连通性差、渗透率低，不利于煤层气的开采；碎斑煤及碎粒煤则介于前二者之间。琚宜文等（2005c）进一步指出一定脆性变形的片状煤、碎斑煤、碎裂煤及较弱韧性变形并经后期脆性变形叠加形成的揉皱煤等储层具有较好的煤层气勘探开发潜力，这些变形较强的构造煤与原生结构煤或变形极弱的构造煤相比渗透率明显增高。

渗透率低是我国煤储层的一个显著特点，也是煤层气开发的难点问题。煤储层渗透性取决于煤储层中裂隙的发育和开启程度，煤层裂隙的发育程度受内生裂隙（割理）和外生裂隙（构造裂隙）的共同影响，而煤层裂隙的开启程度则主要取决于现代地应力场中应力的大小及方向。因此，构造对煤储层渗透性的控制主要体现为构造作用对煤层原生结构的破坏程度，即渗透性的构造控制实质上就是构造煤的发育、分布特点对渗透性的影响（员争荣，2000）。不同性质构造应力场控制了不同类型构造煤的发育和分布，进而控制了煤层气的成藏。姜波等（2005）研究认为，挤压应力场中，煤层的变形较为强烈，尤其是在强变形带的中心及其附近可形成糜棱煤，煤层气勘探前景不佳，但糜棱煤分布较为局限，可以在较大范围内形成脆性变形系列的构造煤，是煤层气勘采的有利区带；拉张构造应力场中，由于张性断层的发育，大部分区域内有利于煤层割理的张开、张裂隙的形成和渗透率的提高；剪切构造应力场中，以平移断层为界，在其两盘分别形成相对独立的构造单元，煤层的赋存状态、煤体结构和煤储层物性都会存在一定的差异。

煤储层是由宏观裂隙、显微裂隙、孔隙共同组成的三元孔-裂隙介质，其中孔隙是煤层气的主要储集场所，宏观裂隙是煤层气运移的通道，而显微裂隙则是沟通孔隙与裂隙的桥梁（傅雪海等，2001a，2001b，2001c），脆性变形系列构造煤中不同程度构造裂隙的发育为煤层气的运移提供了有利通道，提高了煤储层的渗透率。苏现波和方文东（1998）基于煤层气储层的渗透性分析，提出的储层分级分类中认为碎裂煤储层内生裂隙依然存在，外生裂隙和继承性裂隙增多，可增加储层渗透率，为有利和较有利储层。

秦勇（2006）在论述中国煤层气产业化面临的形势与挑战问题时，提出透过动力条件表象来深刻认识成藏作用的结果（成藏效应），进而达到科学预测煤层气富集高渗区展布规律的目的。这一既有科学意义又有实用价值的问题，正是第二发展阶段给煤层气地质选区评价提出的挑战或留下的难题。从构造演化的角度，系统分析研究区构造演化、构造组合和构造叠加与改造的规律性，深刻揭示构造对煤变形的控制机理和不同性质、不同类型构造煤的发育和分布规律，有望实现在复杂构造区寻找到有利的煤层气勘采区域和构造配置，实现煤层气开发选区的新突破，对我国煤层气产业大发展具有重要的理论及实践意义。

1.1.3 煤田构造地质意义

有限应变分析是一种十分有效的岩石韧性变形定量分析技术与方法，是通过韧性变形岩石有限应变测量进行变形量和构造运动学定量估算的重要方法。Ramsay（1967）和Dunnet（1969）对变形岩石的有限应变分析研究做出了重要贡献，他们论述了有限应变分析在构造地质学研究中的重要意义，为这一学科的迅速发展奠定了重要基础，并在推覆构造（吴湘滨和彭少梅，1996）、韧性剪切带（徐嘉炜等，1984；吉磊，1995）、褶皱构造（彭少梅和宋鸿林，1991）和造山带演化（Tobisch et al.，1977）的定量研究中取得了显著的应用效果。

岩石有限应变分析对于揭示自然岩石变形的应变大小、对称性、方向性和在所有尺度上的分布等方面至关重要（Talbot and Sokoutis，1995；Yonkee，2005；Vitale and Mazzoli，2010；Dasgupta et al.，2012；Zhang et al.，2013；Vitale，2014）。不同的研究者开发了用代数和几何方法测定有限应变的有力工具，最常用的方法有 R_f/Φ 法（Ramsay，1967；Dunnet，1969；Lisle，1985）和 Fry 法（Fry，1979）等。R_f/Φ 法需要已知原始椭圆变形后的最终轴率 R_f 和原始椭圆长轴方向与应变椭圆长轴方向（最大主伸长方向）的夹角 Φ，但在实际工作中，主应变方向（最大伸长方向）一般不易精确确定，适用上述方法的应变标志体通常只能够在局部地方寻获，基本不可能进行大范围的测量（韩阳光等，2015）。Fry 法即全心距离法，被较为广泛地应用到各种类型的应变标志物上，具有快速、简便、易于手工操作的优越性，并且能从多期变形标志物的应变结果中获取应变叠加的信息（杨新岳和 David，1993）。应用变形椭球的概念研究构造形变的理论基础是在均匀应变情况下，一个原始的球形物体，在变形后成为椭球体，根据椭球的形态可以确定应变状态。因此，一般需要寻找出变形岩石中具有球形或近似球形原始形状的标志物，根据它们变形后的形态，进行应变分析（韩玉英，1984）。

煤田构造一般发育于地壳浅层次，属脆性变形域，缺少韧性变形的标志物，使得有限应变分析技术在煤田构造研究中受到了极大的限制。煤是一种对应力和应变环境十分敏感的特殊岩石，在不同的应力-应变环境下，煤的变形必然导致煤岩组分发生一系列化学、物理、结构和构造变化，这些变化在一定程度上可以通过镜质组反射率表现出来（钱光谟等，1994）。煤镜质组反射率具有显著各向异性的光学性质，其在空间的展布上表现出强烈的方向性，变形过程中煤大分子结构局部平行定向化的发展，导致芳香层片在有利方位上重新定向和择优成核生长（Levine and Davis，1989），重新定向的结果导致了煤的光性变异,即促使了镜质组反射率各向异性的增强及反射率椭球的"变形"(Oberlin,1992)。煤中镜质组分的芳香叠片趋向于平行最大反射率方向排列,沿最小反射率方向优选堆叠,因而在反射光下具有光学各向异性,这种分子结构被认为是在煤化过程中在环境应力差的影响下形成的,最大和最小反射率分别在最小和最大压应力方向递增。由于这种相互关系,在某些情况下,煤反射率组构可以提供煤变质过程中发生的应力和应变事件的记录(Levine and Davis,1990)。变形强烈的地区,在侧向构造应力和温度的共同作用下,煤镜质组反射率各向异性增强,反射率轴相对于层面重新定向,正如应力作用下晶体可以重新定向一样,定向压力促使芳香环叠片重新排列,新的芳环层平行于最小挤压应力方向优势发育,导致镜质组最大反射率($R_{o, max}$)趋于最小挤压应力方向,最小反射率($R_{o, min}$)趋于垂直于最小挤压应力方向,最终形成一种三轴不等的镜质组反射率光率体。Stone 和Cook(1979)认为,构造应力是造成镜质组反射率二轴光性的根本原因,反射率光性主轴大体代表了构造应力方位。Levine 和 Davis(1989)进一步将三轴不等的反射率光率体划分为二轴负光性($a>b\gg c$)和二轴正光性($a\gg b>c$)模式,认为由负光率体向正光率体的转化反映构造变形增强的序列。因此,镜质组反射率光率体可以类比于岩石有限应变椭球体,成为煤田构造有限应变分析的重要标志物,使得有限应变分析应用于煤田构造研究中成为可能。

煤镜质组反射率光性组构自 20 世纪 80 年代被较为广泛地应用于构造地质研究,并取得了较为显著的研究成果。王文侠(1987)率先在湖南中部金竹山-渣渡煤矿区开展了煤反射率的有限应变分析,认为煤的镜质组反射率具有各向异性,这种各向异性与成煤后构造应力作用有关,可以作为有限应变分析的标志物;涟源煤田无烟煤镜质组反射率光率体各向异性组构与有限应变分析表明,最大—中间反射率指示面的走向集中于NE 到近 NS 向之间,最小反射率均处于与之正交的方位上,大致反映了印支—燕山期SE—NW 方向为主的挤压应力作用,并反映出应变程度南强北弱的趋势,与盖层相应部位的变形程度相吻合(王文侠,1991a);进一步证明了涟源地区 NW 向基底隐伏断层的存在,并推断出杨家滩-坪烟隐伏断层为具有右行平移性质的压扭性逆断层(王文侠,1991b)。曹代勇(1990)系统阐述了煤镜质组反射率有限应变分析的内容、方法和步骤,通过淮北煤田推覆构造中煤镜质组反射率有限应变和应力分析,显示了下伏系统和上覆系统中煤样的镜质组反射率所指示的应力方向迥然不同,下伏系统的最小反射率倾向分别为 SSW 和 SSE,反映了区域性近 NS 向挤压状态;上覆系统中的最小反射率倾向由北向南由 NNW 转为 NWW,是逆冲推覆的 NWW 向挤压应力作用于推覆体弧形前锋部位的结果。姜波等(2002)将煤镜质组反射率有限应变分析应用于柴达木盆地北缘构造演化研究,结果表明煤镜质组反射率光性组构指示了区域 NNE—SSW 向的挤压应力作用,与野外地质构造特征、构造岩分析和岩组分析结果是吻合的,并且构造煤大部分样品的镜质组反射率的弗林参数 K 值大于 1,变形类型为缩颈型,仅个别样品为扁平型应变,反映了较高的应力-应变环境。

综上所述,煤变形过程中伴随的镜质组反射率各向异性的增强及反射率椭球的"变形"是一种重要的有限应变分析标志物,在浅层次脆性变形域构造研究中发挥了重要作用,极大地促进了煤田构造的定量化研究。

1.2　构造煤研究现状

构造煤的研究日益受到人们的关注和高度重视，在构造煤的变形特征与分类、物理及化学结构及其瓦斯特性等方面取得了显著的研究成果及进展，煤高温高压变形实验研究的进一步深入，为揭示煤变形机理提供了重要途径。

1.2.1　构造煤变形特征及其分类研究

构造煤的宏观、微观结构构造是煤变形强度及性质的客观反映，也是构造煤分类的主要依据。基于变形特征，构造煤的结构构造可以划分为碎裂、片状和流动 3 种主要的结构构造类型（高凌蔚等，1979；姜波和琚宜文，2004；琚宜文等，2004a；王恩营等，2008），从变形性质上可以分为脆性和韧性变形 2 个主要变形系列（Cao et al，2001；曹代勇等，2002；姜波和琚宜文，2004；王恩营等，2008），脆性变形系列包括碎裂和片状结构构造煤，而韧性变形系列更强调构造煤的流变特征，以糜棱煤为代表。随着研究的深入，脆-韧性过渡变形引起了人们的重视（琚宜文等，2004a；屈争辉，2010；李明，2013），即在碎裂摩擦滑动与黏性流动的过渡带上，可以形成介于碎裂煤与糜棱煤之间的脆-韧性过渡型构造煤，以鳞片煤为典型代表。基于以上认识，不同的学者提出了各自的构造煤分类方案，其中脆性变形系列、韧性变形系列及脆-韧性过渡系列构造煤的分类（琚宜文等，2004a）是被较为认可的方案。

应该指出，韧性变形构造煤糜棱煤的提出及其变形特征的认识，是构造煤研究极为重要的进展之一。侯泉林和张子敏（1990）在构造煤中识别出滑劈理构造、揉皱构造、S 形流劈理及 S-C 构造等韧性变形构造，认为构造作用下会产生强烈的塑性变形（流动），在特定的构造环境下、特殊变形物质中，浅层次环境同样可以产生韧性变形，因此在构造煤中同样可以形成与糜棱岩相对应的糜棱煤，赋予了糜棱煤新的内涵。糜棱煤作为一种特殊应力-应变环境形成的韧性变形构造煤受到了高度重视，并在糜棱煤的结构构造特征（李康和钟大赉，1992；琚宜文，2004b）、形成机制（姜波和琚宜文，2004；Ju et al.，2004）及其对瓦斯赋存与突出的控制机理（曹运兴等，1993；Cao et al.，2001；Hou et al.，2012；姜波等，2016）等方面开展了较为系统的研究。

1.2.2　构造煤孔–裂隙结构研究

煤中孔-裂隙结构是瓦斯运移、赋存和突出的重要影响因素，反映了构造应力作用下煤的物理变形特征，也是构造煤分类重要的依据。煤在变形过程中随着变形强度和性质的不同，构造煤孔-裂隙结构也将发生一定的变化，甚至可以影响到纳米级的孔隙结构（姜波等，2016）。

1. 构造煤微观裂隙研究

20 世纪 60～70 年代，电子显微镜就被用来观察突出煤和非突出煤的显微结构差异性

（Pooley，1968；Evans and Brown，1973），目前已形成了较成熟的构造煤微观裂隙统计方法（Hou et al.，2012），并通过裂隙发育特征和相关关系的分析探讨构造变形的期次和应力作用特征（琚宜文等，2004b）。李康和钟大赍（1992）应用扫描电子显微镜（SEM）观测了不同类型构造煤裂隙发育特征，并提出了构造煤的分类。在诸多构造煤的分类方案中，微观裂隙都作为主要的指标之一，在脆性系列构造煤中更是如此，如依据微观裂隙发育的密度和组数将碎裂煤系列划分为初碎裂煤、碎裂煤、碎斑煤和碎粒煤等不同的构造煤类型，而将仅有一组裂隙平行密集发育的构造煤归为片状构造煤系列（姜波和琚宜文，2004；琚宜文等，2004a；王恩营等，2008；李明，2013）。

混沌与分形几何学科的创立使得自然界不规则的事物可以通过分数维来描述，并在煤的裂隙结构研究中得到一定的应用，初步开展了构造煤裂隙的定量研究。傅雪海等（2001b）对沁水盆地煤中宏观至显微裂隙分形特征的研究，认为长度>100mm 的宏观裂隙不具有分形特征，而长度<1.56mm 的微观裂隙具有明显的分形特征；陈玮胤等（2012）在贵州发耳煤矿的二叠系龙潭组构造煤样宏观、微观结构构造分析的基础上，运用 MATLAB 对所有煤样显微裂隙的信息维数进行 Q 型聚类分析，将碎裂煤按照不同构造变形程度分为 3 类：变形强烈、显微裂隙极发育的为 I 类，分维值为 1.7～1.8；II 类构造变形一般、显微裂隙较发育，分维值为 1.4～1.7；III 类变形较弱、显微裂隙较少发育，分维值为 1.2～1.4，并认为碎裂煤显微裂隙信息维数为 1.2～1.8，可作为碎裂煤的辨别依据。

2. 构造煤孔隙结构研究

孔隙性为煤体空间结构的主要要素，一般用孔容、比表面积、孔隙度和中值孔径等参数来表征（叶建平等，1998），煤层瓦斯主要以吸附态赋存于煤的孔隙表面，构造应力作用下煤体结构的改变，必然会引起不同类型构造煤中瓦斯赋存状态的变化，并对瓦斯突出具有重要影响。因此，构造煤的孔隙结构特征研究受到了人们的高度重视，近年来取得了显著进展及一系列新成果和新认识。

构造煤较为系统的压汞实验研究，反映出不同阶段的孔隙结构在不同类型的构造煤中存在显著差异（琚宜文等，2005b；屈争辉，2010；李明，2013）。Li（2001）和 Li 等（2003）采用压汞等方法对平顶山构造煤孔隙结构进行了研究，发现相同地点构造煤较原生结构煤孔隙度高 3～8 倍，孔比表面积高 2～10 倍，其中脆性变形煤具有较高的孔隙度和比表面积及较宽的裂隙，而韧性变形煤具有超大的比表面积和较窄的裂隙。构造应力改变了煤的孔隙结构，构造变形越强，微孔就越发育，此外还影响到煤的纳米级孔隙结构（Ju and Li，2009），李小诗（2011）探讨了不同变形机制的变形作用对煤大分子结构-纳米级孔隙结构的影响，认为大分子结构的改变是导致纳米级孔隙结构变化的原因，并建立了构造煤大分子-纳米级孔隙结构的耦合模型。研究表明，温度与围压条件对纳米级孔隙特征参数的演化有一定的作用，但应力对纳米级孔隙演化具有主导作用（琚宜文等，2005c）。琚宜文等（2005c）将构造煤纳米级孔径结构划分为过渡孔（15～100nm）、微孔（5～15nm）、亚微孔（2.5～5nm）和极微孔（<2.5nm）4 类，在应力条件下，随着构造变形的增强，出现局部的定向排列，孔隙结构以微孔和亚微孔为主，并出现了极微孔，连通性较差。小角 X 射线散射（small angle X-ray scattering，SAXS）和低温氮吸附结果均显示，随着变形程度

增强，煤的微孔比例增大，最可几孔径减小，SAXS 所测孔隙比表面积高出低温氮吸附结果 1～2 个数量级，这与煤中封闭孔的存在有关（宋晓夏等，2014）。在微孔随构造变形程度增强而增加的同时，构造应力破坏了孔表面结构，导致吸附孔分形维数升高，增强了微孔表面粗糙度，提供了更多的吸附位，使得煤的吸附能力增强（宋晓夏等，2013）。

煤变形过程中对孔隙结构产生了较为强烈的改造作用，随着变形的增强及由脆性向韧性变形的转化，构造煤微孔的比例逐渐增高，提供了更多的瓦斯吸附空间，并且微孔的连通性差，煤的渗透性低，脆性变形碎粒煤及韧性变形糜棱煤中的狭缝形平板孔和墨水瓶形孔是导致构造煤瓦斯突出的主要内在因素之一（姜波等，2009；降文萍等，2011）。

1.2.3　构造煤化学结构研究

应力作用下煤的变形不仅表现在碎裂、流变等物理变形，同时会影响到煤的化学结构，煤在构造变形过程中的化学结构变化，即煤的动力变质作用一直是煤地质学研究的重要课题（Hou et al.，2012）。近年来，应力缩聚作用和应力降解作用的提出（Cao et al.，2007）及一系列的研究成果表明，煤的动力变质作用不仅存在，而且十分广泛和深入。张玉贵等（2008）结合力化学理论提出力化学降解和力化学缩聚作用，认为水平挤压应力是煤力化学作用的重要力源。因此，从构造煤化学结构演化的角度，探讨不同类型构造煤的物性及瓦斯特性已引起人们的高度重视。近年来，X 射线衍射（XRD）、X 射线荧光光谱（XRFS）、核磁共振（NMR）、电子顺磁共振（EPR）、傅里叶变换红外光谱（FTIRS）和激光拉曼光谱（LRS）等分析实验方法被广泛应用于构造煤化学结构研究，取得了一些阶段性成果及认识，突显出不同变形机制下构造煤化学结构演化的差异性（姜波和秦勇，1998a；Ju et al.，2005b；林红等，2009；李小诗，2011）。不同的变形机制和变形强度会造成构造煤的芳香结构、脂肪族结构及含氧官能团等结构和成分产生不同的演化特征，脆性变形主要是破裂带机械摩擦转化为热能而引起煤化学结构的变化，而韧性变形主要是应变能的积累而引起煤化学结构的破坏（Hou et al.，2012），其中强烈韧性变形的糜棱煤变质过程中剪切力化学作用占绝对优势（张小兵等，2009）。

由此可见，构造应力对不同类型构造煤化学结构的影响是十分深刻的，并进而影响到瓦斯的赋存和运移。因此，构造煤化学结构特征、演化机理及其与变形结构耦合机理的研究可能会成为煤与瓦斯突出及煤层气赋存机理研究的一个行之有效的途径（姜波等，2016）。

2 构造煤的概念及分类

构造煤的研究虽然取得了显著进展，但迄今为止，有关构造煤的概念及对其类型的划分尚未达成共识。

2.1 构造煤的概念

2.1.1 概念的提出

我国对构造煤的研究始于 20 世纪 70 年代，高凌蔚等（1979）较为系统地研究了煤系中的碎裂变质岩，并将煤变形变质的结果称为碎裂变质煤。"构造煤"一词初见于焦作矿业学院瓦斯地质课题组发表的"瓦斯突出煤层的煤体结构特征"论文中，指出"经构造作用破坏的煤结构为构造结构，突出煤层均具有构造结构特征"，并将突出煤层的煤结构称为煤体结构（焦作矿业学院瓦斯地质课题组，1983）；通过对构造煤的宏观、微观、超微观及其瓦斯参数特征的分析得出，构造煤的存在是煤和瓦斯突出的一个必要条件。袁崇孚（1986）进一步认为煤结构的破坏是构造应力作用的结果，所以构造煤的分布也必然受构造应力场的控制，地质构造复杂地带比相对简单地带煤体破坏严重，突出危险性也相应增大，为从地质角度研究瓦斯突出机理和进行预测预报提供了一条重要途径。彭立世（1986）将煤体结构列为煤与瓦斯突出的预测指标之一。

2.1.2 相近术语

不同的学者依据其研究成果或研究目的的差异性，分别给出了类似的概念，如软煤、破坏煤、突出煤、变形煤和构造煤等。

软煤或构造软煤或软分层煤，为采矿工程实践中的习惯用语，将遭受构造应力较严重破坏的煤体称为构造软煤，而将原生结构煤和较轻微破坏的构造煤称为硬煤，分别与生产实践中惯用的软煤和硬煤相当（汤友谊等，2005b），生产实践中将坚固性系数（f）≤0.5 的煤称为软煤，赵发军等（2016）对比分析了软煤和硬煤的甲烷吸附扩散特性。袁崇孚（1986）根据对突出矿井的瓦斯地质调查，凡突出地点的煤层一般都有层理紊乱、煤质松软的特点，人们习惯将这种特殊结构的煤称作软分层煤，从地质角度分析，软分层煤属于构造煤，它是煤层在构造应力作用下变形的产物。高魁等（2013）认为含煤地层在经受地质构造运动作用时，煤层受到构造应力的挤压和揉搓，煤层层面发生错动，引起煤层部分煤体结构发生塑性流动、加厚、变薄、尖灭等变化，变化的这一部分煤体称为软分层，形成的煤为构造软煤。软煤具有强度低、瓦斯吸附/解吸速度快、瓦斯含量相对高的特征，因此它属于煤与瓦斯突出煤体。

破坏煤是指煤层在构造应力作用下造成的原生结构遭到破坏的煤（陈练武，1997），而朱兴珊等（1995）则认为破坏煤是指一切非人工因素造成的煤的原生完整性遭到破坏的煤，而原生完整性未遭破坏的煤称为完整煤或非破坏煤，煤体破坏大多数是由构造变动引起的，但并非所有的破坏煤都由构造变动造成，并指出破坏煤是煤和瓦斯突出的必要条件之一（朱兴珊等，1996）。

突出煤层是指在矿井井田范围内发生过突出的煤层或者经鉴定有突出危险的煤层（国家安全生产监督管理总局，2009），主要根据实际测定的煤层最大瓦斯压力 P、软分层煤的破坏类型、煤的瓦斯放散初速度 Δp 和煤的坚固性系数 f 等指标进行鉴定。Farmer 和 Pooley（1967）基于西威尔士煤田突出煤的研究，发现瓦斯突出的特征是在易发突出的区域存在一种具有特殊结构特征的煤，且突出仅发生在构造变形强烈的区域。Shepherd 等（1981）调查研究发现 90%以上的典型突出集中发生在局部强烈变形带，反映了构造变形对突出煤发育和分布具有显著的控制作用。

从以上不同学者提出的相关概念中可以看出，软煤主要是基于这一类煤较为软弱的力学性质而予以命名，破坏煤更强调煤体的变形，突出煤则是从煤与瓦斯突出倾向性方面而提出的。这些概念虽有区别，但存在着某些共同之处，主要表现在：①均强调煤体结构和力学性质软弱的特殊性；②均涵盖了这类煤经历了变形而使其原生结构构造遭到改造或破坏，并认为地质构造是最为重要的影响因素，或将其归为构造煤的某些类型；③提出的目的主要是基于瓦斯地质灾害的预测与防治，一致认为这类煤体属于煤与瓦斯突出体，其分布区为矿井煤与瓦斯突出危险区。

变形煤主要指在高温高压变形实验条件下所获得的具有不同变形特征的煤，Bustin 等（1986）率先开展了变形煤的高温高压实验，发现高温和大应变有助于镜质组反射率指示面的旋转定向，为应用煤镜质组反射率光率体开展构造有限应变分析奠定了实验基础。周建勋等（1993）通过 3 种不同煤级煤样共计 32 个样品的高温高压变形实验，根据实验样品的应力-应变曲线和变形构造（尤其是显微构造）特征，对煤的构造变形机理进行了探讨；姜波和秦勇（1998a）则通过较为系统的不同煤级煤的高温高压实验，探讨了实验变形煤物理结构及化学结构的演化特征；刘俊来等（2005）探讨了不同煤级煤脆-韧性变形转变的温度和围压条件，指出对于煤岩强度的影响，温度的效应要高于压力的效应；侯泉林等（2014）以中煤级煤为例，进行了次高温高压变形产气实验，得出中煤级煤在发生变形作用过程中，能够产生新的甲烷气体，并表现出随着煤变形作用的增强而增加的趋势；周建勋等（1994）、姜波和秦勇（1998a）开展的煤的高温高压变形实验中也出现过类似的气体产生和喷出现象。应该说，煤的变形实验为构造煤结构演化和变形机理及其影响因素的探讨提供了重要基础，对构造煤的深入研究起到了重要支撑和推动作用。

2.1.3　构造煤的概念

构造煤是目前被普遍认可的术语及概念，但不同的学者分别给出了各自不同的解释。

构造煤是指受构造变动影响，在构造应力作用下煤物质成分、结构构造等发生形变，而具有一定构造变动特征的煤（陈善庆，1989）。曹运兴等（1993）认为构造煤是一种有机构造岩，是原生结构在构造作用下被破坏了的煤，从构造意义上来看，构造煤层实际上就是一个断层破碎带；王恩营等（2008）给出的概念也有类似之处，认为构造煤属于构造应力作用下所形成地质构造的伴生构造，即属于构造岩的范畴；姜波和秦勇（1998a）认为构造煤是构造应力作用下产生变形的煤，是原生结构煤的结构甚至化学成分发生了明显变化的一类煤，即在不同的应力-应变环境和构造应力作用下，煤的物理结构、化学结构及其光性特征等都发生显著变化，从而形成具有不同结构特征的、不同类型的构造变形煤（姜波和琚宜文，2004）。

有些学者在其定义中强化了构造煤的变形机制，提出构造煤是指煤层在构造应力作用下发生挤压、剪切、变形、破坏或强烈的韧塑性变形及流变迁移的产物（张玉贵等，2005），是地应力作用的记录，构造煤的形成是在区域变质的基础上又叠加了动力变质作用（曲星武和王金城，1980；曹运兴等，1996；Cao et al.，2000）；曹运兴等（1996）进一步强调在构造应力作用下，只要煤的物理结构发生了变化，就必然伴随化学成分的变化，化学成分是物质结构的基础，结构则是成分存在的形式，因此，结构和化学成分两个指标都应作为动力变质的判别指标，只要某一标志发生了变化，便可认为发生了动力变质作用。这些表述不仅肯定了构造煤形成是一个变形过程，并且可能还伴随着动力变质作用，赵志根等（1998）则探讨了构造煤动力变质作用的生烃问题，认为构造煤在动力变质过程中有烃气形成，动力变质作用所形成的烃气对瓦斯含量、瓦斯压力的增加起着重要作用。曹代勇等（2002）认为脆性变形不引起煤级的变化，而韧性变形可以促进煤的变质，温度是引起煤级升高的主导因素，定向压力是煤化作用进程的"催化剂"，构造应力不仅影响物理煤化作用，而且在一定程度上可以导致煤有机大分子化学结构和化学组成的改变。琚宜文等（2004a）在其定义中增加了多期应力作用和变形叠加的概念，认为构造煤是在一期或多期构造应力作用下，煤体原生结构、构造发生不同程度的脆裂、破碎或韧性变形或叠加破坏甚至达到内部化学成分和结构变化的一类煤，由此可知，构造煤的变形有强有弱，并不是发生强烈变形的煤才称为构造煤。

综上所述，不同的学者给出的构造煤概念虽然存在一定的差异，但具有明显的共性及相近之处，主要体现在：①构造应力作用是构造煤形成的动力学机制已达成共识；②应力-应变环境是影响煤变形性质的重要因素；③煤的变形不仅局限于物理结构的改变，一定条件下也会伴随化学结构及成分的变化，既有"变形"，也可能会发生"变质"；④构造煤与构造岩的形成具有某些类似之处，但由于煤是一种对应力、应变十分敏感的特殊的有机岩石，其形成和分布并不仅局限于断裂构造带，而可能存在于更广泛的空间范围。基于此，提出构造煤的概念可以定义为：构造煤是在构造作用和一定的应力-应变环境下，煤的物理结构、化学结构及成分发生了不同程度的变化，形成的具有不同结构构造特征的煤。

2.2　构造煤的分类

2.2.1　分类方案概述

由于构造作用和应力-应变环境的不同，形成的构造煤在结构构造及变形特征上存在显著的差异性,不同的学者或机构依据不同的分类标准或目的,分别提出了各自的构造煤分类方案,具有代表性的分类方案如表 2-1 所示。

表 2-1 构造煤主要分类方案一览表(据姜波等,2016,修改)

研究者	分类依据	分类方案
苏联东方煤矿安全研究所 (转引自于不凡,1985)	煤体褶皱变形程度	4 类:层状构造、微褶皱状构造、褶皱状构造、强烈褶皱状构造
苏联矿业研究所 (转引自于不凡,1985)	煤体破坏程度	5 类:Ⅰ 非破坏煤、Ⅱ 破坏煤、Ⅲ 强烈破坏煤(片状煤)、Ⅳ 粉碎煤(粒状煤)、Ⅴ 全粉煤(土状煤)
中国矿业学院瓦斯组(1979)	煤的突出难易程度和煤结构的破坏程度	3 类:甲(难突出煤)、乙(可能突出煤)、丙(易突出煤)
高凌蔚等(1979)	构造煤结构特征	8 类:初裂角砾状煤、镶嵌角砾状煤、错裂角砾状煤、碎斑状煤、碎粒状煤、鳞片状煤、鱼鳞状碎裂煤、揉皱状煤
袁崇孚(1986)	煤体结构及其突出的难易程度	4 类:原生结构煤、碎裂煤、碎粒煤、糜棱煤
中华人民共和国煤炭工业部(1988)	煤体结构及其破坏程度	5 类:Ⅰ 非破坏煤、Ⅱ 破坏煤、Ⅲ 强烈破坏煤、Ⅳ 粉碎煤、Ⅴ 全粉煤
陈善庆(1989)	构造煤的结构和构造特征	宏观 5 类:角砾状、细粒状、鳞片状、粉末状和揉皱状构造煤。微观 7 类:初裂状、碎裂状、角砾状、碎斑状、碎粒状、揉皱状和糜棱状煤
李康和钟大赍(1992)	构造煤微观变形特征	5 类:非构造煤、微裂隙煤、微劈理煤、碎裂构造煤和糜棱构造煤
朱兴珊等(1995)	煤的破坏程度	2 类 4 型 7 种:Ⅰ、Ⅱ-1、Ⅱ-2、Ⅲ-1、Ⅲ-2、Ⅳ-1、Ⅳ-2,其中Ⅲ 和Ⅳ 统称为软煤
侯泉林等(1995)	煤变形特征及性质	初碎裂煤、碎裂煤、超碎裂煤;初糜棱煤、糜棱煤,超糜棱煤
苏现波和方文东(1998)	煤体结构及变质程度	原生结构煤、碎裂煤、碎粒煤和糜棱煤 4 大类,12 种类型
曹代勇等(2002)	煤的变形机制和显微及超微分析	6 类:碎裂煤、碎斑煤、鳞片煤、碎粉煤、非均质结构煤、揉流糜棱煤
姜波和琚宜文(2004)	构造煤的结构特征及其形成的应力-应变环境	2 个系列:碎裂煤和糜棱煤;7 种类型:初碎裂煤、碎裂煤、碎斑煤、碎粒煤、鳞片煤、揉皱煤、糜棱煤
琚宜文等(2004a)	构造的变形机制和变形环境	3 个变形序列 10 类构造煤:脆性系列(碎裂煤、碎斑煤、碎粒煤、碎粉煤、片状煤、薄片煤),脆-韧性过渡系列(鳞片煤),韧性系列(揉皱煤、糜棱煤、非均质结构煤)
汤友谊等(2005b)	煤体结构及物性参数	2 类:硬煤(原生结构煤、碎裂煤)和构造软煤(碎粒煤、糜棱煤)
王恩营等(2009)	构造煤的成因、结构和构造	8 类:碎裂煤、碎粒煤、碎粉煤、透镜状煤、片状或鳞片状煤、粉片状煤、揉皱煤、糜棱煤
陈富勇和李翔(2009)	构造煤变形特征	3 类 6 型:碎裂煤(碎裂型和菱形包裹体型)、碎粒(片)煤(片状煤和鳞片型)、碎粉煤(揉皱型和粉末型)

通过表 2-1 的分析,可以将构造煤分类研究历程大致划分为以下 3 个阶段。

第一阶段(20 世纪 50~70 年代):分类的依据主要为煤体的破坏及变形程度,分类的目的主要为矿井生产瓦斯突出灾害的预测与防治，分类中主要涉及煤的脆性破坏（或变形），缺少对煤的韧性变形的认知，因此，在各分类中基本未涉及该方面的内容。

第二阶段（20 世纪 80 年代）：分类的依据和目的与第一阶段具有一定的延续性，以糜棱煤概念的提出为突出标志，但对糜棱煤的变形特征和成因机制缺乏深刻的认识。

第三阶段（20 世纪 90 年代至今）：为构造煤分类发展、细化和完善阶段，最为显著的特征是对煤的韧性变形有了较为深刻的认识，赋予了糜棱煤韧性变形的内涵，并将构造煤成因机制作为分类的依据之一，从脆性和韧性两大系列的划分逐渐发展为脆性、韧性和脆-韧性过渡三大变形系列的划分方案，构造煤的分类取得了实质性的进展。

2.2.2　代表性分类方案

苏联东方煤矿安全研究所 1958 年将煤体结构分为层状构造、微褶皱状构造、褶皱状构造、强烈褶皱状构造 4 类（转引自于不凡，1985），分类主要依据煤体的变形特征，目的是出于煤矿安全角度的考虑，在生产实践中具有一定的应用价值，但分类依据较为单一、类型简单且不够全面，未能反映构造煤的成因机制。苏联矿业研究所 1958 年（转引自于不凡，1985）将煤体结构分为 5 类：Ⅰ-非破坏煤、Ⅱ-破坏煤、Ⅲ-强烈破坏煤、Ⅳ-粉碎煤和Ⅴ-全粉煤（土状煤），分类主要依据构造煤中裂隙发育特征及手试强度（表 2-2），该分类可操作性较强，影响力较大，应用较为广泛，我国《防治煤与瓦斯突出细则》中的煤体破坏类型基本也按此种方法划分（中华人民共和国煤炭工业部，1988），但分类中主要为脆性变形构造煤，缺少韧性变形的构造煤类型。

中国矿业学院瓦斯组（1979）提出煤的破坏类型分类，按煤的突出难易程度分为甲、乙、丙三类（表 2-3），分别对应于苏联矿业研究所分类的Ⅰ～Ⅱ类（难突出煤），Ⅲ类（可能突出煤）和Ⅳ～Ⅴ类（易突出煤），并给出了不同煤类的结构构造和手试强度鉴定特征，以及坚固性数（f）和瓦斯放散初速度（ΔP）参数特征。20 世纪 70 年代末，高凌蔚等（1979）借鉴构造岩的分类方法，提出碎裂变质煤的概念，将构造煤分为初裂角砾状煤、镶嵌角砾状煤、错裂角砾状煤、碎斑状煤、碎粒状煤、鳞片状煤、鱼鳞状碎裂煤和揉皱状煤，并对不同类型的构造煤进行了力学机制成因分析，也给出了类似于韧性变形构造煤类型（如揉皱煤）的概念，但在其分类中未给出相应的解释，而是仅限于变形特征的描述。

20 世纪 80 年代，国际构造岩的研究有了新的发展，特别是 1981 年在美国加利福尼亚州召开的"糜棱岩状岩石的含意和成因"会议之后，构造岩通常被划分为脆性系列构造岩（碎裂岩类）和韧性系列构造岩（糜棱岩类）两大系列。袁崇孚（1986）在构造煤的分类中率先引入了"糜棱煤"的概念，将构造煤分为碎裂煤、碎粒煤和糜棱煤三种类型；陈善庆（1989）通过我国南方构造煤的研究，提出的构造煤分类中，也将糜棱煤作为一种构造煤类型。但分类依据为煤层在构造应力作用下的破碎程度，糜棱煤是指煤在构造作用下已破碎成细粒或细粉状，显然，与韧性变形"糜棱岩"的内涵相差甚远，但"糜棱煤"概念的提出为构造煤的研究开拓了新的领域。侯泉林和张子敏（1990）对糜棱煤的概念进行了较为深入的探讨，指出糜棱煤是构造煤的一种类型，认为糜棱煤具有以下 4 个特征：①具有强化面理、线理或其他流动构造，即以韧性变形为主；②煤层原生结构遭到

表2-2 煤体结构分类及特征[苏联矿业研究所（转引自于不凡，1985）]

破坏类型	层理	节理	光泽	原生裂隙	次生裂隙	裂隙平均间距（最大间距）/mm	裂隙平均宽/mm	手试强度	弹性波传播速度/(m/s)		平均灰分/%
									顺层理	垂直层理	
I	层理清晰呈条带状，泥质和丝质煤的透镜体未遭破坏，且顺层排列	常呈板状和柱状	光亮和半光亮，明显地区分出不同岩相类型	煤中主要存在光亮表面的原生裂隙。顿巴斯煤中通常含有两组、有着光亮面的裂隙，面和平行于干层面的裂隙，垂直层面半暗，其壁面2~3mm（无烟煤）和1~2mm（烟煤）	通常有一组，有时可分为三组，裂隙间距可达10~30cm或更大，裂隙壁面光亮，有擦痕或呈条纹状	1.60 (4.0)	0.027	坚硬，用手可把煤块破裂，但不能粉碎到小粒度	1300	1200	7.0
II	除个别地点外，一般可看到层理和条带。局部地点被次生裂隙掩盖，泥质和丝炭透镜体作顺层理排列	除板状和柱状外，在次生裂隙发育处，呈梳状、菱形和锥形	能分出不同岩相类型的光泽	煤中主要存在光亮表面的原生裂隙。顿巴斯煤中通常含有两组、有着光亮面的裂隙，面和平行于干层面的裂隙，垂直层面半暗，其壁面2~3mm（无烟煤）和1~2mm（烟煤）	不少于三组。裂隙间距为2~10cm	0.50 (1.90)	0.015	用大力可将煤破成>5mm的小块	1200	1100	8.0
III	通常被次生裂隙掩盖。局部地点可在1~0.5cm断口处发现条带；泥质和丝炭平行于干层理，透镜体排列不平行层理	呈细梳状，菱形和透镜体	铅灰色光泽，按光泽区分不出岩相组分	仅在个别地点看到原生裂隙	不少于3组，裂隙间距为0.5~2cm	0.14 (1.20)	0.010	手指用不大力量可将煤破碎成1~5mm的碎屑	1100	950	5.5
IV	看不到层理和条带，看不见泥质和丝炭透镜体	无法查明	半暗、较少情况下为铅灰色	分不出原生裂隙	次生裂隙稠密，以致无法区分个别裂隙。观察生成较晚期的稀疏的裂隙	0.05 (0.88)	0.005	煤松散，用不大力量可将煤研成粉，有时由于二次成矿作用使煤变得较硬	950	800	6.0
V	通常被次生裂隙掩盖。局部地点可在1~0.5cm断口处发现条带；泥质和丝炭平行于干层理，透镜体排列不平行层理，与土状褐煤类似，该类型煤常存在透镜体	无法查明	暗淡目略带褐色	分不出原生裂隙	煤变为土状，通常被后生裂隙切断，类似煤型	0.008 (0.56)	0.004	极软，易研成煤生。有时因二次成矿作用使煤变得较硬	750	650	1.8

表 2-3　煤结构破坏的分类和特征（据中国矿业学院瓦斯组，1979）

参数	破坏类型		
	甲（难突出煤）	乙（可能突出煤）	丙（易突出煤）
层理	清楚，可见条带	不够清楚	不清楚
节理	板状、柱状，间有锥形	细梳状、菱形、透镜状	无法看清
节理面	平整	有擦痕	失去节理面
断口	参差状、贝壳状	参差状、粒状	粒状
光泽	亮与半亮各种类型	半亮半暗各种类型	暗淡
小分层结构	层状、块状，条带明显	透镜状、鳞片状，条带较乱	粒状、土状，失去条带
手试强度	捏不动或捻成厘米级碎块	捻成毫米级碎末	易捻成粉尘
坚固性数 f	＞0.8	0.8～0.3	＜0.3
瓦斯放散初速度 ΔP	＜10	15～20	＞25
裂隙平均间距/mm	＞0.5	±0.15	＜0.1
相应类型	I～II	III	IV～V

严重破坏或被置换；③煤的原生颗粒变细；④发育在一个面状地带内，主要由层间滑动构造造成。明确了糜棱煤的韧性变形特征，并赋予了成因机制的解释。自此，糜棱煤作为一种韧性变形构造煤的概念被普遍接受，并被研究者应用于不同的构造煤分类中。

李康和钟大赉（1992）以南桐鱼田堡煤矿为例，在论述煤岩的显微构造特征及其与瓦斯突出的关系中，按照煤岩的主要变形特点，把变形不强的煤称为非构造煤，其他依构造变形强度及类型分为微裂隙煤、微劈理煤、碎裂构造煤和糜棱构造煤，并认为后两者分别相当于动力变质中形成的碎裂构造岩和糜棱构造岩，着重指出糜棱构造煤不仅是煤岩的粒径小，而更重要的是具有韧性变形的特征，煤岩物质定向排列而出现面理构造（流动构造），并讨论了糜棱煤的显微构造特征，认为糜棱岩中的粒内应变效应、核幔构造、不对称显微构造（不对称眼球状构造）、残碎斑晶、压力影构造、石香肠构造和基质的流动构造等在糜棱煤中也可以观察到，但很难辨别晶内变形现象，首次以研究实例论述了糜棱煤的韧性变形特征。这一研究成果对构造煤的研究起到了积极的推动作用，并被众多的研究者在构造煤的分类中借鉴和应用。

朱兴珊等（1995）依据煤体宏观破坏类型将煤体结构分为完整型和破坏型两类，除 I 型属于未破坏的完整型原生结构煤类之外，其余按照破坏程度由弱到强划分为破坏煤类的 II-1、II-2、III-1、III-2、IV-1 和 IV-2 3 型 6 种，并将 III 和 IV 型破坏煤统称为软煤，其中糜棱煤为其显微破坏结构的主要类型之一。侯泉林等（1995）将构造煤的形成机制划分为脆性机制的碎裂煤类和韧性机制的糜棱煤类两大系列，并根据基质与残斑的比例、残斑大小及原生结构煤条带的保存程度，将糜棱煤类细分为初糜棱煤、糜棱煤和超糜棱煤 3 种类型。

曹代勇等（2002）基于大别造山带北麓石炭系构造煤的研究，将构造煤划分为脆性变形和韧性变形两大类 6 种类型（表 2-4），由于研究区域的局限性，构造煤的类型不够齐全，但在韧性变形构造煤中提出了非均质结构煤的概念，并认为此类构造煤中多见线状、条带状、片状等波状消光现象，未能从其结构构造上给出与其他韧性变形构造煤类型的差异性，作为韧性变形构造煤的一种类型在识别上存在一定的难度。

表 2-4 煤的构造变形类型划分简表（据曹代勇等，2002）

类型	变形机制	变形环境
碎裂煤	脆性变形	挤压或无方向性的张裂，且张裂作用占主导地位
碎斑煤		
鳞片煤		强烈剪切应变环境
碎粉煤		强烈破碎带，也可能是鳞片煤后期改造结果
非均质结构煤	韧性变形	在构造应力作用下，由于高地温背景引起韧性流变
揉流糜棱煤		高温、高应力地质环境，构造变形达到煤的大分子结构尺度

姜波和琚宜文（2004）根据构造煤结构特征及其形成的环境条件，结合构造岩的分类方法，将构造煤分为碎裂煤和糜棱煤 2 个系列，包括碎裂煤系列的初碎裂煤、碎裂煤、碎斑煤和碎粒煤以及糜棱煤系列的鳞片煤、揉皱煤和糜棱煤 7 种类型（表 2-5），在给出的鉴定特征中，明确了糜棱煤的塑性流变特征，并将鳞片煤和揉皱煤归入韧性变形糜棱煤系列及其脆-塑性的叠加变形特征。指出碎裂煤系列是脆性变形环境中的产物，以裂隙发育和颗粒的破碎为主要特征；而糜棱煤系列则是以塑性流变为主，可以出现似变形纹、眼球构造和似碎斑系等特征构造，并具有脆性变形的叠加。

表 2-5 构造煤类型及其特征（据姜波和琚宜文，2004）

特征	碎裂煤系列				糜棱煤系列		
	初碎裂煤	碎裂煤	碎斑煤	碎粒煤	鳞片煤	揉皱煤	糜棱煤
结构构造	原生结构，构造保存完好	碎裂结构，原生结构、构造尚可识别，无定向性	碎斑结构，可明显分出两个不同的粒级，略显定向性	碎粒结构，细粒状，大小为1mm左右，定向性显著	鳞片状结构、块状构造	揉皱状、麻花状结构，不规则团块状构造	似糜棱结构，透镜状构造
节理	较为稀疏，方向性明显	较为密集，多组相互交切	十分发育，交织成网格状	十分密集，但无法确定单条节理	十分密集，但无法确定单条节理	十分密集，但无法确定单条节理	十分密集，但无法确定单条节理
原生裂隙	内生裂隙可以分辨	内生裂隙尚可分辨	内生裂隙较难分辨	难分辨	难分辨	难分辨	难分辨
破碎程度	被节理切割为大小不等的棱角状碎块，一般>10cm	碎块大小为3cm左右，略有磨圆，碎块间有一定的位移	碎斑大小一般为1~3cm，含量50%左右	碎斑少见，粒度较为均匀	鳞片状或糜棱状碎片，碎基含量一般>50%	破碎程度高，由碎粉状煤粒构成揉皱结构	碎基呈糜棱状，含量一般>50%
光性变异	镜质组反射率无明显优选方位	镜质组反射率略具优选方位	镜质组反射率优选方位较显著	镜质组反射率具显著优选方位	镜质组反射率具一定的优选方位	镜质组反射率无明显优选方位	镜质组反射率优选方位十分显著
变形机制	脆性变形弱→强				脆性与塑性变的叠加	脆性与塑性流变的叠加	塑性流变为主

琚宜文等（2004a）以沁水盆地和两淮煤田构造煤的研究为基础，结合前人的研究成果，以构造煤的手标本或钻井煤心为尺度，按构造变形机制分为脆性变形、脆-韧性过渡和韧性变形 3 个变形序列的 10 类煤（表 2-6），显著的特点是划分出了脆-韧性过渡系列构造煤，其代表性的构造煤类型为鳞片煤，进一步完善了构造煤的分类方案。另外，在脆性变形系列中依据变形特征的差异性，将一组裂隙发育为显著特征的构造煤划分出片状煤和薄片煤 2 个类型；分类中还延续了曹代勇等（2002）的认识，将非均质结构煤作为韧性变形构造煤的一种类型，并认为其结构构造为团块状和透流状，但物理变形不明显，这与韧性变形构造煤的总体特征不是很吻合。尽管如此，该分类的提出使构造煤研究得以深化，对后续的构造煤研究具有重要的参考价值和借鉴意义，如屈争辉（2010）在其博士学位论文中，针对淮北矿区低中煤级构造煤的发育特征，将构造煤划分为脆性系列初碎裂煤、块状碎裂煤、片状碎裂煤和碎斑煤，脆-韧性系列的鳞片煤以及韧性系列揉皱煤和揉皱糜棱煤；李明（2013）通过淮北矿区低中煤级构造煤和阳泉矿区无烟煤构造煤的研究，将构造煤划分为碎裂煤、片状煤、碎斑煤、碎粒煤、鳞片煤、揉皱煤和糜棱煤 7 种类型，进一步划分出了 19 个亚类，并重点讨论了构造煤中裂隙摩擦面的发育及变形特征。

表 2-6　构造煤的结构-成因分类（据琚宜文等，2004a）

变形系列	构造煤类型	光泽	结构构造	构造裂隙、揉皱	裂隙密度	破碎程度	微观特征
脆性变形系列	碎裂煤	亮与半亮	条带状结构可见，层状构造可保存完好	2 组以上裂隙，无明显位移	构造裂隙 3~10 条/10cm	较坚硬，不易捏碎	张裂隙、剪切裂隙、张剪裂隙、压剪裂隙
	碎斑煤	亮与半亮	原生结构隐约可见，可见碎块状构造	2 组以上裂隙，碎斑有相对位移	10~25 条/10cm	捏成 1~5cm 的碎块，棱角状	
	碎粒煤	半亮与半暗	原生结构消失，层理无次序	2 组以上裂隙，碎粒发生旋转	25~50 条/10cm	捏成 1~5cm 的碎块	
	碎粉煤	暗淡	原生结构消失，呈粉末状	颗粒无明显方向性	10~25 条/10cm	捏成粉末状	
	片状煤	亮与半亮	条带结构可见，层状构造保存较好	1 个方向的裂隙，面无或较少滑移	25~50 条/10cm	捏成 1~5cm 的扁平碎块	
	薄片煤	暗淡	原生结构难见，层理不显	1 个方向的裂隙，面有滑移，可见滑劈理	—	捏成 1~5cm 碎块	
脆-韧性过渡系列	鳞片煤	暗淡	原生结构消失，鳞片构造形成	2 个以上方向的裂隙，颗粒剪切揉皱，可发生旋转	—	捏成 0.5~1.0cm 颗粒或小薄片	剪切裂隙、劈理
韧性变形系列	揉皱煤	暗淡	原生结构消失，具揉皱构造	煤体揉皱	—	捏成 0.5~1.0cm 颗粒或小薄片	揉皱构造、S-C 构造、眼球状构造、波状消光等
	糜棱煤	暗淡	原生结构消失，具揉皱构造	颗粒定向排列，具流动构造		捏成粉末状	
	非均质结构煤	半亮与半暗	原生结构消失，团块状，透流状	物理变形不明显	—	较难捏成碎块	

注："—"表示这些构造煤中，裂隙不再是鉴别的主要特征。

王恩营等（2009）认为片状序列构造煤是构造煤中最为常见的一种类型，将脆性系列的构造煤进一步划分为片状序列和粒状序列，其中片状序列包括透镜状构造煤、片状构造煤或鳞片状构造煤和粉片状构造煤，并对其成因机制进行了探讨，认为是煤层在受到顺层剪切应力作用下形成的。

2.2.3 构造煤分类原则及分类方案

以上分析表明，构造煤的分类还存在较大的分歧，主要是由于分类依据的差异性和分类目的的不同，但构造煤的分类趋向于细化和系统化，将构造煤的结构特征与形成的应力-应变环境相结合是目前分类的主要发展趋势（姜波等，2016）。著者在综合分析和借鉴前人研究成果的基础上，结合长期的研究积累，提出构造煤分类的新方案。

1. 构造煤分类原则和依据

（1）基于构造煤类型识别的便利性、可操作性和分类的准确性，宜采用宏观（手标本）和微观（显微镜下）变形分析相结合的方法进行，宏观分析可以确定构造煤的大类，而微观分析是构造煤类型划分的主要依据。

（2）构造煤分类中应能够涵盖不同变形特征的构造煤，根据目前的研究现状，拟划分为脆性、韧性和脆-韧性过渡3个系列。

（3）为了方便对比研究和术语上的相通性，构造煤类型的划分和命名可以借鉴构造岩的相关术语，但要能反映构造煤的特殊性。

（4）为了体现构造煤对构造的指示作用，分类中考虑不同类型构造煤形成的应力作用特征及其变形环境。

（5）构造煤分类中应以反映一期构造作用导致的煤变形特征为主导，而多期构造作用则属于构造煤变形的叠加与改造，其表现形式多样、结构构造较为复杂，可以在分类的基础上采用复合命名的方法予以确认。

2. 构造煤分类新方案

根据以上提出的构造煤分类原则和依据，重点参考和借鉴了侯泉林等（1995）、姜波和琚宜文（2004）、琚宜文等（2004a）和王恩营等（2009）的分类方法，结合著者多年的研究成果及其对构造煤的理解与认识，特提出构造煤分类新方案（表 2-7）。该方案中包括脆性、脆-韧性过渡和韧性3个变形系列、5个构造煤类别和9个构造煤类型。

在脆性变形系列中，依据构造煤中变形和应力作用特征，划分为碎裂和片状2个构造煤类别；在碎裂构造煤类中按照变形由弱到强依次划分为初碎裂煤、碎裂煤、碎斑煤和碎粒煤4种典型类型。前人将强烈脆性变形的构造煤进一步分为碎粒煤和碎粉煤，其依据主要是煤碎基颗粒的大小，但该类煤裂隙的显现特征不够突出，结构极为松软，采样和制样均十分困难，微观变形辨识特征不是十分显著，故本方案不再细分，而统一划归为碎粒煤，代表了最强的脆性变形构造煤类型。由于片状构造煤类特殊的成因机制和结构构造特征，在分类方案中将其划分为片状煤和薄片煤2种类型。

表 2-7　构造煤分类新方案

变形系列	类别	类型	宏观鉴定特征				微观结构特征	应力作用特征	变形环境及变形性质
			光泽	原生结构构造显现性	节理发育程度及结构特征	手试强度			
脆性变形系列	碎裂构造煤类	初碎裂煤	亮与半亮	清晰可辨	稀疏，<2条/10cm，1~2组方向性显著	坚硬，不易捏碎	原生结构保存完好，发育1~2组稀疏的微节理，5~10条/cm	压应力、剪应力或张应力	低温压、脆性
		碎裂煤	亮与半亮	可辨	较稀疏~较密集，3~10条/10cm，多组方向，多组结构显著	较坚硬，手掰呈5cm左右的碎块	原生结构尚可识别，微节理相互交织，多组节理相互交织，>10条/cm	压应力、剪应力或张应力	低温压、脆性
		碎斑煤	半亮与半暗	难辨	密集，10~30条/10cm，多组方向，碎斑结构显著	较疏松，手捏呈1~5cm的碎块	原生结构不可见，微斑发育，方向紊乱，碎斑大小0.5~2mm，含量>50%，碎基<50%	压应力、剪应力	低温压、脆性
		碎粒煤	半暗与暗淡	不可辨	十分密集，难以统计，方向紊乱	疏松，手捏呈<1mm的碎粒或粉末	破碎等粒结构，粒径<0.1mm的碎基>50%，具弱定向性排列，碎斑基本不见	压应力、剪应力	低温压、脆性
	片状构造煤类	片状煤	亮与半亮	可辨	一组节理发育，破碎成厚度为0.5~5cm的片状或薄板状	较坚硬，手捏成薄板状	原生条带结构可见，一组节理较密集近乎平行发育，1~2条/mm	剪应力	低温压、脆性
		薄片煤	半亮与暗淡	不可辨	一组节理密集发育，破碎成厚度为<0.5cm的薄片状	较疏松，手捏成薄片状或碎块	原生结构不可见，一组节理近乎平行发育，>2条/mm，沿微节理面的剪切滑动显著，定向性较显著	剪应力	低温压、脆性
脆-韧性过渡系列	鳞片构造煤类	鳞片煤	半亮与暗淡	不可辨	以一组密集的优势节理为主，呈不规则鳞片状及揉皱片状	疏松，手捏成鳞片状或粒状	原生结构不可见，2组以上节理密集，鳞片状及碎斑结构，定向性显著	压应力、剪应力	较高温压、脆-韧性过渡
韧性变形系列	揉皱构造煤类	揉皱煤	半亮与暗淡	尚可识别	揉皱状、揉花构造显著	疏松，手捏成碎粒状	原生条带结构尚可识别，以微揉皱构造为典型特征，可见揉皱构造发育，节理面常呈弯曲状	压应力、剪应力	较高温压、韧性
	糜棱构造煤类	糜棱煤	暗淡	不可辨	似糜棱结构，基质定向性排列，显示流动构造，可见残迹	疏松，手捏成碎粒或碎粉状	原生条带结构不可识别，基质定向排列，固态流变，显著；糜棱结构，带状构造，可见碎斑和残斑球等构造，残斑粒径0.1~1mm，基质：糜棱结构，基质粒径<0.02mm，含量>50%，残斑粒径<50%	压应力、剪应力	较高温压、韧性

韧性变形系列中，依据结构构造特征显著差异划分出揉皱构造煤类与糜棱构造煤类2类，代表性构造煤类型分别为揉皱煤和糜棱煤，同样由于该类构造煤结构松软、采样和制样均十分困难，不再作进一步构造煤类型的划分。鳞片煤具有碎裂摩擦滑动及韧性流动的复合变形特征，是脆-韧性变形系列的代表性构造煤类型。

2.2.4 构造煤分类的意义及应用价值

构造煤结构构造演化有一定的规律，在一定程度反映了构造煤形成环境的复杂性、变形机制的多样性及其转换的规律性。构造煤分类新方案将构造煤结构构造与应力作用和应变环境相结合，给出了不同类型构造煤的宏观及微观鉴定的主要特征，不仅有利于构造煤类型的判别，并且赋予了应力-应变环境的含义，为构造煤形成机制分析提供了一定的基础。构造煤的新分类在煤层气储层评价和煤与瓦斯突出预测领域均具有重要的参考意义和借鉴价值，初碎裂煤及碎裂煤（为了讨论问题的方便，在后续的分析中统称为弱变形构造煤）煤体较为坚硬，发育了程度不等的构造裂隙，在一定程度上提高了煤储层的渗透性，因此，不仅是煤层气开发的有利储层，而且是煤与瓦斯的非突出煤层；变形强的脆性系列、脆-韧性过渡系列和韧性系列构造煤（在后续的分析中统称为强变形构造煤，主要包括碎粒煤、薄片煤、鳞片煤、揉皱煤和糜棱煤）由于变形强、煤质松软，不利于煤层气开发，并且是易发生煤与瓦斯突出的构造煤类型，尤其是韧性变形系列构造煤更是极易发生煤与瓦斯突出的构造煤类型；中等脆性变形程度的碎斑煤和片状煤（在后续的分析中统称为中等变形构造煤）则为过渡类型（图2-1）。

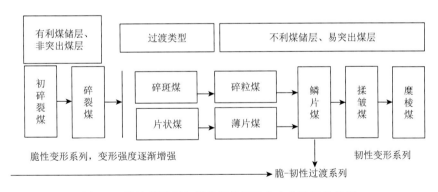

图 2-1 构造煤类型与煤储层类型及突出危险性的关系

图2-1体现了构造煤分类的实践应用价值，用于瓦斯突出预测和煤层气开发的生产实践，通过分析构造煤宏观变形特征则可以做出相应的判断，方法简单易行、可操作性强。构造煤类型的进一步划分对于揭示煤的变形机理是十分必要的，并且随着研究的不断深入和新现象的发现，构造煤的分类可能会更加细化和全面，尤其是韧性系列构造煤更是值得重点关注的领域，期待从本质上揭示煤变形的微观机理及其影响因素，促进构造煤理论的进一步发展和完善。

3 构造煤形成的构造控制机理

我国煤田多期、不同性质的构造演化及其叠加改造是构造煤普遍发育的关键控制因素，不同煤田处于不同的构造背景下，构造的演化路径和构造发育具有各自显著的特色，从而导致了构造煤发育和分布的非均质性。断裂和褶皱是影响煤变形的重要构造类型，不同性质、不同规模的断裂构造以及不同类型、不同规模的褶皱构造作用控制了不同类型构造煤的发育及其分布规律。因此，以区域构造背景分析为基础，深入研究不同类型、不同性质构造对煤变形的影响及其作用特征，是揭示构造煤形成构造动力学机制的重要研究内容。

研究表明，变形强烈、煤质松软、力学强度低的构造煤发育区是瓦斯突出最危险的区域，几乎所有的煤与瓦斯突出都发生在构造煤发育区（张子敏，2009），构造煤的发育是煤和瓦斯突出的一个必要条件（袁崇孚，1986）。因此，瓦斯赋存与突出非均质性分布特征在一定程度上也反映了构造煤发育的差异性。本书研究的重点区域为安徽淮北矿区和山西阳泉矿区（图3-1）。淮北矿区位于华北板块东南缘，受徐宿弧形双冲-叠瓦扇逆冲推覆

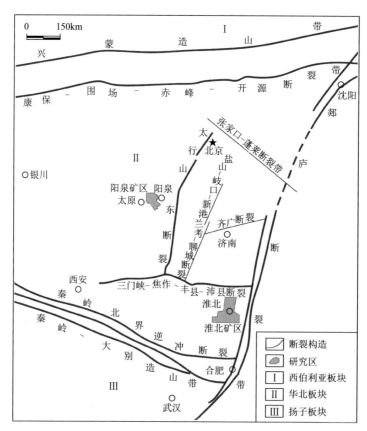

图 3-1　研究区构造位置图（据吴智平等，2007，修改）

构造的影响（王桂梁等，1992a），构造变形强烈，构造煤发育普遍；阳泉矿区位于华北板块中部沁水盆地的北东端，太行山隆起带西侧的寿阳-阳泉单斜带，虽然构造变形较弱，但煤层变形较为强烈，不同类型的构造煤都有不同程度的发育。这两个矿区瓦斯地质条件较为复杂，据统计淮北矿区现有的 36 对国有和地方煤矿中，突出矿井 18 对、高瓦斯矿井 11 对和瓦斯矿井 7 对（张子敏和吴吟，2014）；阳泉矿区阳煤集团 11 对生产矿井中，煤与瓦斯突出矿井 4 对，高瓦斯矿井 7 对，反映了不同的构造类型和变形强度对煤变形的影响，即使在同一矿区中不同矿井或采区瓦斯地质条件也存在较大的差异，可能反映了构造煤发育非均质性对瓦斯赋存与突出的影响。

3.1　区域构造背景及演化

华北地台由太古宙、古元古代的变质岩系组成基底，中元古代-三叠纪为稳定地台沉积盖层的广泛发育阶段，中晚三叠世的印支运动是华北板块演化的重要转折期（王鸿祯，1982），中国中东部地区经历了华北、扬子和华夏陆块碰撞-拼贴的过程，形成了古中国大陆和古亚洲大陆的雏形（董树文等，2007）。印支运动之后，三叠纪形成的近 EW 向的构造系统在侏罗纪转变成 NE—NNE 向的构造系统，环太平洋构造主导了我国东部或亚洲东部的构造演化（赵越等，2004），中国大陆进入陆内构造变形阶段。

3.1.1　地台稳定盖层发育及聚煤期

华北地台稳定盖层演化阶段从震旦纪到晚古生代，中奥陶世后受到加里东运动的影响，本区整体隆起，导致晚奥陶世至早石炭世沉积缺失，全区经历了长期剥蚀、夷平和准平原化，为晚古生代含煤建造的沉积创造了有利条件。

晚古生代含煤建造是在早古生代末华北整体隆起后，再次发生海侵接受沉积开始的。华北的古地理环境随构造发展而变迁，晚古生代聚煤期间是一个北高南低的波状大型聚煤拗陷，华北聚煤区按构造控制作用可划分为阴山隆起区、华北拗陷区和秦岭隆起区三个近 EW 向的构造区，同时又受到贺兰山、山西和冀鲁皖近 NS 向构造的影响，具有"南北分带、东西分区"的特点。自晚二叠世开始，地台整体上升转为陆相沉积，同时地台的东、西差异较为明显，表现出地台有活动性增强的趋势。

3.1.2　中新生代构造改造期

华北地台石炭-二叠系煤系形成以后，经历了印支、燕山和喜马拉雅等多期次构造运动的影响，多期构造的发育、叠加与改造对煤层赋存、煤体变形以及构造煤的发育和分布具有重要控制作用。

1. 印支-燕山早期近 NS 向构造挤压作用

三叠纪末期的印支运动是中国东部大陆地质发展史的重大转折，中国大陆中东部的南秦岭-大别山-苏鲁印支造山带为华北和扬子板块印支期碰撞的结果（许志琴等，2013），正是这次碰撞以及华南板块的快速向北运动产生的强大挤压力，导致了两板块之间的地壳大规模缩短和秦岭造山带的形成（张国伟，1988）。在此期间，华南板块与华北板块均向 NE 方向运移，但华南板块的运移速度更快一些，华北板块向北运移与兴蒙褶皱带内各地碰撞，使中国东部从此成为欧亚大陆板块的一部分（万天丰，1993）。华北板块处在华南板块与西伯利亚板块的挤压格局之中，最大主应力轴的平均方向为 179°～359°，倾角 2°～3°；最小主应力轴的平均方向为 88°～268°，倾角几近水平；中间主应力轴略有偏斜，平均倾角 83°（张泓等，1995）。陆壳板块碰撞产生的强大挤压力逐渐波及板块内部，使华北板块在三叠纪末期整体隆起，结束了统一拗陷接受沉积的历史。陆壳板块碰撞对接后，板块之间的相互作用并未停止，陆内俯冲和多层次滑脱是其主要的表现形式（马杏垣等，1983）。

这种水平挤压应力场由华北板块边缘向内部逐渐减弱，淮北地区的北部和南部分别形成了丰沛、蚌埠等近 EW 向的隆起构造以及与其相伴生的同向逆断层，但对淮北煤田的影响较小，基本没有改变聚煤期的构造格局及煤层展布特征；煤层的构造变形较为微弱，基本保持了煤层的原始结构构造特征（姜波等，2001）。在沁水盆地北部近 EW 至 NEE—SWW 向的褶皱和断裂构造有一定程度的发育，而向盆地内部逐渐减弱，盆地整体隆起抬升，地层遭受剥蚀，煤层的埋深减小，导致大部分区域缺失上三叠统和下侏罗统沉积，多数地区中侏罗统不整合于中三叠统之上（山西省地质矿产局，1989）。

2. 燕山中、晚期 NW—SE 向挤压-伸展交替作用

燕山期华北地区区域构造应力场发生了根本性的变革，最大主压应力轴由早中生代的近 NS 向至中生代转为 NW—SE 向，主要为挤压体制（马杏垣等，1983）。中国大陆东部在晚中生代经历着挤压与伸展的多次交替，主要经历了中侏罗世的挤压—晚侏罗世晚期伸展—早白垩世挤压—晚白垩世伸展的构造演化，伸展活动持续时间较长，这些构造过程反映了古太平洋板块俯冲速度与角度在中生代时期的多次调整（朱日祥和徐义刚，2019）。任纪舜等（1990）认为燕山运动是华北乃至中国东部至关重要的一次构造作用，是中国东部中生代压倒性的构造事件。从中晚侏罗世到白垩纪期间，构造变形以 NE 走向为主（王瑜等，2018）。燕山期中国东部中晚侏罗世到白垩纪期间，时代大约是 165Ma（董树文等，2007），最显著的标志是华北陆块普遍发育的上侏罗统与下伏地层的角度不整合，可能的动力作用是西太平洋板块向东亚大陆边缘以高速低角度俯冲；中国大陆东部构造在晚侏罗世的燕山构造运动时期发生重大变化，形成一系列 NNE 走向的断裂、盆地等伸展构造形迹（任纪舜等，1980），晚侏罗世晚期华北陆块东部出现岩浆活动与裂谷盆地（吴智平等，2007），表明这个时期华北陆块东部的构造环境已经转变为伸展状态，导致构造环境重大转折的动力学因素主要是西太平洋板块的俯冲由低角度转变为高角度（郑永飞等，2018）；早白垩世（约 138Ma）中国东部又表现为一次挤压事件，华北陆块广泛发育的地壳缩短

和褶皱变形，盆地反转与短暂的区域抬升，其地球动力学机制就是西太平洋板块俯冲角度逐渐变低。在 130～120Ma，西太平洋板块可能已经变成高角度俯冲，这个时期的岩浆活动广泛分布于整个华北陆块东部和中部地区（朱日祥和徐义刚，2019），晚白垩世进入构造宁静期及伸展构造发育阶段。

燕山运动时期，西太平洋板块以低缓角度快速向亚洲大陆俯冲，产生的 NWW—SEE 向挤压构造应力场导致了徐宿逆冲推覆构造的形成并对煤层赋存和煤体变形产生了深刻影响，也是奠定沁水盆地 NNE—SSW 向复式向斜的构造格局的关键构造期，控制了沁水盆地煤层气的成藏（秦勇等，2008），在沁水盆地的东缘发育了走向 NNE—SSW 的褶皱与逆冲断层，如位于沁水煤田东部的晋获断裂带，是构成华北断区块吕梁-太行断块沁水块拗与太行山块隆之间的构造分界，中生代时期为向东扩展的逆冲-褶皱带（曹代勇等，1998）。

3. 喜马拉雅期构造伸展作用

中新生代末以来，华北陆块主要的伸展滑脱作用开始于白垩纪末，并经历了 69～52Ma 和 23～18Ma 两个快速变动阶段，沿太行山山前断裂主要的伸展滑脱作用开始于晚白垩世末，局部应力场表现为 NW—SE 方向上的近水平拉张（张家声等，2002）。喜马拉雅期构造伸展作用使得淮北煤田和沁水盆地构造进一步复杂化，不仅形成了一些新的正断层，并且导致了早期断层的再次活动及性质的转变，对煤田或矿井中正断层较为普遍的发育具有重要影响。

3.2　淮北矿区构造特征及其对构造煤发育的控制

淮北矿区位于安徽省北部地区，地处苏鲁豫皖四省之交，为我国石炭-二叠纪重要的聚煤区，煤炭资源储量丰富，矿区东西长约 140km，南北宽约 110km，面积约 15400km^2。

3.2.1　地质概况

淮北矿区在大地构造位置上属于华北板块东南缘，南北夹持于蚌埠隆起与鲁西隆起及鲁西南拗陷之间，东邻郯庐断裂带，西临河淮沉降区（图 3-2）。

1. 区域地层与含煤地层

1）区域地层

淮北地区属华北石炭-二叠纪聚煤区东南缘，属于华北地层大区的徐淮地层，区域沉积体系具有典型的南相北型煤田特点（韩树棻，1990）。本区发育的地层主要有新元古界的震旦系，古生界的寒武系、奥陶系、石炭系、二叠系，中生界的三叠系、侏罗系、白垩系，新生界的古近系、新近系和第四系（表 3-1），区内的基岩出露面积比较小，多为第四系覆盖，古老的结晶基底地未见揭露，盖层发育良好。

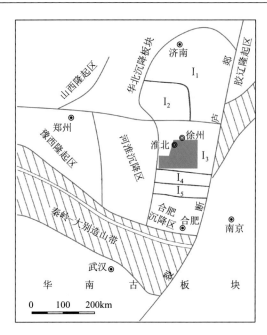

图 3-2 淮北矿区构造位置图（据王桂梁等，1992a，修改）

I₁-鲁西隆起；I₂-鲁西南拗陷；I₃-徐宿拗陷；I₄-蚌埠隆起；I₅-淮南拗陷

表 3-1 淮北矿区区域地层简表

界	系	统	组	代号	厚度/m	主要岩性
新生界	第四系	全新统	大礅组	Q_4d	5～15	粉砂质黏土与黏土质粉砂互层
			怀远组	Q_4h	20～50	粉砂质黏土，黏土质砂，砂砾石
		上更新统	茆塘组	Q_3m	15～35	砂质黏土，细-粉砂，含钙质结核及铁锰
		中更新统	潘集组	Q_2p	40～60	砂质黏土与含砾粗砂，中-细砂互层
		下更新统	蒙城组	Q_1m	67～197	细粉砂，砂质黏土，时呈互层
	新近系	上新统	明化镇组	N_2m	598～745	粉砂岩，粉砂泥岩，中砂岩，泥质粉砂岩，含铁锰质结核
		中新统	馆陶组	N_1g	243～305	泥岩与泥质粉砂岩互层，细砂岩，含砾粗砂岩
	古近系	始新统	界首组	E_2j	513	粉砂质泥岩与细砂岩，泥质粉砂岩互层
		古新统	双浮组	E_1s	692～714	细砂岩与泥岩、粉砂质泥岩互层
中生界	白垩系	上统	王氏组	K_2w	>400	中细粒砂岩，含砾砂岩，砂质泥岩和粉砂岩等
		下统	青山组	K_1q	99～562	中细粒砂岩、泥岩、泥质粉砂岩为主，夹粉砂岩和灰岩
	侏罗系	上统	黑石渡组	J_3hs	78～190	砂质页岩、页岩夹砂岩；中细粒长石石英砂岩，含砾砂岩
			毛坦厂组	J_3m	450	为一套陆相基性火山岩和火山碎屑沉积岩
	三叠系	下统	和尚沟组	T_1h	>123	泥岩、砂质泥岩为主，夹粉砂岩或含砾细砂岩
			刘家沟组	T_1l	193～313	石英砂岩、粉砂岩夹薄层砂质泥岩和层间砾石岩

续表

界	系	统	组	代号	厚度/m	主要岩性
古生界	二叠系	上统	石千峰组	P_3s	>1000	中粗粒长石石英砂岩或砂岩，粉砂岩，泥岩，含钙质结核
		中统	上石盒子组	P_2s	150～660	粉砂岩，泥岩，砂岩和煤层组成
			下石盒子组	P_2x	139～305	泥岩，粉砂岩，中、细砂岩和煤层组成；下部含铝质泥岩
		下统	山西组	P_1s	31～140	泥岩，粉砂岩，砂岩及煤层
	石炭系	上统	太原组	C_2-P_1t	110～150	灰岩，砂岩，泥岩，碳质泥岩及薄层煤层
			本溪组	C_2b	3～40	泥岩，铝质泥岩，局部夹薄层灰岩
	奥陶系	中统	白土组	O_2b	34～41	灰质白云岩，白云岩，夹薄层-中厚层灰岩
			马家沟组	O_2m	150～200	豹皮状白云质灰岩，灰岩
		下统	萧县组	O_1x	250	灰岩，白云质灰岩，灰质白云岩
			贾汪组	O_1j	3～18	杂色页岩，泥质白云岩，白云质灰岩
			三山子组	O_1s	20	白云岩，硅质条带白云岩
	寒武系	上统	凤山组	Є_3f	108～196	含泥质白云岩，白云质灰岩，含灰质白云岩夹薄层灰岩
			长山组	Є_3c	21～66	鲕状白云质灰岩，豹皮状、竹叶状灰岩
			崮山组	Є_3g	28～87	薄-中厚层鲕状含白云质灰岩，灰岩
		中统	张夏组	Є_2z	177～265	中厚层鲕状白云质灰岩，具豹皮状构造，局部含叠层石
			徐庄组	Є_2x	84～146	鲕状含白云质灰岩，灰岩，石英砂岩
			毛庄组	Є_2m	13～37	页岩，灰岩，粉砂岩，含白云质灰岩
		下统	馒头组	Є_1m	249～325	灰岩，泥质灰岩，豹皮状、鲕状、竹叶状灰岩，杂色页岩
			猴家山组	Є_1h	36～50	含砾砂质灰岩，泥灰岩，白云岩，砾岩，豹皮状灰岩
新元古界	震旦系	上统	沟后组	Z_2g	116	中粒石英砂岩，泥灰岩，白云岩，含燧石结核
			金山寨组	Z_2j	23	页岩，细砂岩，灰岩，含叠层石
			望山组	Z_2w	473	泥质条带白云质灰岩，页岩，含燧石结核灰岩
			史家组	Z_2s	401	中厚层条带状白云质灰岩，泥灰岩，页岩，含铁钙质结核
		下统	魏集组	Z_1wj	319	灰岩，钙质页岩，泥灰岩，含叠层石灰
			张渠组	Z_1zh	135～378	灰岩，含白云质灰岩，钙质页岩，结晶白云岩，含叠层石
			九顶山组	Z_1jd	613～113	灰岩，白云岩，底部夹竹叶状灰岩
			倪园组	Z_1n	370	泥质条带灰岩，灰质白云岩及泥、砂质白云岩
			赵圩组	Z_1z	66～230	叠层石灰岩，灰岩泥质条带状灰岩
			贾园组	Z_1j	43～453	下段为浅黄、灰白色中厚层石英岩状砂岩，细砂岩，上部夹浅黄色薄层粉砂岩、砂质页岩
			四十里长山组	Z_1ss	>24	巨厚层岩细粒含铁、钙质石英砂岩，钙质页岩

2）含煤地层

淮北矿区主要含煤地层为上石炭统-下二叠统太原组（C_2-P_1t），下二叠统山西组（P_1s）、中二叠统下石盒子组（P_2x）和上石盒子组（P_2s），总厚度约 1200m。太原组煤层发育较差，厚度较薄且多不稳定；山西组、下石盒子组和上石盒子组煤层层数多，厚度大，大多较为稳定。

（1）太原组（C_2-P_1t）：该组隐伏于山西组及中新生代地层之下，地表仅见零星露头，地层厚度 120～160m，主要由灰色灰岩、砂岩、粉砂岩、泥岩、碳质泥岩及煤层组成。含煤 1～11 层，煤层薄且多不稳定，仅局部达可采厚度，煤质较差，灰分和硫分均较高，属次要含煤层段。

（2）山西组（P_1s）：与太原组连续沉积，全区广泛分布，但地表极少出露，为主要含煤层段之一。地层厚度 96～143m。岩性主要为黑灰色、灰白色各种粒度的砂岩，其次为灰色粉砂岩、泥岩和煤层等。发育两层煤，即 10 号和 11 号煤层，其中 10 号煤层较为稳定，是主要可采煤层。

（3）下石盒子组（P_2x）：与山西组连续沉积，分布广泛，岩性以浅灰色中细粒砂岩、灰黑色粉砂岩、泥岩和砂质泥岩夹煤层为主，厚 115～135m，为主要含煤地层。煤层一般发育 5～8 层，自下而上有 9 号、8 号、7 号和 6 号煤层，但常见煤层的合并与分叉，其中 8 号和 7 号煤层为主要开采煤层。

（4）上石盒子组（P_2s）：与下石盒子组呈连续沉积，岩性为灰白色中粒砂岩、灰色粉砂岩、深灰色及花斑泥岩和煤层，厚度 380～640m，为主要含煤地层之一，以 3 号煤层较为稳定，3_2 号煤层全区基本可采，顶部为一厚层灰绿色中至细粒砂岩、粉砂岩和砂质泥岩组合。

2. 构造

研究区自印支期以来经历了多期不同方向、不同性质和不同强度构造应力场的转换与叠加，主要为印支期近 NS 向的构造挤压、燕山期 SEE 向挤压应力作用以及喜马拉雅期伸展拉张作用（姜波等，2001）。尤其在燕山期 SEE 向挤压应力作用下，本区形成了一个十分醒目的总体 NE 向延伸、向西凸出的弧形构造——徐（州）宿（州）弧形双冲-叠瓦扇逆冲推覆构造（图 3-3 和图 3-4），对煤层的赋存与保存以及瓦斯的生成、运移与聚集起到了关键的控制作用，也是控制矿区内不同矿井构造煤发育及瓦斯赋存差异性的关键构造事件。

3.2.2　徐宿推覆构造特征

徐宿推覆构造北邻丰沛隆起，南至蚌埠隆起，东止于郯庐断裂带，西部前锋可达利国-萧县-宿州-西寺坡一线，由一系列呈弧形弯曲的线性紧闭不对称褶皱、走向逆冲断层组成，与中国东部区域构造总体特征显得极不协调（王桂梁等，1992a）。卷入逆冲推覆的地层有新元古界青白口系、震旦系、古生界寒武系、奥陶系、中-上石炭统、二叠系及中生界下三叠统，后期的断陷盆地被中生界侏罗-白垩系所充填。徐宿推覆构造具有 NS 分段和 EW 分带的显著特征，以近 EW 向的废黄河断裂和宿北断裂为界，可分为北、中、南三段，由西至东根据构造分布和组合特征可大致分为西部前锋带、中部叠瓦扇带和东部

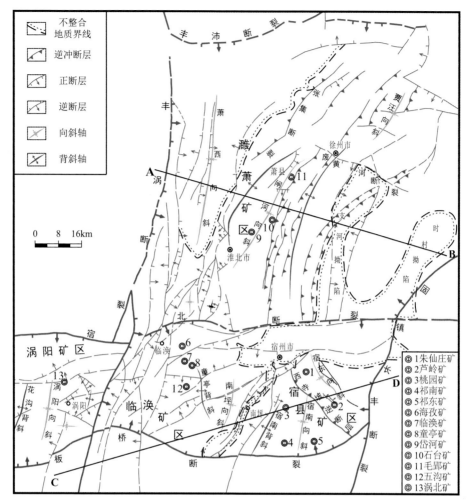

图 3-3 徐宿推覆构造及主要煤矿位置图（据姜波等，2001，修改）

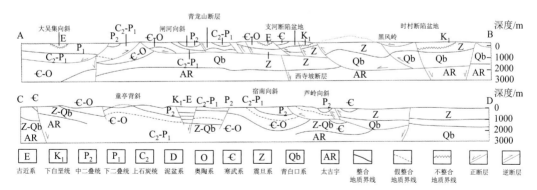

图 3-4 徐宿推覆构造剖面图（剖面位置见图 3-3）（据王桂梁等，1992a）

后缘带三个带。淮北矿区主要位于徐宿推覆构造的中段和南段，中段地表为低山、丘陵区，基岩露头出露良好，是本次野外工作的重点区域；南段位于宿北正断层的上盘，相对埋深较大，并被第四系覆盖，主要依据地质勘探和矿井地质资料分析其构造特征。

1. 中段构造变形特征

中段介于废黄河断裂与宿北断裂之间，为徐宿推覆构造的主体部分，构造线以 NNE 向延伸为主，南部近宿北断裂处为近 NS 向。本段在 EW 方向上的构造变形具有显著的分带性，可以分为东、中、西三个带，各带的构造结构具有显著特征。

1）东部双冲构造带

东带位于郯庐断裂以西、支河拗陷以东地区，属推覆构造的根带及后缘带，卷入逆冲推覆的主要地层为新元古界青白口系和震旦系；构造特征表现为低缓倾角的逆冲断层及逆冲岩席；受推覆构造后期应力松弛或拉张作用的影响，该带同时发育 NE—NNE 向展布的中新生代断陷盆地，如支河拗陷和时村拗陷，以及基本上沿原先的推覆挤压反向运移而成的 NNE 向正断层。

该带飞来峰构造十分发育，在北部燕子埠、涧头集、邳州市和中部黑峰岭等地区均可见到，这些飞来峰构造下部的断层为双冲构造的顶冲断层。以支河拗陷以东的黑峰岭飞来峰构造为典型代表，主要表现为缓倾角逆冲断层及褶皱组合，断层面呈勺状，在黑峰岭飞来峰的西、南、东均有出露，北部隐伏在第四系之下。黑峰岭飞来峰构造出露形态在卫星影像图中较为清晰（图 3-5），野外地质工作中，主要在东、西两侧系统观测了黑峰岭飞来峰构造的断裂带、上覆和下伏系统的构造特征，主要构造变形特征如图 3-6 所示。

黑峰岭东部的观测点主要有观 30、31、32 点，上覆系统出露地层主要为震旦系贾园组（Z_1j）下部黄色细砂岩及赵圩组（Z_1z）灰白色叠层石灰岩和条带状灰岩。观 30 点见赵圩组中发育一组产状为 220°∠72°的断层，各断层的产状基本一致，断层面较为光滑，其

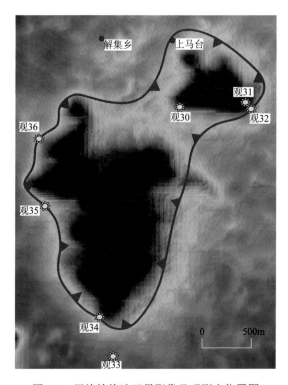

图 3-5　黑峰岭构造卫星影像及观测点位置图

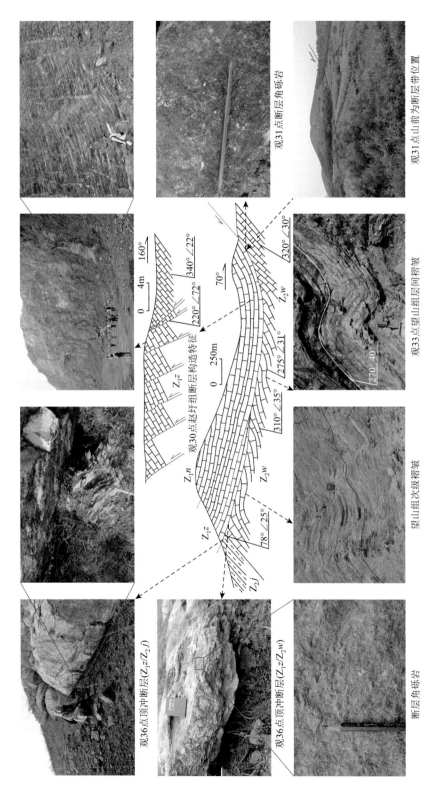

图 3-6 黑峰岭飞来峰构造剖面特征

上擦痕较为发育，指示了断层具有逆平移性质，反映了区域上近 EW 向的构造挤压应力作用。观 31 点可见断层带出露，断裂带主要由张渠组（Z_1zh）断层角砾岩组成，构造角砾具有一定的定向排列，显示了压剪性应力作用特征。

黑峰岭南部西侧（观 33）可见下伏震旦系望山组（Z_2w）地层层间褶曲构造发育。地层岩性主要为深灰色薄层泥晶灰岩夹灰白色、黄绿色页岩，层间次级褶曲极为发育，褶曲转折端部位见滑脱现象。西部（观 34、35、36）可见断裂带及其上、下盘地层出露，上覆震旦系下统赵圩组（Z_1z），主要岩性为薄层灰岩和泥页岩互层，靠近断层面，地层倾角变大，出现层间褶曲，次级褶曲非常发育；观 36 点出露地层为下伏系统震旦系望山组（Z_2w），可见断层角砾岩及劈理带的发育；观 35 点断层上盘为赵圩组（Z_1z）和倪园组（Z_1n），下盘为望山组（Z_2w）灰色厚层白云质灰岩，地层倾向相反，但断裂带被掩盖，推测应为黑峰岭飞来峰顶冲断层的发育位置。

通过野外地质观测及前人研究成果的综合分析，黑峰岭飞来峰构造反映了徐宿推覆构造后缘带的构造特征，具有缓倾斜的顶冲断层及其下的叠瓦状逆冲断层构成的倾向腹地的双冲构造带的特征（王桂梁等，1992a），顶冲断层主要沿史家组泥灰岩及页岩层位发育，断层面整体呈勺状，上覆推覆体主要由贾园组、赵圩组和倪园组构成，叠瓦式逆冲断层带出露的地层为望山组薄层灰岩、白云质灰岩，整体变形较为强烈，呈不规则扭曲状褶曲、断裂组合形式，产状常发生突变；底冲断层可能沿青白口系刘老碑组发育。

2）中部叠瓦扇构造带

中带位于支河向斜与闸河向斜之间，宽 20～30km，为一系列走向 NNE、倾向 SEE 近于平行的一套逆冲断层及斜歪紧闭褶皱组合（图 3-4，A-B 剖面），是徐宿推覆构造的主体，也是构造变形较为强烈的构造带，出露地层主要为震旦系、寒武系和奥陶系。该带以叠瓦状逆冲断层的发育为显著特色，如在徐州西部的拉犁山一带于寒武系中发育了一组倾向 SE、产状近于一致的叠瓦式逆冲断层，断夹块中地层发生较为强烈的褶皱变形，褶皱类型主要为轴面倾向 SE 的斜歪褶皱（图 3-7），反映了 SEE—近 EW 向较为强烈的水平挤压应力作用。

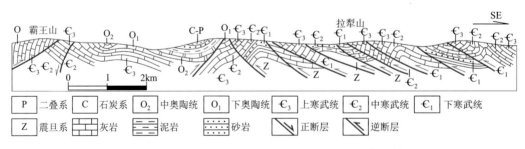

图 3-7　徐宿推覆构造中段中、西带构造剖面示意图（据王桂梁等，1992a）

淮北烈山于中奥陶统马家沟组（O_2m）灰岩中发育了一小型的双冲叠瓦扇构造（图 3-8），顶冲断层近水平状产出，断层面呈波状弯曲倾向 E，擦痕指示上盘由东向西逆冲；底冲断层面光滑、波状起伏，沿中二叠统下石盒子组泥岩及细砂岩层位发育，使得马家沟组厚层灰岩逆冲于二叠系之上。顶冲与底冲断层之间的马家沟组灰岩中发育了一组倾向E、倾角 50°左右呈叠瓦式组合的逆冲断层，断层面呈弧形弯曲状，上、下分别归并于顶冲和底冲断层，构成了较为典型的双冲叠瓦扇构造，逆冲岩席中的中-厚层灰岩主要表现为脆性变形，岩层产状稳定，呈 55°∠64°的单斜构造，节理发育较为密集。

图 3-8 淮北烈山双冲构造剖面图

逆冲断层作用下的牵引褶皱构造在研究区内的发育也较为普遍，如在曹村镇河北村村北坷拉山南部采石场中见到产状为 118°∠42°的逆断层，断层的上、下盘均为凤山组，岩性为白云质灰岩及薄层灰岩，均发育有小型牵引褶曲构造（图 3-9），即使是厚层灰岩也发生了较为强烈的褶皱变形，反映了区域较强应力作用的特征。

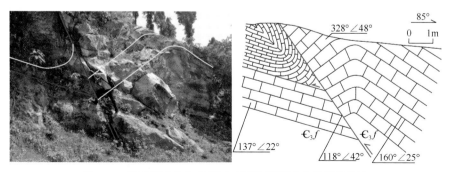

图 3-9 曹村镇坷拉山南部采石场逆断层及牵引褶皱构造

3）西部前锋带

西带位于闸河向斜与丰涡断裂之间（图 3-3），该带为徐宿推覆构造前锋强烈挤压及反冲断层发育带，褶皱形态多为斜卧或平卧构造，逆冲推覆构造的前锋断层主要表现为将奥陶系推覆于石炭-二叠系含煤地层之上。在萧西向斜的核部及两翼的相山、岱山和瓦子口等地可见奥陶系-寒武系产生的复杂构造变形，褶皱呈斜卧状，轴面向东倾斜（图3-10）。

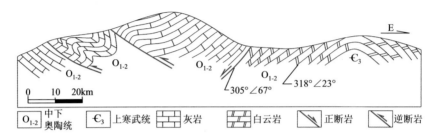

图 3-10　瓦子口构造剖面示意图（据王桂梁等，1992a）

淮北凤凰山有 2 条呈叠瓦式组合的逆断层，断层产状分别为 97°∠16°和 82°∠33°，山顶出露下奥陶统萧县组（O_1x）灰白色白云岩和石灰岩，为推覆构造的上覆系统；断夹块中的地层为中奥陶统马家沟组（O_2m）及上石炭统本溪组（C_2b）；下伏系统可见本溪组局部出露，岩性为紫红色铁质泥岩，风化较为严重。萧县组厚层状白云质灰岩中垂直和平行于层面的节理较为发育，并见有多条次级逆断层及次级褶皱发育。本溪组紫红色泥岩较为软弱，岩层破碎严重，沿断裂带可见本溪组泥岩由于构造变形而形成的构造片岩或构造透镜体，定向排列十分显著（图 3-11）。

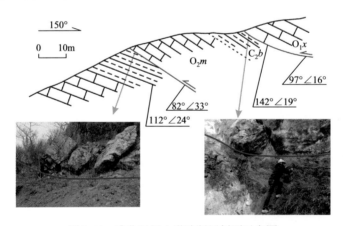

图 3-11　淮北凤凰山逆冲断层剖面示意图

前锋带另一显著特点是向西倾斜反冲断层的发育，主要分布于北部萧西向斜的西翼，断层走向 NE—NNE，形成了被动顶盖式逆冲推覆构造前锋样式（王桂梁等，1992a），断层倾角较大，一般在 40°以上（图 3-7），后期转变为正断层性质。

综上所述，徐宿弧形构造具有典型的推覆构造特征，在横向上可以分为后缘双冲构造带、中部叠瓦扇构造带和反向被动顶盖式前锋带；构造变形较为强烈，褶皱类型主要为斜歪和平卧式褶皱,构成叠瓦扇的逆冲断层相对倾角较大,而顶冲和底冲断层倾角较缓甚至近于水平状产出。徐宿推覆构造对石炭-二叠系煤层分布和赋存状态产生了强烈的改造作用,煤层主要分布于中、西部地区的向斜中,赋存状态受向斜形态的控制,总体呈 NE—NNE 向延伸。

2. 南段构造变形特征

南段为宿北断裂以南的第四系覆盖的隐伏区,受推覆构造形成过程横向宿北左行正平移断层调整作用的影响,中段整体向西具有较大距离的位移;而北段相对位移量较小,作为前锋断层的西寺坡断层发育的位置也相应偏东,变形强度明显弱于中段,构造的分带性不明显。西寺坡逆冲断层走向 NNW、倾向 SEE,浅部陡、深部缓,安徽省煤田地质局第三勘探队 1989 年施工的 T89-1 孔于 340m 穿过断层面以上的下古生界见上二叠统石千峰组(P_3s),证实了西寺坡断层的存在(图 3-12)。构造变形以褶皱为主,由东向西依次发育宿东向斜、宿南向斜、宿南背斜、南坪向斜和童亭背斜等(图 3-3),其中宿东向斜和宿南向斜分别位于西寺坡断层的上、下盘,分属徐宿推覆构造的上覆和下伏系统,其他褶皱构造则位于推覆构造的外缘地带。褶皱构造变形的强度由东向西逐渐减弱,显示了徐宿推覆构造演化对构造变形的控制作用。徐宿推覆构造南段及其以西地区是淮北矿区主要煤矿分布区,宿县矿区、临涣矿区和涡阳矿区均位于该区域,徐宿推覆构造对该区构造煤发育和瓦斯非均质性分布都具有重要影响。

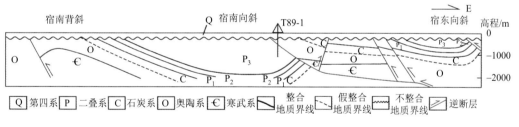

图 3-12 徐宿推覆构造南段构造剖面图

3.2.3 矿区构造响应特征

徐宿弧形逆冲推覆构造的形成及演化对淮北地区煤炭资源的赋存及矿区构造发育具有深刻影响,是奠定矿区乃至矿井构造格局的关键构造事件。淮北矿区以宿北断裂为界可进一步分为南、北两个区域,北区石炭-二叠系煤炭资源主要保存于逆冲推覆构造上覆系统的闸河向斜内;南区煤炭资源的赋存同样受到向斜构造的控制,但这些褶皱分属推覆构造的上覆、下伏系统及外缘地带,构造变形存在较大差异性。

1. 北部区域

北部区域的主要煤矿区为濉萧矿区,煤矿集中分布于闸河向斜的不同部位,主要有向斜北端的沈庄、袁庄、孟庄和毛郢矿,中段的朔里、岱河、张庄和石台煤矿以及南端的朱庄、相城和杨庄煤矿等。闸河向斜位于徐宿推覆构造中带的断夹块中,褶皱轴向 NNE,

南北长逾 20km、东西宽 4～8km，总面积达 250km^2。向斜东翼地层倾角较陡，为 40°～70°，西翼较缓，倾角为 20°～30°，整体呈轴面向东倾斜的不对称斜歪褶皱，与徐宿推覆构造的应力作用和运动方向是协调一致的。

闸河矿区构造变形受闸河向斜的控制十分显著，构造变形以褶皱为主，断裂发育较弱，且次级褶皱的轴向与闸河向斜基本一致，以 NNE 向为主。更次一级的褶曲构造较为发育。例如，其南部的杨庄煤矿发育有洪庄向斜、戴圩孜向斜、任庄背斜、戴庄背斜等数十个褶曲构造，而井田勘探揭露落差＞5m 的断层仅 20 余条；北部袁庄煤矿构造以 NEE 走向为主，发育有牛眠向斜、施庄背斜和大庄背斜等次级褶曲，是矿井的主体构造形态。

2. 南部区域

南部区域主要有宿东、宿南、临涣和涡阳矿区（图 3-3），其中宿东矿区位于徐宿推覆构造的前锋断夹块中，宿南矿区处于推覆构造的下伏系统及外缘带，临涣矿区处于外缘地带，而涡阳矿区更是远离推覆构造前缘，受徐宿逆冲推覆的响应相对小。正是由于不同煤矿区构造位置的不同及受推覆构造影响程度的差异性，各矿区构造发育各具特色。

1）宿东矿区

宿东矿区主要煤矿有芦岭矿和朱仙庄矿，分别位于宿东向斜的南部和北部。宿东向斜处于徐宿推覆构造的前锋断夹块中，西翼沿西寺坡断层逆冲于宿南向斜之上，东翼 F$_4$ 逆断层使寒武系、奥陶系灰岩逆冲于煤系之上。宿东向斜为一不对称向斜构造，轴向 330°～335°，长 18km，宽 1.5～5.8km，长宽比约为 5∶1（图 3-13），向斜 NE 翼倾角最大可达约 70°，SW 翼倾角较缓，仅为 10°～25°。向斜 NE 翼发育规模较大的 F$_4$ 逆断层，临近断层处地层发生强烈的褶皱变形，褶皱紧闭，地层倾角可达 45°～90°，局部甚至发生倒转，表现出强烈的构造变形特征。宿东向斜内次级褶皱构造较为发育，主要有小史家背斜、松林王背斜、王各庄向斜、高家向斜、高家背斜、卜家向斜和卜家背斜等。次级褶皱轴向主要为 NW—NNW 向，均为不对称的斜歪褶皱，向斜东翼陡、西翼缓，背斜则相反，褶皱轴面倾向 NE—NEE，反映了由 NEE 向 SWW 的水平挤压应力作用，与徐宿推覆构造的应力作用是一致的。

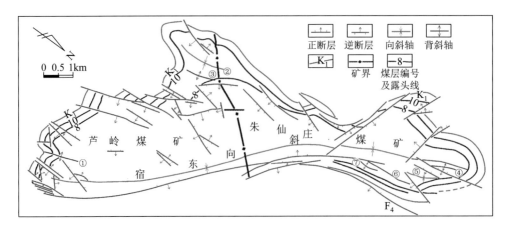

图 3-13 宿东向斜构造简图

①小史家背斜；②王各庄向斜；③松林王背斜；④卜家背斜；⑤卜家向斜；⑥高家背斜；⑦高家向斜

矿区内断裂构造也较为发育,据统计落差≥10m 大中型断层有 148 条,落差在 10～50m 的断层发育最多,共 104 条,占总数的 70.3%;落差在 50m 以上的断层达 44 条,占总数的 29.7%。断层走向主要分布于 NW—NE 向的区间内,其他方向的断层极少;正断层与逆断层发育的数量基本相当,但正断层分布范围较为广泛,而逆断层则较为集中地分布于宿东向斜东翼。有些正断层(尤其是 NW—NNW 向)可能早期具有逆断层性质,后期由于拉伸作用沿原先的逆断层反转而成。

以上分析表明,宿东向斜作为徐宿推覆构造的前缘断夹块经历了强烈的构造变形,构造发育和分布显示了对徐宿推覆构造演化的响应特征。

2)宿南矿区

宿南矿区的构造特征以宿南向斜为典型代表,是在徐宿推覆构造作用下形成的,反映了推覆构造下伏系统及外缘的构造变形特征。宿南向斜为一宽缓的箱状向斜构造(图 3-3),向斜西翼地层倾角相对小,为 20°～30°,东翼较陡,一般为 40°～50°,南部箱状转折端较为平缓,一般只有 7°～15°,变形程度显然弱于宿东向斜(图 3-13)。在该向斜内主要有祁南矿、祁东矿和桃园矿,祁南矿和祁东矿分别位于宿南向斜转折端的西南和东南部,桃园矿则位于宿南向斜西翼。

祁南矿井北界为第 10 勘探线与桃园矿井毗邻,东界为 F$_{22}$ 断层与祁东井田分界,走向长约 10.5km,宽 3～8.5km,面积约 62.5km^2(图 3-14)。由于祁南矿位于宿南箱状向斜的西南端,地层总体呈现为向 SW 方向凸出的弧形单斜构造,走向自北向南由近 NS 转为近 EW,倾向由 E 转为 N。相对规模较大的褶皱主要有王楼背斜和张学屋向斜,褶皱轴向NWW 并被限制于宿南向斜内,褶皱两翼地层倾角仅为 7°～15°,与徐宿推覆构造近 EW 向挤压作用不协调,可能为早期(印支期)近 NS 向构造挤压作用的构造响应,也反映了徐宿推覆构造的改造作用较弱。另外,还发育了轴向近 NS 的 S$_1$ 背斜轴向和轴向 NE 的 S$_2$ 向斜,地层倾角均小于 10°,可能是徐宿推覆构造作用的局部反映。

矿井断裂构造十分发育,断层走向主要有近 NS、NNE 和 NW 向三组,其中 NNE 向断层的规模最大。据地质和地震勘探,确定落差≥10m 的断层 92 条,而<10m 的断层多达 540 条,反映了矿井小规模断层密集发育的特征;断层性质以正断层为主,逆断层发育较少且以 NNE 向为主。断层在剖面上的组合形式主要为地堑、地垒式(图 3-15)及阶梯式(图 3-16),不仅造成了煤层的不连续,为矿井生产带来了不利影响,同时也导致了不同类型构造煤的发育,对矿井瓦斯赋存产生一定影响。祁南矿褶皱和断裂构造发育特征反映了构造演化的多期性和复杂性,印支期近 NS 向挤压的构造痕迹依然有所保留,徐宿推覆构造近 EW 向的挤压以发育 NNE 向逆断层为主要特征,而后期的应力松弛或伸展作用不仅形成了一些新的断层,并可能使早期断层的性质发生变化,甚至由逆断层转变为正断层,从而造就了矿井现今正断层十分发育的构造特征。

3)临涣矿区

临涣矿区位于淮北煤田南部区域的中部,北以宿北断裂与濉萧矿区相邻,南以板桥断裂为界,东以南坪断裂为界与宿南矿区相接,西以丰涡断裂为界与涡阳矿区为邻(图 3-3)。北部及西部地层总体呈向北倾斜的单斜构造,发育有多组断层,断层走向主要有 NNE 向及近 EW 向,其次为 NE 向及 NW 向,褶皱构造发育较弱(图 3-17),主要煤矿有海孜矿、

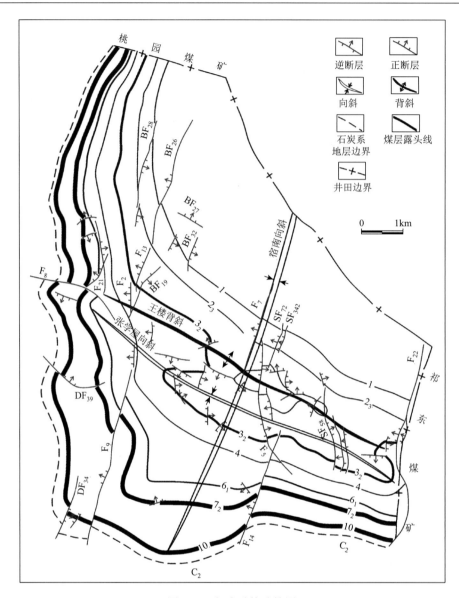

图 3-14 祁南矿构造简图

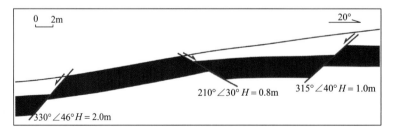

图 3-15 祁南矿 342 风巷断层地堑、地垒式组合素描图

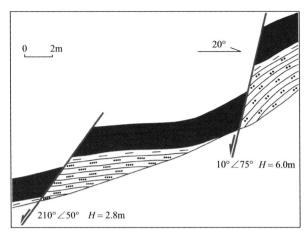

图 3-16 祁南矿 10210 机巷阶梯式断层素描图

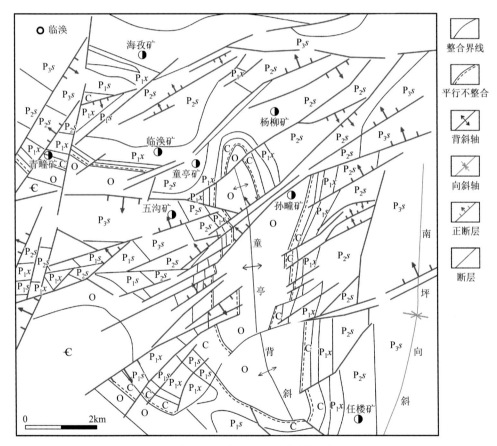

图 3-17 临涣矿区构造纲要图

临涣矿和童亭矿等。该区的东部发育规模较大的褶皱构造,主要有南坪向斜和童亭背斜等,煤矿主要有位于童亭背斜西翼的五沟矿和南坪向斜西翼的任楼矿、孙疃矿和杨柳矿等。另有临涣矿及童亭矿等处于 EW 向单斜构造与童亭背斜的构造复合部位。以上特点显示出本区的构造较为复杂,尤其是印支期近 NS 向和燕山期 SEE 向挤压应力作用在本区的表现较为突出。北部向北倾斜的单斜构造主要是印支期构造作用所奠定的,使得本区总体呈现近 EW 走向的构造特征,宿北断裂也可能在该期具备了雏形,为具有挤压性质的逆断层;由于燕山期 SEE 向构造挤压应力来自东部,具有由东向西逐渐减弱的变化趋势,在本区的东部形成了轴向近 NS 的南坪向斜和童亭背斜等褶皱构造,再向西褶皱作用迅速减弱,基本保持了近 EW 的构造形态;后期的构造伸展使得矿区构造进一步复杂化。

位于构造单斜区的海孜矿总体为一走向近 EW、向北倾斜的单斜构造,在中部有明显的起伏,地层倾角一般 10°～30°,局部增大至 70°,在走向上西部缓、东部陡,在剖面上具有中部陡、浅部和深部均缓的特点。断裂构造较为发育,断层落差在 20m 以上的大中型断层有 34 条,走向以 NE、NNE 向为主,倾向以 NW 为主,其次为 SE 向,这些断裂构造应是在区域 NWW—SEE 向水平挤压应力作用下形成的,与徐宿推覆构造的形成时代的应力作用方式是一致的,具有逆断层性质,后期受伸展作用的影响转换为正断层性质。在总体以单斜构造为主且断裂构造较为发育的背景下,海孜矿的层滑构造较为发育,琚宜文等(2002)归纳了断层和层滑构造间三种组合形式,分析了层滑构造特征、形成机制及其对煤变形的影响,认为层滑断层,最常见的构造现象是引起煤层的增厚或减薄,矿井层滑构造往往造成煤层厚度的急剧变化和不同类型构造煤的发育,并对瓦斯突出具有重要影响(Li, 2001),王桂梁和徐凤银(1999)指出层滑断裂等在岩层和煤层中都非常发育,而且在煤层中穿过时所造成的煤层流变、煤粒碎裂、能量耗散和瓦斯聚集,更是在实践方面开拓了一个预测预报瓦斯突出的崭新领域。海孜矿复杂的瓦斯地质条件,在很大程度上取决于层滑构造作用下煤体的变形及不同类型构造煤的发育。

五沟煤矿位于童亭背斜西翼中段,总体上为一受断层切割、以向斜为主的复式褶皱构造组合,向斜的轴部呈反 S 形且被断层切割,呈南端狭小,北端宽阔的三角形展布(图 3-18)。五沟向斜西翼地层走向 NW—近 NS,东翼地层走向 NE,南端仰起,地层倾角一般 10°～20°。向斜北部轴向 NE 向,南部褶皱轴发生扭转,转为近 NS 向。五沟煤矿内煤层褶皱构造较为发育,主要延伸方向为 NW 向,其次是近 NS 向及 NE 向,反映了应力作用和构造演化的复杂性。五沟煤矿内断裂构造相当发育,落差≥10m 的大、中型断层,走向以 NE 向为主,其次为 NEE 向及 NNE 向,在所统计约 270 条小断层中,走向以 NE 向最多,NNE 向及 NEE 向次之,与大、中型断层具有相同的规律性,且全为正断层。五沟矿构造发育特征显示了燕山期 SEE 向挤压应力的主导作用,而正断层的普遍发育为煤层瓦斯的逸散提供了条件,使得瓦斯含量减低。

4)涡阳矿区

涡阳矿区位于南部区域的西部,东部以丰涡断裂为界与临涣矿区为邻(图 3-3),区内除中部龙山及石弓山有寒武系零星出露外,其他地区均为 260～850m 的新生界松散层所覆盖,煤系埋藏较深。该区褶皱、断裂均发育,尤以断裂为主。褶皱构造主要有龙山背斜、涡阳向斜、花沟背斜、五马向斜和芦庙背斜等,均为轴向近 NS 的开阔褶皱;区内断裂构造较为发育,主要为由近 NS 和近 EW 向的正断层构成的断层网络。例如,涡北井田南、北边界分别为近 EW 向的 F_9 和刘楼断层,区内发育近 NS 的 F_{22} 和近 EW 的 F_{26} 正断层将矿井分割成四个小区(图 3-19),次级正断层也较为发育。正断层的发育及其网络状

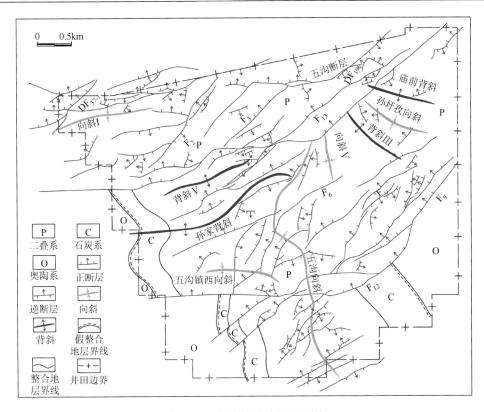

图 3-18 五沟煤矿构造纲要图

的组合有利于瓦斯的逸散和渗透性的提高,同时强变形构造煤不是很发育,而弱变形构造煤如碎裂煤等的发育,则会使渗透率进一步增高,从而降低了煤与瓦斯突出的危险性。

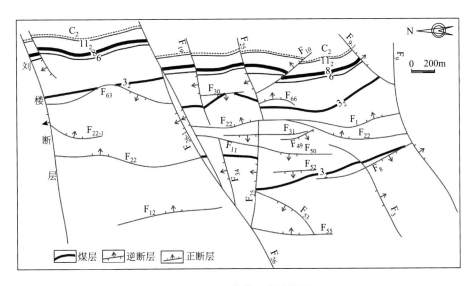

图 3-19 涡北井田构造简图

3.2.4　构造煤及瓦斯含量的分区性特征

　　淮北矿区复杂的构造演化以及不同矿区或矿井构造发育的差异性是影响构造煤发育及瓦斯分布的主要控制因素，瓦斯含量总体具有分区性特征，并与不同区块的构造特征及其演化密切相关。矿区发育的 7 号、8 号和 10 号三个主采煤层含气量具有"南高北低，东高西低，东南部最高"的总体展布格局。以宿北断裂为界，北部区域濉萧矿区煤层的含气量远低于断裂以南的主要矿区；而南部区域西部的涡阳矿区含气量又低于东部的临涣、宿南和宿东矿区，含气量最高的当属东部的宿东矿区（图 3-20）。

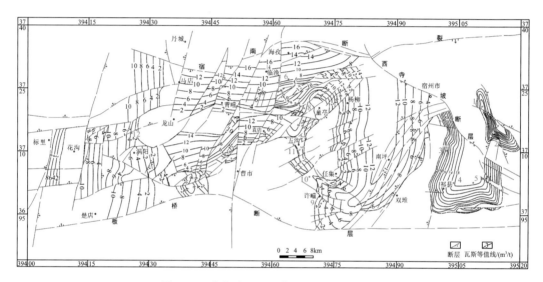

图 3-20　淮北矿区 8 号煤层瓦斯含量分布图

1-朱仙庄矿；2-芦岭矿；3-桃园矿；4-祁南矿；5-祁东矿；6-海孜矿；7-临涣矿；8-童亭矿；9-许疃矿；10-界沟矿；
11-五沟矿；12-涡北矿

1. 濉萧矿区

　　濉萧矿区的煤矿主要分布于徐宿推覆构造中带断夹块的闸河向斜的两翼，闸河向斜为东翼陡、西翼缓的不对称向斜。濉萧矿区处于徐宿推覆构造强变形的中带位置，构造变形较为强烈，并导致了煤层较为强烈的构造变形，不同类型的构造煤发育较为普遍。该区又位于宿北正断层的下盘，后期的构造抬升使煤层的埋藏深度变浅，再加上不同规模和不同方向正断层的普遍发育，为瓦斯的逸散提供了良好的地质条件，使得本区瓦斯含量较低，一般为 $2\sim12\text{m}^3/\text{t}$，甲烷浓度为 60%～79%，普遍低于南部矿区煤层的瓦斯含量。但瓦斯含量的非均质性较强，局部受强变形构造煤发育的影响可能会存在高瓦斯富集区甚至出现瓦斯突出现象，闸河向斜东翼的石台矿于 1993 年 1 月 13 日发生煤与瓦斯突出事故，突出煤量 11t、瓦斯量 4800m^3，而突出深度仅为 188m，突出的主要原因可能与该区强变形构造煤的发育密切相关。这一实例也反映了构造作用对煤与瓦斯突出的影响，即使在瓦斯含量较低的区域,由于构造煤的发育所造成的瓦斯分布的非均质性分布而使矿井瓦斯地质条件进一步复杂化。

2. 南部区域

南部区域位于宿北正断层的上盘,煤层的埋藏深度较大,为瓦斯的保存提供了一定的有利条件,使得煤层瓦斯含量普遍高于濉萧矿区,但由于构造及构造煤发育的差异性,不同矿区煤层瓦斯含量变化的呈现出显著的分区性特征。

1）宿东矿区

宿东矿区所在的宿东向斜处于徐宿推覆构造的前锋断夹块中,构造变形十分强烈,褶皱为紧闭型甚至倒转型,强烈的构造挤压作用不仅导致了构造煤的普遍发育,而且强变形构造煤十分发育,是淮北矿区中煤层瓦斯含量最高的矿区(图3-20)。8号煤层实测瓦斯含量除个别值较小外,一般在$8 \sim 18 m^3/t$,并且随着煤层埋深的增大,瓦斯含量逐渐增高,甚至可能超过$20 m^3/t$;瓦斯含量的总体变化受宿东向斜的影响较大,向斜的南、北转折端位置瓦斯含量较低,而向斜的中部及东部瓦斯含量较高。

2）宿南矿区

宿南矿区的主要控煤构造为位于徐宿推覆构造下伏系统及外缘构造部位的宿南向斜,煤层瓦斯的含量变化受向斜构造的控制作用十分显著,由向斜的两翼及转折端向核部随着煤层埋深的加大瓦斯含量逐渐增高(图3-20),预测在核部位置8号煤层瓦斯含量可能超过$20 m^3/t$。目前生产矿井桃园矿、祁南矿和祁东矿均位于向斜的两翼及转折端,开采的煤层埋深较浅,瓦斯含量较低,但变化范围较大。祁东矿8号煤层瓦斯含量$2.10 \sim 14.70 m^3/t$、平均$7.54 m^3/t$,祁南矿7_2号煤层瓦斯含量$1.86 \sim 15.64 m^3/t$、平均$7.10 m^3/t$,桃园矿7_2号煤层瓦斯含量$1.5 \sim 10.4 m^3/t$、平均$6.15 m^3/t$,这些变化除受到煤层埋深的影响之外,构造的发育及构造煤分布的非均质性是更为重要的影响因素。研究结果表明,祁南矿发育近于放射性组合的正断层,7_2号煤层发育的构造煤主要类型为碎裂煤,均有利于瓦斯的逸散,使得浅部瓦斯含量较低;而韧性变形揉皱煤等强变形构造煤的发育较为局限,主要分布于构造相对较为复杂或不同期次褶皱叠加的构造部位,从而导致了瓦斯分布非均质性。

3）临涣矿区

临涣矿区位于宿南向斜的西部,由于远离徐宿推覆构造,受其影响较小,主要是在区域燕山期SEE向挤压应力作用下产生的构造变形,褶皱的变形强度低于宿南向斜,煤层的变形也较弱,主要发育弱变形的脆性系列构造煤,煤层瓦斯含量较低,且非均质性减弱。位于南坪向斜两翼的许疃、孙疃和界沟矿8号煤层瓦斯含量的最大、最小和平均值分别为$10.08 m^3/t$、$1.63 m^3/t$和$6.32 m^3/t$,$5.78 m^3/t$、$1.91 m^3/t$和$3.76 m^3/t$以及$5.53 m^3/t$、$2.50 m^3/t$和$3.89 m^3/t$,无论是最大值或平均值均小于宿南及宿东矿区;但海孜矿较为特殊,8号煤层瓦斯含量的最大、最小和平均值分别为$24.51 m^3/t$、$2.36 m^3/t$和$8.04 m^3/t$,不仅瓦斯含量明显增大,而且非均质性进一步增强,这与海孜矿层滑构造及强变形构造煤的发育有着内在的联系。

4）涡阳矿区

涡阳矿区位于南部区域的最西部,构造发育特征有别于中部及东部矿区,以发育正断层网络为主要特征,使得瓦斯风化带加深,达465m,明显深于宿南矿区的230m和临涣矿区的

315m，煤层瓦斯含量进一步降低。涡北和徐广楼井田 8 号煤层瓦斯含量最大、最小和平均值分别为 8.80m³/t 和 0.02m³/t、2.47m³/t 和 8.36m³/t、0.36m³/t 和 3.05m³/t，明显低于其他矿区。

综上所述，淮北矿区煤层瓦斯分布具有很强的非均质性，在影响瓦斯赋存的诸多因素中构造的控制作用最为关键。在统一的区域构造应力作用下，不同区域构造演化及构造发育的差异性控制了不同区域瓦斯的赋存与分布，从而导致了瓦斯赋存具有分区性特征。不同应力-应变环境下不同类型和不同性质的构造作用控制了煤体变形的强度和性质，是不同类型构造煤发育和分布非均质性的重要控制因素，进而导致了矿区或矿井中瓦斯的非均质性分布。

3.3　阳泉矿区构造特征及其对构造煤发育的控制

山西阳泉矿区是我国最大的无烟煤生产基地，也是全国瓦斯含量和瓦斯抽采难度极大的矿区之一，本书以阳煤集团东北部矿区（主要包括新景矿、一矿、二矿和三矿）为重点研究区（图 3-21），探讨构造煤发育及瓦斯赋存与突出的构造控制机理。阳泉矿区构造位置处于沁水盆地的东北边缘沾尚-武乡-阳城 NNE 向褶皱带内，其东部是太行山断褶带，西部为太原盆地，北部紧邻五台山隆起，尤其是太行山断褶带中生代的构造演化对阳泉矿区构造格局的奠定及煤体变形具有重要影响。

3.3.1　地质概况

阳泉矿区位于华北地台沁水盆地的东北部，从沁水盆地边缘到内部出露地层由老到新，具典型向斜盆地地层分布特征。盆地从周边到内部依次为古生界、中生界，仅在盆地的西部边缘地带广泛分布第四纪黄土层，盆地的沉积中心在沁县-沁水一带。

1. 地层及含煤地层

阳泉矿区地层属于华北地层区山西分区阳泉小区，矿区内除志留系、泥盆系和白垩系沉积缺失外，三叠系、二叠系、石炭系、奥陶系和寒武系均有不同厚度的沉积，含煤地层主要为石炭-二叠系。

1）地层

根据矿区内地层的出露和各矿井钻孔及井下巷道的揭露情况，将矿区内的地层由老到新叙述如下。

（1）中奥陶统

上马家沟组（O_2s）：主要由厚层块状灰岩、豹皮状灰岩、白云质灰岩夹白云岩及泥质灰岩组成，中部为灰色薄层蠕虫状石灰岩，底部为泥灰岩和粉红色泥灰岩。地层厚度 180.00～275.00m，平均 200.00m。

峰峰组（O_2f）：与下伏地层上马家沟组呈整合接触。可分为上、下两段，下段为角砾状灰岩、泥灰岩、白云质灰岩、含石膏假晶白云质灰岩。上段以厚层灰岩为主，下部夹白云质灰岩，上部夹角砾状灰岩，含方解石脉及黄铁矿结核。本组地层厚度 90.00～270.00m，平均 196.25m。

（2）石炭-二叠系

上石炭统本溪组（C_2b）：与下伏地层峰峰组呈平行不整合接触。由页岩、砂岩夹薄层海相灰岩组成，夹薄煤层。底部大多有一段含铁紫色页岩，常形成鸡窝状不规则的铁矿层和铝土页岩或铝土矿层。含有 1～3 层石灰岩，厚度小于 7m，仅最底部的一层在矿区内较为稳定。本溪组地层铁铝含量较高，砂岩中碎屑颗粒分选较好，磨圆度为圆状、次圆状，表明其沉积环境为海陆交互过渡相。地层厚度 40.00～66.00m，平均 50.34m。

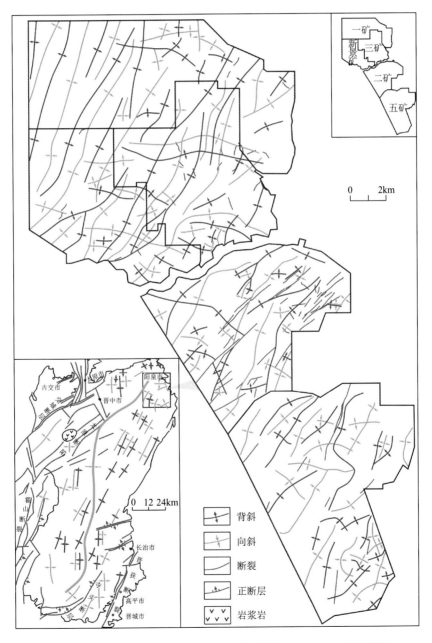

图 3-21 阳泉矿区构造位置及构造纲要图（据山西省地质矿产局，1989；王明寿等，2006，修改）

上石炭统-下二叠统太原组（C_2-P_1t）：为海陆交互相含煤沉积，与下伏地层本溪组为整合接触，是矿区内的主要含煤地层，仅在三矿井田外的东部局部地区出露。岩性主要为砂岩、页岩、碳质页岩、煤层及石灰岩。本组在矿区内发育有 5 层灰岩，分别为 K_2～K_6；含煤层 7～10 层，但仅 15 号煤层为稳定开采煤层。地层厚度 90.00～150.86m，平均 121.22m。

下二叠统山西组（P_1s）：与下伏地层太原组呈整合接触，主要由砂岩、页岩、黏土岩和煤层组成，下段自 K_7 砂岩标志层的底部起到上部 3 号煤层顶的舌形贝页岩顶面；上段自舌形贝页岩顶面的长石石英杂砂岩起至骆驼脖子砂岩（K_8）之顶。为矿区内主要的含煤地层，上段的 3 号煤层在矿区内稳定可采。地层厚度 40.00～82.00m，平均 57.96m。

中二叠统下石盒子组（P_2x）：与下伏地层山西组呈整合接触，为陆相沉积，出露于矿区新景矿和三矿东部。地层从 K_8 开始，至桃花页岩之顶，可分为两段：下段下部为 K_8，上部为黄绿色页岩，K_8 由三层黄色中粗粒砂岩夹灰黄色页岩和薄煤层组成；上段为黄绿色中粗粒长石杂砂岩、石英杂砂岩和黄绿色页岩近于互层，顶部有两层杂色具有鲕粒结构的铝土质页岩，厚约 3m，是上、下石盒子组的分界标志层。地层厚度 96.00～223.00m，平均 135.00m。

中二叠统上石盒子组（P_2s）：与下伏地层下石盒子组呈整合接触，为陆相沉积，在矿区内大面积出露。为一套杂色砂岩、泥岩、燧石层夹少量薄煤层和泥灰岩。分为三段：第一段以灰黄、黄绿色岩层为主，含铁锰质岩，一般有 5 个沉积韵律；第二段以黄绿色长石杂砂岩、石英杂砂岩为主，夹杂色砂质泥岩、页岩、铝土质页岩，构成 5 个沉积韵律，底界为厚层状含砾砂岩；第三段含较多的杂色、紫色或蓝紫色泥岩、砂岩和燧石层，大致构成 6 个沉积韵律。地层厚度 168.00～390.00m，平均 305.00m。

上二叠统石千峰组（P_3s）：与下伏地层上石盒子组呈整合接触，以紫红色、褐红色砂质泥岩为主，中部夹薄层状细-中粒砂岩，砂岩胶结致密，中、上部夹 3～4 层薄层似层状淡水灰岩。地层厚度 0.00～110.00m，平均 76.00m。

（3）下三叠统

刘家沟组（T_1l）：与下伏地层石千峰组呈整合接触，岩性以砖红色、紫褐色砂质泥岩及薄层细-中粒长石砂岩、砂岩为主，斜层理发育。地层厚度 60.00～80.00m，平均 73.00m。

（4）第四系

大多分布在平坦的山顶和山坡，不整合于下伏地层之上。矿区内露头较少，且岩性变化很大，根据出露的少数地层及区域地层资料综合对比，可将第四系分为中上更新统（Q_{2+3}）及全新统（Q_4）。

2）含煤地层

矿区内含煤地层主要为上石炭统本溪组（C_2b）、上石炭统-下二叠统太原组 C_2-P_1t 和下二叠统山西组 P_1s（图 3-22）。

（1）本溪组

本溪组主要由深灰色、灰黑色的砂质泥岩、灰色的铝质泥岩及 2～3 层海相石灰岩组成，岩性较为稳定，含有 2～4 层薄煤层，矿区内属于不可采煤层。下部石灰岩发育较为稳定，含纺锤虫、海百合及腕足类化石，厚度在 4m 左右，俗称"香炉石"。本组底部常见铁矿和铝土页岩，前者称"山西式铁矿"，多呈鸡窝状或团块状；后者为 G 层铝土矿，厚约 9m，储量丰富，矿质优良。

（2）太原组

太原组为一套海陆交互相含煤岩系，连续沉积于本溪组之上，地层厚度 61.00～150.00m，平均 120.00m，为矿区主要含煤地层之一，根据岩性特征及沉积规律将本组划分为上、中、下三段。

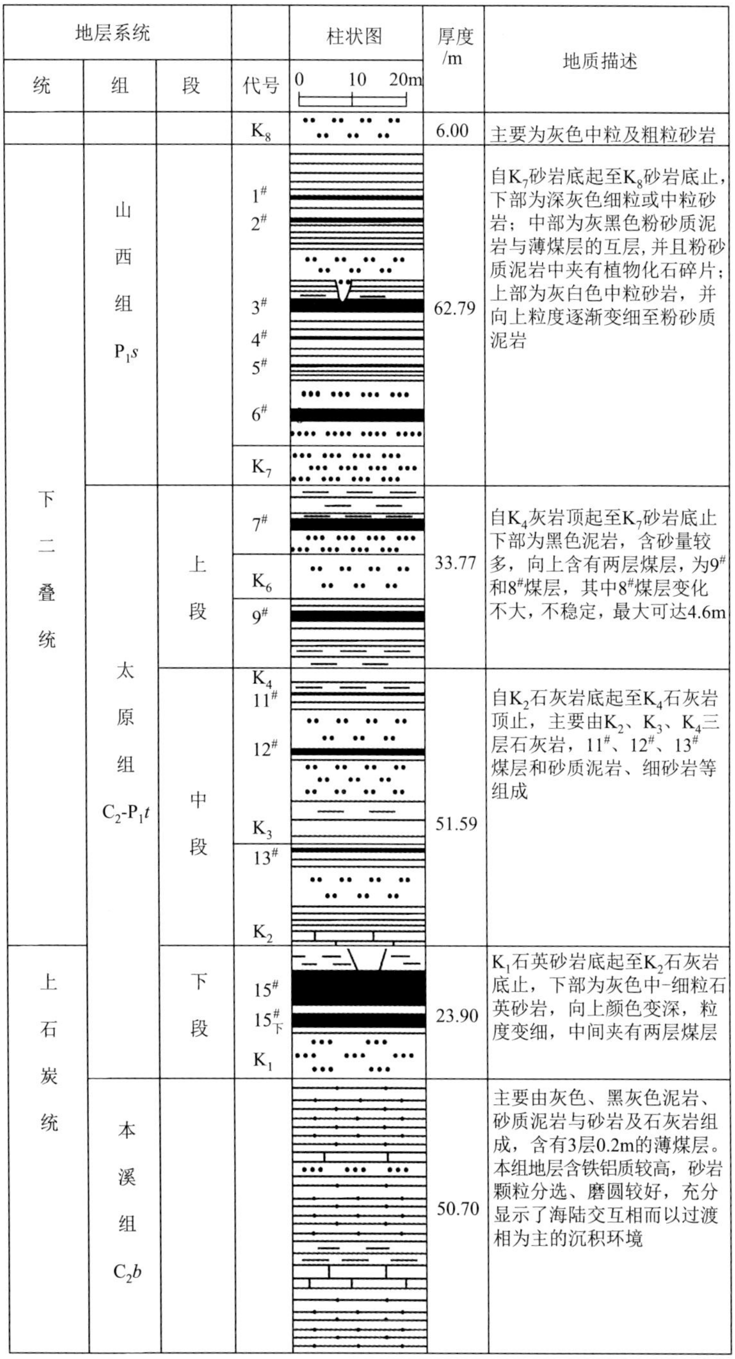

地层系统				柱状图	厚度/m	地质描述
统	组	段	代号	0 10 20m		
			K₈		6.00	主要为灰色中粒及粗粒砂岩
下二叠统	山西组 P₁s		1# 2# 3# 4# 5# 6# K₇		62.79	自K₇砂岩底起至K₈砂岩底止，下部为深灰色细粒或中粒砂岩；中部为灰黑色粉砂质泥岩与薄煤层的互层，并且粉砂质泥岩中夹有植物化石碎片；上部为灰白色中粒砂岩，并向上粒度逐渐变细至粉砂质泥岩
	太原组 C₂-P₁t	上段	7# K₆ 9#		33.77	自K₄灰岩顶起至K₇砂岩底止，下部为黑色泥岩，含砂量较多，向上含有两层煤层，为9#和8#煤层，其中8#煤层变化不大，不稳定，最大可达4.6m
		中段	K₄ 11# 12# K₃ 13# K₂		51.59	自K₂石灰岩底起至K₄石灰岩顶止，主要由K₂、K₃、K₄三层石灰岩，11#、12#、13#煤层和砂质泥岩、细砂岩等组成
上石炭统		下段	15# 15#_下 K₁		23.90	K₁石英砂岩底起至K₂石灰岩底止，下部为灰色中-细粒石英砂岩，向上颜色变深，粒度变细，中间夹有两层煤层
	本溪组 C₂b				50.70	主要由灰色、黑灰色泥岩、砂质泥岩与砂岩及石灰岩组成，含有3层0.2m的薄煤层。本组地层含铁铝质较高，砂岩颗粒分选、磨圆较好，充分显示了海陆交互相而以过渡相为主的沉积环境

图 3-22　阳泉矿区含煤地层综合柱状简图

下段：位于 K_1 标志层与 K_2 标志层之间，平均厚度约 30.58m。由底部到顶部依次为 K_1 砂岩、黑灰色粉砂岩及砂质泥岩、$15^\#_下$ 煤、$15^\#$ 煤、黑色砂质泥岩、粉砂岩及黑色泥岩。K_1 砂岩是太原组的底，为灰白色细-中粒砂岩。黑色砂质泥岩、粉砂岩及黑色泥岩分别为 $15^\#_下$ 煤层与 $15^\#$ 煤层的直接顶板。$15^\#_下$ 煤层在新景矿南部分叉，较稳定、大部可采，平均厚度为 1.55m；$15^\#$ 煤层全区稳定可采，厚度 3.94～8.21m，平均 6.14m。

中段：位于 K_2 与 K_4 标志层之间，平均厚度约 51.31m，该段地层以 K_2～K_4 三层石灰岩和之间夹的 $11^\#$、$12^\#$ 和 $13^\#$ 煤层为主。K_2 为深灰色石灰岩，因其常被 2～3 层黑色泥岩分割为四层薄层状灰岩，俗称四节石。K_3 与 K_4 均为深灰色石灰岩，且含泥质较多，厚度相差不大，平均为 3.5m。11 号煤层在矿区内不稳定零星可采，$12^\#$ 与 $13^\#$ 煤层为不稳定局部可采。

上段：自 K_4 灰岩顶起至 K_7 砂岩底止，厚度 31.77～49.16m，平均 38.99m。本段主要由四层煤层（$9^\#$、$9^\#_上$、$8^\#$、$8^\#_上$）、中细砂岩和砂质泥岩组成。$9^\#$ 和 $8^\#$ 煤层均为较稳定大部分可采煤层，$9^\#_上$ 和 $8^\#_上$ 号煤层均为不稳定零星可采煤层。

（3）山西组

本组地层位于 K_7 砂岩与 K_8 砂岩之间，基本构成为海相页岩、钙质泥岩-白色、灰白色石英砂岩-灰色粉砂质页（泥）岩-碳质页岩-煤，厚度 45.00～72.00m，平均 57.00m。矿区内含煤 6 层，其中 $3^\#$ 煤在全区稳定可采，厚度 0.75～4.31m，平均 2.33m；$6^\#$ 煤层为不稳定局部可采煤层，其余 $1^\#$、$2^\#$、$4^\#$、$5^\#$ 煤层均为不稳定零星可采或不可采煤层。

2. 太行山断褶带构造演化

3.1.2 节已述及，印支期近 NS 的构造挤压作用对沁水盆地内部的构造变形影响较小，阳泉矿区煤层仅发育了一些近 EW 向展布的宽缓褶皱，而作为研究区东缘的太行山断褶带的形成与演化不仅对区域构造演化具有较好的响应特征，并且对阳泉矿区煤层赋存、构造煤发育及瓦斯赋存都具有重要的控制作用。

太行山断褶带是华北中部一条重要的构造带，是山西隆起区与冀中断陷的分界，北接燕山断褶带。以 NNE 向的大、中型断裂和褶皱为主体，以断裂带东部的太行山山前断裂和西部的太行山大断裂规模最大（图 3-23），对其两侧的沉积、构造及煤层赋存都具有明显的控制作用。太行山断褶带在中生代以前并不存在，直到侏罗纪才开始逐渐隆起（徐杰等，2000；吴智平等，2007；曹现志等，2013）。

1）中侏罗-早白垩世 NEE—SWW 向挤压阶段

太行山断褶带中断裂构造以 NNE 向为主，多具有挤压逆冲和伸展正断层性质转换的演化特征，褶皱构造也以 NNE 向为主，与断裂构造的逆冲活动及应力作用机制是吻合的。依据区域构造背景及应力作用特征分析，挤压逆冲活动应发生在中侏罗-早白垩世。

晋获断裂（太行山断裂）北段昔阳县东的白沙岩、东冶头一带发育的逆冲推覆构造，不仅逆断层上盘地层发生倒转，而且在局部形成飞来峰构造（图 3-24）。东冶头东见逆断层 F_1 出露，断层面产状 275°∠76°，走向近 NS，倾向 W。断层上盘自西向东出露的地层分别为中寒武统张夏组，上寒武统崮山组、长山组，地层发生倒转，地层产状为 255°∠52°，并逆冲于上寒武统凤山组之上，下盘岩层破碎强烈、断裂带较宽，可达数米，以碎裂岩的发育为主。向东约 80m 山顶处发育一飞来峰构造，中寒武统覆盖于上寒武统之上，推测为 F_1 断层及其上覆系统遭受剥蚀所致。

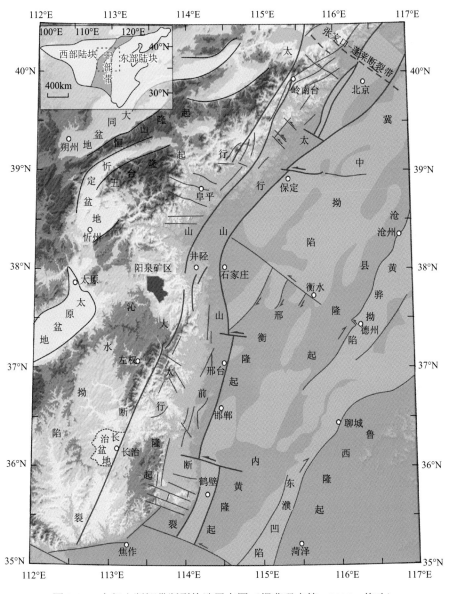

图 3-23 太行山断褶带断裂构造展布图（据曹现志等，2013，修改）

在昔阳、和顺一带，断裂总体走向 5°～25°，倾向 270°～295°，倾角 35°～85°，主断裂断面清晰，呈舒缓波状，平面上呈弧型，多处可见逆掩现象，西侧中元古界长城系逆冲于东侧奥陶系之上，断距 400～600m（山西省地质调查院，2015a，2005b），挤压逆冲现象十分显著。

晋获断裂中段下古生界露头可见逆冲断层和斜歪褶皱的构造组合（图 3-25），断裂走向 NNE，倾向 W，倾角较缓；逆冲推覆体发育轴面倾向 W 的斜歪牵引褶皱，下盘牵引向斜内局部保存上石炭统煤系；逆冲岩席西侧发育 W 倾的长治正断层，可能是早期逆断层发生性质的转化，或是在后期区域伸展作用下形成的。与北段相比，出露的层位抬高、断层规模和断距明显减小；断层构造岩以碎裂岩为主、未见糜棱岩类，与北段碎裂化、超碎裂化类、局部出现糜棱岩系列和构造片理发育的较深层次的变形环境存在显著差异，显示晋获断裂带中段的挤压逆冲变形主要处于较浅层次的脆性变形环境（曹代勇等，1998）。

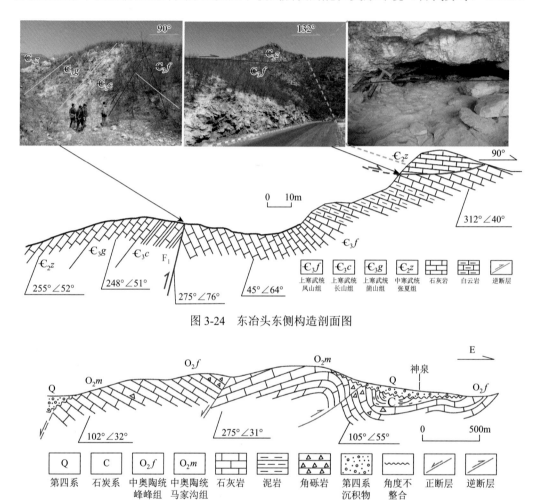

图 3-24　东冶头东侧构造剖面图

图 3-25　晋获断裂带中段长治市羌城-神泉剖面（据曹代勇等，1998）

以上构造变形特征表明，太行山断褶带的形成和演化过程中曾经历了一期强烈的构造挤压作用，动力来源于西太平洋板块向东亚大陆边缘高速低角度俯冲，应力方向为 NWW—SEE 向，这一强烈的挤压构造变形必然会对其东、西两侧煤田构造的发育产生重要影响，是奠定阳泉矿区 NNE 向构造格局和煤体变形的关键构造事件。

2）中生代末-新生代 NW—SE 向伸展阶段

华北板块中生代末以来的伸展滑脱为其最为突出的构造变形特征，主要受印度板块与欧亚板块的碰撞及太平洋板块向欧亚板块下的俯冲两种远程构造应力的影响。古近纪以

NW—SE 向拉张为主的新生代裂陷作用使华北准平原的地壳强烈拉张断陷，太行山山前断裂带的先存断裂重新开裂反转为正断裂。太行山新生代的伸展作用在东缘十分强烈（图 3-26），冀中断拗西以太行山山前断裂为界，构造的总体组合形态为堑-垒相间型。中侏罗世-早白垩世的构造挤压使该区隆升并遭受剥蚀，中生-古生界几乎被剥蚀殆尽，古近纪之后的强烈伸展，使基底强烈断陷，埋深加大，并接受了巨厚的古近系沉积，绝大部分区域内古近系直接不整合覆盖于元古宇之上，古近系的分布范围和厚度变化受正断层的控制十分明显，使得该区不具备煤炭资源的保存条件。冀中断拗的东部为沧县断隆，在 EW 方向上可以分为西部的地垒和东部的阶梯状正断层组合两个区域，石炭-二叠系煤系有一定的残留，大 2 正断层的上盘保存较完整，具有一定的找煤前景。这一特征说明随着远离太行山，中生代的隆升和剥蚀作用逐渐减弱，太行山是中、新生代伸展隆升的中心。

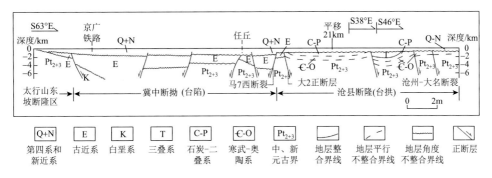

图 3-26 太行山东缘伸展构造剖面图（据张军等，2009，修改）

太行山西缘该期的构造活动明显弱于东缘区域，山西地区在古近纪主体处于稳定隆升、剥蚀阶段，沉积缺失（魏荣珠等，2017），使得石炭-二叠系煤炭资源得以保存，阳泉矿区正是处于这一有利的背景下。

3.3.2 矿区构造发育特征

阳泉矿区构造形态总体为一走向 NW、倾向 SW 的大型不规则单斜构造，地层倾角较缓，一般 10°左右，在单斜构造的基础上发育有较平缓的褶皱群和局部发育的陡倾挠曲（图 3-27），其主体构造线多呈 NNE、NE 向，次一级宽缓多期叠加褶皱构成了阳泉矿

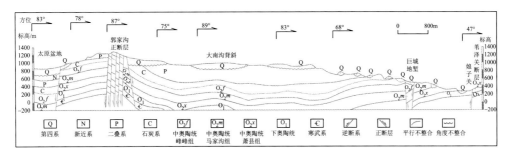

图 3-27 阳泉地区区域构造地质剖面图（据虞青松，2013）

区的主体构造形态。矿区构造的主要特征为多期褶皱共存，大中型断层较少发育，小型断层成群出现。褶皱构造按轴迹展布方向主要有 NNE—NE、近 EW 和 NWW—NW 向，矿区主体构造特征表现为不同方向褶皱间的相互叠加、改造与复合。在褶皱叠加部位，层间滑动较为强烈，小断层密集发育，断距多小于 5m；大型的断层仅在研究区的南部发育，形成构造较为复杂的断褶带。

1. 构造分区性特征

根据阳泉矿区构造类型及其组合方式、变形程度的差异，可将研究区分为东北部弱褶皱变形区、西部大型褶皱发育区、中部叠加褶皱发育区、中部弱褶皱变形区、东南部断裂密集发育区和南部大型褶皱断层发育区 6 个构造分区（图 3-28）。

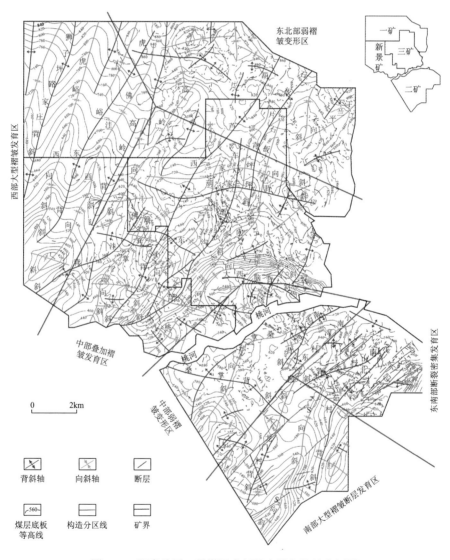

图 3-28　阳泉矿区 3 号煤层底板等高线与构造分区图

1）东北部弱褶皱变形区

东北部弱褶皱变形区主要位于一矿中东部和三矿北部。褶皱变形较弱，多为短轴褶皱，地层较为平缓，倾角一般 3°～8°，局部甚至近水平，煤层底板等高线相对稀疏，局部较密集，并形成小的圈闭。褶皱轴延伸方向主要为 NNE—NE 向，北部发育有近 EW 向及 NNW 向褶皱，两组褶皱相互叠加，使得局部构造变形增强，并对煤体变形产生重要影响，构造煤较为发育。在该变形区内 3 号和 15 号煤层的构造变形相似，但 15 号煤层褶皱相对更为发育，局部褶皱较为强烈。

2）西部大型褶皱发育区

西部大型褶皱发育区位于一矿西部和新景矿西北部。根据已勘测情况，区内主要为 NNE—NE 向较大型背斜、向斜相间发育，延伸稳定，规模较大，平行等间距排列，背斜较为紧闭、向斜较为开阔，类似于隔档式褶皱组合。3 号和 15 号煤层的构造变形基本一致。

3）中部叠加褶皱发育区

中部叠加褶皱发育区主要位于新景矿中东部和三矿。区内 3 号和 15 号煤层褶皱变形较强，地层产状变化较大，表现为 NNE—NE、EW 和 NWW—NW 三组褶皱的相互叠加与改造，不同轴迹的背斜叠加形成了穹状隆起，向斜叠加形成了盆形构造，在底板等高线上表现为等轴状或不规则状圈闭以及相邻等值线发生半月状离散、曲率突变现象。15 号煤层褶皱变形强度大于 3 号煤层，如在三矿石板片向、背斜西部 15 号煤层内褶皱叠加、改造较 3 号煤层更为强烈，底板等高线呈现不规则状的圈闭状，穹状隆起和盆形构造更为突出。

4）中部弱褶皱变形区

中部弱褶皱变形区集中在桃河两岸地区附近，主要包括新景矿、三矿的南部以及二矿的北部，该变形区内 15 号和 3 号煤层构造变形较为一致。构造变形与东北部弱褶皱变形区相似，褶皱变形较弱，多为短轴褶皱，地层较为平缓，可划分为 NNE—NE 和 NWW—NW 两组褶皱，褶皱规模一般较小，且相互之间影响较小。

5）东南部断裂密集发育区

东南部断裂密集发育区位于二矿的东北部，在开采过程中共揭露落差 5m 以下断层 276 条。表现为多组小型断层密集发育，走向主要为 NE 和 NW 向，分布较为均匀，且可在 NE 向大断层附近平行、密集伴生发育。褶皱宽缓、变形较弱，转折端近于箱状，地层起伏变化整体较弱。该变形区内 15 号煤层构造变形和 3 号煤层之间存在一定的差异，特别是断裂构造，15 号煤层内揭露断层相对 3 号煤层少，但走向仍以 NE 向为主。

6）南部大型褶皱断层发育区

南部大型褶皱断层发育区位于二矿中南部，表现为 NE 向褶皱与断层的组合。向斜 NW 翼较 SE 翼缓，轴面倾向 SE，并被 NE 向断层所切错，背斜较为紧闭。褶皱延伸至东北部渐变开阔、变形有所减弱。西北部发育的两条断层规模最大，其中的一条断层落差高达 32m，为高角度正断层；其他断层规模也较大，落差多在 10～20m。根据已揭露情况，在该变形区内，15 号煤层构造变形较 3 号煤层强烈，在二矿南部 15 号煤层中大断层成群出现，走向主要为 NE 向，有些断层仅发育于 15 号煤层中，向上并未切入 3 号煤层。

阳泉矿区构造发育特征显示了不同区域构造发育的差异性，主要体现在褶皱的规模与方向性以及断裂构造发育程度的不同。但是矿区构造的总体发育特征反映了区域构造背景及演化的控制作用。其中最显著的特点是近 EW—NWW 向及 NNE—NE 向两组主要褶皱的发育，前者主要受控于区域上印支-燕山期近 NS 向构造挤压作用，但处于板内位置的阳泉矿区构造变形的强度明显弱于板缘强烈的线状褶皱及逆冲推覆的构造变形，以发育短轴开阔的近 EW 向褶皱为典型特征；NNE—NE 向褶皱的形成应归因于区域上燕山中、晚期的构造挤压事件，构造变形更为强烈，褶皱的规模较大，并发育了同方向的逆断层。NNE—NE 向构造叠加及改造了早期近 EW 向构造，使矿区构造进一步复杂化。两期构造的相互叠加与改造对矿区煤体变形和构造煤的形成产生重要影响，控制了不同类型构造煤的发育与分布，进而控制了矿区瓦斯的赋存与突出，尤其以新景矿最为典型。

2. 新景矿构造特征

新景矿位于研究区西部，总体为 NE 高、SW 低的不规则单斜构造，地层倾角平缓，一般为 3°～11°，在单斜构造上又发育次一级的褶皱构造，轴向 NNE—NE 的褶皱是控制矿井构造的主体构造形态，也发育有近 EW 向和 NWW—NW 向褶皱，多期褶皱的相互叠加和改造形成了短轴状、等轴状和马鞍状等丰富的叠加褶皱类型，局部发育陡倾挠曲构造（图 3-29）。井田内大型断层不甚发育，中型断层也极少发育，而小型断层成群发育，且常常分布于褶皱的转折端、近核部以及向斜和背斜的过渡部位。

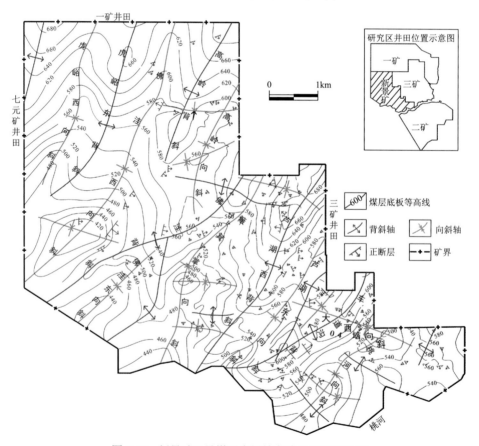

图 3-29　新景矿 3 号煤层底板等高线及构造纲要图

1）褶皱构造

矿井中褶皱构造较为发育，主要为开阔褶皱，变形较弱，褶皱两翼地层产状平缓，倾角一般小于11°，背斜和向斜交替出现，基本同等发育。按照轴迹展布方向和发育规模主要可分为 NNE—NE 向、近 EW 向和 NWW—NW 向三组褶皱，其中以 NNE—NE 向褶皱为主（图 3-30）。NNE—NE 向褶皱规模最大、延伸距离长，变形较强，是矿井内的主体构造，控制着井田的基本构造形态；近 EW 和 NWW—NW 向褶皱规模较小、延伸距离短；矿井构造以不同期次、不同方向和不同形态褶皱的叠加、改造及组合为显著特色。多方向的褶皱相互叠加、改造，褶皱轴迹多发生弯曲，多呈现出波状、S 形和 N 形等形态展布，褶皱的规模和变形强度随褶皱的延展变化也较为明显。

（1）主要褶皱构造。

狮子坪-陆家庄背斜：位于矿区西北部，与其东部的虎峪西向斜近于平行展布，从一矿向南延伸至新景矿，轴迹呈 NNE 向，向北延入一矿，延伸长度 12.7km，两翼地层倾角 4°～8°，属基本对称背斜。

虎峪西向斜：位于矿区西北部，从一矿向南延伸至新景矿，整体呈 NNE 向，轴迹平面上呈 S 形弯曲，新景矿中由北向南，轴迹变化为 NNE—NS—NNE 向，矿区内延伸 9.6km，两翼地层倾角 3°～6°，属对称向斜，向南逐渐尖灭。

虎峪东背斜：位于研究区西北部，该向斜从一矿井田向南延伸入新景矿井田，与佛洼西向斜近于平行，轴迹呈 NE—NNE—NE 向，整体呈 NE 向，平面呈 S 形展布，在本井田轴迹延伸 10.7km，两翼地层倾角 3°～7°，两翼地层基本对称，属于对称背斜，该向斜向南逐渐尖灭。

佛洼西向斜：位于矿区西北部，由一矿向南延入新景矿，轴迹呈近 NS—NE—NNE—NE 向的波状弯曲展布，矿区内延伸 13.4km，两翼地层倾角 2°～10°。在新景矿井田西南部，向斜的 SE 翼地层倾角略大于 NW 翼；在南部，佛洼西向斜与一轴迹呈 NWW 向展布的向斜叠加，形成盆形构造，在平面上表现为等高线形成封闭的曲线由中间向四周递增，在剖面上表现为小型盆形凹陷。

高岭背斜：位于矿区北部，轴迹呈 NNE 向，轴迹延伸 5.0km，两翼地层倾角多为 3°～7°，为对称背斜。在新景矿内与一近 EW 向的向斜叠加，在剖面上表现为一个两边凸起而中间凹陷的马鞍状构造。

高岭向斜：位于矿区中西部，由三矿向南延伸入新景矿，轴迹呈 NE 转近 NS 向展布，延伸 8.5km，两翼地层倾角 3°～8°，属于基本对称向斜。该向斜在新景矿内与多条近 EW 向的褶皱发生叠加，呈穹窿状或盆形构造。

佛洼背斜：发育于新景矿中南部，轴迹整体呈 NE 向，平面上呈向 SE 突出的弧形弯曲，轴迹延伸 6.3km，NE 翼较陡、地层倾角 3°～11°，SE 翼较缓为 3°～7°，两翼地层倾角不一致，属于不对称背斜。

簸箕掌向斜：位于新景矿中南部、佛洼背斜以东，轴迹由北向南具有 NNE—NE—NS 向的变化，轴迹延伸 5.4km，南北两端均被近 EW 向褶皱的叠加形成局部的隆起和凹陷，该向斜 NE 段为 NW 翼地层倾角 3°～13°、SE 翼地层倾角 3°～8° 的不对称向斜，西南段为对称向斜，两翼地层倾角在 3°～8°。

芦湖西背斜：位于矿区中部，规模较大、延伸远，由一矿穿过三矿后延入新景矿内，轴迹整体呈 NE 向展布，并具有 NE—NNE—NS—NE 向的逐渐变化，矿区内延伸 13.2km，两翼地层倾角在 3°～13°，为基本对称背斜。该背斜在一矿北部、三矿西北部及新景矿北部多处发生叠加改造呈穹窿状、盆形及马鞍状构造。

芦湖东向斜：位于矿区中部，芦湖西背斜以东，由三矿向南延伸至新景矿，长度约 8.7km，轴迹整体呈 NE 向展布，并呈 NNE—NS—NE 向的逐渐变化，两翼地层倾角在 2°～11°，属于基本对称向斜，多处与近 EW 和 NWW 向褶皱叠加形成穹窿状及盆形构造。

车道沟背斜：位于矿区中东部，由三矿向南延伸入新景矿，延伸长度约 10.1km，轴迹近 NS—NE 向展布，SE 翼地层倾角大于 NW 翼，属于不对称背斜。背斜西部发育有次一级的车道沟向斜，为两翼地层倾角 3°～8°的对称向斜。

大西垴向斜：位于新景矿东部，轴迹呈 NWW 向展布，在新景矿内轴迹延伸 3.8km，两翼地层倾角基本相同，为 3°～8°，属于基本对称向斜，在向斜中部与 NNE 向车道沟背斜叠加，形成马鞍状构造。

桃河向斜：位于新景矿东部，呈 NNE 向延伸，向北延伸入三矿并逐渐转为近 EW 向，延伸长度可达 20km，显示了 NNE 向与近 EW 向构造的复合。向斜北部的近 EW 段两翼地层呈现北陡南缓（北翼倾角多在 15°以上，南翼倾角多在 10°以下）的特征，南部的 NNE 向段两翼倾角均较小，但被多条 NWW 向褶皱叠加形成了一些小型的盆状和鞍状构造。

新景矿由于煤系垂向上岩石力学性质的差异性和煤系底部强硬厚层奥陶系灰岩的发育，不同深度煤层的褶皱存在一定的差异性，一般为下部煤层的褶皱变形相对更为强烈一些。新景矿的东南部，对比 15 号与 3 号煤层已采区域的底板等高线，可发现 15 号煤层实测底板等高线上车道沟背斜及芦湖东向斜等均比 3 号煤层中更加紧闭，褶皱两翼地层延伸不稳定且倾角变大（图 3-30），可见下部 15 号煤层的褶皱变形相对更为强烈。可能的力学成因为底部强硬厚层灰岩与上覆软弱煤系细粒碎屑岩力学性质差异大，在强烈构造挤压

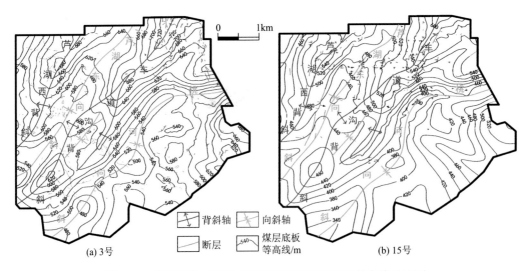

图 3-30 新景井田 3 号和 15 号煤层已采区域底板等高线对比图

应力作用下，煤系底部与灰岩接触部位顺层剪切作用增强，使得煤层变形程度增强，上部与下部煤层构造出现不协调现象，褶皱形态、规模和密度均有所差异。

另外，由于受到顺层剪切滑动或逆断层的牵引作用的影响，局部发育挠曲构造，造成煤层产状的急剧变化。在 2112 工作面见到 8 号煤层及其顶板岩层中发育一小型挠曲构造，褶皱的东翼地层倾角极缓、几乎近于水平，而西翼倾角较大、可达 45°以上（图 3-31），有可能是在 8 号煤层底板中发育了顺层断层，沿顺层断层的剪切滑动所致。80113 工作面 15 号煤层中发育一小型逆断层，断层走向近 NS、倾向 W，断层的逆冲作用导致上盘煤、岩层产生褶皱变形，褶皱具有一翼陡、另一翼缓的挠曲形态（图 3-32）。挠曲构造均为煤矿开采中所揭露，不仅为生产带来不利影响，而且由于褶皱构造发育的特殊性，煤体往往会产生较为强烈的构造变形，形成不同类型的构造煤。

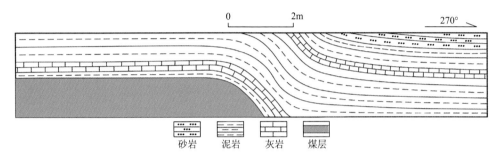

砂岩　泥岩　灰岩　煤层

图 3-31　新景矿 8 号煤层 2112 工作面挠曲剖面图

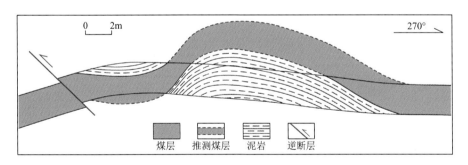

煤层　推测煤层　泥岩　逆断层

图 3-32　新景井田 15 号煤层 80113 工作面挠曲剖面图

（2）叠加褶皱特征。

叠加褶皱，又称重褶皱，是层状地质体经受两次以上的褶皱作用时，后期褶皱重叠于先存褶皱之上而形成，叠加褶皱的几何学特征是多次褶皱的几何效应互相复合或干扰的结果。新景矿早期近 EW 向与后期 NNE 向分别为不同构造期次形成的构造，这些褶皱以不同形式的叠加与复合形成了新景矿具有显著特色的矿井构造，叠加褶皱主要有穹状凸起构造、盆形构造和马鞍状构造三种类型。

穹状凸起构造：由两条或两条以上不同时期形成的背斜相互叠加，在平面上表现为煤层底板等高线形成闭合的曲线且其高程由中间向四周递减，在剖面上表现为小型凸起。这是由于在多期不同方向构造应力作用下，在先形成的背斜上又叠加了一个或多个背斜而形成的构造。新景矿穹状凸起构造规模普遍较小，如东南部钻孔 3-41、3-68、3-70 范围内，NE 向车道沟背斜叠加于一 NNE 向背斜之上，形成一个小型穹状凸起，凸起中心部位 3 号煤层底板标高为 620m，向周边依次渐变为 600m 和 580m，等高线呈短轴圈闭状，凸起附近小断层发育较为密集（图 3-33）。

盆形构造：由两条或两条以上的不同时期形成的向斜相互叠加而成，在平面上表现为等高线成闭合的曲线且高程由中间向四周递增，在剖面上表现为小型凹陷。研究区内盆形构造较为发育、规模较小，如钻孔 3-189、3-165、3-164、3-186 范围内，NE 向佛洼西向斜与一小型 NWW 向向斜相互叠加形成盆形构造，盆形构造中心位置 3 号煤层标高小于 420m，向四周依次增高并呈近等轴的封闭状，盆形构造附近小断层较为发育（图 3-34）。又如钻孔 3-130、3-123、3-62、3-124 范围内，NNE 向簸箕掌向斜叠加于 NWW 向大西垴向斜之上，中间位置煤层底板高程小于 460m，向四周则逐渐升高，形成近等轴的盆形构造（图 3-35）。

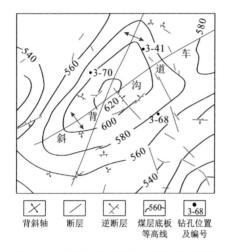

图 3-33 新景矿东部穹状凸起构造平面图

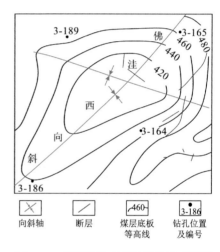

图 3-34 新景矿西南部盆形构造平面图

马鞍状构造：是由背斜和向斜构造叠加发育而成，两者轴迹大角度或近于垂直相交，其特点是，在平面上表现为等高线呈蝴蝶形闭合，背斜一侧等高线高程由内向外逐渐增大，而向斜一侧等高线高程由内向外逐渐减小。在剖面上表现为一个两端凸起而中部凹陷的马鞍形态。新景矿东中部钻孔 3-54、3-53、3-54、3-49 范围内，NNE 向芦湖西背斜与一小型 NWW 向向斜叠加，两期褶皱轴夹角近 90°，形成马鞍状构造（图 3-36）。沿芦湖西背斜轴迹方向上，在与 NWW 向向斜叠加的部位煤层底板等高线相对较低，埋深小于 680m，而向北、南均逐渐升高，超过 680m，构成了一个马鞍状构造。

2）断裂构造

据勘探和矿井生产资料统计与分析，新景矿断裂构造以正断层较为发育和小断层成群出现为主要特点。通过对 3 号煤层底板 375 条断层（其中实测断层 348 条，三维地震勘测 27 条），15 号煤层底板 254 条断层（其中实测断层 160 条，三维地震勘测 94 条）的统计分析，在矿井西部和中部断层发育程度高于其他区域，垂向上 3 号煤层断层发育较 15 号煤层强烈。

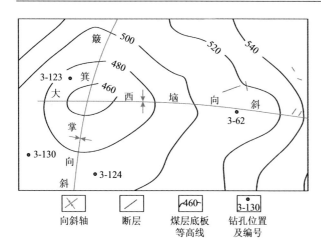

图 3-35　新景矿东南部盆形构造平面图

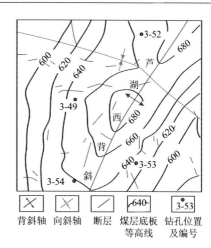

图 3-36　新景矿东中部马鞍状构造平面图

（1）断层走向与性质。

3 号煤层的 348 条实测断层统计分析结果显示，断层性质以正断层为主，共计 294 条，占 84.5%；逆断层 54 条，占 15.5%。断层走向主要为 NWW—NW 和 NE 向，其次为 NNE 向，其他方向发育微弱；实测正断层走向以 NWW—NW 向为主，其次为 NE 向，逆断层走向以 NNE 和 NE 向为主，NEE 和 NWW 向也有所发育。

15 号煤层的 160 条实测断层的走向以 NNE 向集中发育为主要特征，其他方向断层较少；15 号煤层逆断层较 3 号煤层发育，且正、逆断层发育比例较为接近，其中正断层 87 条，占 54.4%，逆断层 73 条，占 45.6%。

（2）断层落差。

3 号煤层实测断层落差（H）以<3m 为主，其中落差 $1 \leqslant H < 3m$ 的有 188 条，占 54.0%；落差 $H < 1m$ 的有 144 条，占 41.4%；落差 $3 \leqslant H < 5m$ 的有 13 条，占 3.7%；>5m 的仅发现 3 条，所占比例为 0.9%。这一特点表明，3 号煤层断层的发育以落差小及发育密度高为主要特征。

15 号煤层实测断层落差 $H \geqslant 5m$ 的断层有 11 条，占 6.9%，落差 $3 \leqslant H < 5m$ 的有 7 条，占 4.3%；落差 $1 \leqslant H < 3m$ 的有 119 条，占 74.4%；落差 $H < 1m$ 的有 23 条，占 14.4%。显示了 15 号煤层断裂的发育较为稀疏，但断层的规模较大。

（3）断层倾角。

3 号煤层断层倾角变化区间为 10°～80°，主要分布区间为 30°～70°，以 40°～50°最为发育，占 23%左右；正断层的倾角以 40°～50°最为发育；逆断层倾角分布范围相对有较明显的差别，以 30°～40°最多，占 30%左右，20°～30°次之，其他倾角的断层较为分散。表明 3 号煤层具有正断层倾角较大，而逆断层较小的特点。

15 号煤层断层倾角变化区间为 10°～80°，以 50°～60°最为发育，占 23%左右，60°～70°次之。正断层的倾角以 60°～70°最为发育，占 23%左右；逆断层的倾角以 20°～40°最为发育，占 60%，以低倾角为主。

野外地质观测发现，地表出露的断层以逆断层性质为主，断层走向主要为 NNE 向、倾角中-缓倾斜，落差虽然不大，但变形较为强烈，甚至可以在上盘形成牵引褶皱，反映了区域 NWW—SEE 向的挤压应力作用，并且与本区 NNE—NE 向褶皱在力学成因机制是协调一致的。

芦湖沟中二叠统下石盒子组灰黄色中厚层长石岩屑砂岩中见一逆断层发育，断层产状为 113°∠38°，断层面波状起伏，落差较小，为 0.8m 左右；断裂的中段发育厚约 0.6m 的断层破碎带，构造岩类型为角砾岩、成分主要为下石盒子组长石岩屑砂岩，构造角砾呈扁平状、定向排列十分显著（图 3-37），指示了断层挤压逆冲性质。车道沟中二叠统下石盒子组砂岩中也发育一条逆断层，断层产状为 125°∠21°，断层面平直、光滑、延伸稳定，断层 SE 盘上升，NW 盘下降，为逆断层，断层落差 1.5m 左右，上盘在断层牵引作用下发生弯曲，形成牵引背斜（图 3-38）。

图 3-37　芦湖沟逆断层构造剖面图

图 3-38　车道沟逆断层构造剖面图

3.3.3　新景矿构造煤发育的构造控制

通过新景矿典型构造煤样品宏观和微观变形特征分析，结合井下煤变形特征观测，新景矿构造煤发育的类型较为齐全，脆性系列、脆-韧性过渡系列及韧性系列构造煤均有不同程度的发育，但以初碎裂煤和碎裂煤为主。不同煤层构造煤发育类型统计对比结果显示，3 号煤层构造煤发育最为普遍，构造煤种类较为齐全，以初碎裂煤、碎裂煤和片状煤为主，其次为碎粒煤，碎斑煤、鳞片煤、揉皱煤和糜棱煤也有不同程度的发育。8 号煤层构造煤以初碎裂煤及碎裂煤为主，局部发育韧性变形的揉皱煤。15 号煤层以初碎裂煤及碎裂煤为主，碎斑煤和碎粒煤也较为发育。鉴于此，本节以 3 号煤层为重点目的层位，探讨矿井构造发育对煤体变形的控制作用。

1. 煤体结构类型的划分

井下煤变形的观测由于受到矿井生产的限制，观测范围和构造部位具有一定的局限性，难以把握全矿井煤体变形的总体特征；钻井取心可以获得未采区煤层样品，但由于不可抗拒的机械破坏，构造煤研究受到煤心完整程度和数量的限制。勘探钻孔测井资料非常丰富，可以通过不同变形程度的煤在测井曲线上的反映特征进行构造煤的判识，但目前测井曲线很难达到识别每一类构造煤的精度。为此，可以将构造煤变形强度和变形性质相结合，将不同类型的构造煤进行归类划分不同的煤体结构，而不同的煤体结构在测井曲线上具有显现特征，易于识别，并且对瓦斯赋存和突出的影响也存在较大的差异性，可以作为瓦斯突出评价的重要依据。因此，测井曲线分析为煤体结构判识提供了有效手段和方法，也为揭示不同结构煤体的区域分布规律提供了十分有效的途径。

依据测井曲线识别的精确度，结合新景矿 3 号煤层构造煤发育特征和不同结构煤体在测井曲线上的识别特征及其对瓦斯赋存和突出的影响，将煤体结构划分为以下 3 种类型。

（1）Ⅰ类煤体结构，主要包括原生结构煤、初碎裂煤和碎裂煤。基本未遭受构造应力破坏或构造变形较弱，主要体现在煤的原生结构较好、煤体强度坚硬、裂隙发育较为稀疏且延伸性较差。煤层裂隙的发育有利于瓦斯的渗流散失，瓦斯含量较低，突出危险性较小。

（2）Ⅱ类煤体结构，主要包括碎斑煤、片状煤和薄片煤。煤层在较强的构造应力作用下发生较为强烈的脆性变形，煤原生结构遭到破坏但尚可识别，裂隙较为发育，煤质较为坚硬，容易破碎成小碎块或碎片，突出危险性界于Ⅰ类和Ⅲ类煤体结构之间。

（3）Ⅲ类煤体结构，主要包括碎粒煤、鳞片煤、揉皱煤和糜棱煤。在强烈的构造应力作用下，煤层发生碎粒化、碎片化及韧性变形，煤的原生结构遭受严重破坏及改造、已不可识别，煤质松软易碎，手捏易碎成碎粒及碎粉状。煤体破坏严重、强度低，瓦斯含量高，透气性差，突出危险性大。

2. 不同结构煤体分布规律及构造控制

在井下煤体变形观测和构造煤变形特征分析的基础上，通过与邻近钻孔测井曲线的对比分析，对 112 口钻孔测井曲线进行了 3 号煤层煤体结构判识和分层定厚，计算出各钻孔不同类型煤体占该钻孔 3 号煤层总厚度的百分比，并绘制出Ⅱ类、Ⅲ类煤体结构百分比等值线图（图 3-39）和Ⅲ类煤体结构厚度等值线图（图 3-40）。

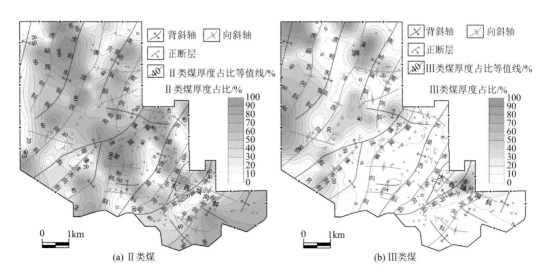

图 3-39 新景矿不同煤体结构百分比等值线图

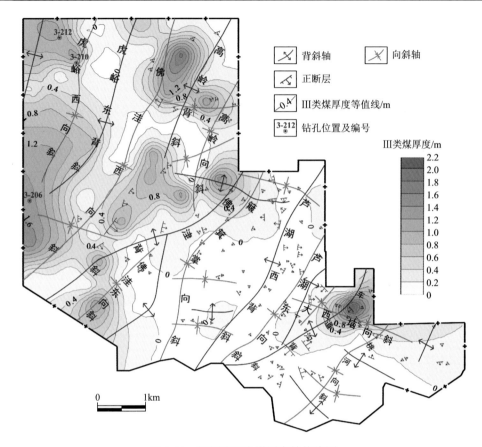

图 3-40　新景矿Ⅲ类煤厚度等值线图

　　Ⅱ类煤体结构在矿井中分布较为广泛，占比较高的区域主要分布在矿井的北部和中部地区，其他区域Ⅱ类煤分布较为分散［图 3-39（a）］。Ⅲ类煤体结构占比较高的区域主要分布在矿井的中部、西部和北部区域，在东部的褶皱构造叠加区局部占比也较高［图 3-39（b）］。总体来看，Ⅲ类煤体结构发育的厚度较薄，变化区间较大，为 0～1.6m（图 3-40），全层发育Ⅲ类煤的钻孔较少，主要位于褶皱的轴部或多期褶皱叠加区域，如钻孔 3-210、3-212 和 3-206 等，反映出新景矿 3 号煤层Ⅲ类结构煤体的发育非均质性较强，受矿井构造的影响较大。

　　对比图 3-39（a）和图 3-39（b）可以发现，Ⅱ与Ⅲ类煤体结构的发育及分布具有一定的内在相关性。北部虎峪西向斜的核部Ⅱ类煤的占比高、甚至可以达到 80%以上，而Ⅲ类煤占比则相当低，最低值小于 20%；佛洼西向斜核部北段Ⅲ类煤占比较高，可达 70%，而Ⅱ类煤占比较低，最低值小于 20%。中部佛洼背斜及佛洼向斜发育处Ⅱ类煤的占比也可达到 80%以上，Ⅲ类煤占比也较低；相应地，Ⅱ类煤占比较小的区域Ⅲ类煤占比则有所提高，似乎反映了构造变形较为强烈的区域Ⅱ类与Ⅲ类结构煤体的发育具有互为消长的关系。

　　以上特征显示，新景矿 3 号煤层总体变形较弱，以脆性变形为主。Ⅱ类煤体结构发育较为普遍，而Ⅲ类煤体结构仅局部发育且厚度较薄，这与新景矿总体构造变形较弱的特点是吻合的,矿井小构造的发育对煤体变形非均质性分布具有重要控制作用。II 类结构煤体分布范围较广且连续性较好,主要是沿着褶皱的轴部以及不同方向褶皱叠加破坏区分布,如虎峪西向斜、佛洼西向斜的中部、高岭背斜北部以及簸箕掌向斜均发育沿褶皱轴方向呈条带状展布的 II 类煤体结构。III 类煤体结构多发育在向斜的核部以及不同方向褶皱叠加区域,如矿井西部虎峪西向斜的核部、中部佛洼西向斜北部与一 NWW 向向斜叠加区、东中部多条 NNE 向褶皱与 NWW 向褶皱叠加区,在这些构造部位III类煤体结构发育占比高[图 3-39(b)],均可达到 60%以上,同时厚度也比较大,最大厚度可以超过 1m。另外,还有一些零星发育的III类煤体结构,主要分布在背斜的轴部以及小断层附近地区,呈孤立状分布,连续性较差。

3.4 构造煤形成的动力学机制

构造应力作用是构造煤形成的关键且必要的控制因素,构造应力作用的性质、大小及变形环境的不同导致煤变形性质及强度的差异性,煤体将表现出不同的变形行为,从而形成不同变形强度、不同变形性质和不同类型的构造煤。另外,煤具有强度低及对应力敏感的力学性质,即使在相同的应力-应变环境下,所处构造部位的不同,煤的变形也会表现出显著的差异性,导致不同类型构造煤发育及分布的非均质性。因此,深入研究构造动力作用及不同类型、不同性质构造控制下的煤体变形特征,揭示构造煤形成的构造动力学机制,对于从本质上认识构造煤的形成机理及不同类型构造煤的分布规律具有十分重要的理论及实践意义。

3.4.1 区域构造应力场作用下构造煤形成机制

我国构造煤的发育具有普遍性和强烈的非均质性,从而导致了瓦斯赋存的差异性。张子敏和吴吟(2013)提出了瓦斯赋存构造逐级控制理论,认为高级别的构造应力场和构造形迹控制着低级别的构造应力场和构造形迹,具体表现为区域构造控制矿区、矿井构造,矿井构造控制采区、工作面地质构造的构造逐级控制,据此提出我国煤矿瓦斯赋存区构造控制的 10 种类型,认为挤压、剪切应力作用有利于构造煤的形成、瓦斯聚集和发生煤与瓦斯突出。由此可见,区域构造应力场作用是影响构造煤发育的关键控制因素,一定的区域构造应力作用控制了构造煤发育的类型及其区域分布特征。

1. 区域挤压构造应力场

水平挤压应力是我国构造煤发育最为重要的应力作用性质,在强烈的挤压构造背景下,煤体发生强烈的构造变形,形成强变形及韧性变形构造煤,如碎粒煤、糜棱煤和揉皱煤等,但在不同的构造区域,构造煤的发育存在一定的差异性,并对瓦斯赋存及突出产生重要控制作用。

1)板块边缘强构造挤压变形区

主要发育在板块边缘及逆冲推覆等强烈挤压构造变形带,如位于华北板块南缘的安徽淮南矿区及河南平顶山矿区，在印支-燕山早期华北板块与扬子板块碰撞产生的强烈的近 NS 向构造挤压应力作用下，发生较为强烈的构造变形，形成了华北聚煤区南缘近 EW 走向的逆冲推覆构造（图 3-41），导致了煤体的强烈变形并形成强变形构造煤。淮南矿区构造煤大都呈层状、似层状或透镜状分布，发育有碎粒煤、鳞片煤、揉皱煤及糜棱煤等强变形构造煤（章云根，2005），使矿区瓦斯地质条件复杂化，矿井瓦斯突出威胁形势严峻，在国有 23 个重点煤矿中，瓦斯突出矿井 19 个、高瓦斯矿井 3 个、瓦斯矿井仅 1 个（张子敏和吴吟，2014）。平顶山矿区构造煤发育极为普遍，十三矿的煤体结构普遍为易突出的煤体，煤体破坏类型普遍在Ⅲ类（碎裂煤）至Ⅴ类（碎粒煤）之间（王新坤等，2012），而在十矿碎粒煤、糜棱煤相对较为发育（郭德勇等，1996），一方面反映了构造煤发育的普遍性，另一方面也体现出不同类型构造煤发育的差异性，由于构造煤的发育，两矿瓦斯地质类型均为突出矿井。

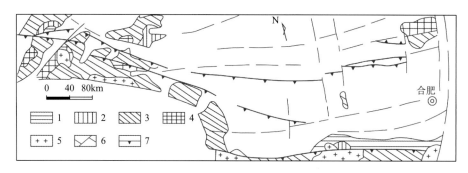

图 3-41　华北聚煤区南缘逆冲推覆构造简图（据王桂梁等，1992a）

1-中生界；2-上古生界；3-下古生界和中、新元古界；4-古元古界和太古宇；
5-断层；6-逆冲断层；7-分段范围

受华北板块东南缘徐宿逆冲推覆构造的影响，淮北矿区构造煤极为发育，构造煤类型发育较为齐全，但不同类型构造煤的分布具有很强的区域性。处于推覆构造断夹块中的宿东矿区，经受了强烈的挤压构造应力作用，碎粒煤、鳞片煤、揉皱煤及糜棱煤等强脆性变形及韧性变形的构造煤发育较为普遍，尤其是 8 号、9 号煤层的测井解释结果以Ⅲ类煤体结构为主体。宿南向斜为徐宿推覆逆冲构造的下伏系统，虽然也经受了较强的挤压应力作用，但应力作用强度弱于逆冲构造前缘的宿东断夹块，煤体的变形强度也随之减弱，发育的构造煤类型以脆性变形系列构造煤为主，主要为碎裂煤、碎斑煤和碎粒煤，由于局部受逆断层或褶皱构造的影响，发育有鳞片煤、揉皱煤和糜棱煤，并且构造煤的发育有自东向西逐渐减弱的变化规律（图 3-42），表明随着远离推覆构造前缘，构造应力作用逐渐减弱，对煤体的改造作用逐渐减少，从而导致构造煤发育和分布的区域差异性。

2）板内弱构造挤压变形区

板缘所形成的强烈的挤压构造应力在向板内传递的过程中逐渐衰减，形成了由板缘向板内应力强度逐渐衰减的变化趋势，构造变形强度也随之减弱，导致了构造煤发育的类型呈现出区域分布的差异性。

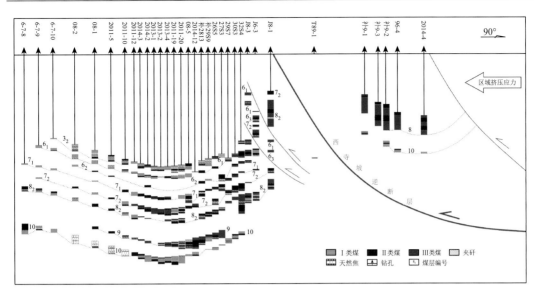

图 3-42 徐宿推覆构造作用下煤体变形及分布规律示意图

鄂尔多斯盆地东缘是我国目前煤层气开发重要基地之一，张子敏和吴吟（2014）将其瓦斯（煤层气）赋存类型归为克拉通控制型。实际上，这个区域虽然位于华北克拉通的内部，但中生代以来在周边板块的作用下发生了一定的具有板内特色的构造变形，对煤层及瓦斯的赋存起到了重要的控制作用。

晚三叠世的印支运动，扬子板块和华北板块最终全面对接碰撞，形成秦岭-大别造山带，这一近 NS 向的挤压应力作用对于华北克拉通内部的鄂尔多斯盆地的影响较小，构造变形极其微弱，主要表现为盆地迅速全面抬升剥蚀（汤锡元和郭忠铭，1988）。印支运动后，鄂尔多斯盆地进入了全新的构造演化阶段，西太平洋板块以低缓角度快速向亚洲大陆俯冲，产生的 NWW—SEE 向挤压构造应力场对鄂东地区的构造变形产生了较为深刻影响。鄂东地区构造变形的特点，主要体现在东部边界变形较强，近 NS 向的压性断裂和褶皱构造发育，向盆地内部褶皱逐渐减弱，断裂构造不发育，褶皱以宽缓开阔型为主（图 3-43），同向逆冲断裂构造仅在局部区域发育，体现了挤压构造应力场作用下板内变形的特征。东部边缘以 NE—NNE 向逆断层及其相关褶皱发育为主，构造变形有别于板缘强烈的逆冲推覆构造，虽然煤体变形较为强烈，但影响的范围有限，强变形构造煤分布较为局限，向盆

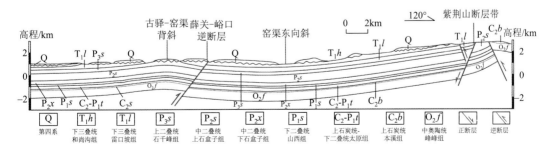

图 3-43 鄂东地区中段构造剖面图

地内部随着构造变形强度的减弱对煤体变形的影响逐渐减小,煤体结构类型主要为 I 类碎裂煤和初碎裂煤组合。正是由于这种弱脆性变形构造煤的发育,煤储层发育了一定的构造裂隙,在一定程度上提高了煤储层渗透率,有利于煤储层的开发;又由于煤层中裂隙的发育,有利于瓦斯的散失,该区域内煤矿瓦斯的突出威胁性降低,如离石矿区、乡宁矿区的主要煤矿均为非突出矿井(邵强等,2010)。

阳泉矿区大地构造位置属于华北板块的中部,中生代以来的构造演化对煤层赋存和煤体结构产生了一定的改造作用,但构造变形与板缘强烈的逆冲推覆作用相比较为微弱,构造变形以开阔宽缓褶皱为主,断裂构造以小规模断层发育为主。印支-燕山期早期华北、扬子和西伯利亚板块相互作用产生的近 NS 向构造挤压作用在矿区内表现较为微弱,燕山中、晚期 NW—SE 向挤压应力对矿区构造及煤体的改造作用较为强烈,但依然属于板内的弱变形区。前、后两期不同方向的构造挤压作用造就了矿区近 EW 向与 NNE—NE 向褶皱叠加、复合独具特色的构造格局,构造煤的发育也具有显著的特征。阳泉矿区煤层普遍受到了构造改造作用,构造煤发育普遍,但以脆性系列弱变形的初碎裂煤、碎裂煤和片状煤为主,受到矿井叠加褶皱及断裂构造的影响,局部发育强变形构造煤,如碎粒煤、鳞片煤和揉皱煤等,而糜棱煤的发育十分局限。

2. 区域伸展构造应力场

区域伸展构造应力场中起主导作用的是拉张应力,以正断层的发育为主要特征,褶皱构造发育较弱。区域拉张应力作用下形成的正断层常以地堑、地垒和阶梯式组合类型产出,影响的区域范围较大,但煤体变形较弱,构造煤发育特征明显不同于挤压构造背景,主要发育脆性变形系列的初碎裂煤和碎裂煤。

鲁西地区是山东省煤田的主要分布区,煤田中褶皱构造十分宽缓、逆断层数量很少、规模很小,正断层是煤田和矿井中的主体构造,只有用伸展作用才能阐明煤田构造的展布规律(王桂梁等,1992b)。鲁西的伸展构造是在晚侏罗世前的区域地质构造背景上发展起来的,平面上的多组断裂、剖面上多层弱面、时间上多次运动必然使本区伸展具有复杂的形态、组合与特点,这种伸展构造是由伸展断层组、转化断层组及滑脱断层组等三种不同功能的断层组合而成的链锁断层系统(图 3-44),形成了当今本区的“块断”构造基本格局(燕守勋等,1996)。鲁西地区特殊的伸展构造背景使得煤田和矿井中煤体变形弱、煤体结构类型主要为 I 类和 II 类,构造煤以碎裂煤为主,矿井瓦斯地质条件简单,主要煤矿区的煤矿几乎均为瓦斯矿井、无突出矿井,仅个别矿井为高瓦斯矿井(张子敏和吴吟,2014)。

位于鲁西地区西部巨野煤田的赵楼煤矿,主要含煤地层为上石炭-下二叠统太原组和下二叠统山西组,地层总体为走向近 NS、倾向 E 的单斜构造,倾角多为 5°～10°,局部达 25°,具有中、西部较缓,东部较陡的变化趋势。矿井构造较为复杂,以断裂构造为主体,可以分为 NE、NNE—近 NS 及 NW 向 3 组,以 NE、NNE—近 NS 向断层最为发育,断裂规模大、延伸长、断距大,控制了矿井的构造格局(图 3-45),NW 向断层较少,且规模及断距均较小。断层性质以正断层占绝对优势,仅少量断层属逆断层性质。断裂构造在剖面上的组合形式主要为地堑、地垒式。次级褶皱总体为开阔宽缓褶皱,两翼地层倾角

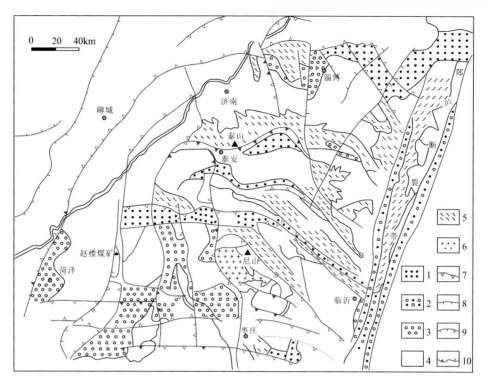

图 3-44　鲁西复合伸展构造系统构造纲要图（据王桂梁等，1992b）

1-古近系官庄组；2-下白垩统青山组；3-上侏罗统蒙阴组；4-蒙阴组以下至变质岩以上沉积岩层；5-太古宙片麻岩；6-侵入岩；
7-伸展正断层；8-转化断层；9-转化断层转变为伸展；10-滑脱断层

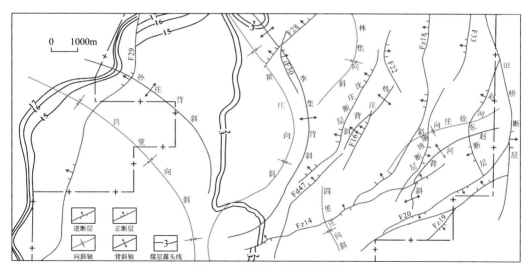

图 3-45　赵楼煤矿构造纲要图

一般均小于 10°，轴向主要为 NE 及 NW 向，具有中、西部延展较长，东部延展较短，背、向斜相间发育的特点。赵楼煤矿构造发育显示了区域拉张构造应力作用的特征，中生代以来的长期构造伸展作用使得矿井中正断层发育，在正断层作用下煤层相对埋深增大，主要可采煤层山西组 3 号煤层的埋深一般都大于 900m，即使在这样一种深度条件下煤层的瓦斯含量也极低，反映了伸展构造背景下正断层的普遍发育不利于瓦斯的聚集与保存，矿井生产中瓦斯突出威胁性极小。

3. 区域剪切构造应力场

在地球岩石圈板块间的相对水平运动的地球动力学环境下，在单剪应力场中才能产生大型的走滑断层（徐嘉炜，1995），在该应力场作用下可以形成与主断层性质相同、产状相近的一组走滑断层（Xu，1993），走滑断裂是指那些运动方向平行于断裂走向的、任何尺度的断裂构造（Sylvester，1988），具有切割深、沿走向延伸稳定且水平断距大的显著特征。与走滑断层作用有成因关系的一系列不同力学性质的构造，可以总称为平移构造（Wileox et al.，1973）。受走滑断层的影响，煤层往往被切断和错移，连续性受到破坏，以走滑断层为界，在其两盘的不同构造位置可以分别产生不同的构造变形。在大陆构造中，一般于断裂运动盘的前缘形成挤压构造，而在后缘往往形成拉伸构造（图 3-46）。

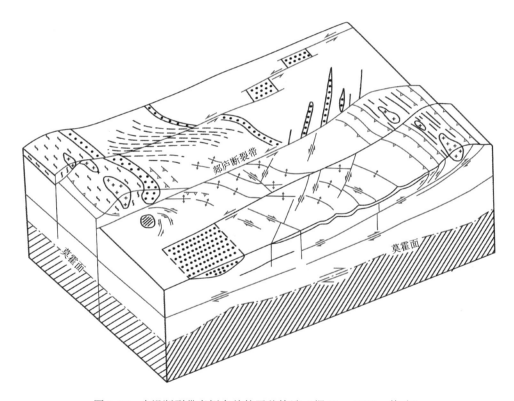

图 3-46 走滑断裂带旁侧有关的平移构造（据 Xu，1993，修改）

在走滑断裂运动盘的前缘往往可以产生次级挤压构造应力场，从而导致煤体强烈且复杂的构造变形，发育较为齐全的不同类型构造煤；姜波和王桂梁（1995）研究认为淮南煤田逆冲推覆构造的形成是大别山碰撞带所产生的由南向北的挤压应力及灵璧-武店左行走滑断裂前缘 SSW 向挤压应力综合作用的结果，尤其是北缘逆冲断裂的产生与灵璧-武店断裂的关系更为密切。正是这种构造应力场的综合作用，使得淮南煤田发育了强烈的逆冲推覆构造，并导致煤体的强烈变形和不同类型构造煤的发育。

在走滑断裂运动盘的尾端则以拉张的次级构造作用应力场为主，煤体的变形较弱，往往以弱变形的脆性系列构造煤发育为主。

走滑断裂在剪切平移过程中必然会诱导出次级构造应力场，在次级构造应力场作用下，形成次级压性、张性及剪切性质等次级构造，次级构造的展布、变形强度及构造组合与主走滑断层具有较好的相关性（图3-46）。在挤压及拉张构造变形区，煤层的变形特征与压性及张性构造应力场中形成的构造和变形有一定的相似性，但与区域挤压及伸展构造应力场相比，规模相对要小一些，变形相对要弱一些。因此，在剪切构造应力场作用下往往形成一幅复杂的构造图像，不同级别、不同序次和不同性质的构造并存，从而导致煤体变形和构造煤发育的差异性。在剪切构造应力场作用区，要以不同性质、不同类型构造作用下构造煤发育特征分析为基础，以走滑断裂构造特征及演化历史分析为主线，深入分析各种不同构造发育的内在联系，才能从本质上揭示构造煤形成的构造动力学机制。

综上所述，在区域挤压、伸展和剪切构造应力场作用下，煤体的变形和构造煤的发育存在显著的差异。区域挤压构造应力场是导致煤体变形强烈及不同变形系列和不同类型构造煤形成最为重要的区域应力作用方式，挤压型构造在形成和演化过程中次级断裂和褶皱构造的发育是不同类型构造煤非均质性分布的关键控制因素。在区域伸展构造应力场作用下，煤体的变形较弱，以弱变形脆性系列构造煤的发育为主，不仅提高了煤层的透气性，并为瓦斯散失提供了有利通道使得瓦斯含量降低，矿井生产中瓦斯突出的威胁性大大降低。剪切构造应力场作用下不同级别、不同序次和不同性质的构造并存，煤体变形的差异性较大，构造煤发育及分布具有较强的分区性特征。

3.4.2 矿井构造控制下的构造煤形成机制

矿井构造是指矿井中客观存在的一切中小规模的各种构造形迹，主要包括不同性质的断裂和褶皱构造。矿井构造不仅对煤矿生产效率产生直接影响，同时也对矿井瓦斯赋存与突出这一严重威胁煤矿安全生产的矿井地质灾害具有重要的控制作用。矿井构造是控制瓦斯赋存及突出的关键地质因素，Shepherd等（1982）认为90%以上的突出都集中在强构造变形带，Fisne和Esen（2014）统计发生在土耳其宗古达克煤盆地瓦斯突出事故，77%发生在断层带或通过断层带的区域，还有一些发生在煤厚及倾角突然变化的位置。显然，在矿井构造中断裂构造是控制瓦斯突出最为重要的构造类型。矿井构造控制瓦斯赋存及突出的实质是控制了不同类型构造煤的发育及分布。不同类型的构造煤具有不同的瓦斯特性，导致了矿井中不同区域瓦斯赋存及突出威胁性的差异。因此，矿井构造控制下构造煤形成的动力学机制研究对于揭示矿井瓦斯赋存规律具有十分重要的意义。

1. 断层作用下构造煤形成机制

我国煤矿区及矿井构造中断裂构造相当发育，是控制构造煤发育的主要构造类型，不同性质、不同规模及不同产出状态的断裂构造对煤体变形和构造煤的发育控制和影响程度各具特色，其中逆断层是影响构造煤发育的最为重要的断裂类型，而我国煤矿中普遍发育的正断层对煤体的变形也具有一定影响。

1）构造煤形成的逆断层作用机制

逆断层是在水平挤压应力作用下形成的，并在断层两盘差异剪切应力作用下，煤体产生变形，不同类型的构造煤具有带状分布的特征。根据断层倾角的不同可以分为大于45°的高角度和小于45°的低角度逆断层，低角度逆断层（或称为逆冲断层）的发育更为普遍。逆冲断层的规模差异很大，断层位移从小至毫米级的逆冲断层到数千千米的逆冲构造带都可以发育（Twiss and Moores，2007）。煤矿中逆冲断层的规模一般为数米至数千米，断距为数厘米至数百米，逆冲断层由于其特殊的力学性质及运动学特征，对构造煤的发育及分布具有重要的控制作用。

逆断层演化过程中以水平方向上的挤压缩短为主要变形机制，断裂面上及其附近挤压应力最强，并叠加上沿断裂面剪切增温及剪切应力的作用，煤体变形强烈，随着远离断层面应力逐渐减少、温度逐渐降低，煤体变形的强度及韧性变形行为逐渐减弱。因此，在垂直于断裂带的方向上，可以出现不同类型构造煤呈带状分布的特征，形成由不同类型构造煤规律性分布构成的断裂构造带。一般情况下，断裂带的中心位置在一定条件下可以形成糜棱煤、揉皱煤或碎粒煤，向两盘逐渐过渡为碎斑煤和碎裂煤（图3-47），与断裂构造岩的发育有着类似的特征，但由于煤特殊的力学性质及其对应力和温度的敏感性，即使在温压条件较低的环境下，也可能形成韧性变形且呈带状分布的韧性变形构造煤，从而表现出由韧性向脆性构造煤过渡的断裂分带特征。有时由于平行于主断层的一组剪切裂隙密集发育，构造煤被切割为片状，在断裂面附近可以形成片状煤、薄片煤甚至鳞片煤等剪切变形构造煤。逆断层作用下，煤层有时会发生较为强烈的揉皱变形从而导致韧性变形揉皱构造煤的发育。虽然不同断裂形成的呈带状分布的构造煤类型存在一定的差异，但随着远离断裂面煤的变形程度依次降低的规律性是普遍存在的。逆冲断层相对于高角度逆断层的构造煤的分带性更强，影响范围更大（图3-47）。

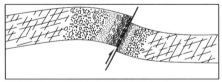
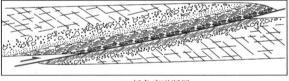

(a) 高角度逆断层   (b) 低角度逆断层

▨糜棱煤 ▨揉皱煤 ▤鳞片煤 ▦碎粒煤 ▨碎斑煤 ▨碎裂煤 ▨糜棱、揉皱、鳞片煤 ▨逆断层

图3-47 逆断层构造煤带状分布模式图

沿断裂面的剪切增温作用是影响糜棱煤等韧性变形构造煤发育的关键因素之一，对于断层滑动摩擦增温的问题，许多学者做了理论研究和实验工作（McKenzie and Brune，1972；Lachenbruch，1980；Fukuchi，1989），虽然剪切增温的具体强度难以精确确定，但剪切过程中伴随的增温作用是不争的事实。煤是对温度相当敏感的特殊有机岩石，实验表明，宿县矿区烟煤样品软化温度为180~250℃，阳泉贫煤样品软化温度为300~400℃，而陕西

彬长矿区长焰煤样品软化温度仅为 80～100℃，表明随着煤级的提高，煤的软化温度也逐渐提高，但总体来说煤的软化温度大大低于其他类型的岩石，如石灰岩在 800℃时才出现软化现象（张连英等，2006）。煤的低温软化性质使得煤在温度不是很高的条件下就可以表现出较强的塑性变形行为，这也是在地壳浅层次脆性变形域可以形成韧性变形系列构造煤的关键所在。逆断层形成的构造挤压应力、顺断层面的剪切应力及断层剪切增温作用使煤层产生强烈的碎粒化及塑性流动，从而导致断层面附近糜棱煤的发育。

逆断层造成的构造煤分带现象在矿井构造中十分普遍。朱仙庄矿 8 号煤层中发育一小型逆断层，断层倾角 60°，断距不足 1m，但断裂附近煤的变形十分强烈，在断层的上盘由断裂带中心向旁侧依次发育揉皱煤、碎斑煤、碎裂煤至未变形的原生结构煤，断裂的下盘则依次发育鳞片煤、碎粒煤和片状煤，表现出明显的分带性（图 3-48）。断层上盘与下盘煤的变形存在一定的差异，上盘临近断层处煤层发生较为强烈的揉皱变形形成揉皱煤，随着远离断层面迅速变为脆性变形的碎斑煤及碎裂煤直至原生结构煤；断层下盘有一组剪切裂隙发育，构造煤类型以片状结构为主，距断层由近而远依次出现脆-韧性过渡系列的鳞片煤、脆性系列的碎粒煤和片状煤。

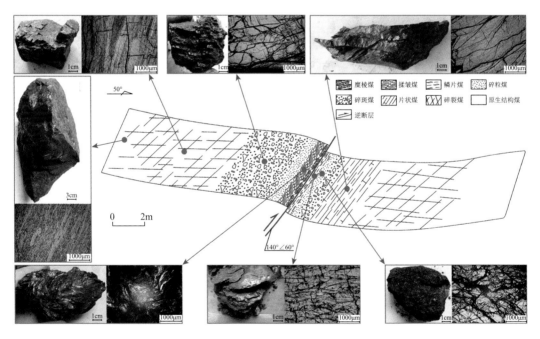

图 3-48　朱仙庄矿逆断层及其两盘构造煤分布特征

贵州青龙矿上二叠统龙潭组 16 号煤发育的小型逆断层，断距仅 0.5m，断层上盘煤层的产状基本未发生变化，但近断裂处构造裂隙发育；断层下盘发育一小型牵引褶皱，导致了断层上、下盘构造煤发育的差异性。上盘煤层构造变形较弱，构造煤类型为弱变形的碎裂煤，下盘靠近断层面的位置受到牵引褶皱顺层剪切滑动的影响，形成脆-韧性过渡系列的鳞片煤，远离断面则以发育碎裂煤为主（图 3-49）。

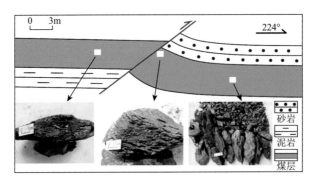

图 3-49　贵州青龙矿逆断层作用下构造煤发育特征

矿井中逆断层的发育不仅控制了不同类型构造煤的带状分布，对煤与瓦斯突出也有重要影响。贵州青龙矿井底车场揭露 F_{17} 逆断层，断层走向 NE，倾向 NW，倾角 60°，落差 10m，断层切割了中二叠统茅口组 P_2m、上二叠统龙潭组 P_3l 煤系（图 3-50）。在 22 号煤层中曾发生 5 次瓦斯突出，突出位置见图 3-50，具体突出情况如表 3-2 所示。在 5 次瓦斯突出中，突出点位于 F_{17} 逆断层上盘 3 次、下盘 2 次，但上盘的突出强度大大高于下盘。上盘煤层在断层作用下形成牵引褶皱，煤体的变形强度也高于下盘，而且上盘的突出位置更接近断层面，处于糜棱煤或碎粒煤带，煤体变形程度高、煤体松软，是煤与瓦斯突出强度大的主要原因。

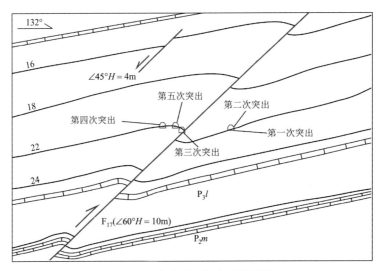

图 3-50　青龙矿瓦斯突出位置图

表 3-2　22 号煤层煤与瓦斯突出情况表

突出次数	突出时间	突出地点	突出瓦斯量/m³	突出煤量/t	埋深/m
第一次	2005.07.09	副井 1056m	5060	—	215
第二次	2005.07.24	副井 1072m	6167	70	215
第三次	2005.12.04	井底车场 3 吸水井	11165	—	215
第四次	2006.02.26	井底车场外水仓	30144	600	212
第五次	2006.04.10	井底车场内水仓	64671	900	212

注："—"表示无数据。

河南新密矿区大平煤矿在 21 轨道下山岩石掘进工作面迎头，垂深 612m，突遇一倾向 SW、倾角 49°，落差约 10m 的逆断层，发生了特大型煤与瓦斯突出，突出煤（岩）量为 1894t、瓦斯量约为 25 万 m^3，这也是该矿区发生的首次突出。由于掘进工作面距离断层下盘 2_1 号煤层较近，断层破碎带由泥质岩层构成，坚固性差，工作面发生了特大型煤与瓦斯突出，突出通道空洞与断层面的产状基本一致（图 3-51）（张子敏和张玉贵，2005a）。逆断层作用下，尤其是断裂带中心位置韧性变形构造煤及强脆性变形构造煤的发育使得煤层瓦斯含量增高及瓦斯压力增大，为煤与瓦斯突出奠定了重要基础。

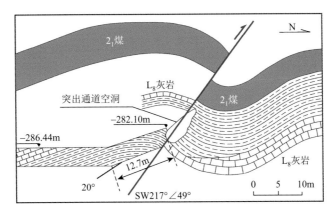

图 3-51 大平煤矿煤与瓦斯突出位置与逆断层关系剖面（据张子敏和张玉贵，2005a）

逆断层发育过程中往往伴随着褶皱的发育，两者在几何学上具有相关性，在成因上具有统一性。褶皱的类型从简单到复杂，不同形态褶皱的发育与逆冲断层的强度、运移距离及应力-应变环境密切相关。与逆冲断层相伴生最常见的是两盘紧邻断层的岩层发生明显弧形弯曲而形成的牵引褶皱，变形越强烈牵引褶皱越紧闭、形态越复杂，甚至可以形成斜歪、倒转和平卧等复杂形态的褶皱。由于牵引褶皱受到逆断层挤压剪切作用的影响，而断层上盘为主动盘，一般情况下上盘牵引褶皱较下盘更为发育、变形更强，这与我国矿井中的地质实际是一致的，因此，逆断层上盘构造变形比下盘更为强烈、构造更为复杂，构造煤的发育也强于下盘。褶皱变形越强烈，对煤体的改造作用越强，以形成揉皱煤为典型代表，但在褶皱的不同部位构造煤的变形程度是不同的，与褶皱作用下构造煤的形成机制相类似，将在本节第 2 部分予以详细讨论。

2）构造煤形成的正断层作用机制

正断层是矿井中普遍发育的构造类型之一，在经典的安德森（Anderson）断层模式中，垂向挤压或水平拉伸是有利于正断层形成的应力状态，矿井中的正断层发育于地下一定的深度条件下，一般为在水平拉张和垂向重力的共同作用下形成的张剪性正断层，而纯由拉张应力作用形成的张性正断层较为少见。在断层形成过程中，断层面实质上是一个张性剪切破裂面，可以通过剪切作用在岩石中形成的特征结构和构造来识别，这些结构和构造随剪切量和剪切速率以及断裂发生的物理条件（包括温度和压力）而变化（Twiss and Moores，2007），在断层带中浅层次主要发育碎裂岩类构造岩，在深度 10～15km、温度 250～350℃

的条件下可以发育韧性变形的糜棱岩（Sibson，1977）。矿井中的正断层普遍发育于地壳浅层次的低温低压脆性变形域，煤体变形性质主要为脆性变形，以发育脆性系列构造煤为主。一般情况下断层的上盘为主动盘，因此，上盘岩层或煤层的构造变形程度一般较下盘强烈，构造煤的发育程度也高于下盘。在断裂面上所受的张剪性应力作用较强，煤体结构受到较为强烈的改造，可能发育与断裂面产状基本一致的呈条带状分布的碎粒煤带，在断裂面附近与主断层产状近于一致或呈小角度相交的张剪性节理较为发育，受到密集的张剪性节理的影响，可以发育片状及薄片煤、局部甚至可以形成鳞片煤，而韧性变形的糜棱煤较为少见，这一类构造煤发育的范围受断裂的规模和位移的影响较为显著，随着远离断层面迅速减弱并过渡为碎裂煤。一般情况下，正断层作用下构造煤的分带性不是很显著，碎裂煤分布的范围较大，并有利于瓦斯的逸散，瓦斯突出威胁较小，但在断裂面附近发育的强脆性变形构造煤或脆-韧性过渡系列构造煤对瓦斯突出具有重要的控制作用，往往也是瓦斯突出的危险地带。

刘咸卫等（2001）通过平顶山矿区煤与瓦斯突出事故的统计分析，认为突出煤体主要分布在正断层的上盘，是被构造作用严重改造了的构造煤，在高瓦斯区，突出危险带实际上就是构造煤带；河南安阳矿区龙山矿东四采区共有 4 个瓦斯突出集中带，共发生突出35 次，均位于正断层的上盘，占突出次数的 100%，所以正断层两盘煤层的破坏规律及其对瓦斯突出的控制作用对煤矿安全生产十分重要。这些实例分析似乎反映了正断层是控制煤与瓦斯突出的一种重要的构造类型，实际上，这些矿区均位于复杂的构造变形区域，如平顶山矿区位于华北板块南缘的板缘强烈构造变形带，而安阳矿区则位于太行山复背斜东翼，也曾经历过较为强烈的构造挤压作用，均具有多期构造叠加改造的演化特征，早期的构造挤压可能对构造煤的发育起到了关键控制作用，而正断层性质仅为现今的表现形式，很可能是后期构造性质的转变所致。因此，只有通过构造演化、构造性质的转化及其对煤体改造的系统分析才有可能揭示煤与瓦斯突出的构造动力学机制。

2. 褶皱作用下构造煤形成机制

褶皱是矿井中发育的主要构造类型之一，并以顺层挤压应力作用下的纵弯褶皱作用为主，由于煤特殊的软弱力学性质，在煤层中往往可以形成形态十分复杂的构造类型。矿井中褶皱的规模差别很大，小到可以在手标本或显微镜下识别，大尺度的可以达到矿井乃至矿区规模。褶皱的类型复杂多样，斜歪、倒转、斜卧及平卧等形态的褶皱都可以出现，局部甚至可以发育揉流褶皱，尤其在小尺度褶皱中更是如此。褶皱构造是控制瓦斯赋存及突出的重要构造类型之一，在纵弯褶皱发育过程中，在褶皱的不同构造部位由于褶皱作用机制、局部应力性质以及煤层厚度和结构的不同，煤体的变形及不同类型构造煤的发育都会存在一定的差异性。王生全等（2006）利用褶皱中和面效应进行了煤体结构破坏类型的控制性规律研究，提出了中和面之上背斜上层瓦斯逸散型、向斜上层瓦斯聚集型和中和面之下背斜下层瓦斯聚集型、向斜下层瓦斯逸散型 4 种类型；李明等（2018）以黔西土城向斜为例，总结出褶皱控制下构造煤发育的 7 种模式。根据应力及应变的差异性，褶皱作用下构造煤的发育大致可以归纳为以下 7 种形成机制（图3-52）。

（1）弱脆性变形构造煤发育机制（图 3-52 Ⅰ）：褶皱翼部主要受到区域挤压应力作

用，煤层以平行层理的缩短为变形的主要形式、基本未发生顺层剪切作用，变形较弱，以发育区域性裂隙及继承性节理为主，构造煤类型主要为初碎裂煤和碎裂煤，局部发育片状煤。

（2）顺层剪切力偶作用片状构造煤形成机制（图 3-52 Ⅱ）：褶皱变形较为强烈的翼部，由于煤层与其顶、底板岩层间发生顺层的剪切滑动形成局部顺层剪切应力，煤层中发育密集的顺层剪切节理，从而形成了以片状煤为主的顺层弯滑剪切区，局部变形强烈的区域可以形成薄片煤或鳞片煤；同时弯滑褶皱作用常可派生斜交羽状剪切裂隙，表现为褶皱翼部煤层在顺层剪切滑移面一侧常发育有一组或多组的斜交网状裂隙，形成的构造煤类型主要为片状构造煤，其次有碎裂煤及碎斑煤的发育。

（3）局部张应力作用碎裂煤发育机制（图 3-52Ⅲ）：在褶皱转折端的外弧内侧产生局部近水平的张应力，背斜中和面以上及向斜中和面以下的转折端部位形成局部次级水平张应力，煤层以发育近垂向的张节理及高角度剪节理为主，形成的构造煤类型主要为碎裂煤。

（4）局部挤压应力作用韧性变形构造煤发育机制（图 3-52Ⅳ）：在褶皱转折端内弧内侧，背斜中和面以下及向斜中和面以上的转折端部位局部应力场与区域应力场一致，水平构造挤压应力作用较为强烈，同时受到煤层与顶、底板岩层间顺层剪切和煤层弯流褶皱作用的影响，煤体发生较为强烈的构造变形，并且随着褶皱作用的增强，煤的变形程度逐渐增高，形成以揉皱煤和糜棱煤为主的韧性变形构造煤，局部还可能发育鳞片煤及碎粒煤等强变形构造煤。

（5）薄煤层弯流褶皱作用韧性变形构造煤发育机制（图 3-52Ⅴ）：在同一构造应力场作用下，薄煤层将按照自身的厚度和岩石力学特征发生变形，往往形成规模小、形态复杂的褶皱，整体褶皱形态为复协调或不协调褶皱。薄煤层以弯流褶皱作用为主，产生较为强烈的塑性流变，使得整层发育糜棱煤及揉皱煤。

（6）顺层剪切力偶作用韧性变形构造煤发育机制（图 3-52Ⅵ）：厚煤层存在夹矸层是较为普遍的现象，夹矸层的岩石力学性质一般强于煤层，在纵弯褶皱作用中，夹矸层的抗弯能力高于煤层，从而在夹矸层的上、下形成局部剪切力偶，导致临近夹矸层处煤层的强烈变形，以韧性变形的揉皱煤和糜棱煤为主，有时发育鳞片煤及碎粒煤。

（7）煤厚急剧变化应力集中构造煤发育机制（图 3-52Ⅶ）：煤层厚度急剧变薄或尖灭位置往往会导致局部应力集中，使煤层发生较为强烈的构造变形，变形的强度一般高于煤层厚度稳定区域，以发育碎裂煤、碎斑煤为主，变形强烈时也可能出现薄片煤及鳞片煤。

由于褶皱的规模有大有小、褶皱的幅度有强有弱，褶皱的形态有简单也有复杂，在不同的褶皱中构造煤的发育及其变形强度、变形性质会存在一定的差异，但褶皱作用下煤体的总体变形规律是相近的。

纵弯褶皱作用下，在褶皱不同的构造部位构造煤的发育具有较为显著的差异，并对煤与瓦斯突出产生重要影响。张铁岗（2001）研究认为，向斜轴部易于储集瓦斯，小背斜如果顶、底板岩性封闭条件好，更易于储集瓦斯，而在背、向斜构造的转折带，倾伏端等会出现构造煤的突然增厚，平顶山矿区东区的 3 对矿井为突出矿井，已发生突出 43 次，直接受李口向斜轴部次级构造作用的影响。鹤壁矿区有 26 次突出发生在向斜和背斜的轴部，

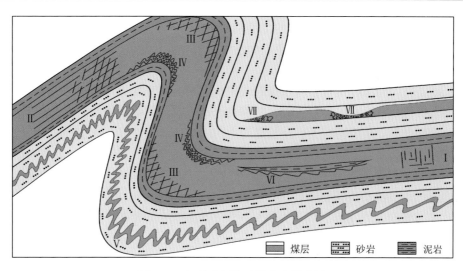

图 3-52　褶皱作用构造煤发育模式图

且基本都发生在附近没有大断层或连通地表断层发育的封闭性褶曲内（刘彦伟等，2006）。湖南利民煤矿褶皱密度大且多为紧闭，甚至为倒转褶皱，煤与瓦斯突出几乎全部与褶皱构造有关（汪禄生等，2002）。黄德生（1992）统计了南桐矿区煤与瓦斯突出情况，显示出突出点主要集中分布在向斜轴、背斜的倾伏端、扭褶带及压扭性断层附近，而背斜轴附近很少有突出点分布。韩军等（2008）重点讨论了向斜构造对煤与瓦斯突出的控制机理，认为向斜构造同时具备的高地应力、高瓦斯压力（含量）和构造煤发育 3 个因素是发生煤与瓦斯突出的主要原因；向斜构造形成过程中的层间滑动及流动造成煤层厚度发生变化，导致向斜轴部煤层增厚，两翼煤层变薄，尤其是向斜轴部附近成为煤层厚度急剧变化的区域，因而也是煤与瓦斯突出的多发地带，实际上这个区域除煤层的急剧增厚外，韧性变形构造煤的发育更是其典型特征。申建等（2010）通过平顶山八矿构造曲率计算与分析认为，向斜处于负曲率位置，瓦斯含量、涌出量和突出强度较高。所有这些研究成果均表明褶皱构造对煤与瓦斯突出具有重要控制作用，由于褶皱不同构造部位构造煤发育的差异性对突出危险性具有深刻影响。一般情况下，在向斜的两翼和轴部应力作用较为强烈，强变形构造煤发育，是瓦斯突出的危险区域；而在背斜的转折端，次级应力场为垂直于轴向的拉张，构造煤发育较弱，且有利于瓦斯的运移和散失，瓦斯突出危险性较弱（姜波等，2019）。

3. 层滑构造作用下构造煤形成机制

层滑断层是指受岩性或地层界面控制，平行或近于平行界面或层面发育的断层，由层滑断层运动所形成的滑面及其伴生构造，统称为层滑构造（王桂梁等，1992a）。矿井层滑构造是矿井中发育较为普遍的一种特殊构造类型，由于顺层的剪切滑动往往会造成煤体的强烈变形及煤层厚度的急剧变化，从而导致不同类型构造煤的发育，并对煤与瓦斯突出具有重要影响。但由于层滑断层的运动主要为顺层的剪切滑动，往往不易被识别而常被忽略。自 20 世纪 70 年代中期在美国东部阿巴拉契亚山发现巨型逆冲推覆构造后，世界上掀起了对推覆构造的研究热潮，80 年代以后又拓展到伸展型滑脱构造。滑脱构造是一个以相对低的强度和高的剪切应变为特征的拆离层，常是一条断层或一个断层系，分隔着上下变形特征和力学性质的两盘（马杏垣和索书田，1984）。煤层在煤系中是具有相对低强度的特殊岩层，在滑脱构造形成过程中往往是层滑断层发育的优势岩层层位，类似于推覆、滑覆和重力滑动构造中的拆离断层。矿井中的层滑断层多数发育于煤层附近，断层面常沿煤层与顶、底板之间，以及煤分层与夹矸层之间的软弱煤分层发育，所以也有人称之为顺煤层断层（曹运兴等，1993）。顺层滑断层的剪切滑动，导致其两盘煤层及岩层发生一定的构造变形和形成层滑构造，层滑断层是一个强应变带，其上、下盘构造常具明显的不协调现象。

1）层滑断层

层滑断层是层滑构造中的主体，一般顺煤层发育或与煤层层理呈小角度相交，断层面在走向及倾向上均呈波状延伸，个别小型层滑断层呈平面状；由于断层面具有剪切滑动性质，在断层面上摩擦镜面、擦痕及阶步等较为发育；断裂可以单条产出，更多情况下是成组发育，断层组的不同断层具有相同的力学性质、运动方式、运动方向和产状基本相同的特征（图 3-53），具有相同的成因机制。

图 3-53 四川白皎矿 K_3 号煤层波状起伏的层滑断层组（据曹运兴等，1993）

2）层滑断层带

层滑断层顺煤层的剪切滑动以及煤层力学性质软弱的特点，使得层滑断层带具有特殊的构造变形特征，主要体现在煤层的急剧增厚或变薄、韧性变形构造煤的发育、不同类型构造煤的带状或层状分布以及与顺层剪切相关的褶皱、节理及劈理构造，从而形成或宽或窄的层滑断层带或层滑韧性剪切带。

3）层滑构造的类型

层滑运动实质上是一种断面平行于岩层面或微弱穿层的剪切运动，其发生和发展与区域挤压或伸展运动应处于同一构造动力系统之中，也可以在先存破裂构造的基础上发展起来，与其他类型的构造具有密切的内在联系。依据层滑构造的几何学结构及应力作用特征，层滑构造类型可概括为逆冲型、书斜式、正-逆槽式及褶皱顺层剪切型 4 种主要类型。各种层滑构造类型由于发育的地质条件不同，构造变形会表现出一定的差异性。

（1）逆冲型层滑构造。

逆冲型层滑构造是在水平挤压应力作用下形成和发展的，其几何学特征类似于逆冲推覆构造，或者说是一种小型的逆冲推覆构造。层滑断层为逆冲型层滑构造的底板断层，一般沿煤层顶、底板顺层发育，在其上的煤层发育一组角度比较大呈叠瓦状组合的逆断层（图 3-54）。在较为强烈的挤压应力作用下，煤层发生碎裂、韧性流动或褶皱变形；如果在煤层顶、底板均发育有层滑断层，则有可能形成双冲型层滑构造（图 3-55）。

图 3-54　逆冲型层滑构造结构示意图　　　　　图 3-55　铜川东坡煤矿双冲型层滑构造
（据王桂梁等，1992a，修改）

（2）书斜式层滑构造。

在层滑断层的一盘或两条层滑断层之间，发育一系列倾角较大、产状基本一致的一组小型正断层，各正断层的上盘依次下降，形成书斜式断层组合（图 3-56），这些正断层是在层滑断层的剪切运动中派生的次级张剪性构造，往往与伸展构造应力场密切相关；也可能在正断层形成之后，受到上覆岩层的重力作用，正断层再次活动，在煤层中发生顺层滑动而形成。

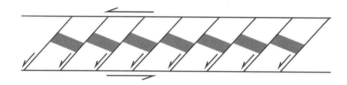

图 3-56　书斜式层滑构造示意图

（3）正-逆槽式层滑构造。

在区域伸展应力作用或重力滑动构造中，上盘岩层首先沿正断层产生向下的滑动，在断层进入煤层后岩石力学性质的改变使得断层倾角逐渐变缓并趋于顺层滑动，从而导致顺层断层的形成。随着顺层断层的进一步滑动和扩展，前方的阻力逐渐增大，以形成反倾逆断层来消减应力的积聚，从而形成具有特征构造组合的正-逆槽式层滑构造，一般具有后缘发育倾向前缘的张性正断层组、中段发育顺层剪切的层滑断层、前缘发育倾向后缘的逆冲断层组的结构特征（图 3-57）。

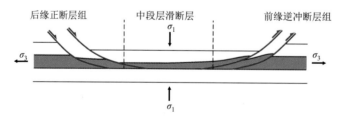

图 3-57　正-逆槽式层滑构造示意图

（4）褶皱顺层剪切型层滑构造。

褶皱顺层剪切型层滑构造的发育主要与纵弯褶皱作用有关。褶皱过程中顺层面的剪切滑动是弯滑褶皱作用的重要表现形式,是十分普遍的现象,褶皱的形成过程中不同岩层间发生顺层剪切滑动的同时,力学性质软弱的煤层则以弯流褶皱作用为主,从而导致煤层较为强烈的塑性流变及构造变形。褶皱过程中煤层发生从翼部向转折端的塑性流动,导致在褶皱转折端煤层的增厚及翼部的减薄。王桂梁和徐凤银(1999)对芙蓉矿区层滑构造的研究表明,层滑构造主要发育于珙长背斜南翼的芙蓉、白皎和珙泉三个井区,层滑带都集中在地层倾角为15°~25°的区域,除白皎井田与大断层的分布有一定关系外,主要受 NE 向褶皱作用的控制;而杉木树矿田层滑构造主要集中在滥泥坳向斜 NW 翼东部 700~1100m,延伸方向与褶皱完全一致。

江西青山矿的主体构造为一不对称的复式向斜构造,褶皱较为紧闭,两翼倾角较陡,褶皱形成过程中煤系下部厚度较大的大槽煤与其顶、底板岩层发生顺层剪切并进一步发展为层滑断层,而煤层以弯流褶皱变形为主,煤层的增厚减薄现象较为显著,尤其在褶皱的转折端部位,次级"Z"字形小褶皱十分发育(图3-58),大槽煤变形强烈,全层均为构造煤,以碎粒煤和糜棱煤为主(曹运兴等,1993)。

铜川东坡矿 5 号煤层沿顶、底板发育层滑断层,在剪切力偶的作用下,煤层发生较为强烈的褶皱作用,褶皱轴面倾向 S,断层面近于水平,指示层滑断层具有左行剪切性质;煤层在褶皱转折端处明显增厚,形成顶厚褶皱(图3-59)。

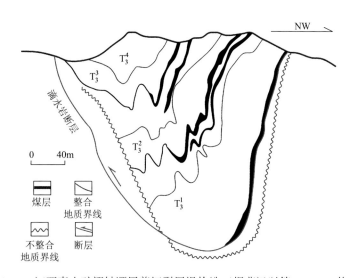

图 3-58 江西青山矿褶皱顺层剪切型层滑构造(据曹运兴等,1993,修改)

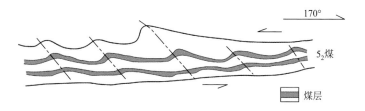

图 3-59 铜川东坡矿 5 号煤层层滑-褶皱构造变形带(据王生全和夏玉成,1996,修改)

4）构造煤发育规律

煤层的增厚与变薄是层滑构造带中最为常见的一种构造变形现象，在顺层剪切断层作用下，力学性质软弱及易于变形的煤层持续不断地从高压区流向低压区，造成了煤层的急骤增厚与减薄，常呈条带状、透镜状或串珠状等不规则形态展布（图 3-60），煤体发生较为强烈的构造变形，形成不同类型的构造煤。

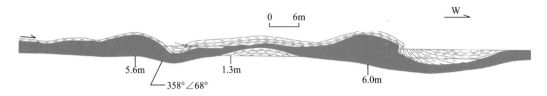

图 3-60　海孜矿 I_2 采区 724 轨道巷层间滑动引起的煤厚变化素描图（据 Ju et al., 2004）

Ju 等（2004）依据淮北海孜矿较为深入和精细的井下观测，通过矿井构造和构造煤变形特征分析，探讨了层滑构造与构造煤发育的内在联系，分析了不同层滑构造类型中不同类型构造煤的发育规律。

海孜矿 I_1 采区 716 工作面发育一组叠瓦状逆断层组合，向下统一归并于顺 7 号煤层发育的层滑断层上，层滑及逆冲作用使得煤层不稳定、厚度发生较为显著的变化及小褶皱较为发育，断层面上擦痕发育，小褶皱及擦痕均指示了断层具有逆冲性质；煤层变形较为强烈，以鳞片煤和碎粒煤为主，鳞片煤呈层状分布于层滑断层的上盘，而碎粒煤则主要分布于断层的下盘，也具有成层发育的特点［图 3-61（a）］。I_2 采区 1021 轨巷中，10 号煤层及其顶板细砂岩发育一组小型正断层，断层产状为 330°∠50°，在平面上平行排列，在剖面上呈书斜式，煤层的中部发育有顺层波状延伸的层滑断层，在层滑面之上煤体变形较强，以发育鳞片煤为主，并呈层状延伸，层滑断层下盘煤体变形较弱，以碎裂煤为主，从而造成了同一煤层中不同类型构造煤分层发育的特点［图 3-61（b）］。

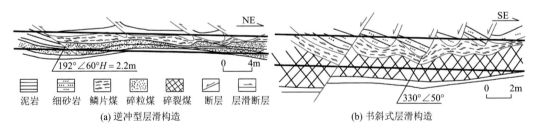

图 3-61　海孜矿层滑构造及构造煤发育特征（据琚宜文等，2004a，修改）

褶皱形成过程中的顺层剪切型层滑构造对煤体的改造和构造煤的分布影响较为复杂，受顺层剪切滑动的影响，在层滑面附近往往形成强烈变形带，以发育糜棱煤及鳞片煤为主，并顺层滑断层呈层状分布；顺层断层间的煤层以弯流褶皱作用为主，褶皱的强度、类型及规模是影响不同类型构造煤发育更为重要的因素，在褶皱变形强烈区以揉皱煤的发育为典型特征，其次为鳞片煤或片状煤，分布受褶皱的控制十分显著，与褶皱作用下构造煤的发育具有相似之处。

综上所述，层滑构造作用下构造煤的发育及分布具有较为显著的分层性，不同类型构造煤分层受层滑断层的控制，一般顺断层面呈层状分布。层滑断层面的上盘煤体变形强于下盘，构造煤的分层性较强，临近断层面的区域内发育强烈变形的构造煤，以糜棱煤、鳞片煤及碎粒煤为主，远离断层面煤体变形逐渐减弱，依次发育片状煤、碎斑煤及碎裂煤等，不同构造煤分层的厚度与煤层厚度、层滑断层的规模及作用强度密切相关，一般弱变形构造煤分层的厚度要大于强变形构造煤，但强变形层滑构造带有可能造成糜棱煤等韧性及强变形构造煤的整层发育；层滑断层下盘构造煤的分层性较弱，虽然在临近断裂面处可以发育糜棱煤等韧性变形构造煤，但厚度较小并很快过渡为脆性系列构造煤。褶皱顺层剪切型层滑构造及与层滑构造相伴生的褶皱作用会导致煤体变形的复杂化，不同褶皱构造部位构造煤发育的类型存在较大的差异，若在强烈褶皱作用下也可能导致强变形构造煤的整层发育。

5）构造煤形成机制

煤层岩石力学性质的软弱性及其差异性是影响层滑构造发育和煤体变形行为最为重要的内在因素，构造应力作用是关键的外界促进因素，而变形环境（温度和围压）在很大程度上影响煤体的变形行为。构造应力主要包括区域挤压应力、伸展拉张应力、煤岩层上覆岩层重力以及断层、褶皱形成过程中的派生应力等。虽然应力作用的性质不同，但不同的应力都可能通过一定的形式或路径转化为对层滑构造形成至关重要的顺层剪切应力。

（1）层滑断层的层位选择。

矿井层滑断层以顺层发育为主要特征，类似于推覆构造台阶式断坡-断坪结构中的断坪，主要沿岩层中岩石性质软弱的层位发育，如徐宿逆冲推覆构造的断坪主要发育于以页岩、泥灰岩为主的软弱层位中，泥页岩和膏溶层占 73%，这些滑动层系不仅起着推覆润滑作用，且能产生异常孔隙压力，高孔隙压力在大规模低角度逆掩断层的形成中有着重要的作用（Roberys，1972），使其上载岩层因底部垫托浮力作用而减低摩擦力，在较小侧向压力下发生滑移（舒良树等，1994）。煤层具有密度小、强度低和孔隙压力高的特点，并且煤体强度随着孔隙压力的升高而降低，使得顺煤层断层更易发生。煤层与顶、底板岩层的岩石力学性质具有较大差异，是一个构造薄弱带，也是层滑断层发育的有利界面。曹运兴等（1993）认为顺煤层断层在两套力学性质差异较大的界面附近的煤层中以及多煤层煤系中的厚煤层优先发育。

（2）应力作用方式。

顺层剪切应力是层滑构造形成最为重要的应力作用方式。在区域挤压、伸展应力或上覆岩层重力作用下，均可以导致层滑断层的发育，从而在断层的两侧诱导出局部剪切应力场，在剪切力偶的作用下，层滑断层不断发展，并导致两盘的煤岩层的构造变形及层滑构造的形成。纵弯褶皱过程中，弯滑褶皱作用顺层面的剪切滑动，同样可以形成局部的剪切构造应力场，从而有利于层滑构造的发育。

（3）煤韧性变形及其形成机制。

温度和围压是影响岩石变形十分重要的环境因素，煤层赋存于地壳浅部，埋藏深度最深不过 3～5km，温度为 60～150℃，围压为 100～200MPa（王桂梁和朱炎铭，1988），属于低温低压的脆性变形环境，但在层滑构造带中韧性变形构造煤的发育是十分普遍的一种现象，这一方面取决于煤岩自身强度低的力学性质，另外变形的环境对煤的韧性变形也具有重要的促进作用，其中层滑断层的剪切增温是十分关键的因素，使得煤层在较低的温度围压条件下发生韧性变形。围压在一定程度上可以提高煤岩的强度，但煤岩对温度效应更为敏感。煤岩力学试验研究表明，温度的升高改变了煤基质的内部结构，影响了煤体吸附瓦斯的性能，导致游离瓦斯含量增大，从而降低了含瓦斯煤抵抗外部荷载的破坏能力，导致其强度的整体下降（许江等，2011）。另一方面，温度的增加降低了煤岩的弹性极限，韧性相应增强，有利于煤的韧性变形，韧性变形时机械能又将转变为热能，由于煤层的热导率很低，热能的聚集又激化了有效活化能而促进煤的韧性流变（Ju et al.，2004）。但这种动热的转化往往局限于一定的空间范围，这也是韧性变形煤呈层状分布于层滑断层附近的原因所在，并且断层的上盘为主动盘，韧性变形构造煤的发育更为强烈。

6）层滑构造对煤与瓦斯突出的影响

煤与瓦斯突出与强烈变形的构造煤的发育与分布密切相关，层滑构造引起煤层的韧性变形及碎裂流动，形成不同类型的构造煤，将大大地增加煤的孔隙及比表面积，从而增大了瓦斯含量与瓦斯压力，成为控制矿井煤与瓦斯突出重要的构造类型之一。四川白皎井田煤和瓦斯突出与层滑构造有关，如在已发生的煤与瓦斯突出中，有 65%发生在受层滑构造控制的瓦斯富集带内，突出的强度也与层滑构造的规模有关。

层滑作用造成煤层的增厚或减薄，瓦斯的富集与突出普遍发生在煤厚异常部位，尤其在层滑断层的上盘，煤体变形强烈，是瓦斯突出的高危地带。天府煤矿位于四川东部断褶带内，以走向 NNE—SSW 的褶皱和逆冲断层发育为主要特征，发育有数条 NNE 向逆断层及被断层切割不完整的倒转向斜构造（图 3-62），F_4 逆断层与地层的产状相近，断层及地层倾角均较大，在 F_4 的 NW 方向还发育有产状近于一致顺煤层发育的 F_8 等逆断层，这些断层显然具有层滑断层的特点。层滑断层作用下煤体发生强烈的构造变形，F_4 断层形成强变形构造带、F_8 等断层上盘煤层增厚减薄变化显著。在 300～600m 的深度发生过 3 次特大煤与瓦斯突出，第一次突出（图 3-62①）是我国历史上最大的一次突出，突出 12780t 煤和 $14×10^5m^3$ 瓦斯，第二次突出煤量 2807t（图 3-62②），第三次突出煤量 5000t（图 3-62③），并且都伴随有大量的瓦斯喷出（Cao et al.，2001）。

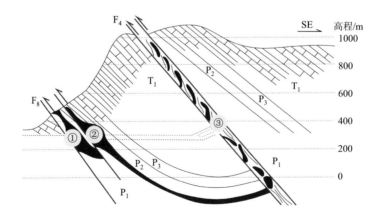

图 3-62　天府煤矿煤与瓦斯突出地质剖面图（据 Cao et al.，2001，修改）

　　四川白皎矿层滑构造引起的煤厚变化为煤与瓦斯突出的主要根源之一，层滑构造使煤层增厚变薄，煤体变形强烈，强变形构造煤发育，挤压强烈时形成鸡窝状煤体或煤包，瓦斯大量集聚，2052 巷道在层滑断层倾角增大处煤层厚度突然加大，掘进过程中发生了煤与瓦斯突出（图 3-63）。

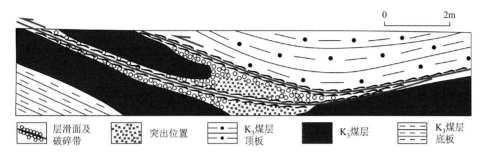

图 3-63　2052 巷道瓦斯突出地质素描图（据徐凤银，1988，修改）

　　层滑构造对煤与瓦斯突出的影响已受到人们的高度重视，王桂梁和徐凤银（1999）认为层滑构造研究在实践方面开拓了一个预测预报瓦斯突出的崭新领域。层滑构造及煤层韧性剪切带研究不仅对矿井安全生产具有重要的实践意义，层滑断层上、下盘构造的不协调性、煤体变形的差异性及不同类型构造煤的分布规律为深刻揭示及认识矿井瓦斯赋存规律及突出危险性提供了重要依据；煤田及矿井中广泛发育的层滑构造或韧性剪切带类型繁多、机制多样、现象丰富、易于观测，通过研究可以进一步丰富和完善岩石圈多层次拆离滑脱构造理论。

4 构造煤类型及其变形特征

淮北矿区和阳泉矿区构造煤发育普遍，类型较为齐全。在井下煤体变形特征观测的基础上，系统采集了不同类型的构造煤样品，通过构造煤宏观、微观和超微观变形特征分析，揭示了不同类型构造煤的变形特征。

4.1 宏观变形特征

构造煤宏观变形特征的观测与分析是构造煤类型划分的重要基础，为此系统展开了淮北矿区和阳泉矿区数百件构造煤样品的宏观变形观测、分析和描述记录工作。按照本书的构造煤分类方案，初碎裂煤、碎裂煤、碎斑煤、碎粒煤、片状煤、薄片煤、鳞片煤、揉皱煤和糜棱煤9种构造煤类型的宏观变形既具有差异性也存在一定的内在联系（图4-1）。

1. 初碎裂煤

煤体坚硬、完整，原生结构构造清晰可辨。构造变形较弱，以稀疏发育的构造裂隙和外生继承性裂隙为主，主要裂隙一般由两组斜交构造裂隙构成，也可见顺层裂隙和垂层外生继承性裂隙的发育［图4-1（a）］。裂隙方向性较好，规模一般较大，但发育稀疏，裂隙间距为厘米级。裂隙面一般呈平面状、延伸稳定、平行排列，也可见裂隙面呈不规则面状和弧形弯曲状不稳定延伸，常见有条纹锥状构造和弱摩擦面发育。小型裂隙则多局部发育，如常垂层发育的外生继承性裂隙仍在镜煤条带和亮煤分层中发育密集，其构造改造迹象明显、延伸相对不稳定、常呈密集裂隙带状产出。

2. 碎裂煤

碎裂煤为发育较为普遍的构造煤类型，煤体较为坚硬、完整，原生结构构造可辨。宏观变形特征主要表现为煤体碎裂变形和多组构造裂隙或外生继承性裂隙的稳定发育［图4-1（b）］。原生结构保存较好，裂隙主要为垂层或高角度外生继承性裂隙、顺层构造裂隙和斜交构造裂隙，方向性和期次性明显。同时随着碎裂煤构造变形的逐渐增强，主要表现为裂隙由"规模较大、稀疏发育"到"规模分异、密集发育"的变形特征，同时裂隙的发育组数和类型也有所增加。

3. 碎斑煤

碎斑煤的宏观变形特征表现为煤体较为破碎和碎斑状结构的发育。原生结构难以辨认或隐约可见，煤体裂隙整体发育紊乱，规模相差较大，大多数裂隙表现为多组细小、紊乱不稳定、分布不均匀，常追踪早期裂隙或裂隙交汇处、转折处呈条带状或块状密集产出，

图 4-1　不同类型构造煤宏观变形特征

（a）初碎裂煤，芦岭矿 8 号煤层；（b）碎裂煤，朱仙庄矿 8 号煤层；（c）碎斑煤，新景矿 3 号煤层；（d）碎粒煤，祁南矿 10 号煤层；（e）片状煤，五沟矿 10 号煤层；（f）薄片煤，祁南矿 7 号煤层；（g）鳞片煤，祁东矿 7 号煤层；（h）揉皱煤，祁东矿 6 号煤层；（i）揉皱煤，朱仙庄矿 8 号煤层；（j）糜棱煤，朱仙庄矿 8 号煤层

将煤体切割、破碎为大小不等的碎斑和碎基，形成碎斑结构 [图 4-1（c）]。且随着构造变形程度的增强，在碎斑煤中煤体整体均发育为碎斑状结构，细小裂隙分布较为均匀，且多呈近于平行交替状、鳞片交错状或缓角度斜交交错状定向排列组合发育。

4. 碎粒煤

碎粒煤煤体完全破碎为松散碎粒、碎粉状颗粒，且粒度较为均匀，原生结构不可辨认。

在变形较弱的碎粒煤中碎粒粒径较大，碎斑存在磨圆和磨损现象，裂隙发育密集、方向紊乱 [图 4-1（d）]。在强烈构造碎粒流变产物的碎粒煤中，煤体碎粒化强烈，顺层细微裂隙均匀、劈理化发育，间距多小于 1mm，将煤体切割、破碎为微小片状碎粉，顺层定向排列、错移。裂隙面延伸不稳定，多发生波状弯曲起伏，或呈不规则面状。摩擦面也多呈不规则揉皱起伏状、较为光亮完整发育，滑动迹象明显。

5. 片状煤

片状煤煤体多呈扁平板状和片状碎片，坚硬完整，一般可见层理和原生结构。可发育多组裂隙，但以一组优势发育的剪切裂隙为主，为构造剪切作用产物，严格控制了煤体的片状形态 [图 4-1（e）]。优势裂隙多为顺层裂隙，规模较大，多可切穿煤体或呈平行交替状、雁列状切穿煤体。一般片状煤裂隙面间距多为厘米级，且间距稳定、发育较均匀，裂隙面多呈平坦面状、延伸稳定，摩擦面光亮。

6. 薄片煤

薄片煤构造变形强烈，煤体较为破碎、呈不规则薄片状 [图 4-1（f）]。优势发育的剪切裂隙规模较大，多可切穿煤体或呈平行交替状、雁列状切穿煤体。裂隙发育密集，间距多为毫米级，裂隙面较为平整、近于面状平行排列，或呈不规则面状、不规则波状弯曲起伏，延伸较为不稳定，可见裂隙间呈一定小角度斜交、交错发育。摩擦面发育较弱、光泽较为暗淡。

7. 鳞片煤

鳞片煤煤体整体破碎成鳞片状、不规则透镜状或揉皱状 [图 4-1（g）]。以一组优势密集发育的裂隙为主，间距多为毫米级，裂隙面呈缓波状和不规则揉皱状起伏，将煤体切割成鳞片状碎片，表面摩擦面十分发育，块体均被摩擦面所包裹，光滑、致密、明亮、坚硬、韧性变形迹象明显，且难污手、多具有刀刃状边缘。

8. 揉皱煤

揉皱煤呈强烈不规则揉皱扭曲状，变形强烈的揉皱煤中多可见粉粒化和劈理化现象，高矿物质含量的揉皱煤则多为摩擦面所包裹 [图 4-1（h）]。一般揉皱煤中层理清晰的煤体明显可见煤岩分层发生揉皱弯曲变形，而宏观上揉皱煤煤层层理多难以辨认，使得煤体揉皱变形形态更多的是由发生揉皱弯曲变形的裂隙面及其切割而成的裂隙块体所构成，小型密集发育的裂隙呈交替连续状定向揉皱弯曲排列，控制了煤体揉皱变形的形态，而较大规模稀疏发育的裂隙则是通过裂隙弧形弯曲、两组或多组裂隙交错交汇组合发育构成揉皱弯曲的形态 [图 4-1（i）]。不同类型的揉皱煤的揉皱变形特征也存在明显差异，高矿物质含量揉皱煤煤体揉皱变形多表现为块体表面的强烈揉皱变形，一般揉皱煤中揉皱变形规模较大、变形形态较为完整、形态类型也较为丰富；随着揉皱煤煤体揉皱变形增强，发育较为密集、规模较小，多呈宽缓不对称圆弧揉皱，其横向连续性发育较好，但常发生形态和规模的突变，揉皱纵向协调性较差，常见形态分异、离层和虚脱等现象，揉皱轴向延伸也多不稳定。揉皱煤中强烈剪切作用所形成的剪切面和密集劈理构造更加剧了煤体揉皱变形的复杂化，使得揉皱面常发生弧形弯曲调节、呈低角度与剪切面相切合并消失，而被剪切面切错和煤体内部剪切面两侧揉皱变形分异的现象也较为常见,劈理化密集发育的细微裂隙也常造成次级小揉皱的发育。

9. 糜棱煤

糜棱煤煤体细粒化现象显著，呈细微紧密碎粉和细小碎粒状，以粒度小于 0.5mm 的基质为主，具有较为显著的定向性排列，还可见粒径较大的残斑发育［图 4-1（j）］。断面暗淡，呈粉末土状光泽、污手严重。难以观测到成组的裂隙，裂隙面呈细微、弥散状均匀密集发育，规模较为一致，延伸不稳定，常见近于均匀分布的残斑发育。密集发育的细微裂隙将煤体破碎为细小紧密的基质颗粒并定向排列，构成了特殊的糜棱结构。糜棱煤中局部可见定向裂隙发育，裂隙面细小、呈宽缓弧形或不规则面状，也可见强烈揉皱发育,煤体中裂隙和煤岩分层发生揉皱变形，呈条带状延伸。

4.2　微观变形特征

构造煤微观变形构造特征分析是构造煤类型鉴定的重要工作内容，不仅可以更深刻地揭示不同类型构造煤的变形特征及其变形形式,而且有助于变形环境和动力学机制的探讨（琚宜文等，2005a；屈争辉，2010）。煤主要由软弱的有机质和黏土矿物组成，具有有机大分子结构，与无机矿物的晶体结构存在显著差异。同时在煤化作用过程中伴随的煤基质收缩作用和流体膨胀作用也造成了大量原生裂隙的发育（王生维等，1995；王生维和陈钟惠，1995；王生维和张明，1996；张慧等，2002；苏现波等，2005；姚艳斌等，2010），这就使得构造煤显微变形特征在很大程度上表现为脆性显微裂隙的差异发育和差异改造，且有随着煤体变形的增强，裂隙的发育密度、宽度和规模都会发生规律性变化；而构造煤的塑性变形构造特征的研究还较为薄弱,对显微构造的认知程度及其成因机制尚存在重大争议（苏现波等，2003；Li，2001；Li et al.，2003；琚宜文等，2003，2005a；刘俊来等，2005；杨光等，2005，2006；王恩营等，2009；郭盛强等，2005；郭盛强和苏现波，2010）。尤其是发生了强变形的碎粒煤、鳞片煤、揉皱煤和糜棱煤，由于其自身煤体软弱、破碎，难以采样、制样，从而制约了构造煤显微变形特征的研究。

4.2.1　煤层裂隙系统

裂隙是构造煤最重要的变形构造之一，也是不同类型构造煤划分的主要依据。煤在煤化作用以及后期构造作用下形成了大量的内生和外生裂隙，使煤层裂隙系统复杂化（王生维和陈钟惠，1995；王生维等，1995；Bustin and Clarkson，1998；邹艳荣和杨起，1998；张慧等，2002；苏现波等，2005；Yao et al.，2009；姚艳斌等，2010）。煤层作为瓦斯的生气母质和赋存场所，而裂隙系统的性质、规模、连通性和发育程度作为瓦斯的主要渗流通道决定了其渗透性，进而控制了煤层气开采的可行性和矿井瓦斯突出的危险性（Jiang et al.，2010；Li et al.，2011；李明等，2011）。

1. 煤层裂隙形成机制

煤中裂隙的研究受到了广泛关注并开展了大量的研究工作，主要涉及煤层裂隙的描述、观测、特征、分类及其成因机制的探讨（表4-1）。

表 4-1　煤层裂隙类型及其成因机制

裂隙类型	变形特征	成因机制	形成阶段/诱发事件
失水裂隙	常见于褐煤和低阶烟煤中，一般较短，多呈弯曲状，常组合成不规则网状，组分选择性不强（张慧等，2002）	煤层在压实、失水、固结等物理变化过程中形成的裂隙（张慧等，2002）	煤化作用初期/抬升降压
缩聚裂隙	短小、弯曲、密集、无序。严格受组分制约，常见于中-高级煤的镜质组中。高温低压的变质条件（如岩浆热变质作用）有利于缩聚裂隙的形成（邹艳荣和杨起，1998；张慧等，2002）	煤在变质过程中因脱水、脱挥发分而缩聚形成的裂隙（张慧等，2002）	煤化作用中期/生气高峰，岩浆活动
内生裂隙/割理	概括为选层性（组分选择性）、穿越性、垂层性、互垂性、等间距性、节理面平直光滑无滑动迹象、期次性、方向性、拉张成因性、充填性、煤级控制性、沉积相相关性等特征（王生维和陈仲惠，1995；王生维和陈明，1996；王生维等，1995，2005；张胜利，1996；樊明珠和王树华，1997；霍永忠和张爱云，1998；陈练武，1998；毕建军等，2001；张新民等，2002；张慧等，2002，2003；钟玲文等，2004；苏现波等，2003，2005；贺天才和秦勇，2007；傅雪海等，2007；刘洪林等，2008；姚艳斌等，2010）	煤基质收缩作用（樊明珠和王树华，1997；霍永忠和张爱云，1998；邹艳荣和杨起，1998；张慧等，2002）、流体压力膨胀作用（陈练武，1998；王生维和张明，1996；王生维等，1995，2005；姚艳斌等，2010）、内张力与流体压力共同作用（张胜利，1995；张胜利和李宝芳，1996）和煤基质收缩、构造应力、流体压力综合作用（刘洪林等，2008；毕建军等，2001；苏现波等，2005）	煤化作用初期和中期，构造活动和抬升阶段/脱水、脱挥发分产生的收缩作用、快速沉降导致压实增压作用、构造应力场作用、温度升高流体膨胀压力作用、生气高压作用、岩浆诱发作用、构造抬升卸压作用
流体压裂裂隙	可发育于任何煤岩组分分层，呈张性，裂隙的末端多呈分叉状、树枝状或放射状，多被矿物充填形成裂隙脉。可造成基质孔隙发展为割理，割理进一步扩展为继承性裂隙，外生裂隙进一步扩展、分叉或派生出次一级裂隙（苏现波等，2005）	流体压力大于垂直裂隙或基质孔隙壁的正应力时，孔裂隙将沿最大主应力方向延伸、沿最小主应力方向张开，随流体压力的增加和降低裂隙开启、延伸与闭合、终止多期循环（苏现波等，2005）	煤化作用中期/生气高峰，岩浆活动
气胀节理	具组分选择性，但上下界限不如内生裂隙缝规则，高度参差不齐，产状、节理面特征与内生裂隙极为相似，呈张性（王生维等，2005）。主要发育于构造条件简单、煤层结构简单的焦煤和瘦煤中（段连秀等，1999）	二次叠加变质作用期间煤中流体进一步排出、间歇性释放造成的张节理（段连秀等，1999；王生维等，2005）	煤的二次叠加变质作用期间/二次生气高峰
外生/构造裂隙	切穿多个煤岩分层，产状变化大，裂隙面构造运动迹象明显（王生维等，2005）	构造作用产物（王生维等，2005）	构造活动时期/构造活动
继承性裂隙	指早期内生裂隙经流体压力或同向构造应力的改造、进一步扩展或穿越了组分分层的裂隙，分别为内生和外生继承（霍永忠和张爱云，1998；苏现波等，2002，2005）	流体压力或构造应力的进一步改造作用（霍永忠和张爱云，1998；苏现波等，2002，2005）	在 $R_{o,max}$/%为 1.3%和 2.0%两阶段/生烃高峰和构造活动
松弛裂隙	裂隙面不平，呈锯齿状，方向性不强，常见于摩擦面和滑移面上，与擦痕伴生（张慧等，2002）	煤中构造面上由应力释放而产生的裂隙（张慧等，2002）	构造活动后期/强烈构造活动后的应力松弛
水平/层面裂隙	沿着煤岩组分带的分界面、与煤层层面平行发育（苏现波等，2002），为构造应力薄弱面（康天合等，1994）。其平面延展性较好，几乎可连通所有类型的显微裂隙，发育程度受到煤相的影响（霍永忠和张爱云，1998）	原生裂隙（或成岩裂隙）（张胜利和李宝芳，1996；霍永忠和张爱云，1998）或构造作用产生的层间裂隙（苏现波等，2002）	煤化作用初期？构造活动时期/抬升降压？弯滑褶皱作用？构造活动

煤层裂隙的成因机制主要有脱水、脱挥发分产生的收缩作用、快速沉降导致压实增压作用、构造应力作用、构造抬升卸压作用、岩浆诱发作用、温度升高流体膨胀压力作用和生烃高压流体作用。除了常规的煤基质收缩作用和构造作用外，煤中流体在煤层裂隙（主要为原生裂隙）形成过程中的作用受到重视。相较于常规岩石仅在成岩作用早期有水分流体的参与，煤中的流体（水分、气体、液态烃类等）几乎作用于整个煤化作用过程，流体的参与极大地影响着煤体的变形特征的发育和变形序列的演化。同时构造煤的形成是构造应力作用的结果，而构造煤形成时期的煤体裂隙系统发育状况也影响着煤体受力变形的表现形式。在煤体强变形阶段，流体的参与更会造成煤体强度的降低和变形的加剧（周建勋等，1994；姜波和秦勇，1998a），并认为煤中大量气体的存在是促使煤层强烈构造变形与流变的主要影响因素之一，煤中强烈的构造变形所发生的构造生烃作用会产生烃类流体，更加剧了煤体的构造变形（曹代勇等，2005，2006；李小明和曹代勇，2012）。

2. 构造煤微观裂隙变形效应

通过构造煤显微变形构造的系统观测，发现微观裂隙变形构造中存在诸多类似的现象，其出现具有一定的规律性和相似的几何形态，将构造煤微观裂隙发育具有一定的规律性和相似几何形态的构造变形现象定义为构造煤微观裂隙变形效应，主要表现为张性平直效应、弧形压剪效应、规模分异效应、组分分异效应、追踪效应、耗散效应、偏穿效应、截停效应、拼接效应、调节效应和劈理效应（图 4-2）。

（1）张性平直效应：相对于岩石中弯曲不稳定的张裂隙，煤中张裂隙多呈平直线状，延伸稳定，常见显微内生裂隙平直稳定发育［图 4-2（a）］。

（2）弧形压剪效应：在强烈压扭性剪切作用变形煤体中，剪切裂隙并非常见的平直线状，而是多发生了弧形弯曲，其曲率、延伸和宽度均较为稳定，甚至呈半圆形、月牙形和心形等样式组合发育［图 4-2（b）］。弧形压剪裂隙两侧煤体常发生明显错移，进一步演化则会造成弧形剪切滑移带的形成。

（3）规模分异效应：不同规模的裂隙往往表现出不同的变形特征，而规模相近的裂隙变形特征则近于一致［图 4-2（c）］。规模较大者发育不稳定、多发生弯曲，可见后期改造错列现象；规模较小者多平行等间距发育，延伸较短。

（4）组分分异效应：不同显微煤岩组分分层区域内裂隙的发育规模、平直程度、稳定程度及组合形式均存在很大的差异，甚至可表现为变形性质和变形结构的分异现象［图 4-2（d）］。一般矿物质含量较高的煤体在相近的构造条件下，变形程度往往强于低矿物质含量煤体，导致强变形构造煤的发育，如揉皱煤、鳞片煤及糜棱煤等，在显微变形分析中可见，构造煤中黏土矿物发育区常伴有构造变形增强、变形性质向韧性转变的现象［图 4-2（d）］，但过高的矿物质含量会使得煤体力学强度增大、抗变形能力增强，煤体整体变形较弱，以较为密集的裂隙和光滑的摩擦面发育为主，基本无韧性变形。

（5）追踪效应：早期裂隙的存在对后期裂隙的发育具有一定影响，后期裂隙常追踪早期裂隙发育，使得继承性发育的早期裂隙宽度明显增大［图 4-2（e）］。另外早期裂隙的存在常使得后期裂隙沿其端部发育，仍能保持后期裂隙的形态特征，称为端部追踪。

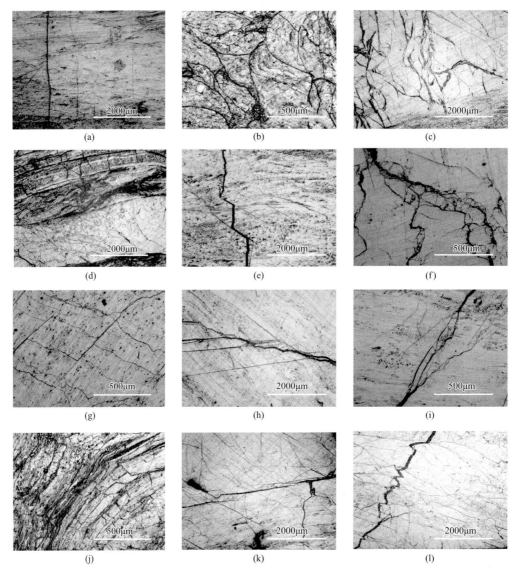

图 4-2　典型显微构造变形效应特征

（a）张性平直效应，新景矿 9 号煤层原生结构煤；（b）弧形压剪效应，芦岭矿 9 号煤层糜棱煤；（c）规模分异效应，祁南矿 10 号煤层薄片煤；（d）组分分异效应，祁南矿 7 号煤层揉皱煤；（e）追踪效应，新景矿 3 号煤层碎裂煤；（f）耗散效应，新景矿 15 号煤层碎裂煤；（g）偏穿效应，新景矿 3 号煤层碎斑煤；（h）截停效应，祁东矿 6 号煤层薄片煤；（i）拼接效应，新景矿 8 号煤层原生结构煤；（j）调节效应，祁南矿 7 号煤层揉皱煤；（k）劈理效应，朱仙庄矿 8 号煤层碎裂煤；（l）劈理效应，祁南矿 10 号煤层碎粒煤

　　（6）耗散效应：细微次级裂隙常呈极不规则卷曲状、圆弧状、波状起伏单条稀疏发育，或在裂隙的端部、交汇处、转折部位组合呈不规则放射状、团球状、卷发状、网格状密集发育 ［图 4-2（f）］。为所受应力在构造末端或构造应力集中部位释放和耗散殆尽所造成的现象。

　　（7）偏穿效应：后期裂隙构造发育终止于早期裂隙或不同组分分层的一侧后、于另一侧发生偏移后发育，一般仍能保持原有的延伸方位，且延伸方位多与整体偏移趋势呈小角度锐角斜交 ［图 4-2（g）］，类似于雁列状组合。

（8）截停效应：后期裂隙构造发育受到早期裂隙发育的限制而停止发育，一般两者多近于垂直发育［图 4-2（h）］。

（9）拼接效应：两组或多组产状近于一致的裂隙在其未发生连接的部位通过多条次级不稳定裂隙发育，裂隙得以贯通［图 4-2（i）］。

（10）调节效应：先前构造或结构（如裂隙、组分分层等）的存在使得煤体介质呈非均质性和力学性质的不连续性，煤体在受力变形过程中在此部位产生应力分布的变化，造成与整体构造变形不一致的构造形态的形成［图 4-2（j）］。主要有顺层调节裂隙、弧形调节裂隙、轴向调节裂隙和反向调节裂隙。

（11）劈理效应：煤体发育密集平行稳定细微剪切裂隙，裂隙规模较为一致、间距相差不大。劈理化进一步增强则会造成煤体破碎成细长线性块体、平行定向排列［图 4-2（k）和图 4-2（l）］。

4.2.2 构造煤微观变形构造

1. 初碎裂煤

初碎裂煤原生显微结构保存完好，呈微条带状结构。显微变形主要表现为多组显微构造裂隙的整体细小、稀疏发育，组合简单，以构造成因的显微裂隙［图 4-3（a）］为主而区别于原生结构煤。显微裂隙一般延伸较为稳定，裂隙面平直，裂隙宽度变化不大，多表现为剪切性质，不规则状调节张裂隙仅局部可见。裂隙的成组性和方向性较为明显，垂层裂隙、顺层裂隙和斜交裂隙均有发育，但各组裂隙的规模相差较大，一般有一组规模较大的裂隙呈主导性发育。常见裂隙稀疏呈线性平行排列状或雁列状组合，局部裂隙交汇处裂隙发育较为密集、紊乱，常见拼接效应、偏穿效应和追踪效应。

2. 碎裂煤

碎裂煤原生结构保存较好，显微构造裂隙的发育密度和规模均有所增加，显微变形主要表现为较为平整的多组构造裂隙稀疏发育［图 4-3（b）］，也可见多组细微裂隙的密集发育和劈理显微构造变形效应。裂隙的成组性和方向性更为明显，主要为垂层裂隙、顺层裂隙和斜交裂隙，常呈稳定线性平行排列或雁列状组合发育，裂隙一般平直、稳定、规模较大，常见裂隙的规模分异效应和组分分异效应，规模较大的裂隙延伸较为平直稳定、宽度变化不大，发育稀疏，多表现为顺层和斜交裂隙；规模细小的裂隙密集发育甚至劈理化［图 4-3（c）］。在不同组分区域变形特征也存在分异，在较为均匀的均质镜质组内裂隙细微，规模较为一致，而组分较为复杂区域裂隙多较为宽大，相对稀疏，裂隙在规模、延伸和宽度上均多发生分异，差异较大。

3. 碎斑煤

碎斑煤煤体破碎严重，原生结构构造较难辨认。显微变形特征主要表现为在局部裂隙交汇处或沿着早期裂隙条带状发育的碎斑结构［图 4-3（d）］，随着变形的增强，煤体破碎强烈而呈现两种粒径差别很大的碎基和碎斑构成的碎斑结构［图 4-3（e）］。显微裂隙密集、杂乱，规模变化较大，多呈短粗状。碎斑颗粒磨圆较好，多呈等轴状或短轴状颗粒，碎斑颗粒中有时可见残余早期裂隙面；碎斑颗粒间发生明显的偏转和位移，但定向性不显著。有时可见劈理化裂隙带进一步变形，使长轴状碎斑颗粒呈条带状分布，具有一定的定向性排列；碎斑颗粒接触较少或发生分离，由细小碎基充填、呈基质支撑。碎基含量高，破碎严重，可达 30%～50%，由微米级的碎粉颗粒组成，磨圆好，角砾孔和碎粒孔发育［图 4-3（f）］。

4. 碎粒煤

碎粒煤煤体变形强烈，原生结构构造不可识别。一般裂隙交织组合呈不规则网状、裂隙带状密集发育，碎基颗粒磨圆较好，粒度较为一致、一般小于 0.1mm，碎基细小紧密发育［图 4-3（g）］。不同粒径碎粒煤煤体中变形存在一定差异，毫米级细小碎粒煤体可局部或全部发育碎粒化，裂隙短粗、密集杂乱发育［图 4-3（h）］。强变形碎粒煤煤体也常发生强烈的劈理化破碎和定向碎粒流现象，煤中整体裂隙发育普遍较为密集，规模较为一致，以细微细长剪切性质裂隙为主，方向性较好，整体呈近于一个方向平行排列延伸。劈理化碎块内次级不稳定剪切裂隙发育也较为密集，常发生弧形弯曲，裂隙切割而成的短轴状磨圆较好的颗粒呈点接触状、定向平行排列［图 4-3（i）］。碎斑颗粒磨圆好，呈长轴状定向排列、细小碎基和糜棱质呈基质状紧密发育，为强剪切变形碎粒流产物。

5. 片状煤

片状煤显微变形主要表现为一组优势平直稳定的剪切裂隙发育，一般煤体中发育一组中等粗细、缓角度斜交剪切裂隙，裂隙发育较为密集（一般 1～2 条/mm），平直稳定、平行排列，宽度稳定不变，裂隙两侧未见有明显错动和位移［图 4-3（j）］。其他方向裂隙细小、稀疏发育。变形较为强烈的煤体中可发育有多组剪切裂隙，但仍会以一组优势发育的剪切裂隙为主［图 4-3（k）］。显微构造裂隙主要可分为顺层和斜交层理两组，顺层一组裂隙发育规模最大、较为稳定，分布稀疏；优势发育的一组低角度斜交层理裂隙为主要的裂隙组，发育较为密集［图 4-3（l）］，裂隙延伸较为稳定，呈平直线状近于平行排列或雁列状组合，且发生了偏穿效应从而越过早期顺层裂隙，并在早期顺层裂隙附近斜交裂隙延伸会变得不稳定，形成调整弧形弯曲和小角度分叉、相切合并等构造现象。斜交剪切裂隙穿切煤岩分层常造成明显的煤岩分层切错和位移现象，并形成一定的次级牵引构造和裂隙弯曲折射现象。

6. 薄片煤

薄片煤显微变形程度明显增强［图 4-3（m）］，表现为煤体中密集劈理化一组剪切裂隙强烈发育（裂隙密度＞2 条/mm），使煤体破碎成薄片状［图 4-3（n）］，裂隙规模较大，一般平直稳定、平行或近于平行状排列，宽度变化不大，裂隙两侧多发生明显的错动和位移。变形更为强烈的薄片煤中可见揉皱变形的发育，揉皱变形强烈，形态不规则，多限制于平行剪切裂隙内呈揉皱带状分布。而对于多组裂隙发育的片状煤，局部可见发生揉皱弯曲或形成宽大的裂隙带［图 4-3（o）］。

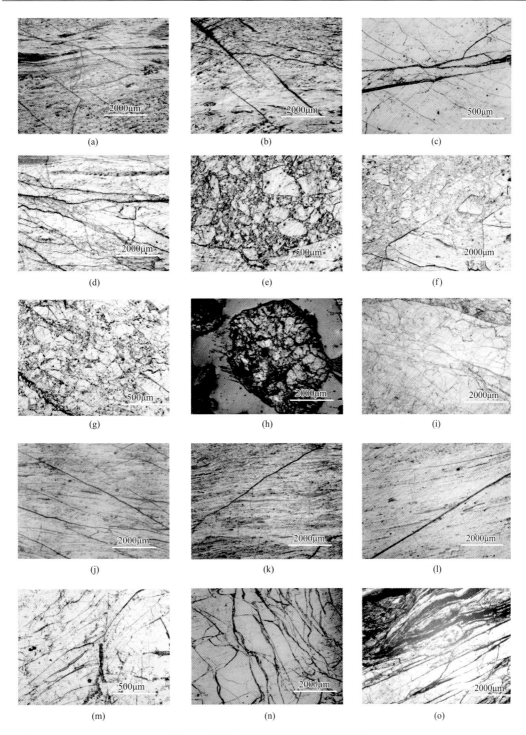

图 4-3 脆性变形构造煤显微变形特征

（a）初碎裂煤，新景矿 3 号煤层；（b）碎裂煤，新景矿 3 号煤层；（c）碎裂煤，朱仙庄矿 8 号煤层；（d）碎斑煤，新景矿 3 号煤层；（e）碎斑煤，祁南矿 7 号煤层；（f）碎斑煤，新景矿 3 号煤层；（g）碎粒煤，祁南矿 10 号煤层；（h）碎粒煤，新景矿 3 号煤层；（i）碎粒煤，祁南矿 10 号煤层；（j）片状煤，祁东矿 7 号煤层；（k）片状煤，五沟矿 10 号煤层；（l）片状煤，五沟矿 10 号煤层；（m）薄片煤，祁南矿 10 号煤层；（n）薄片煤，祁南矿 10 号煤层；（o）薄片煤，祁南矿 7 号煤层

7. 鳞片煤

鳞片煤为脆-韧性过渡系列构造煤的典型代表,主要表现为构造煤中弧形剪切裂隙的稳定密集发育及其切割而成的鳞片状碎片,并常见揉皱变形构造的伴生发育[图 4-4(a)]。煤体中发育一组延伸趋势较为一致的弧形剪切裂隙,呈近于平行裂隙带状稳定延伸或整体发生弧形偏转延伸,裂隙规模大,密集发育,呈弧形渐变弯曲或 S 形波状起伏,宽度较为稳定,裂隙两侧多发生明显的错动和位移[图 4-4(b)]。裂隙主体部分近于平行状排列或缓角度斜交,裂隙端部常会发生圆滑弧形弯曲、小角度相切状分叉,将煤体切割使其呈月牙状、透镜状和鳞片状,碎裂流动构造发育,定向性较为显著[图 4-4(c)]。有时可见弧形剪切裂隙呈相切状散开所构成的小型花状构造,以及同心圆状弯曲裂隙。局部可见弧形剪切裂隙两侧伴生发育的不规则韧性揉皱变形,尤其是在泥质含量较高和组分复杂的煤岩中。

8. 揉皱煤

揉皱煤是一种韧性变形构造煤,显微变形主要表现为煤体发生强烈揉皱变形[图 4-4(d)]。煤体在宏观和显微双重尺度均出现了组分分层的揉皱变形现象,具有典型的揉皱变形构造,构造裂隙不发育。一般可见显微煤岩组分分层发生揉皱弯曲、形成形态较为完整的揉皱构造,各组分分层协调性较好、紧密结合、结构完整。煤中黏土矿物的发育常造成组分分布的不均一和复杂化,进一步影响了构造应力的集中和作用方式,导致构造变形特征的分异。高矿物质含量揉皱煤宏观煤体揉皱变形多表现为块体表面的强烈揉皱变形,显微尺度并无明显揉皱变形迹象,显微构造变形较为微弱。泥质含量高、黏土矿物发育,剪切裂隙稀疏发育、煤体内碳质薄层呈缓波状揉皱弯曲变形,裂隙仍多追踪组分分层界面发育。

强变形揉皱煤中显微变形复杂、类型繁多,同时具有脆性与韧性构造变形叠加、组合发育的特征,可见煤体发生强烈的韧性揉皱变形和脆性剪切调节变形,显微变形主要表现为强烈不规则韧性揉皱变形和密集调节弧形剪切裂隙的发育、脆性韧性共生叠加发育的变形特征[图 4-4(e)]。同时可见构造变形特征和变形性质随着变形尺度的减小而发生构造变形尺度分异现象,宏观上强烈韧性变形揉皱煤在显微尺度上表现为不规则韧性揉皱变形、密集调节剪切裂隙及碎粒流动构造发育,在同一构造煤内部即可发生强烈的构造变形分异现象,表现为强烈韧性揉皱变形区、碎粒流变形区和强烈韧性剪切变形调节带的拼接、组合,但其变形特征和发育形式均存在较大的差异。

强烈韧性变形的揉皱煤揉皱发育形态和规模有时会存在很大的差异,在力学强度较高、泥质含量较低的高煤级煤体中,发育为完整圆弧状中常-紧闭揉皱,揉皱变形形态较为协调,组分分层发生平行弯曲,表现为平行揉皱类型[图 4-4(f)]。同时与揉皱形态相一致的顺层剪切裂隙密集稳定发育,为弯滑褶皱作用顺层剪切产物,促进了揉皱变形的发育,而多限制于顺层剪切裂隙间的轴向调节张剪性裂隙一般垂直于组分分层发育,局部可呈斜切不规则劈理化发育,裂隙多不稳定,且裂隙宽度有向核部减小的趋势,尤其在曲率较大的转折端附近,裂隙多呈楔形张开,为碎块偏转调节变形的证据。脆性裂隙的发育造成揉皱变形伴有网格状碎裂和局部碎粒化作用,均起到调节揉皱变形的作用,尤其是在揉皱变形强烈的转折端和较陡一翼部位可见强烈碎裂和碎粒化现象。在泥质含量较高的低煤级煤体中揉皱变形更为强烈、复杂，明显可见组分分层发生不规则韧性揉皱变形，揉皱数量增多、规模较小、发育密集、形态复杂、变形强烈、协调性差，且为弧形剪切裂隙所截切、破坏或仅在裂隙块体内保存揉皱变形迹象，揉皱形态不完整，与宏观所表现的完整揉皱形态截然不同，多呈不规则强变形复合揉皱群发育，也可见有较为规则的圆弧状、扇状和尖棱状紧闭-等斜褶皱发育［图 4-4（g）］。伴生调节剪切裂隙发育更为细微、密集、不稳定，裂隙多呈小规模弧形弯曲，可分为顺层和截切两类裂隙，前者与块体内揉皱变形形态相一致，后者则截切揉皱块体的发育，有时同一裂隙的不同区段也可表现为不同的裂隙类型。裂隙整体呈缓角度相切状组合将煤体切割成透镜状、鳞片状和椭圆状碎块，碎块发生偏转、错动和滑移，共同构成了鳞片化揉皱和强烈韧性揉皱变形构造，且在核部碎裂流动强烈［图 4-4（h）］。

强烈韧性揉皱变形微区一般矿物质含量较高，尤其是不同组分互层状发育微区，可以发育形态较为完整的圆弧状揉皱［图 4-4（i）］；而脆性碎裂、碎粒变形微区常发生在较为均质的镜质组中，一般多为剪切裂隙交织呈不规则网格状，剪切裂隙延伸较为平直、稳定，也可见有密集稳定的强烈劈理化剪切裂隙和强变形碎粒结构。

强烈韧性剪切变形调节带常呈线性或不规则条带状分布于较大的剪切面、组分界面、不同构造变形区及不协调构造接触带附近，两侧煤的变形特征和变形性质常截然不同，为煤中特殊的韧性剪切带，具有规模小、变形强等独特变形特征［图 4-4（j）］。常为两侧平直剪裂面所限制发育或一侧为平直剪裂面、经过带内多条次级剪切面过渡为另一侧构造变形区。强烈韧性剪切变形调节带内部变形强烈，弧形剪切裂隙密集发育，将煤体切割成透镜状、鳞片状、月牙状和柳叶状等碎块，定向排列较为显著，也可组合成类似"云母鱼"构造和 S-C 组构［图 4-4（k）］。揉皱发育规模较小，呈强变形斜歪倒转牵引揉皱，或呈细长揉皱带为剪切裂隙所截切、错移，与剪切裂隙共同构成了复杂不规则的鳞片化揉皱变形结构、呈不协调的显微"断褶带"状组合。变形更为强烈的韧性剪切变形调节带内则表现为细微裂隙密集杂乱发育、碎粒磨圆较好、碎基发育的强烈的碎斑碎粒化，形成碎粒流韧性滑动条带。

除此之外，强变形揉皱煤中显微变形复杂、类型繁多，可见构造变形特征和变形性质随着变形尺度的减小而发生分异现象。表现为宏观上强烈韧性变形揉皱煤在显微变形主要表现为不规则韧性揉皱变形和密集调节剪切裂隙及碎粒、碎斑结构的发育［图 4-4（l）］，显微变形构造中剪切作用十分强烈，多发育有强烈韧性剪切变形调节带及其所分隔的强烈韧性揉皱变形区和脆性碎裂碎粒变形区，变形特征和发育形式存在较大的差异。

9. 糜棱煤

糜棱煤显微尺度发育有典型的糜棱结构，主要表现为煤体完全破碎为细小—极细小颗粒和弥散状密集发育的细微裂隙所构成的糜棱结构，同时伴有强烈的碎粒韧性流变和片理化作用［图 4-4（m）］。显微裂隙细小、平直，规模较为一致，延伸不稳定，呈弥散状均匀密集发育，煤体强烈碎粒化，碎粒颗粒细小、粒径较为均一，由于碎粒流动而呈现较强的定向性。厘米级范围内隐约可见煤体中完整揉皱变形的发育，呈紧闭圆弧状揉皱、规则完整，斜歪不对称次级揉皱较为发育。揉皱变形构造中未见有顺层、轴向或斜切弧形剪切调节裂隙的发育，使得揉皱变形形态整体连续性较好、稳定完整，构成了糜棱煤中的揉皱糜棱结构。

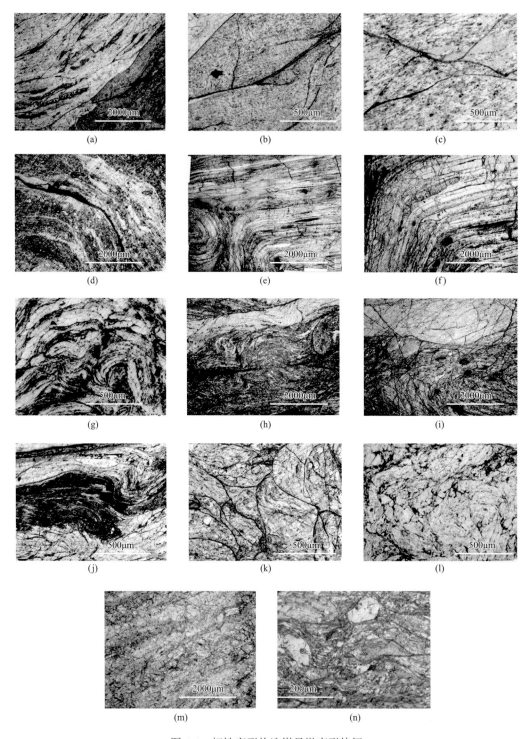

图 4-4　韧性变形构造煤显微变形特征

（a）鳞片煤，五沟矿 10 号煤层；（b）鳞片煤，五沟矿 10 号煤层；（c）鳞片煤，祁东矿 7 号煤层；（d）揉皱煤，芦岭矿 8 号煤层；（e）揉皱煤，祁南矿 7 号煤层；（f）揉皱煤，祁南矿 7 号煤层；（g）揉皱煤，祁南矿 10 号煤层；（h）揉皱煤，朱仙庄矿 8 号煤层；（i）揉皱煤，芦岭矿 9 号煤层；（j）揉皱煤，祁南矿 7 号煤层；（k）揉皱煤，芦岭矿 9 号煤层；（l）揉皱煤，祁东矿 6 号煤层；（m）糜棱煤，朱仙庄矿 8 号煤层；（n）糜棱煤，芦岭矿 9 号煤层糜棱煤宏观上局部可见的煤体缓波状揉皱弯曲变形在显微尺度也较为显著，显微变形主要表现为煤体发生韧性揉皱流变和密集剪切裂隙的发育，剪切作用十分强烈。显微剪切裂隙呈弧形弯曲或缓波状起伏，变形强烈、发育密集、曲率大。局部发生强烈不规则揉皱变形，剪切裂隙发生同步强烈揉皱弯曲变形，整体呈缓角度相切状组合将煤体切割成透镜状、鳞片状、月牙状、柳叶状、鱼形、S 形和心形等碎块，呈现定向组合排列，滑移和错动明显［图 4-4（n）］。糜棱煤中有时在局部也可见显微煤岩组分发生韧性揉皱变形，揉皱发育密集、规模较小，可呈强变形斜歪不对称牵引揉皱，更多的则表现为揉皱带或强变形不规则揉皱被剪切裂隙所截切、错移，揉皱形态不完整，与剪切裂隙共同构成了复杂不规则的鳞片化揉皱构造；有时在局部区域也可见强烈的构造变形分异现象，较为完整的紧闭强变形揉皱构造及伴生密集弧形剪切裂隙构造共同构成了变形调节区带。

4.3　超微观变形特征

构造煤超微变形特征的研究主要借助于扫描电子显微镜，其具有放大倍数高、成像清晰、立体感强、制样简单、样品需求量少、不损伤样品等特点，在煤微观结构和显微变形研究中得到了广泛的应用（徐耀琦等，1980；蔡顺益，1986；张慧等，2002，2003；张慧和李小彦，2004；屈争辉，2010；许亚坤，2010）。相对于原生结构煤扫描电镜下的致密均一、没有明显的变形现象，仅可见贝壳状、平行状、阶梯状断口和彼此孤立、无定向分布的不规则原生孔的显微特征（李康和钟大赉，1992，张慧等，2003），构造煤的超微变形特征则较为复杂。早期的研究者多注重镜下整体的结构变形特征，如焦作矿业学院地质系瓦斯地质课题组（1983）提出的网络状结构（低放大倍数时，微裂隙弥散状发育）、破裂结构（显微角砾状结构、团块状或鱼籽状结构和定向排列结构）、蜂窝状或熔岩状结构（孔洞异常发育）。蔡顺益（1986）按煤体微结构的力学特征将其划分出均一、碎裂、粒状片状和糜棱四种结构类型，并指出随着变形的增强可依次出现块状结构、贝壳状结构、放射状结构、棱角状结构、显微角砾状结构、粒状结构、片状结构、定向排列结构、压扭性结构、鳞片状结构和鱼籽状结构的变形特征。李康和钟大赉（1992）根据显微变形特征将构造煤显微构造类型分为非构造、微裂隙煤、微劈理煤、碎裂构造煤和糜棱构造煤，并详细论述了五种构造煤显微构造类型的变形和结构特征。另外，煤中团粒状结构、揉皱镜面结构、纤维状结构（平行状擦痕）、牵牛花状结构和熔融状痕迹等超微变形特征也有所报道（Evans and Brown，1973；聂继红和孙进步，1996；张红日和王传云，2000）。

近些年，各种构造煤类型的相应超微变形特征受到了更多关注，张慧和王晓刚（1998）、张慧（2001）、张慧等（2002，2003）以及张素新和肖红艳（2000）通过大量不同煤级和结构类型煤的观测，划分出了煤中构造成因的孔隙类型（角砾孔、碎粒孔和摩擦孔）和裂隙类型（张性裂隙、压性裂隙、剪性裂隙和松弛裂隙），并对其变形和结构特征进行了系统的论述，同时首次系统地论述了不同类型的构造煤超微构造的差异，主要为角砾、褶皱、碎粒、糜棱质、滑移面、摩擦面、摩擦脱落膜和裂隙等显微构造发育程度的不同、变形的差异以及不同显微组分的变形差异性。琚宜文等（2005a）、张玉贵（2006）、屈争辉（2010）和薛光武等（2011）分别对其所划分的各种类型的构造煤的超微变形特征进行了系统的描述，主要观测了构造煤在扫描电镜下的断口特征、原生孔和原生裂隙保存特征、构造孔发育特征、裂隙面特征、裂隙组合特征、矿物充填特征、滑动迹象、颗粒的大小、形态和方向性等超微变形特征。许亚坤（2010）根据所受构造应力的性质、大小、主次和作用条件的不同，将构造煤的结构在微观尺度上划分为脆性变形系列和韧性变形系列两大类，前者包括脆性裂纹和显微角砾状结构，后者包括透镜状结构、鳞片状结构和摩擦镜面。

可见，扫描电镜尺度下煤中韧性变形的报道较少，煤的变形性质会随着变形尺度的减小而发生转变（由宏观的韧性变形向微观、超微观的脆性变形转变）也为少数研究者所认识（李涛等，1987；张玉贵，2006）。但具体的在宏观-微观-超微尺度上的变形特征对应关系、转变序列和变形机理等有待于进一步系统研究。

1. 初碎裂煤

初碎裂煤断面较为平整，裂隙平直、延伸稳定［图 4-5（a）］。裂隙面一般具有剪切性质，平滑、延伸稳定，一般裂隙规模较小，局部密集不稳定，多组裂隙多呈交汇状，裂隙带内可见不规则碎片。

2. 碎裂煤

碎裂煤中裂隙发育平直稳定、剪切性质，可见多组裂隙呈不规则网格状、树枝状组合［图 4-5（b）］。裂隙面凹凸不平，次级伴生裂隙分叉发育，裂隙面局部构造擦痕和阶步及片状剪裂迹象明显；可见线性条纹锥状构造发育，次级条纹锥状构造较为致密、平行排列，表面摩擦孔和摩擦脱落凹槽发育［图 4-5（c）］；横向起伏较为宽缓，凸脊条带上剪裂滑开薄片也呈线性排列，其侧向过渡部位常发育圆点状凹槽。

3. 碎斑煤

碎斑煤变形较为强烈、破碎严重，断面粗糙凹凸不平、碎粒、碎斑化显著，粒度较大、完整的碎斑颗粒和分布于碎斑颗粒周围的细小碎基颗粒共同组合构成了典型的碎斑结构［图 4-5（d）］。碎斑颗粒间小型弧形裂隙呈鱼鳞状和瓣状组合，规模较大的裂隙呈较为稳定的线状裂隙带，碎基颗粒沿裂隙带线状排列［图 4-5（e）］，碎基为微米级细小颗粒构成，呈不规则棱角状和次棱角状，仍为脆性碎裂变形的产物，碎斑和碎基颗粒间的碎粒孔十分发育［图 4-5（f）］。小型裂隙较不稳定、间断不连续，而较大的构造裂隙则可造成两侧发生明显的构造变形分异。

4. 碎粒煤

碎粒煤破碎极为强烈，可见多组不规则裂隙不稳定密集发育，将煤体破碎成紧密接触的碎粒［图 4-5（g）］，在裂隙带内煤的破碎强烈，不规则碎粒发育［图 4-5（h）］，碎粒化碎斑和碎基颗粒整体呈弱定向排列［图 4-5（i）］。

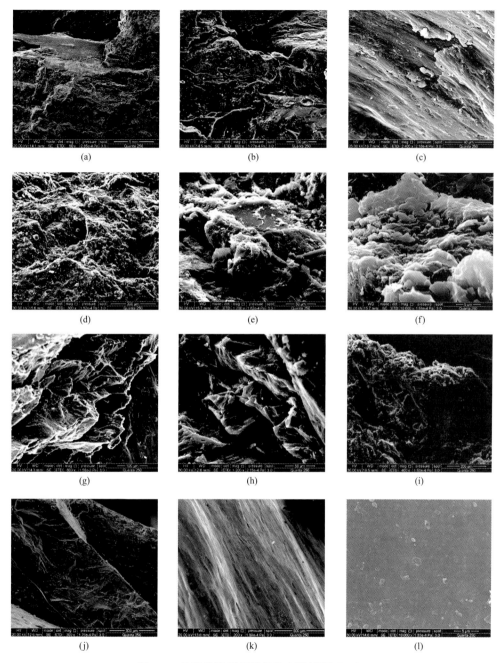

图 4-5　典型构造煤超微构造变形特征（一）

（a）初碎裂煤，新景矿 3 号煤层；（b）碎裂煤，新景矿 3 号煤层；（c）碎裂煤，芦岭矿 8 号煤层；（d）碎斑煤，祁南矿 7 号煤层；（e）碎斑煤，祁南矿 7 号煤层；（f）碎斑煤，祁南矿 7 号煤层；（g）碎粒煤，新景矿 3 号煤层；（h）碎粒煤，祁南矿 10 号煤层；（i）碎粒煤，祁南矿 7 号煤层；（j）片状煤，五沟矿 10 号煤层；（k）片状煤，五沟矿 10 号煤层；（l）片状煤，祁东矿 7 号煤层

5. 片状煤

片状煤中可见一组优势主导发育裂隙将煤体切割成片状块体 [图 4-5（j）]，剪切裂隙

平直稳定、沿着剪切面滑移可形成透镜状虚脱带；剪切裂隙面光滑致密，阶步、撕裂凹坑等破裂现象不发育 [图 4-5（k）]，发育有细长线状滑动条纹，纵向上呈条带状或透镜状平行排列、横向缓波状起伏。在剪切变形作用较为强烈的构造煤中，剪切裂隙发育密集、碎块呈薄片状平行排列，裂隙面呈平坦面状、延伸稳定，表面可见锯齿状和近于平行排列的反阶步，顺裂隙表层普遍发育有薄层状剪裂薄片和次级细小滑片 [图 4-5（l）]。与主体剪切裂隙斜交发育的裂隙面则呈缓波弯曲起伏状、表面滑动条纹发育。

6. 薄片煤

薄片煤的裂隙构造主体为一组交错状、近于平行排列的密集剪切裂隙 [图 4-6（a）]，裂隙面近于面状、较不稳定、略发生弯曲起伏 [图 4-6（b）]；发育有次级斜交剪切裂隙及与主体裂隙近于一致的细小次级裂隙发育，裂隙不稳定、间断交替排列，于次级斜交剪切裂隙交错区域见微米级片状、菱形块体呈条带状发育，为强烈剪切作用脆性变形产物。剪切裂隙面较为平整，表面附着亚微米级圆球颗粒和薄层状剪裂滑片 [图 4-6（c）]，较大规模的薄层状剪裂薄片与平坦摩擦面呈弧形相切状。

7. 鳞片煤

鳞片煤中弧形剪切裂隙发育，裂隙间距和弧形弯曲曲率变化较大，弧形剪切裂隙呈缓角度相切状相交、切错发育，将构造煤切割成鳞片状碎片 [图 4-6（d）]；裂隙面具剪切性质，呈弧形渐变弯曲、延伸稳定，空间上呈多向弯曲的不规则曲面，光滑、致密 [图 4-6（e）]，裂隙面可见圆弧状、舌尖状凹坎撕裂条纹发育 [图 4-6（f）]。

8. 揉皱煤

扫描电镜下难以区分出不同煤岩组分分层，因此揉皱变形多表现为剪切裂隙和破碎块体的揉皱扭曲状变形。一般揉皱规模小、发育密集，圆弧形转折端、轴向延伸较为稳定 [图 4-6（g）]。裂隙多为小型不规则剪切裂隙沿着揉皱变形发育，裂隙表面凹凸起伏不平，密集发育的弧形剪切裂隙呈缓波状、弧形弯曲状缓角度相切状组合将煤体切割成扭曲变形鳞片状、薄片状碎片，揉皱扭曲变形强烈，裂隙带内小型剪切裂隙发育更为密集，呈缓波状起伏，与弱揉皱的碎片共同构成了鳞片化揉皱结构变形带 [图 4-6（h）]。变形更为强烈的揉皱煤中弧形剪切裂隙密集发育，构成揉皱剪切变形带，尤其是位于裂隙交汇带部位，变形更为强烈。近于平行排列的剪切裂隙将煤体切割成碎片，碎片内次级弧形剪切裂隙发育，形成弯曲片状碎片与剪切裂隙相切状分散发育，弧形弯曲揉皱变形薄片沿着剪切裂隙带发育；弧形弯曲剪切裂隙的一侧变形强烈、不规则扭曲碎片发育，裂隙密集部位发生细长尖棱状扭曲变形 [图 4-6（i）]。

9. 糜棱煤

糜棱煤细粒化作用强烈，裂隙多细小、紊乱、密集发育，裂隙面粗糙、凹凸不平，不规则霉斑状、球粒状和团簇状碎斑及微米级糜棱质碎基发育，多呈薄片状 [图 4-6（j）]。

细小裂隙面表面发育孤立分散状纳米级颗粒［图 4-6（k）］，局部可见不规则揉皱，摩擦面呈面状、平坦光滑，见有线性凸脊，凸脊带内微米级糜棱基质密集发育［图 4-6（l）］。

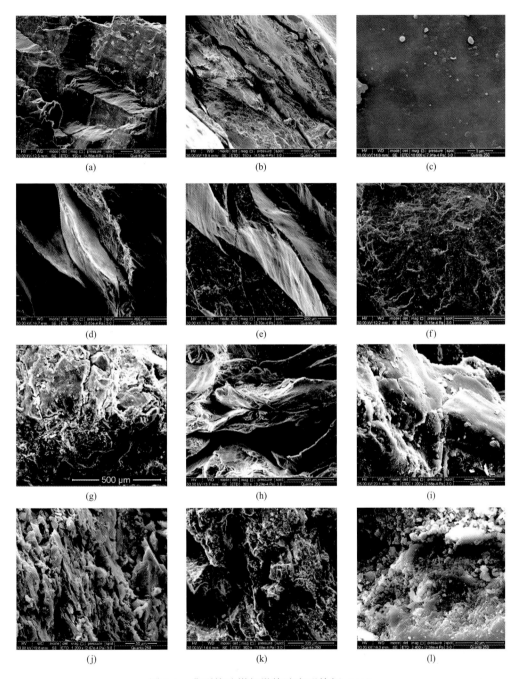

图 4-6　典型构造煤超微构造变形特征（二）

（a）薄片煤，祁东矿 7 号煤层；（b）薄片煤，祁南矿 10 号煤层；（c）薄片煤，祁南矿 10 号煤层；（d）鳞片煤，朱仙庄矿 10 号煤层；（e）鳞片煤，祁东矿 6 号煤层；（f）鳞片煤，五沟矿 10 号煤层；（g）揉皱煤，祁南矿 10 号煤层；（h）揉皱煤，祁东矿 6 号煤层；（i）揉皱煤，芦岭矿 9 号煤层；（j）糜棱煤，芦岭矿 9 号煤层；（k）糜棱煤，朱仙庄矿 8 号煤层；（l）糜棱煤，朱仙庄矿 8 号煤层

4.4　显微结构与构造作用类型

构造煤的显微变形构造复杂、类型繁多，一般随着构造变形的增强和变形性质的转变，构造煤显微结构类型也随之复杂化，各类构造煤的显微变形与其宏观变形特征具有很好的对应性和相关性。但也存在较多的构造变形特征和变形性质随着变形尺度的减小而发生变化和分异的现象，即为尺度分异效应，尤其是发生了强变形的碎粒煤、鳞片煤、揉皱煤和糜棱煤。一方面表现为构造变形的非均质性增强，显微尺度上出现变形程度和变形性质差异显著的构造变形共生发育的现象，多与组分分异效应、多期构造活动改造、构造变形尺度和局部构造强化有关，使得变形较弱的构造煤在显微尺度上会出现强烈构造变形区带和相应的显微结构类型，而强变形构造煤在显微尺度上会出现弱变形和脆性变形区。另一方面则表现为宏观韧性变形可向显微脆性变形的转变，在构造地质学中也用韧性变形表述岩石的流动变形现象，其具体变形机制包括碎裂流动、塑性流动和滑移流动等。其中碎裂流动是指以显微破裂和粒间摩擦滑动为主导机制产生的物质流动，而滑移流动是由平移和双晶滑移共同引起的固体流动。对于宏观上发生了韧性变形的鳞片煤、揉皱煤和糜棱煤，显微尺度上可见大量脆性弧形压剪性裂隙和弥散状细微裂隙的密集发育。

构造煤中多种结构的共生发育和显微叠加变形构造及尺度分异效应的存在则导致了不同构造煤类型变形特征和结构特征的进一步分异，在同一构造煤类型、同一样品中，尤其是变形强烈的构造煤类型样品，也常发育有多种变形特征和结构特征及其叠加组合发育的结构类型（图 4-7 和表 4-2）。

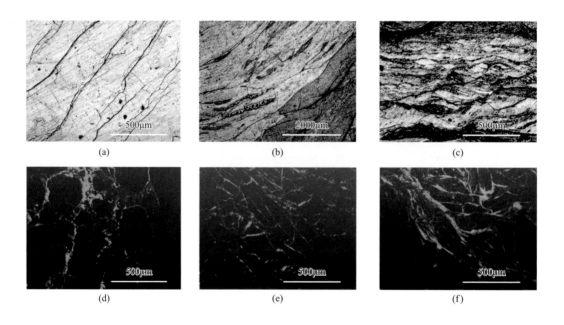

(a)　　　　　　　　　　　(b)　　　　　　　　　　　(c)

(d)　　　　　　　　　　　(e)　　　　　　　　　　　(f)

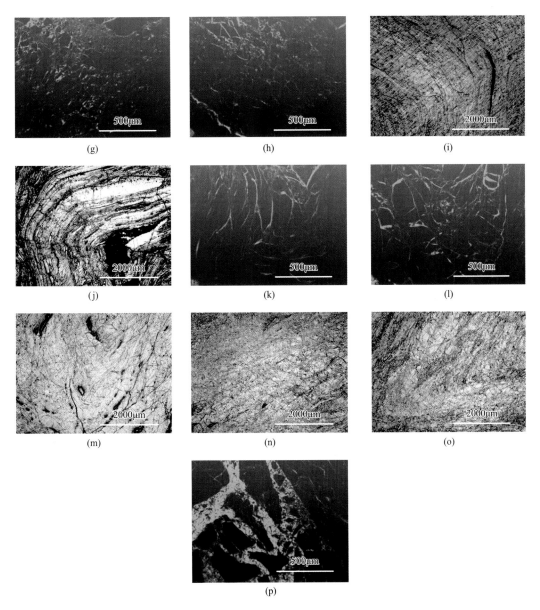

图 4-7　显微叠加变形构造及其叠加组合发育特征

（a）劈理结构，反射光，祁东矿 7 号煤层片状煤；（b）鳞片状结构，反射光，五沟矿 10 号煤层鳞片煤；（c）紧密鳞片状结构，反射光，朱仙庄矿 10 号煤层揉皱煤；（d）碎斑结构，反射荧光，祁南矿 7 号煤层碎斑煤；（e）劈理化碎斑结构，反射荧光，祁南矿 10 号煤层揉皱煤；（f）鳞片化碎斑结构，反射荧光，祁东矿 6 号煤层揉皱煤；（g）碎粒结构，反射荧光，祁南矿 10 号煤层碎粒煤；（h）定向碎粒流变结构，反射荧光，祁南矿 10 号煤层碎粒煤；（i）揉皱结构，反射光，朱仙庄矿 10 号煤层揉皱煤；（j）顺层劈理化揉皱结构，反射光，祁南矿 7 号煤层揉皱煤；（k）鳞片化揉皱结构，反射荧光，祁南矿 10 号煤层揉皱煤；（l）碎斑化揉皱结构，反射荧光，祁南矿 10 号煤层揉皱煤；（m）碎粒韧性流变结构，反射光，祁东矿 6 号煤层揉皱煤；（n）糜棱结构，反射光，朱仙庄矿 8 号煤层糜棱煤；（o）揉皱糜棱结构，反射光，朱仙庄矿 8 号煤层糜棱煤；（p）离散糜棱结构，反射荧光，朱仙庄矿 8 号煤层糜棱煤

表 4-2 不同构造作用组合类型及主要所发育构造煤结构类型

作用类型	劈理化	鳞片化	碎斑化	碎粒化	揉皱化	糜棱化
劈理化	劈理结构 碎裂煤、片状、薄片煤	紧密鳞片状结构 鳞片煤、揉皱煤	劈理化碎斑结构 碎斑煤、碎粒煤	定向碎粒流变结构 碎粒煤	顺层劈理化揉皱结构 揉皱煤	—
鳞片化	—	鳞片状结构 鳞片煤	鳞片化碎斑结构 揉皱煤	—	鳞片化揉皱结构 揉皱煤、糜棱煤	—
碎斑化	—	—	碎斑结构 碎斑煤	—	碎斑化揉皱结构 揉皱煤	—
碎粒化	—	—	—	碎粒结构 碎粒煤	碎粒韧性流变结构 揉皱煤、糜棱煤	—
揉皱化	—	—	—	—	揉皱结构 揉皱煤	揉皱糜棱结构 糜棱煤
糜棱化	—	—	—	—	—	糜棱结构 糜棱煤

注:"—"表示不存在该组合类型。

劈理结构、紧密鳞片状结构、劈理化碎斑结构、定向碎粒流变结构、顺层劈理化揉皱结构、鳞片化碎斑结构、鳞片化揉皱结构、碎斑化揉皱结构、碎粒韧性流变结构、揉皱糜棱结构以及顺层剪切弯滑褶皱作用、碎粒韧性流变作用、定向碎粒流变作用和弧形剪切滑移作用类型的发育体现了构造煤发育的主要差异性和相关性,同时也反映了构造煤的成因机制及结构演化趋势。

5 构造煤孔隙结构特征

煤的构造变形主要表现为碎裂/碎粒化、碎裂固态流变及韧性流变，并导致构造煤中孔隙的发育和孔隙结构的改变，构造煤孔隙结构的研究可系统地反映出构造成因孔裂隙的发育和连通程度，是重要的煤储层参数指标之一，变形较强的构造煤作为限制煤层气开发的瓶颈和煤与瓦斯突出的必要条件之一，很大程度上体现在其构造变形所导致的孔隙结构的特殊性（Gülbin and Namık，2001；Karacan and Okandan，2001；陈富勇，2008；姜波等，2009；Li et al.，2011，2013；李明等，2011，2012；胡广青等，2011，2012）。煤作为一种复杂的多孔介质，其空间结构性质包括密度、表面积和孔隙性（朱之培和高晋生，1984）。孔隙性为煤体空间结构的主要要素，一般用孔容、比表面积、中值孔径和孔隙度等参数来表征（叶建平等，1998）。孔容是指单位质量煤体中所含孔裂隙的体积；比表面积是指单位质量煤体中所含有的孔裂隙内表面积，可见两者均与煤体的质量相关，会受到煤体密度差异的影响；中值孔径是指1/2总孔容或总比表面积所对应的平均孔径大小，前者称为孔容中值孔径，后者为比表面积中值孔径，对于压汞实验一般采用孔容中值孔径作为默认的中值孔径参数进行分析和对比研究；孔隙度则为煤中孔裂隙体积占煤总体积的百分比。

近年来，随着分析测试技术的不断进步，研究主要围绕纳米孔的孔径分布和非均质性等纳米孔隙特征进行。分析测试方法主要有高压压汞（Yao et al.，2009）、低温液氮和CO_2分析技术（Schmitt et al.，2013；Pan et al.，2013）、小角X射线散射（Bale and Schmidt，1984）和高分辨率透射电子显微镜（HRTEM）（Sharma et al.，2000a，2000b；Van Niekerk and Mathews，2010；Castro-Marcano et al.，2012a，2012b；Mathews and Sharma，2012；Louw，2013；Okolo et al.，2015；Alvarez et al.，2013；Hattingh et al.，2013；Wang et al.，2016）。

琚宜文等（2005a）基于低温液氮（LPN_2GA）和HRTEM分析，提出了构造煤中孔隙结构的自然分类系统。基于高压压汞实验，李明等（2012）研究了构造煤的纳米孔特征，发现经构造改造后孔隙度和孔容均大幅增高，且连通性好；韧性变形的糜棱煤、揉皱煤和碎斑煤表现为双S型和双弧线型进退汞曲线类型。随着煤的变形程度增强，X射线散射强度增大，煤中微孔比例增加，最可几孔径减小，孔隙表面分形维数增大（宋晓夏等，2013，2014）。但由于两种方法的测试原理不同，SAXS所测孔隙比表面积高出低温液氮吸附结果1～2个数量级。屈争辉等（2015）基于CO_2分析技术，分析了构造煤中微孔特征及其成因，发现煤中微孔孔径呈3峰分布，分别为峰1（0.4577～0.5480nm）、峰2（0.5480～0.6863nm）和峰3（0.7855～0.8990nm）。基于渭北煤田韩城矿区石炭-二叠系构造煤高压压汞和基质压缩特性分析，程丽媛和李伟（2016）认为碎粒煤和糜棱煤校正后孔体积变化低于碎裂煤。Qu等（2017）基于低温液氮吸附技术，分析了中煤级构造煤纳米孔特征，发现韧性和脆-韧性过渡变形的影响会使得 3～10nm 的孔体积含量增加，并使得该峰的峰高增加。基于同样的方法，Song 等（2017a，2017d）运用开尔文公式和吸附凝聚原理，系统分析了中煤级构造煤中介孔和微孔的孔隙形态特征，发现随着构造变形的增强，孔径<3.3nm 不透气性 II 类孔的构成几乎无变化，3.3～4nm 的细颈瓶孔逐渐增多，至片状煤和揉皱煤中达到最多；>10nm 的开放性平板孔逐渐减少，原生结构煤及碎裂煤分布广泛，而揉皱煤在吸附解吸曲线上无显现。

煤的孔隙结构复杂，传统的欧几里得几何理论难以描述其复杂性，尤其对于构造煤，而分形理论可定量表征孔隙结构的复杂程度。自 Pfeiferper 和 Avnir（1983）用分子吸附法得出储层岩石的孔隙具有分形结构性质的结论以来，世界各国学者广泛采用分形理论表征煤和页岩等多孔介质的孔裂隙特征（Katz and Thompson，1985）。Garbacz（1998）基于低温液氮方法证明了煤中微小孔符合分形理论。

在构造煤纳米孔分形特征方面，王有智和王世辉（2014）通过 Frenkel-Halsey-Hill（FHH）分形模型研究了鹤岗煤田构造煤孔隙分形特征，发现分形维数随着变形程度的升高而逐渐升高。Li 等（2015a）利用多重分形方法分析了构造煤的多重分形谱和广义维数谱特征，并计算了赫斯特指数（H）、右峰宽度（D_0-D_{10}）和左峰宽度（$D_{-10}-D_0$），发现构造煤孔径分布具有多重分形特征且构造变形对吸附孔的非均质性具有显著影响。Pan 等（2016）利用 SAXS 和 FHH 分形模型分析了弱脆性变形煤、强脆性变形煤和韧性变形煤中封闭孔及其分形特征，发现煤岩构造变形会使孔体积分布变窄，封闭孔体积随着构造变形的增强而增多，但是其比例则逐渐降低；封闭孔 FHH 分形维数计算结果表明，孔体积形态也随着构造变形的增强而逐渐变得不规则。么玉鹏等（2016）采用 Menger 分形模型研究了朱仙庄矿构造煤孔隙结构及其分形特征，发现分形维数对构造煤孔隙结构和煤体变形特征具有良好的表征作用，随着煤体变形程度增强，分形维数总体逐渐升高。宋昱等（2018）比较了 Menger、Sierpinski、FHH 和热力学分形模型对构造煤的纳米孔分形表征结果，认为构造煤的介孔和微孔的体积分形维数和表面分形维数均随着构造变形的增强而逐渐升高，且韧性变形作用对纳米孔的改造作用比脆性变形作用更显著。李凤丽等（2017）采用低温液氮技术对低中煤级构造煤的纳米孔分形特征进行了表征，发现分形维数较高（$D>$2.9）的揉皱煤，构造变形强，孔隙形态复杂，比表面积大；分形维数较低（2.6<$D<$2.9）的构造煤，如碎裂煤、片状煤等，构造变形较弱，孔隙形态单一。

5.1　分析测试方法

对于研究区构造煤的孔隙结构主要采用高压压汞、低温液氮吸附和二氧化碳吸附等实验方法开展研究。由于压汞所测得的孔隙结构尺度较大，为 3nm～0.23mm，因此在分析压汞孔径分布时，参考霍多特建立的十分制的分类方案，以 100000nm、1000nm、100nm 和 10nm 作为分界点，将孔径划分为超大孔、大孔、中孔、过渡孔和微孔。另外，由于在压汞测试过程中，高压段会产生基质压缩效应，对小于 100nm 的孔隙结构测试结果误差较大，因此，利用压汞测试结果主要分析>100nm 的孔隙结构。液氮和二氧化碳可较为精确地获取纳米孔的孔隙结构特征，分别用于测试 2～100nm 和<2nm 的孔隙结构，依据国

际纯粹与应用化学联合会（International Union of Pure and Applied Chemistry，IUPAC）所提供的方法，该阶段孔隙结构主要分为微孔（<2nm）和介孔（2～50nm）。此外，针对不同类型的构造煤，本次压汞测试采用 0.5mm 的块状样品进行，而液氮和二氧化碳吸附测试采用不同粒度（60 目、80 目、160 目、200 目和 240 目）的样品进行。

压汞测试在煤层气资源与成藏过程教育部重点实验室采用全自动孔隙结构测试仪（Micromerities 9550 型）进行，块样经干燥箱在 60℃条件下烘干 12h，然后进行测试，实验过程压力控制范围为 0～60000psi[①]，对应孔径范围为 3nm～0.18mm；测试过程在室温条件下进行。采集压力点 130 个，每点平衡时间 5s。

构造煤纳米孔信息主要由低温液氮吸附实验测得，实验在煤层气资源与成藏过程教育部重点实验室完成，所使用的仪器为全自动气体吸附分析仪（Autosorb-LQ3），分析气体为氮气，分析温度 77.3K。检测方法：将样品粉碎，分别取不同粒度（60 目、80 目、160 目、200 目和 240 目）的样品约 5g 进行测试。所用的分析软件 Quantachrome Instruments version 5.0 的分析模式（analysis mode）为标准式（standard）。孔径分布和比表面积分别由 BJH（Barrett-Joyner-Halenda）和 BET（Brunauer-Emmett-Teller）模型计算得到，液氮所测得的孔径范围为 2.97～60nm。

构造煤中微孔（<2nm）信息主要用二氧化碳吸附分析。实验在江苏地质矿产设计研究院进行，检测依据为《压汞法和气体吸附法测定固体材料孔径分布和孔隙度　第 3 部分：气体吸附法分析微孔》（GB/T 21650.3—2011），样品净重约 1g，吸附气体为二氧化碳，实验温度为 273.15K，所用二氧化碳和氦气的浓度均为 99.999%，脱气温度和时间分别为 105℃和 12h。孔径分布由 DFT（density function theory）模型计算，同时生成 DR（Dubinin-Radushkevich）和 DA（Dubinin-Astakhov）报告。

5.2　大、中孔结构特征

压汞曲线的形态是由孔隙结构及其配置、孔-裂隙的性质所决定的（洪世铎等，1986；Li et al.，2011）。在进汞过程中，若孔隙喉道发育，则会造成所连接的孔洞无法及时进汞而形成进汞滞后（鲁洪江和邢正岩，1997；Suuberg et al.，1995；王桂荣等，2001；陈悦和李东旭，2006；付常青等，2015）。退汞过程中，汞与煤的接触角变小而造成的排泄滞后在各煤样中基本一致，不予讨论（Salmas and Androutsopoulos，2001），而因孔隙喉道发育、瓶颈孔孔洞中的汞被滞留而造成的捕集滞后则是由煤的孔隙结构和孔隙连通性所决定的（Wardlaw and Mckellar，1981；刘玉龙，1987；洪世铎等，1986；Tsakiroglou and Payatakes，1998；Lowell et al.，2004），主要表现为退汞曲线形态的变化和退汞效率的大幅降低。而构造煤压汞曲线的大幅变异和较低的退汞效率反映了其内部孔隙喉道的异常发育，因此关于构造煤中发育的孔隙喉道的特征研究将通过进汞与退汞曲线特征的分析展开。

构造煤常具有矿物质含量较高和密度较大的特征（琚宜文等，2005a、2005c），矿物质对煤孔隙的发育程度具有重要的影响（李少华等，2007；刘贝等，2014），同时煤的孔隙性特征

---

① 1psi = 6.89476kPa。

和孔隙结构常以孔容、孔隙度和比表面积等参数及孔径分布来表征（秦勇，1994），而孔容和孔比表面积则分别反映了单位质量煤体中所含孔隙的体积和内表面积，两者均与煤体的质量相关，会受到煤体密度差异的影响。由此可见，矿物质对构造煤的孔隙结构具有重要影响，且会干扰孔隙结构对构造变形的响应和表征。为了深刻揭示煤孔隙结构对构造变形的响应，应尽量降低或消除其他干扰因素的影响。鉴于此，提出了干燥无灰基校正法和密度校正法，以期降低矿物质对孔隙结构的干扰，使构造煤孔隙结构能更好地反映煤体的孔隙发育和构造破坏程度。

5.2.1　矿物质对煤体变形的影响

通过山西阳泉的新景煤矿和安徽淮北的五沟煤矿、祁南煤矿、祁东煤矿、朱仙庄煤矿、芦岭煤矿构造煤的显微组分鉴定和工业分析实验均可发现，不同构造煤样品的矿物质含量差异显著（表 5-1），造成构造煤样品间密度差异较为明显，且在构造煤的宏观和显微变形特征分析时发现，矿物质含量的差异同时会造成其构造变形强度、变形特征和变形性质的分异，主要表现在以下几个方面。

（1）一般矿物质含量较高的煤体在相近的构造条件下，变形程度往往强于低矿物质含量煤体，导致强变形构造煤的发育，如揉皱煤、鳞片煤及糜棱煤等，其灰分产率（A_d）一般在 15%～30%（表 5-1），在显微变形分析中可见，构造煤中黏土矿物发育区常伴有构造变形增强、变形性质向韧性转变的现象，如图 5-1（a）中在条带状黏土矿物发育区发生揉皱韧性变形，同时相邻有机组分发育区煤体变形强烈，但以碎斑化脆性变形为主。该现象在韧性变形系列的揉皱煤中尤为显著［图 5-1（b）］。但过高的矿物质含量会使得煤体力学强度增高、抗变形能力增强，煤体整体变形较弱［图 5-1（c）］，以较为密集的裂隙和光滑的摩擦面发育为主［图 5-1（d）］，基本无韧性变形。

（2）构造煤样品中，矿物质主要来源于同生黏土矿物的发育，显微镜下可见黏土矿物的赋存状态主要有条带状、团块状和分散状等。可见在变形强烈的煤体内，黏土矿物多呈团块状分区发育或条带状互层发育［图 5-1（b）］；而变形较弱的煤体内黏土矿物多为分散细微颗粒状或团块状，分布较均一。构造煤中孔隙的发育也可为后生矿物的赋存提供场所，常表现为方解石和黏土矿物的充填发育现象。为避免其影响，在实验样品的选定时应认真观察，尽量予以剔除。

（3）黏土矿物对煤体变形的影响主要体现在力学性质、生烃能力和赋存状态。黏土矿物非均一性分布导致了煤体力学性质的非均质性，影响了构造应力的作用方式和煤体变形的表现形式，进一步导致了构造变形特征和变形性质的分异，使得其中相对软弱区域和构造应力集中部位的构造变形程度强于其他区域。同时煤的生烃作用会促进内生裂隙的形成（Wang et al.，2005）和脆性构造变形作用的进行（Haakon，2010），从而使低矿物质煤体显示出更强的脆性变形特征。黏土矿物的条带状互层发育不仅增强了煤体的垂向非均质性，而且对变形过程中生烃流体的参与有一定的抑制作用，从而利于揉皱韧性变形的发生。

（4）矿物质对构造变形的影响程度，主要受控于煤体构造变形时期的黏土矿物和煤体有机组分力学性质的差异程度，在低煤级煤中两者差异程度明显高于高煤级煤，因此，低煤级煤中表现得更为明显、强烈。

表 5-1　构造煤主要孔隙参数及校正效果

编号	煤矿	结构类型	$R_{o,max}$/%	A_d/%	密度/(g/cm^3)	V_t/(mm^3/g)	S_t/(m^2/g)	干燥无灰基校正		密度校正	
								$V_{t,daf}$/(mm^3/g)	$S_{t,daf}$/(m^2/g)	$V_{t,vol}$/%	$S_{t,vol}$/(m^2/cm^3)
106	新景	碎粒煤	2.07	11.0	1.2	49.1	18.0	55.2	20.2	5.9	21.7
109	新景	碎斑煤	1.72	10.3	1.2	55.2	19.6	61.6	21.9	6.6	23.3
113	新景	碎斑煤	2.03	13.3	1.2	81.4	14.4	93.9	16.6	9.6	17.0
115	新景	碎裂煤	2.33	12.7	1.3	39.5	19.0	45.2	21.8	5.0	24.0
116	新景	揉皱煤	2.10	23.4	1.3	83.1	14.7	108.5	19.2	10.5	18.6
117	新景	揉皱煤	2.09	81.7	1.9	38.5	14.3	210.3	78.2	7.2	26.8
134	新景	碎裂煤	2.43	11.5	1.2	38.8	20.9	43.9	23.7	4.8	26.1
139	新景	碎裂煤	2.30	10.2	1.3	36.3	18.7	40.4	20.8	4.6	23.9
151	新景	碎裂煤	2.33	24.0	1.2	34.0	18.7	44.7	24.6	4.2	23.0
154	新景	原生结构煤	2.66	12.4	1.2	39.5	22.6	45.1	25.8	4.9	28.2
156	新景	碎裂煤	2.51	2.8	1.2	44.4	23.3	45.7	23.9	5.2	27.4
160	新景	碎斑煤	2.48	12.5	1.2	65.4	16.1	74.8	18.4	8.0	19.7
161	新景	碎粒煤	2.48	12.5	1.2	40.3	22.6	46.1	25.8	5.0	28.2
165	新景	碎裂煤	2.51	7.5	1.2	45.9	24.2	49.6	26.1	5.6	29.6
216	五沟	鳞片煤	1.26	15.4	1.2	48.8	15.9	57.7	18.7	5.8	18.9
218	五沟	揉皱煤	1.23	9.6	1.1	68.2	18.8	75.4	20.8	7.6	21.0
305	祁南	揉皱煤	0.83	18.4	1.1	119.4	15.5	146.2	18.9	13.3	17.3
306	祁南	碎斑煤	0.88	15.3	1.1	129.0	17.3	152.3	20.5	14.2	19.1
315	祁南	片状煤	1.01	6.6	1.2	50.3	14.0	53.8	15.0	6.2	17.3
323	祁南	碎粒煤	0.97	6.9	1.1	78.5	19.2	84.3	20.6	8.7	21.3
324	祁南	揉皱煤	0.80	26.2	1.5	48.6	8.1	65.8	11.0	7.3	12.2
408	祁东	片状煤	0.96	14.6	1.2	39.3	15.9	46.0	18.7	4.6	18.8
410	祁东	鳞片煤	0.95	55.3	1.5	46.8	9.0	104.7	20.0	6.9	13.2
419	祁东	揉皱煤	1.03	28.2	1.3	66.2	12.4	92.2	17.2	8.9	16.6
502	朱仙庄	糜棱煤	0.89	7.0	1.0	137.2	18.6	147.5	20.0	14.4	19.5
503	朱仙庄	糜棱煤	1.12	5.7	1.1	107.5	18.2	114.0	19.3	11.4	19.3
514	朱仙庄	揉皱煤	0.84	59.0	1.7	29.1	7.6	71.0	18.4	4.9	12.8
602	芦岭	糜棱煤	0.85	15.4	1.2	63.1	13.1	74.6	15.5	7.7	16.0
605	芦岭	糜棱煤	1.07	31.0	1.2	42.0	15.7	60.9	22.7	4.9	18.3
608	芦岭	糜棱煤	0.94	9.0	1.2	52.3	15.8	57.5	17.4	6.2	18.6
609	芦岭	揉皱煤	0.96	9.4	1.1	70.4	17.3	77.7	19.0	7.9	19.5
620	芦岭	碎裂煤	0.91	13.9	1.2	33.9	15.4	39.4	17.9	4.2	19.1
622	芦岭	原生结构煤	0.99	5.8	1.2	31.8	16.7	33.8	17.7	3.8	19.8

注：V_t 表示总孔容；S_t 表示总孔比表面积；$V_{t,daf}$ 表示干燥无灰基总孔容；$S_{t,daf}$ 表示干燥无灰基总孔比表面积；$V_{t,vol}$ 表示体积孔容；$S_{t,vol}$ 表示体积总孔比表面积。

图 5-1　不同矿物质含量构造煤宏观及显微变形特征

（a）为样品 305，揉皱煤，$A_d = 18.4\%$；（b）为样品 324，揉皱煤，$A_d = 26.2\%$；（c）和（d）为样品 410，鳞片煤，$A_d = 55.3\%$

5.2.2　矿物质对孔隙结构的影响

矿物质含量的增高对构造煤孔隙性和孔隙结构特征的影响也较为显著，主要表现为三个方面：一是孔容和孔比表面积分别反映了单位质量煤体中所含孔隙的体积和内表面积，两者均与煤体的质量相关，会受到煤体密度差异的影响，由于煤体矿物质含量及密度的增高而造成的孔容及孔比表面积的降低，称为密度影响，主要是由孔隙参数的选取和定义因素所造成；二是矿物质含量的增高主要是由黏土矿物的发育造成，而黏土矿物的孔隙发育程度低于煤中孔隙发育程度（曹涛涛等，2015），从而造成煤孔隙结构测试结果偏低，称为组分影响，尤其是造成测试结果中微孔孔容的减小；三是对于煤体构造变形形成的构造煤而言，矿物质含量的不同会造成煤体构造变形程度和变形特征的差异，进而影响到构造煤的孔隙发育程度和孔隙结构发育特征，称为变形影响。

通过孔隙参数与矿物质含量的对比分析可见，总孔容和总比表面积均有随着矿物质含量的增高而降低的趋势，且总比表面积的降低趋势更为明显（图 5-2）；而孔隙度和中值孔径受矿物质含量的影响则较小，数据分布较为离散，相关性较差（图 5-2）。在一定程度上表明矿物质含量对构造煤孔隙性的影响主要表现为密度影响，组分影响及变形影响均较小。采用霍多特孔隙结构类型方案将孔隙划分为大孔（孔径＞1000nm）、中孔（100＜孔径≤1000nm）、过渡孔（10＜孔径≤100nm）和微孔（孔径≤10nm）四种类型（霍多特，1966），进一步通过不同孔径阶段孔容随矿物质含量的变化趋势分析发现，矿物质发育的影响有随着孔径阶段的减小而逐步增强的趋势，且在以原生孔和变质孔为主的微孔阶段降低变化趋势最为显著（图 5-3），与构造变形对煤体破坏作用随孔径的减小而逐渐减弱的趋势恰恰相反（李明等，2012），微孔阶段的孔容分异主要由矿物质含量不同造成，其随矿物质含量的变化趋势体现了矿物质对孔隙性的影响程度。

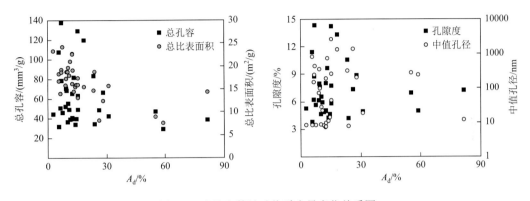

图 5-2 孔隙参数随矿物质含量变化关系图

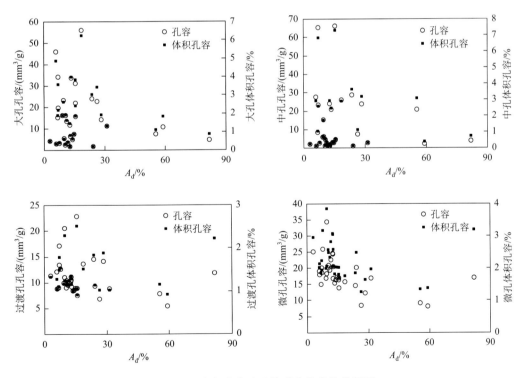

图 5-3 阶段孔容随矿物质含量变化关系图

5.2.3　矿物质影响校正

为了能够尽可能地排除矿物质对孔隙结构分析的影响，本节尝试采用干燥无灰基校正法和密度校正法对实验数据进行校正，使得孔隙结构能够更好反映及表征煤构造变形特征。

1. 干燥无灰基校正法

即通过孔隙参数的干燥无灰基换算，采用将煤中矿物质的影响直接剔除的方法，视构造煤煤体中的孔隙为煤体有机组分的产物、仅考虑煤中有机组分的孔隙性（图 5-4 和表 5-1）。可见经过校正后的总孔容 $V_{t, daf}$ 和总孔比表面积 $S_{t, daf}$ 均有所增大，校正量 ΔV_t 和 ΔS_t 均随着矿物质的增大而增高，且 $\Delta V_t = \Delta S_t = A_d/(100-A_d)$（图 5-5）。干燥无灰基校正法可以有效消除孔隙参数随矿物质含量增高而降低的趋势，但会导致高灰样品参数值的急剧增大、存在严重的过度校正现象（图 5-5）。

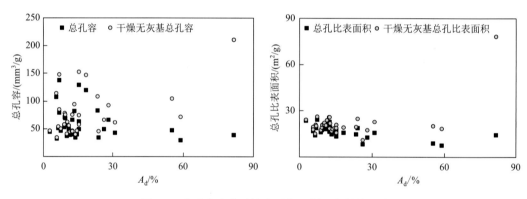

图 5-4　总孔容和总孔比表面积干燥无灰基校正值

2. 密度校正法

为消除构造煤样品间密度差异的影响，根据压汞实验所得到的样品视密度，通过孔容和孔比表面积参数与密度相乘的方法减弱该参数样品密度的影响，分别得到体积孔容（$V_{t, vol}$）和体积总孔比表面积（$S_{t, vol}$）参数（表 5-1）。可见总体积孔容与孔隙度的数值和参数意义均一致，与总孔容呈很好的线性正相关关系（图 5-6），阶段体积孔容则可以很好地表现出体积孔容在不同孔径阶段的发育程度，可见过渡孔和微孔的阶段体积孔容随矿物质的增高而降低的趋势明显减弱（图 5-3）。

以上两种方法均可对矿物质发育所造成的影响进行一定的校正，且校正量主要为密度影响，而对于组分影响和变形影响则难以评估，因此进行校正的参数仅为孔容（总孔容及阶段孔容）和孔比表面积（总孔比表面积及阶段孔比表面积）。干燥无灰基校正法的放大和失真现象较为明显（图 5-7 和图 5-8），而密度校正法则可有效地消除密度影响，能更好地反映煤体的孔隙发育程度与构造破坏程度的关系，且新的体积孔容和体积总孔比表面积参数仍具有统计性、可比性及地质意义。除此之外，根据发育条件较为一致的构造煤样品

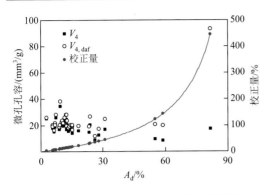

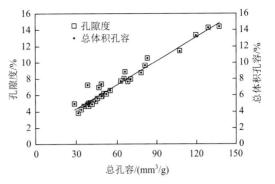

图 5-5 干燥无灰基校正量随矿物质变化图　　图 5-6 总体积孔容（或孔隙度）与总孔容关系图

其微孔差异最小、较为一致的现象（Li et al.，2013），认为矿物质含量的增高为微孔含量显著降低的主导因素。因此可以使用相同矿井、相同煤层的低灰样品的微孔孔容值对高灰样品进行微孔孔容和整体参数的相应放大校正来消除密度影响、组分影响和变形影响。但该种微孔一致性校正法势必会引起所有孔隙参数的变化，其失真程度和可靠性较难评估。

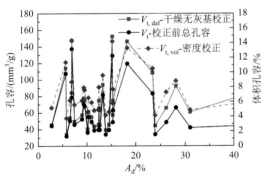

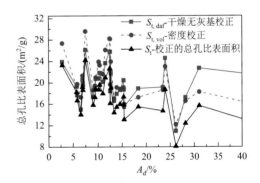

图 5-7 总孔容校正效果　　　　　　　　图 5-8 总孔比表面积校正效果

5.2.4 孔径分布特征

1. 总孔容和孔隙度

对于构造煤而言，总孔容和孔隙度为衡量煤体的孔裂隙发育程度和构造破坏程度的重要指标。以淮北矿区和阳泉矿区构造煤样品为主，同时参考部分贵州织纳煤田和重庆中梁山煤田样品数据，系统分析构造煤样品的压汞孔隙结构特征（图 5-9）。

总孔容随着不同构造煤类型的变化趋势表现为"整体增大，离散性增强，两段式波动变化"的特征。在脆性变形阶段，从原生结构煤到初碎裂煤、碎裂煤、片状煤、薄片煤、碎斑煤和碎粒煤，总孔容逐渐增大［图 5-9（a）］。原生结构煤的总孔容最小，平均为 35.4mm³/g，初碎裂煤有所增加，平均为 35.9mm³/g，碎裂煤的增幅较小，平均为 41.3mm³/g，片状煤平均总孔容为 35.9mm³/g，较原生结构煤和初碎裂煤发生小幅增长，薄片煤则大幅增长至 49.9mm³/g；而在碎斑煤和碎粒煤中，煤体破碎严重、角砾孔和碎粒孔发育，总

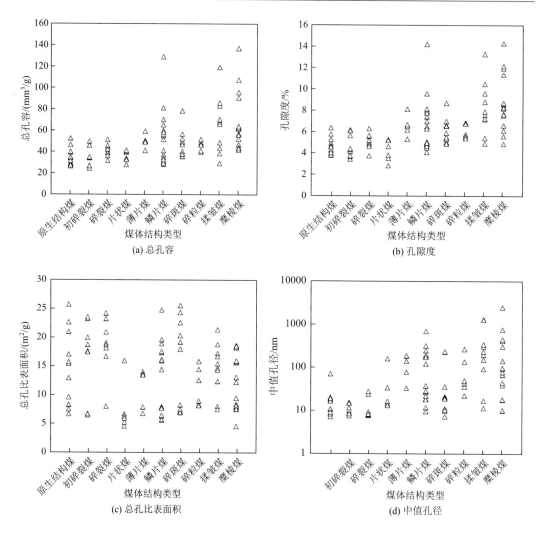

图 5-9　不同类型构造煤孔隙性参数

孔容迅速增大，碎斑煤和碎粒煤的总孔容平均值分别为 54.0mm³/g 和 48.5mm³/g。从鳞片煤到揉皱煤和糜棱煤，总孔容则迅速增大。韧性变形程度较低的鳞片煤总孔容相对低，平均为 46.0mm³/g，低于发生强烈脆性变形的碎斑煤和碎粒煤而使得整体呈两段式错动增长趋势，在揉皱煤中总孔容发生急剧增大，平均为 65.2mm³/g，变形最为强烈的糜棱煤中孔隙最为发育，总孔容达到最大值，平均为 68.2mm³/g。

　　孔隙度与体积总孔容一致，均能够消除矿物质发育所造成的密度影响，能更好地反映煤体的孔裂隙发育程度和构造破坏程度。孔隙度随着不同构造煤类型的变化趋势也表现为类似的"整体增大，离散性增强，两段式波动变化"的特征，其波动性和错动现象较弱 [图 5-9（b）]。在脆性变形阶段，从原生结构煤、初碎裂煤到碎裂煤、片状煤、薄片煤、碎斑煤和碎粒煤，孔隙度平均值由 4.7% 逐步增大为 5.1%、5.3% 后迅速增大为 6.6%、6.8% 和 6.1%。从鳞片煤到揉皱煤和糜棱煤，孔隙度平均值由相对低的 6.2% 急剧增大为

8.3%和 8.7%。同时作为强烈剪切作用产物的片状煤和鳞片煤，其总孔容得到校正后相对增幅较为明显、孔隙发育程度有所增大（表 5-2）。

表 5-2 不同类型构造煤孔隙性参数统计表

煤体结构类型	总孔容/(mm³/g)				孔隙度/%				总孔比表面积/(m²/g)				中值孔径/nm			
	最小值	最大值	平均值	σ	最小值	最大值	平均值	σ	最小值	最大值	平均值	σ	最小值	最大值	平均值	σ
原生结构煤	26.3	52.5	35.4	7.7	3.8	6.4	4.7	0.8	6.7	25.7	14.8	5.9	7.3	71.8	17.8	16.9
初碎裂煤	24.4	49.8	35.9	8.8	3.5	6.2	4.7	1.0	6.5	23.5	15.6	6.6	7.7	15.7	11.4	3.1
碎裂煤	31.8	51.4	41.3	5.7	3.8	6.3	5.1	0.7	8.0	24.2	18.6	4.7	7.9	28.8	13.0	8.0
片状煤	28.0	41.5	35.9	4.8	4.4	6.6	5.3	0.9	4.6	15.9	7.5	3.9	13.5	164.5	43.1	54.8
薄片煤	41.0	59.4	49.9	5.8	5.4	8.2	6.6	0.9	6.8	14.0	11.2	3.1	34.2	194.0	128.9	62.5
碎斑煤	28.3	129.0	54.0	24.9	4.1	14.2	6.8	2.5	5.6	24.8	13.0	5.9	9.7	715.8	136.4	178.8
碎粒煤	35.5	78.5	48.5	12.0	4.9	8.7	6.1	1.1	6.9	25.6	16.0	7.3	7.5	238.9	61.3	88.4
鳞片煤	39.9	51.7	46.0	4.1	5.4	6.9	6.2	0.6	8.2	15.9	11.4	3.1	23.0	273.5	94.6	88.3
揉皱煤	29.1	119.4	65.2	25.5	5.0	13.3	8.3	2.3	7.6	21.4	14.7	4.2	11.8	1350.5	405.7	475.7
糜棱煤	42.0	137.2	68.2	25.8	4.9	14.4	8.7	2.5	4.6	18.6	11.9	4.5	10.4	2549.7	323.7	612.0

注：σ 为方差。

2. 总孔比表面积

总孔比表面积不仅与孔隙的发育程度密切相关，同时煤体内部基质块的粒径、形状及孔结构也是影响总孔比表面积大小的重要因素。总孔比表面积随着不同构造煤类型的变化趋势表现为"整体降低，变化程度较小，多级波动变化"的特征 [图 5-9（c）]。在脆性变形阶段，从原生结构煤到初碎裂煤、碎裂煤和片状煤，总孔比表面积平均值由 14.8m²/g增长为 15.6m²/g、18.6m²/g 后急剧降低为 7.5m²/g，薄片煤为 11.2m²/g，碎斑煤的总孔比表面积有所增长，平均为 13.0m²/g，但仍低于原生结构煤，碎粒煤中总孔比表面积发生大幅增长，平均为 16.0m²/g，仅略低于碎裂煤。在韧性变形阶段，从鳞片煤到揉皱煤和糜棱煤，总孔比表面积先增长而后降低。鳞片煤总孔比表面积相对低，平均为 11.4m²/g，在揉皱煤中有所增大，达到 14.7m²/g，而在糜棱煤中则减小为 11.9m²/g。总孔比表面积与微孔孔容具有很好的线性正相关性，总孔比表面积随着构造煤类型变形程度的增强而降低的趋势反映了构造作用对煤体原生微孔隙的破坏作用，而原生微孔隙在变形较弱的原生结构煤和碎裂煤中得以较好地保存。

3. 中值孔径

中值孔径为反映构造煤孔隙总体分布的重要参数，其随着不同构造煤类型的变化趋势与总孔容类似，表现为"整体急剧增大，两段式波动变化"的特征［图 5-9（d）］。脆性变形阶段的原生结构煤、初碎裂煤和碎裂煤的中值孔径最小，平均值分别为 17.8nm、11.4nm 和 13.0nm，至片状煤和薄片煤中急剧增大为 43.1nm 和 128.9nm，在碎斑煤中进一步增大为 136.4nm，碎粒煤的中值孔径有所降低，平均为 61.3nm。在韧性变形阶段其中值孔径整体较高，从鳞片煤的 94.6nm，大幅急剧增长为揉皱煤中的 405.7nm，而后略微降低，在糜棱煤中减小为 323.7nm。煤体变形较为微弱时，孔隙以孔径细小的原生孔和变质孔为主，中值孔径很小，而随着构造变形的增强和较大孔径的构造成因孔裂隙的发育，使得煤体孔隙结构发生变化，中值孔径增长迅速。

进一步对淮北和阳泉矿区典型构造煤样品的孔隙性参数统计分析发现，其总孔容和孔隙度随着构造煤类型的变化表现出与整体类似的"整体增大，离散性增强，两段式波动变化"的变化趋势，但是碎斑煤的总孔容和孔隙度出现了明显的增大现象，而碎粒煤较碎斑煤也明显降低，糜棱煤的总孔容发育优势更为明显，且同一构造煤类型的总孔容和孔隙度离散性也有所增强；总孔比表面积和体积总孔比表面积也表现为与整体类似的"整体降低，变化程度较小，多级波动变化"的变化趋势，只是整体降低趋势更为明显，同类构造煤间的数据离散性有所减弱，脆性变形序列构造煤类型的总孔比表面积均有所增大，而糜棱煤的总孔比表面积则较揉皱煤明显增长，体积总孔比表面积与总孔比表面积的变化趋势一致，校正量较小，仅造成了揉皱煤和糜棱煤差异的减小；中值孔径的演化趋势也表现为"整体急剧增大，两段式波动变化"的特征，但是碎斑煤的中值孔径也出现了明显的增大现象，同时韧性变形序列构造煤类型的中值孔径均有所增大，糜棱煤的中值孔径发生大幅增长而超越揉皱煤。

4. 孔隙结构特征

压汞仪器测试孔径范围为 3nm～0.23mm，所以超大孔对应孔径范围仅为 0.1～0.23mm，所占比重较小，但不同样品的超大孔容的差异则可反映宏观构造变形和宏观裂隙的发育程度，微孔孔径范围为 3～10nm，不同类型构造煤的孔隙结构差异较为显著（图 5-10）。

原生结构煤孔容主要集中于过渡孔和微孔，平均各占总孔容的 27.68% 和 46.61%，合计占 74.29%（表 5-3），占主导地位的过渡孔和微孔主要为煤层原生孔和变质孔，反映煤层原生结构保存较好，构造变形较为微弱（图 5-11）。大孔和中孔则主要为煤层显微裂隙、外生孔和矿物质孔，其中孔径大于 1000nm 的超大孔和大孔是瓦斯渗流的主要通道，其含量的多少和连通程度决定着煤层的透气性和渗透性。原生结构煤的超大孔和大孔的孔容平均占总孔容的 18.92%，而作为连接瓦斯赋存孔隙和渗流裂隙的、由显微裂隙组成的中孔含量平均仅为 6.78%。

初碎裂煤、碎裂煤和原生结构煤的孔隙结构较为一致（图 5-11），均以过渡孔和微孔为主，初碎裂煤的过渡孔和微孔孔容平均各占总孔容的 32.31% 和 48.47%，其次为大孔和超大孔，合计占 13.37%，中孔发育最差，仅占 5.85%；碎裂煤的过渡孔和微孔孔容比为 27.36% 和 48.91%，大孔和超大孔合计占 17.44%，中孔仅占 6.30%。但由于所受构造应力作用的相对增强，总孔容随之增大，各阶段孔容也发生了相应增长，主要体现在超大孔、大孔和中孔较原生结构煤的增长，其中构造变形相对强烈、多组构造裂隙密集发育的碎裂煤增幅最大，其大孔孔容为 5.9mm³/g，而初碎裂煤的孔隙发育相对较差，主要体现在过渡孔和微孔阶段，孔容分别为11.6mm³/g 和17.4mm³/g（图 5-10）。

表 5-3　不同构造煤类型各阶段孔容和孔容比统计表

煤体结构类型	孔容/(mm³/g)						孔容比/%				
	V_0	V_1	V_2	V_3	V_4	V_t	V_0/V_t	V_1/V_t	V_2/V_t	V_3/V_t	V_4/V_t
原生结构煤	1.8	4.9	2.4	9.8	16.5	35.4	5.08	13.84	6.78	27.68	46.61
初碎裂煤	1.2	3.6	2.1	11.6	17.4	35.9	3.34	10.03	5.85	32.31	48.47
碎裂煤	1.3	5.9	2.6	11.3	20.2	41.3	3.15	14.29	6.30	27.36	48.91
片状煤	1.8	5.2	2.1	11.4	15.4	35.9	5.01	14.48	5.85	31.75	42.90
薄片煤	1.4	13.8	9.9	12.3	12.5	49.9	2.81	27.66	19.84	24.65	25.05
碎斑煤	1.7	13.5	11.8	12.7	14.3	54.0	3.15	25.00	21.85	23.52	26.48
碎粒煤	2.1	10.0	5.4	13.1	17.9	48.5	4.33	20.62	11.13	27.01	36.91
鳞片煤	1.4	10.5	9.1	11.9	13.1	46.0	3.04	22.83	19.78	25.87	28.48
揉皱煤	2.0	18.2	15.4	12.6	17.0	65.2	3.07	27.91	23.62	19.33	26.07
糜棱煤	1.4	17.3	20.4	16.5	12.6	68.2	2.05	25.37	29.91	24.19	18.48

注：$V_0 = 100000\sim180000$nm；$V_1 = 1000\sim100000$nm；$V_2 = 100\sim1000$nm；$V_3 = 10\sim100$nm；$V_4 = 3\sim10$nm。

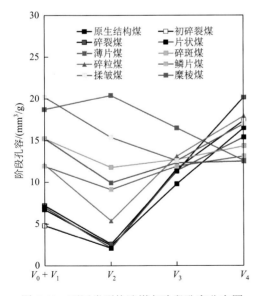

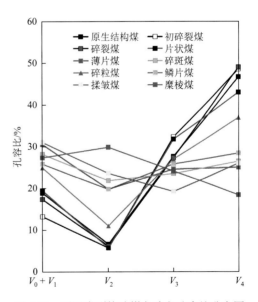

图 5-10　不同类型构造煤各阶段孔容分布图
超大孔 $V_0 = 100000\sim180000$nm；大孔 $V_1 = 1000\sim100000$nm；
中孔 $V_2 = 100\sim1000$nm；过渡孔 $V_3 = 10\sim100$nm；
微孔 $V_4 = 3\sim10$nm

图 5-11　不同类型构造煤各阶段孔容比分布图
超大孔 $V_0 = 100000\sim180000$nm；大孔 $V_1 = 1000\sim100000$nm；
中孔 $V_2 = 100\sim1000$nm；过渡孔 $V_3 = 10\sim100$nm；
微孔 $V_4 = 3\sim10$nm

　　片状煤和薄片煤整体仍是以微孔和过渡孔为主,而片状煤的孔隙结构与原生结构煤、初碎裂煤和碎裂煤不同,仍以微孔为主,占 42.90%,但微孔孔容仅为 15.4mm³/g,较原生结构煤和碎裂煤明显降低,其次是超大孔和大孔,合计 19.49%,超大孔和大孔孔容较碎裂煤增长显著,分别为 1.8mm³/g 和 5.2mm³/g。过渡孔占 31.75%,孔容为 11.4mm³/g,中孔含量最低,占 5.85%,孔容为 2.1mm³/g。薄片煤的总孔容明显增长,为 49.9mm³/g,且孔隙结构明显改变,以超大孔和大孔为主,合计占 30.47%,孔容分别为 1.4mm³/g 和 13.8mm³/g。微孔次之,占 25.05%,孔容则进一步减小为 12.5mm³/g,过渡孔和中孔孔容开始相近,分别占 24.65%和 19.84%,中孔孔容急剧增大,达 9.9mm³/g,可见在剪切构造作用成因的片状煤和薄片煤中,剪切构造作用对煤体原生微孔隙的破坏作用显著,使得微孔孔容降低为 15.4mm³/g(片状煤)和 12.5mm³/g(薄片煤),而大量剪切显微裂隙的发育使得超大孔和大孔孔容增长显著,尤其是剪切构造作用更为强烈并伴生条带状劈理化现象的薄片煤中微孔减小和大孔增大的现象更为明显,且中孔孔容也发生了大幅增长。

　　碎斑煤中碎斑结构的发育对孔隙结构影响显著,碎斑煤整体以微孔和大孔为主,碎斑煤中超大孔和大孔最为发育,合计占 28.15%,孔容分别为 1.7mm³/g 和 13.5mm³/g。微孔次之,占 26.48%,孔容则减小为 14.3mm³/g,中孔孔容急剧增大,达到了 11.8mm³/g,且中孔孔容开始与过渡孔孔容相当,分别占 21.85%和 23.52%,过渡孔孔容为 12.7mm³/g,与薄片煤相当,而较原生结构煤、初碎裂煤和碎裂煤发生明显增长。强变形碎斑煤中煤体大面积或完全发生破碎呈粒径不同的碎斑结构,造成煤中孔裂隙异常发育,以中孔最为发育,占总孔容的 46.55%,中孔孔容急剧增大为 45.3mm³/g,为煤体碎斑结构中大量构造成因碎粒孔的发育而造成。其次为超大孔和大孔较为发育,合计占 18.72%,孔容分别为 1.2mm³/g 和 17.0mm³/g,较弱变形碎斑煤发生了明显的减小,这与在宏观和显微镜下所观察到的弱变形碎斑煤裂隙规模较大、发育密集,而强变形碎斑煤的裂隙则较为细微、呈弥散状密集发育现象有很好的对应关系。强变形碎斑煤中过渡孔孔容也发生了明显的增长,达 17.1mm³/g,占 17.54%,而微孔的发育则相对最差,微孔孔容进一步减小为 16.7mm³/g,占 17.19%,可见构造作用所造成的阶段孔容的增长开始由较大孔径阶段的超大孔和大孔,逐步转向为中孔直至较小孔径的过渡孔。

　　碎粒煤孔隙结构特征受控于其碎粒结构的发育程度,总体上仍以过渡孔和微孔为主,所占比例分别为 27.01%和 36.91%,可见微孔比例较弱脆性变形构造煤发生明显下降,而过渡孔孔容为 13.1mm³/g,则发生了显著增长,超大孔、大孔和中孔也发生了不同程度的增长,孔容分别为 2.1mm³/g、10.0mm³/g 和 5.4mm³/g。强变形碎粒煤具有典型的碎粒结构,碎粒孔隙十分发育,孔隙以中孔最为发育,占总孔容的 29.94%,中孔孔容增大为 23.5mm³/g,其次为超大孔和大孔,合计占 27.13%,孔容分别为 1.5mm³/g 和 19.8mm³/g,过渡孔发生了一定的增大作用,但发育程度仍较微孔差,过渡孔和微孔孔容分别为 13.5mm³/g 和 20.2mm³/g,分别占 17.20%和 25.73%。

　　鳞片煤微孔占 28.48%,孔容则进一步减小为 13.1mm³/g,孔隙结构延续了薄片煤的孔隙结构特征,超大孔、大孔和中孔发生显著增长,合计占 45.65%,孔容分别为 1.4mm³/g、10.5mm³/g 和 9.1mm³/g。中孔孔容表现最为显著,占 19.78%,鳞片煤四个阶段孔隙孔容开始较为相近。

　　不同变形程度和变形特征的揉皱煤孔隙结构分异明显,受其脆性和韧性变形的综合影响，总体上揉皱煤的超大孔和大孔及中孔增长显著，前两者孔容比为 30.98%，中孔孔容达到了 15.4mm³/g，占 23.62%，可见揉皱煤中的脆性变形对其孔隙结构仍具有重要的影响作用。一般整体以韧性变形为主、脆性变形较弱的揉皱煤，在韧性揉皱作用下其孔隙结构变化显著，孔隙以中孔为主，孔容为 20.6mm³/g，占总孔容的 30.21%，微孔次之，孔容为 19.6mm³/g，占总孔容的 28.74%，过渡孔发生了明显增长，孔容为 14.9mm³/g，占 21.85%，超大孔和大孔发育最差，孔容合计为 13.1mm³/g，与宏观和显微构造变形较弱的观测结果一致，同时也揭示了粒径小于 1000nm 的孔隙和构造变形的异常发育，可见煤体韧性揉皱变形作用会造成中孔和过渡孔阶段孔隙的大量发育，而对促进大孔的增长和微孔的减弱作用则较为微弱。脆性变形与韧性变形共生叠加发育的揉皱煤，其孔隙结构趋于进一步复杂化，对于高矿物质含量的揉皱煤，其孔隙以中孔为主，占 34.78%，孔容为 28.9mm³/g，超大孔和大孔次之，合计占 29.96%，孔容分别为 0.9mm³/g 和 24.0mm³/g。微孔孔容为 14.7mm³/g，占 17.69%，过渡孔孔容为 14.6mm³/g，占 17.57%。可见高矿物质含量的揉皱煤大孔和中孔孔容发生大幅增长，过渡孔孔容也有所增长，而微孔则发生了降低。高矿物质含量的揉皱煤较鳞片煤煤体的揉皱起伏变形更为强烈，同时煤体表层韧性迹象强烈，反映了高矿物质含量揉皱煤中剪切构造作用和揉皱构造作用的共同发育现象，煤体韧性揉皱变形作用会造成中孔和过渡孔的大量发育，而促进大孔的增长和微孔的减弱作用则较为微弱。而剪切构造作用主要是造成大孔径阶段孔隙的发育和微孔孔容的降低，可见高矿物质含量揉皱煤孔隙结构特征为揉皱构造与剪切构造共同作用的产物。

对于强韧性揉皱变形与剪切脆性变形叠加发育的双重结构揉皱煤更多的则是延续了片状煤、薄片煤、鳞片煤和揉皱煤剪切构造变形序列的孔隙结构特征，表明剪切构造对孔隙结构的影响大于揉皱构造所产生的影响，孔隙以超大孔和大孔为主，合计占 51.75%，孔容分别为 4.1mm³/g 和 29.9mm³/g。中孔次之，占 18.42%，但中孔孔容较低，为 12.1mm³/g，甚至较鳞片煤发生了降低，主要为微孔孔容的进一步降低而使得中孔含量的相对增加，微孔孔容为 10.9mm³/g，占 16.59%，过渡孔也发生了一定的降低，孔容为 8.7mm³/g，占 13.24%。剪切构造作用主要是造成大孔径阶段的超大孔、大孔和中孔孔容的发育和微孔孔容的降低，且随着剪切作用的增强，主要作用孔径尺度也会逐渐减小，但所造成的阶段孔隙孔容增大幅度和主要作用孔径尺度减小幅度远低于碎粒构造作用，且一般终止于中孔阶段。

而对于构造变形主要表现为不规则韧性揉皱变形和密集调节剪切裂隙及碎粒碎斑结构叠加发育的三重结构揉皱煤，为揉皱构造作用、剪切构造作用和碎粒构造作用三重构造作用的综合作用产物，其孔隙结构也发生了相应的变化，虽然孔隙结构和强韧性揉皱变形与剪切脆性变形叠加发育的揉皱煤相类似，仍以超大孔和大孔为主，合计占 29.97%，孔容分别为 1.6mm³/g 和 18.9mm³/g。中孔次之，占 28.95%，孔容为 19.8mm³/g，微孔占 22.51%，孔容为 15.4mm³/g，过渡孔孔容为 12.7mm³/g，占 18.57%。但三重结构揉皱煤的超大孔和大孔的发育程度远较双重结构揉皱煤的差，且所占比例也发生了降低，而中孔和过渡孔孔容则发生了增长，微孔降低幅度明显减弱，且微孔孔容较强韧性变形揉皱煤发生了增长，表明碎粒构造作用对孔隙结构的影响一定程度上占据了主导地位，剪切构造作用次之。

糜棱煤孔裂隙最为发育，其总孔容和孔隙度均达到了构造煤中的最大值，孔隙以中孔最为发育，占总孔容的 29.91%，中孔孔容急剧增大为 20.4mm³/g，其次为超大孔和大孔最为发育，合计占 27.42%，孔容分别为 1.4mm³/g 和 17.3mm³/g，过渡孔进一步增长，孔容为 16.5mm³/g，占 24.19%，微孔相对发育最差，孔容为 12.6mm³/g，占 18.48%。糜棱煤延续了由碎斑煤、碎粒煤和糜棱煤所组成的碎粒构造作用序列，碎粒构造作用对煤体的孔隙发育促进作用最为显著，典型特征表现为造成中孔孔容的急剧增长，且随着碎粒构造作用的增强，阶段孔容的增长量逐步增大，而主要构造作用和破坏尺度具有逐渐减小的趋势。对于糜棱煤而言除了超大孔孔容仍相对较低，这与其宏观和显微构造变形特征和表现形式相一致，其他各阶段孔容均发生了较大幅度的增长，大孔、中孔和过渡孔阶段孔容均几乎达到了各种构造煤类型所对应阶段孔容的最大值，微孔孔容较碎斑煤也发生了相对增长，可见构造破坏作用对微孔阶段孔容的增长也产生了一定的促进作用。

　　强韧性变形糜棱煤的构造变形也表现为多组分韧性揉皱、碎粒流变和密集调节剪切裂隙发育的三重构造作用，孔隙发育程度较糜棱煤发生了大幅的降低，而与三重结构揉皱煤的较为一致。孔隙以超大孔和大孔为主，合计占 44.26%，孔容分别为 3.1mm³/g 和 26.2mm³/g。微孔次之，占 25.38%，孔容为 16.8mm³/g，中孔孔容为 10.4mm³/g，占 15.71%，过渡孔孔容为 9.7mm³/g，占 14.65%。可见糜棱煤中剪切构造作用较为强烈，使得超大孔和大孔发育程度得以增强，中孔和过渡孔孔容明显较低，碎粒构造作用有所减弱。

　　通过以上分析可知，构造煤孔隙结构具有跨越构造煤类型的演化方式（表 5-4），同一构造煤中往往发育有多种构造变形作用和结构类型，而不同构造作用类型对孔隙结构的作用方式和影响程度存在差异，构造煤孔隙结构主要受控于其主导构造变形作用类型，但是该主导构造作用类型与构造煤变形序列和构造煤类型划分所考虑的主导构造作用类型常常是不同的。具体主要表现为以下 5 种构造作用类型。

表 5-4　不同构造作用类型孔隙性参数演化统计

主导构造作用	煤体结构类型	总孔容/(mm³/g)	孔隙度/%	总比表面积/(m²/g)	中值孔径/nm	V_0/(mm³/g)	V_1/(mm³/g)	V_2/(mm³/g)	V_3/(mm³/g)	V_4/(mm³/g)
碎裂构造作用	原生结构煤	35.8	4.35	19.63	7.85	0.8	2.5	1.4	9.7	21.4
	初碎裂煤	34.0	4.20	17.07	9.30	0.9	3.4	2.3	9.0	18.4
	碎裂煤	41.3	5.14	18.61	13.04	1.3	5.9	2.6	11.3	20.2
剪切构造作用	片状煤	39.3	4.64	15.95	13.90	2.4	7.5	3.1	9.0	17.3
	薄片煤	50.3	6.21	14.02	145.10	2.1	15.3	8.7	9.1	15.1
	鳞片煤	47.8	6.36	12.41	158.90	1.8	11.7	12.8	8.5	13.2
	揉皱煤	65.7	8.53	10.37	968.83	4.1	29.9	12.1	8.7	10.9
碎粒构造作用	碎斑煤	68.4	8.09	16.99	371.60	2.5	25.1	13.0	9.5	18.3
	碎粒煤	78.5	8.73	19.19	235.80	1.5	19.8	23.5	13.5	20.2
	糜棱煤	137.2	14.35	18.63	426.90	1.5	34.3	65.5	17.2	18.7
揉皱构造作用	揉皱煤	68.2	7.63	18.78	95.50	1.1	12.0	20.6	14.9	19.6
	揉皱煤	60.9	8.88	14.51	162.60	0.8	14.4	16.5	13.3	15.9
复合构造作用	揉皱煤	68.4	8.39	14.82	277.50	1.6	18.9	19.8	12.7	15.4
	糜棱煤	66.2	7.55	15.70	855.98	3.1	26.2	10.4	9.7	16.8

注：$V_0 = 100000 \sim 180000 \text{nm}$；$V_1 = 1000 \sim 100000 \text{nm}$；$V_2 = 100 \sim 1000 \text{nm}$；$V_3 = 10 \sim 100 \text{nm}$；$V_4 = 3 \sim 10 \text{nm}$。

（1）碎裂构造作用：碎裂化是碎裂构造煤类中最为普遍的构造作用类型，主要体现在初碎裂煤和碎裂煤所组成的构造煤演化序列中，对构造煤孔隙结构影响较弱，主要表现为宏观和显微构造裂隙的发育而造成的超大孔和大孔孔容的相应增长。

（2）剪切构造作用：主要体现在由片状煤、薄片煤、鳞片煤和双重结构揉皱煤所组成的构造煤演化序列中，造成了大孔径阶段的超大孔、大孔和中孔的大量发育，且随着剪切构造作用的增强，孔容增幅也随之增大，而构造孔隙孔径具有逐渐减小的趋势，且一般终止于中孔阶段。剪切构造作用对煤体原生微孔隙的破坏作用和超大孔发育的促进作用较为显著，使得微孔孔容发生明显降低，而超大孔发生大幅增长。

（3）碎粒构造作用：主要体现在由碎斑煤、碎粒煤和糜棱煤所组成的构造煤演化序列中，碎粒化作用对煤体孔隙发育程度的促进作用最为显著，总孔容和孔隙度均发生了大幅增长，典型特征表现为中孔孔容的急剧增长，相邻孔径阶段的大孔和过渡孔也发生大幅增长；且随着碎粒化作用的增强，孔容增幅随之大幅增长，碎粒孔孔径具有逐渐减小的趋势，可至过渡孔阶段，并造成微孔孔容的一定增长。碎粒化作用所造成的阶段孔容增大幅度和孔径减小幅度远大于剪切构造作用。

（4）揉皱构造作用：对孔隙结构的影响较弱，容易受到其他构造作用的干扰和屏蔽，仅在以揉皱变形为主的揉皱煤中作用显著。揉皱构造作用会造成中孔和过渡孔阶段孔隙的大量发育，大孔孔容也有所增长，而超大孔极为不发育，且对微孔的破坏和减弱作用也较为微弱。

（5）复合构造作用：即为上述多重构造作用同时或部分同时对孔隙结构产生影响和控制作用，且在不同的孔径阶段和孔容增幅方面有所表现。各种构造作用的影响程度、作用方式和构造孔径存在差异，且影响程度存在碎粒构造作用＞剪切构造作用＞揉皱构造作用＞碎裂构造作用的递减顺序。例如，三重结构揉皱煤中碎粒构造作用对孔隙结构的影响最为显著，剪切构造作用次之，揉皱构造作用不明显。

5. 孔隙形态及连通性

孔容增量 ΔV 随着孔径的分布能够更为详细地识别出各阶段孔容的发育程度及其所代表的构造意义。通过对孔径分布图的系统分析可见，孔容增量随着孔径的变化出现了多个峰形，根据峰形出现的孔径峰位、峰形和峰高等特征，可以归纳为以下四类。

（1）10W 峰：峰值出现在 100000nm 孔径左右，峰形范围主要为 40000nm～0.18mm，峰形较为稳定，几乎所有的样品均有该峰发育，且不同类型构造煤样品该峰形明显，为宏观裂隙和显微粗大裂隙孔隙发育的表征（图 5-12）。

（2）1W 峰：峰值出现在孔径 10000nm 左右，峰形范围主要为 6000nm～20000nm，峰形较为稳定，主要从碎斑煤开始发育该峰，片状煤中也见有该峰出现，与碎斑结构的发育密切相关，为显微中等裂隙和显微细微裂隙密集发育的表征。

（3）1000 峰：峰值出现在孔径 1000nm 左右，峰形范围主要为 20～6000nm，峰形很不稳定、常常发生偏移，峰形复杂，常由多个次级峰形组合发育而成，也是主要从碎斑煤开始发育有该峰，揉皱煤和糜棱煤中 1000 峰也异常发育，与细微尺度的碎斑结构、碎粒结构和糜棱结构的发育密切相关，主要为碎基间微米级显微细微裂隙孔和碎粒孔大量发育的表征。

（4）10 峰：峰值出现在孔径 10nm 左右，峰形范围主要介于 3～10nm，峰形较为稳定，为不对称峰，所有的样品均有该峰发育，为煤中微孔隙发育的表征。

可见不同的峰形均具有其地质和成因意义，峰形的出现不仅表明其所对应的构造现象的存在，而且反映了该类构造现象大量发育，且与不同构造煤类型的变形特征具有很好的对应和指示作用。

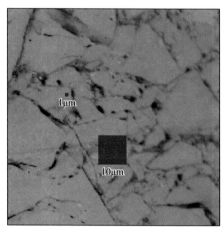

图 5-12　构造煤中不同孔径阶段孔裂隙发育特征

使用压汞法能测出煤体中有效孔隙的孔容，并且通过进、退汞曲线的组合形态可以推断出孔径分布、孔隙的连通性和孔隙类型（秦勇，1994；李明等，2012）。根据压汞曲线的形态和阶段孔径的分布模式及孔容增量的峰形特征，将构造煤孔隙结构划分为平行型、尖棱型、反 S 型、M 型、双 S 型和双弧线型六种类型。

（1）平行型：进汞曲线与退汞曲线的大部分区段呈线性且近于平行，在相同压力点处进、退汞体积差值很小（图 5-13）。孔隙以微孔为主，过渡孔次之，两者孔容合计为 28.1mm³/g，总孔容比例平均占 78.1%。大于 100nm 的中孔和大孔很不发育（图 5-14），平均各占 5.8% 和 16.1%。在孔径分布图上表现为仅见有 10W 峰和 10 峰的发育，未见有 1W 峰和 1000 峰出现，中孔和大孔阶段的孔容增量很小，平均值为 0.1～0.2mm³/g，但发育较为均匀（表 5-5）。孔隙度和孔容均很低，分别为 4.80% 和 36.0mm³/g。退汞效率很高，平均为 81.65%，反映连通孔隙的孔隙喉道数量较少，平行型孔隙结构类型主要为原生结构煤、初碎裂煤和碎裂煤（表 5-3）。

（2）尖棱型：进汞曲线与退汞曲线的大部分区段呈线性且呈一定锐夹角，随着压力的减小在同一压力点进、退汞体积差值越来越大（图 5-13）。各阶段孔容发育较为均衡，微孔、过渡孔和大孔的孔容相差不大，分别占总孔容的 41.5%、23.5% 和 25.5%，中孔比重相对较低，占 9.5%（图 5-14）。在孔径分布图上表现为孔径大于 10nm 阶段的孔容增量发育也较为均匀，平均值为 0.3～0.5mm³/g，为相应平行型的 2～3 倍。孔隙度和孔容较平行型的均有增加，分别为 5.47% 和 44.3mm³/g，退汞效率降低至 75.30%（表 5-5）。尖棱型孔隙结构类型主要为碎裂煤、片状煤和鳞片煤。

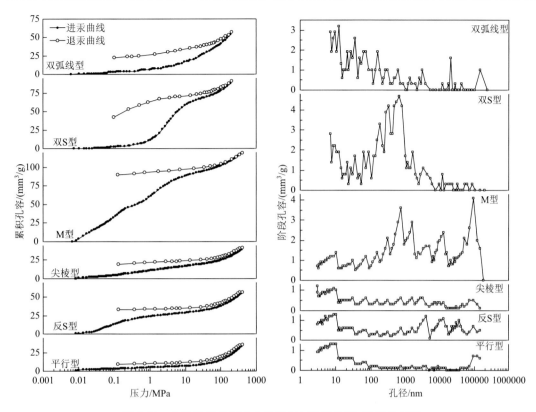

图 5-13　六种类型的压汞曲线形态与阶段孔容-孔径分布图

（3）反 S 型：进汞曲线呈反 S 形，而退汞曲线的主要区段则呈线性降低（图 5-13）。大孔孔容发育很好，达 14.8mm³/g，所占总孔容的比例最高，为 33.6%，微孔也发育较好，仅次于大孔，孔容为 12.4mm³/g，所占总孔容的比例 28.1%。其次为过渡孔，占总孔容的 27.2%，中孔发育最差，仅为 11.1%，但中孔孔容较平行型发生了增长（图 5-14）。在孔径分布图上表现为孔容增量随孔径的增大先降低后增大，且在过渡孔和中孔阶段达到其最低值，以 10W 峰发育最为突出，1W 峰有所显示。孔隙度和孔容均相对较高，分别为 5.92% 和 44.1mm³/g。退汞效率较高，为 62.10%。反 S 型孔隙结构类型主要为碎斑煤和碎粒煤，也发育有糜棱煤类型，其 10W 峰和 1W 峰均发育显著。

（4）M 型：进汞曲线由反 S 形和 S 形拼接组合而成的 M 形波动发育，而退汞曲线的主要区段则依然呈线性降低（图 5-13）。大孔异常发育，孔容平均为 27.6mm³/g，占总孔容的 46.2%，其次为微孔，占 21.6%，中孔孔容发生了明显增长，为 10.5mm³/g，占 17.6%，过渡孔发育相对较差，占 14.7%，过渡孔和微孔孔容均发生了显著降低，分别为 8.8mm³/g 和 12.9mm³/g。在孔径分布图上可见孔容增量随孔径发生多级波动变化，10W 峰、1W 峰、1000 峰和 10 峰均有所发育，且表现为多峰形组合发育的特征，其中以 10W 峰发育最为显著，相邻 1W 峰发育也较为明显，1000 峰发育不稳定，发育程度变化较大（图 5-13）。孔隙度和孔容均发生明显增长，分别为 7.72% 和 59.8mm³/g，但退汞效率很低，仅为 47.67%。M 型孔隙结构类型主要为揉皱煤、薄片煤和鳞片煤。

（5）双S型：进汞曲线与退汞曲线分别呈S形和反S形（图5-13）。中孔孔容异常发育，达到了25.0mm³/g，占总孔容的33.8%。其次是大孔和微孔，所占比例分别为27.1%和20.0%。过渡孔孔容发生大幅增长，与微孔相当，占19.1%（图5-14）。在孔径分布图上表现为阶段孔容增量随孔径的增大先增大后降低，并在中孔阶段达到其最大值，1000峰异常发育，峰位较不稳定，一般位于100～1000nm孔径区间内，在变形相对较弱的煤体中可向孔径增大的方向发生偏移，峰形较不规则、可见多个次级峰形组合发育。由于孔隙的异常发育，孔隙度和孔容均很高，分别高达9.12%和73.9mm³/g，退汞效率较低，仅为52.82%（表5-5）。双S型孔隙结构类型的煤体结构类型较多，主要为糜棱煤、揉皱煤、碎斑煤和碎粒煤。

（6）双弧线型：进汞曲线与退汞曲线均呈下凸的弧形、组合呈半月牙形（图5-13）。过渡孔异常发育，孔容达到了18.2mm³/g，占总孔容的35.8%。微孔次之，孔容为13.5mm³/g，占总孔容的26.6%。中孔和大孔发育均相对较差，分别占总孔容的21.3%和16.3%（图5-14）。在孔径分布图上可见1000峰发生明显偏移至10～30nm孔径区间，与10峰紧密相接，表现为阶段孔容增量随孔径的增大呈指数降低。孔隙度和孔容均较大，分别达到了6.76%和50.8mm³/g，退汞效率仍相对较高，为65.59%。双弧线型孔隙结构类型主要为糜棱煤和鳞片煤。

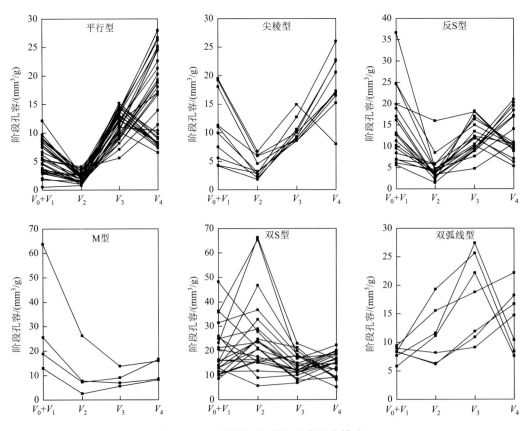

图5-14 六类储层各阶段孔容组合模式

表 5-5　不同类型构造煤孔隙结构测试结果统计

孔隙结构类型	孔隙度/%	孔容/(mm³/g)					孔容比/%				退汞效率/%	总比表面积/(m²/g)	主要煤体结构
		V_t	V_1	V_2	V_3	V_4	V_1/V_t	V_2/V_t	V_3/V_t	V_4/V_t			
平行型	4.80	36.0	5.8	2.1	11.7	16.4	16.1	5.8	32.5	45.6	81.65	14.67	初碎裂煤、碎裂煤
尖棱型	5.47	44.3	11.3	4.2	10.4	18.4	25.5	9.5	23.5	41.5	75.30	16.90	碎裂煤、片状煤
反 S 型	5.92	44.1	14.8	4.9	12.0	12.4	33.6	11.1	27.2	28.1	62.10	10.78	碎斑煤、碎粒煤
M 型	7.72	59.8	27.6	10.5	8.8	12.9	46.2	17.6	14.7	21.6	47.67	11.92	揉皱煤、鳞片煤
双 S 型	9.12	73.9	20.0	25.0	14.1	14.8	27.1	33.8	19.1	20.0	52.82	14.15	糜棱煤、揉皱煤
双弧线型	6.76	50.8	8.3	10.8	18.2	13.5	16.3	21.3	35.8	26.6	65.59	12.56	糜棱煤、鳞片煤

压汞曲线的形态是由孔隙结构及其配置、孔-裂隙的性质、组合方式所决定的（洪世铎等，1986；Li et al.，2011；李明等，2012）。煤层的渗透性取决于孔隙的连通性和连通孔隙的发育程度，退汞效率则为反应孔隙喉道连通性的主要参数，且通过压汞曲线的组合形态可以推断出孔隙分布特征、孔隙的连通性和孔隙类型（吴俊等，1991；秦勇，1994）。

平行型孔隙结构的煤体结构主要为构造变形很弱的原生结构煤、初碎裂煤和碎裂煤，煤中孔隙以原生孔和气孔为主，显微裂隙也多为平直、稳定的内生裂隙和张剪性构造裂隙。退汞曲线与进汞曲线相似性好。但该类型煤的孔隙度和孔容均较低，孔径大于 100nm 的渗流孔较为不发育，较不利于瓦斯的渗流和运移。

尖棱型孔隙结构的煤体结构为构造变形进一步增强形成的碎裂煤和片状煤，其各阶段孔容均发育较好，孔径分布均匀。相较于平行型孔隙结构的"微孔和过渡孔为主，中孔和大孔不发育"的孔径分布特征，可见构造变形产生的显微裂隙发育较好，使得大孔孔容增加，这与在显微镜下观察到的多组大型构造裂隙较为密集发育的现象有很好的对应关系。次级细微裂隙的发育使得中孔孔容较平行型发生了增长，其退汞效率仍较高，孔隙喉道有所发育，孔隙连通性仍较好。该类型的储层具有较大的孔隙度、孔容和退汞效率以及发育均较好的各阶段孔容。

反 S 型孔隙结构的煤体结构为变形较弱的碎斑煤和碎粒煤，大孔发育较好，为多组构造裂隙密集发育的产物，同时中孔孔容较尖棱型孔隙结构发生进一步增长，则与碎斑结构和碎粒结构的发育及构造对煤体破坏产生的角砾孔和碎粒孔的发育有很大关系，但其退汞效率下降为 62.10%，孔隙喉道进一步发育，孔隙连通性一般。结合其所具有的较大孔隙度和孔容，为煤层气开采的中等-较好储层类型。

M 型孔隙结构的煤体结构为剪切构造作用为主的揉皱煤、鳞片煤和薄片煤，大孔发育很好，主要为剪切构造作用所产生的弧形剪切裂隙密集、稳定发育所致，而过于密集发育的细微剪切裂隙也使得煤体强度发生降低，同时中孔的大幅增长也与伴生碎斑碎粒结构的发育有关，退汞效率发生了明显的降低。

双 S 型孔隙结构的煤体结构为构造变形强烈的糜棱煤、揉皱煤、碎斑煤和碎粒煤，其孔隙结构特征表现为中孔孔容的异常发育，大孔和过渡孔发育较好。可见强烈构造变形在产生密集细微显微构造裂隙的同时，也导致了碎基间碎粒孔和摩擦孔等构造成因孔隙的大量发育，同时原生孔也受力变形、遭受改造，这类孔隙体积小、连通性差且易堵塞，很低的退汞效率也反映了其很差的孔隙连通性，该类煤储层的煤体强度低、煤粉末化严重。

双弧线型孔隙结构的煤体结构为发生强烈韧性构造变形的糜棱煤、揉皱煤和鳞片煤，其孔隙结构特征表现为过渡孔孔容发育很好，阶段孔容随孔径的增大而降低。大孔不发育，宏观上表现为裂隙发育不明显，煤体呈粉粒状，细小摩擦面弥散状密集发育。同样密集发育的显微裂隙细微、杂乱、不稳定，扫描电镜下观察到裂隙面粗糙、参差起伏，含有碎粒充填。微孔和过渡孔的发育有利于煤层气的吸附和富集，但渗流孔不发育，孔隙连通性差。

从平行型到尖棱型、反 S 型、M 型、双 S 型和双弧线型孔隙结构，构造变形造成了煤的孔隙度和孔容的整体增加和阶段孔容的差异性增长，使得反 S 型的大孔、M 型的大孔和中孔、双 S 型的中孔和双弧线型的过渡孔得以很好地发育，可见随着构造变形的增强，对煤体破坏的变形作用尺度有逐渐减小的趋势，且影响范围逐步增大。煤层构造变形经历了一系列的动力学过程，从简单的机械力学脆性破裂，到碎粒流作用、剪切摩擦作用、韧性流变作用，从而深刻影响了构造煤的孔隙发育和孔隙结构演化。

5.3　纳米孔结构特征

煤纳米级孔隙结构是甲烷的主要赋存空间（Firouzi et al.，2014；Ritter and Grøver，2005；Zhang et al.，2015），同时也是甲烷解吸和扩散的主要通道（Wu et al.，2016；Sharma et al.，2015；Zhao et al.，2016b）。对其形态、孔径分布、连通性和非均质性的揭示有助于深刻探讨甲烷在煤中的吸附和扩散规律（Busch et al.，2003；Mosher et al.，2013）。同时构造煤的纳米级和微米级孔隙结构存在显著的非均质性（Pan et al.，2015a，2015b；Li et al.，2015a；Ju et al.，2014），其特有的孔隙结构深刻影响了瓦斯突出防治和煤层气开发（Li，2001；Jiang et al.，2010），琚宜文等（2005a），指出纳米孔（0.1～100nm）和微米孔（100～20000nm）分别是甲烷的主体吸附和渗流空间，对其非均质性特征的研究是揭示甲烷赋存规律和传输特性的关键（Schmitt et al.，2013；Nishioka，1992；Fu et al.，2009；张文静等，2015；吴松涛等，2015）。

由吸附和凝聚的理论可知，当对具有毛细孔的固体进行吸附实验时，随着相对压力的增加，便有相应的开尔文（Kelvin）半径的孔发生毛细凝聚，倘若凝聚与蒸发时的相对压力不同，吸附-解吸等温线的两个分支便会分开，形成所谓吸附回线（Li et al.，2011；Clarkson et al.，2012；Wang et al.，2014b；Wang et al.，2009；Li et al.，2013；陈尚斌等，2012）。根据孔隙结构及其能否产生吸附回线，可把煤中的孔隙分为 3 类：I 类孔能产生吸附回线，为开放性透气孔，包括两端开口圆筒形孔及四边开放的平行板孔；II 类孔不会产生吸附回线，为一端封闭的不透气性孔，包括一端封闭的圆筒形孔、一端封闭的平行板状孔、一端封闭的楔形孔以及一端封闭的锥形孔；III 类孔虽能产生吸附回线，但解吸分支有一个急剧下降的拐点（Li et al.，2011；Clarkson et al.，2012；Wang et al.，2014b；陈尚斌等，2012），为一种特殊形态的孔，即细颈瓶孔。因此，通过液氮吸附回线滞后环的形态，可以推测孔隙几何学特征。另外，粒度效应对纳米孔的构造改造作用具有显著的影响，探讨粒度差异对孔径分布影响对于认识纳米孔构造改造作用具有重要的意义。

5.3.1 低中煤级构造煤纳米孔结构特征

1. 纳米孔形态特征

以淮北煤田宿县矿区低中煤级构造煤样品为例进行讨论。从原生结构煤及构造煤液氮吸附曲线来看，在低压段（相对压力 P/P_0 为 0～0.3），曲线上升缓慢，并呈向上微凸的形状，此阶段为吸附单分子层向多分子层过渡；中间段（相对压力 P/P_0 为 0.3～0.8）随压力的增大吸附量缓慢增加，此阶段为多分子层吸附过程；高压段（相对压力 P/P_0 为 0.8～1.0）吸附线急剧上升，直到接近饱和蒸汽压也未呈现出吸附饱和现象，表明样品中含有一定量的介孔和大孔，这与高压压汞实验的结果相一致。而所有样品均产生了吸附回线，表明构造煤孔隙形态总体呈开放状态（陈尚斌等，2012；Wang et al.，2014b）。滞后环总体形态与 De Boer（1958）提出的 B 类回线较为相近但不完全相同，与 IUPAC 所推荐的 H3 型回线接近，但还兼有 H4 型回线特征，所呈现的是多个标准回线的叠加（Schmitt et al.，2013；Wang et al.，2014b），表明孔隙结构具有一定的无规则性，颗粒内部孔结构具有平行壁的狭缝状孔特征，且含有多形态的其他孔。吸附回线形态的变化表明构造变形影响了煤的孔隙结构（琚宜文等，2005b；Li et al.，2011，2013）。依据其吸附回线特征并结合 De Boer（1958）及 Thommes 等（2015）对于液氮滞后环的划分，可将低中煤级构造煤液氮曲线分为 H_1～H_3 三种类型。

H_1 类出现在原生结构煤和碎裂煤中，吸附回线很窄，且出现在相对压力 0.4～1.0 范围；在相对压力为 0.8 之前，吸附-脱附曲线非常平稳，几乎没有变化，之后吸附和脱附曲线呈明显上升趋势，相对压力接近于 1 时，二者急剧上升 [图 5-15（a）、（b）]。滞后回环较小，反映的是四周开放的平行板孔（降文萍等，2011），孔隙从微孔到大孔各个孔径段的孔隙均较发育，连通性较好。

H_2 类出现在碎裂煤、片状煤和鳞片煤中。与 H_1 类不同的是在相对压力为 0.5 左右时，脱附曲线出现了变化较强烈的拐点 [图 5-15（c）、（d）]，反映的是煤中孔隙系统比较复杂（Li et al.，2011；Clarkson et al.，2012；Wang et al.，2014b；Wang et al.，2009；Li et al.，2013；Li，2011；陈尚斌等，2012）。首先，在相对压力较低时，吸附分支与脱附分支基本重合，说明在较小孔径范围内孔的形态大都是一端几乎封闭的不透气性孔，即 II 类孔；相对压力大于 0.50 时 [据式（5-1）和式（5-2）计算]，该点位置与 Harris 和 Avery 结果一致（赵振国，2005；Song et al.，2017b，2017d），明显出现了吸附回线，说明对应较大孔径的孔，肯定存在着开放型I类孔，同时也可能存在 II 类孔，因为 II 类孔对回线没有贡献。

H_3 类出现在部分片状煤、揉皱煤和糜棱煤中。在相对压力为 0.5 左右时，脱附曲线出现了变化很强烈的拐点，与 H_2 不同的是拐点在相对压力为 0.45～0.5 时，拐点的压力下降非常急剧，这与 De Boer（1958）的 E 类回线相吻合，表明细瓶颈孔的大量存在，与 E 类回线所不同的是，H_3 型回线在较高相对压力处，脱附线急剧下降之前，仍有缓慢的下降，这一方面可能是"墨水瓶"瓶颈脱附蒸发的贡献。吸附回线出现在相对压力为 0.4~1.0 的范围；相对压力接近于 1 时，二者急剧上升；在相对压力为 0.5 左右时，脱附曲线出现了非常明显的拐点，致使脱附曲线近乎陡直下降［图 5-15（e）、（f）］。

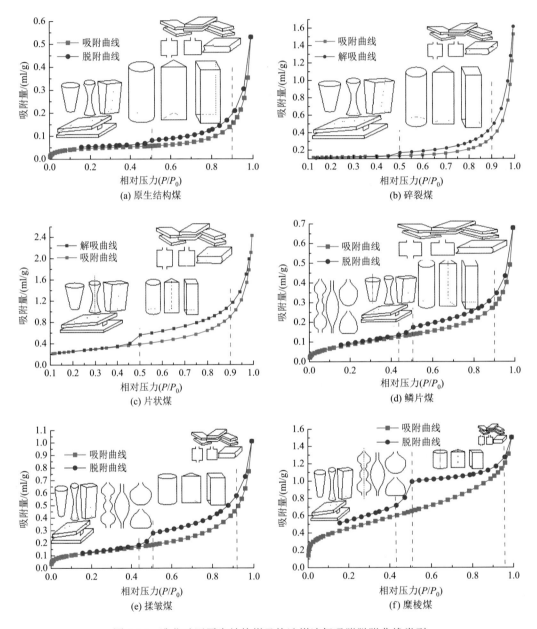

图 5-15　淮北矿区原生结构煤及构造煤液氮吸附脱附曲线类型

　　宿县矿区低中煤级构造煤主要存在 4 种孔隙，即两端开口的圆筒形孔、一端开口的圆筒形孔、墨水瓶形孔和平行板状孔。吸附-脱附曲线重合时所对应的孔为一端开口的圆筒形孔,而产生吸附回线的孔主要是两端开口的圆筒形孔、墨水瓶孔和平行板状孔,拐点则是由墨水瓶形孔和平行板状孔引起的。孔隙的开放程度与吸附线的上升速率有关,上升越快说明孔隙开放度越大,由 Kelvin 公式:

$$RT \ln \frac{P}{P_0} = \frac{2\gamma M}{\rho R'} \qquad (5\text{-}1)$$

$$r = R' + t \qquad (5\text{-}2)$$

式(5-1)和式(5-2)中,P/P_0 为相对压力;γ 为液氮表面张力,23.6×10^{-3}N/m;R' 为曲面的曲率半径,m(对凸面,取正值;对凹面,取负值);t 为该相对压力下氮气多层膜的平均厚度,其值由数学参比等温线获得,m;r 为孔隙半径,m;R 为普适气体常数,8.3145J/mol·K;T 为实验温度,77.3K;ρ 为实验条件下液氮密度,808.3kg/m³;M 为液氮的摩尔质量,28.0164kg/mol,可计算纳米孔隙半径。

在原生结构煤和碎裂煤中,当 $r < 3.3$nm 时,吸附量较小,主要由一端几乎封闭的并且毛细孔形状和大小变化范围很大的不透气性II类孔构成;当 $3.3 \leqslant r \leqslant 10$nm 时,主要为两端开口的圆筒形孔;当 $r > 10$nm 时,以开放孔和半封闭孔为主,滞后回环较小,吸附曲线急剧上升,反映的是四周开放的平行板孔,孔隙从微孔到大孔各孔径段均有发育,连通性较好[图 5-15(a)、(b)]。片状煤和鳞片煤中,当 $r < 3.4$nm 时,大都是一端几乎封闭的不透气性孔,即II类孔;$3.4 \leqslant r \leqslant 10$nm 时,出现了明显的吸附回线,存在着开放性I类孔,其中在 $r = 4.0$nm 出现的明显的拐点是墨水瓶孔和狭缝型孔的贡献;$r > 15$nm 对应着平行板孔,总体来看该类构造煤孔隙属于半封闭孔,并有一定的开放性[图 5-15(c)、(d)]。

揉皱煤和糜棱煤中,当 $r < 3.3$nm 时,大都是II类孔;当 $3.3 \sim 10$nm 时,脱附线急剧下降之前,仍有缓慢的下降,这一方面可能是"墨水瓶"瓶颈脱附蒸发的贡献,因其滞后环的存在也可能存在着其他开放型II类孔;孔隙结构以细颈瓶孔、墨水瓶孔及II类孔为主,不存在平行板状孔,因此孔隙结构的封闭性较强,形成宽大的滞后回环,反映的孔隙类型是细颈广体的墨水瓶孔等无定形孔隙,微孔较为发育,充当孔隙瓶颈[图 5-15(e)、(f)]。

综上可知,随着构造变形的增强,<3.3nm 的不透气性II类孔的构成几乎无变化,孔径为 $3.3 \sim 4$nm 的细颈瓶孔逐渐增多,至片状煤和揉皱煤中达到最多;孔径 >10nm 的开放性平板孔逐渐减少,原生结构煤及碎裂煤分布广泛,而在揉皱煤吸附脱附曲线上无显现[图 5-15(a)~(f)]。

2. 介孔孔径分布特征及其粒度效应

介孔是甲烷运移的主要通道,同时也是纳米孔孔容的主要贡献者,本节所涉及的低温液氮吸附的孔径为 $2 \sim 60$nm,可以精确获取介孔结构信息;此外,$60 \sim 100$nm 的孔隙结构特征已经由高压压汞结果获取,详见 5.2.4 节。此外,液氮吸附测试结果受样品粒度影响较大,通过不同粒度的构造煤介孔分布特征的差异,可以探讨粒度效应对低中煤级构造煤介孔孔径分布的影响。

1）介孔孔径分布特征

不同类型构造煤的介孔比表面积及平均孔径的变化分别如图 5-16（a）和 5-16（b）所示，各个煤样的介孔孔径分布由粒度为 60 目的样品进行表征。原生结构煤的介孔孔隙体积为 0.00187cm^3/g，碎斑煤、片状煤和鳞片煤 BJH 介孔孔隙体积分别为 0.00238cm^3/g、0.00263cm^3/g 和 0.00218cm^3/g，均高于原生结构煤，介孔孔隙体积在脆性变形阶段尽管较原生结构煤有所升高，但变化不大，在揉皱煤和糜棱煤中，介孔孔隙体积分别为 0.0027cm^3/g 和 0.00338cm^3/g，高于原生结构煤、脆性和过渡型系列构造煤，表明了韧性变形煤具有较高的气体吸附空间，且介孔孔隙体积随着构造变形的增强，具有升高趋势。糜棱煤中的介孔孔隙体积最高，这和其较高的瓦斯含量和瓦斯压力是相符的。介孔比表面积和介孔孔隙体积的变化趋势一致，在原生结构煤、碎斑煤、片状、鳞片煤、揉皱煤和糜棱煤中 BET 比表面积分别为 0.52m^2/g、1.35m^2/g、2.27m^2/g、1.00m^2/g、1.80m^2/g 和 1.98m^2/g，介孔比表面积的变化趋势进一步表现出韧性变形煤的介孔发育显著高于原生结构煤和其他类型的构造煤。

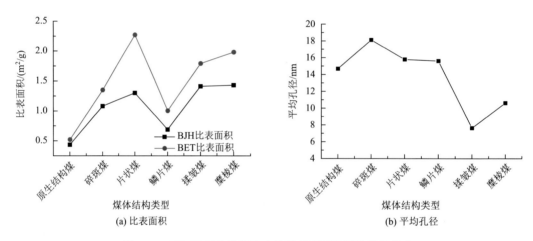

图 5-16　不同类型构造煤的介孔比表面积和平均孔径分布

低中煤级构造煤的介孔孔隙体积以孔径<10nm 的为主，原生结构煤孔径<10nm 的介孔所占孔隙体积高达 44.5%，优势孔径位于 3.0nm 和 6.3nm 处，累积孔容随着孔径的增大逐渐升高，其中在 6.3nm 处增高明显［图 5-17（a）］。对于碎斑煤，优势孔径分布于 3.2nm、5.1nm 和 11.2nm 处，孔径分布较原生结构煤更为宽泛，<10nm 的孔隙体积占 60.8%，<20nm 的孔隙体积占 77.3%，累积孔容随着孔径的升高平稳增加［图 5-17（b）］。片状煤的优势孔径仅位于 4.22nm 处，累积介孔孔容比原生结构煤和碎斑煤均有增加，<10nm 的孔隙体积占 36.7%，<20nm 的孔隙体积占 61.5%。相较于原生结构煤和碎斑煤，>20nm 的孔隙发育有所提高，累积孔容随着孔隙的增加增长也较快［图 5-17（c）］。鳞片煤的优势孔径集中分布在 3.26nm、5.37nm 和 17.23nm 处，介孔累积孔容略低于片状煤和碎斑煤，<10nm 的孔隙体积占 24.7%，<20nm 的孔隙体积占 45.37%；介孔孔隙分布更加宽泛，>20nm 的介孔发育程度进一步提高［图 5-17（d）］。揉皱煤和糜棱煤的介孔发育明显高于其他类型构造煤，揉皱煤的介孔集中于 3.49nm 和 8.38nm，糜棱煤则集中于 3.93nm、6.25nm 和 13.34nm。对于糜棱煤和揉皱煤而言，<10nm 的孔隙体积分别占 55.5% 和 41.8%，<20nm 的孔隙体积分别占 69.6%和59.2%［图 5-17（e）、（f）］。

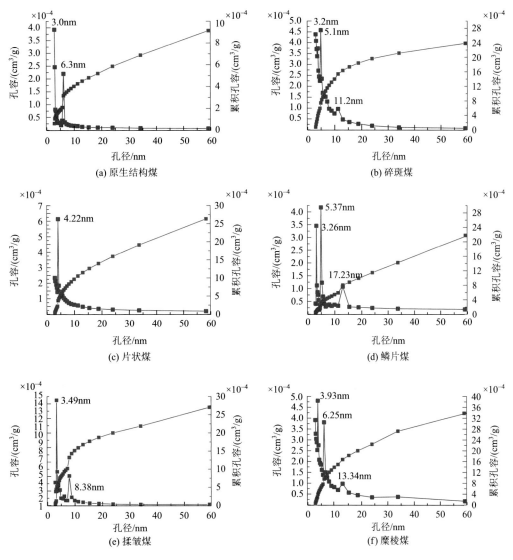

图 5-17　不同类型的构造煤介孔分布特征

液氮吸附数据可以提供介孔 BET 比表面积和 BJH 孔隙体积，氮气吸附量和介孔比表面积的正相关性（$R^2 = 0.93$）优于与 2～217nm 的正相关性（$R^2 = 0.83$）［图 5-18（a）］，表明介孔对于吸附量的影响高于大孔，平均而言，碎裂煤（0.12～0.31m²/g）、片状煤（0.21～1.31m²/g）、鳞片煤（0.52～0.67m²/g）、揉皱煤（1.58～3.31m²/g）和糜棱煤（2.21～2.59m²/g）的介孔比表面积分别为原生结构煤（0.12～0.31m²/g）的 1.11 倍、3.21 倍、3.68 倍、12.74 倍和 12.47 倍 [图 5-18（b）]。糜棱煤的介孔比表面积略低于揉皱煤，但总体而言，介孔总比表面积随着构造变形的增强而逐渐升高，尤其在韧性变形阶段，表明韧性变形对于介孔发育具有较好的促进作用。

从图 5-18（c）～5-18（h）可知，碎裂煤中总介孔比表面积主要由 2～10nm 孔隙提供（平均占 57.05%），其次为 10～20nm（平均占 25.71%），原生结构煤的介孔分布和碎裂煤类似，2～10nm 和 10～20nm 孔隙分别占 56.72% 和 25.48%。鳞片煤中 2～10nm 和 10～20nm 孔隙分别占介孔总比表面积的 59.83% 和 21.96%。在片状煤中，2～10nm 孔隙在介孔中的比例分别高于原生结构煤、碎裂煤和鳞片煤，为 69.70%；10～20nm 孔径低于原生结构煤碎裂煤和鳞片煤，为 19.38%，预示着脆性变形作用可以促进介孔比表面积向小孔径方向移动。在揉皱煤和糜棱煤中，2～10nm 的介孔比表面积占比分别为 74.00% 和 82.80%，向小孔径方向偏移的趋势更加明显，这也导致了韧性系列构造煤存在渗流瓶颈。特别值得注意的是 40～50nm 的介孔比表面积的变化，其占比随着构造变形的增强逐渐降低，尤其在韧性变形阶段。与其他类型构造煤相比较，鳞片煤各介孔孔段发育相对均等，有利于提高甲烷的扩散系数。随着韧性变形的进一步增强，介孔比表面积可以进一步向小孔径方向移动，导致孔隙连通性的降低，同时介孔比表面积高于脆性系列构造煤。

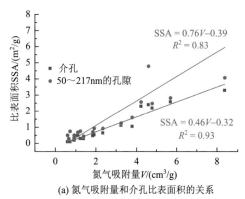

(a) 氮气吸附量和介孔比表面积的关系

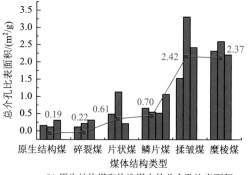

(b) 原生结构煤和构造煤中的总介孔比表面积

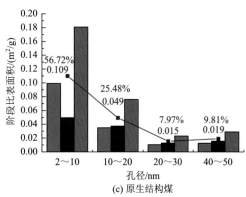

(c) 原生结构煤

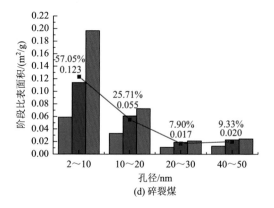

(d) 碎裂煤

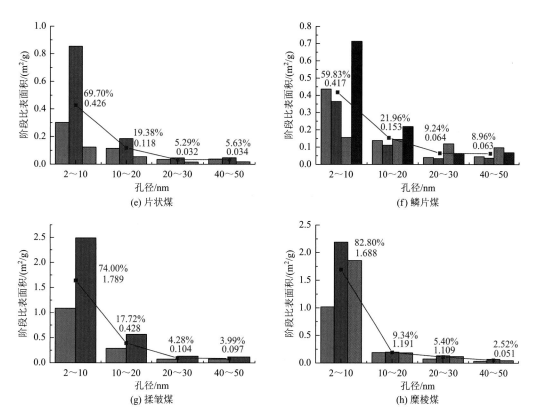

图 5-18　氮气吸附量和介孔比表面积的关系、原生结构煤和构造煤中的总介孔比表面积以及原生结构煤和构造煤中的介孔阶段比表面积分布

碎裂煤（0.00050～0.00093cm³/g）、片状煤（0.00065～0.0023cm³/g）、鳞片煤（0.00080～0.0017cm³/g）、揉皱煤（0.0034～0.0066cm³/g）和糜棱煤（0.0038～0.0092cm³/g）中平均介孔孔容分别为原生结构煤（0.00046～0.00095cm³/g）的 1.08 倍、2.46 倍、2.13 倍、8.20 倍和 10.82 倍［图 5-19（a）］。与介孔的比表面积类似，介孔孔容随着构造变形的增强而逐渐升高，不同类型构造煤中的介孔孔容分布非均质性存在显著差异［图 5-19（b）～5-19（h）］。在原生结构煤中，孔容随着孔径的升高而逐渐升高，预示着介孔孔容主要由孔径较大的介孔提供。碎裂煤中介孔孔容主要由 20～30nm 和 40～50nm 的孔隙提供。片状煤和鳞片煤具有较为相似的孔容分布，主要表现为 2～10nm、10～20nm、20～30nm 和 40～50nm 的孔容相对分布均等。糜棱煤中的孔容分布与原生结构煤和其他类型构造煤存在显著差异，介孔孔容随着孔隙直径的升高逐渐降低，糜棱煤中主要由 2～10nm 和 10～20nm 的孔隙提供。与比表面积分布相比，孔径随着构造变形的增强向小孔径偏移的趋势更加明显。

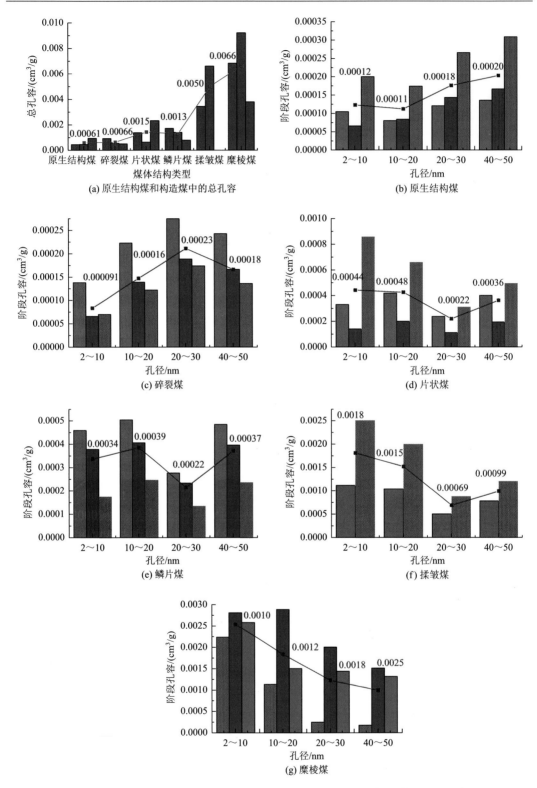

图 5-19　原生结构煤和构造煤中的总孔容以及原生结构煤和构造煤的阶段孔容

2）介孔分布的粒径效应

分别将不同类型的构造煤样品粉碎至 60 目、80 目、160 目、200 目和 240 目，进行液氮和二氧化碳吸附测试，可得到不同粒度的构造煤样品的介孔和微孔孔径分布。介孔结构参数见表 5-6，对于原生结构煤而言，BJH 比表面积（0.435～1.919m^2/g）和 BET 比表面积（0.518～3.098m^2/g）均随着目数的增加（粒度的逐渐降低）逐渐升高，平均孔径（14.70～19.80nm）在目数低于 160 目时逐渐升高，而在高于 160 目时则逐渐降低。

表 5-6　不同类型构造煤介孔结构参数

煤体类型	目数	BJH 比表面积/(m^2/g)	BJH 孔容/(cm^3/g)	平均孔径/nm	BET 比表面积/(m^2/g)
原生结构煤	60	0.435	0.002	14.70	0.518
	80	0.661	0.004	18.90	0.808
	160	0.869	0.006	19.80	1.244
	200	1.126	0.006	18.30	1.408
	240	1.919	0.011	15.00	3.098
碎斑煤	60	1.081	0.006	18.10	1.348
	80	1.102	0.005	12.40	1.549
	160	0.988	0.005	15.90	1.388
	200	1.473	0.006	11.10	2.148
	240	1.921	0.010	15.60	2.817
片状煤	60	1.301	0.003	5.79	2.270
	80	1.084	0.003	7.31	2.022
	160	1.188	0.005	10.70	2.133
	200	1.281	0.005	11.60	1.908
	240	2.676	0.010	13.30	3.219
鳞片煤	60	0.688	0.004	15.60	1.001
	80	4.986	0.017	9.62	7.596
	160	4.810	0.017	10.50	7.210
	200	5.880	0.029	15.10	8.183
	240	4.340	0.018	12.20	6.462
揉皱煤	60	1.412	0.003	7.63	1.790
	80	1.171	0.006	15.50	1.758
	160	0.881	0.004	11.90	1.309
	200	1.129	0.007	18.00	1.727
	240	1.603	0.007	12.70	2.450
糜棱煤	60	1.431	0.005	10.60	1.979
	80	1.560	0.006	11.40	2.434
	160	1.765	0.010	17.70	2.364
	200	1.658	0.006	10.70	2.381
	240	3.088	0.011	10.30	4.726

　　由于计算模型的差异，BJH 比表面积低于 BET 比表面积，且随着粒度的降低，这种差异有增加的趋势。碎斑煤的 BJH 和 BET 比表面积均高于原生结构煤，且 BJH 比表面积随着粒度的降低，总体逐渐升高，然而在粒度为 160 目时 BJH 和 BET 比表面积均较低。在片状煤中，BJH 和 BET 比表面积随着粒度的降低而逐渐增加的趋势较之于以上各类型的构造煤更加不明显，60 目时的比表面积高于 80～200 目，而 240 目时的比表面积高于60～200 目，这可能与片状煤特殊的孔隙结构有关。平均孔径随着粒度的降低逐渐升高，变化区间较大，为 5.79～13.30nm。BJH 孔容随着粒度的降低逐渐升高，在 60 目的时候为0.003cm³/g，在 240 目时为 0.010cm³/g。对于片状煤而言，当目数高于 60 目时，BJH 比表面积随着目数的增加逐渐升高，而 200 目时，BET 比表面积则低于 160 目和 240 目。类似地，BJH 吸附孔体积则随着目数的增加逐渐升高，表明粒度越小，介孔比表面积越大，这与常规的认识是一致的。

　　在鳞片煤中，80～240 目时的吸附量和 BJH 比表面积（4.340～5.880m²/g）、BET 比表面积（6.462～8.183m²/g）明显高于 60 目，粒度的降低对于吸附量的增加作用普遍强于原生结构煤、碎斑煤和片状煤。然而介孔孔径却明显低于 60 目，平均孔径介于 9.62 和 15.10nm之间。与其他类型构造煤不同的是，200 目时的 BJH 孔容最大，其次为 240 目时，这与常规的"粒度越低，吸附量越高"的认识是不符的，推测是由鳞片煤特殊的孔隙结构所决定的。揉皱煤中的 BJH 和 BET 比表面积在 240 目时最高，其次为 60 目时，尽管如此，从BJH 和 BET 比表面积上来看，"粒度越低，吸附量越高"的规律同样表现得不明显，BJH孔容除在 160 目时较低以外，总体表现为随着目数的增加逐渐升高。糜棱煤中 200 目时的BJH 比表面积略低于 160 目。随着粒度的降低，BJH 比表面积总体逐渐升高，平均孔径在160 目时最高，达 17.70nm，而在 60 目、200 目和 240 目时较低，分别为 10.60nm、10.70nm和 10.30nm；BJH 孔容总体随着目数的增加逐渐升高，仅在 200 目时出现反常，为 0.006cm³/g（表 5-6）。综上可知，粒度效应对于不同类型的构造煤的表现不同，这是构造煤不同于原生结构煤所特有的性质，不同类型的构造煤的粒度效应不同。

　　原生结构煤及构造煤不同粒度样品的液氮吸附曲线和对应的不同粒度样品的介孔累积分布曲线分别见图 5-20 和图 5-21。不同粒度的原生结构煤的吸附分支均与脱附分支大致平行，滞后环不明显，"粒度越小，吸附量越高"的规律较为明显，滞后环形态基本一致。对于构造煤而言，同上一段的分析一致，"粒度越小，吸附量越高"的规律不明显，

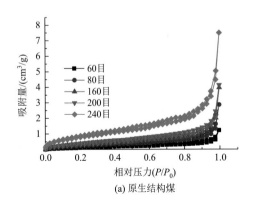

(a) 原生结构煤

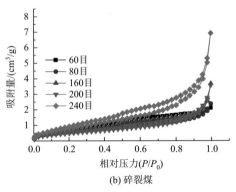

(b) 碎裂煤

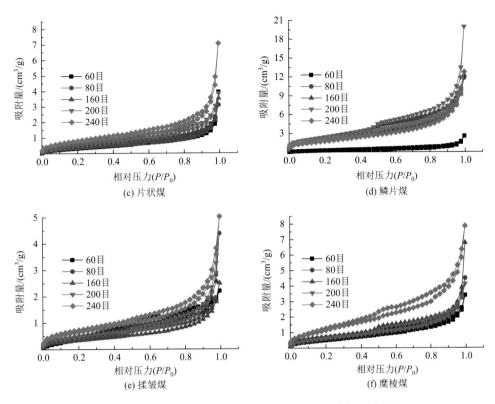

图 5-20　原生结构煤及构造煤不同粒度样品的液氮吸附曲线

如在鳞片煤中，240 目样品的吸附量低于 160 目和 200 目样品；在糜棱煤中，200 目样品的吸附量低于 160 目样品。除不同类型构造煤样品 240 目的累积分布曲线最高外，粒度对于构造煤的介孔累积孔容的影响弱于原生结构煤，且韧性变形的揉皱煤和糜棱煤的差异最小，片状煤和鳞片煤不同粒度样品的介孔累积分布曲线差异仍然较大，碎裂煤不同粒度样品的介孔累积孔容分布曲线较为接近。

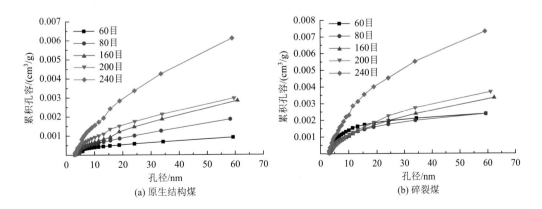

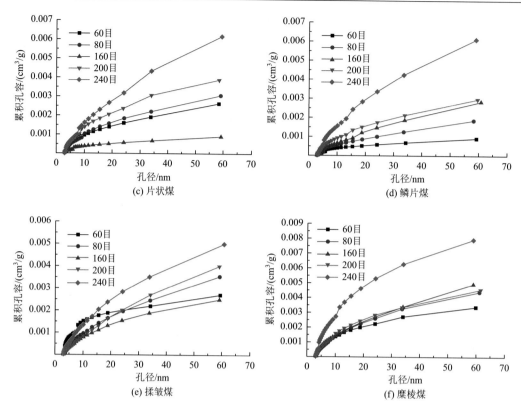

图 5-21　原生结构煤及构造煤不同粒度样品的介孔累积分布曲线

3. 微孔孔径分布特征及其粒度效应

由于二氧化碳分子直径低于氮气，可以进入孔径更小的微孔中，因此，微孔孔径分布信息可以由二氧化碳吸附测试获取，通过不同粒度的构造煤的微孔优势孔径分析，进一步揭示微孔结构对构造变形的响应机制。

1）微孔孔径分布特征

原生结构煤及构造煤的二氧化碳吸附以及对应的孔径分布曲线分别如图 5-22 和 5-23 所示。二氧化碳吸附量随着相对压力的升高逐渐升高，表现为 I 类等温吸附线类型（Rouquerol et al.，1994；Groen et al.，2003），表明样品为微孔介质。原生结构煤中二氧化碳吸附量为 $0.013\text{cm}^3/\text{g}$，显著低于碎裂煤的 $0.023\text{cm}^3/\text{g}$；揉皱煤的吸附量为 $0.027\text{cm}^3/\text{g}$；总体来看，吸附量随着构造变形的增强而升高。原生结构煤中的微孔分布呈现三峰分布，分别位于 0.52nm、0.60nm 和 0.82nm，相应地，微孔累积比表面积随着微孔孔径的逐渐增大呈现阶段式逐渐升高。微孔比表面积远大于介孔比表面积，总的孔隙比表面积中微孔占 96.64%～99.56%，表明煤中纳米孔的比表面积主要由微孔提供。而孔容主要由大孔提供，占 99.68%～99.91%。不同于原生结构煤，构造煤的微孔分布一般呈四峰分布，碎裂煤中的四峰分别位于 0.49nm、0.57nm、0.66nm 和 0.82nm 处，分别标记为峰 1、峰 2、峰 3 和峰 4。相对于原生结构煤而言，峰 1 和峰 2 均向小孔径方向偏移，而峰 4 的位置保持不变。

揉皱煤中的四个峰分别为0.48nm、0.52nm、0.63nm和0.82nm。韧性变形煤峰1和峰2的位置相较于碎裂煤和原生结构煤进一步向小孔方向偏移。对于不同类型构造煤而言，微孔累积分布曲线随着孔径的增大均呈现阶段式升高。

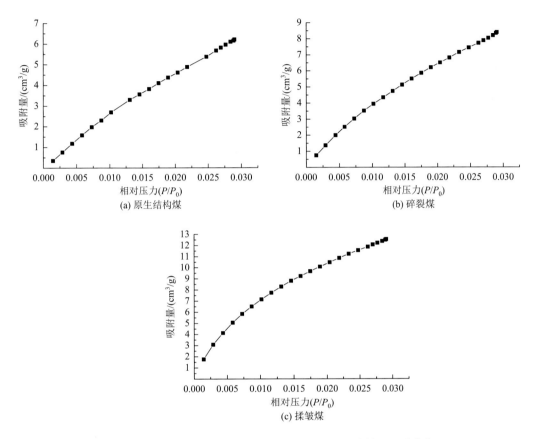

图 5-22 原生结构煤和不同类型的构造煤二氧化碳等温吸附曲线

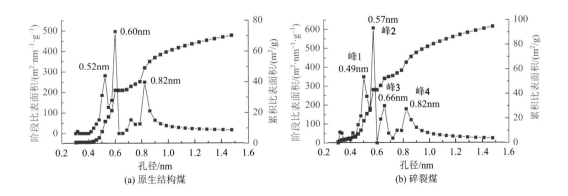

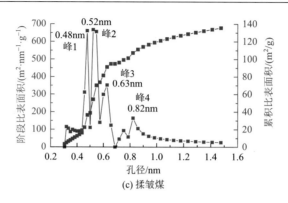

图 5-23 原生结构煤和不同类型的构造煤微孔分布特征

原生结构煤及构造煤的微孔结构参数见表 5-7,随着构造变形的增强,比表面积和孔容升高,然而,微孔平均孔径则逐渐降低。由 DFT 计算得到的孔容和比表面积略低于 DR 和 DA 模型,DR 和 DA 模型计算得到的孔容较为接近,这主要因为 DR 和 DA 模型均是基于吸附势理论得到的。糜棱煤中的微孔孔容和比表面积显著高于其他类型构造煤,其次为揉皱煤,表明糜棱煤具有较高的甲烷储存能力。屈争辉等(2015)认为构造煤中微孔向小孔径方向偏移的趋势反映了煤中基本结构单元(BSU)面网间距随构造变形的增强而减小的作用,然而峰 4 的稳定不变则反映了苯环的稳定性。因此,峰 1～峰 3 对应的是煤基本结构单元的层状孔,而峰 4 则对应的是煤基本结构单元的柱状孔,其他微孔则反映的是煤基本结构单元,脂肪侧链和含氧官能团之间的孔隙,随着构造变形的增强,没有明显的变化规律(屈争辉,2010;屈争辉等,2015)。微孔峰位置的变化表明,煤基本结构单元的层状孔随着构造变形的增强逐渐降低,然而基本结构单元的柱状孔则保持稳定(图 5-24)。

表 5-7 原生结构煤及构造煤的微孔结构参数

类型	孔容/(cm³/g)			比表面积/(m²/g)		平均孔径/nm		
	DFT	DR	DA	DFT	DR	DFT	DR	DA
原生结构煤	0.025	0.027	0.027	63.08	70.55	0.82	1.15	1.26
	0.014	0.017	0.018	42.79	45.81	0.82	1.09	1.15
碎裂煤	0.014	0.015	0.015	38.78	42.93	0.82	1.15	1.17
	0.026	0.029	0.028	70.42	73.28	0.60	0.82	1.05
片状煤	0.024	0.027	0.028	65.09	70.49	0.57	0.75	0.84
	0.034	0.035	0.035	88.62	90.45	0.60	0.81	0.82
鳞片煤	0.029	0.031	0.033	76.71	79.92	0.57	0.75	0.79
	0.035	0.039	0.038	91.14	95.92	0.57	0.77	0.78
	0.039	0.041	0.042	100.71	102.58	0.82	0.75	0.81
揉皱煤	0.034	0.034	0.035	92.82	94.83	0.57	0.73	0.78
	0.041	0.044	0.043	111.55	114.05	0.82	0.68	0.73
糜棱煤	0.046	0.047	0.048	128.1	129.86	0.60	0.58	0.61
	0.051	0.052	0.052	138.84	142.63	0.60	0.57	0.56

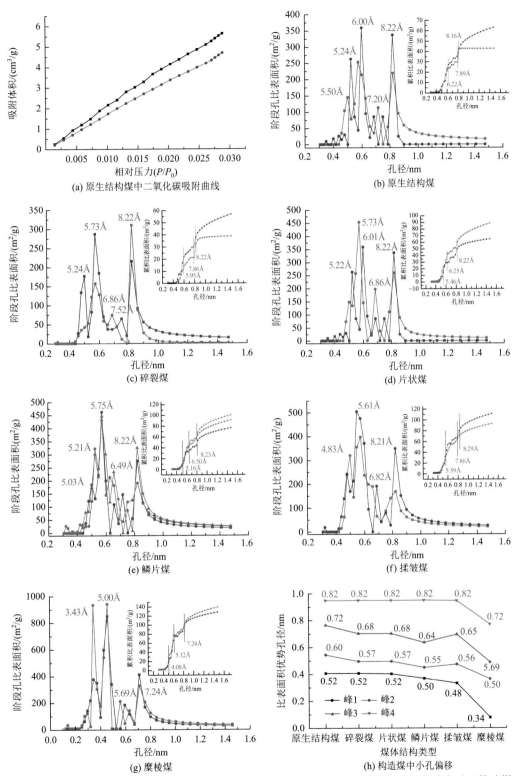

图 5-24 原生结构煤及不同类型构造煤中二氧化碳吸附曲线、DFT 阶段累积比表面积分布以及构造煤中小孔偏移

2）微孔分布的粒径效应

不同粒度的构造煤样品的二氧化碳等温吸附曲线及对应的微孔结构参数见图 5-25 及表 5-8。对于原生结构煤而言，吸附量随着粒度的降低逐渐升高，且随着粒度的降低，这种差异逐渐减小。当粒度为 60 目、80 目、160 目、200 目和 240 目时，最大吸附量分别为 $1.314\times10^{-2}\,cm^3/g$、$1.919\times10^{-2}\,cm^3/g$、$2.177\times10^{-2}\,cm^3/g$、$2.339\times10^{-2}\,cm^3/g$ 和 $2.418\times10^{-2}\,cm^3/g$，对应的孔容分别为 $0.026cm^3/g$、$0.027cm^3/g$、$0.038cm^3/g$、$0.038cm^3/g$ 和 $0.037cm^3/g$，孔容和比表面积均随着粒度的降低大致升高，这与最大吸附量的变化是一致的。构造煤的粒度效应对于微孔的影响明显不同于原生结构煤，对碎裂煤而言，60 目样品的吸附量最低，其次为 160 目样品；240 目样品最高，其次为 200 目样品，样品的吸附量与粒度没有明显的关系。碎裂煤中的孔容在 $0.035\sim0.041cm^3/g$，平均为 $0.0386cm^3/g$，比表面积在 $94.626\sim131.997m^2/g$，平均为 $116.387m^2/g$。碎裂煤在各个粒度下的孔容和比表面积均高于原生结构煤。揉皱煤中，在所有目数中，60 目样品的吸附量最低，其余粒度的样品吸附量较为接近，但 160 目和 200 目样品的吸附量明显高于 60 目和 80 目样品。揉皱煤样品的孔容在 $0.031\sim0.045cm^3/g$，平均为 $0.041cm^3/g$，比表面积在 $93.398\sim139.598m^2/g$，平均为 $128.859m^2/g$。同样地，除 60 目以外，揉皱煤在其余所有粒度的孔隙体积均高于碎裂煤，反映了煤韧性变形对于微孔结构的改造作用。

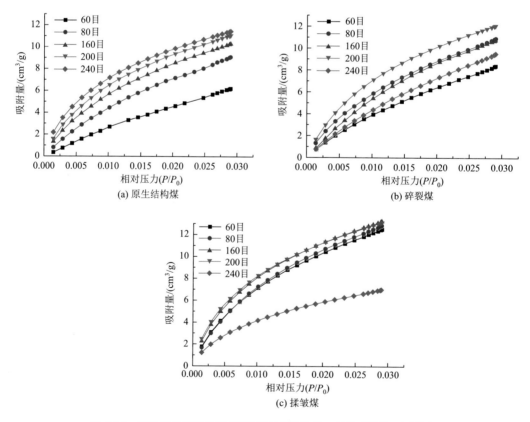

图 5-25   原生结构煤及构造煤不同粒度样品的二氧化碳等温吸附特征

表 5-8 不同类型构造煤微孔结构参数

类型	目数	吸附体积/($\times 10^{-2}$cm³/g)	孔容/(cm³/g)	比表面积/(m²/g)	孔径/nm
原生结构煤	60	1.314	0.026	70.265	0.600
	80	1.919	0.027	87.463	0.548
	160	2.177	0.038	112.092	0.573
	200	2.339	0.038	118.274	0.479
	240	2.418	0.037	120.632	0.479
碎裂煤	60	1.778	0.035	94.626	0.573
	80	2.308	0.041	119.915	0.524
	160	2.274	0.037	109.875	0.573
	200	2.554	0.039	125.523	0.548
	240	2.637	0.041	131.997	0.524
揉皱煤	60	2.011	0.031	93.398	0.548
	80	2.655	0.045	135.598	0.548
	160	2.722	0.045	137.243	0.548
	200	2.804	0.043	139.598	0.479
	240	2.782	0.042	138.457	0.479

原生结构煤及构造煤不同粒度样品的微孔累积比表面积分布曲线以及阶段比表面积曲线分别如图 5-26 和图 5-27 所示。与累积孔容的变化趋势类似，所有样品的微孔累积分

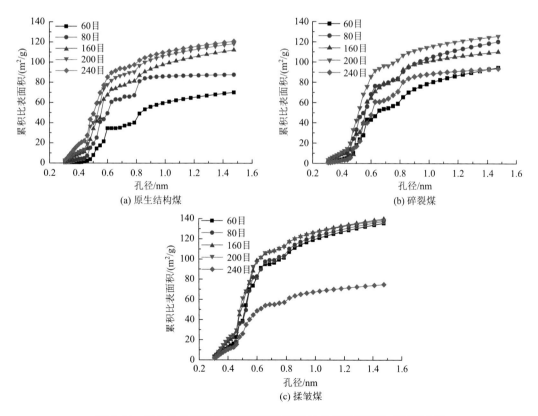

图 5-26 原生结构煤及构造煤不同粒度样品的微孔累积比表面积曲线

布曲线均呈现阶段性升高,原生结构煤不同目数的累计分布区间差异较大,其次为碎裂煤。对于揉皱煤而言,240目样品的微孔比表面积远低于其余粒度样品,其余粒度样品的比表面积较为接近。

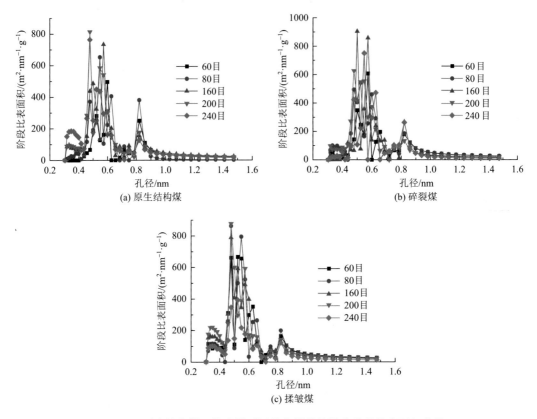

图 5-27　原生结构煤及构造煤不同粒度样品的微孔阶段比表面积曲线

4. 介孔和微孔平均孔径

通过 BET 和 BJH 模型均可以计算得到原生结构煤和构造煤中介孔的平均孔径[图 5-28（a）、（b）],二者分别反映了比表面积和孔容所决定的孔隙宽度。BET 和 BJH 平均孔径均随着构造变形的增强逐渐降低,与开放介孔不同的是,Pan 等（2016）基于小角 X 射线散射实验证明构造煤的封闭孔孔径随着脆性变形的增强而略微降低,然而从强脆性变形到韧性变形煤,变化轻微,开放介孔对于韧性变形的敏感性强于脆性变形。宋晓夏等（2013）提出中煤级鳞片煤的平均孔径相较于脆性系列构造煤降低了 2.28nm,低于淮北构造煤的介孔平均孔径的降低值。Pan 等（2015a）通过高分辨率透射电子显微镜的研究表明构造变形对于低阶煤纳米孔的影响要高于高阶煤。因此,此处介孔孔径较高的降低值是样品的低成熟度引起的。对于原生结构煤而言,BET 和 BJH 介孔孔径分别为 18.00~19.18nm（平均为 18.43nm）以及 17.99~22.62nm（平均为 20.36nm）。脆性变形构造煤的平均孔径,如碎裂煤（13.47~16.73nm,平均为 15.06nm;17.12~22.21nm,平均为 19.02nm）、片状煤（13.88～15.98nm，平均为 14.63nm；16.21～19.44nm，平均为 17.59nm）和鳞片煤（11.69～14.55nm，平均为 11.98nm；14.97～15.93nm，平均为 15.45nm）低于原生结构煤，预示着脆性和脆韧性变形可以促进平均孔径的降低。随着构造变形的进一步增强，揉皱煤中的 BET 和 BJH 介孔孔径（7.32～10.20nm，平均为 8.76nm；9.38～12.34nm，平均为 10.86nm）显著低于原生结构煤和脆性系列构造煤，表明韧性变形对于孔隙结构的改造作用强于脆性变形。由 BET 和 BJH 的介孔孔径的对比可知，比表面积主导的孔隙宽度低于孔容主导的孔隙宽度。

　　微孔的 DFT 平均孔径明显低于 DR 平均孔径［图 5-28（c）、（d）］，DFT 和 DR 平均孔径均低于 1nm，尤其对于糜棱煤而言，其 DFT 微孔平均孔径为 0.40nm，DR 微孔平均孔径为 0.57nm，表明微孔平均孔径主要由小的微孔提供。DFT 和 DR 微孔平均孔径均随着构造变形的增强而逐渐降低，表明构造变形深刻影响着煤中微孔结构特征，原生的微孔由于机械应力作用和应变能的积累而直径变小。与 DFT 微孔平均孔径相比，DR 微孔平均孔径的降低量更为显著，表明构造变形对于孔隙结构的改造作用随着孔隙半径的降低而逐渐减弱。平均微孔孔径在强脆性变形和糜棱化阶段显著降低，在片状煤、鳞片煤和揉皱煤阶段则略微降低。Pan 等（2016）也提出构造变形在煤的超微结构中起主导作用，在一定程度上促进了煤内部微观结构中芳香结构的有序程度。

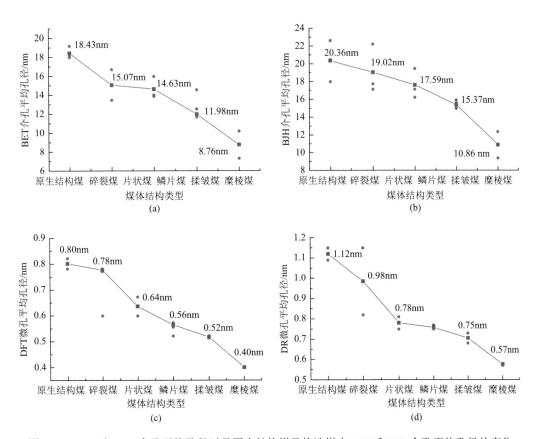

图 5-28　BET 和 BJH 介孔平均孔径以及原生结构煤及构造煤中 DFT 和 DR 介孔平均孔径的变化

5.3.2　高煤级构造煤纳米孔结构特征

高煤级构造煤以沁水盆地阳泉矿区的无烟煤为例,其大孔结构特征已经在 5.2 节进行详细讨论,本小节主要通过液氮和二氧化碳吸附实验分析高煤级构造煤的介孔和微孔结构特征。

1. 介孔孔径分布特征

低温液氮吸附可以有效表征有机碳材料中介孔和部分微孔的结构特征,是目前研究煤纳米级孔隙结构的首选方法(李凤丽等,2017)。图 5-29 是研究区 18 块样品的液氮吸附与脱附曲线,各样品的吸附曲线在形态上略有差别,对比 IUPAC 提出的物理吸附等温线的八种类型(Thommes et al.,2015),高煤级的原生结构煤及构造煤的氮气吸附曲线与Ⅳ(a)型吸附等温线(图 5-30)形态较为接近:吸附曲线前段表现为缓慢上升的特点,略向上微凸,但在相对压力 0.9 处急剧上升,一直持续到相对压力接近 1.0 时也未呈现出吸附饱和现象,表明样品含有一定量的介孔和大孔。同时,从图 5-29 可以看出研究区煤样的吸附曲线和脱附曲线之间存在滞后回线,这与前人研究结果相符(Song et al.,2017d,2017b;李凤丽等,2017;Tao et al.,2018)。通过滞后回线形状可以进一步推测煤中孔隙的形态特征。依据 IUPAC 对滞后回线的分类方法(图 5-31),研究区样品滞后回线主要

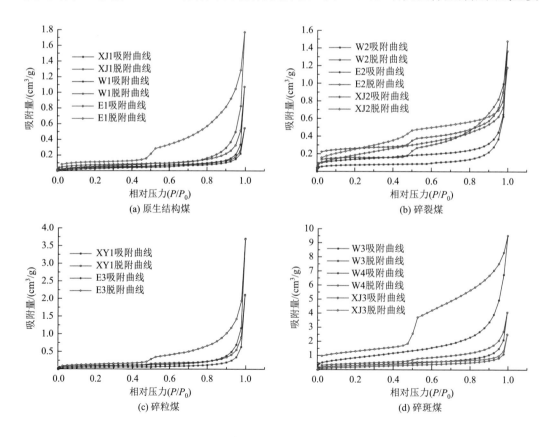

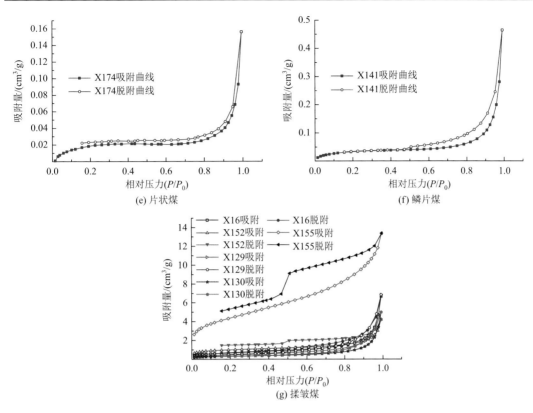

图 5-29 高阶原生结构煤及构造煤液氮吸附−脱附曲线

表现为 H_2（b）型，兼有 H_2（a）与 H_3 型特征，表明孔隙形态主要为四周开放的平行板状孔与两端开放的管状孔，在 $P/P_0 = 0.5$ 左右时，部分样品脱附曲线陡降（E1，W4，X155），这是由于孔颈在一个狭窄的范围内发生气穴控制的蒸发，即在此孔径段存在孔颈较窄的细颈瓶形介孔（Thommes et al.，2015）。

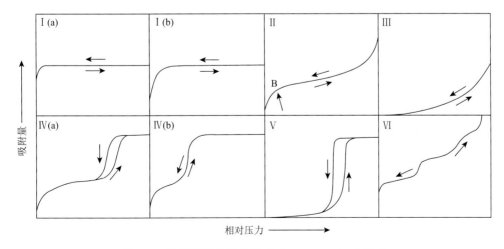

图 5-30 物理吸附曲线分类（Thommes et al.，2015）

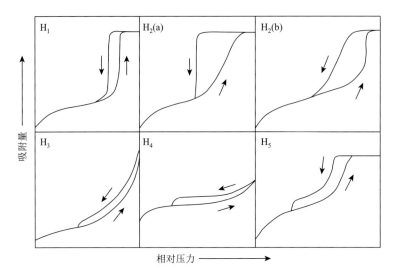

图 5-31 滞后环分类（Thommes et al.，2015）

低温液氮吸附实验表明，在测试孔径范围（0.7～206nm）内，不同类型的构造煤孔隙结构存在显著差异。由于氮气的分子直径较大，很难进入小微孔的孔隙空间中，因此，液氮吸附结果中0.7～1.0nm孔径段的测试结果主要是由模型计算过程中的边际误差引起的，本次针对高煤级原生结构煤和构造煤的液氮吸附结果只考虑＞1nm的孔容和比表面积。原生结构煤BJH总孔容为0.001～0.003cm³/g（平均为0.0020cm³/g），BET比表面积为0.135～0.277m²/g（平均为0.198m²/g），平均孔径为25.24～39.65nm（平均为33.94nm）；相比于原生结构煤，碎裂煤的BJH总孔容变化较小（0.0004～0.0020cm³/g，平均为0.0016cm³/g），BET比表面积（0.126～0.745m²/g，平均为0.401m²/g）增幅较大，而平均孔径则减小为19.72nm；碎斑煤与碎裂煤相比，BJH总孔容略微增大（0.0009～0.006cm³/g，平均为0.0028cm³/g），而BET比表面积减小（0.220～0.350m²/g，平均为0.258m²/g），平均孔径增大（16.10～65.49nm，平均为40.58nm）；相比于碎斑煤，脆性构造变形更强的碎粒煤BJH总孔容继续增大（0.0004～0.0140cm³/g，平均为0.0056cm³/g），平均BET比表面积陡增为0.084～3.265m²/g（平均为1.184m²/g），而平均孔径降为20.38nm。对于片状煤而言，BJH总孔容和BET比表面积分别降低为0.0002cm³/g和0.079m²/g，平均孔径降低为12.24nm。鳞片煤相较于片状煤而言，BJH总孔容和BET比表面积分别降低为0.0007cm³/g和0.129m²/g，平均孔径增大为22.38nm。揉皱煤的BJH总孔容（0.0056～0.0186cm³/g，平均为0.0105cm³/g）和BET比表面积（1.187～15.803m²/g，平均为4.942m²/g），二者平均值均达到最大值，平均孔径降低为16.01nm。综上可知，对于高煤级构造煤而言，在碎裂煤-碎斑煤-碎粒煤的变形系列中，BJH平均总孔容逐渐增大，且高于片状煤和鳞片煤，而鳞片煤与片状煤相比，BJH总孔容和BET总比表面积增大；韧性变形煤的BJH总孔容和BET总比表面积均显著高于脆性系列构造煤和鳞片煤（表5-9）。

表 5-9 高阶原生结构煤及构造煤液氮吸附曲线结果

类型	样品编号	BJH TPV/(cm³/g)	BET SSA/(m²/g)	APD/nm	类型	样品编号	BJH TPV/(cm³/g)	BET SSA/(m²/g)	APD/nm
原生结构煤	XJ1	0.0010	0.135	25.24	碎粒煤	W3	0.0060	1.204	21.09
	W1	0.0020	0.181	36.93		X204	0.0004	0.084	17.46
	E1	0.0030	0.277	39.65		X195	0.0034	0.529	26.68
碎裂煤	W2	0.0020	0.253	35.5		W4	0.0140	3.265	18.07
	X15	0.0004	0.126	14.43		XJ3	0.0040	0.838	18.60
	E2	0.0020	0.481	19.09	片状煤	X174	0.0002	0.079	12.24
	XJ2	0.0020	0.745	9.84	鳞片煤	X141	0.0007	0.129	22.38
碎斑煤	X9	0.0009	0.221	16.10	揉皱煤	X16	0.0101	2.422	17.04
	X60	0.0012	0.240	21.13		X152	0.0056	3.546	7.38
	XY1	0.0030	0.220	59.59		X155	0.0186	15.803	5.24
	E3	0.0060	0.350	65.49		X129	0.0106	1.750	24.30
						X130	0.0077	1.187	26.11

注：TPV 表示总孔容；SSA 表示比表面积；APD 表示平均孔径；样品编号 XJ/X、W、E、XY 分别代表新景矿、五矿、二矿和新元矿样品。

从图 5-32 可见，基于 QSDFT 或 BJH 模型得出的不同类型构造煤的孔容微分（dV）分布曲线形态基本相似，脆性系列的碎裂煤、碎斑煤和碎粒煤在 1～2nm 微孔段普遍存在一个峰，表明该孔径段孔隙占有重要比例。片状煤的孔径分布在 1nm 左右存在峰值，3～50nm 的介孔较为发育。鳞片煤的介孔主要集中在 2～50nm，和片状煤相比，缺少 1nm 左右的峰。揉皱煤的介孔主要集中在孔径较低的区间内，孔容微分随着孔径的增大而逐渐降低，微孔段的孔容分布比介孔段更为显著。各煤样的优势孔径并不突出，除碎斑煤在 2～10nm 孔隙不发育外，其他类型煤各阶段孔隙均有发育，且较为均匀。此外，从原生结构煤（18.19%）到脆性变形的碎裂煤（9.51%）、碎斑煤（3.62%）和碎粒煤（1.84%），随着脆性变形的增强，微孔所占比例减少，介孔所占比例增加；片状煤（17.87%）和鳞片煤（16.37%）中的微孔比例显著高于以上各类型的脆性系列构造煤；揉皱煤中的微孔比例达到最大值（44.44%），和介孔的发育程度相当，表明高煤级揉皱煤微孔的发育程度远高于脆性和脆-韧性系列构造煤。

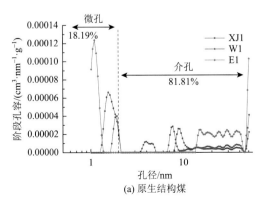
(a) 原生结构煤

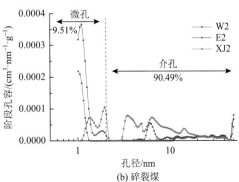
(b) 碎裂煤

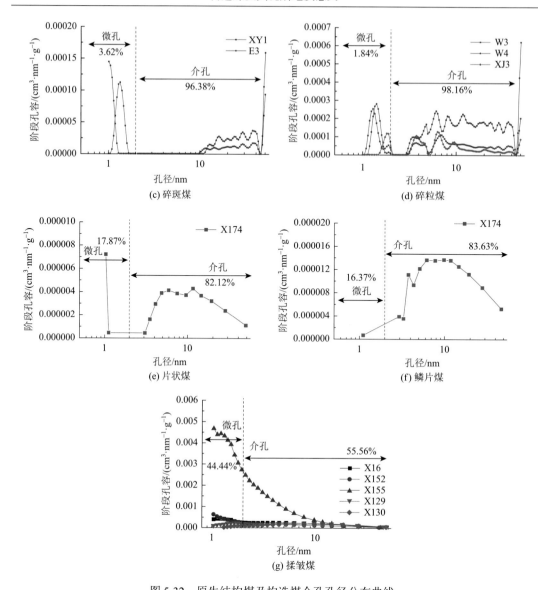

图 5-32　原生结构煤及构造煤介孔孔径分布曲线

（a）～（d）样品的孔径分布曲线由 QSDFT 求得；（e）～（g）样品的孔径分布曲线由 BJH 求得

为进一步分析高煤级构造煤孔隙的演化过程，将孔隙分为 1～10nm、10～20nm、20～30nm、30～40nm 和 40～50nm 5 个孔径范围，分别计算各孔径范围的孔比表面积和孔容（图 5-33～图 5-34）。原生结构煤的比表面积主要分布在 1～10nm（平均为 38.04%）和 10～20nm（平均为 18.97%），而孔容主要分布在 40～50nm（平均为 36.64%）。相比于原生结构煤，受构造变形较弱的碎裂煤的比表面积和孔容都有所增加，其中比表面积增幅较大且分布在 1～10nm（平均为 66.13%），而孔容增幅较小，主要分布在 1～10nm（平均为 27.54%）和 40～50nm（平均为 25.98%），表明碎裂煤中孔径较小的介孔（<10nm）发育较原生结构煤增多。相比于碎裂煤，碎斑煤的孔比表面积降低，孔容增加，各阶段孔比表面积都比

较发育，而孔容则显著分布在 40～50nm（平均为 43.71%），表明煤基质内孔径较大的孔隙发育增多，以 40～50nm 孔隙为主。碎粒煤相比碎斑煤，孔比表面积和孔容均大幅增长，其中孔比表面积主要分布在 1～10nm，孔容分布差异不大，40～50nm 范围的孔隙略占优势，表明煤基质内各阶段孔隙都有所增加。片状煤、鳞片煤和揉皱煤中 1～10nm 的比表面积显著增多，分别达到 52.74%、46.07% 和 71.33%，在揉皱煤中微孔最为发育。然而对于片状煤和鳞片煤而言，1～10nm 的孔容占比低于 10～20nm、20～30nm 和 40～50nm，微孔和介孔的孔容主要由较大的介孔提供。揉皱煤中 1～10nm、10～20nm、20～30nm 和 40～50nm 的孔容占比分别为 31.75%、19.18%、17.99% 和 31.08%，除极个别的样品外，孔容依然由较大的介孔提供。

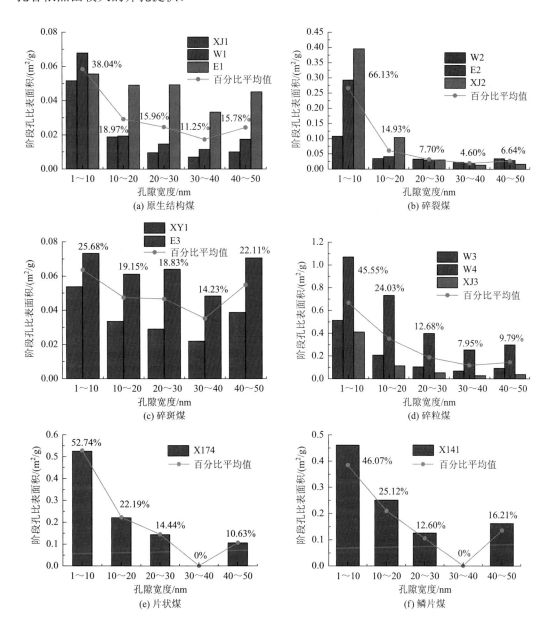

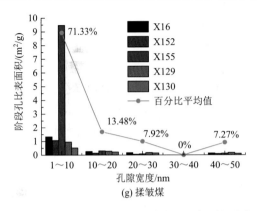

(g) 揉皱煤

图 5-33 原生结构煤及构造煤阶段比表面积分布

（a）～（d）样品的阶段比表面积分布由 QSDFT 求得；（e）～（g）样品的阶段比表面积分布由 BJH 求得

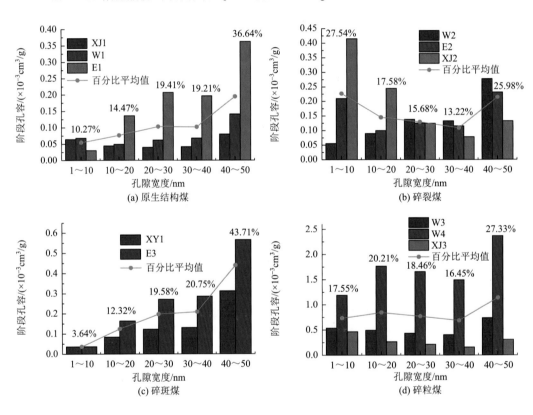

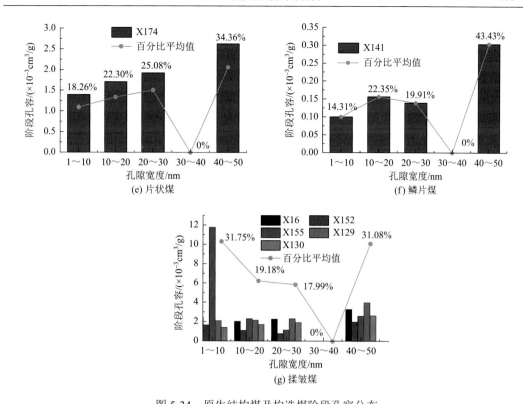

图 5-34　原生结构煤及构造煤阶段孔容分布

（a）～（d）样品的阶段孔容分布由 QSDFT 求得；（e）～（g）样品的阶段孔容分布由 BJH 求得

2. 微孔孔径分布特征

微孔是评价煤储层含气量的一个重要指标（Tang et al., 2015; Thommes et al., 2015）。不同煤体结构的低温二氧化碳等温吸附曲线形态相近，整体呈向上凸趋势，与 IUPAC 提出的Ⅰ（b）型低压段曲线相似（图 5-35）。原生结构煤 DFT TPV（总孔容，孔径<1nm，下同）为 0.065～0.076cm³/g（平均为 0.071cm³/g），DFT SSA（比表面积）为 241～288m²/g（平均为 267m²/g），而脆性系列构造煤的 DFT TPV 和 DFT SSA 相比于原生结构煤都有所下降，且随着构造变形的增强，构造煤的 DFT TPV 和 DFT SSA 大体呈下降趋势，分别为

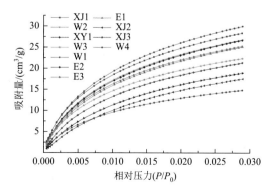

图 5-35　高阶原生结构煤及构造煤二氧化碳吸附曲线

碎裂煤 DFT TPV：0.048～0.069cm³/g（平均为 0.062cm³/g），DFT SSA：166～259m²/g（平均为 227m²/g）；碎斑煤 DFT TPV：0.051～0.064cm³/g（平均为 0.058cm³/g），DFT SSA：180～243m²/g（平均为 212m²/g）；碎粒煤 DFT TPV：0.038～0.057cm³/g（平均为 0.050cm³/g），DFT SSA：143～216m²/g（平均为 188m²/g），但整体变化幅度不大（表 5-10）。

表 5-10   二氧化碳吸附测试结果

类型	样品编号	DFT TPV/(cm³/g)	DFT SSA/(m²/g)	峰值孔径/nm
原生结构煤	XJ1	0.072	272	0.35/0.46～0.57/0.82
	W1	0.076	288	0.35/0.45～0.57/0.82
	E1	0.065	241	0.35/0.46～0.57/0.82
碎裂煤	W2	0.069	259	0.35/0.46～0.57/0.82
	E2	0.069	257	0.35/0.46～0.57/0.82
	XJ2	0.048	166	0.35/0.47～0.57/0.82
碎斑煤	XY1	0.051	180	0.35/0.46～0.57/0.82
	E3	0.064	243	0.35/0.46～0.57/0.82
碎粒煤	W3	0.057	216	0.35/0.46～0.57/0.82
	W4	0.038	143	0.35/0.46～0.57/0.82
	XJ3	0.056	204	0.35/0.46～0.57/0.82

注：TPV 表示总孔容；SSA 表示比表面积。

原生结构煤和脆性系列构造煤的 DFT TPV 和 DFT SSA 具有很强的线性相关性，其线性拟合度达到 0.99（图 5-36）。从图 5-37 可以明显看出，原生结构煤和脆性系列构造煤的孔径分布相似，都有 3 个峰，且每个峰的位置相近。峰 2 宽度较宽，位于 0.45～0.57nm 孔径范围内，而峰 1 和峰 3 宽度较窄，分别位于 0.35nm 和 0.82nm 处。峰 2 最高，峰 1 次之，峰 3 最低，表明该区原生结构煤和脆性系列构造煤发育小于 1nm 的微孔，主要为 0.45～0.57nm 孔径范围内的孔隙，其次为 0.35nm 左右的孔隙，0.82nm 左右的孔隙数量较少。

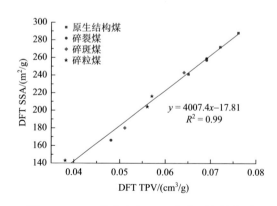

图 5-36   DFT 总孔容与 DFT 比表面积的关系

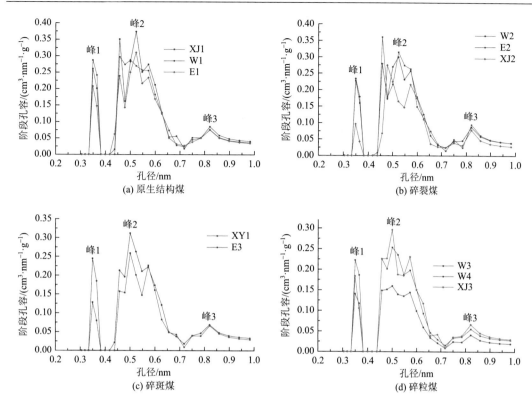

图 5-37　高阶原生结构煤及构造煤微孔孔径分布特征

综上所述，从原生结构煤到碎裂煤，碎斑煤和碎粒煤，DFT TPV 和 DFT SSA 总体呈减小趋势，孔径分布主要集中在 0.35nm、0.45～0.57nm 和 0.82nm 处，表明在脆性变形环境中，构造变形对于煤基质中小于 1nm 的微孔影响不大。

5.4　纳米孔非均质性的分形表征

煤的孔隙结构复杂，用传统的欧几里得几何理论难以描述其非均质性，尤其对于构造煤而言，分形理论则可定量表征孔隙结构的复杂程度。自 Pfeiferper 和 Avnir（1983）用分子吸附法得出储层岩石的孔隙具有分形结构性质的结论以来，世界各国学者广泛采用分形理论表征煤和页岩等多孔介质的孔裂隙非均质性特征。本节将结合单重分形和多重分形理论分析构造煤纳米级孔隙非均质性特征，并基于淮北矿区和阳泉矿区构造煤纳米孔结构特征，探讨构造煤纳米孔结构演化机理。

5.4.1　纳米孔单重分形

单重分形是用单一的分形维数来表征孔隙结构非均质性的整体特征，常见的单重分形模型有 Sierpinski 模型、Menger 模型、热力学模型和 FHH 模型等。

1. 单重分形模型

1）Sierpinski 模型

将一单位正方形等分成边长 1/3 的 9 个小正方形，去掉中心的 1 个小正方形，保留剩下的 8 个小正方形，重复迭代 n 次，这样就形成了一个分形几何图形即 Sierpinski 地毯。根据表面分形维数的定义，可得计算表面分维数的公式（姜文等，2013）：

$$V = \alpha(P-P_t)^{(3-D)} \tag{5-3}$$

式中，V 为进汞量；P 为压力；P_t 为门限压力；D 为分形维数；α 为常数。将式两边求对数得

$$\ln V = (3-D)\ln(P-P_t) + \ln\alpha \tag{5-4}$$

因此，可以对煤样压汞法测量结果进行统计，并计算出 $\ln V$ 和 $\ln(P-P_t)$，通过作图得出斜率 K，便可求得出 Sierpinski 分形维数 $D = 3-K$。

2）Menger 模型

利用 Menger 模型的孔隙构建方法对孔隙结构的分形特征进行分析，其分形维数为多孔结构体的孔隙体积分形维数（Washburn，1921）：

$$D = \{\ln[dV_{P(r)}/dP(r)]-\ln\alpha\}/\ln P(r) + 4 \tag{5-5}$$

式中，$P(r)$ 为进汞压力；$V_{P(r)}$ 为在压力 $P(r)$ 下的进汞量；r 为煤样孔隙半径；双对数坐标下 $\ln[dV_{P(r)}/dP(r)]-\ln P(r)$ 曲线的斜率为 K，则分形维数 $D = K + 4$。

3）热力学模型

在压汞过程中，随着压力的增加，进汞量逐渐增加，导致孔表面能不断升高。外界环境对汞所做的功等于进入孔隙内汞液的表面能的增加，进汞增量与孔表面能满足以下关系式（Zhang and Li，1995）：

$$dW = -PdV = -\gamma_L\cos\theta dS \tag{5-6}$$

式中，W 为孔表面能；γ_L 为汞与孔表面的表面张力；θ 为汞与孔表面的接触角；S 为孔隙表面积。

由此，可得出进汞增量 Q_n 与相应的表面能 W_n 的表达式为

$$W_n = \sum_{i=1}^{n} P_i\Delta V_i, \quad Q_n = V_n^{1/3} / r_n \tag{5-7}$$

文献（Zhang et al.，2006）对式（5-7）进行了修正，得出式（5-8）：

$$\ln(W_n / r_n^2) = D\ln(V_n^{1/3} / r_n) + C \tag{5-8}$$

式中，V_n 为孔隙体积，斜率为孔表面分形维数 D。根据压汞实验数据，对数据[$\ln(V_n^{1/3} / r_n)$ 和 $\ln(W_n / r_n^2)$]进行线性拟合，从而获得煤样孔隙热力学分形维数。

4）FHH 模型

根据 Pfeiferper 和 Avnir（1983）提出的理论，分形表面的分形维数可以由 FHH 方程计算（李子文等，2015；Cai et al.，2013）：

$$\ln(V/V_0) = C + A \times \ln[\ln(P_0/P)] \tag{5-9}$$

式中，V 为平衡压力 P 下吸附的气体体积；V_0 为单分子层吸附气体体积；P_0 为气体吸附的饱和蒸汽压；A 为 $\ln(V/V_0)$ 和 $\ln[\ln(P_0/P)]$ 在双对数坐标下的斜率，取决于样品的分形维数；C 为常数。分形维数 $D = A + 3$。

2. 分形模型阶段性分析

基于 Sierpinski 模型、Menger 模型、热力学模型和 FHH 模型分别对原生结构煤和构造煤样品进行孔隙结构分形分析，通过分形曲线可知不同模型具有不同的孔隙结构阶段性特征。其中压汞计算表面 Sierpinski 模型分形维数，可明显分为低压段（微米孔 D_{s1}，$r > 100\text{nm}$）和高压段（纳米孔 D_{s2}，$r < 100\text{nm}$）两部分。其中纳米孔 $D_{s2} = 2.289 \sim 2.971$，分布范围较宽，一方面表明不同类型的构造煤表面不连续性和粗糙度的差异较大，另一方面与煤基质压缩造成的误差有关（Cai et al.，2013）。

Menger 分形曲线中，糜棱煤（Z3、Z4 和 Z13）和其他类型构造煤（Z2）的分形曲线存在差异 [图 5-38（b）、（c）]；具体表现为原生结构煤、脆性系列构造煤和揉皱煤的 Menger 分形维数可分为两段，分形维数分别为 D_{m1}（$r > 72\text{nm}$）和 D_{m2}（$r < 72\text{nm}$）。而糜棱煤 Menger 分形曲线则可分为三阶段，其分形维数分别定义为 D'_{m1}（$r > 523\text{nm}$）、D'_{m2}（$36\text{nm} < r < 523\text{nm}$）和 D'_{m3}（$r < 36\text{nm}$），三段分形维数的存在表明了糜棱煤孔隙非均质性差异强。热力学分形曲线可分为 $r > 72596\text{nm}$（D_{t1}）和 $r < 72596\text{nm}$（D_{t2}）两段，其中 30 块样品中，18 块样品的 D_{t1} 在 $0.728 \sim 1.990$，表明 $r > 72596\text{nm}$ 孔隙不具备显著的热力学分形特征。D_{t2} 为 $2.7957 \sim 3.0397$，具备较好的分形特征，因此取热力学模型的 D_{t2} 来分析构造煤的 $r < 72596\text{nm}$ 的孔隙非均质性 [图 5-38（d）]。对 N_2 吸附数据利用 FHH 进行分形，在相对压力 $P_0/P = 0.5$ 左右时，存在明显的分段 [图 5-38（e）]。样品均表现出当 $0.5 < P_0/P < 1$ 时（$< 8\text{nm}$）分形维数（D_{f2}）高于 $P_0/P < 0.5$ 时（$8 \sim 100\text{nm}$）的分形维数（D_{f1}），表明孔径 $< 8\text{nm}$ 的孔隙结构比 $8 \sim 100\text{nm}$ 的孔隙结构更复杂。

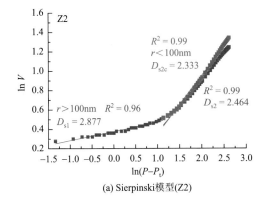

(a) Sierpinski模型(Z2)

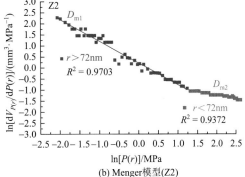

(b) Menger模型(Z2)

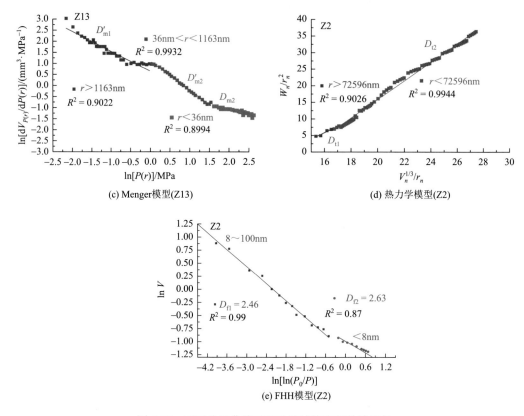

图 5-38　不同分形曲线对于孔隙结构表征的阶段性

3. 分形模型适用性

值得注意的是，Menger 分形维数 D_{m1} 范围为 2.70～3.24，有 13 块煤样的 D_{m1} 大于 3，D_{m1} 在碎裂煤中出现最高值（2.90～3.18，平均 3.07）且大于 3 [图 5-39（a）]，由压缩系数可知，煤的可压缩性不好，尤其是脆性系列煤，表明脆性系列构造煤的基质可压缩性弱于韧性系列构造煤，因此在相同孔径的介孔和宏孔条件下，为了使汞液进入脆性煤就必须升高压力，而过高的压力会使煤的孔隙结构造成破坏，单位压力下增加的阶段孔容量变多，$\ln[\mathrm{d}V_{P(r)}/\mathrm{d}P(r)]$ 与 $\ln[P(r)]$ 关系图的斜率就会加大（么玉鹏等，2016），相应的 D_{m1} 也变高，这也是导致分形维数 $D_{m1}>3$（糜棱煤中为 $D'_{m1}>3$）的主要原因。因此 Menger 模型不适合于计算脆性系列构造煤的分形维数。D_{m2} 随着构造变形的增强，逐渐增大，且 30 块样品均大于 3 [图 5-39（b）]，表明 Menger 模型对小于 72nm 孔隙分形结果较差，且随着构造变形的增强，D_{m2} 逐渐变大，表明 D_{m2} 适用性逐渐变差。因此 Menger 模型不适合于表征构造煤的孔隙结构非均质性。

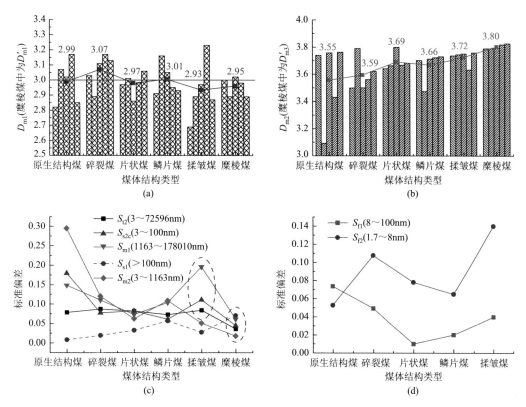

图 5-39　不同构造煤的 D_{m1}、D_{m2}，以及不同分形模型对原生结构煤及构造煤孔隙结构标准偏差

除 Menger 模型之外，其他模型得到的分形维数均在 2～3，符合分形模型的几何意义。且 Sierpinski 模型、Menger 模型和热力学模型计算的压汞分形维数以及 FHH 模型计算的 17 个样品的纳米孔分形维数均为非线性模型，采用相关系数法难以有效评价其相关性（赵龙等，2014）。因此引入标准偏差 S，分别对不同类型构造煤的七种分形维数进行定量优度评价：

$$S = \sqrt{\frac{1}{N-1}\sum_{i=1}^{N}(D_c - \bar{D}_c)^2} \qquad （5-10）$$

式中，N 为数据个数；D_c、$\bar{D}_c$ 分别为模型计算得到的某种构造煤的分形维数和该段平均分形维数。

某一种分形模型对特定构造煤的标准偏差越小，则表示该模型对该类型构造煤具有较好的适用性［如图 5-39（c）中 S_{s1} 在除糜棱煤外的其他构造煤中均最低，则表示 D_{s1} 对除糜棱煤外的其他构造煤具备较好的表征效果］。总体来看，除糜棱煤外，D_{s1} 对原生结构煤及其他类型构造煤的拟合偏差均为最低；其次为 D_{s2c}（S_{s2c} 在原生结构煤中出现高值）。对于糜棱煤来说，D'_{m3}（$S'_{m3} = 0.0187$）、D_{t2}（$S_{t2} = 0.0364$）、D_{s2c}（$S_{s2c} = 0.0454$）均具有较好的表征效果且偏差均小于 0.1；而 Menger 模型分形维数会出现大于 3 的情况。热力学模型可以得到 3～72596nm 的孔隙总体分形维数，无法单独描述 0.1～100nm 孔隙的分形维数。因此 D_{s2} 可以较为合理地描述糜棱煤纳米孔的分形特征。对鳞片煤而言，D_{s1}（$S_{s1} = 0.0574$）和 D_{s2c}（$S_{s2c} = 0.0614$）均具有较好的表征效果；D_{m1}（$S_{m1} = 0.1044$）和 D_{m2}（$S_{m2} = 0.1091$）偏差较大。D_{f1} 对于原生结构煤及构造煤具有较好的表征效果，尤其是对于片状煤（0.0099）和鳞片煤（0.0200）[图 5-39（d）]。值得指出的是，D_{m1}（$S_{m1} = 0.1965$）、D_{m2}（$S_{m2} = 0.0516$）、D_{t2}（$S_{t2} = 0.08429$）、D_{f1}（$S_{f1} = 0.0398$）以及 D_{f2}（$S_{f2} = 0.14$）均在揉皱煤时出现高值，相对于其他类型构造煤而言，上述分形维数表征效果均较差，D_{s2c}（$S_{s2} = 0.0111$）对揉皱煤纳米孔非均质性表征效果相对较好，表征优度显著高于其他。综上分析，将采用 D_{s1} 模型来表征原生结构煤、碎裂煤、片状煤、鳞片煤和揉皱煤的微米孔的非均质性，其中糜棱煤的 D_{s1} 参数仅提供一定的参考；用 D_{s2c} 描述构造煤的纳米孔分形特征，对原生结构煤的计算结果仅作参考；用 D_{f1} 表征原生结构煤及构造煤 8～100nm 的孔隙非均质性。

4. 单重分形特征

通过单重分形模型的计算和对不同构造煤的适用性分析，进一步表明不同分形模型对原生结构煤及构造煤孔隙分段性表征存在显著差异，基于分形模型适用性分析可知，Menger 模型，Sierpinski 模型、Menger 模型、热力学模型以及 FHH 模型分段点分别为 100nm、72nm、72596nm 和 8nm。但 Menger 模型分形维数大于 3 且拟合偏差较大，不适合表征构造煤的孔隙非均质性。Sierpinski 模型适合于描述构造煤的纳米孔分形特征；FHH 模型适合于表征原生结构煤及构造煤 8～100nm 的孔隙非均质性。基于以上认识，将重点采用 Sierpinski 模型和 FHH 模型的计算结果对构造煤的孔隙结构非均质性进行分析。

1）Sierpinski 模型计算结果分析

原生结构煤及不同类型的构造煤的 Sierpinski 分形曲线如图 5-40 所示，样品 Sierpinski 分形曲线在 100nm 处可以分为两段，第一段为低压区，对应孔径范围为 >100nm，分形维数（D_{s1}）反应渗流孔的非均质性；第二段为高压区，对应的孔径范围为 <100nm，分形维数（D_{s1}）反映的是吸附孔的非均质性。通过计算，各个样品的分形维数结果见表 5-11。

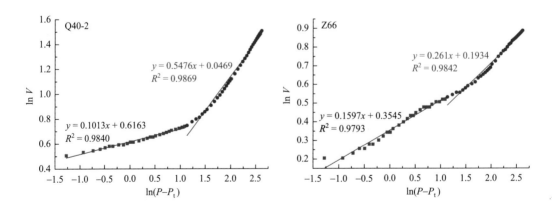

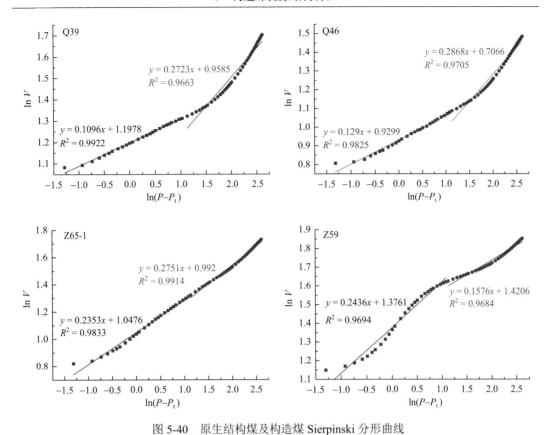

图 5-40　原生结构煤及构造煤 Sierpinski 分形曲线

表 5-11　原生结构煤及构造煤 Sierpinski 模型和 Menger 模型分形维数结果

样品编号	煤体类型	D_{s1}	D_{s2}	D_{m1}	D_{m2}
Q40-2	原生结构煤	2.90	2.45	2.97	3.75
Q44	碎裂煤	2.90	2.40	3.01	3.78
Z66	碎裂煤	2.84	2.74	3.41	3.60
Z67	碎裂煤	2.81	2.71	3.11	3.50
Q38	片状煤	2.80	2.88	2.99	3.55
Q39	片状煤	2.89	2.73	2.92	3.69
Q43-1	片状煤	2.90	2.53	2.94	3.77
Q47	片状煤	2.82	2.70	3.06	3.71
Q52	片状煤	2.91	2.57	2.86	3.74
Q54	片状煤	2.93	2.78	2.78	3.73
Q46	鳞片煤	2.87	2.71	2.99	3.63
Q49	鳞片煤	2.91	2.64	2.88	3.72
Q51	鳞片煤	2.42	2.91	3.49	3.19
Z55	鳞片煤	2.73	2.82	3.13	3.62
Z56	鳞片煤	2.68	2.85	3.23	3.63

续表

样品编号	煤体类型	D_{s1}	D_{s2}	D_{m1}	D_{m2}
Z57	鳞片煤	2.82	2.83	2.98	3.66
Z65-1	揉皱煤	2.76	2.72	3.17	3.43
Z68	揉皱煤	2.76	2.66	3.16	3.47
Z59	糜棱煤	2.76	2.84	3.10	3.11

原生结构煤渗流孔和吸附孔分形维数分别为 2.90 和 2.45，说明渗流孔的非均质性远大于吸附孔，有利于瓦斯的渗流。碎裂煤中二者分别为 2.81～2.90（平均为 2.85）和 2.40～2.74（平均为 2.62），与原生结构煤类似，渗流孔的非均质性高于吸附孔。片状煤中分别为 2.80～2.93（平均为 2.88）和 2.53～2.88（平均为 2.70），而鳞片煤中分别为 2.42～2.91（平均为 2.74）和 2.64～2.91（平均为 2.79）。在脆性和脆韧性变形阶段，渗流孔的平均分形维数随着构造变形的增强有降低趋势，表明渗流孔的非均质性随着脆性变形的增强逐渐降低；而吸附孔的平均分形维数则逐渐升高 [图 5-41（a）和图 5-41（b）]，表明吸附孔的非均质性随着构造变形的增强逐渐增强，但是渗流孔的非均质性始终大于吸附孔，鳞片煤中二者差异最小。揉皱煤中渗流孔和吸附孔的分形维数分别为 2.76 和 2.66～2.72（平均为 2.69），二者也较为接近，但吸附孔的非均质性较之于鳞片煤进一步提高，从而有利于瓦斯的吸附，但是渗流孔的非均质性较之于脆性变形和脆韧性变形为低。对于糜棱煤而言，渗流孔和吸附孔的分形维数分别为 2.76 和 2.84，吸附孔的非均质性强于渗流孔，这与糜棱煤最强的甲烷吸附能力是相符的。

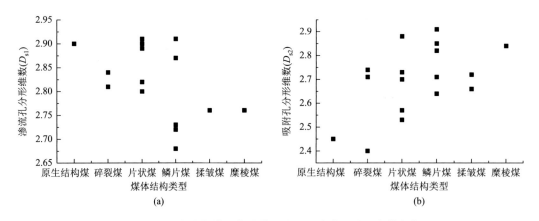

图 5-41　原生结构煤及构造煤吸附孔及渗流孔分形维数变化

2）Menger 模型

原生结构煤和不同类型构造煤的 Menger 分形曲线见图 5-42，与 Sierpinski 分形曲线类似，Menger 分形曲线可分为两段，分界点在 100nm 处。低压段的分形维数为 D_{m1}，高压段的分形维数为 D_{m2}，经计算可知，样品的 D_{m2} 普遍大于 3，而 D_{m1} 部分大于 3（表 5-11），这与分形维数的几何意义是不符的，原因可能是煤的可压缩性不好，尤其是脆性系列构造煤；因此在相同孔径条件下，为了使汞进入脆性煤，就必须升高压力，而过高的压力会使煤的孔隙结构破坏，单位压力下增加的阶段孔容量变多，$\ln[\mathrm{d}V_{P(r)}/\mathrm{d}P(r)]$ 与 $\ln P(r)$ 关系图的斜率就会加大（么玉鹏等，2016），相应的 D_{m2} 也变高，这也是导致分形维数 $D_{\mathrm{m2}}>3$ 的主要原因，因此 Menger 分形模型对于构造煤的适用性较差，不如 Sierpinski 模型的表征效果好。

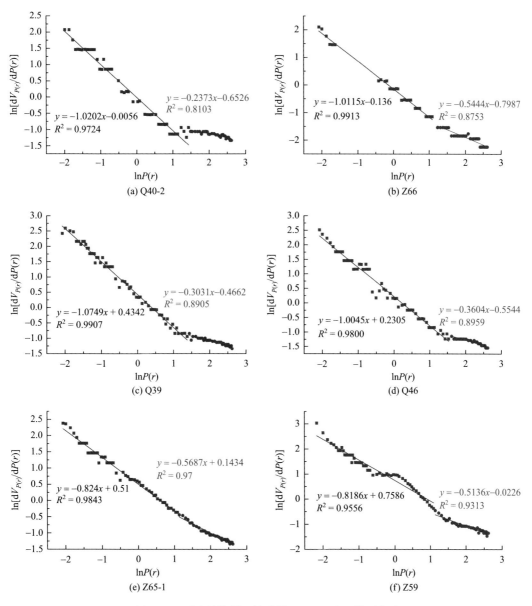

图 5-42　原生结构煤及构造煤 Menger 分形模型曲线

3）FHH 分形特征

原生结构煤及构造煤的 FHH 分形曲线和分形维数结果分别见图 5-43 和表 5-12。

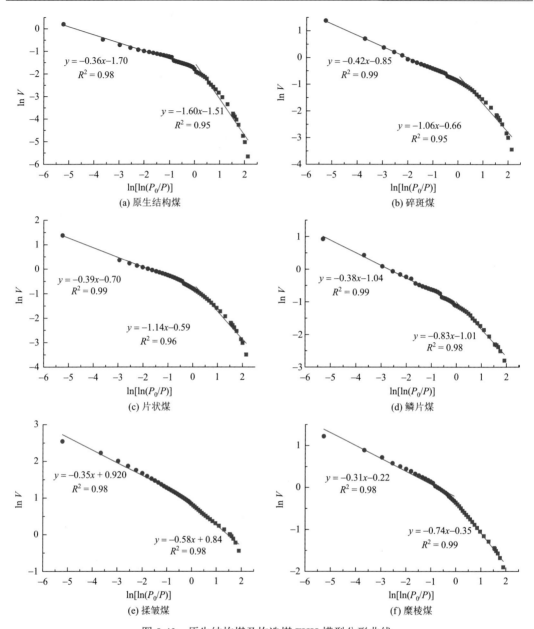

图 5-43　原生结构煤及构造煤 FHH 模型分形曲线

表 5-12　原生结构煤及构造煤不同粒度的样品的 FHH 分形维数结果

煤体结构类型	目数	分形维数		煤体结构类型	目数	分形维数	
		D_{f1}	D_{f2}			D_{f1}	D_{f2}
原生结构煤	60	2.64	1.4	鳞片煤	60	2.62	2.17
	80	−1.1	1.81		80	2.41	2.7
	160	2.58	1.94		160	2.68	2.4
	200	2.61	1.91		200	2.61	2.27
	240	2.62	2.1		240	2.65	2.43

煤体结构类型	目数	分形维数		煤体结构类型	目数	分形维数	
		D_{f1}	D_{f2}			D_{f1}	D_{f2}
片状煤	60	2.61	1.86	揉皱煤	60	2.65	2.42
	80	2.66	2.06		80	2.74	1.96
	160	2.62	2.09		160	2.65	2.27
	200	2.67	2.09		200	2.58	2.31
	240	2.6	2.16		240	2.65	2.26
碎斑煤	60	2.58	1.94	糜棱煤	60	2.69	2.26
	80	2.77	2.38		80	2.67	2.37
	160	2.77	2.38		160	2.68	2.13
	200	2.66	2.18		200	2.69	2.26
	240	2.69	2.17		240	2.68	2.19

60 目条件下原生结构煤及构造煤 FHH 分形维数变化以及不同粒度样品的 FHH 分形曲线分别见图 5-44 和图 5-45。原生结构煤、碎斑煤和片状煤的 D_{f2} 小于 2，不符合分形维数的定义，但总体来看，D_{f2} 随着构造变形的增强而升高，表明构造变形深刻影响着构造煤的介孔非均质性，与 Sierpinski 模型不同的是，糜棱煤的 D_{f2} 较之于揉皱煤有所降低，表明对于介孔而言，揉皱煤的介孔复杂程度强于糜棱煤。原生结构煤的 D_{f1} 大于脆性系列构造煤而小于韧性系列构造煤，但对于构造煤而言，D_{f1} 随着构造变形的增强而逐渐升高，同样表明了构造变形对于介孔非均质性的促进作用。几乎所有原生结构煤和构造煤的 D_{f1} 均大于 D_{f2}，表明孔径越小的介孔结构非均质性越强。原生结构煤中，D_{f1} 和 D_{f2} 的差异大于构造煤，构造变形减小了粒度对于非均质性的改造效果。粒度对于 D_{f1} 的影响较小，尤其对于片状煤和糜棱煤，D_{f1} 基本不随着粒度的变化而变化，然而，不同粒度的样品 D_{f2} 的差异较大，原生结构煤和片状煤中，D_{f2} 随着粒度的降低有升高的趋势，在碎斑煤中 D_{f2} 先升高后降低。在韧性变形的揉皱煤和糜棱煤中，D_{f2} 的差异性较之于脆性系列煤和原生结构煤有所降低，表明韧性变形可以降低不同粒度的较小介孔的非均质性差异。

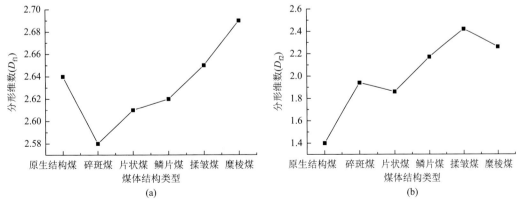

图 5-44　原生结构煤及构造煤 FHH 分形维数变化

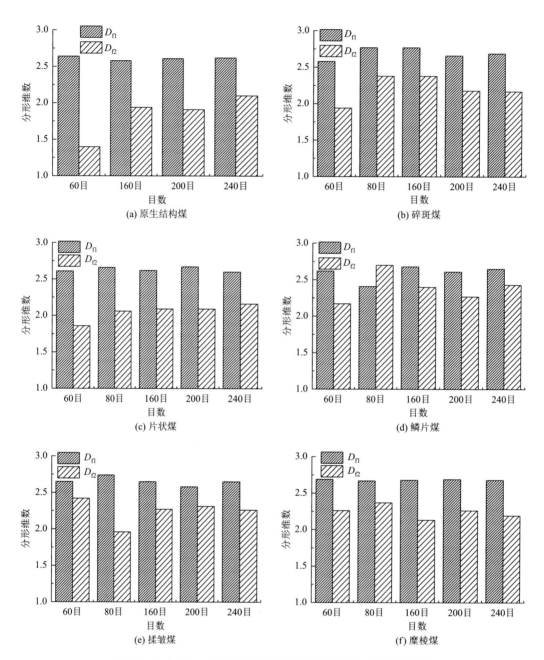

图 5-45　原生结构煤及构造煤不同粒度的样品 FHH 分形维数变化

4）微孔比表面积及体积分形特征

原生结构煤及构造煤的微孔比表面积/体积分形曲线和分形维数计算结果分别见图 5-46、图 5-47 和表 5-13。

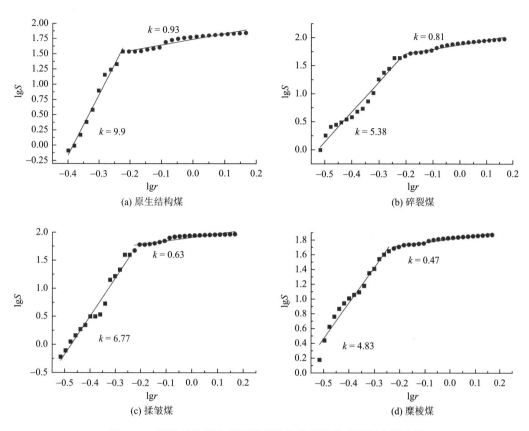

图 5-46　原生结构煤和不同类型构造煤微孔比表面积分形曲线

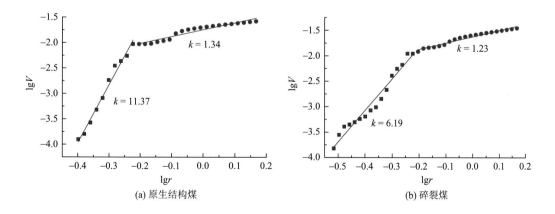

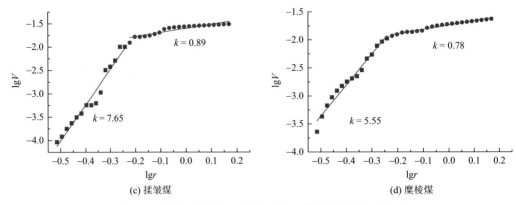

(c) 揉皱煤　　　　　　　　　　　　　　　(d) 糜棱煤

图 5-47　原生结构煤和不同类型构造煤微孔体积分形曲线

表 5-13　不同目数的原生结构煤及构造煤微孔比表面积及体积分形维数分布

煤体结构类型	目数	0.3~0.6nm		0.6~1.5nm		0.3~0.6nm		0.6~1.5nm	
		A_1	D_{v1}	A_2	D_{v2}	A_1	D_{s1}	A_2	D_{s2}
原生结构煤	60	11.37	—	1.34	—	9.93	—	0.93	2.93
	80	6.89	2.92	0.65	2.65	6.01	2.34	0.45	2.45
	160	6.10	2.63	0.88	2.88	5.30	2.10	0.54	2.54
	200	5.68	2.48	0.74	2.74	4.89	—	0.44	2.44
	240	5.41	2.37	0.63	2.63	4.69	—	0.36	2.36
碎裂煤	60	6.19	2.66	1.23	—	5.34	2.11	0.81	2.81
	80	6.16	2.65	0.95	2.95	5.37	2.12	0.59	2.59
	160	6.71	2.86	0.76	2.76	5.76	2.25	0.50	2.50
	200	5.75	2.50	0.63	2.63	4.93	—	0.38	2.38
	240	5.46	2.39	0.68	2.68	4.76	—	0.39	2.39
揉皱煤	60	7.65	—	0.89	2.89	6.77	2.59	0.63	2.63
	80	5.53	2.42	0.84	2.84	4.74	—	0.52	2.52
	160	6.41	2.74	0.82	2.82	5.61	2.20	0.51	2.51
	200	5.59	2.44	0.66	2.66	4.85	—	0.39	2.39
	240	5.80	2.52	0.64	2.64	5.08	2.03	0.38	2.38
糜棱煤	60	5.55	2.43	0.78	2.78	4.83	—	0.47	2.47
	80	5.85	2.54	0.68	2.68	5.16	2.05	0.40	2.40
	160	5.83	2.53	0.74	2.74	5.14	2.05	0.43	2.43
	200	5.98	2.59	0.66	2.66	5.30	2.10	0.38	2.38
	240	5.91	2.56	0.63	2.63	5.23	2.08	0.36	2.36

注:"—"表示该分形维数大于 3 或小于 2,舍弃之。

　　原生结构煤和构造煤比表面积和体积分形曲线均在孔径为 0.6nm 处呈现明显的两段式分布,表明 0.3~0.6nm 和 0.6~1.5nm 两孔径段微孔的比表面积和体积非均质性存在显著差异,且总体而言,0.3~0.6nm 阶段的比表面积和体积分形维数均小于 0.6~1.5nm 段。0.3~0.6nm 的比表面积(D_{s1})和体积(D_{v1})分形维数均是由(A + 1)/3 求得;然而,0.6~1.5nm 段的比表面积(D_{s2})和体积(D_{v2})分形维数均是由(2 + A)求得。分别排除少数分形维数大于 3 和小于 2 的情况,得到微孔比表面积和体积分形维数绝大部分在 2~3,

表明原生结构煤和构造煤微孔孔隙体积和比表面积均具有较好的分形特征。

原生结构煤、碎裂煤、揉皱煤和糜棱煤中不同目数的 D_{v1} 分别为 2.37～2.92（平均为 2.60）、2.39～2.86（平均为 2.61）、2.42～2.74（平均为 2.53）和 2.43～2.59（平均为 2.53），且随着粒度的降低，原生结构煤和碎裂煤的 D_{v1} 逐渐降低，表明这两类构造煤中 0.3～0.6nm 的微孔体积非均质性随着粒度的降低而降低；而揉皱煤和糜棱煤则无显著的变化规律，这是由于煤韧性变形的流变特性，降低了微孔孔容粒度差异效应。同时，韧性变形煤的平均 D_{v1} 低于原生结构煤和碎裂煤，也表明韧性变形对 0.3～0.6nm 的微孔体积的改造作用较强。原生结构煤、碎裂煤、揉皱煤和糜棱煤中不同目数的 D_{v2} 分别为 2.63～2.88（平均为 2.73）、2.63～2.95（平均为 2.76）、2.64～2.89（平均为 2.77）和 2.63～2.78（平均为 2.70），同样地，原生结构煤和不同类型的构造煤中的 D_{v2} 逐渐降低，粒度越小，0.6～1.5nm 的孔隙体积越趋于均一化分布。随着构造变形的增强，原生结构煤和糜棱煤的平均 D_{v2} 低于碎裂煤。

原生结构煤、碎裂煤、揉皱煤和糜棱煤中不同目数的 D_{s1} 分别为 2.10～2.34（平均为 2.22）、2.11～2.25（平均为 2.16）、2.03～2.59（平均为 2.27）和 2.05～2.10（平均为 2.07），非均质性明显低于 D_{s2}（原生结构煤、碎裂煤、揉皱煤和糜棱煤中分别为 2.36～2.93，平均为 2.54；2.38～2.81，平均为 2.53；2.38～2.63，平均为 2.49；2.36～2.47，平均为 2.41）。随着构造变形的增强，D_{s1} 和 D_{s2} 均整体呈现降低趋势，且非均质性低于介孔和大孔（图 5-48）。另外，D_{s1} 和 D_{s2} 均随着粒度的降低而逐渐降低，这和 D_{v2} 的变化规律一致，粒度效应在一定程度上降低了构造变形对于微孔非均质性特征的改造作用。

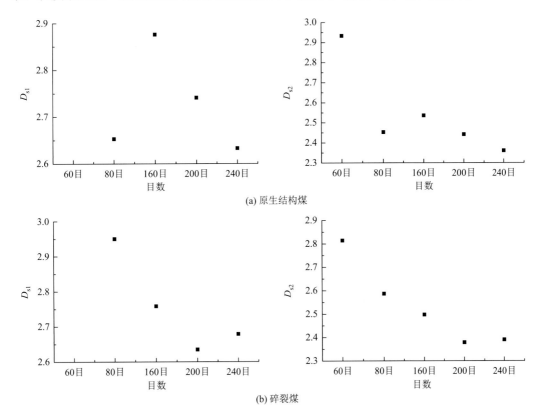

(a) 原生结构煤

(b) 碎裂煤

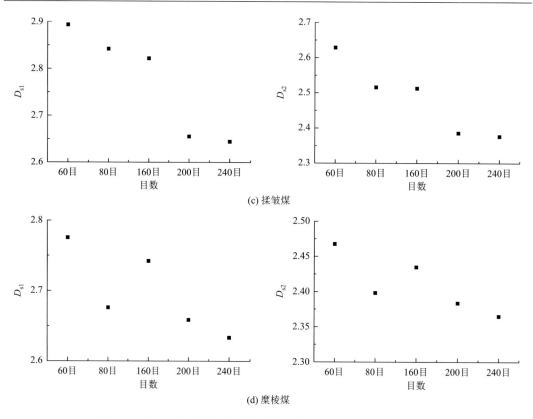

图 5-48　不同粒度的原生结构煤及构造煤中比表面积分形维数变化

5.4.2　纳米孔多重分形特征

由构造煤大孔、介孔和微孔的分形曲线可知，构造煤单重分形曲线具有分段性，表明煤孔径分布非均质性存在内部差异，单一分形维数仅可以描述其总体复杂性，难以表征孔径分布内部差异性特征，因此，本小节采用多重分形表征其孔径分布内部非均质性特征，具体包括多重奇异谱和广义维数谱计算（Vázquez et al.，2008；Li et al.，2015a；Caniego et al.，2003；Muller and McCauley，1992；Muller，1996）。

1. 多重奇异谱

多重分形有两种基本的表达形式，分别为多重奇异谱[α-f(α)]和广义维数谱[q-D(q)]。计算 α-f(α)需要三个基本参数，即孔隙体积概率分布 $P_i(\varepsilon)$、奇异指数 α 和维数分布函数 f(α)。为完成压汞孔径分布多重分形分析，孔径分布于总区间 $J = [0.003，100\mu m]$，将 J 划分为一系列长度均为 ε 的子区间 J_i，孔隙体积概率密度函数 $P_i(\varepsilon)$可定义为

$$P_i(\varepsilon) = \frac{N_i(\varepsilon)}{N_t} \tag{5-11}$$

式中，N_i 为第 $i\,(i = 1, 2, 3, \cdots)$个子区间的校正阶段孔隙体积；N_t 为校正的最大进汞量。

对于多重分形体，第 i 个盒子的质量概率函数为（Vázquez et al.，2008）

$$P(\varepsilon) = \varepsilon^{\alpha_i} \tag{5-12}$$

式中，α_i 为奇异指数，理论上代表了当 $\varepsilon \to 0$ 时，系统的奇异性趋向于无穷大的程度（Vázquez et al.，2008）。标记相同概率的子区间数量为 $N_\alpha(\varepsilon)$，该值随着划分尺度的降低而逐渐升高，因此，$N_\alpha(\varepsilon)$ 可以表示为

$$N_\alpha(\varepsilon) \propto \varepsilon^{-f(\alpha)} \tag{5-13}$$

其中，$f(\alpha)$ 为多重奇异谱，对于单重分形体而言，α 为常数；对于多重分形体而言，$f(\alpha)$ 为关于 α 的单峰凸函数（Caniego et al.，2001）。$\alpha(q)$ 和 $f(\alpha)$ 可通过式（5-14）和式（5-15）计算得出：

$$\alpha(q) \propto \frac{\sum_{i=1}^{N(\varepsilon)} \mu_i(q,\varepsilon) \lg[P_i(\varepsilon)]}{\lg \varepsilon} \tag{5-14}$$

$$f[\alpha(q)] \propto \frac{\sum_{i=1}^{N(\varepsilon)} \mu_i(q,\varepsilon) \lg[\mu_i(q,\varepsilon)]}{\lg \varepsilon} \tag{5-15}$$

其中：

$$\mu_i(q,\varepsilon) = \frac{P_i^q(\varepsilon)}{\sum_{i=1}^{N(\varepsilon)} P_i^q(\varepsilon)} \tag{5-16}$$

然后，α 和 $f(\alpha)$ 可以通过在 $-10 < q < 10$（步数为 0.5）拟合式（5-17）和式（5-18）得到；且 α 和 $f(\alpha)$ 可以由一个线性函数 $\lg \varepsilon$ 所表征。因此，确定 q 和 ε 是进行多重分形分析的关键。$R^2 > 0.90$ 是作为接受或者拒绝 $[\alpha, f(\alpha)]$ 的判别准则。选择 $R^2 \geqslant 0.90$ 的有序实数对可以降低 q^+ 和 q^- 的范围区间。$\mu(q, \varepsilon)$ 和 ε 的关系在双对数坐标系统下可以表示为

$$\mu(q,\varepsilon) \propto \varepsilon^{-T(q)} \tag{5-17}$$

或者：

$$T(q) = \lim_{\varepsilon \to 0} \frac{\lg(q,\varepsilon)}{\lg(1/\varepsilon)} \tag{5-18}$$

式中，$T(q)$ 为 q 阶质量矩，$T(q)$ 和 $D(q)$ 的关系可以表述为

$$T(q) = (1-q)D(q) \tag{5-19}$$

原生结构煤和构造煤的 $f(\alpha)$ 曲线均呈现上凸抛物线的形态 [图 5-49（a）]，表明样品孔径分布曲线符合多重分形特征。利用 $f(\alpha)$ 谱形状及其特征参数可以表征孔隙体积非

均匀分布，奇异指数 α_0 可以提供孔径分布的集中程度。较高的 α_0 预示着局部分布波动较大，分布区间较窄。α_0 随着构造变形的增强，在脆性和脆-韧性变形阶段逐渐升高，然而在韧性变形阶段逐渐降低。片状煤和鳞片煤具有最高的 α_0，预示着其最低的孔径分布均一性；结合二者的压汞孔径分布可知，片状煤和鳞片煤的较为均一的孔径分布归因于 $100\sim1000\mathrm{nm}$ 的孔隙的大量发育，片状煤和鳞片煤的团簇性分布高于其他类型构造煤。在碎裂煤、揉皱煤和糜棱煤中较低的 α_0 预示着较宽的和相对均一的孔径分布特征，α_0 在不同构造煤中的变化表明构造变形，尤其是脆性和脆-韧性过渡变形有助于提高孔径分布的不均一性分布，然而揉皱变形和糜棱化作用可以促进孔径分布的均一化分布［图 5-49（b）］。结合压汞孔径分布可知，α_0 在不同类型构造煤中的差异归于 $<100\mathrm{nm}$ 的孔隙的大量发育以及 $100\sim1000\mathrm{nm}$ 的孔隙数量随着构造变形的增强逐渐升高。$f(\alpha)$ 谱宽度（$\alpha_{q^-}-\alpha_{q^+}$）可以有效表征孔隙空间分布的复杂性（Vázquez et al.，2008）。较高的 $\alpha_{q^-}-\alpha_{q^+}$ 预示着多重分形测量中更显著的内部差异。原生结构煤（0.44～0.46，平均为0.45）和碎裂煤（0.54～0.58，平均为0.56）具有最低的谱宽度，表明其孔径分布最小的内部差异［图 5-49（c）］。

$f(\alpha)$谱宽度（$\alpha_{q^-}-\alpha_{q^+}$）随着脆性和脆-韧性过渡变形的增强逐渐升高，然而揉皱煤（0.85～0.88，平均为0.87）和糜棱煤（0.85～0.87，平均为0.85）中的 $f(\alpha)$ 谱宽略低于脆-韧性系列构造煤，但显著高于除片状煤外的脆性系列构造煤。脆性系列构造煤，如碎裂煤（0.54～0.58，平均为0.56）、碎斑煤（0.63～0.64，平均为0.64）和碎粒煤（0.63～0.64，平均为0.64）中较低的 $f(\alpha)$ 谱宽表明其较为简单的多重分形结构和较好的孔隙连通性，有利于瓦斯的传输。然而，对于脆-韧性和韧性系列构造煤而言，多重分形结构较为复杂，孔径分布具有较高的非均质性和较大的内部差异，因此，孔隙连通性较差，不利于瓦斯的传输。$f(\alpha)$ 谱宽的变化表明构造变形可以促进孔径分布内部差异，在 $R_{\mathrm{o,max}}$ 和显微组分相近的情况下，该促进作用顺序表现为：脆-韧性过渡变形＞韧性变形＞脆性变形。

此外，$f(\alpha)$ 谱的左支和右支宽度分别反映了不同的孔径分布信息。$f(\alpha)$ 谱左支宽度（$\alpha_0-\alpha_{q^+}$）（q＞0）对应于孔容分布的高密度区域（集中区），右支宽度（$\alpha_{q^-}-\alpha_0$）（q＜0）对应于孔径分布的低密度区域（分散区）。左支和右支的宽度之差 $R_\mathrm{d}=(\alpha_0-\alpha_{q^+})-(\alpha_{q^-}-\alpha_0)$ 则代表了 $f(\alpha)$ 谱对中心分布的偏离度。$R_\mathrm{d}>0$ 代表了 $f(\alpha)$ 谱向左侧偏离，高密度区域对于孔体积分布具有显著影响。然而，$R_\mathrm{d}<0$ 则意义相反。$R_\mathrm{d}\approx0$ 预示着 $f(\alpha)$ 谱大致呈对称分布（$\alpha_{q^-}-\alpha_0=\alpha_0-\alpha_{q^+}$）。从 R_d 的计算结果可以看出，脆性系列构造煤的 $f(\alpha)$ 谱宽度分别为 0.02～0.07（碎裂煤）、−0.03～0.07（碎斑煤）和 0.20～0.23（碎粒煤），一般偏向于右支，尤其是碎粒煤，表明孔隙体积分布受高密度区域主导。对于片状煤（0.00～0.02）和鳞片煤（−0.04～0.00）而言，$\alpha_{q^-}-\alpha_0=\alpha_0-\alpha_{q^+}$，预示着孔隙体积分布内部差异较小［图 5-49（d）］。

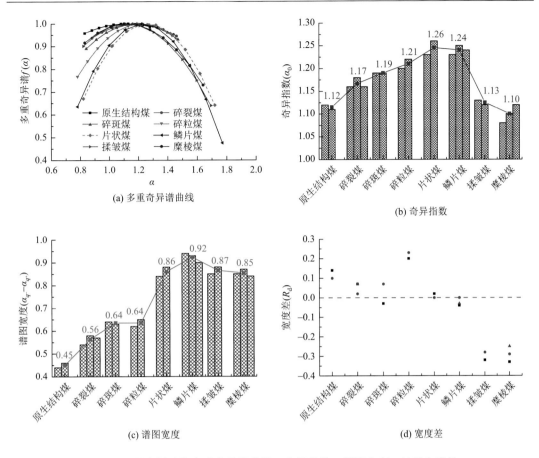

图 5-49 所选样品的多重奇异谱曲线、奇异指数、谱图宽度，以及宽度差

然而，对于韧性变形煤而言，$R_d < 0$，预示着孔隙体积分布受低密度区域控制。从以上的不同类型构造煤的 R_d 分析可以看出，低概率密度区域的孔体积分布随着构造变形的增强对孔径分布的影响逐渐显著。R_d 和 $\alpha_{q^-} - \alpha_0$ 值同时也为定量划分构造煤提供了新的判别指标。$f(\alpha)$ 谱左支宽度（$\alpha_{q^-} - \alpha_0$）随着构造变形的增强逐渐升高，而右支宽度（$\alpha_0 - \alpha_{q^+}$）变化较小，预示着构造变形增加了低概率密度区域的孔隙体积分布的非均质性，$f(\alpha)$ 谱的形状变化归因于孔隙分布随着构造变形增强向小孔径方向偏移的现象，同时增加了低概率密度区域的孔容分布的非均质性。

2. 广义维数谱

广义维数谱可通过式（5-20）计算：

$$D(q) = \frac{1}{q-1} \lim_{\varepsilon \to 0} \frac{\lg \mu(q,\varepsilon)}{\lg \varepsilon} = \frac{1}{q-1} \lim_{\varepsilon \to 0} \frac{\lg[\sum_{i=1}^{N(\varepsilon)} P_i^q(\varepsilon)]}{\lg \varepsilon} \qquad （5-20）$$

式中，$q > 0$，$D(q)$ 由孔径分布的高概率密度区域主导；$q < 0$ 时，$D(q)$ 由孔径分布的低概率

密度区域主导（Li et al.，2015a；Caniego et al.，2003；Muller，1996）；$q = 0$ 时，式（5-11）在这种情况下不确定，此时 D_1 可由洛必达法则（L'Hospital rule）计算（Li et al.，2015a）：

$$D_1 = \lim_{\varepsilon \to 0} \frac{\sum_{i=1}^{N(\varepsilon)} P_i(1, \varepsilon) \lg[P_i(1, \varepsilon)]}{\lg(\varepsilon)} \tag{5-21}$$

对一个多重分形体来说，$D(q)$ 为常量，而在多重分析中，$D(q)$ 和 q 的关系并不是恒定的。因此，有序数组 $[q, D(q)]$ 会生成一个可以表征 $D(q)$ 谱的测量函数。其中在 $q = 0$ 和 $q = 2$ 分别对应了容量维 D_0 和校正维 D_2。当所有的子区间均非空时，对于一维分布而言，$D_0 = 1$（Martínez et al.，2010）。按照 Riedi 等（1999）所提出的方法，D_2 可以由式（5-22）算得

$$D_2 = 2H - 1 \tag{5-22}$$

其中，H 为赫斯特指数，在 0.5～1 变化。对于单重分形体而言，$D(q)$ 谱与 q 无关，$D_0 = D_1 = D_2$。而对于多重分形体而言，$D(q)$ 随着 q 单调递减，因此以上三个分形维数的大小表现为 $D_0 > D_1 > D_2$（Caniego et al.，2003）。

配分函数 $\chi(q, \varepsilon)$ 可以通过盒子尺寸 $\varepsilon(L/2^{-k}, 1)(0 \leqslant k < 6)$ 和统计矩（$-10 < q < +10$）确定。图 5-50（a）和图 5-50（b）显示了样品中最好的（Z63）和最差的（Q47）$\chi(q, \varepsilon)$ 与 ε 在双坐标轴下的线性关系。Muller（1996）提出，如果在 $\lg \chi(q, \varepsilon)$ 和 $\lg \varepsilon$ 之间存在较好的线性关系，则该多孔介质的孔径分布符合多重分形特征。淮北矿区原生结构煤和构造煤样品的 $\lg \chi(q, \varepsilon)$ 和 $\lg \varepsilon$ 均存在较好的线性关系（$R^2 \geqslant 0.84$），预示着所有的样品均符合多重分形特征。这也与多重奇异谱中 $f(\alpha)$ 的上凸抛物线的形态是一致的。由于广义维数谱为一单调递减函数，因此四个特征分形维数表现为 $D_{-10} > D_0 > D_1 > D_{10}$。$D_{sp}$ 和 D_{ap} 分别是渗流孔和吸附孔的分形维数，$D(q)$ 的变化显示了原生结构煤和构造煤的孔径分布在多重尺度上具有自相似性特征 [图 5-51（a）～5-51（g）]。这些特征参数显示了孔径分布的内在变化且描绘了孔隙分布的非均质性（Li et al.，2015a）。D_0 与构造煤类型无关，均为 1.000，表明煤岩孔径分布特征是一维分布的欧几里得（Euclidean）维数。在无限细分情况下，$\chi(q, \varepsilon)$ 等于 $N(\varepsilon)$，在上述条件下，式（5-23）可以进一步表达为

$$D_0 = \lim_{\varepsilon \to 0} \frac{\lg N(\varepsilon)}{\lg(\varepsilon)} \tag{5-23}$$

式（5-23）也符合欧几里得维数。

与单重分形条件中的 D_0 一样，D_1 可以有效表征孔径分布在特定区间里面的聚集程度（Li et al.，2015a），D_0 与 D_1 的接近程度是表征孔径分布均一化程度的重要指标。D_1 随着构造变形的增强逐渐降低，预示着强剪切和韧性变形煤相较于原生结构煤和脆性系列构造煤具有更好的团簇性分布。揉皱煤（$D_0 - D_1 = 0.13$）和糜棱煤（$D_0 - D_1 = 0.16$）中，较多的孔容分布在较有限的孔径中，显示出较高的不均一性，表明这两种煤具有最高的孔隙团簇性分布；其次为片状煤（$D_0 - D_1 = 0.11$）和鳞片煤（$D_0 - D_1 = 0.13$）。然而在脆性系列构造

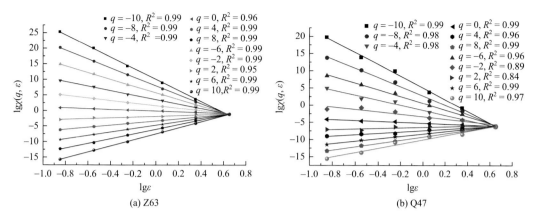

图 5-50　最好（Z63）和最差（Q47）的线性关系

煤中可以得到相反的趋势，如碎裂煤（D_0–D_1 = 0.070），碎斑煤（D_0–D_1 = 0.073）和碎粒煤（D_0–D_1 = 0.075），预示着孔径分布具有最高的均一性。因此，D_0–D_1 是描述孔径分布在纳米和显微尺度上的非均质性的重要指标。

赫斯特指数 H 表征孔径分布自相关性的分布，与长程色散力有关（Li et al.，2015a）。较高的 H 值预示着较强的孔径分布自相关性，所有的 H 值均大于 0.8，表明不同孔隙大小区间内的孔隙度变化的正相关关系。碎裂煤、碎斑煤和碎粒煤中的平均 H 分别为 0.97、0.98 和 0.99，表明其较高的孔径分布自相关性。然而对于片状煤、鳞片煤、揉皱煤和糜棱煤，平均 H 分别为 0.95、0.91、0.83 和 0.83，表明其较低的孔径分布自相关性。H 值随着脆性变形的增强逐渐升高，而随着韧性变形的增强逐渐降低。H 可以用于描述一定孔径分布区间内的孔隙连通性（Li et al.，2015a）。因此，揉皱煤和糜棱煤中的孔隙连通性显著差于其他类型构造煤；而脆性变形煤尤其是碎斑煤和碎粒煤具有较好的孔隙连通性，原生结构煤（0.93~0.96，平均 0.95）的孔隙连通性略低于脆性变形煤（0.97~0.99，平均 0.98），但显著高于韧性变形煤（0.83~0.86，平均 0.85）。$D(q)$ 谱的宽度 D_{-10}–D_{10}，可以有效表征孔隙分布在全孔径区间上的非均质性。对于所有的构造煤样品而言，D_{-10}–D_{10} 总体随着构造变形的增强逐渐升高，因此最高值出现在揉皱煤（0.684~0.696）和糜棱煤（0.693~0.724）中，然而碎斑煤（0.56~0.57）高于碎裂煤（0.44~0.47，平均 0.45）和碎粒煤（0.53~0.55，平均 0.54），表明碎斑煤在全孔径分布范围内具有较低的孔径分布非均质性。碎斑煤中局部较高的（D_{-10}–D_{10}）反映了较高的多重分形程度以及不均一性，可能与其中广泛分布的碎基和碎粒有关。

右侧（$q > 0$）宽度（D_0–D_{10}）和左侧（$q < 0$）宽度（D_{-10}–D_0）可为相对应的孔径分布区间非均质性提供良好的指标。D_0–D_{10} 和 D_{-10}–D_0 分别对应于大孔和小孔主导区间，而 Sierpinski 分形模型所得到的吸附孔（D_{ap}，< 100nm）和渗流孔（D_{sp}，> 100nm）分形维数与 D_0–D_{10} 和 D_{-10}–D_0 也具有一定的相关性。D_{ap} 和 D_{sp} 分别与 D_{-10}–D_0（R^2 = 0.8741）和 D_0–D_{10}（R^2 = 0.7837）[图 5-51（h）、（i）]存在良好的线性关系，表明 $q > 0$ 和 $q < 0$ 时的多重分形参数分别对应于渗流孔和吸附孔的非均质性特征。原生结构煤、碎裂煤和碎斑煤，D_0–D_{10} 高于 D_{-10}–D_0，表明这些煤中渗流孔的分形维数高于吸附孔；而在片状煤、鳞片煤、

揉皱煤和糜棱煤中可以看到相反的结果；对于碎粒煤而言，D_0-D_{10} 接近于 $D_{-10}-D_0$，表明碎粒煤中渗流孔的非均质性和吸附孔比较接近。左侧宽度 $D_{-10}-D_0$ 随着构造变形的增强逐渐升高，且最高值出现在揉皱煤（0.68～0.70，平均 0.69）和糜棱煤（0.69～0.72，平均 0.70）中，表明韧性变形煤具有最复杂的孔隙形态，这也与其最高的甲烷吸附能力是相符的。$D_{-10}-D_0$ 的升高与 $D_{-10}-D_{10}$ 是一致的，但与 D_0-D_{10} 是不一致的，表明压汞孔径分布非均质性在全孔径范围内受吸附孔非均质性主导。构造变形可以显著提高吸附孔的非均质性，因此广义维数谱的左支宽度 $D_{-10}-D_0$ 可视为构造变形强度的定量指标。脆性和脆-韧性过渡变形阶段逐渐降低，而在韧性变形阶段逐渐升高。最低和最高的 D_0-D_{10} 分别出现在鳞片煤（0.382～0.394）和原生结构煤（0.481～0.482）中，而揉皱煤（0.427～0.436）和糜棱煤（0.309～0.438，平均 0.387）高于脆-韧性过渡系列构造煤。对比可知，韧性变形构造煤具有最高的吸附孔非均质性，导致了其较高的气体含量；而在脆性构造煤中，吸附孔非均质性弱。

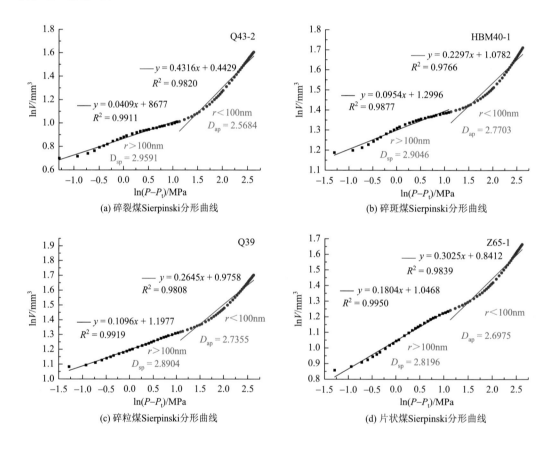

(a) 碎裂煤Sierpinski分形曲线 (b) 碎斑煤Sierpinski分形曲线
(c) 碎粒煤Sierpinski分形曲线 (d) 片状煤Sierpinski分形曲线

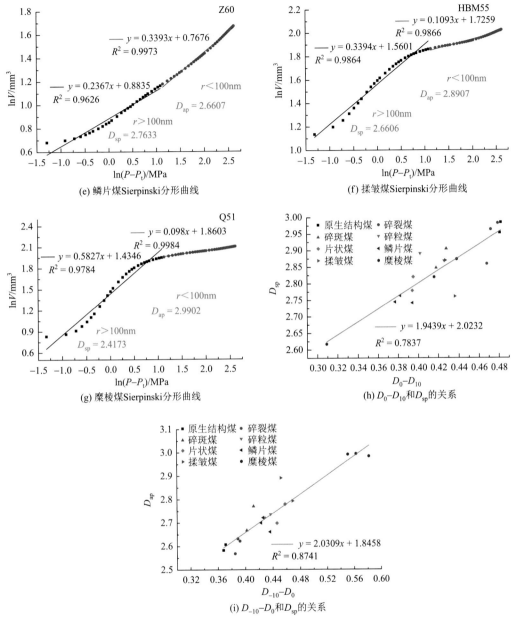

图 5-51 Sierpinski 分形曲线、D_0-D_{10} 和 D_{sp} 的关系，以及 D_{-10}-D_0 和 D_{sp} 的关系

5.5 孔隙结构的构造控制

淮北矿区构造煤孔隙度、大孔孔容及比表面积随着构造变形的增强，整体呈增长趋势，揉皱煤中孔径>1000nm 以及 100~1000nm 的孔隙孔容和比表面积均较低，原因是其 10~100nm 的孔和>100nm 的孔发育较差，对应着双弧线型压汞曲线类型。各类型构造煤 50~100nm 的孔容在变形过程中增长较为稳定，这和液氮表征的结果相一致。介孔中值孔径随着构造变形的增强整体呈减小趋势［图 5-52（h）］，原生结构煤和碎裂煤中中值孔径较大

主要是原生孔和平行板状孔的贡献,而揉皱煤中值孔径最小则是因为存在大量的细瓶颈孔而无开放性平板孔。介孔孔容逐渐增大,但增幅小,从原生结构煤到揉皱煤平均孔容仅从 $0.001mm^3/g$ 增加到 $0.0051mm^3/g$,主要在揉皱煤时大幅增高 [图 5-52 (j)];而比表面积随构造变形增强,增幅明显($0.2075\sim2.7011m^3/g$)[图 5-52 (i)],表明构造变形主要影响介孔的孔隙形态,从而改变其比表面积,同时揉皱煤的比表面积增幅最大,这与其中值孔径最小以及缺少平行板状孔是相符的。随着构造变形作用的增强,构造煤中值孔径减小同时具有更加复杂的孔隙形态。

原生结构煤大孔孔容主要集中于 $>1000nm$ 及 $100\sim1000nm$ 两段,平均各占总孔容的 65.5% 和 19.63% [图 5-52 (a)],占主导地位的孔隙为原生孔和变质孔,反映煤层原生结构保存较好,构造变形较为微弱。超大孔为肉眼可观察到的裂隙,是煤层构造变形和内生裂隙的产物。$>1000nm$ 的孔隙主要归结为显微裂隙、外生孔和矿物质孔。碎裂煤和原生结构煤的大孔和纳米孔孔隙结构较为一致,碎裂构造作用使 $>1000nm$ 及 $100\sim1000nm$ 的大孔孔容有所增长,其中 $50\sim100nm$ 的孔容基本无变化 [图 5-52 (b)、(d)、(f)];从液氮曲线来看,$<100nm$ 的孔隙形态基本无变化,表明碎裂构造作用未影响到纳米级孔隙形态。随着构造变形的增强至片状煤时,受到弱的剪切构造作用,$>1000nm$ 的孔隙增加显著,而 $100\sim1000nm$ 以及 $50\sim100nm$ 的孔隙少量增加 [图 5-52 (b)、(d)、(f)],进一步表明构造应力对于孔隙结构的改造作用随着孔隙尺度的减小而逐渐减弱;从孔隙形态来看,剪切构造作用促使细瓶颈孔大量出现的同时,原生结构煤及碎裂煤中广泛存在的平行板状孔减少至无显现。随着构造变形的进一步增强,鳞片煤中大孔孔容和比表面积继续升高 [图 5-52 (b)、(d)、(f)],对比孔径分布可知主要为 $100\sim1000nm$ 和 $>1000nm$ 的孔隙的贡献 [图 5-52 (a)],表明随着剪切构造变形作用增强,脆-韧性变形阶段煤体破坏增强;此时,$100\sim1000nm$ 的孔容百分比含量显著增高,剪切应力对于 $>1000nm$ 及 $100\sim1000nm$ 大孔孔径阶段的相应孔容增幅较其他类型较大,而改造尺度则逐渐减小,剪切构造作用使得 $100\sim1000nm$ 的孔容大幅增高 [图 5-52 (d)],$>1000nm$ 孔容也有所升高 [图 5-52 (b)],$50\sim100nm$ 孔容增长幅度最小 [图 5-52 (f)];纳米孔隙形态介于原生结构煤/碎裂煤与片状煤之间,存在少量 $3.3\sim4nm$ 的细瓶颈孔及 $>10nm$ 的平行板状孔。随着韧性变形的增强,至揉皱煤阶段,$>1000nm$ 的及 $100\sim1000nm$ 的孔容及其比表面积受到揉皱改造作用而发生降低的趋势反映了揉皱构造作用对煤体原生微孔隙的破坏作用(李明,2013),而原生微孔隙在变形较弱的原生结构煤和碎裂煤中得以较好的保存。$50\sim100nm$ 的孔容持续增长是剪切构造作用尺度进一步加深的结果 [图 5-52 (f)];揉皱煤中存在大量 $3.3\sim4nm$ 的细瓶颈孔而 $>10nm$ 的平行板状孔基本不见。

糜棱煤各阶段大孔孔容与比表面积均发生显著增高 [图 5-52 (b)、(c)、(e)、(d)、(f)、(i)],煤体受构造作用较为复杂,为上述多重构造作用同时或部分同时对孔隙结构产生影响和控制作用的结果,从而对孔隙结构产生深刻影响。综上,各种构造作用对于大孔孔隙结构的建设性顺序表现为:剪切构造作用>碎裂构造作用>揉皱构造作用,同时各种构造作用深刻影响着纳米级孔的形态特征,$3.3\sim4nm$ 的细瓶颈孔和 $>10nm$ 平行板状孔对构造作用敏感;剪切构造作用时,细瓶颈孔大量出现而平行板状孔基本不见;孔径 $<3.3nm$ 的不透气性 II 类孔在各种构造煤中分布稳定,基本无变化。

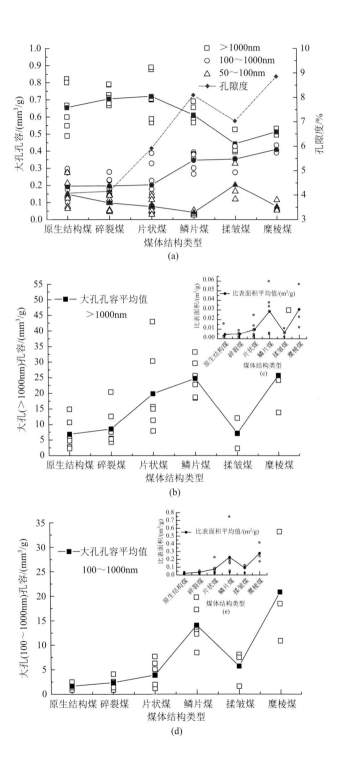

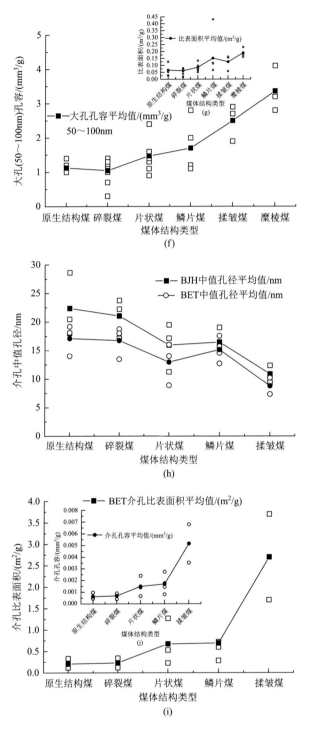

图 5-52　研究区原生结构煤及构造煤系列大孔孔隙结构参数

6　构造煤大分子结构演化

　　煤有机大分子是由芳香族、脂肪侧链和杂原子官能团组成的三维交联结构，其中，多环芳香烃构成了煤大分子的骨架，脂肪侧链提供了链接多环芳烃的桥键，含氧官能团则分布在外围（Van Niekerk and Mathews，2010；Castro-Marcano et al.，2012a，2012b；Mathews and Sharma，2012）。研究表明，芳香环的甲烷吸附能力强于脂肪侧链，而不同官能团的甲烷吸附能力同样存在显著差异（Liu et al.，2013；Thierfelder et al.，2011；Rathi et al.，2015；Qiu et al.，2012）。构造煤和原生结构煤的甲烷吸附能力的差异，在一定程度上取决于其分子结构中芳香族和脂肪侧链的配置关系以及含氧官能团的多样性。

　　20 世纪 40 年代 Fuchs 和 Sandoff（1942）基于煤热解理论，第一次公开提出了煤大分子结构模型。随后，Gillet（1949）总结了煤分子结构建模的方法论。基于 X 射线衍射结果，Hirsch（1954）提出了经典的 Hirsch 物理结构模型，比较直观地反映了煤化作用过程中物理结构的变化。Given（1960，1961）在研究煤分子中氢原子的分布时，构建了 Given 煤结构模型，该模型第一次揭示出褐煤中没有大尺寸的芳香稠环结构，同时也较为缺少醚键和含硫结构。20 世纪 70 年代，Chakrabartty 和 Berkowitz（1974）构建了煤大分子碳骨架模型。Bartle 等（1975）分析了超临界气体抽提煤在 350℃ 的化学特性。在该发展阶段，获得世界各国学者普遍认可的是 Wender 基于催化合成反应所构建的 Wender 分子结构模型，Wender 模型包含了 92 个原子，分子式为 $C_{42}H_{40}O_{10}$，但在模型发展过程中，对其特性并未做过多讨论；然而，Wender 模型具有褐煤的关键特性，如通过脂肪侧链作为交联键链接的简单芳环结构，该模型也第一次考虑了交联键的存在（Wender，1976）。Iwata 等（1980）提出了代表了不同煤级煤的日本煤的分子结构，其中的 Tempoku 褐煤分子结构模型是基于重复结构单元 $C_{21}H_{20}O_5$ 而产生的，因此他并未体现 Wender 模型所包含的非均质性，仅仅把褐煤作为一种聚合物处理。

　　20 世纪 90 年代以后，分析测试技术取得了长足的进步，有力地促进了煤大分子结构研究。Carlson（1992）提出了应用计算机模拟构建褐煤分子模型的方法，构建模型的密度与微孔分布和实验值得到了较好地吻合。Hatcher 等（1992）基于核磁共振技术，定量计算了 C1、C2 以及 C3 等苯环取代基的含量，并确立了构建高挥发分烟煤镜质组和惰质组三维结构模型的方法；紧接着，其合作者构建了高挥发分烟煤的分子结构模型（Faulon et al.，1993）。Nomura 等（1992，1998）则提供了一个表征 Akabira 煤结构（$C_{383}H_{372}O_{38}N_6$）合理的化学单元，通过热解数据确定了该煤的芳香组分，并基于 CP/MAS ^{13}C NMR 方法确定了脂肪碳原子分布。随后，Dong 等（1993）引入了计算机辅助分子设计的方法，通过密度模拟进一步确立了 Akabira 煤结构模型。Faulon 等（1993）构建了静态三维烟煤分子结构模型，该模型所获得的物理性质，如势能、氦密度和微观孔隙度等，均和实验结果具有较好的一致性；进而通过该模型可以计算煤样品的微孔分布和分形维数（Faulon et al.，

1994）。计算机模拟方法同样被应用于煤分子的溶剂可溶性缔合度的评价（Takanohashi et al.，1994）。Ohkawa 等（1997）构建了日本 Akabira 烟煤分子结构，从候选结构中选择部分结构，基于基础化学实验和通过连接输入片段来构造。其次，利用局部结构评价，从三维构象的角度，将局部结构缩小为适当的结构，该方法较手工方法更简单可行。Takanohashi 等（1998）在室温下利用二硫化碳萃取 Upper Freeport 煤，建立了基于结构参数的大分子模型，并用分子力学和分子动力学方法计算了能量最小构象。Nomura 等（1998）通过 ^{13}C NMR、热解反应、钌离子催化氧化反应（RICO）和单颗粒煤溶剂溶胀法分析了枣庄烟煤的结构演化特征，并由此构建了枣庄煤分子结构模型。Jones 等（1999）研究了匹兹堡 8 号煤的平均分子结构模型，并运用商业分子模拟软件进行了几何最优化和能量最小化计算，所得到的结构对预测焦炭燃烧行为具有重要的意义。Takanohashi 等（1999）通过分子力学与分子动力学计算来描述煤分子在吡啶中的溶胀行为，不同数量的乙醇分子被相继加入煤分子结构中，体系能量逐渐达到最小化。

2000 年以来，关于构造煤大分子结构的研究随着分析测试技术的蓬勃发展而不断涌现，但主要是围绕着参数计算及其构造响应和变形特征而展开。基于 NMR（CP/MAS + TOSS）方法，琚宜文等（2005a）获得了不同类型构造煤的 ^{13}C NMR 高分辨谱并结合 $R_{o, \max}$、XRD 和元素分析成果，研究了不同类型构造煤结构及成分变化的应力效应。姜波等（2009）将 XRD、顺磁共振和核磁共振等技术应用于不同类型构造煤以及高温高压实验变形煤的化学结构研究。李小诗等（2011）通过对构造煤样品进行的 XRD 分析，并结合激光拉曼光谱和傅里叶变换红外光谱的讨论，研究了不同变形程度构造煤的结构演化机理。Xu 等（2014）基于自主研发的高温高压变形实验装置研究了煤变形产气机理及大分子结构演化特征，发现应变能可促使脆性变形煤大分子结构的变形和韧性变形煤大分子单元的断裂，导致煤岩大分子结构单元晶格缺陷和滑移。基于激光拉曼测试，Han 等（2016，2017）采用次高温高压变形装置研究了实验演化系列无烟煤大分子结构变形机理和响应特征，发现煤的脆韧性和韧性变形行为除了受温度和应变速率影响外，还受应力方向的影响；韧性变形行为与晶格缺陷有关且在平行于层理方向优先生长；而脆性变形与直接的化学键断裂有关。

6.1　分析测试方法

为揭示不同构造煤的分子结构特征，综合采用傅里叶变换红外光谱（Fourier transform infrared spectroscopy，FTIR）、^{13}C 核磁共振（^{13}C nuclear magnetic resonance，^{13}C NMR）波谱、X 射线光电子能谱（X-ray photoelectron spectrometer，XPS）以及激光拉曼光谱测试以揭示构造煤大分子结构演化特征，其中 ^{13}C NMR 可解析碳原子的分布状态；FTIR 可提供脂肪侧链和含氧官能团的分布信息；XPS 分析可揭示 C、H、O、N 和 S 元素的价态和含量；拉曼光谱解叠分析可提供次生结构缺陷的信息。利用高分辨率透射电子显微镜（high resolution transmission electron microscope，HRTEM）可进一步探讨煤大分子中芳香条纹的结构有序性发育规律。本节一方面探讨煤岩有机大分子结构对构造变形的响应特征，另一方面为构建构造煤大分子结构以及进行韧性变形煤的甲烷（二氧化碳）吸附的分子模拟提供必要的基础。

6.1.1 谱学测试分析

1. 傅里叶变换红外光谱

红外光谱可有效解析煤中官能团的分布状态，已被广泛应用于煤岩大分子结构测试中（Painter et al.，1981；Geng et al.，2009；Solomon and Carangelo，1988；Ibarra et al.，1996）。该实验在中国矿业大学现代分析与计算中心完成，所用仪器型号为德国布鲁克公司生产的 VERTEX 80v，光谱范围为 $350\sim8000cm^{-1}$（可扩展至 $5\sim5000cm^{-1}$）。分辨率为 $0.06cm^{-1}$，连续可调，全波段实现超高分辨率。所用样品状态为固体粉末，烘干并粉碎至 200 目以下，采用 KBr 压片法进行测试，得到原生结构煤及构造煤红外光谱谱图和官能团归属，并依据官能团归属进行结构参数计算（Saikia et al.，2007；Sobkowiak and Painter，1992；Starsinic et al.，1984）。

2. 核磁共振波谱

核磁共振是确定煤大分子结构中碳原子分布的极其重要、不可缺少的分析测试手段（Cookson and Smith，1983；Takanohashi and Kawashima，2002；Murphy et al.，1982）。利用 ^{13}C 核磁共振波谱并依据有机碳原子吸收峰范围，可以测试碳原子的分布状态并计算核磁共振结构参数（Genetti et al.，1999；Solum et al.，2001；Franz et al.，1992；Snape et al.，1989；Perry et al.，2000；Maciel et al.，1979）。核磁共振实验在中国科学院山西煤炭化学研究所进行，所用的仪器为德国布鲁克公司生产的 600MHz 全数字化核磁共振谱仪（14.1T），型号为 AVANCE Ⅲ HD 600MHz。测试时魔角旋转频率为 4kHz，接触时间为 3ms，循环延迟时间为 3s，采用 ^{13}C CP/MAS 核磁共振结合总边带抑制（total sideband suppression，TOSS）技术，获得了具有良好灵敏度的半定量成分信息，所有实验均在双共振 4mm MAS 探头中进行。

3. 激光拉曼光谱

激光拉曼光谱可分为一级模区和二级模区（苏现波等，2016；邓芹英等，2003；刘逸等，2014；吴娟霞等，2014）。该实验在中国矿业大学现代分析与计算中心进行，所用的仪器为激光共焦拉曼光谱仪（型号 Senterra）。测试条件为 532nm 激光，5mW 激光功率，2s 积分时间，10 次累积次数，$9\sim18cm^{-1}$ 分辨率，得到原生结构煤及构造煤拉曼谱图。

4. X 射线光电子能谱

X 射线光电子能谱可以用来分析元素的化学态及各种化学态的相对含量（Yamashita and Hayes，2008；Biesinger et al.，2010；Grosvenor et al.，2006；Dupin et al.，2000；Fujii et al.，1999），被广泛被应用于分析煤中 O、N 和 S 原子的分布状态，并获得了较好的应用效果（Perry and Grint，1983；Pietrzak，2009；Bartle et al.，1987；Shigemoto et al.，1995）。

本次所用仪器为美国 Thermo Fisher 公司生产的 ESCALAB 250Xi 型 X 射线光电子能谱仪，在中国矿业大学现代分析与计算中心完成，采用 180°半球能量分析器，最大能谱测量值为 5000eV；Al Kα 单色化 XPS，X 射线束斑面积范围为 900~200μm 连续可调。在实际测试过程中，测试功率为 200W，Al Kα 阳极。全扫描步长 5eV，透过能为 150eV；基础真空为 10^{-7}Pa（张莉等，2013），得到原生结构煤及构造煤 XPS 谱。

6.1.2 高分辨率透射电子显微镜

HRTEM 实验是在中国科学院山西煤炭化学研究所利用日本电子株式会社生产的 JEM-2010 展开。观测时点分辨率和线分辨率分别为 0.23nm 和 0.14nm，加速电压为 200kV，样品颗粒粉碎至过 200 目标准筛。加入乙醇，超声振荡分散 10~30min。而后取 2~3 滴样品，滴入微栅中。数据处理基于 Mathews 和 Sharma（2012）提出的方法，利用 Adobe Photoshop 中的 IPTK（Image Processing Toolkit）插件来进行图像分析和芳香条纹提取。

6.2 谱学响应特征

谱学特征分析包括光谱学分析（傅里叶变换红外光谱和激光拉曼光谱），核磁共振波谱以及 X 射线光电子能谱分析。通过谱图解叠拟合分析技术，可以进一步探讨煤有机大分子对构造变形的响应特征，进而分析构造煤大分子结构演化机理。

6.2.1 FTIR 结构参数计算

利用 FTIR 可以有效表征煤分子结构特征，进一步的参数计算提供了评价煤有机大分子演化的关键结构信息。

1. 芳香碳结构

煤中的红外光谱波数范围分布在 400~4000cm^{-1}，按照官能团吸收光谱可分为 4 个区域，分别为：700~900cm^{-1}，为芳香取代结构区域；1000~1800cm^{-1}，为含氧官能团区域；2800~3000cm^{-1}，为脂肪侧链吸收区域；3000~3600cm^{-1}，为羟基吸收区域（Saikia et al.，2007；Sobkowiak and Painter，1992；Starsinic et al.，1984）。以样品 L3 为例，芳香取代结构吸收波段的官能团归属结果见表 6-1。

表 6-1 样品 L3 芳香取代结构吸收波段的官能团归属

峰编号	峰类型	峰位置/cm^{-1}	面积占比/%	官能团归属
1	高斯	701.20843	0.96864	单取代芳烃
2	高斯	752.76657	6.25368	邻位三取代芳烃
3	高斯	791.46154	0.52332	对位苯环取代
4	高斯	899.53209	0.72559	对位苯环取代

采用峰面积数据来定量分析煤大分子结构参数（Lievens et al.，2013；Zhao et al.，2011，2017）。选择以下 7 组红外光谱参数来表征原生结构煤和构造煤大分子结构。

（1）$A_{CH_2}/A_{CH_3}=A_{2900\sim2940}/A_{2940\sim3000}$ 表征脂肪链长程度及支链化程度（Ibarra et al.，1994），此参数值越大，表明样品中的脂肪链越长，支链化程度越低。

（2）芳香度 I，$I_1=A_{3000\sim3100}/A_{2800\sim3000}$、$I_2=A_{700\sim900}/A_{2800\sim3000}$（Guo and Bustin，1998），芳环的缩聚度 DOC，$DOC_1=A_{3000\sim3100}/A_{1600}$、$DOC_2=A_{700\sim900}/A_{1600}$。

（3）$I_3=A_{1703+1745}/A_{1618}$。

（4）$I_4=A_{1618}/A_{1703+1618}$（Ibarra et al.，1996）。

（5）$H_{ar}/H_{al}=A_{1520\sim1650}/A_{2800\sim3000}$，代表芳构化指数。

（6）$Al/—OX=A_{2800\sim3000}/A_{1520\sim1800}$，$Al/—C=C—=A_{2800\sim3000}/A_{1520\sim1650}$，$—C=O/—C=C—=A_{1650\sim1800}/A_{1520\sim1650}$，$—C=O\ cont=A_{1650\sim1800}/A_{1520\sim1800}$，$—C=C—cont=A_{1520\sim1650}/A_{1520\sim1800}$，分别代表脂肪碳与含氧官能团的相对含量、脂肪碳与 $—C=C—$ 的相对含量、$—C=O$ 和 $—C=C—$ 的相对含量、$—C=O$ 和 $—C=C—$ 的百分含量。

（7）$'A'=A_{2800\sim3000}/(A_{2800\sim3000}+A_{1600})$，代表原岩的生烃潜力（Iglesias et al.，1995），$'C'=A_{1650\sim1800}/(A_{1650\sim1800}+A_{1600})$，代表含氧的 $C=O$ 对于 $C=C$ 伸缩官能团的变化，表征煤的成熟度。各个参数的计算结果见表 6-2，原生结构煤以及不同构造煤的结构参数变化见图 6-1（a）～（1）。

表 6-2 原生结构煤及不同类型构造煤的 FTIR 结构参数

编号	类型	A_{CH_2/CH_3}	I_1	I_2	I_3	I_4	DOC_1	DOC_2	$'A'$	$'C'$	Al/—OX	Al/—C=C—	—C=O	C=C—
L3	碎裂煤	2.98	0.17	2.42	0.17	0.86	0.02	0.63	0.35	0.14	0.46	0.49	0.14	0.93
L2	碎裂煤	2.82	0.06	1.00	0.21	0.83	0.01	0.50	0.38	0.17	0.52	0.57	0.17	0.91
N51	碎裂煤	1.91	0.05	0.39	0.21	0.93	0.04	0.53	0.18	0.73	0.83	0.69	0.95	
D32	碎斑煤	2.61	0.13	0.64	0.15	0.87	0.02	0.36	0.36	0.13	0.49	0.53	0.13	0.93
D31	片状煤	3.25	0.05	0.47	nd	nd	0.04	0.34	0.42	nd	0.52	0.71	nd	nd
L24	片状煤	1.99	0.21	0.79	0.17	0.89	0.03	0.43	0.43	0.31	0.37	0.38	0.36	0.89
D28	鳞片煤	2.32	0.10	0.89	0.14	0.93	0.01	1.01	0.43	0.12	0.46	0.70	0.12	0.94
L11	鳞片煤	1.39	0.09	0.55	0.08	0.94	0.02	0.66	0.54	0.28	0.50	0.73	0.79	0.94
N15	揉皱煤	2.51	0.08	0.59	0.07	0.93	0.01	0.53	0.47	0.18	0.45	0.85	0.07	0.97
Z22	糜棱煤	1.39	0.06	0.28	0.11	0.90	0.02	0.50	0.59	0.24	0.56	1.30	0.24	0.88

注：nd 表示未有数据。

A_{CH_2/CH_3} 的值在碎裂煤中为 1.91～2.98，平均为 2.57，碎斑煤为 2.61，随着脆性变形的增强，支链长度有增高趋势，支链化程度逐渐降低。然而，在片状煤和鳞片煤中分别为 1.99～3.25（平均为 2.62）和 1.39～2.32（平均为 1.86），显著低于碎裂煤和碎斑煤；揉皱煤和糜棱煤中，A_{CH_2/CH_3} 进一步降低为 2.51 和 1.39，剪切作用所引起的支链化程度的降低显著强于脆性变形作用。这一效应同样可以导致芳香碳比例上升，尤其对于质子化芳碳而言。I_1 在碎裂煤、碎斑煤和片状煤阶段总体升高，而在鳞片煤、揉皱煤和糜棱煤阶段显著降低；I_3 随着构造变形的增强总体降低，二者结合说明了芳香烃 C＝C 键的含量在强脆性和韧性变形阶段总体升高；I_2 随着构造变形的增强总体降低，I_4 的变化规律与 I_1 相似。I_1 在韧性变形阶段的降低趋势表明了韧性变形可以导致芳环取代基吸收强度的降低，这同样可以由该阶段的 f_a^H 佐证。I_3 的逐渐降低则反映了由于应力缩聚作用引起的芳构化程度的提高和含氧官能团的脱落。结合 ^{13}C NMR 和 FTIR 的计算结果可知，脆性变形阶段的脱氧作用主要是由脱羧和脱羟基作用所主导。然而氧在韧性阶段的脱除主要是由脱羰作用所实现的。结合—C＝O 的变化可知，—C＝O 在磷片煤中相对含量最高，为 0.12～0.79，平均为 0.46。C＝C—的含量随着构造变形的增强，变化不大。I_4 在脆性变形阶段变化不大，脆-韧性过渡变形阶段略微升高，而在韧性变形阶段平均值依然高于碎裂煤，这显示了在力化学作用下有机质成熟度的提高。韧性变形对有机质成熟的促进作用明显高于脆性变形和脆-韧性过渡变形。

参数 Al/—OX 是指示脂肪碳相对于含氧官能团相对降低速率大小的重要参数。在碎裂煤中为 0.46～0.73（平均为 0.57），在碎斑煤中为 0.49，片状煤中为 0.37～0.52（平均为 0.45），在脆性变形阶段，Al/—OX 逐渐降低，表明脂肪侧链的脱除速率高于含氧官能团。在脆-韧性和韧性系列构造煤中，Al/—OX 总体升高；糜棱煤中为 0.56，高于以上各种构造煤类型，表明糜棱化作用可以促使含氧官能团快速脱落，这时，含氧官能团的脱除速率高于脂肪侧链。Al/—C＝C—在脆性变形阶段变化不大，而在过渡和韧性变形阶段，随着构造变形的增强而逐渐降低，这是受脂肪侧链的脱落和芳构化作用共同控制的。芳香环的缩聚程度 DOC_1 在不同的变形阶段具有不同的变化特征，可能预示着不同变形环境的芳香环缩聚程度的增加是受不同的机理所控制。DOC_2 随着构造变形的增强总体逐渐升高，表明取代芳环面外变形振动逐渐增强。$'A'$ 总体表现为逐渐升高，表明了韧性变形煤的生烃潜势高于脆性系列构造煤。参数 $'C'$ 随着构造变形的增强先降低后升高，呈现抛物线规律变化，预示着在脆性变形阶段羰基的富集和韧性变形阶段羰基的脱除作用。

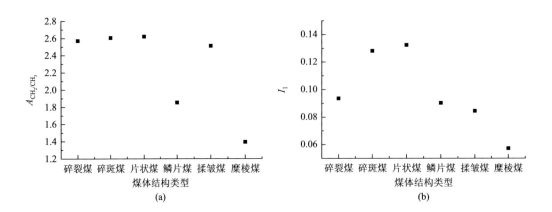

(a)   (b)

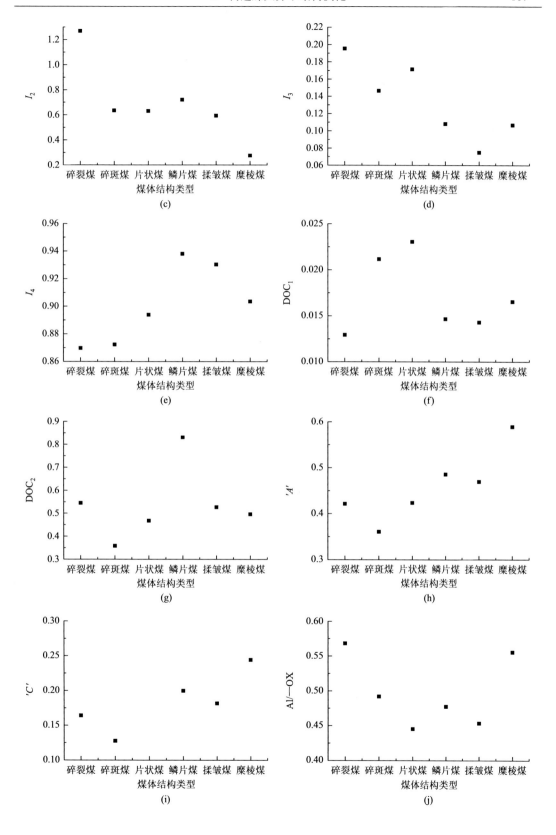

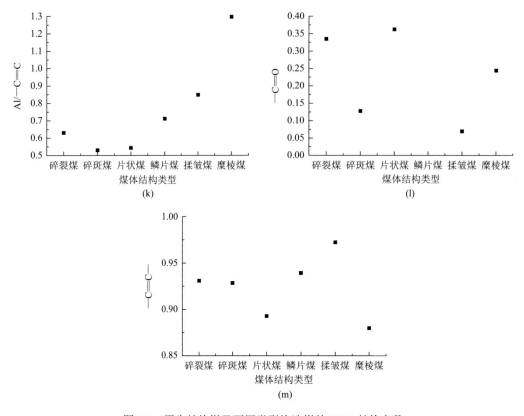

图 6-1 原生结构煤及不同类型构造煤的 FTIR 结构参数

2. 脂肪侧链

FTIR 光谱中 $2800 \sim 3000\text{cm}^{-1}$ 范围内的分峰拟合结果见图 6-2，以样品 L2 为例，脂肪侧链的官能团归属及结果分别如表 6-3 和表 6-4 所示。原生结构煤及构造煤在该段的红外光谱主要由位于 2920cm^{-1}、2855cm^{-1} 和 2950cm^{-1} 左右的三个主峰构成，分别对应于反对称 R_2CH_2 伸缩振动、对称 R_2CH_2 伸缩振动和反对称 RCH_3 振动；三峰的强度依次降低。此外，还存在两个肩峰，位于 2826cm^{-1} 和 2895cm^{-1} 处，分别对应于对称 R_2CH_2 和 R_3CH 伸缩振动。

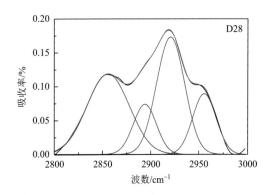

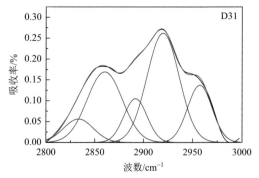

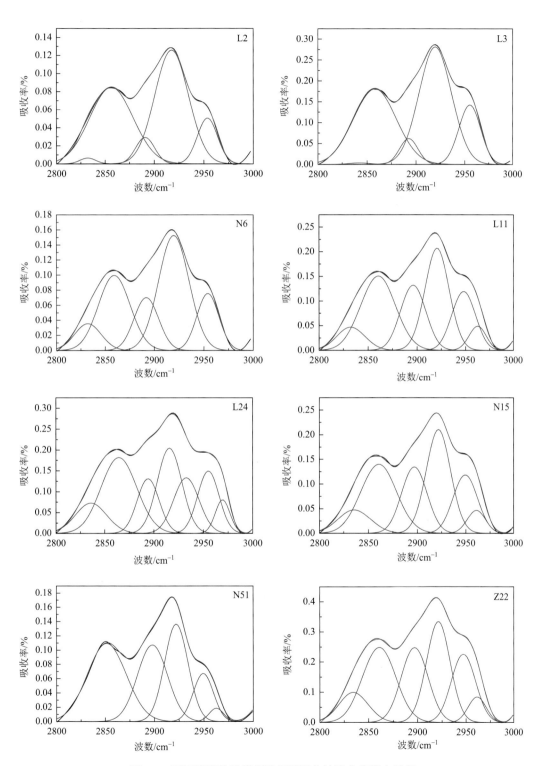

图 6-2 不同类型构造煤脂肪侧链吸收波段分峰拟合结果

表 6-3　样品 L2 脂肪侧链吸收波段官能团归属

峰编号	峰类型	峰位置/cm⁻¹	面积占比/%	归属
1	高斯	2832.23	1.20	对称 R_2CH_2
2	高斯	2859.43	4.06	对称 R_2CH_2
3	高斯	2892.07	2.18	R_3CH
4	高斯	2919.92	5.88	反对称 R_2CH_2
5	高斯	2954.14	2.08	反对称 RCH_3

表 6-4　不同类型的构造煤样品脂肪侧链分布及含量

样品编号	类型	对称 R_2CH_2	R_3CH	反对称 R_2CH_2	反对称 RCH_3
L2	碎裂煤	0.34	0.14	0.38	0.14
L3	碎裂煤	0.36	0.05	0.44	0.15
N51	碎裂煤	0.36	0.12	0.21	0.32
D32	碎斑煤	0.40	0.06	0.44	0.11
D31	片状煤	0.37	0.05	0.44	0.14
L24	片状煤	0.35	0.26	0.26	0.13
D28	鳞片煤	0.37	0.13	0.36	0.15
L11	鳞片煤	0.35	0.18	0.27	0.20
N15	揉皱煤	0.35	0.11	0.38	0.15
Z22	糜棱煤	0.34	0.18	0.28	0.20

　　构造煤中脂肪侧链是由反对称 R_2CH_2（0.21～0.44，平均为 0.35）、对称 R_2CH_2（0.34～0.40，平均为 0.36）、R_3CH（0.05～0.26，平均为 0.13）和反对称 RCH_3（0.11～0.32，平均为 0.17）构成，其中亚甲基的含量远高于甲基和次甲基，表明淮北煤田构造煤大分子含有较多的支链，这与其较低的镜质组反射率是一致的。碎裂煤中对称 R_2CH_2 和反对称 R_2CH_2 分别为 0.34～0.36（平均为 0.35）和 0.21～0.44（平均为 0.34），碎斑煤中的对称 R_2CH_2 含量最高，达 0.40，高于其他类型构造煤。在片状煤和鳞片煤中对称 R_2CH_2 均为 0.35～0.37（平均为 0.36），揉皱煤和糜棱煤中分别为 0.35 和 0.34，总体来看，对称 R_2CH_2 的含量随着构造变形的增强逐渐降低（图 6-3），反对称 R_2CH_2 的含量在碎斑煤和揉皱煤中表现高异常，分别为 0.44 和 0.38，在其他类型构造煤中，随着构造变形的增强，含量总体逐渐降低，结合对称 R_2CH_2 和反对称 R_2CH_2 的变化可知，亚甲基的含量随着构造变形的增强总体降低，这反映了构造变形可以促使脂肪侧链变短，并且逐渐脱落。

　　姬新强（2016）和姬新强等（2016）通过 Peak Fit 软件进行构造煤红外光谱分峰解叠处理发现糜棱煤中的脂肪物质的含量比碎裂煤中的要低，说明了韧性变形作用降解脂肪侧链的作用更大。相应地，反对称 RCH_3 和 R_3CH 的含量较低，在片状煤中，R_3CH 的含量高于反对称 RCH_3。而在其他类型构造煤中，R_3CH 的含量低于反对称 RCH_3。次甲基和甲基的变化趋势较为接近，总体而言，随着构造变形的增强，有升高的趋势，这反映了在构造应力作用下，脂肪侧链长度变短。

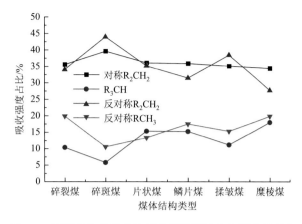

图 6-3　不同结构类型构造煤的脂肪侧链官能团含量变化

3. 含氧基团

1）羟基

红外光谱在该阶段可明显分为 4～9 个吸收峰，其分峰拟合结果见图 6-4。总体而言，羟基总的吸收面积随着构造变形的增强逐渐降低，其中，脆性变形阶段降低较为明显；韧性变形阶段则变化不大，然而糜棱煤中的羟基含量显著低于揉皱煤和鳞片煤。在脆性、脆-韧性过渡类型和韧性变形构造煤中，总羟基吸收峰面积分别为 7.00～51.97cm^{-1}（平均为 20.54cm^{-1}）、6.79～10.83cm^{-1}（平均为 8.81cm^{-1}）和 4.65～15.48cm^{-1}（平均为 10.06cm^{-1}）。

原生结构煤及构造煤中羟基含量及变化分别见表 6-5 和图 6-5。值得注意的是，羟基含量在样品 L2 和 L3 中表现异常，推测与该两块样品灰分含量较高有关。总羟基主要由醚键缔合的羟基（OH-ether，19.88%～43.88%，平均为 30.86%）和 π 键缔合的羟基（OH-π，2.64%～60.48%，平均为 14.81%）提供，其次是和氮原子缔合的羟基（OH-N，6.81%～36.47%，平均为 20.08%），环状缔合的羟基（OH-cyclic，6.25%～31.24%，平均为 11.03%）含量最低。环状缔合的羟基在碎裂煤样品 N51 中表现为高异常，达 31.24%；在其他类型构造煤中变化不大，介于 6.25% 和 11.21% 之间。OH-ether 在脆性系列的碎裂煤和碎斑煤中的含量分别为 21.15%～42.52%（平均为 31.84%）和 19.88%，随着脆性变形的增强，其含量显著降低，这与脆性构造变形对于含氧官能团裂解的促进作用有关。在片状煤和鳞片煤中，OH-ether 的含量分别为 21.20%～32.60%（平均为 26.90%）和 32.30%～37.10%（平均为 34.70%），鳞片煤中 OH-ether 的含量又呈升高趋势，推测与不稳定的甲氧基和羧基脱落形成更加稳定的醚键有关。揉皱煤和糜棱煤中，OH-ether 的含量进一步升高，糜棱煤中达到 43.88%。OH-N 的变化趋势与 OH-ether 类似，介于 6.81% 和 36.47% 之间，平均 20.08%，其在脆性构造煤（6.81%～26.42%，平均为 15.88%）和脆-韧性构造煤（20.50%～32.92%，平均为 26.71%）中基本稳定，在韧性变形煤（15.65%～36.47%，平均为 26.06%）中，略微升高。OH-π 的含量较低，随着构造变形的增强，变化不大，仅在碎裂煤 L2 和 L3 中异常高，分别为 33.43% 和 60.48%，在其他类型构造煤中介于 2.64% 和 10.99% 之间。

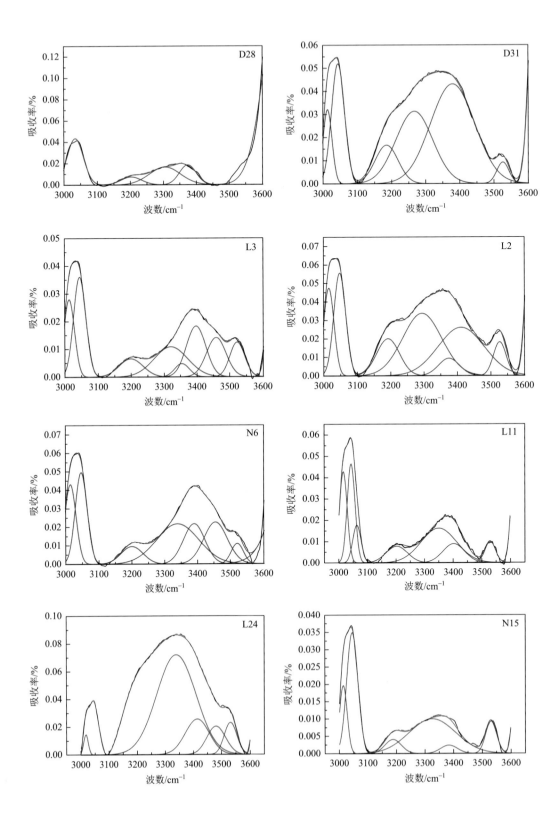

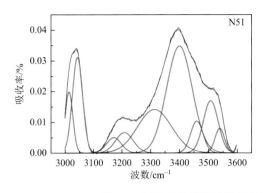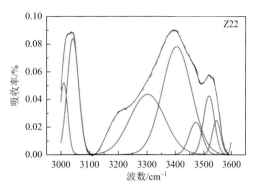

图 6-4 不同结构类型构造煤的波数 3000～3600cm^{-1} 的分峰拟合

表 6-5 不同类型构造煤中羟基含量及其分布

类型	样品编号	OH-cyclic/%	OH-ether/%	OH-N/%	OH-OH/%	OH-π/%
碎裂煤	L2	6.25	21.15	26.42	12.75	33.43
	L3	nd	nd	8.14	31.38	60.48
	N51	31.24	42.52	6.81	15.16	4.27
碎斑煤	D32	8.47	19.88	23.59	38.23	9.83
片状煤	D31	11.21	32.60	16.13	34.34	5.72
	L24	8.61	21.20	14.18	45.02	10.99
鳞片煤	D28	7.25	32.30	20.50	35.38	4.57
	L11	10.78	37.10	32.92	12.50	6.70
揉皱煤	N15	9.08	27.49	15.65	45.14	2.64
糜棱煤	Z22	6.35	43.88	36.47	3.81	9.49

注：nd 表示分峰不明确。

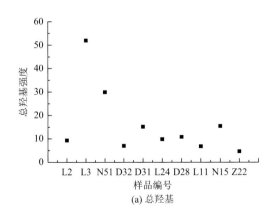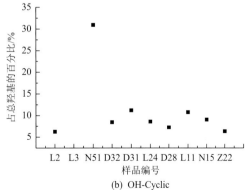

(a) 总羟基　　　　　　　　　(b) OH-Cyclic

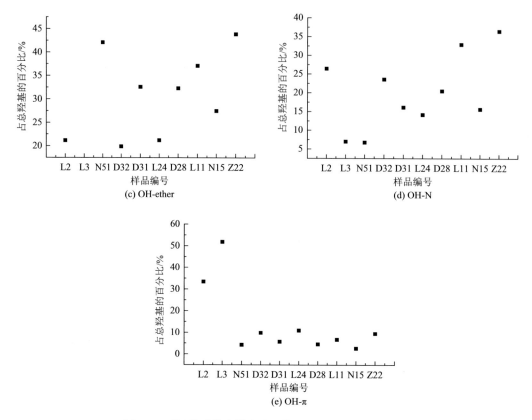

图 6-5　不同类型构造煤中总羟基以及各种羟基含量变化

2）含氧官能团

煤中的有机氧主要由羧基、羟基、羰基、活性醚键以及非活性醚键等构成，其赋存状态和分布规律直接影响着煤的热解、燃烧、液化和气化等反应特性（宋昱等，2015）。对煤中含氧官能团的赋存状态研究可以更深入地了解和促进煤的选别、提质和转化等合理加工利用方式，另外，对构造煤中含氧官能团的分析可以进一步明确动力变质作用对煤化学结构的影响（李明，2013），样品 D28 含氧官能团吸收波段归属见表 6-6。

表 6-6　样品 D28 含氧官能团吸收波段归属

峰编号	峰类型	峰位置/cm^{-1}	面积占比/%	官能团归属
1	高斯	1009.50	2.42	Ar—O—C 中 C—O—C 伸缩振动
2	高斯	1032.08	3.65	Ar—O—C，Ar—O—Ar 中 C—O—C 伸缩振动，烷基醚
3	高斯	1103.98	0.84	叔醇，醚的 C—O 振动
4	高斯	1115.97	0.33	叔醇，醚的 C—O 振动
5	高斯	1158.40	1.74	叔醇，醚的 C—O 振动
6	高斯	1201.59	9.05	苯氧基，醚中的 C—O 键，OH 的振动
7	高斯	1263.20	10.36	芳基醚中的 C—O 振动

峰编号	峰类型	峰位置/cm^{-1}	面积占比/%	官能团归属
8	高斯	1332.75	8.89	芳基醚中的 C—O 振动
9	高斯	1374.06	4.87	CH$_3$—Ar，R 的振动
10	高斯	1409.54	5.085	CH$_3$—，CH$_2$—的变形振动
11	高斯	1444.51	13.75	CH$_3$—，CH$_2$—的变形振动
12	高斯	1494.51	2.77	芳香烃的 C＝C 双键振动
13	高斯	1558.01	6.61	芳香烃的 C＝C 双键振动
14	高斯	1600.45	25.61	芳香烃的 C＝C 双键振动
15	高斯	1651.19	0.68	共轭的 C＝O 伸缩振动
16	高斯	1689.43	1.75	不饱和羧酸 C＝O 伸缩振动
17	高斯	1811.43	1.52	不饱和羧酸 C＝O 伸缩振动

构造煤中的含氧官能团主要由Ⅱ类和Ⅲ类氧提供，即 Ar—O—C、Ar—O—Ar 中 C—O—C 伸缩振动，烷基醚和叔醇、醚的 C—O 振动，分别占 7.26%～58.64%（平均为 35.49%）和 6.45%～31.64%（平均为 18.60%），其次为Ⅳ类和Ⅰ类含氧官能团，分别占 0.32%～44.61%（平均为 22.03%）和 1.89%～68.64%（平均为 16.18%），含氧官能团总吸收强度随着构造变形的增强有降低趋势，尤其在脆性变形阶段，而在韧性变形阶段则略微降低（表 6-7 和图 6-6），具体分峰拟合曲线见图 6-7，总有机氧吸收强度在鳞片煤、揉皱煤和糜棱煤中分别为 65.87～99.81cm^{-1}（平均为 82.84cm^{-1}）、96.30cm^{-1} 和 44.54cm^{-1}，总含氧官能团的变化表明，脆性变形作用和糜棱化作用可显著去氧。郭德勇等（2016）认为脆性变形作用主要是机械能转变为热能，促使煤中的含氧官能团脱落、裂解，而糜棱化作用不仅促进机械能转化为热能，还可以转化为应变能，随着热能和应变能的积累，含氧官能团裂解脱落为小分子物质。

具体来说，Ⅰ类含氧官能团在碎裂煤（8.27%～68.64%，平均为 29.72%）、碎斑煤（12.03%）和片状煤（1.89%～6.00%，平均为 3.95%）阶段有降低趋势，和总的含氧官能团的变化趋势较为一致，而在鳞片煤（8.37%～17.14%，平均为 12.76%）、揉皱煤（13.76%）和糜棱煤（13.43%）阶段则变化不大，表明醚键的伸缩振动对脆性变形较为敏感，而在韧性变形煤中则含量较低且基本保持稳定。Ⅱ类含氧官能团随着构造变形的增强整体呈现升高趋势。Ⅲ类含氧官能团含量百分比显著降低，在碎裂煤、碎斑煤和片状煤中分别为 22.52%～31.49%（平均为 26.43%）、6.45% 和 22.87%～31.64%（平均为 27.26%）；而在鳞片煤、揉皱煤和糜棱煤中分别为 6.64%～18.46%（平均为 12.55%）、13.28% 和 7.30%。Ⅳ类含氧官能团随着构造变形的增强，没有明显的变化规律。

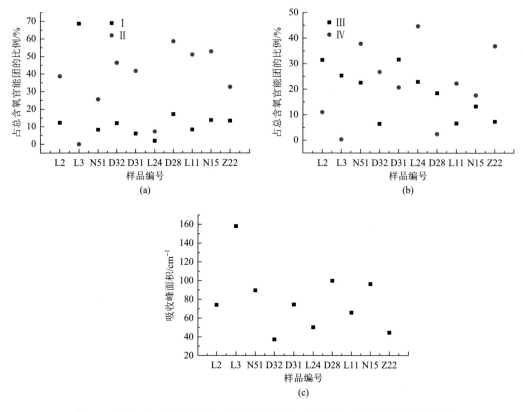

图 6-6 不同类型构造煤中 I ～IV 类含氧官能团以及总含氧官能团含量变化

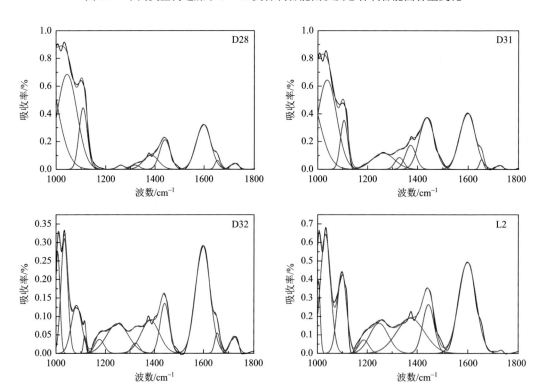

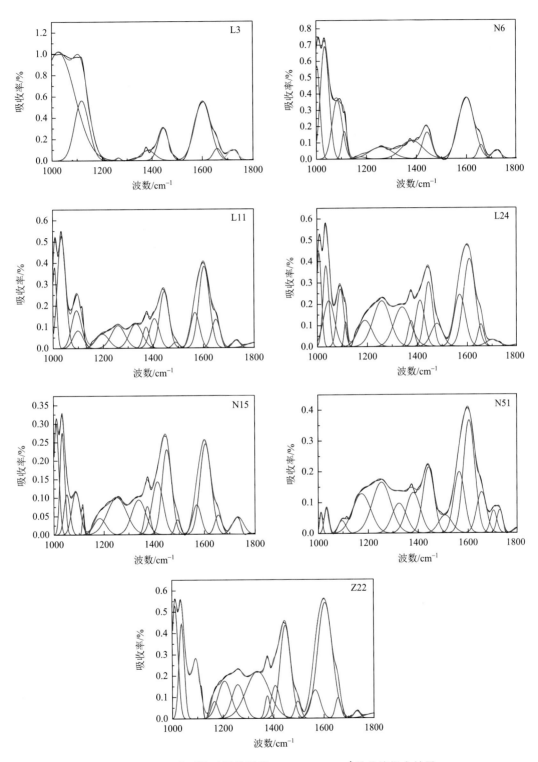

图6-7 不同类型构造煤的波数1000～1800cm⁻¹的分峰拟合结果

表 6-7　原生结构煤及不同类型构造煤的含氧官能团含量变化

类型	编号	I /%	II /%	III /%	IV /%	V /%	VI /%	总有机氧吸收强度/cm⁻¹
碎裂煤	L2	12.26	38.71	31.49	11.02	3.50	3.02	74.05
	L3	68.64	0.01	25.29	0.32	2.66	3.08	158.11
	N51	8.27	25.58	22.52	37.81	3.50	2.32	89.55
碎斑煤	D32	12.03	46.33	6.45	26.72	3.72	4.75	37.28
片状煤	D31	6.00	41.68	31.64	20.67	0.01	0.00	74.49
	L24	1.89	7.26	22.87	44.61	13.41	9.96	50.28
鳞片煤	D28	17.14	58.64	18.46	2.45	1.65	1.66	99.81
	L11	8.37	51.13	6.64	22.24	8.43	3.19	65.87
揉皱煤	N15	13.76	52.91	13.28	17.61	1.47	0.97	96.30
糜棱煤	Z22	13.43	32.64	7.30	36.86	4.05	5.73	44.54

注：I、II、III、IV、V 和 VI 类氧分别指 Ar—O—C 中 C—O—C 伸缩振动，Ar—O—C、Ar—O—Ar 中 C—O—C 伸缩振动，烷基醚和叔醇、醚的 C—O 振动，芳基醚中的 C—O 振动和不饱和羧酸 C═O 伸缩振动。

6.2.2　¹³C NMR 波谱碳原子分布解析

利用 Origin pro7.5 FTP 谱图解叠子程序，并基于基线补偿的标定方式，根据各个谱线的二阶导数曲线来确定初始解叠拟合峰的位置和数目，并结合谱图中含碳官能团的化学位移（表 6-8），针对煤岩特有结构，通过峰形优化、峰位归属（Retcofsky and Link，1978；Hatcher et al.，1981；Yokoyama et al.，1981），得出原生结构煤及不同类型构造煤的峰位拟合图（图 6-8）。

表 6-8　¹³C CP/MAS NMR 谱含碳官能团的化学位移（据贾建波等，2011）

化学位移	官能团归属
13，20	甲基碳
31，40	亚甲基碳
56，76，93	氧接脂肪碳
101，113，126，140	芳香碳
153，167	氧接芳碳
178，187	羧基
202	羰基碳

煤大分子结构主要由芳香组分（f_a）和脂肪碳（f_{al}）组成（$f_a + f_{al} = 1$），芳香碳（f_a'）主要由羰基碳（f_a^C）部分和芳环部分（f_{a-c}）构成（$f_a' = f_a^C + f_{a-c}$）。芳环部分（f_{a-c}）又由质子化芳碳（f_a^H）和非质子化芳碳两部分构成（f_a^N）（$f_{a-c} = f_a^H + f_a^N$）。非质子化芳碳（f_a^N）

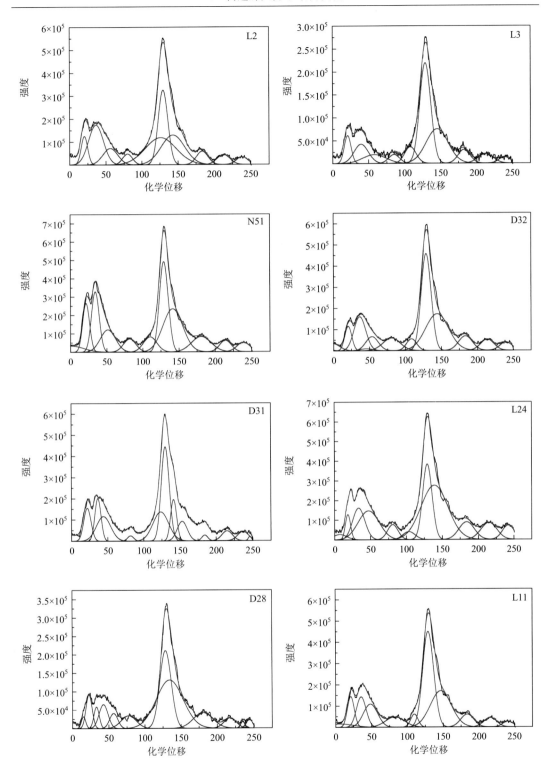

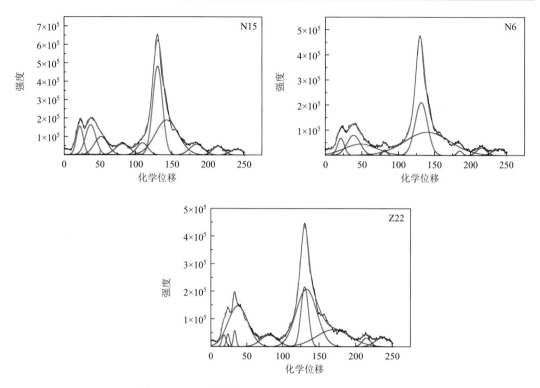

图 6-8　不同结构类型构造煤核磁共振分峰拟合结果

主要由烷基取代芳碳（f_a^S）、芳香桥碳（f_a^B）和羟基-醚氧碳（f_a^P）三部分构成（$f_a^N = f_a^S + f_a^B + f_a^P$）。脂肪碳（$f_{al}$）是由甲基碳（$f_{al}^*$）、氧接脂肪碳（$f_{al}^O$）以及亚甲基、次甲基和季碳（$f_{al}^H$）三部分构成（$f_{al} = f_{al}^* + f_{al}^O + f_{al}^H$）。原生结构煤及不同类型构造煤的^{13}C CP/MAS NMR 谱揭示其碳骨架主要由脂肪碳区（0～90）、芳香碳区（90～165）和羰基碳区（165～240）三部分组成，且芳香碳区的吸收峰面积和脂肪碳区的面积相差不大，表明脂肪侧链占有的比例较高，这与其较低的煤级是一致的。通过谱图分峰可以计算原生结构煤及构造煤的碳原子的分布状态，各个参数的积分峰面积见表 6-9，从而得到相应的结构参数（表 6-10）。

表 6-9　煤中 ^{13}C CP/MAS NMR 波谱碳原子分布结构参数计算方法

官能团名称	结构符号	积分区域/ppm
羰基碳	f_a^C	165～240
羟基-醚氧碳	f_a^P	150～165
烷基取代芳碳	f_a^S	137～150
芳香桥碳	f_a^B	129～137
质子化芳碳	f_a^H	90～129
氧接脂肪碳	f_{al}^O	50～90
亚甲基、次甲基和季碳	f_{al}^H	22～90～（50～60）
甲基碳	f_{al}^*	0～22、50～60

官能团名称	结构符号	积分区域/ppm
非质子化芳碳	f_a^N	P + S + B
芳香碳	f_a'	N + H，90～165
芳香组分	f_a	90～240
脂肪碳	f_{al}	0～90

注：1ppm = 10^{-6}。

表6-10 不同类型构造煤的碳原子分布

类型	样品编号	f_a^C	f_a^P	f_a^S	f_a^B	f_a^H	f_{al}^O	f_{al}^H	f_{al}^*	f_a^N	f_a'	f_a	f_{al}
碎裂煤	L2	0.11	0.00	0.23	0.33	0.06	0.09	0.14	0.12	0.56	0.62	0.73	0.27
	L3	0.09	0.00	0.18	0.19	0.22	0.09	0.18	0.14	0.37	0.59	0.68	0.32
	N51	0.13	0.00	0.22	0.20	0.05	0.13	0.19	0.21	0.42	0.47	0.60	0.40
碎斑煤	D32	0.10	0.00	0.25	0.29	0.04	0.12	0.19	0.10	0.54	0.58	0.68	0.30
片状煤	D31	0.20	0.05	0.06	0.19	0.00	0.12	0.14	0.37	0.00	0.31	0.43	0.63	0.37
	L24	0.12	0.00	0.34	0.16	0.02	0.04	0.27	0.05	0.50	0.52	0.64	0.32
鳞片煤	D28	0.12	0.00	0.00	0.35	0.24	0.00	0.22	0.05	0.35	0.59	0.72	0.27
	L11	0.08	0.00	0.23	0.31	0.03	0.00	0.24	0.09	0.54	0.57	0.65	0.33
揉皱煤	N15	0.10	0.00	0.25	0.28	0.04	0.13	0.16	0.17	0.53	0.57	0.67	0.33
	N6	0.22	0.00	0.00	0.46	0.00	0.06	0.31	0.01	0.46	0.46	0.68	0.32
糜棱煤	Z22	0.06	0.00	0.36	0.23	0.10	0.01	0.22	0.04	0.58	0.69	0.74	0.26

碎裂煤的芳香组分含量为0.60～0.73（平均为0.67），与碎斑煤（0.68）较为接近，表明脆性变形作用对芳香率的促进作用有限。片状煤和鳞片煤中分别为0.63～0.64（平均为0.64）和0.65～0.72（平均为0.69），鳞片煤的平均芳香组分显著高于碎裂煤。在糜棱煤中，芳香组分含量升高为0.74［图6-9（a）］，而揉皱煤的芳香组分含量低于糜棱煤和鳞片煤，为0.67～0.68（平均为0.68），与碎斑煤接近。进一步而言，芳环部分对于芳香组分的贡献显著高于羰基部分，表明芳香组分主要由芳环提供。羰基碳在碎裂煤中为0.09～0.13（平均为0.11），高于碎斑煤（0.10）［图6-9（b）］。总体而言，羰基碳的含量在脆性变形阶段基本保持不变，揉皱煤和糜棱煤中分别为0.10～0.22（平均为0.16）和0.06；鳞片煤中的羰基碳含量较低，为0.08～0.12（平均为0.10），虽然低于揉皱煤，但揉皱煤的羰基碳含量分布较为离散。羰基碳含量的变化与其较低的化学活性有关，一方面，随着构造变形的增强，不稳定含氧官能团可能裂解脱落转化为羰基，另一方面，韧性变形引发的动力变质作用可以使羰基脱落。

芳香组分在脆性和脆-韧性变形阶段分布较为离散，即使是在揉皱煤中，其平均值仍然和其他类型构造煤较为接近，在糜棱煤中，芳香组分的含量高于揉皱煤和脆性系列构造煤，达0.74。在所有样品中，非质子化芳碳的含量高于质子化芳碳，芳环部分主要由非质子化芳碳提供，总体而言，非质子化芳碳含量随着构造变形的增强在脆性和脆韧性变形阶段基本保持不变，然而揉皱煤中非质子化芳碳的含量高于其他类型构造煤，这与芳香组分含量的升高是一致的。在脆性、脆-韧性和韧性变形构造煤中非质子化芳碳含量分别为

0.31~0.56（平均为 0.45）、0.35~0.54（平均为 0.45）和 0.46~0.58（平均为 0.52），而质子化芳碳分别为 0.02~0.22（平均为 0.09）、0.03~0.24（平均为 0.14）和 0.00~0.10（平均为 0.05）。非质子化芳碳主要由烷基取代芳碳、芳香桥碳和羟基-醚氧碳三部分构成，其中，烷基取代芳碳和芳香桥碳的含量明显高于羟基-醚氧碳 [图 6-9（c）和表 6-10]。整体来看，芳香桥碳的含量在揉皱煤中略高于脆性系列构造煤，为 0.28~0.46（平均为 0.37）。

在不同类型的构造煤中，脂族和芳族频带的吸收强度基本均呈现互补的演化趋势。在甲基碳，亚甲基、次甲基和季碳以及氧接脂肪碳三者之中，甲基碳，亚甲基、次甲基和季碳的含量明显高于氧接脂肪碳，另外，亚甲基、次甲基和季碳的含量高于甲基碳，表明构造煤中脂肪侧链较长，这与其较低的成熟度有关，且随着构造变形的增强，f_{al}^H 有降低的趋势 [图 6-9（d）]，同样预示着脂肪侧链的变短和支链化程度的降低，在脆性、脆-韧性和韧性系列构造煤中亚甲基、次甲基和季碳含量分别为 0.14~0.37（平均为 0.22）、0.22~0.24（平均为 0.23）和 0.16~0.31（平均为 0.23）。就不同的甲基而言，脂肪甲基最不稳定（琚宜文等，2005b），最先从脂肪侧链上脱落下来，这一点也可以从核磁参数 f_{al}^* 的变化体现出来。碎裂煤和碎斑煤中氧接脂肪碳的含量较为接近，分别为 0.09~0.13（平均为 0.10）和 0.12，而在剪切和韧性变形构造煤中显著降低，在揉皱煤和糜棱煤中含量分别为 0.06~0.13（平均为 0.10）和 0.01，此处原生结构煤及构造煤样品煤岩组分主要为镜质组，且样品 $R_{o, max}$ 差异较小，因此，氧接脂肪碳的降低反映了含氧官能团的应力效应，受韧性变形机制下脂肪侧链和含氧官能团脱落的双重作用影响。

煤大分子结构中的含氧官能团可分为氧接芳碳和氧接脂肪碳，由核磁结果可知，总的含氧官能团吸收强度降低 [图 6-9（e）]。琚宜文等（2005b）在分析构造煤中氧接芳碳含量时发现，脆性变形越强，f_a^O 增加，韧性变形越强，f_a^O 也不断增加。秦勇（1994）在对高煤级煤进行系统研究时也发现存在"氧异常高"现象，而此处样品未出现明显的"氧异常高"现象，原因在于该现象多出现在中-高煤级煤中，受岩浆热变质作用的影响（姜波和秦勇，1998b），而此处的样品为低中煤级且主要为镜质组，受岩浆热变质作用较小，因此排除了岩浆热演化和显微组分的影响，反映的是氧接脂肪碳和氧接芳碳随着构造应力的阶段性变化。在脆性变形阶段（碎裂煤、碎斑煤和片状煤），Al/—OX 含量逐渐降低，此时主要为氧接脂肪碳含量降低阶段；而在脆-韧性过渡和韧性变形阶段（鳞片煤、揉皱煤和糜棱煤），Al/—OX 含量逐渐升高，此阶段主要为氧接芳碳裂解脱落阶段。

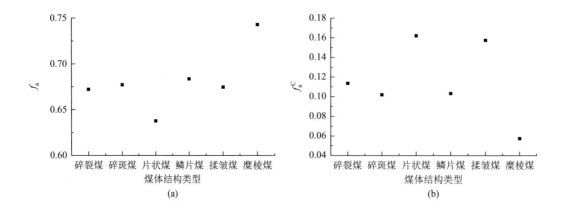

(a)　　　　　　　　　　　　(b)

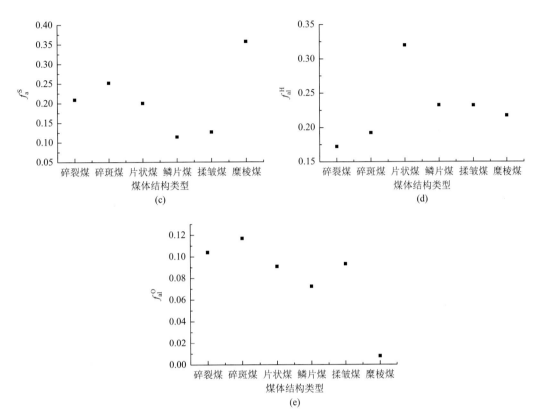

图6-9 不同类型构造煤的 ^{13}C NMR 结构参数变化

6.2.3 激光拉曼光谱结构缺陷分析

1. 一级模谱峰分析

煤具有石墨微晶的特性，对煤微晶结构及其演化的研究在煤岩学、煤化学和煤地质学等领域均有极其重要的意义（苏现波等，2016）。煤岩的特征拉曼光谱存在两个谱带，分别叫作一级模区（800～2000cm^{-1}）和二级模区（2000～4500cm^{-1}）（Cancado et al.，2008；Shang et al.，2011；Tuinstra and Koenig，1970）。原生结构煤及构造煤的激光拉曼光谱一级模区分峰拟合结果如图6-10所示，一级模区一般可分为5个分峰（G：1580cm^{-1}；D1：1355cm^{-1}；D2：1710cm^{-1}；D3：1465cm^{-1}；D4：1230cm^{-1}），各个分峰对应的振动官能团见表6-11。

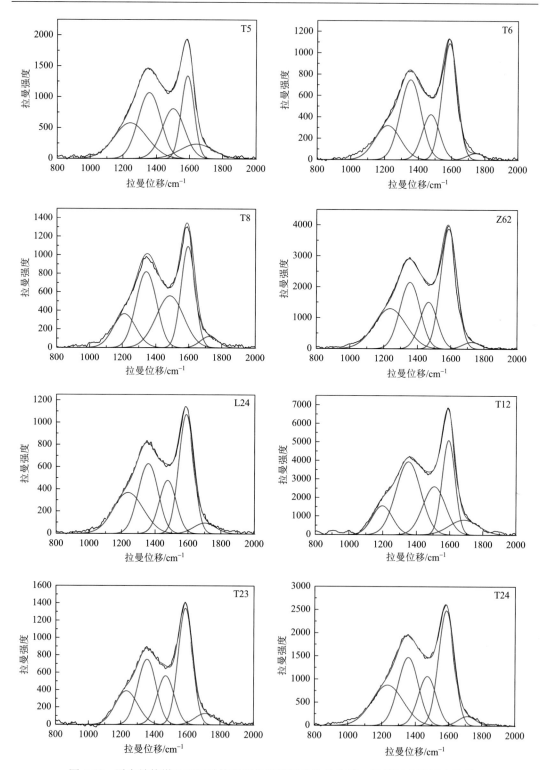

图 6-10 原生结构煤及不同结构类型构造煤激光拉曼光谱一级模区分峰拟合结果

表 6-11 煤的激光拉曼光谱一级模区分峰拟合归属（据苏现波等，2016）

谱带名称	拉曼位移/cm^{-1}	归属	键型
D1	1350	芳环及不少于 6 个环的芳香族化合物之间的 C—C 键振动	sp2
D2	1540	3～5 个环的芳香族化合物；无定形碳结构	sp2
D3	1230	芳基-烷基醚；准芳香族化合物；脂肪结构或类烯烃结构中 C—C 键振动	sp2，sp3
D4	1185	芳基-烷基醚及氢化芳环之间的 C—C 芳环 C—H 键振动；钻石六方碳	sp2，sp3
D4'	1060	芳环上的 C—H 键振动；临位二取代苯环	sp2
G	1590	石墨特征峰，E2g 对称性；芳环呼吸振动，C＝C 键振动	sp2

在原生结构煤及构造煤的特征激光拉曼光谱中，D1 峰位于 1349.35～1356.30cm^{-1}，G 峰位于 1582.42～1592.48cm^{-1}，结晶质石墨的激光拉曼光谱中只有一个显著的 G 峰而无 D1 峰，然而缺陷石墨拥有 D1 峰，因此原生结构煤及构造煤的基本结构单元均含有结构缺陷。G 峰产生于石墨特征峰，对应于 E2g 对称性、芳环呼吸振动和 C＝C 键振动；因此 D1 通常被称为缺陷峰（Ferrari and Robertson，2000；Negri et al.，2002）。D3 和 D4 峰均为 D1 的肩峰，然而，D4 峰则与芳环上的 C—H 键振动和邻位二取代苯环有关，为 sp2 杂化。

煤大分子结构中存在两种类型的缺陷，即初始结构缺陷（1570cm^{-1}）和次生结构缺陷（1360cm^{-1}）（李小诗，2011），样品中的 D1 峰为初始结构缺陷峰。原生结构煤的 D1 峰位于 1356.30cm^{-1} 处，脆性系列的碎裂煤、碎斑煤、碎粒煤和片状煤分别位于 1351.94cm^{-1}、1341.31cm^{-1}、1352.86cm^{-1} 和 1357.09cm^{-1} 处，相较于原生结构煤，D1 峰有向低频率移动的趋势。原生结构煤的 G 峰位于 1586.55cm^{-1} 处，脆性系列构造煤的 G 峰位置位于 1584.06～1592.48cm^{-1}，该峰相较于原生结构煤有向高频率移动的趋势，二者之差即（G–D1）在一定程度上反映了石墨化程度，脆性系列构造煤的（G–D1）位于 229.39～251.17cm^{-1}，平均为 235.11cm^{-1}；略微高于原生结构煤（230.25cm^{-1}）。脆-韧性系列构造煤为 240.80cm^{-1}，高于原生结构煤，表明了脆韧性系列构造煤较高的石墨化程度。在揉皱煤和糜棱煤中，（G–D1）分别为 232.13cm^{-1} 和 228.19cm^{-1}，略低于脆-韧性系列构造煤。D1 峰和 G 峰半高宽强度之比（I_{D1}/I_G）可表征晶粒尺寸的大小，在原生结构煤和不同类型构造煤中的变化如图 6-11 所示，该值在原生结构煤（1.41）和脆性系列构造煤（1.23～1.50，平均为 1.38）中基本保持稳定，而在脆-韧性构造煤（1.90）和揉皱煤（1.77）中显著高于脆性系列构造煤（表 6-12）。

表 6-12 原生结构煤及构造煤拉曼光谱 D1 和 G 谱带分峰拟合结果

类型	D1 谱带中心/cm^{-1}	G 谱带中心/cm^{-1}	G–D1/cm^{-1}	D1 半高宽	G 半高宽	I_{D1}/I_G
原生结构煤	1356.30	1586.55	230.25	146.01	103.69	1.41
碎裂煤	1351.94	1585.49	233.55	143.88	106.93	1.35
碎斑煤	1341.31	1592.48	251.17	141.33	99.27	1.42
碎粒煤	1352.86	1584.06	231.20	139.50	113.67	1.23

类型	D1 谱带中心/cm^{-1}	G 谱带中心/cm^{-1}	G–D1/cm^{-1}	D1 半高宽	G 半高宽	I_{D1}/I_G
片状煤	1357.09	1586.48	229.39	156.74	104.43	1.50
鳞片煤	1349.35	1590.15	240.80	173.02	91.06	1.90
揉皱煤	1353.17	1585.30	232.13	154.54	87.45	1.77
糜棱煤	1354.23	1582.42	228.19	142.22	107.62	1.32

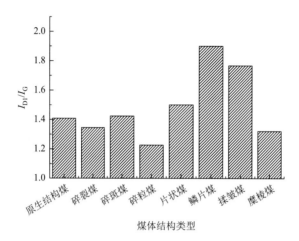

图 6-11　原生结构煤及构造煤激光拉曼光谱参数 I_{D1}/I_G 变化

拉曼光谱是一种研究煤结构缺陷的有效手段,苏现波等(2016)通过对平顶山硬软煤的激光拉曼光谱分析表明,D1 和 G 峰位差和半高宽比的差异反映出软煤分层的煤化程度略高于硬煤。糜棱煤中 D1 峰峰位的变化幅度小于脆性系列和脆-韧性系列构造煤,导致这一现象的原因可能是应力积累下来的应变能使煤分子发生芳构化作用,从而降低了糜棱煤大分子结构缺陷程度(姬新强,2016)。对不同的构造煤而言,次生结构缺陷可以降低煤岩大分子的结构稳定性,是导致煤岩大分子结构在构造应力下产生差异性演化的基本原因,使得煤岩大分子结构侧链和含氧官能团选择性脱落,进而嵌入结构缺陷中,并影响到煤岩大分子的应力降解和应力缩聚的机制(李小诗等,2011)。

2. 二级模谱峰分析

煤激光拉曼光谱二级模区位于 2400～3300cm^{-1},研究构造煤二级模区的谱峰分布可以分析煤在构造应力作用下石墨微晶结构特征和演化(Cancado et al.,2008;Shang et al.,2011;Tuinstra and Koenig,1970;苏现波等,2016)。原生结构煤及构造煤二级模区分峰拟合结果见表 6-13、图 6-12 和图 6-13。二级模区的分裂程度与完美晶体的完整程度呈正比(鲍芳等,2012;Jawhari et al.,1995;苏现波等,2016)。当煤级较低时,二级模区一般为一个单峰,随着煤级的升高,逐渐分裂为三个分峰,即 2D1 峰、D1 + G 峰和 2G 峰。为定量分析构造煤的二级模区的分裂程度,定义了峰位偏差 δ 来表征样品激光拉曼光谱二级模区的分裂程度:

$$\delta = \sqrt{[(P_{D1} - P_0)^2 + (P_{D1} + G - P_0)^2 + (P_G - P_0)^2]/3} \qquad (6\text{-}1)$$

式中，P_{D1}、$P_{D1}+G$ 和 P_G 分别为 2D1 峰、D1 + G 峰和 2G 峰的峰位置，cm^{-1}；P_0 为三峰位置的平均值，cm^{-1}；δ 为峰位偏差，cm^{-1}，峰位偏差的拟合结果如表 6-13 所示。

表 6-13 原生结构煤及构造煤激光拉曼光谱二级模区谱峰位置 （单位：cm^{-1}）

峰名称	原生结构煤	碎裂煤	碎斑煤	碎粒煤	片状煤	鳞片煤	揉皱煤	糜棱煤
2D1	2601.74	2708.44	2681.11	2719.47	2683.70	2655.92	2692.41	2694.53
D1 + G	2828.05	2947.95	2924.88	2938.59	2916.37	2904.77	2915.21	2934.50
2G1	3031.60	3162.06	3166.32	3155.48	3154.70	3169.04	3144.77	3161.20
峰位偏差	175.57	185.29	198.09	178.00	192.29	209.51	184.68	190.54

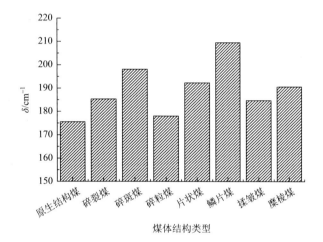

图 6-12 原生结构煤及构造煤激光拉曼二级模区峰位偏差的变化

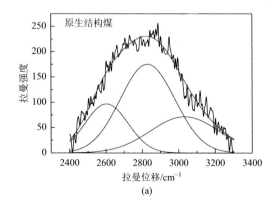
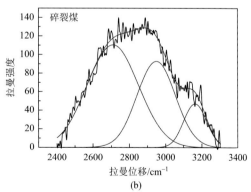

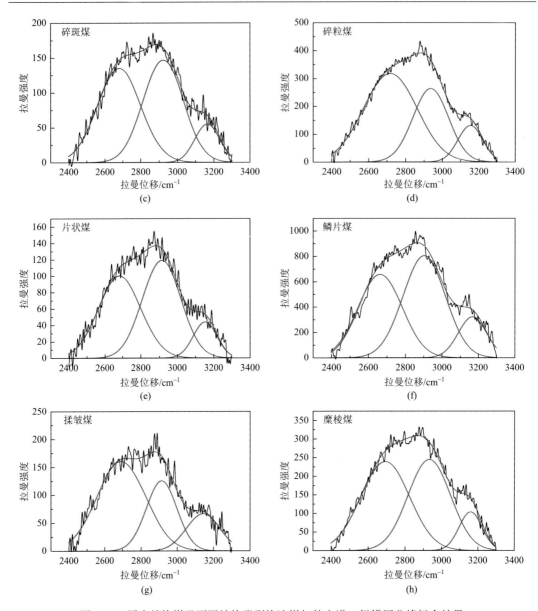

图 6-13　原生结构煤及不同结构类型构造煤红外光谱二级模区分峰拟合结果

　　由峰位偏差公式计算可知二级模区 3 峰峰位偏差在 175.57～209.51cm^{-1}，平均为 189.25cm^{-1}。原生结构煤最低，为 175.57cm^{-1}（图 6-12），在碎裂煤和碎斑煤阶段分别为 185.29cm^{-1} 和 198.09cm^{-1}，表明了石墨化程度在脆性变形作用下有所增强；然而，碎粒煤的峰位偏差较低，为 178.00cm^{-1}，表明了在碎斑煤到碎粒煤的变形作用过程中，芳构化作用占主导地位。在碎粒煤、片状煤和鳞片煤变形过程中，峰位偏差随着变形的增强逐渐升高。揉皱煤和糜棱煤中，二级模区峰位偏差分别为 184.68cm^{-1} 和 190.54cm^{-1}，分裂化程度较之于鳞片煤和碎斑煤的有所降低。苏现波等（2016）利用激光拉曼光谱特征研究了不同煤级煤的二级模区分裂程度发现，二级模区峰位偏差可以较好地反映煤化作用阶段，分裂程度可以较好地指示煤岩芳构化（$R_{o,max}<3.5\%$）、芳环缩聚（$3.5\%<R_{o,max}<4.5\%$）和拼叠作用（$R_{o,max}>4.5\%$），但是对于低中煤级构造煤而言，峰位偏差在揉皱煤和糜棱煤阶段的稳定不变，是否预示着拼叠作用的进行，需要进一步的证据去证明。

3. 构造煤结构缺陷发育模式

对于低阶和中阶原生结构煤而言，其大分子结构中芳香族尺寸小于蒽和芘，然而，由于应力缩聚作用，糜棱煤中的部分芳香族的尺寸可能与蒽和芘相当。HRTEM 结果也表明随着脆-韧性变形和韧性变形的增强，芳香环的增强增长较为显著，因此，选取芳香族化合物 $C_{67}H_{34}O$ 来代表糜棱煤基本结构单元，因其芳香族尺寸接近蒽和芘。构造地球化学成果表明，原子尺度上的构造岩变形是由晶格位错造成的（Frank and Read, 1950），然而，煤岩大分子结构是芳香族三维交联结构，有别于无机岩石中的晶格结构，因此，煤有机大分子不应包含 Sun 等（2011）基于激光拉曼光谱所提出的四种边缘位错的缺陷模式。

构造煤中 D1 的位置和强度与缺陷石墨类似，这预示着构造煤可能包含与缺陷石墨类似的次生结构缺陷。缺陷石墨通常包含点缺陷［单点旋转（stone-wales，SW）缺陷；单空位（single vacancy，SV）缺陷；多空位（multiple vacancies，MV）缺陷和吸附碳原子（carbon adatoms）］和一维线缺陷类位错缺陷［(dislocation-like defects)；石墨烯层边缘的缺陷（defects at the edges of a graphene layer）；双层石墨烯的缺陷（defects in bilayer graphene）］（Hashimoto et al., 2004；Banhart et al., 2010）。Eckmann 等（2012）研究表明与 sp3 杂交相关的缺陷中，I_{D1}/I_{D2} 值最大（≈13）；对于空位状缺陷，I_{D1}/I_{D2} 降低为≈7；对于边界类缺陷进一步降低为≈3.5（Eckmann et al., 2012）。在本次研究的构造煤中，原生结构煤、脆性系列构造煤、脆-韧性系列构造煤和韧性系列构造煤中的 I_{D1}/I_{D2} 分别为 11.04、6.07～7.28、6.00 和 5.13～6.16（表 6-14），预示着构造煤中广泛存在空位状缺陷。

表 6-14 原生结构煤及构造煤 I_{D1}/I_{D2} 参数分布

类型	I_{D1}/I_{D2}	类型	I_{D1}/I_{D2}
原生结构煤	11.04	片状煤	7.28
碎裂煤	6.80	鳞片煤	6.00
碎斑煤	6.07	揉皱煤	5.13
碎粒煤	6.78	糜棱煤	6.16

进一步而言，煤大分子芳香族平面通常平行于地层层理，受到平行于这些地层层面构造应力的作用，相邻芳香层之间的滑动可能导致 SW 缺陷的产生（Han et al., 2017）。因此，SW 以及空位状缺陷在构造煤大分子次生结构缺陷中起着重要作用。SW 缺陷通过 C—C 键的面内转动 90° 而产生，且原子位置和数量不发生移动和增加［图 6-14（a）和图 6-14（b）］。旋转之后，四个六边形转化为两个七边形和两个五边形，改变相应的键长和键角以适应新的应变状态。与 30°（2943.83kcal[①]/mol）、45°（3015.83kcal/mol）和 60°（2925.83kcal/mol）

---

① 1cal = 4.1868J。

相比,90°旋转角处的 SW 缺陷是局部势能最小值。SW 缺陷的总能量在 0°(2527.45kcal/mol)和 90°(2787.11kcal/mol)的差值表明其形成能为 259.66kcal/mol(8.78eV),显著低于单层石墨(10eV)中同时移动两个相关原子所产生的 SW 缺陷(Li et al.,2017)。

与单层石墨相比,$C_{67}H_{34}O$ 的较低的形成能与其较低的分子质量有关。在初始结构中[图 6-14(a)],C—C 键的键长为 1.330Å,对于储存了一定应变能的应变构型而言[图 6-14(b)],部分 C—C 键被拉长,诸如 C7—C13,1.729Å;C2—C16,1.403Å;C22—C28,1.599Å;C23—C32,1.576Å;部分 C—C 键被压缩,诸如 C18—C13,1.169Å;C11—C12,1.318Å;C21—C22,1.158Å;C20—C23,1.071Å,致使电子密度分布更趋不均一化。在平行于 $C_{67}H_{34}O$ 平面的剪切应力作用下,机械能转化为应变能,并储存在这些变形键中。伴着随着 SW 缺陷的不断产生,变形强度逐渐增大,宏观上表现为韧性变形。

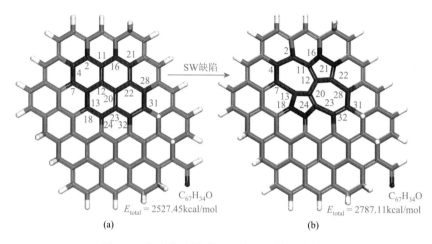

图 6-14　初始构型和发生一个 SW 缺陷的构型

SV 缺陷可以在挤压或拉伸构造应力的作用下通过失去一个碳原子产生[图 6-15(a)中碳原子 12],形成了一个凹九边形(C11—C16—…—C2)和一个五边形(C13—C20—C23—C24—C18)[图 6-15(b)]。化学式从 $C_{67}H_{34}O$ 演变为 $C_{66}H_{34}O$,由于受到杨-特勒(Jahn-Teller)扭转的影响,产生了两个悬空键(C11—C12 和 C11—C16)指向缺失的原子。与 SW 缺陷相似,悬空键周围的电子密度普遍高于其他位置。Energy 能量计算可知,SV 键的形成能为 268.45kcal/mol(9.08eV),高于缺陷石墨中的 SV 缺陷(7.5eV)(Fukata et al.,2001)以及大部分其他材料(<3eV)(Maier et al.,1979),推测是不协调原子(C11)的存在导致的。为适应新的应力场,键长发生显著改变。C4—C7 和 C21—C22 分别被压缩为 1.280Å 和 1.273Å,然而,C7—C13、C13—C20 和 C20—C22 分别被拉伸为 1.504Å、1.455Å 和 1.475Å。C—C 键长分布反映了局部应力场的分布特征,连续定向的挤压或拉伸应力可以进一步增加 SV 缺陷的不断形成,这种缺陷类型破坏了煤基质的结构连续性,并产生了一定的缺陷孔隙,宏观上表现为脆性变形。

双孔穴(double vacancies,DV)缺陷有两种生成途径:①缺失两个相邻的原子,②在挤压或拉伸应力下合成两个 SV 缺陷而产生。图 6-16(a)是初始构型中失去 C11 和 C12 产生的，因不存在 SV 缺陷中的悬空键或不协调原子，致使形成一个八边形（C7—C12—…—C8）和两个五边形（C7—C12—C11—C2—C4 和 C19—C24—C40—C41—C42）。DV 缺陷的形成能为 11.68eV，显著高于 SV 缺陷（9.08eV）。因此，平均失去一个碳原子的形成能为 5.84eV，低于 SV 缺陷中失去一个原子所需要的能量，导致 DV 缺陷更加趋于能量最优，类似地，DV 缺陷中键长发生显著变化。在持续的应力作用下，MV1 缺陷可以通过在八边形（C7—C12—…—C8）中 C—C 键（C20—C23）的旋转形成，结果形成三个五边形和三个七边形［图 6-16（b）］。因此，MV1 缺陷与 DV 缺陷具有相同的分子式。

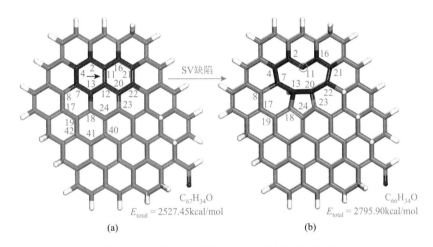

图 6-15　初始构型和发生一个 SV 缺陷的构型

然而，MV1 缺陷的形成能为 9.74eV，比 DV 缺陷低 1.94eV，预示着 MV1 缺陷比 DV 缺陷更加趋于能量最优。此外，通过旋转另外一个 C—C 键（C36—C39），可以形成 MV2 缺陷，形成四个七边形、四个五边形和一个中心六边形（C24—C20—C23—C32—C36—C40—C24）［图 6-16（c）］，但 MV2 的形成能高达 18.34eV。DV→MV1→MV2 的演化路径反映了结构缺陷和无序程度的增加，此外，MV1 和 MV2 具有相同的碳含量且二者均会

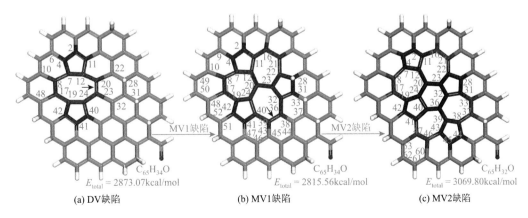

图 6-16　DV 缺陷、MV1 缺陷和 MV2 缺陷

产生大量的微孔和超微孔，不破坏模型化合物的连续性，与韧性变形的结构特征相符。然而，初始构型→DV 的演化路径通过失去一个碳原子而破坏了煤层的连续性。因此，脆性变形煤富含 DV 缺陷和 SV 缺陷而韧性变形煤 SW 缺陷和 MV 缺陷较为发育。

6.2.4　X 射线光电子能谱分析

煤中的元素可分为常量元素和微量元素，其中，煤有机大分子主要由常量元素组成，包括 C、H、O、N 和 S 等，基于不同类型构造煤的 XPS 测试结果，可以得到常量元素的赋存状态的半定量信息，进而为构造煤大分子结构响应特征以及结构模型构建提供必要的基础。

1. 硫元素的赋存状态

煤中的硫元素主要有有机和无机两种赋存状态，各种形式的硫元素总称为全硫（S_t），淮北煤田原生结构煤和构造煤中全硫含量变化较小，在 0.30%～0.63%，平均为 0.47%。煤中的硫具有多源性和多阶段性特征，综合受古地理环境、海水侵入、生物作用、变质作用和岩浆侵入等地质因素的控制（Tang et al.，2001；Chou，2012）。其中无机硫主要以硫化物矿物和硫酸盐的形式存在，有机硫主要以亚砜、噻吩、硫醚和硫醇等形式存在（Mitra-Kirtley et al.，1993；Kelemen et al.，2007；Pomerantz et al.，2014）。为确定原生结构煤及构造煤中硫元素的赋存状态，分别对 XPS S（1s）谱图部分进行分峰拟合，在 XPS 谱图中，硫元素的结合能范围为 158.85～178.85eV，其分峰拟合结果见图 6-17。

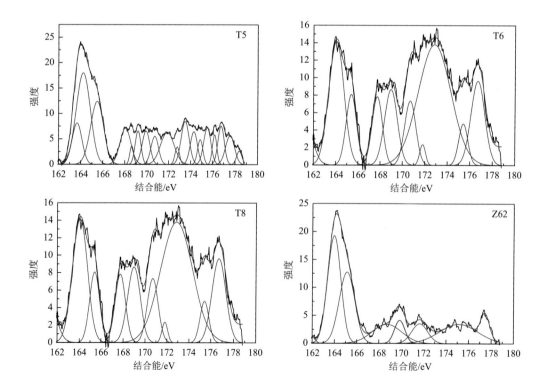

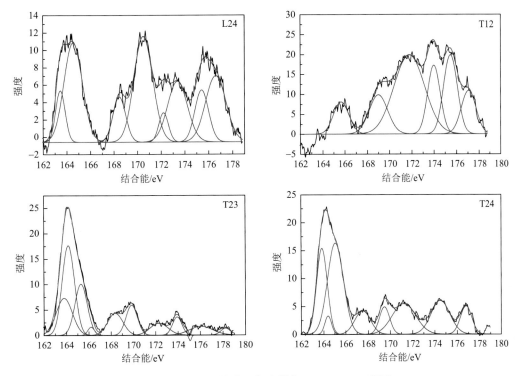

图 6-17 原生结构煤及构造煤的 XPS S（1s）谱图

原生结构煤及构造煤的 XPS S（1s）谱图主要存在 5 个峰，162.06～163.13eV 的峰来源于硫化物以及二硫苯系物（Ⅰ峰）；164.15eV 左右的吸收峰主要来自噻吩型硫（Ⅱ峰）；166.18eV 吸收峰来自亚砜型硫（Ⅲ峰）；168.36～168.99eV 峰来自煤中的砜型硫（Ⅳ峰）；169.45～178.22eV 的峰来自煤中的硫酸盐和磺酸盐等无机硫（Ⅴ峰），原生结构煤及不同类型构造煤各个吸收峰的面积强度占比如表 6-15 所示。

表 6-15 原生结构煤及不同类型构造煤中硫元素赋存状态分布 （单位：%）

类型	Ⅰ峰	Ⅱ峰	Ⅲ峰	Ⅳ峰	Ⅴ峰
原生结构煤 T5	35.83	12.83	5.99	1.10	44.25
碎裂煤 T6	49.31	17.84	0.00	9.20	23.65
碎斑煤 T8	25.84	16.69	4.58	6.23	46.66
碎粒煤 Z62	26.08	25.85	0.00	2.87	45.20
片状煤 L24	5.84	21.70	0.00	6.86	65.60
鳞片煤 T12	0.01	7.98	0.00	11.87	80.14
揉皱煤 T23	16.18	46.94	1.49	9.12	26.27
糜棱煤 T24	19.04	32.95	0.01	7.54	40.46

原生结构煤及构造煤中硫元素主要以 I、II 和 V 峰形式存在，III 峰和 IV 峰的含量较低。在原生结构煤中 I 峰和 V 峰分别占 35.83% 和 44.25%，表明硫化物、硫醚、双硫醇以及二硫苯系物和无机硫占主导。III 峰和 IV 峰含量较低，分别占 5.99% 和 1.10%，表明亚砜型硫和无机硫含量较少。碎裂煤中主要以 I 峰为主，占 49.31%，其次为 V 峰和 II 峰，分别占 23.65% 和 17.84%。相较于原生结构煤，碎裂煤中有机硫的含量有了较大的增加，无机硫的比例降低。碎斑煤和碎粒煤的硫元素的赋存状态和含量较为接近，在这两类构造煤中，I 峰分别占 25.84% 和 26.08%；V 峰分别占 46.66% 和 45.20%，III 峰和 IV 的含量低，预示着砜型硫和亚砜型硫随着脆性变形的增强逐渐散失，均不到7%。片状煤和鳞片煤中 I 峰的含量进一步降低，分别占比 5.84% 和 0.01%，表明剪切构造应力可以促使硫化物、硫醚、双硫醇以及二硫苯系物等有机硫含量的降低，而 V 峰含量分别升高至 65.60% 和 80.14%，片状煤和鳞片煤中 III 峰均为 0.00%，表明亚砜型硫基本不存在。

在韧性变形煤中，II 峰的含量最高（揉皱煤和糜棱煤中分别占 46.94% 和 32.95%），其次为 V 峰（揉皱煤和糜棱煤中分别占 26.27% 和 40.46%），表明韧性变形对于噻吩型硫和无机硫具有富集作用。综上可知，不同赋存状态的硫元素对变形环境具有较好的选择作用，脆性构造煤 I 峰较为富集，脆-韧性过渡类型构造煤中 V 峰较为富集而韧性构造煤中 II 峰较为富集，这反映了硫元素对于应力-应变环境较为敏感。

2. 氮元素的赋存状态

煤中氮几乎全部以有机氮形式存在，一般与碳和氢原子组成环状和链状化合物（Pels et al.，1995；Zhu et al.，1997）。主要可分为 N-5（吡咯和吡咯酮氮）、N-6（吡啶氮）、N-Q（质子化吡啶氮）和可能存在的 N-X（煤中的季氮，氧化吡啶）四类（刘艳华，2002）。吡咯型氮和吡啶型氮属于芳香共轭体系，二者在煤化作用过程中比较稳定，为确定原生结构煤和构造煤中氮元素的赋存状态，分别对样品 XPS N（1s）谱图进行分峰拟合处理，得到 N（1s）分峰拟合结果见图 6-18，其中 395.50～397.12eV 来自 N-6，398.39～398.69eV 来自 N-5，400.15～404.74eV 来自 N-Q，405.46～411.68eV 来自 N-X，原生结构煤和不同类型构造煤的氮元素的赋存状态及其占比见表 6-16。

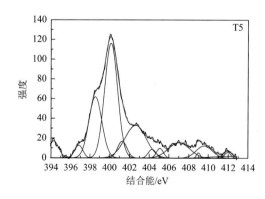
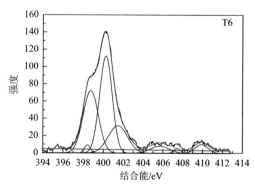

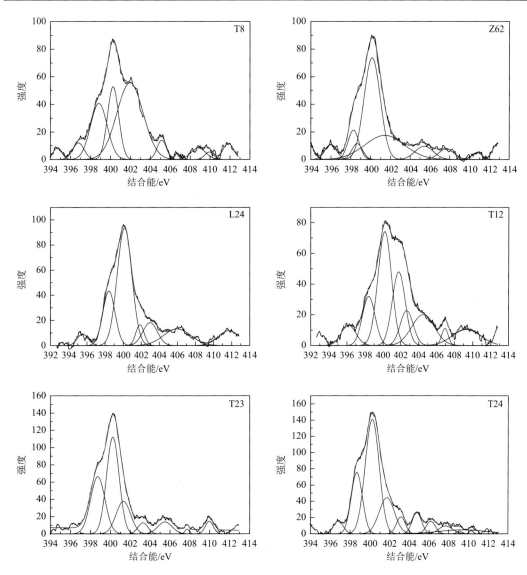

图 6-18 原生结构煤及构造煤的 XPS N（1s）谱图

表 6-16 原生结构煤及不同类型构造煤中氮元素赋存状态分布 （单位：%）

类型	N-6	N-5	N-Q	N-X
原生结构煤 T5	8.81	19.20	55.52	16.47
碎裂煤 T6	15.66	27.69	48.59	8.06
碎斑煤 T8	8.05	19.62	59.45	12.88
碎粒煤 Z62	9.64	12.21	64.27	13.88
片状煤 L24	3.35	17.77	59.80	19.08
鳞片煤 T12	5.82	11.88	71.33	10.97
揉皱煤 T23	0.07	28.19	61.74	10.00
糜棱煤 T24	3.40	18.16	66.87	11.57

　　煤中的氮元素在煤化作用以及热解过程中均保持稳定,这与吡咯型氮和吡啶型氮与氧形成的活性位置较少有关,必须在热解高温(727℃左右)下才能低速脱除(Thomas,1997;Johnsson,1994;Hämäläinen and Aho,1996)。原生结构煤及构造煤中氮元素主要以N-Q的形式存在(表6-16),即质子化吡啶氮,其在脆性、脆-韧性和韧性系列构造煤中分别占48.59%～64.27%(平均为58.03%)、71.33%和61.74%～66.87%(平均为64.31%);尽管韧性变形煤较之于原生结构煤和脆性系列构造煤的N-Q含量有所增高,是否是构造应力导致了N-Q的升高,需要更多的证据去佐证。其次为N-5和N-X,含量处于8.06%～28.19%,平均为16.10%,且变化不大,同样表明了吡咯和吡咯酮氮以及季氮,氧化吡啶性质较为稳定,随着构造变形的增强变化不大。

3. 氧元素的赋存状态

　　煤中的氧包含有机氧、无机氧和吸附氧三大类(李鹏鹏,2014),其中有机氧在6.2.1节已经做了讨论,为了获取原生结构煤和构造煤中氧含量的分布,分别对样品 O(1s)(528～538eV)部分进行分峰拟合,得到煤样 XPS O(1s)分峰拟合结果(图6-19),由结果以及文献可知,原生结构煤和构造煤的 XPS O(1s)部分可分为5个峰,其中,530.39～530.81eV 为无机氧,531.01～531.93eV 为羰基($C \!=\! O$),532.20～532.97eV 来自醚氧基($C\!-\!O\!-\!C$),533.09～533.74eV 来自羧基(COOH),534.32～562.15eV 为吸附氧(Grzybek et al.,2002;Gardner et al.,1995),各种类型的氧元素的赋存状态及其占比见表6-17。

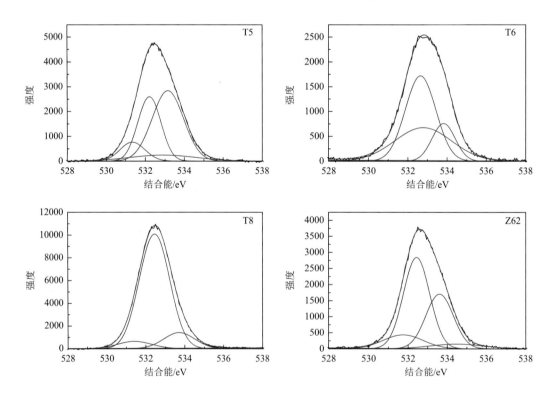

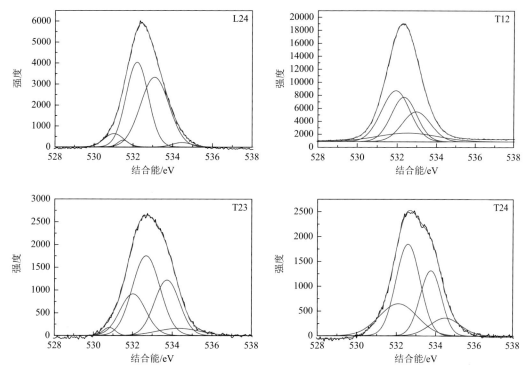

图 6-19　原生结构煤及构造煤的 XPS O（1s）谱图

表 6-17　原生结构煤及不同类型构造煤中氧元素赋存状态分布　　　　（单位：%）

类型	无机氧	C＝O	C—O—C	吸附氧	COOH
原生结构煤 T5	1.40	10.15	88.45	0.00	0.00
碎裂煤 T6	8.52	0.00	91.48	0.00	0.00
碎斑煤 T8	0.00	5.71	90.81	3.48	0.00
碎粒煤 Z62	3.71	11.27	79.94	5.08	0.00
片状煤 L24	0.00	7.90	44.10	1.96	46.04
鳞片煤 T12	0.00	32.64	56.09	11.27	0.00
揉皱煤 T23	1.92	0.00	65.06	5.98	27.04
糜棱煤 T24	0.00	0.00	63.85	10.32	25.83

从 XPS O（1s）结果来看，原生结构煤和构造煤均以有机氧为主（88.73%～98.60%，平均为 93.30%），无机氧的含量较低（0.00%～8.52%，平均为 1.94%），并含有少量的吸附氧（0.00%～11.27%，平均为 4.76%）。有机氧以醚键为主，占 44.10%～91.48%，平均为 72.47%，其次为羰基（0.00%～32.64%，平均为 8.46%）和羧基（0.00%～46.04%，平均为 12.36%）。

4. 碳元素的赋存状态

煤中的碳元素可分为有机碳和无机碳，无机碳主要包括芳香碳和脂肪碳（Jüntgen，

1984；Heredy and Wender，1980；Shi et al.，2005），分别对样品的 XPS C（1s）谱图进行分峰拟合，得到碳元素的赋存状态和含量，其中，原生结构煤及构造煤的 C（1s）谱图可分为 5 个峰（图 6-20），结合文献可知，原生结构煤及构造煤中碳元素主要有 4 种赋存状态，分别为 284.29～284.88eV，对应于芳香结构及其取代烷烃（C—H，C—C）；285.44～285.56eV，对应于酚碳、醚碳或醇碳（C—OH，C—O—C）；285.90～288.74eV，来自羰基碳（C＝O）；288.84～293.72eV，来自羧基碳（COOH）。原生结构煤及构造煤中各种碳原子归属及其含量见表 6-18。

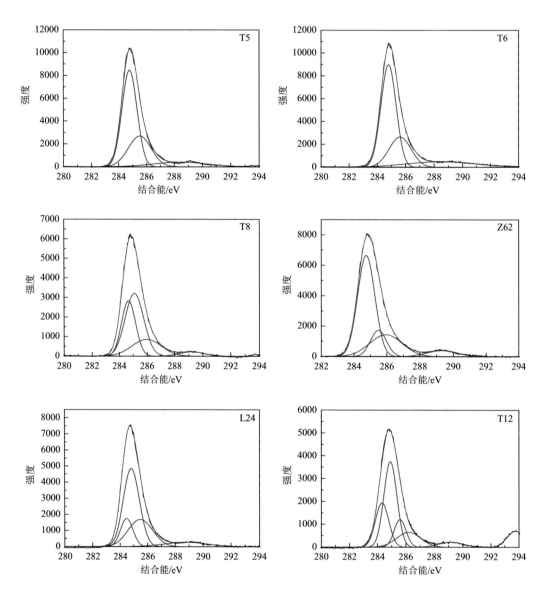

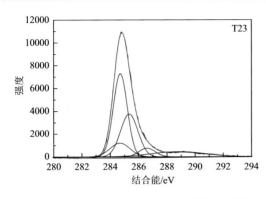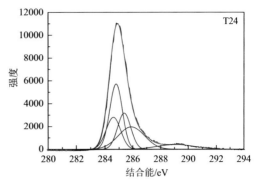

图 6-20 原生结构煤及构造煤的 XPS C（1s）谱图

表 6-18 原生结构煤及不同类型构造煤中碳元素赋存状态分布 （单位：%）

类型	C—H，C—C	C—OH，C—O—C	C＝O
原生结构煤 T5	60.48	28.95	10.57
碎裂煤 T6	59.90	25.10	15.00
碎斑煤 T8	32.06	63.77	4.17
碎粒煤 Z62	57.18	36.95	5.87
片状煤 L24	65.47	26.85	7.68
鳞片煤 T12	61.24	11.72	27.04
揉皱煤 T23	54.75	28.69	16.56
糜棱煤 T24	50.43	19.13	30.44

由于羧基碳含量较低并且在 6.2.1 节已经讨论，因此，表 6-18 中碳主要分芳香结构及其取代烷烃，酚碳、醚碳或醇碳和羧基碳三种类型讨论。在有机碳的赋存类型中，芳香结构及其取代烷烃的含量最高，占 32.06%～65.47%，平均为 55.19%；其次为酚碳、醚碳或醇碳，占 11.72%～63.77%，平均为 30.15%；羧基的含量最低，为 5.87%～30.44%，平均为 14.67%。芳香结构及其取代烷烃在原生结构煤及碎裂煤中较高，分别为 60.48% 和 59.90%，因此，该类煤中较高的（C—H，C—C）含量主要是由取代烷烃提供；（C—H，C—C）在片状煤和鳞片煤中，含量最高，分别为 65.47% 和 61.24%，推测与芳香碳在剪切构造应力作用下的快速增加有关，反映了芳构化作用进程。揉皱煤和糜棱煤中（C—H，C—C）含量较低，与韧性变形作用下脂肪物质的脱落有关。酚碳、醚碳或醇碳在碎斑煤和碎粒煤中含量较高，分别为 63.77% 和 36.95%，与 ^{13}C NMR 和 FTIR 的结果一致。在鳞片煤和韧性变形煤中，羧基的含量最高（16.56%～30.44%，平均为 24.68%），推测与不稳定的含氧官能团转为稳定的羧基有关。

6.3 芳香条纹发育特征

构造煤光谱学特征为构造煤大分子结构演化提供了重要信息，然而，HRTEM 技术可以获取煤中多环芳香烃（polycyclic aromatic hydrocarbons，PAH）分布以及结构有序性信息，已经被广泛应用于其他有机质和碳材料的结构表征，如甘酪根（Song et al.，2018）、煤（Sharma et al.，2000a，2000b；Van Niekerk and Mathews，2010；Castro-Marcano et al.，2012a，2012b；Mathews and Sharma，2012；Louw，2013；Okolo et al.，2015；Alvarez et al.，2013；Hattingh et al.，2013；Wang et al.，2016）、煤焦（Fernandez-Alos et al.，2011；Wang et al.，2015；Roberts et al.，2015；Zhong et al.，2018）、碳黑（Fernandez-Alos et al.，2011）和活性炭材料（Vander Wal et al.，2004；Pre et al.，2013；Huang et al.，2015）等。自 Sharma 等（2000a，2000b）首次计算了 Argonne 煤的芳香条纹长度分布以来，HRTEM 先后被应用于构建低挥发分烟煤（Narkiewicz and Mathews，2008），南非二叠系煤和伊利诺斯（Illinois）6 号煤中（Castro-Marcano et al.，2012a）。Mathews 和 Sharma（2012）进一步定量分析了芳香条纹方向性，提出了煤岩微晶结构特征，从褐煤、烟煤到无烟煤均具有结构有序性。Louw（2013）从 HRTEM 芳香条纹图像中定量分析了堆叠分布特征。Sharma 等（2000b）的研究表明，低阶煤大分子结构中芳香族主要以单层堆叠为主，高煤级煤的堆叠程度高于低煤级煤。另外，曲率在煤芳香条纹中广泛发育（Wang et al.，2015，2016）。Wang 等（2015，2016）发展并应用了 MATLAB 脚本来提取弯曲条纹的曲率拐点（curvature inflection points）、分段长度（segment lengths）、质心（centroids）、角度（angles）和累积角度（cumulative angles）等信息。

因此，HRTEM 可用于分析煤化、热解、燃烧和气化等作用过程中的煤芳香条纹的结构演化。截至目前，绝大部分 HRTEM 工作主要围绕原生结构煤而展开。本书将 HRTEM 分析扩展至脆性、脆-韧性和韧性变形构造煤中，系统揭示了构造煤中芳香条纹长度分布（芳香族尺寸和相对分子质量分布），芳香条纹方向性，芳香条纹堆叠和曲率分布特征，一方面为煤岩芳香条纹应力效应特征提供了必要的证据，另一方面为糜棱煤大分子结构构建提供基础数据。采用的样品分别为原生结构煤（T5）、碎裂煤（T6）、片状煤（L24）、鳞片煤（T12）、揉皱煤（T23）和糜棱煤（T24）。

样品微观芳香图像处理流程见图 6-21，首先对原始图像进行裁剪，本次使用的微晶图像为 1024 像素×1024 像素，去除图像边界以及边界所切割的条纹片段［图 6-21（a）］。利用半自动的过程进行傅里叶变换去除杂质信息，获得较为清晰的条纹图像［图 6-21（b）］。紧接着使用阈值函数来获取芳香图像二值化信息，以此来分析芳香骨架分布［图 6-21（c）］。而后，删除长度低于 3Å 的芳香条纹、比例尺以及图像边缘的杂质数据，获得了芳香条纹分布图像［图 6-21（d）］。最后输出芳香条纹，位置和方向信息至 Excel 中，进行下一步处理。将不同长度或者方向的芳香条纹按照颜色进行标记［图 6-21（e）］。假设芳香环的分布由从萘到 8×8 的平行四边形的多环芳香烃（PAH）分子的平行链连接的多环芳烃组成，将条纹长度量化为芳香环的类型和分布（Van Niekerk and Mathews，2010；Mathews et al.，2010）。每个样品选取 3~6 张微晶图像来分析其芳香条纹的发育特征。

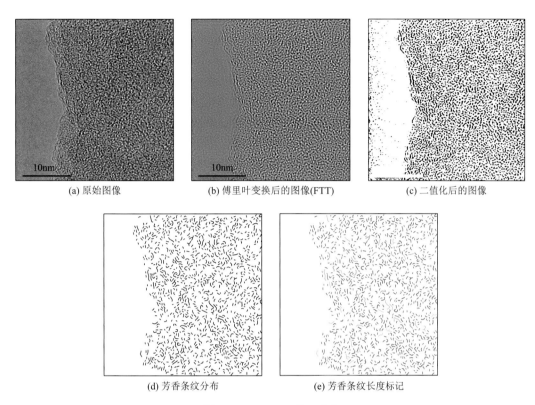

(a) 原始图像   (b) 傅里叶变换后的图像(FTT)   (c) 二值化后的图像

(d) 芳香条纹分布   (e) 芳香条纹长度标记

图 6-21 HRTEM 处理流程

6.3.1 芳香条纹长度分布

芳香条纹由芳香族（多环芳香烃）组成，是煤大分子中最基础的骨架信息。HRTEM 可以得到芳香条纹的几何和结构有序性，其中，芳香条纹长度及其方向是 HRTEM 分析最基础的几何结构特征，芳香族尺寸及其相对分子质量均是由芳香条纹长度所唯一确定的。

1. 芳香长度

原生结构煤及典型系列构造煤芳香条纹分布见图 6-22～图 6-29，淮北矿区煤样芳香条纹长度为 0.25～4.5nm，其中以 0.25～0.75nm 为主，其比例一般＞50%。条纹比例随着条纹长度的增长而逐渐降低，长度＞3.25nm 的芳香条纹比例＜5%。具体来说，原生结构煤 0.25～0.50nm 的芳香条纹占 44.36%～57.58%（平均为 50.53%），0.50～0.75nm 的占 26.34%～29.76%（平均为 28.47%），表明原生结构煤的芳香条纹较短，优势地集中于 0.25～0.75nm，3.25～4.75nm 的芳香条纹比例低于 1%（图 6-22）。

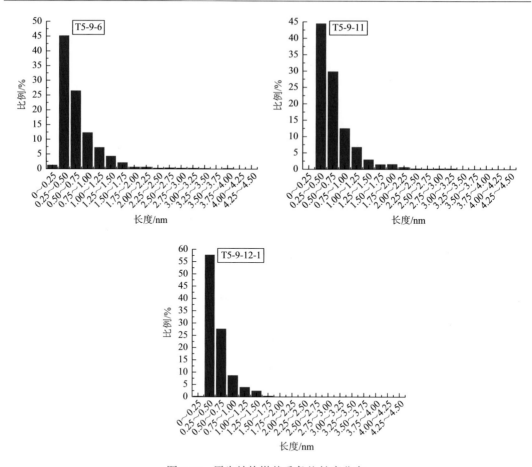

图 6-22　原生结构煤芳香条纹长度分布

　　碎裂煤（图 6-23）和碎斑煤（图 6-24）芳香条纹长度分布较为相似，其中 0.25～0.50nm 的芳香条纹比例分别为 42.32%～46.81%（平均为 44.12%）和 37.28%～41.69%（平均为 40.13%）；0.50～0.75nm 的芳香条纹比例分别为 29.73%～31.28%（平均为 30.39%）和 24.94%～34.05%（平均为 28.50%）。短的芳香条纹（0.25～0.50nm）的比例显著低于原生结构煤；而较长的条纹（0.50～0.75nm）比例和原生结构煤相当。且从原生结构煤、碎裂煤到碎斑煤的变形系列，0.25～0.50nm 的芳香条纹比例呈现逐渐递减趋势；然而，>3.25nm 的长芳香条纹比例依然较低，在碎裂煤和碎斑煤占比分别为 <0.9% 和 <0.7%。随着构造变形的增强，至碎粒煤时，0.25～0.50nm 的芳香条纹比例进一步降低，占比为 33.28%～38.85%（平均为 35.36%），而 0.50～0.75nm 的比例为 26.19%～27.48%（平均为 26.93%），和碎斑煤差别不大。碎粒煤 >3.25nm 的长芳香条纹约为 1%（图 6-25），略微高于碎裂煤和碎斑煤。通过以上变化可知，在原生结构煤—碎裂煤—碎斑煤—碎粒煤系列中，短的芳香条纹比例逐渐降低，而长的芳香条纹比例逐渐升高。片状煤中 0.25～0.50nm 和 0.50～0.75nm 的芳香条纹比例分别为 42.82%～44.57%（平均为 43.70%）和 31.12%～31.76%（平均为 31.44%）（图 6-26），短条纹比例尽管高于碎粒煤和碎斑煤，但依然显著低于原生结构煤，而较长芳香条纹的比例和碎粒煤、碎斑煤相比变化不大。

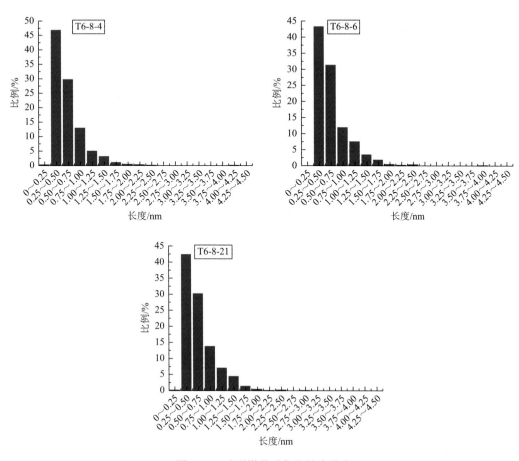

图 6-23 碎裂煤芳香条纹长度分布

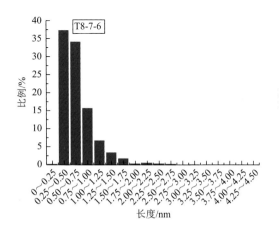

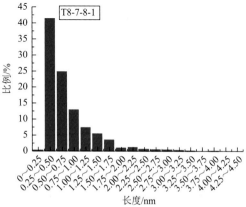

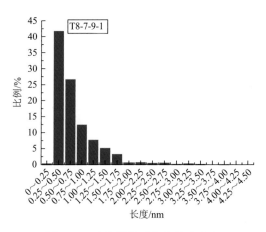

图 6-24　碎斑煤芳香条纹长度分布

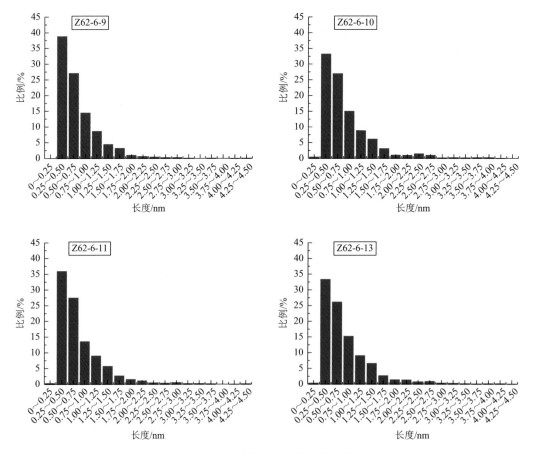

图 6-25　碎粒煤芳香条纹长度分布

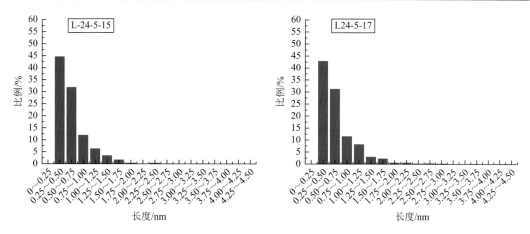

图 6-26 片状煤芳香条纹长度分布

对于脆-韧性过渡类型鳞片煤（图 6-27），0.25～0.50nm 和 0.50～0.75nm 的芳香条纹分别占 25.40%～28.76%（平均为 26.33%）和 28.96%～33.77%（平均为 31.00%），和脆性

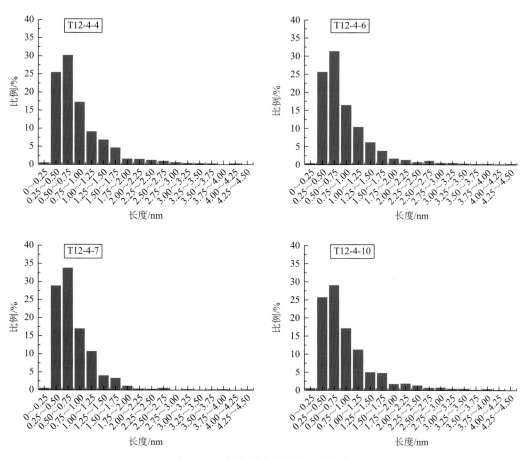

图 6-27 鳞片煤芳香条纹长度分布

系列构造煤相比，短芳香条纹的比例降低的幅度增大，而 0.50～0.75nm 的芳香条纹比例则和脆性系列构造煤较为接近。然而鳞片煤中＞3.25nm 的芳香条纹的占比为 0.43%～1.33%（平均为 0.99%），和片状煤的接近，但高于碎裂煤、碎斑煤和碎粒煤；结合 0.25～0.50nm、0.50～0.75nm 和＞3.25nm 的芳香条纹的比例变化可知，鳞片煤中长芳香条纹的比例增加，主要表现为 0.75～3.25nm 的比例变化，具体而言，0.75～1.00nm 的芳香条纹比例在碎裂煤、碎斑煤、碎粒煤、片状煤和鳞片煤中分别为 11.86%～13.75%（平均为11.86%）、12.39%～15.63%（平均为 13.64%）、13.58%～15.31%（平均为 14.61%）、11.46%～11.92%（平均为 11.69%）和 16.35%～17.14%（平均为 16.86%），除片状煤之外，随着脆性和脆-韧性变形的增强而逐渐升高；而 1.00～1.25nm 的芳香条纹比例在碎裂煤、碎斑煤、碎粒煤、片状煤和鳞片煤中分别为 5.00%～7.49%（平均为 6.49%）、6.67%～7.65%（平均为 7.24%）、8.64%～9.13%（平均为 8.93%）、6.23%～8.08%（平均为 7.16%）和 9.02%～11.17%（平均为 10.29%），和 0.75～1.00nm 类似，比例随着构造变形的增强，总体呈现升高趋势。综上可知，脆性和脆-韧性变形可促使短芳香条纹比例降低，芳香条纹的比例增加，反映了构造应力对于芳香结构的应力缩聚作用。而 HRTEM 芳香条纹的变化表明，应力缩聚作用在强剪切构造应力作用下表现较为明显。

对于韧性变形的揉皱煤和糜棱煤，0.25～0.50nm 的芳香条纹比例分别为 26.43%～35.02%（平均为 32.46%）和 26.15%～35.31%（平均为 29.82%）（图 6-28 和图 6-29），短芳香条纹比例略微高于鳞片煤，但显著低于脆性系列构造煤。0.50～0.75nm 的芳香条纹比例在揉皱煤和糜棱煤中分别为 23.82%～27.55%（平均为 25.98%）和 19.97%～27.95%（平均为 22.40%），显著低于脆性系列构造煤和鳞片煤。长芳香条纹（＞3.25nm）的比例相较于脆性系列构造煤进一步提高，普遍高于 1%，尤其在微晶图像 T23-11-9 中，比例高达2.52%。对韧性变形构造煤而言，0.75～1.00nm 的比例分别为 14.44%～16.00%（平均为15.06%）和 12.44%～15.11%（平均为 14.22%）；1.00～1.25nm 的比例分别为 8.05%～11.13%（平均为 9.38%）和 8.46%～10.15%（平均为 9.51%），这两段的占比和鳞片煤接近，但普遍高于脆性系列构造煤，综上可知，不同的应力-应变环境对芳香条纹的改造程度不同，韧性变形煤相较于鳞片煤，其芳香条纹长度分布基本一致，表明在构造煤形成演化过程中，应力缩聚作用主要表现在脆-韧性和韧性变形阶段，其对于芳香条纹长度的促进作用明显强于脆性变形。

2. 芳香族尺寸

根据芳香条纹的长度分布可以得到对应芳香族的尺寸分布，根据 Van Niekerk 和Mathews（2010）所提出的方法，该方法假设煤中的芳香族均为平行四边形（$n \times n$）的形态，尽管平行四边形的芳香族并不能完全代表煤中真实的芳香核的基本结构单元，但可以作为表征芳香族多样性的分布的起点。Van Niekerk 和 Mathews（2010）总结了 2×2～8×8的芳香条纹的长度归属，其测量方法和长度归属分别见图 6-30 和表 6-19。据此可计算原生结构煤和系列构造煤的芳香族尺寸分布。

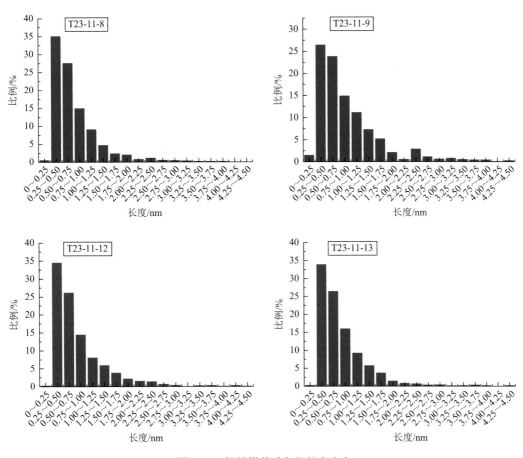

图6-28 揉皱煤芳香条纹长度分布

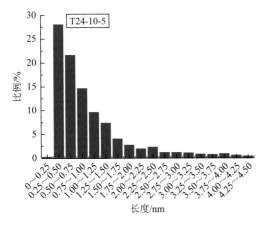

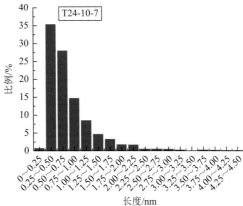

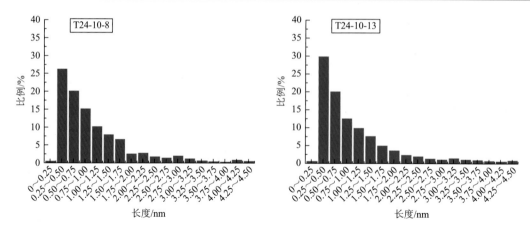

图 6-29　糜棱煤芳香条纹长度分布

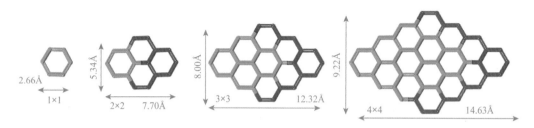

图 6-30　芳香族长度测量示意图

表 6-19　2×2～8×8 的芳香条纹的长度归属（Van Niekerk and Mathews，2010）

芳香族类型	长边长度/Å	短边长度/Å	中间长度/Å	归属长度/Å
萘	2.8	4.9	3.9	3.0～5.4
2×2	4.9	7.1	6.0	5.5～7.4
3×3	7.4	11.3	9.3	7.5～11.4
4×4	9.8	15.6	12.7	11.5～14.4
5×5	12.3	19.8	16.0	14.5～17.4
6×6	14.7	24.1	19.4	17.5～20.4
7×7	17.2	28.4	22.8	20.5～24.4
8×8	19.6	32.6	26.1	24.5～28.4

　　原生结构煤、碎裂煤和碎斑煤的芳香族尺寸分布分别见图 6-31～图 6-33，原生结构煤和碎裂煤中芳香族均以 2×2 为主，比例分别为 60%～78%（平均为 67%）和 63%～68%（平均为 66%），其次为 3×3，比例分别为 19%～26%（平均为 23%）和 24%～27%（平均为 25%）。鲜见>6×6 的芳香环，芳香族占比随着尺寸的增大逐渐降低。对比原生结构煤和碎裂煤，2×2 的芳香族比例相近，但是碎裂煤 3×3 的比例略微高于原生结构煤。碎斑煤相较于碎裂煤和原生结构煤，4×4 的芳香族的尺寸略微升高。

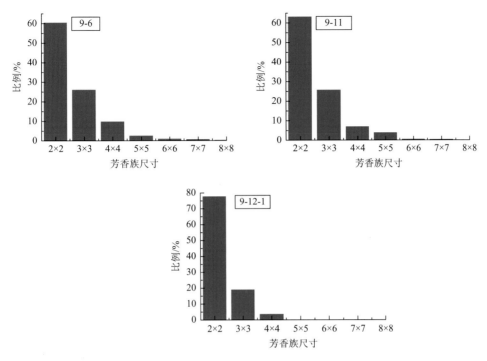

图 6-31 原生结构煤芳香族尺寸分布

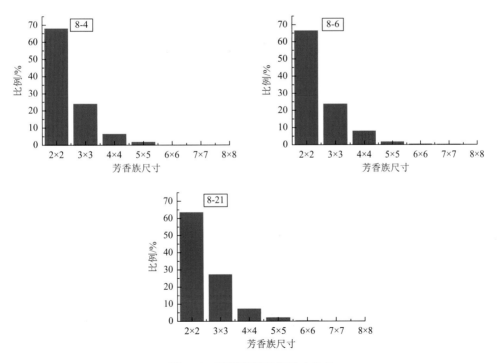

图 6-32 碎裂煤芳香族尺寸分布

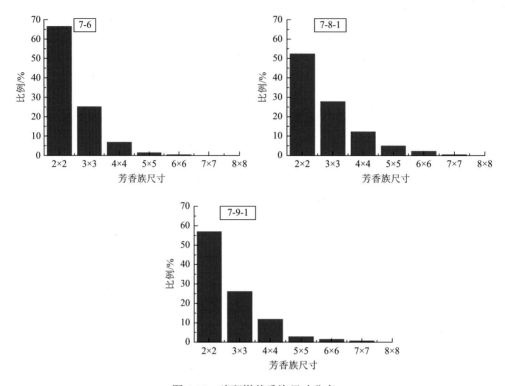

图 6-33　碎斑煤芳香族尺寸分布

　　随着脆性变形的增强，碎粒煤和片状煤的芳香族尺寸分布分别见图 6-34 和图 6-35，碎粒煤中 2×2 的芳香族比例有所降低，为 49%～54%（平均为 51%），而此时大尺寸的芳香族（＞6×6）可见。片状煤中 2×2 的芳香族比例则和原生结构煤较为接近，占 63%～68%（平均为 66%）。在碎粒煤和片状煤中，3×3 的比例分别为 28%～30%（平均为 29%）和 23%～27%（平均为 25%）。相较于原生结构煤、碎裂煤和碎斑煤，碎粒煤表现出较轻微的应力缩聚作用，但片状煤则表现不明显，这和芳香条纹长度分析的结果较为吻合，在脆性变形阶段主要以脂肪侧链的脱落和含氧官能团的降解为主，而在韧性变形阶段表现为芳环缩聚作用，在此表现为芳环尺寸的增大和间距的降低。同理可见，碎粒煤中 5×5 的芳香族比例为 3%～6%（平均为 5%），明显高于原生结构煤（0.2%～4%，平均为 2%）、碎裂煤（1.6%～2%，平均为 2%）、碎斑煤（1.3%～5%，平均为 3%）和片状煤（0.9%～2%，平均为 1.5%）。

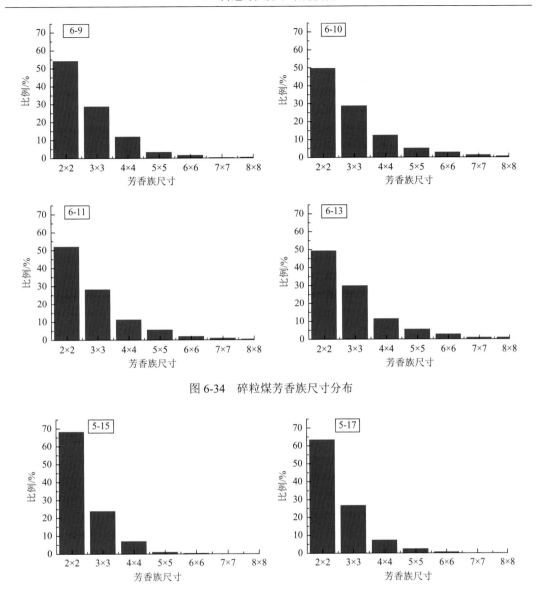

图 6-34 碎粒煤芳香族尺寸分布

图 6-35 片状煤芳香族尺寸分布

对于脆-韧性过渡变形的鳞片煤和韧性变形的揉皱煤和糜棱煤而言，2×2 的芳香族比例分别为 48.32%～56.79%（平均为 51.37%）、40.85%～51.58%（平均为 46.22%）和 35.68%～53.68%（平均为 41.36%），表现为随着构造变形的增强持续降低，且相较于脆性变形煤也较低，表明脆-韧性过渡变形和韧性变形促使芳香族尺寸生长，这和芳香条纹长度的分析结果一致。相较于其他类型构造煤，2×2 的芳香族比例普遍低于 50%。3×3 的芳香族比例分别为 27.56%～30.33%（平均为 28.74%），28.70%～28.78%（平均为 28.74%）和 25.73%～27.01%（平均为 26.29%），在这三类构造煤中变化不大。值得注意的是，大尺寸芳香族（>6×6）的比例总体升高，分别达 4.12%～10.40%（平均为 8.17%）、3.08%～7.72%（平均为 5.40%）和 2.46%～12.55%（平均为 9.56%），表明随着脆韧性过渡变形和韧性变形的增强（图 6-36～图 6-38），芳香环的增长较为显著。

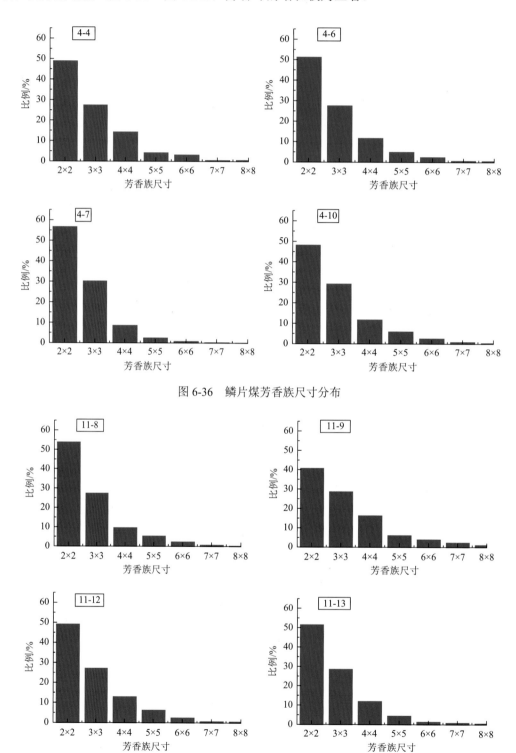

图 6-36　鳞片煤芳香族尺寸分布

图 6-37　揉皱煤芳香族尺寸分布

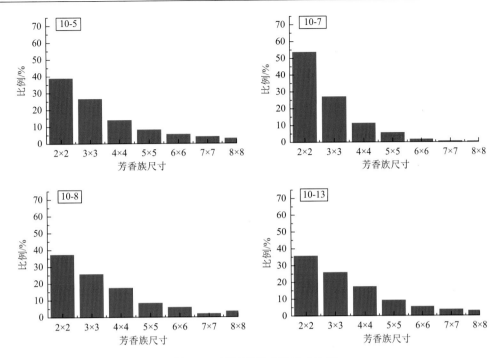

图 6-38 糜棱煤芳香族尺寸分布

综上可知，随着构造变形的增强，低中煤级构造煤的芳香族主要分布在 2×2～8×8，且以 2×2 和 3×3 为主，在脆性和脆-韧性过渡变形阶段，随着构造变形的增强，2×2 的芳香族平均比例＞50%，各尺寸芳香族的比例变化不大；而在韧性变形阶段，2×2 的芳香族平均比例＜50%，小尺寸芳香族比例降低，而大尺寸芳香族的比例增高。相较于前人通过 XRD、^{13}C NMR 和 FTIR 针对构造煤的分析结果相比，HRTEM 的芳香族尺寸的分析结果定量解析了在构造应力作用下，煤岩芳香族在不同的变形环境中的变化规律，通过对芳香条纹的定量分析，排除了脂肪侧链和含氧官能团的影响。结果表明在韧性变形条件下，芳香环生长，而在脆性变形和脆-韧性过渡变形条件下则变化不大。

对于煤中的基本结构单元而言，韧性变形可以引发应力缩聚作用和芳香尺寸的生长。地质演化过程一系列构造-热事件引发的蠕变和韧性流动是引起芳香尺寸生长的主要原因。Teichmüller 和 Teichmüller（1966）认为"摩擦热"观点是引起 Luhr 和 Sutan 逆冲断层附近局部煤化程度升高的主要原因。在断层剪切应力区域，摩擦热可以促进逆冲断层附近的煤化程度的提高以及光性组构的石墨化进程（Bustin.，1983；Suchy et al.，1997）。然而，煤层剪切蠕变则可以促进应变能的积累，进而可以降低煤岩石墨化所需的活化能（Ross and Bustin，1990；Bustin et al.，1995）。脆性变形是通过摩擦面上的机械能快速转化为热能而产生，另外，韧性变形产生于长时间的应变能的积累（Cao et al.，2000；Ju and Li，2009）。因此，韧性变形煤中较高的大尺寸芳香族的比例支持应变能的观点，Cao 等（2000）等通过变形煤 XRD 的成果也得到了类似的结论。

3. 相对分子质量

为了进一步确定煤分子结构模型，Mathews 等（2001a，2001b）建立了关于芳香条纹长度和碳原子数（最小碳原子数，C_{min}；最大碳原子数，C_{max}）的关系式，具体如下：

$$C_{min} = 0.4312 \times (L_{min})^{1.7132} \tag{6-2}$$

$$C_{max} = 0.7981 \times (L_{max})^{1.7964} \tag{6-3}$$

通过计算 C_{min} 和 C_{max}，可以获取煤结构模型的平均碳原子数 C_{ave}，并进而求得煤分子的相对分子质量 MW（molecular weight，Da[①]），具体如下：

$$MW = (12.106 \times C_{ave}) + [(0.1806 \times C_{ave}) + 8.98] \tag{6-4}$$

通过原生结构煤和构造煤的芳香条纹长度分布，可计算其相对分子质量分布。

原生结构煤芳香族的相对分子质量分布见图 6-39，构造煤的芳香族相对分子质量的分布总体形态与此相似，但各分子质量段的占比存在差异。低中煤级原生结构煤及构造煤大分子结构中芳香族的相对分子质量分布于 50～4499Da，主要集中于 <650Da 的范围内（原生结构煤平均占 90% 以上），其中 50～99Da、100～149Da 和 150～199Da 所占比例最高（原生结构煤中三者占比分别为 23.82%、22.97% 和 13.46%），且依次递减。相对分子质量的比例随着相对分子质量升高而逐渐降低，对于原生结构煤而言，>1000Da 的芳香族含量已经很少。低中煤级构造煤的芳香族的相对分子质量主要集中在 <1000Da 区域，这也与 Van Niekerk 和 Mathews（2010）对南非富惰质组和富镜质组煤的研究结果一致。为了研究相对分子质量对于构造变形的响应特征，分别选取四个具有代表性的相对分子质量区间 50～149Da、150～249Da、250～499Da 和 500～4499Da，来分析不同构造煤中其平均比例分布，具体结果见图 6-40（a）～图 6-40（d）。

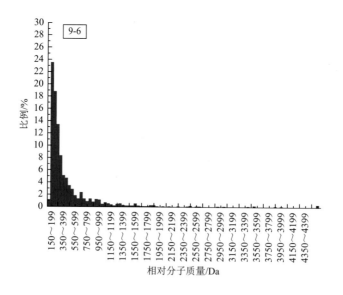

---

① 1Da = 1.66054×10^{-27}kg。

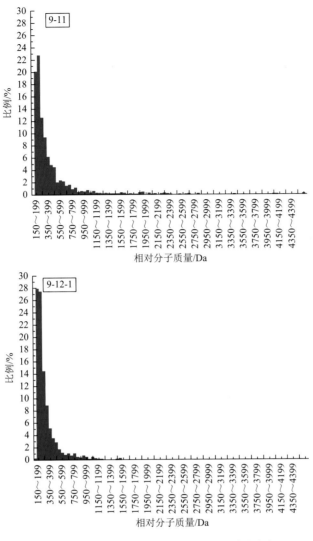

图 6-39 原生结构煤芳香族相对分子质量分布

    无论何种类型的构造煤，随着相对分子质量的升高，各阶段分子量的芳香族比例逐渐降低，而不同结构类型的构造煤又具有不同的表现特征。对于 50～149Da 的芳香族来说，其平均比例随着构造变形的增强，总体逐渐降低；在脆性、脆-韧性过渡型和韧性系列构造煤中分别占 34.34%～42.38%（平均为 39.19%）、31.03% 和 27.22%～30.07%（平均为28.65%）。在片状煤中，50～149Da 的芳香族的比例高于碎斑煤、碎粒煤和过渡型构造煤，这一点与普遍认为的应力缩聚作用不符，推测可能与剪切应力作用下，芳香结构的应力降解作用有关。150～249Da 的芳香族在脆性变形阶段随着构造变形的增强总体降低，但片状煤略有升高，降低幅度低于 50～149Da 阶段；在脆-韧性过渡变形阶段升高；而在韧性变形阶段，逐渐降低。通过 50～149Da 和 150～249Da 的芳香族的变化可知，力化学作用对于芳香核的改造作用主要表现为应力缩聚作用，且缩聚作用随着芳香核相对分子质量的升高逐渐降低。与此相符的是，250～499Da 的芳香族比例，随着构造变形的增强，总体逐渐降低，然而片状煤和揉皱煤的 250～499Da 的芳香族比例高于相同变形环境的其他类型构造煤。由于应力缩聚作用，高相对分子质量的芳香族物质（500～4499Da）比例随着构造变形的升高，总体逐渐升高；在脆性、脆-韧性过渡型和韧性系列构造煤中分别占 19.09%～30.91%（平均为 23.83%）、35.69% 和 35.41%～43.52%（平均为 39.47%），这一结果与芳香条纹长度和芳香族尺寸的分析结果一致。

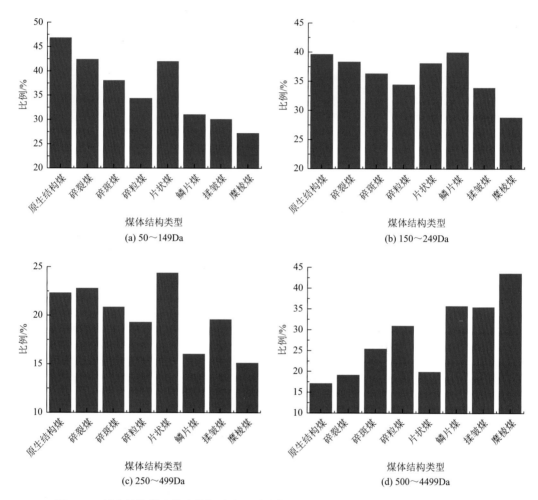

图 6-40　原生结构煤及构造煤相对分子质量为 50～149Da、150～249Da、250～499Da 和 500～4499Da 的比例分布

6.3.2　芳香条纹有序性分析

煤化学观点认为，煤大分子是短程无序，长程有序系统，通过芳香条纹有序性分析，可以揭示构造应力作用下煤芳香条纹有序性的响应特征。芳香条纹有序性分析包括芳香条纹堆叠分析、芳香条纹方向性分析和芳香条纹曲率分析。

1. 芳香条纹堆叠分析

煤大分子结构中芳香核的堆叠多样性对结构构建具有重要影响，Louw（2013）在 MATLAB 中构建了内置的图形用户界面（graphical user interface，GUI）软件来从晶格图像中提取堆叠数据。计算时，参数定义及其控制面板如图 6-41（a）和图 6-41（b）所示，其中，中点间距设置为 5Å，垂直距离和 θ_{diff} 分别设置为 3.5Å 和 10°，作为堆叠判断条件；通过 GUI 选项，将堆叠数据输入 Excel 表格中；该数据表格包含 1～5 层堆叠的位置、中点平均距离（r_m）、平均角度差值（$\Delta\theta$）和平均垂直距离（r_p）等信息。在计算过程中，输入数据为芳香条纹中点位置（x, y），芳香条纹角度 θ 和芳香条纹长度 L；然后判断角度差值是否小于 10°，最小垂直距离是否小于 3.5Å，中点距离是否小于 5Å，如果这三个条件同时满足，则将该组合保存为一个堆叠，并继续进行下一步判断处理；最后判断所有的堆叠是否唯一并输出该数据。

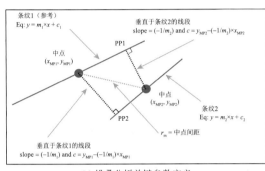

(a) 堆叠分析关键参数定义

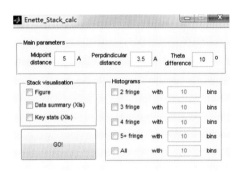

(b) MATLAB软件中图形用户界面定义GUI用户参数设置

图 6-41　堆叠分析关键参数定义（Louw，2013）和 MATLAB 软件中图形用户界面定义 GUI 用户参数设置

表 6-20 和图 6-42 显示了原生结构煤和构造煤中堆叠分布，对于低中煤级构造煤而言，绝大多数（96.81%～97.75%）芳香条纹均以 1 层堆叠为主，少量（2.08%～2.85%）的芳香条纹为 2 层堆叠，极少量（0.17%～0.34%）表现为 3 层堆叠。原生结构煤和脆性系列构造煤的平均堆叠层数为 1.02～1.03，韧性系列构造煤为 1.04，表明芳香条纹堆叠层数对构造变形不敏感。较低的堆叠层数分布表明低中煤级构造煤中芳香条纹结构有序性较弱，与较短的条纹占比较高有关。尽管在揉皱煤和糜棱煤中，2 层和 3 层堆叠的比例略微高于原生结构煤和其他类型构造煤，但是这种差别较为微弱，尤其对于平均堆叠层数而言。原生结构煤和不同类型构造煤中芳香条纹堆叠分布在微晶图像中的分布见图 6-42，2 层堆叠标记为红色，3 层堆叠标记为蓝色，所有的样品中堆叠含量均较为有限，进一步表明了构造变形对于芳香族堆叠的影响较小。

表 6-20　原生结构煤和构造煤中堆叠分布

类型	1 层堆叠/%	2 层堆叠/%	3 层堆叠/%	平均堆叠
原生结构煤	96.94	2.76	0.30	1.03
碎裂煤	97.75	2.08	0.17	1.02

续表

类型	1 层堆叠/%	2 层堆叠/%	3 层堆叠/%	平均堆叠
片状煤	97.69	2.14	0.17	1.02
鳞片煤	97.69	2.14	0.17	1.02
揉皱煤	96.81	2.85	0.34	1.04
糜棱煤	96.81	2.85	0.34	1.04

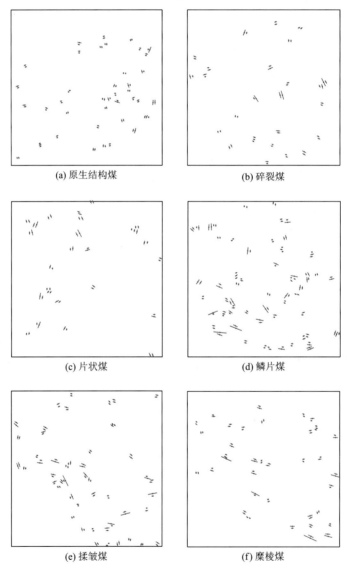

图 6-42　原生结构煤和构造煤中堆叠分布

红色表示 2 层堆叠，蓝色表示 3 层堆叠

2. 芳香条纹方向性分析

HRTEM 分析的一个显著优势是可以定量观测芳香条纹的方向性，在随机分布的条件下，三个 3/24 圆周的玫瑰花图上的总的角度和应为 45°（25%）。任何高于或者低于此值的分布均表现为一种芳香条纹的优势分布（Mathews and Sharma，2012）。通过 Mathews 及其合作者的方法，原生结构煤及其构造煤的芳香条纹结构有序性可以通过条纹的展布角度分布来表征，通过对微晶图像的旋转，芳香条纹优势方向集中于 75°、90° 和 105° 方向。芳香条纹方向性由这三个区间内的长度占比来表征（Louw，2013；Mathews and Sharma，2012；Sharma et al.，2000a，2000b，2001），原生结构煤及构造煤的结构方向性见图 6-43～图 6-50。本次分析选取（75° + 90° + 105°）区间内的芳香条纹比例之和作为计算芳香条纹方向性强弱的指标，该值越高，表明样品芳香条纹的方向性越好。原生结构煤的方向性为 31.67%～39.09%（平均为 34.66%），脆性系列的碎裂煤、碎斑煤和碎粒煤分别为 26.30%～33.18%（平均为 30.33%）、30.70%～32.92%（平均为 31.55%）和 30.26%～38.32%（平均为 33.23%）（图 6-43～图 6-46）。片状煤的方向性为 31.90%～36.05%（平均为 33.98%）（图 6-47），随着脆性变形的增强，芳香条纹的方向性有略微升高的趋势。

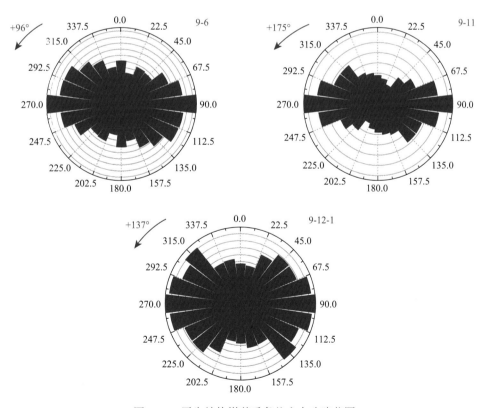

图 6-43　原生结构煤芳香条纹方向玫瑰花图

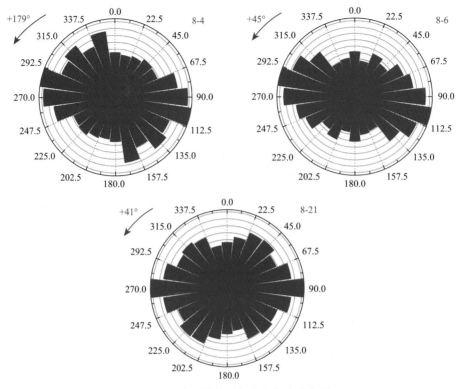

图 6-44　碎裂煤芳香条纹方向玫瑰花图

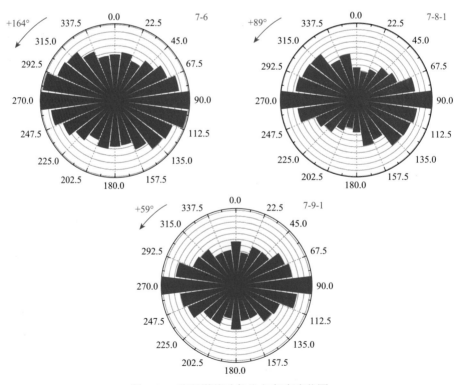

图 6-45　碎斑煤芳香条纹方向玫瑰花图

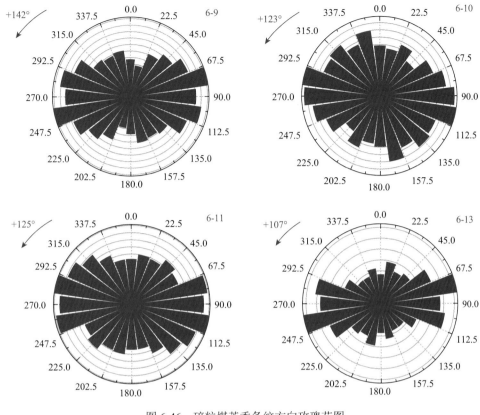

图 6-46　碎粒煤芳香条纹方向玫瑰花图

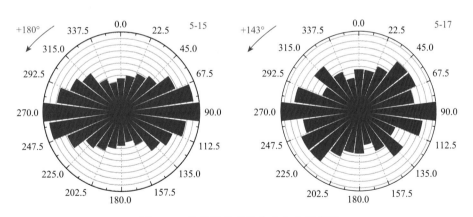

图 6-47　片状煤芳香条纹方向玫瑰花图

过渡类型鳞片煤（图 6-48）中，芳香条纹方向性为 26.62%～35.18%（平均为 30.59%），平均来说，随着脆性变形的增强，芳香条纹的方向性有略微升高的趋势。对于揉皱煤和糜棱煤而言，芳香条纹的方向性分别为 27.48%～44.86%（平均为 37.12%）和 30.07%～38.65%（平均为 30.88%）（图 6-49～图 6-50），揉皱煤的芳香条纹有序性强于其他类型构造煤，其次为碎粒煤和片状煤，芳香条纹有序性远高于随机分布，而其他类型构造煤的方向性分布较为离散，平均方向性较低。综上所述，不同的构造煤的芳香条纹方向性表现各异，揉皱煤、碎粒煤和片状煤的芳香条纹方向性较高，构造煤的芳香条纹有序性并不总随着构造变形的增强而升高，低中煤级煤中芳香条纹的方向性随着构造变形的变化较为复杂，而芳香条纹的长度则变化较为一致，这反映了煤芳香条纹方向性的受到的影响因素较多，如成煤期的沉积环境、温度和压力等均会对芳香条纹的方向性产生改造作用。

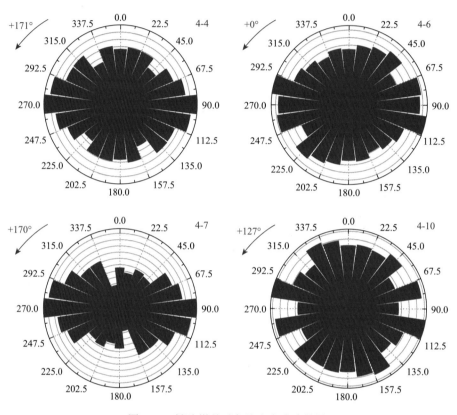

图 6-48 鳞片煤芳香条纹方向玫瑰花图

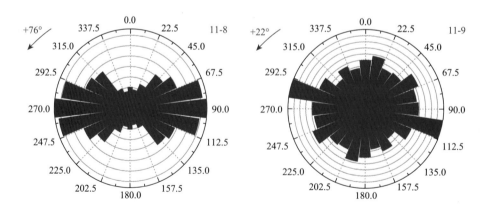

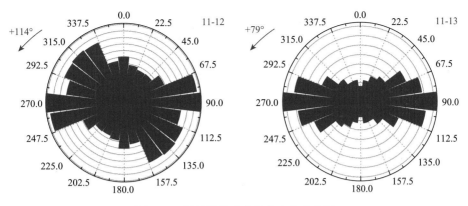

图 6-49　揉皱煤芳香条纹方向玫瑰花图

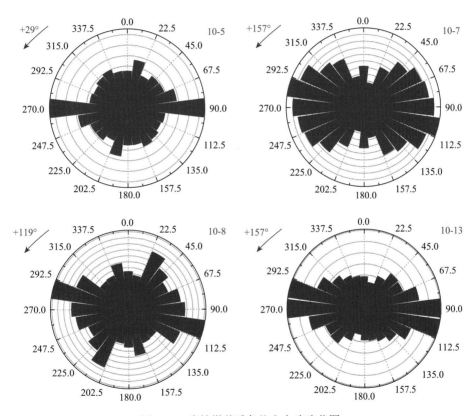

图 6-50　糜棱煤芳香条纹方向玫瑰花图

3. 芳香条纹曲率分析

芳香条纹的曲率将会深刻影响煤大分子的结构有序性和孔隙度（Wang et al.，2017）。芳香条纹曲率的定量分析采用 Wang 等（2016，2017）研发的内置于 MATLAB 软件中的插件进行，此插件可以克服曲率分析的局限性，来实现对微晶图像中的每一条芳香条纹进行统计分析。曲率计算的输入变量为芳香条纹提取完毕的 JPG 微晶图像，控制变量有最大角度阈值、最小角度阈值和最小芳香条纹长度。最后输出芳香条纹编号和每个条纹的曲率参数（累计角度、芳香条纹总长度、曲率和条纹可分段数），样品曲率分析结果样板见图 6-51 及表 6-21。

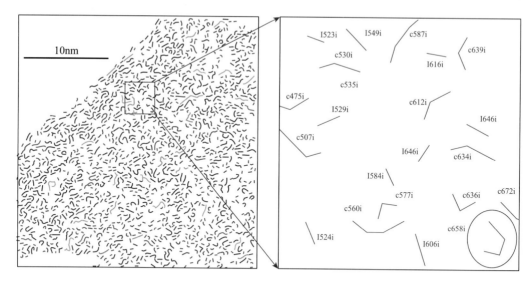

图 6-51　样品 10-23 曲率分析片段

表 6-21　弯曲条纹编号 c658i 的输出参数

条纹编号	分段	长度/Å	质心 x	质心 y	角度/(°)	转折点 x	转折点 y	累计角度/(°)	总段长度/Å	曲率
c658i	整段	27	578.9	379.62	—			149.03	29.52	1.95
	c658a	8.24	576	385	−14.03	580	386			
	c658b	8.54	581.5	382	69.44	583	378			
	c658c	12.7	578.5	373.5	135	—				

注："—"表明无须参数定义该项。

本次计算选取 6 种结构类型的构造煤进行，分别为原生结构煤（样品 9-6）、碎裂煤（样品 8-6）、片状煤（样品 5-15）、鳞片煤（样品 4-15）、揉皱煤（样品 11-8）和糜棱煤（样品 10-23）。对于 1024 像素×1024 像素的微晶图像来说，矢量化长度和最小条纹长度分别设置为 8 像素和 2.5Å，最大和最小角度阈值分别为 180° 和 0°。原生结构煤和构造煤中弯曲条纹比例以及累计弯曲条纹比例见图 6-52。低中煤级构造煤中，弯曲条纹主要由<4 段的条纹构成（原生结构煤中最高，98%；揉皱煤中最低，94%），弯条纹段数≥6 的条纹占比小于 2%。

原生结构煤及构造煤中条纹曲率分布见表 6-22，对于原生结构煤而言，弯曲条纹的比例较低（33%），且主要为低曲率条纹，平均和最大弯曲条纹长度分别为 15.01Å 和 69.97Å。碎裂煤和片状煤中弯曲条纹比例均为 42%，高于原生结构煤；二者的平均每段长度分别为 17.39Å 和 17.14Å，也高于原生结构煤。另外，碎裂煤中的中曲率和高曲率芳香条纹也高于原生结构煤，预示着碎裂变形可以提高芳香条纹的弯曲程度，这一点也可以由其较高的平均弯曲条纹长度（17.39Å），最大弯曲条纹长度（73.58Å）和平均曲率（1.22）来体现。对于鳞片煤、揉皱煤和糜棱煤而言，弯曲条纹比例分别为54%、53%和45%，表明强剪切和韧性变形可以显著提高芳香条纹曲率。进一步来说，这三种煤中高曲率芳香条纹比例分别为20%、19%和22%，也均高于原生结构煤和碎裂煤。最高曲率分别为5.42、6.68和9.04，平均每段长度为20.17Å、20.21Å何17.56Å。综上所述，弯曲条纹比例总体随着构造变形的增强有所升高，尤其对于糜棱煤。糜棱化作用可以降低低曲率条纹比例，增加高曲率条纹比例。

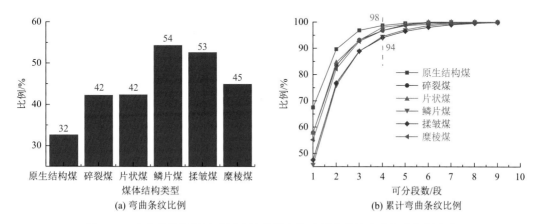

图6-52　弯曲条纹比例以及原生结构煤和构造煤中累计弯曲条纹比例变化

表6-22　原生结构煤和构造煤中弯曲条纹分布和结构参数特征

构造煤类型	弯曲条纹比例/%	低曲率/%	中曲率/%	高曲率/%	平均长度/Å	最大长度/Å	平均曲率	最大曲率
原生结构煤	33	54	31	15	15.01	69.97	1.18	4.68
碎裂煤	42	48	33	19	17.39	73.58	1.22	3.01
片状煤	42	57	29	14	17.14	57.36	1.14	2.91
鳞片煤	54	52	28	20	20.17	101.16	1.16	5.42
揉皱煤	53	49	32	19	20.21	98.44	1.18	6.68
糜棱煤	45	46	32	22	17.56	113.48	1.21	9.04

注：弯曲条纹包含≥2段的芳香条纹；低曲率、中曲率和高曲率芳香条纹分别为累计角度≤45°、（45°，90°]和≥90°的芳香条纹。

累计角度是另外一个评价曲率发育程度的关键参数（Wang et al.，2016）。原生结构煤和不同类型构造煤中芳香条纹曲率与弯曲条纹累计角度的关系见图6-53。Wang 等（2016）认为芳香条纹曲率优势在于可以有效地描述简单的芳香条纹，但是对于结构复杂的芳香条纹，则表征效果较差。在图6-53（a）～（f）中，在黑色辅助线上的芳香条纹数据代表单拐点平滑线，而偏离黑色辅助线的数据则代表更复杂或起伏多变的弯曲芳香条纹。因此，数据偏离黑色辅助线的程度直观地代表了曲率用于描述不同构造煤的芳香条纹弯曲程度的适用性。图 6-53（a）～（f）的偏离程度结果表明，芳香条纹的曲率对不同煤体结构煤的表征效果不同。片状煤（0～246°）和碎裂煤（0～459°）的弯曲条纹的累计角度分布在一个较狭窄的范围内，芳香条纹曲率可以较好地表征 HRTEM 芳香条纹曲折性，其次为糜棱煤（0～492°）。然而，对鳞片煤（0～565°）和揉皱煤（0～513°）而言，仅仅一部分芳香条纹分布在黑色辅助线之内且芳香条纹参数离散程度较高，预示着这两种类型构造煤的芳香条纹具有较高的复杂性或波动性，芳香条纹曲率可以较弱地表征 HRTEM 芳香条纹曲折性。

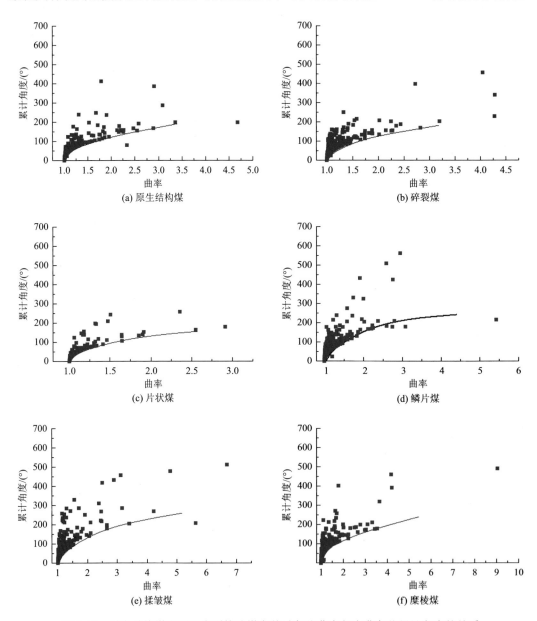

图 6-53　原生结构煤和不同类型构造煤中芳香条纹曲率与弯曲条纹累计角度的关系

弯曲条纹段数为最小角度阈值和初段长度的函数，是煤大分子结构多样性的关键参数之一，弯曲条纹段数和芳香条纹长度的关系如图6-54（a）～（f）所示。原生结构煤和构造煤的弯曲条纹段数的分布较为类似，弯曲条纹段数随着芳香条纹长度的升高，周期性和非单调地逐渐升高。相同分段数的芳香条纹显示出不同的条纹长度，表明了弯曲芳香条纹的复杂性。低中煤级原生结构煤和构造煤弯曲的芳香条纹主要包含2段、3段和4段的条纹。对于原生结构煤、碎裂煤和片状煤来说，弯曲条纹的长度主要分布在13.46～43.87Å、13.97～51.71Å和13.23～43.94Å范围内，分别占总的弯曲条纹长度的31%、39%和40%。然而，对鳞片煤、揉皱煤和糜棱煤而言，主要弯曲条纹比例分别占比49%（12.30～54.08Å）、

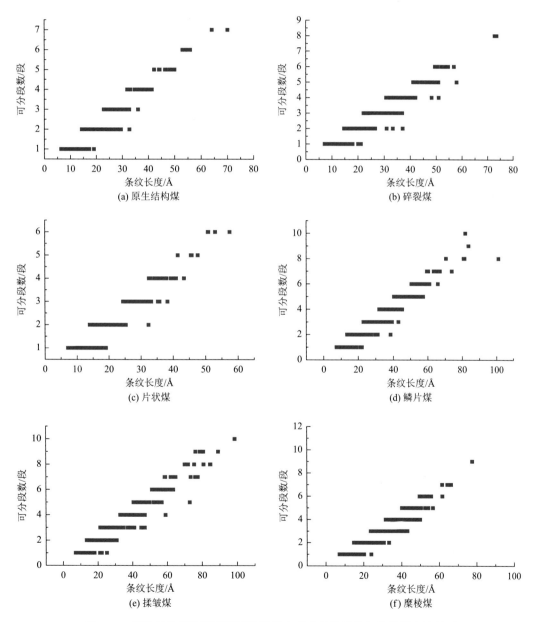

图6-54　原生结构煤和不同类型构造煤中弯曲条纹段数与条纹长度的关系

47%（12.33～60.05Å）和42%（13.03～50.89Å）。与累计角度的分析结果一致，弯曲条纹段数的分布结果表明，鳞片煤和揉皱煤比原生结构煤和其他类型的构造煤具有更高的结构复杂度。这是由于这两种类型的构造煤具有更长的芳香条纹，且每一段芳香条纹具有更多的分段数和波折性，这一点与其最长的段数分布一致。

图6-55（a）～（f）显示了原生结构煤和构造煤中总分段长度与曲率的关系，所有样品的芳香条纹曲率显示出团簇状分布，且团簇状分布主要开始于～13Å，然而，不同类型的构造煤中，芳香条纹曲率的分布范围具有显著的差别。对于原生结构煤、碎裂煤和片状煤而言，弯曲条纹主要分布在 13.87～49.53Å（曲率：1.001～3.01）、13.45～55.18Å（曲率：1.001～2.40）和12.76～51.62Å（曲率：1.001～1.54），占总的弯曲条纹的96%、95%和98%。对于鳞片煤、揉皱煤和糜棱煤而言，弯曲条纹主要分布在11.90～61.49Å（曲率：1.001～1.58）、13.40～65.11Å（曲率：1.001～1.66）和13.61～53.84Å（曲率：1.001～1.92），占总的弯曲条纹的91%、90%和89%。鳞片煤和揉皱煤的芳香条纹曲率相较于糜棱煤具有更加离散的分布。

图6-55（a）～（f）进一步显示了原生结构煤和构造煤中段数频率、累计角度和每一条纹的曲率值分布。鳞片煤、揉皱煤和糜棱煤中的芳香条纹曲率数据比原生结构煤和脆性系列构造煤具有更加分散的分布，表明强剪切和韧性变形构造煤有更复杂的弯曲条纹分布。原生结构煤，碎裂煤和片状煤的累计角度一般<100°，占87%以上；对于鳞片煤、揉皱煤和糜棱煤，累计角度<100°的弯曲条纹分别占84%、83%和85%，表明在强剪切和韧性变形条件下，高累计角度的弯曲条纹比例升高。淮北煤田自成煤期后发生的多期构造-热事件会促使煤岩应变能不断积累（Ju and Li，2009；Cao et al.，2000，2007），从而引发不同程度的动力变质作用。构造煤中弯曲条纹的比例均高于原生结构煤，预示着结构缺陷的产生。对于脆性变形，快速的机械摩擦虽然不足以引发动力变质作用，然而机械应力作用（强烈挤压、拉伸应力或剪切应力）可以促进脂肪侧链和边基的裂解（Liu et al.，2018）。脆性系列构造煤中的条纹曲率分布较为接近，鳞片煤和韧性变形煤中条纹弯曲度最大，这也和这些类型煤中较长的芳香条纹和较高的方向性是一致的，鳞片煤中较高的弯曲条纹频率表明强烈剪切应力可以使得煤岩中芳香条纹更加弯曲，但对于条纹长度和方向性的改造作用不大。

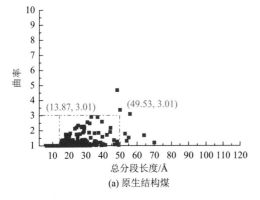

(a) 原生结构煤

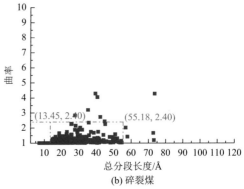

(b) 碎裂煤

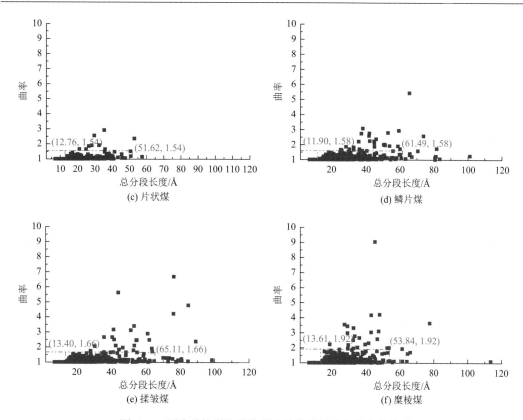

图6-55 原生结构煤和构造煤中总分段长度与曲率的关系

6.4 大分子结构演化机理

构造应力可以促进煤大分子的超前演化,这一论断已经获得了国内外学术界较为广泛的认同(Ju and Li,2009;Han et al.,2016)。动力变质与热演化的反应路径存在差异,在热力条件下,煤有机大分子中脂肪侧链与含氧官能团依据键能高低,相继裂解为小分子烃类物质、二氧化碳和水(Song et al.,2017e)。刘杰刚(2018)通过高温高压变形实验探讨了煤韧性变形机理,提出"剪切应力是影响煤韧性变形的关键因素",次生顺层和斜向剪切应力可产生应变能,从而促进煤大分子结构缺陷和韧性变形的形成。Ju等(2005b)认为温压条件对煤流变性质具有一定的改造作用,可以引起微米尺度上的构造变形。研究结果表明,构造煤形成的应力环境决定了煤大分子演化路径。对于构造应力引起的力化学作用而言,应力-应变环境对于煤动力变质起着至关重要的作用。

在脆性变形阶段,支链长度有增高趋势,支链化程度逐渐降低,剪切作用所引起的支链化程度的降低显著强于脆性变形作用。在脆性变形阶段,主要以脂肪侧链的脱除为主,含氧官能团的脱除速率较低,结构缺陷以 DV 缺陷和 SV 缺陷为主。在原生结构煤—碎裂煤—碎斑煤—碎粒煤系列中,短的芳香条纹比例逐渐降低,而长的芳香条纹比例逐渐升高,表明脆性变形作用促使芳香条纹变短,机械的脆性变形作用有利于芳香条纹变长,这可能是脆性断裂引发的煤岩有机组分热演化的结果。总体来看,脆性变形对煤有机大分子的改造作用较弱，主要是由于在脆性变形环境下的挤压或者拉伸构造应力条件下，大分子结构演化主要为应力降解机制。

　　在韧性变形阶段，对有机质成熟的促进作用明显高于脆性变形和脆-韧性过渡变形。应力缩聚作用引发芳构化程度的提高和含氧官能团的脱落，脆性变形阶段的脱氧作用主要是由脱羧和脱羟基作用主导，然而氧在韧性阶段的脱除主要以脱羰作用为主。芳香环尺寸在剪切应力条件下，逐渐升高，但是在高度方向上较难生长，这一点从 HRTEM 芳香族堆叠的稳定不变可以看出。在剪切应力作用下，芳香环密集排列，在脆性变形阶段定向性变化不大，而在韧性变形煤中定向性逐渐显著。

7 构造煤瓦斯特性及糜棱煤瓦斯突出微观机理

在构造应力作用下，煤的物理和化学结构会发生显著改变，导致构造煤的吸附/解吸性、透气性和力学强度等瓦斯特性明显不同于原生结构煤，且随变形程度增加发生规律性的演变，因而不同类型构造煤分布区瓦斯地质条件与原生结构煤存在差异性，并对瓦斯赋存与突出危险性具有重要影响。在系统评述前人对构造煤瓦斯特性与突出危险性评价等相关研究的基础上，本章对淮北矿区不同类型构造煤的瓦斯吸附、渗流特性及弹性变形特征等进行系统测试及分析，通过糜棱煤大分子结构模型的构建及甲烷吸附的分子模拟研究，探讨糜棱煤的煤与瓦斯突出微观机理。

7.1 不同类型构造煤的瓦斯特性

不同类型、不同变形程度构造煤的宏-微观结构构造等与原生结构煤存在明显差异，其分布区的瓦斯地质条件常表现出一定的规律性。一般地，具有一定变形强度的脆性系列构造煤（初碎裂煤、碎裂煤及片状煤），构造裂隙系统较为发育、连通性较好，有利于瓦斯渗流及逸散，瓦斯压力及瓦斯含量较低，且煤体具有一定的力学强度，突出危险性较低；碎粒煤、薄片煤、揉皱煤及糜棱煤等强变形构造煤，裂隙系统密集紊乱且多被糜棱质煤基质堵塞，常表现出高瓦斯压力、高瓦斯含量、透气性差、快速解吸、强非均质性和低煤体强度等特征，突出危险性较高；而脆-韧性过渡类型的鳞片煤突出危险性介于二者之间。

7.1.1 瓦斯吸附行为及特性

不同类型构造煤吸附特性与原生结构煤存在显著差异，导致不同类型构造煤分布区瓦斯含量及瓦斯压力明显区别于原生结构煤分布区。由于强变形构造煤的煤体结构一般较为破碎，裂隙系统发育，构成自由态瓦斯气体的储集空间，具备瓦斯气体发生富集的介质条件，同时，变形过程中煤的孔-裂隙结构不断发展和演化，比表面积不断增加，瓦斯吸附行为明显不同于原生结构煤，从而导致了强变形构造煤分布区具有高瓦斯含量和高瓦斯压力的特征。

1. 煤中瓦斯吸附行为及影响因素

1）理论模型

吸附是指作为吸附质原子、离子或分子从气体、液体或溶解固体中黏附到吸附剂的固体表面的过程，通过在其表面形成吸附质分子层来达到平衡（Heinrich，1881；Jack，1990）。

根据吸附剂与吸附质间相互作用方式的差异，可将吸附行为分为物理吸附和化学吸附。物理吸附指吸附质分子在较弱的范德瓦耳斯力作用下，在吸附剂表面形成一个至多个原子或分子层的过程，该原子或分子层与吸附剂表面的结合能小于 0.5eV（或 40kJ/mol），吸附过程可逆且对吸附质无选择性；化学吸附则是指吸附质原子或分子与吸附剂分子间形成吸附化学键及组成表面络合物的过程，常发生在较高温度，对吸附质具有明显的选择性，多为不可逆的过程，且常表现为单分子层吸附。

瓦斯气体（甲烷为主）在煤中吸附过程的室内研究已有较长的历史，Moffat 和 Weale（1955）、Ruppel 等（1974）开展了不同温度下不同煤的等温吸附实验，发现甲烷在煤中的吸附热一般小于 1.2kJ/mol（30℃，0 覆盖度），Yang 和 Saunders（1985）利用克劳修斯-克拉珀龙方程（Clausius-Clapeyron equation）计算的匹兹堡煤的 0 覆盖度等温吸附热为 2.2kcal/mol 左右（1kcal/mol = 4.184kJ/mol），降文萍等（2009）采用量子化学方法计算了不同变形程度煤与甲烷分子间的作用能，发现甲烷在煤表面的吸附热一般为 4～9kJ/mol，刘珊珊和孟召平（2015）研究了甲烷等温吸附过程中煤表面能量的变化特征发现，吸附过程中不同煤体结构煤的表面自由能降低值一般<12kJ/mol，均证实了煤对甲烷的吸附是物理吸附，且当甲烷分子以正三角锥重叠在煤表面时能量最低，吸附平衡状态最为稳定。

描述甲烷在煤中吸附过程的理论主要包括：朗缪尔（Langmuir）单分子层吸附理论（朗缪尔方程），BET 多分子层吸附理论（BET 方程）、吸附势理论（D-R 方程）及统计势动力学理论（多相吸附模型）。朗缪尔吸附理论是 Langmuir 于 1916 年提出的描述固体表面吸附特性的单分子层吸附理论，其方程简单实用，与实测的甲烷等温吸附曲线拟合程度高，是目前描述甲烷在煤中吸附过程应用最为广泛的吸附状态方程，多数甲烷等温吸附仪也是遵循该理论设计的。朗缪尔方程的成立包含着一系列的假设（Langmuir，1916）：吸附质在等温条件下表现为理想气体，吸附过程为物理吸附，吸附平衡表现为吸附剂表面单分子层吸附过程的完成；吸附剂表面是均匀的且表面各处的吸附能力相同；吸附平衡为动态平衡，已被吸附的分子若具有足够的动能，会重新转变为游离态；被吸附分子彼此间不存在力的作用。在此一系列假设下，通过对吸附平衡状态（吸附速率等于解吸速率）进行热力学描述，可得到如式（7-1）和式（7-2）所示的朗缪尔吸附等温式的两种表达形式：

$$V = a \cdot \frac{bP}{1+bP} \tag{7-1}$$

式中，V 为在给定温度下，气体压力为 P 时的吸附量，g/cm^3；a 和 b 为吸附常数，a 表示在给定温度下的最大吸附量，g/cm^3，主要取决于吸附剂和吸附质的性质，b 主要与温度及吸附剂性质相关，MPa^{-1}，其倒数（$1/b$）指示吸附量为最大吸附量一半时对应的平衡气体压力。

$$V = V_L \cdot \frac{P}{P_L + P} \tag{7-2}$$

式中，V_L 为朗缪尔体积，与 a 值指示意义相同；P_L 为朗缪尔压力，指示吸附量达到朗缪尔体积一半时对应的气体压力，MPa。

朗缪尔吸附理论中，不同温度条件、不同吸附剂的等温吸附平衡状态，即可通过式（7-1）和式（7-2）进行表征，通过记录吸附剂在测试温度条件下不同压力点的吸附量，

作出以 P 为横坐标、以 P/V 为纵坐标的散点图，利用最小二乘法确定其回归直线的斜率和截距，进而求出朗缪尔体积和朗缪尔压力（或吸附常数 a、b 值），吸附性质的差异即体现在吸附常数的差异上。

2）煤的瓦斯吸附特征及其影响因素

在获得煤中甲烷吸附等温线的过程中，根据吸附量测量方法的不同，可将煤的甲烷吸附实验分为动态法和静态法两大类。动态法通过测量不同压力点煤样的谱学信息，提取甲烷谱峰信号参数并代入标定方程，以求取该压力条件下煤的甲烷吸附量，包括气相色谱法（王强等，2011）、低场核磁共振法（姚艳斌等，2013；周博，2018）和常压流动法等。静态法主要包括重量法和容量法，二者均在 20 世纪 50 年代前后引入我国，通过多年实践对比发现：重量法在实验过程中，为了保证石英弹簧秤及微量电子天平等称量装置的精度，一般要求很少的样品量（多小于 1g），因而难以保证测试样品的代表性，实验过程中样品水分的微小改变也会造成吸附量的改变，结果的可重复性较难保证，同时，重量法实验压力一般较低，难以满足煤的高压甲烷吸附实验的要求；相比之下，容量法可对数十克样品进行甲烷吸附实验，平衡压力可达到数十 MPa，可较好地保证样品代表性和满足进行高压等温吸附的要求，在煤及其他有机岩石的甲烷吸附研究中得到了广泛应用（Daines，1968；杨福蓉，1995）。

煤层原位温度与甲烷等温吸附实验温度一般均远高于甲烷的临界温度，不易发生多层吸附，常表现为单分子层吸附，因而实验室获得的甲烷等温吸附曲线符合典型的朗缪尔等温线，即一般属于 IUPAC 吸附等温线分类方案的 I（b）型（图 7-1），表现为等温吸附线向相对压力轴弯曲，吸附量由急剧上升逐渐趋于水平并达到饱和，吸附曲线末端的水平即表明甲烷在煤表面单分子层吸附的完成（赵振国，2005；Thommes et al.，2015）。

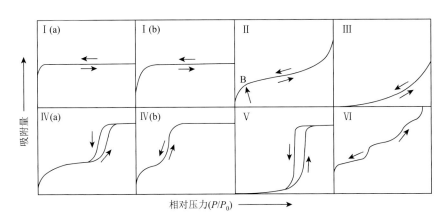

图 7-1　物理吸附等温线类型（据 Thommes et al.，2015）

一般认为，影响煤瓦斯吸附能力的因素主要包括：温度、吸附质气体组成、煤的变质程度、煤岩物质组分、水分含量及煤体结构等。

煤的甲烷吸附能力随变质程度的增高整体表现出先增后降的趋势（张庆玲等，2004；Shen et al.，2015），在 R_o 小于 4.0% 时，朗缪尔体积随 R_o 的增加而增大，在 R_o 大于 4.5%

时，则随 R_o 的继续增加而减小，一般认为主要由于煤化作用过程中孔隙度和煤表面物理化学性质发生的阶段性变化（Ettinger et al.，1966；钟玲文和张新民，1990；傅雪海等，2005；苏现波等，2006；陈振宏等，2008；张丽萍等，2006）。煤中水分会占据煤体表面甲烷的吸附空间，因而对甲烷吸附产生负效应，实验结果表明，平衡水分基煤样的吸附能力弱于干燥基煤样，且煤的甲烷吸附能力随水分的增加而降低，直到水分到达某一特定的值（称为临界水分值），之后随水分继续增加，吸附常数 V_L 和 P_L 均不再变化。煤中甲烷的最大吸附量随温度的增高而降低，Ettinger 等（1958）建立了不同温度甲烷最大吸附量与 30℃时甲烷最大吸附量的关系式；此外，朗缪尔压力随温度变化较为明显，温度的升高会导致其明显增大，原因在于吸附为放热过程，而解吸为吸热过程，温度升高增加了解吸速率，不利于煤中甲烷的吸附（Bae and Bhatia，2006；Pini et al.，2010）。多元气体在煤中的吸附存在对煤表面吸附位的彼此竞争，且不同气体的吸附特征存在如下规律：CO_2吸附能力最强，CH_4 次之，N_2 再次（张子戌等，2009；张遂安等，2005）；多组分气体的总吸附量介于强吸附质和弱吸附质之间，每一组分的吸附量都小于相同分压下单独吸附时的吸附量（Sudibandriyo et al.，2003；Weniger et al.，2010；宋志敏等，2012）。煤中矿物质等无机组分也会显著影响煤的甲烷吸附性能，实验结果表明，相同煤级煤的灰分产率与其朗缪尔体积一般表现出明显的负相关性，而与朗缪尔压力关系较为复杂（Yee et al.，1993；张群和杨锡禄，1999；Faiz et al.，2007）；此外，朗缪尔体积随镜质组含量增加而增大，随惰质组含量的增加而减小，且惰质组内，粗粒体、微粒体和惰屑体的吸附能力一般较弱，而丝质体、半丝质体的吸附能力较强（钟玲文等，2002）。

2. 不同类型构造煤的瓦斯吸附特性

在不同的构造变形环境中，煤体会发生不同程度的脆性、脆-韧性及韧性变形，煤的孔隙结构（孔容和孔径分布、比表面积及复杂程度等）及化学结构等均发生显著改变，进而影响了煤对瓦斯气体的吸附特性。

1）研究进展

国内外学者已对不同类型构造煤开展了系统的甲烷等温吸附实验，结果显示，构造煤的甲烷吸附能力明显强于原生结构煤（表 7-1）。胡广青等（2012）对采自重庆中梁山矿区的不同类型构造煤（$R_{o,max} = 1.39\% \sim 1.51\%$）开展了孔隙结构与甲烷吸附特征的系统测试发现，随变形增强，脆性变形系列及韧性变形系列构造煤的 V_L 均逐渐增加，而 P_L 逐渐减小；屈争辉（2010，2011）、Lu 等（2018）对淮北矿区不同类型构造煤开展的甲烷等温吸附实验也得到较为一致的结果。孟召平等（2015a）、Meng 等（2016）对比了在 25℃、35℃及 45℃等不同温度条件下原生结构煤及构造煤的甲烷吸附特征发现，朗缪尔体积表现出"糜棱煤>碎粒煤>碎裂煤>原生结构煤"的变化规律。乔伟（2017）对比了不同温度条件下沁水煤田余梧矿区软硬煤的甲烷吸附特征发现，从原生结构煤到碎粒煤、糜棱煤，煤的朗缪尔体积均逐渐增加。尽管在霍多特（1966）、王佑安和杨思敬（1980）、Ju 等（2009）、刘彦伟（2011）、Pan 等（2012）的研究中，煤的甲烷最大吸附量与煤体变形强度关系不是十分显著，但朗缪尔压力均随变形增强而显著降低，也说明构造煤在低压段具有较高的甲烷吸附速率及吸附量，即对甲烷的吸附能力强于原生结构煤。

表 7-1 不同类型构造煤的朗缪尔压力、朗缪尔体积统计表

温度/℃	煤体结构类型	$R_{o, max}$/%（或变质程度类型）	V_L/(cm³/g)	P_L/MPa	数据来源
—	原生结构煤	1.4	19.22	1.88	胡广青等（2012）
	碎裂煤	1.52	18.01	1.45	
	碎裂煤	1.46	17.46	1.37	
	碎斑煤	1.45	23.46	1.43	
	碎粒煤	1.42	24.93	1.49	
	碎粉煤	1.48	25.73	1.28	
	原生结构煤	1.4	19.22	1.88	
	鳞片煤	1.39	20.26	1.60	
	糜棱煤	1.51	21.08	1.53	
—	碎裂煤	—	7.63	0.99	屈争辉（2010）
	碎斑煤	—	12.83	1.35	
	鳞片煤	—	14.91	1.70	
	揉皱煤	—	20.75	2.26	
	揉皱煤	—	12.89	1.27	
25	原生结构煤	2.63	32.26	2.40	孟召平等（2015a）
	碎裂结构煤	2.86	37.04	2.44	
	碎粒结构煤	2.34	36.76	2.23	
	糜棱结构煤	2.74	40.32	2.52	
35	原生结构煤	2.63	27.25	2.74	
	碎裂结构煤	2.86	32.57	3.04	
	碎粒结构煤	2.34	33.56	3.07	
	糜棱结构煤	2.74	36.36	3.61	
45	原生结构煤	2.63	28.41	2.42	
	碎裂结构煤	2.86	34.60	2.72	
	碎粒结构煤	2.34	34.84	3.12	
	糜棱结构煤	2.74	36.50	2.66	
20	原生结构煤	1.74	26.65	2.24	乔伟（2017）
	碎粒煤	1.77	32.74	2.65	
	糜棱煤	1.83	35.91	2.48	
30	原生结构煤	1.74	22.87	2.36	
	碎粒煤	1.77	28.98	3.03	
	糜棱煤	1.83	32.83	2.92	
40	原生结构煤	1.74	21.32	2.87	
	碎粒煤	1.77	27.56	3.59	
	糜棱煤	1.83	31.79	3.11	

续表

温度/℃	煤体结构类型	$R_{o,max}$/% (或变质程度类型)	V_L/(cm³/g)	P_L/MPa	数据来源
—	淮南丁集矿硬煤分层	气、肥煤	20.15	3.66	刘彦伟（2011）
	淮南丁集矿软煤分层		14.50	0.89	
	鹤壁四矿硬煤分层	贫、瘦煤	28.99	0.93	
	鹤壁八矿软煤分层		25.36	0.62	
	安阳龙山矿硬煤分层	无烟煤	43.99	4.85	
	安阳龙山矿软煤分层		43.22	4.79	
	永城车集矿硬煤分层	贫煤	34.74	1.89	
			36.12	1.50	
	永城车集矿软煤分层		33.84	1.05	
			32.65	1.08	
	晋城寺河矿硬煤分层	无烟煤	34.94	0.46	
	晋城寺河矿软煤分层		37.79	0.50	

注："—"表示无数据。

　　不同类型构造煤瓦斯吸附行为的差异在很大程度上归因于其煤体破碎程度及煤颗粒粒径分布特征的不同,因而不同粒径煤的甲烷吸附特征差异可在一定程度上反映出不同煤体结构煤的吸附特征差异。不同测试粒度煤的甲烷等温吸附实验结果显示:随着测试粒径的减小,朗缪尔压力明显降低(张晓东等,2005),且实验用时(即吸附达到平衡时间)逐渐缩短(图 7-2),根据 Yalçin 和 Durucan(1991)原始吸附量数据计算得到的朗缪尔压力随粒径减小而大幅降低,28~35 目、65~100 目及 120~150 目三个粒度样品朗缪尔压力分别为 2.15MPa、2.00MPa 及 1.57MPa。一般认为,机械破碎会显著增加煤中甲烷的运移通道,并缩短甲烷分子与煤基质表面的距离,进而加快吸附过程,导致吸附平衡时间大幅缩短。

　　2)淮北矿区构造煤的瓦斯吸附特性

　　以淮北矿区为例,开展了不同类型构造煤的甲烷等温吸附实验,并探讨了构造煤孔隙结构对其甲烷吸附特性的控制作用和机理。

　　(1)实验样品及甲烷等温吸附实验。

　　为了探讨不同类型构造煤甲烷吸附特性与原生结构煤的差异,在朱仙庄矿、桃园矿及芦岭矿井下观测和构造煤宏-微观变形特征系统分析的基础上,选取变形特征较为典型的不同系列构造煤样品(共 13 件,部分样品变形特征见图 7-3)进行甲烷等温吸附测试,并依据 Moffat 和 Weale(1955)、杨兆彪等(2011)推导出的视吸附量-真实吸附量进行了吸附量校正,根据校正后平衡压力-吸附量数据做出 P/V-P 散点图,并采用最小二乘法拟合得到朗缪尔体积及朗缪尔压力等吸附常数。储层的温度、压力和水分均会影响煤的甲烷吸附能力,为尽可能地还原煤层环境,本次甲烷等温吸附试验采用容量法,选取达到平衡水分的煤样,平衡温度 $T = 30℃$,最高试验压力 $P = 8MPa$ 下进行。

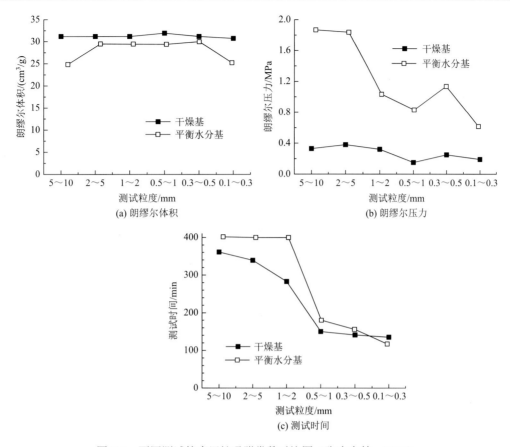

(a) 朗缪尔体积

(b) 朗缪尔压力

(c) 测试时间

图 7-2 不同测试粒度甲烷吸附常数对比图（张晓东等，2005）

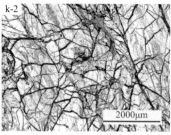

图 7-3　不同类型构造煤的宏-微观变形特征

a-1、a-2 为 ZM-1，原生结构煤；b-1、b-2 为 TM-1，原生结构煤；c-1、c-2 为 TM-2，鳞片煤；d-1、d-2 为 ZM-2，揉皱煤；e-1、e-2 为 TM-3，揉皱煤；f-1、f-2 为 ZM-6，揉皱煤；g-1、g-2 为 ZM-7，糜棱煤；h-1、h-2 为 ZM-8，糜棱煤；i-1、i-2 为 TM-6，碎裂煤；j-1、j-2 为 LM-3，片状煤；k-1、k-2 为 ZM-12，碎斑煤；l-1、l-2 为 ZM-15，碎粒煤。ZM 代表朱仙庄矿煤样；TM 代表桃园矿煤样；LM 代表芦岭矿煤样

相同煤层构造煤系列样品平衡水分基甲烷等温吸附测试显示［图 7-4（a）～（c）］，不同样品间吸附曲线离散性较为显著，同时，水分与灰分对甲烷吸附能力的负效应较为明显，如碎裂煤 LM-2、揉皱煤 ZM-2、鳞片煤 TM-2 等样品，具有明显高于其他样品的水分或灰分产率，其朗缪尔体积（$V_{L,e}$）均明显小于原生结构煤及其他同系列构造煤。

煤中水分的存在会与甲烷分子产生竞争吸附，因而不利于甲烷在煤中的吸附，而矿物质较低的甲烷吸附能力及其对煤中孔隙的充填作用导致煤对甲烷的吸附能力与其灰分呈显著负相关（Yee et al.，1993；Faiz et al.，2007；Laxminarayana and Crosdale，1999；张群和杨锡禄，1999）。因此，在进一步分析煤中有机质孔-裂隙结构变化对甲烷吸附性能的影响之前，需要尽量去除煤中水分、灰分的影响。结合工业分析测试结果，依据式（7-3）和式（7-4）计算得到干燥无灰基样品的甲烷等温吸附曲线［图 7-4（d）～（f）］，并采用最小二乘法拟合得到干燥无灰基样品的甲烷吸附数据及吸附常数（$V_{L,daf}$，$P_{L,e}$），结果见表 7-2。

$$V_{ad} = V_e \frac{1-M_{ad}}{1-M_e} \tag{7-3}$$

$$V_{daf} = V_{ad}(1-M_{ad}-A_{ad}) \tag{7-4}$$

式中，M_e，M_{ad} 分别为平衡水分基、空气干燥基水分，%；V_e、V_{ad}、V_{daf} 分别为同一平衡压力下平衡水分基、空气干燥基、干燥无灰基甲烷吸附量，cm^3/g；A_{ad} 为空气干燥基灰分，%。式（7-3）、式（7-4）来自《煤的等温吸附试验中平衡水分的测定方法》（MT/T 1157—2011）及《煤的高压等温吸附试验方法》（GB/T 19560—2008）。

朱仙庄矿及芦岭矿 10 号煤脆性系列、朱仙庄矿 8 号煤韧性系列及桃园矿 8 号煤韧性系列构造煤干燥无灰基样品的甲烷等温吸附曲线显示［图 7-4（d）～（f）］（TM-2 为鳞片煤，按照本书构造煤分类方案应划入脆-韧性过渡系列，但由于其煤体内部也表现出一定的韧性变形特征，在本章中将其列入韧性变形系列），在较低的平衡压力段，构造煤的吸附曲线一般位于原生结构煤吸附曲线之上，说明在低压段吸附速率较高，但随变形强度的增加未表现出单调变化；而在高压段，不同类型构造煤与原生结构煤吸附曲线差异不显著。

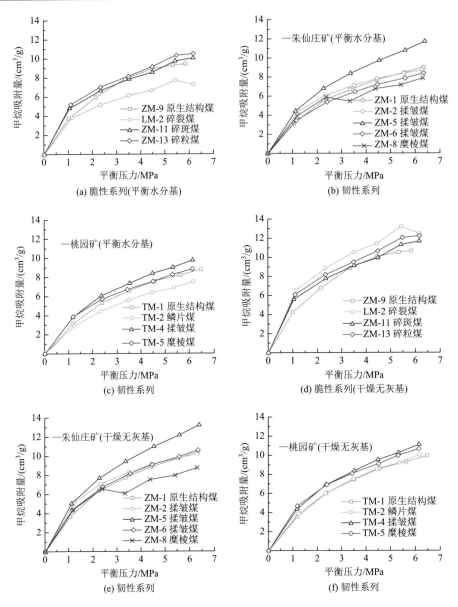

图 7-4 不同变形系列构造煤甲烷等温吸附曲线

表 7-2 样品基础信息及甲烷吸附常数汇总表

样品编号	构造煤类型	M_e/%	M_{ad}/%	A_{ad}/%	平衡水分基		干燥无灰基		$V_{P=3MPa}$/(cm³/g)
					$V_{L,e}$/(cm³/g)	$P_{L,e}$/MPa	$V_{L,daf}$/(cm³/g)	$P_{L,daf}$/MPa	
ZM-9	原生结构煤	3.32	1.62	8.21	14.08	2.74	15.90	2.74	8.31
LM-2	碎裂煤	3.20	1.68	38.94	9.43	1.64	16.72	1.92	10.20
ZM-11	碎斑煤	4.37	2.36	9.69	13.19	2.11	15.31	2.11	8.99
ZM-13	碎粒煤	3.66	2.10	10.56	13.93	2.12	16.21	2.12	9.50
ZM-1	原生结构煤	3.09	1.90	10.47	14.49	3.76	16.75	3.76	7.37

样品编号	构造煤类型	M_e/%	M_{ad}/%	A_{ad}/%	平衡水分基		干燥无灰基		$V_{P=3MPa}$/(cm³/g)
					$V_{L,e}$/(cm³/g)	$P_{L,e}$/MPa	$V_{L,daf}$/(cm³/g)	$P_{L,daf}$/MPa	
ZM-2	揉皱煤	12.19	10.99	2.30	11.79	2.14	13.62	2.14	7.97
ZM-5	揉皱煤	3.10	1.90	8.46	18.45	3.75	21.32	3.75	9.19
ZM-6	揉皱煤	3.50	2.05	9.42	12.61	3.15	14.58	3.16	7.70
ZM-8	糜棱煤	3.34	2.10	7.02	11.88	2.41	14.03	2.46	6.67
TM-1	原生结构煤	3.01	1.92	8.69	14.84	4.29	17.15	4.29	6.85
TM-2	鳞片煤	3.34	2.08	22.24	12.64	4.20	14.60	4.20	6.99
TM-4	揉皱煤	2.96	1.96	9.01	15.70	3.71	18.15	3.71	7.90
TM-5	糜棱煤	3.35	2.12	13.73	13.07	2.96	15.11	2.97	7.84

注：$V_{L,e}$、$P_{L,e}$ 分别指平衡水分基朗缪尔体积（cm³/g）、朗缪尔压力（MPa）；$V_{L,daf}$、$P_{L,daf}$ 分别指干燥无灰基朗缪尔体积（cm³/g）、朗缪尔压力（MPa）；$V_{P=3MPa}$ 指平衡压力为3MPa时的甲烷吸附量计算值。

煤中甲烷的吸附过程符合朗缪尔方程，可采用朗缪尔体积（V_L）与朗缪尔压力（P_L）等参数进行定量表征。V_L 指示给定温度下的最大吸附量（g/cm³），表征了在对应温度下煤的甲烷吸附能力；P_L 指示瓦斯吸附量达到朗缪尔体积一半时对应的平衡压力（MPa），可用于指示甲烷吸附速率。

对比分析发现（图7-5），构造煤的干燥无灰基甲烷最大吸附量（$V_{L,daf}$）与原生结构煤相比略有增高或大体保持同一水平。朱仙庄矿10号煤脆性变形系列构造煤 $V_{L,daf}$ 为 15.31～16.72cm³/g（原生结构煤ZM-9为15.90cm³/g），朱仙庄矿8号煤韧性变形系列构造煤 $V_{L,daf}$ 为 13.62～21.32cm³/g（原生结构煤ZM-1为16.75cm³/g），桃园矿8号煤韧性变形系列构造煤 $V_{L,daf}$ 为 14.60～18.15cm³/g（原生结构煤TM-1为17.15cm³/g）。相比之下，由于构造煤内独特的孔-裂隙结构系统，后期流体作用下煤中裂隙会被低温热液矿物广泛充填，加之韧性变形过程中煤层与围岩的物质交换所导致煤中硅酸盐矿物含量及种类的增多，均会相应地造成构造煤灰分、水分的显著变化，导致煤最大甲烷吸附量的显著改变，进而显著增强构造煤发育区瓦斯分布的非均质性。

然而，不同煤体结构煤的朗缪尔压力对比显示，构造煤朗缪尔压力明显小于原生结构煤（表7-2）。朱仙庄矿及芦岭矿10号煤脆性变形系列构造煤朗缪尔压力 $P_{L,daf}$ 为 1.92～2.12MPa（原生结构煤ZM-9为2.74MPa），朱仙庄矿8号煤韧性变形系列构造煤 $P_{L,daf}$ 为 2.14～3.75MPa（原生结构煤ZM-1为3.76MPa），桃园矿8号煤韧性变形系列构造煤 $P_{L,daf}$ 为 2.97～4.20MPa（原生结构煤TM-1为4.29MPa），且朗缪尔压力一般随变形程度增强而逐渐降低，反映了构造煤在低压段甲烷吸附速率较快。因而，在原位温压条件下，构造煤相比于原生结构煤容易吸附更多的瓦斯气体，考虑到宿县矿区8号煤及10号煤孔隙压力一般在2～3MPa，将平衡压力 $P=3MPa$ 代入不同类型构造煤朗缪尔方程中，得到在原位压力条件下煤层的甲烷吸附量（表7-2），结果显示，3MPa时构造煤甲烷吸附量明显大于原生结构煤，如朱仙庄矿及芦岭矿10号煤从原生结构煤的8.31cm³/g，增加至脆性变形系列构造煤的8.99～10.20cm³/g；朱仙庄8号煤原生结构煤为7.37cm³/g，

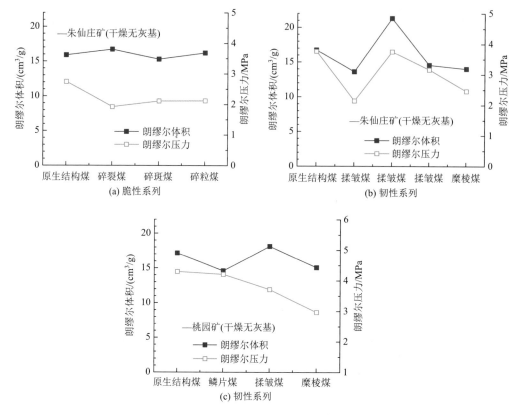

图 7-5　不同变形系列构造煤样品甲烷吸附常数对比

而韧性变形的揉皱煤可达到 9.19cm³/g；桃园矿 8 号煤原生结构煤为 6.85cm³/g，韧性变形系列构造煤逐渐增加到 6.99~7.90cm³/g。

（2）构造煤孔隙结构对甲烷吸附特性的控制作用。

为了深入探讨不同类型构造煤甲烷吸附行为与其孔-裂隙结构的内在联系，综合采用压汞法、低温氮气吸附法、低温二氧化碳吸附法等对研究区韧性变形系列构造煤微孔-显微裂隙结构进行系统表征，并在此基础上，对各孔隙结构参数与甲烷吸附常数相关性进行定量分析与探讨。

原生结构煤总进汞量为 0.0125~0.0199cm³/g，进汞量主要集中在小孔（＜100nm）及显微裂隙（＞10000nm），同时，原生结构煤进退汞曲线组合呈平行型，即进汞曲线与退汞曲线近于平行，退汞效率较高，汞滞留现象不明显（图 7-6），说明煤中细颈瓶孔较不发育。鳞片煤总进汞量相比于原生结构煤发生较为明显的增加，增加部分主要为显微裂隙（＞10000nm），也表现出平行型进退汞曲线组合形式，但退汞效率明显低于原生结构煤。揉皱煤总进汞量明显高于原生结构煤及鳞片煤，朱仙庄矿揉皱煤总进汞量为 0.0370~0.0678cm³/g（平均为 0.0552cm³/g），桃园矿揉皱煤总进汞量为 0.0351~0.0364cm³/g（平均为 0.0358cm³/g），在此阶段，不仅显微裂隙段进汞量相比于原生结构煤显著增加，中孔（100~1000nm）和大孔（1000~10000nm）段进汞量也显著增加；揉皱煤进退汞曲线组合一般呈尖棱形，即退汞曲线与进汞曲线间差距随进汞压力的降低而增加，且退汞效率明显低于原生结构煤，说明煤中出现较多的细颈瓶孔，孔隙-显微裂隙连通性明显变差。糜棱煤总进汞量相比于原生结构煤及其他类型韧性系列构造煤显著增加，除了显微裂隙段孔容有小幅下降外，小孔-大孔段孔隙结构均明显高于其他煤类。总的来说，原生结构煤主要发育微孔及显微裂隙；鳞片煤中仅显微裂隙有所增加；揉皱煤阶段，煤中除了显微裂隙大量发育外，还产生大量的中孔及大孔；糜棱煤中孔大幅增加，小孔及大孔有所增加，显微裂隙段变化不明显或有所下降。随着构造变形增强，煤中优势孔径段有逐渐减小的趋势，从原生结构煤到鳞片煤、揉皱煤、糜棱煤，优势孔径段逐渐从显微裂隙向大孔、中孔过渡。

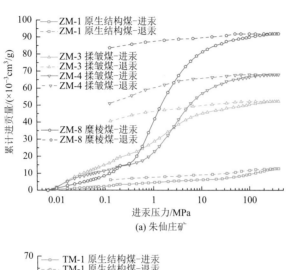

(a) 朱仙庄矿

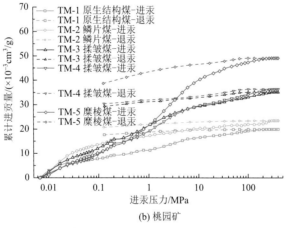

(b) 桃园矿

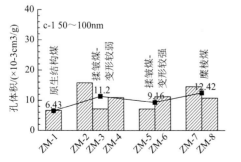

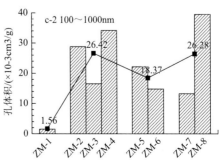

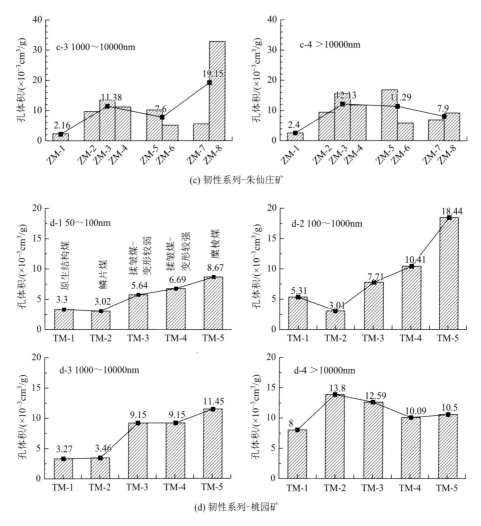

图 7-6　不同煤体结构类型进退汞曲线及孔径分布特征

在采用压汞法表征煤的孔隙结构时，孔隙弯曲性系数 τ、排驱压力 DP 等常可用来定量表征煤中孔隙结构弯曲及复杂程度。孔隙弯曲性系数 τ 主要基于阶段孔容及总比表面积等孔隙信息获得，可用来评价多孔介质孔隙结构弯曲程度，由 Carniglia（1986）根据菲克第一定律（Fick first law）推演和扩展得出式（7-5）和式（7-6）：

$$\tau = (2.23 - 1.13V_{\mathrm{co}}\rho_{\mathrm{Hg}})(0.92y)^{1+E} \tag{7-5}$$

$$y = \frac{4}{S}\sum\frac{\Delta V_i}{d_i} \tag{7-6}$$

式（7-5）和式（7-6）中，τ 为弯曲性系数；V_{co} 为所有特征孔的体积（即压汞法测试压力段总进汞量），$\mathrm{cm^3/g}$；ρ_{Hg} 为测试样品的颗粒密度，$\mathrm{g/cm^3}$；S 为 BET 总表面积，$\mathrm{m^2/g}$；ΔV_i 为一个孔段 i 内的孔体积变化，$\mathrm{cm^3/g}$；d_i 为孔径段 i 的平均直径，nm；E 为孔形状指数（压汞法取 $E=1$）。

孔隙弯曲性系数与变形程度呈现较好的正相关性,韧性变形煤弯曲性系数相比于原生结构煤大幅增加(表7-3),如孔隙弯曲性系数从朱仙庄矿原生结构煤的 0.0201 分别增加到揉皱煤平均的 0.0269 及糜棱煤平均的 0.0401;桃园矿煤样中,从原生结构煤的 0.0058 分别增加至揉皱煤的 0.0146 及糜棱煤的 0.0267,但鳞片煤的孔隙弯曲性系数出现明显降低(0.0031)。由上可知,韧性变形煤的孔隙-显微裂隙结构复杂程度明显高于原生结构煤,且随韧性变形的增强而逐渐增加,糜棱煤一般具有最复杂的孔隙-显微裂隙结构。

退汞效率为汞注入压力从最高值降低到最低值,从样品中退出汞的总体积与在同一压力范围内注入汞总体积的比值,用百分数表示。韧性变形煤退汞效率明显较低,如从朱仙庄矿原生结构煤 ZM-1 的 79.87% 骤降到揉皱煤平均的 48.98%,再到糜棱煤 ZM-8 的 24.62%,桃园矿构造煤样退汞效率也从原生结构煤的 54.05% 减小到韧性变形煤平均的 45.23%,降幅明显。说明在韧性变形过程中,煤中出现大量的"细颈瓶孔",煤孔隙-显微裂隙连通性显著变差,滞留汞明显增加。

排驱压力 P_d 是指非润湿相(汞)开始大量进入煤样时所需要的最低压力,它是汞开始进入煤样最大连通孔隙喉道而形成连续流所需的启动压力,也称为阀压或门槛压力;与之对应,在排驱压力下汞能进入的孔隙喉道半径即岩样中最大孔隙喉道半径 R_d,二者可用来评价煤样的渗透性好坏。最大孔隙喉道半径显示,原生结构煤大孔及显微裂隙较不发育,连通性较差,因而 R_d 值较小,如原生结构煤 ZM-1 仅为 7.225μm,TM-1 仅为 44.537μm;韧性变形煤 R_d 值明显增大,同时变形较弱的韧性变形煤一般有着最大的 R_d 值,如揉皱煤 ZM-2、TM-3 等,随着变形程度的增强,R_d 值有逐渐减小的趋势,说明孔隙连通性在弱揉皱变形阶段较好,之后随韧性变形的增强而变差。

表 7-3　压汞法孔隙性参数汇总表

编号	构造煤类型	总进汞量/(cm³/g)	退汞效率/%	弯曲性系数	排驱压力/MPa	最大孔隙喉道半径 R_d/μm
ZM-1	原生结构煤	0.0125	79.87	0.0201	0.171	7.225
ZM-2	揉皱煤	0.0634	54.87	0.0415	0.008	177.147
ZM-3	揉皱煤	0.0521	46.01	0.0147	0.012	107.770
ZM-4	揉皱煤	0.0678	41.09	0.0339	0.054	23.752
ZM-5	揉皱煤	0.0559	43.81	0.0146	0.012	104.207
ZM-6	揉皱煤	0.0370	59.14	0.0297	0.007	156.409
ZM-7	糜棱煤	0.0397	55.14	0.0491	0.023	51.969
ZM-8	糜棱煤	0.0918	24.62	0.0311	0.007	154.976
TM-1	原生结构煤	0.0199	54.05	0.0058	0.030	44.537
TM-2	鳞片煤	0.0233	45.81	0.0031	0.012	102.900
TM-3	揉皱煤	0.0351	46.63	0.0123	0.010	138.216
TM-4	揉皱煤	0.0364	45.71	0.0168	0.038	36.187
TM-5	糜棱煤	0.0491	42.75	0.0267	0.012	106.031

低温氮气吸附-脱附曲线及吸附回线均保留着被测试多孔材料的孔容、孔表面积、孔径分布、不同孔径段孔隙形态及连通性等孔隙结构信息(降文萍等,2011)。研究区原生结构

煤及不同类型韧性系列构造煤的 N_2 吸附曲线均属于 IUPAC 所提出物理吸附划分方案的 II 型（图 7-7），氮气吸附体积主要集中在低相对压力（$P/P_0<0.05$）和高相对压力段（$P/P_0>0.9$），说明研究区煤样发育较多的微孔（<10nm）及孔径较大的小孔（>30nm），同时，在相对压力接近 1 处均未观察到明显的吸附饱和现象，说明不同类型煤中均具有一定的外表面积，在相对压力接近 1 时均发生了无限制的多重吸附；韧性变形系列构造煤相比于原生结构煤，具有更大的 N_2 最大吸附量，朱仙庄矿韧性变形煤为 $2.03\sim11.62cm^3/g$（原生结构煤 ZM-1 为 $3.35cm^3$），桃园矿韧性变形煤为 $1.65\sim10.60cm^3/g$（原生结构煤 TM-1 为 $2.78cm^3$），说明韧性变形煤具有更大的外表面积以及更为发育的较大孔径段小孔结构。

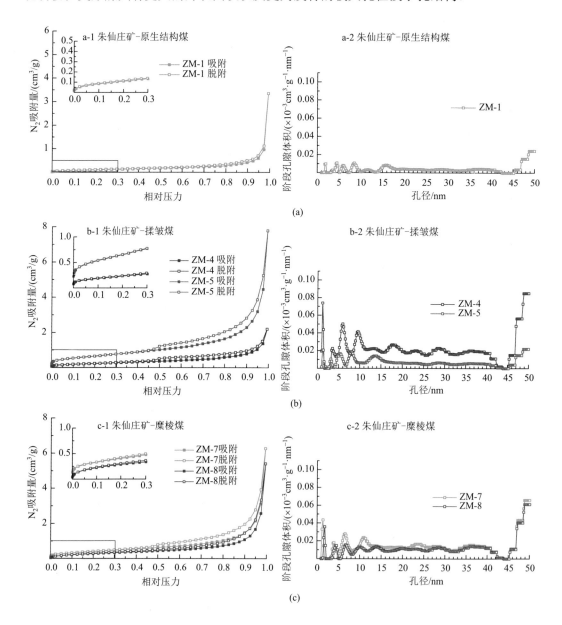

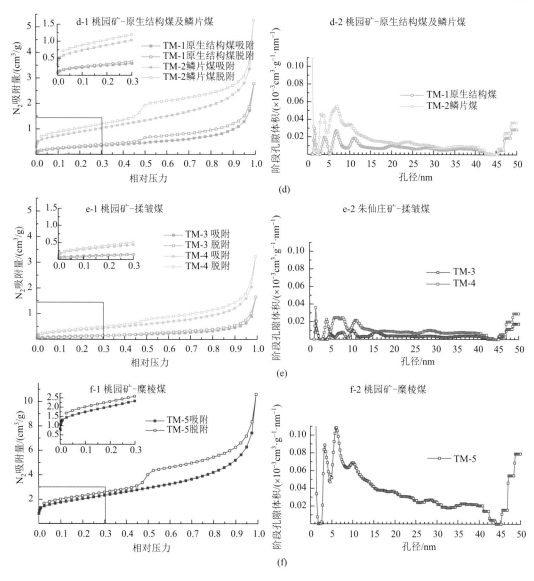

图 7-7 不同煤体结构类型的 N_2 吸附-脱附曲线及孔径分布曲线

基于密度泛函理论的 DFT 模型（NLDFT 和 QSDFT 模型）可以用来表征微孔和介孔材料的孔容和比表面积等孔隙结构信息，因而借助 QSDFT 模型获得了 1～50nm 孔径段微孔及小孔的孔容及比表面积等结构参数（表 7-4），结果显示韧性变形系列构造煤总孔容相比于原生结构煤显著增加，朱仙庄矿样品中从原生结构煤 ZM-1 的 $1.10×10^{-3}cm^3/g$ 分别增加至揉皱煤的 $3.15×10^{-3}cm^3/g$ 以及糜棱煤的 $3.36×10^{-3}cm^3/g$。孔径分布曲线显示，研究区原生结构煤 1～50nm 段孔隙结构发育较少，且主要集中在微孔（＜10nm）及 40～50nm 小孔，韧性变形系列构造煤与之相比，除了微孔和 40～50nm 小孔段孔容显著增加外，10～40nm 孔径段孔径也相比于原生结构煤显著增加，且 1～50nm 孔径段孔隙均在糜棱煤中出现显著增加并达到最大值。

表 7-4 不同类型构造煤 1～50nm 孔径段孔隙结构参数汇总表

样品编号	煤体类型	QSDFT 孔容/($\times 10^{-3}$cm^3/g)						比表面积/(m^2/g)		D_{FHH}
		1～50nm	1～10nm	10～20nm	20～30nm	30～40nm	40～50nm	MBET	QSDFT	
ZM-1	原生结构煤	1.10	0.174	0.200	0.182	0.173	0.367	0.441	0.346	2.41
ZM-2	揉皱煤	3.06	0.446	0.501	0.554	0.531	1.027	1.129	0.947	2.43
ZM-3	揉皱煤	1.54	0.343	0.356	0.230	0.245	0.365	0.751	0.590	2.39
ZM-4	揉皱煤	5.45	1.069	1.132	0.947	0.909	1.395	2.433	2.059	2.47
ZM-5	揉皱煤	1.74	0.400	0.428	0.281	0.262	0.373	0.879	0.725	2.48
ZM-6	揉皱煤	3.96	0.507	0.786	0.764	0.704	1.197	1.464	1.250	2.48
ZM-7	糜棱煤	3.72	0.553	0.750	0.702	0.644	1.072	1.503	1.270	2.48
ZM-8	糜棱煤	2.99	0.352	0.526	0.545	0.569	0.993	1.102	0.881	2.47
TM-1	原生结构煤	2.16	0.518	0.488	0.381	0.303	0.469	1.129	0.892	2.44
TM-2	鳞片煤	4.43	1.834	0.953	0.600	0.430	0.618	3.262	2.709	2.52
TM-3	揉皱煤	1.08	0.205	0.254	0.176	0.164	0.285	0.502	0.409	2.52
TM-4	揉皱煤	2.61	0.703	0.599	0.420	0.379	0.505	1.396	1.145	2.44
TM-5	糜棱煤	9.93	3.815	2.265	1.411	1.042	1.396	7.287	6.425	2.57

研究区原生结构煤及韧性变形系列构造煤的 CO_2 吸附曲线均属于 IUPAC 分类方案的 Ⅰ（b）型，曲线均存在一个相对宽缓的拐点，且一般在相对压力 0.030 处达到吸附最大值（图 7-8），说明研究区煤中超微孔较为发育，且孔径分布较宽。朱仙庄矿韧性变形煤 CO_2 最大吸附量一般略高于原生结构煤，但增幅较为有限，原生结构煤及韧性变形煤分别为 11.91cm^3/g 和 13.30cm^3/g，而桃园矿部分韧性变形煤 CO_2 最大吸附量小于原生结构煤，分析其原因可能为桃园矿各样品间灰分产率差异较大，但同时韧性变形而造成的超微孔比表面积的增加幅度较小。

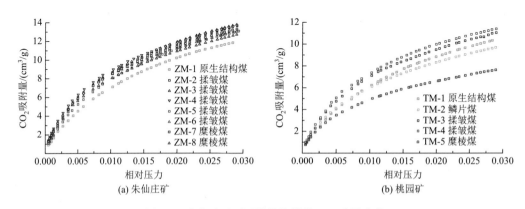

图 7-8 淮北矿区不同煤体结煤的 CO_2 吸附曲线

在处理 CO_2 吸附数据时，MBET 模型、NLDFT 模型被用来获得研究区煤样超微孔总孔容、总比表面积及孔径分布等结构信息。结果显示，韧性变形过程中总比表面积变化趋势与 CO_2 最大吸附量一致，在朱仙庄矿煤中韧性变形煤一般高于原生结构煤，而在桃园矿中变化较为复杂，且随韧性变形增强表现出先增后降的趋势。此外，超微孔孔径分布曲线均表现为 4 峰型，峰位分别位于 0.35～0.37nm（峰 1）、0.48～0.51nm（峰 2）、0.57～0.63nm（峰 3）及 0.79～0.86nm（峰 4），峰位相对较为稳定，且以峰 2、峰 3 为主（图 7-9），前人采用气体吸附法、XRD 以及高分辨率透射电镜等对煤中超微孔结构研究后认为，煤中 <1nm 超微孔结构主要反映煤的大分子结构信息，其中 <0.4nm 超微孔为芳香层片层间孔，而 0.4～1nm 超微孔为不同煤大分子间孔。值得注意的是，在韧性变形过程中，4 个峰的峰位、峰面积等均发生规律性的变化，朱仙庄矿煤样中，随着韧性变形的增强，超微孔分布趋于集中（半峰宽略微减小），且峰位分布略向更小孔径过渡，各峰对应的峰面积逐渐增加。

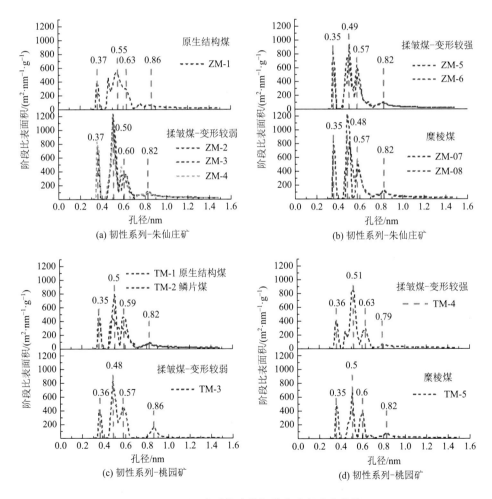

图 7-9 不同类型构造煤超微孔孔径分布曲线

在对不同类型构造煤孔隙-显微裂隙结构进行系统表征的基础上，计算了甲烷吸附常数（朗缪尔体积及朗缪尔压力）与各孔隙结构参数（压汞法总孔容、阶段孔容、退汞效率、弯曲性系数 τ 及排驱压力；氮气吸附法总孔容及阶段孔容、总比表面积、目标孔径段分形维数；CO_2 吸附法总孔容、总比表面积及孔径分布）的皮尔逊相关系数。结果（表 7-5）显示，孔隙结构参数与甲烷最大吸附量的关系较不显著，而介孔及以上孔隙（30～10000nm）的发育程度与朗缪尔压力表现出较好的负相关性（图 7-10 和表 7-5），指示构造煤中较大孔径段孔隙及孔隙结构复杂程度（即弯曲性系数 τ）的增加会导致朗缪尔压力出现较为明显的降低，使得碎粒煤及韧性变形系列构造煤在地层原位温压条件下吸附更多的瓦斯气体，即瓦斯含量及瓦斯压力相对高于原生结构煤及变形较弱的脆性系列构造煤。

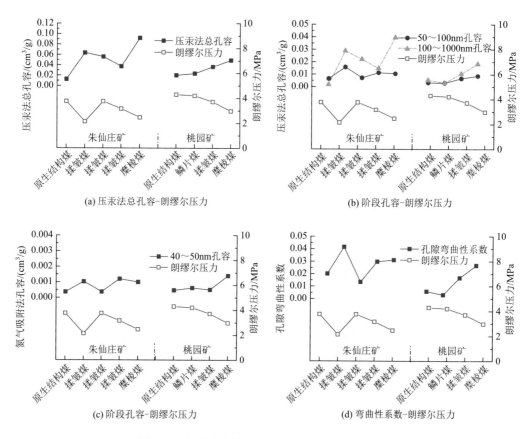

图 7-10　部分孔隙性参数与甲烷吸附常数对应关系

宿县矿区不同类型构造煤孔-裂隙结构及甲烷等温吸附实验表明，煤变形过程中脆性破碎对煤的微孔结构影响较小，微孔体积及表面积的增加较为有限，虽然低温氮气吸附测试显示构造煤小孔表面积（1～50nm）明显大于原生结构煤，但相比于微孔表面积，介孔及以上孔径段提供的表面积（<10m²/g）一般相差两个数量级，因而总表面积差异并不显著，不会导致强烈脆性变形构造煤的最大甲烷吸附量的显著变化；在强烈的剪切挤压构造应力及较高温压、低应变速率等变形环境中，煤会发生显著的韧性变形，在此过程中，构造热变质作用会导致煤大分子侧链及含氧官能团的断裂及脱落，煤的芳香度

增加，造成微孔及超微孔结构的一定程度的改变，但增幅有限，构造压实的反作用与构造热动力变质的正作用，共同影响韧性变形煤的甲烷最大吸附量。韧性变形煤的孔隙结构中，墨水瓶形孔显著增加，一定程度上影响了甲烷解吸效率，导致解吸滞后现象的发生，造成强变形煤中"残余"瓦斯吸附量（即在地层温压条件下煤中瓦斯吸附量）的显著增加。

表 7-5　甲烷吸附常数与孔隙结构参数皮尔逊相关系数汇总表

孔隙参数	$V_{L,daf}$	$P_{L,daf}$	孔隙参数	$V_{L,daf}$	$P_{L,daf}$	孔隙参数	$V_{L,daf}$	$P_{L,daf}$
TPV_{MIP}	−0.223	−0.79*	$V_{10\sim20nm,\,N_2}$	−0.283	−0.155	峰 1 体积	−0.498	−0.761*
$V_{50\sim100nm,\,MIP}$	−0.451	−0.94**	$V_{20\sim30nm,\,N_2}$	−0.469	0.368	峰 1 面积	−0.496	−0.76*
$V_{100\sim1000nm,\,MIP}$	−0.247	−0.839**	$V_{30\sim40nm,\,N_2}$	−0.546	−0.54	峰 2 体积	0.057	−0.056
$V_{1000\sim10000nm,\,MIP}$	−0.241	−0.621	$V_{40\sim50nm,\,N_2}$	−0.698*	−0.717*	峰 2 面积	0.048	−0.106
$V_{>10000nm,\,MIP}$	0.392	0.137	$TPV_{1\sim50nm,\,N_2}$	−0.394	−0.258	峰 3 体积	0.173	−0.111
退汞效率	0.076	0.292	TPV_{N_2}	−0.265	−0.099	峰 3 面积	0.156	−0.126
孔隙弯曲性系数	−0.519	−0.958*	D_{FHH}	−0.149	−0.049	峰 4 体积	0.179	−0.334
排驱压力	0.184	0.299	$TPV_{<2nm,\,CO_2}$	0.162	−0.273	峰 4 面积	0.222	−0.313
$V_{1\sim10nm,\,N_2}$	−0.231	0.021	$TPA_{<2nm,\,CO_2}$	0.073	−0.365			

**和*分别表示在 0.01 和 0.05 水平上显著相关；$TPA_{<2nm,\,CO_2}$ 表示 CO_2 吸附法测得的 <2nm 孔隙的总比表面积。

不同的是，由于构造变形煤相比于原生结构煤，其内部构造裂隙的广泛发育及介孔、大孔的显著增加，导致甲烷与煤表面接触面积大幅增加，煤的朗缪尔压力明显降低，指示较低平衡压力下构造煤吸附速率显著增加，因而在地层原位压力条件下（瓦斯压力一般为 2～3MPa）构造煤的甲烷吸附量较高。

7.1.2　构造煤瓦斯解吸及放散研究方法及其特性

当煤层温压条件恒定时，煤体中吸附态瓦斯和游离态瓦斯处于动态平衡，当外界温压条件发生显著改变时，原有的平衡会被破坏，吸附态瓦斯和游离态瓦斯会形成新的平衡状态，在此过程中，吸附态瓦斯转变为游离态瓦斯的现象称为解吸。相比于原生结构煤，构造煤（尤其是强变形构造煤）具有更小的粒径及更大的外表面积，在瓦斯解吸初期常表现出高瓦斯解吸速率及快速放散能力，同时累计解吸量及解吸率也明显较高，是导致强变形构造煤分布区较高煤与瓦斯突出危险性的重要原因（Satyendra et al.，1975；张玉贵，2006；郝吉生等，2000；蒋承林和俞启香，1996；彭立世，1985）。

1. 研究方法及描述模型

一般认为，影响煤解吸规律的外部地质因素主要包括温度、初始吸附平衡压力等，而内因主要包括煤岩组成、变质程度、煤样水分、孔隙结构及煤体结构等。

煤瓦斯解吸规律的研究方法分为煤样现场解吸法、瓦斯放散法、室内吸附-解吸实验法及解吸数值模型法等（温志辉，2008；李云波，2011；亓宪寅等，2016）。煤样现场解吸法通过记录从煤样暴露开始到完全解吸的各个时间段内的解吸气量，来计算瓦斯的解吸速度及解吸规律；瓦斯放散法通过瓦斯放散测定仪测定吸附平衡煤样的瓦斯放散量随时间的变化关系作等温解吸曲线，并进一步计算瓦斯放散速度及累计放散量；后两种方法属于间接测定方法，室内吸附-解吸实验法借助于等温吸附实验装置，通过预先设定平衡压力点对煤的等温吸附-解吸过程进行表征；解吸数值模型法通过选用适当的理论建立煤样的解吸（放散）数学模型，依据解吸实验结果拟合得到煤样的解吸（放散）模型以求得目标时间区间内瓦斯解吸量（放散量）。

根据《煤层气含量测定方法》（GB/T 19559—2008），表征煤层常压下解吸特征的参数主要包括：解吸率（或解吸量）、解吸时间、解吸速率等（李小彦和司胜利，2004；傅雪海等，2000；张子敏，2009）。我国煤田地质勘查资料中瓦斯解吸资料一般由四部分构成：损失瓦斯量（从暴露到开始测定期间遗失的瓦斯量）、现场两小时解吸量、真空加热脱气量和粉碎脱气量。通常，把损失瓦斯量与现场两小时解吸量之和称为解吸量，解吸量与总含气量之比称为解吸率。解吸时间指在罐装煤样解吸实验中，实测瓦斯解吸体积达到总解吸气量 63.2% 时所对应的时间。解吸速率则指单位时间内的解吸气量。

国内外学者对煤在空气介质中的瓦斯解吸规律进行了系统研究，并基于实际解吸实验数据建立了多个解吸气量-时间的宏观经验公式（Sevenster，1959；Douglas and Frankl，1984；杨涛和聂百胜，2016），主要包括巴雷尔（Barrer）式（Barrer，1951）、文特（Winter）式（Winter and Janas，1975）、乌斯基诺夫（Н.И.ВСТИНОВ）式、艾黎（Airey）式（Airey，1968）、博特（Bolt）式（Bolt and Innes，1959）、王佑安式（王佑安和杨思敬，1980）、孙重旭式（孙重旭，1983）、渡边伊温式（渡边伊温和辛文，1985）、大牟田秀文式（大牟田秀文，1982）、杨其銮式（杨其銮和王佑安，1988；杨其銮，1986，1987）、秦跃平式（秦跃平等，2015）等（表 7-6）。巴雷尔式计算模型中，煤屑累计解吸瓦斯量与解吸时间的平方根成正比，该经验公式是现今地勘过程中测定瓦斯含量和煤层瓦斯含量时，推算瓦斯损失量广泛采用的方法（邹银辉和张庆华，2009），煤炭工业行业标准《钻屑瓦斯解吸指标测定方法》（AQ/T 1065—2008）及《煤层瓦斯含量井下直接测定方法》（AQ 1066—2008）中，主要选用巴雷尔式和乌斯基诺夫式来推算瓦斯损失量。

表 7-6 瓦斯放散量及放散速度经验公式汇总表

名称	放散量公式	放散速度公式	参数
巴雷尔式	$Q_t = K_t\sqrt{t}$	$V_t = 0.5K_1 t^{-0.5}$	K_1 为煤样暴露 1min 内的瓦斯解吸量，ml/min
文特式	$Q_t = \dfrac{V_1}{1-k_t} t^{1-k_t}$	$V_t = V_1 t^{-\alpha}$	V_1 为暴露 1s 时的瓦斯解吸速度，$\mathrm{cm^3/(g \cdot s)}$；$k_t$ 为瓦斯解吸速度变化特征指数；α 为衰减系数

名称	放散量公式	放散速度公式	参数
孙重旭式	$Q_t = at^i$	$V_t = ait^{i-1}$	a 为与煤的瓦斯含量及煤的粒度有关的常数；i 为解吸特征参数，取值 0~1
指数函数		$V_t = V_0 e^{-\alpha t}$	V_0 为 $t = 0$ 时的瓦斯解吸速度，$cm^3/(g \cdot s)$；α 为衰减系数
乌斯基诺夫式	$Q_t = V_0 \dfrac{(1+t)^{1-n} - 1}{1-n}$	$V_t = V_0(1-t)^{-n}$	V_0 为 $t = 0$ 时的瓦斯解吸速度，$cm^3/(g \cdot min)$；n 为煤体结构常数
王佑安式	$Q_t = \dfrac{ABt}{1+Bt}$	$V_t = \dfrac{AB}{(1+Bt)^2}$	A 为极限放散量，ml/min；B 为反映煤质变化的常数，ml/min
博特式	$Q_t = Q_\infty(1 - Ae^{-\lambda t})$	$V_t = AQ_\infty \lambda e^{-\lambda t}$	A，λ 为经验常数；Q_∞ 为极限瓦斯解吸量，ml/g
艾黎式	$Q_t = Q_\infty \left[1 - e^{-\left(\frac{t}{t_0}\right)^n}\right]$		Q_∞ 为极限瓦斯解吸量，ml/g；t_0 为时间常数；n 为与煤中裂隙发育程度有关的常数
渡边伊温式	$Q_t = Q_\infty \left[1 - e^{-\left(\frac{t^m}{a}\right)}\right]$		m 为由煤的龟裂、孔隙构造等决定的常数；a 为由粒度决定的常数
大牟田秀文式	$Q_t = Q_\infty[1 - e^{-Lt^\beta}]$		L，β 为经验常数，且 $0 < \beta < 1$；Q_∞ 为极限瓦斯解吸量，ml/g
杨其銮式	$Q_t = Q_\infty \sqrt{1 - e^{-KBt}}$		K 为校正数，在 B 值为 $6.5797 \times 10^{-3} \sim 6.5797 \times 10^{-8}$ 范围时，K 值取 0.96；Q_∞ 为极限瓦斯解吸量，ml/g
秦跃平式	$Q_t = \dfrac{AB^t t^{1/2}}{1 + B^t t^{1/2}}$		A 为极限瓦斯解吸量，ml/min；B^t 为反映瓦斯解吸规律的常数，$1/s^{0.5}$

然而，对于描述构造煤瓦斯解吸过程（主要为解吸量及解吸速度）的最优解吸模型，不同学者存在分歧：富向等（2006，2008）采用多种解吸经验公式对不同煤体结构煤的瓦斯放散量-时间数据进行拟合，发现文特式及其类似的幂函数模型与构造煤放散速度的相关性较高，而指数函数模型相关性较差，说明在构造煤应力解除后的瓦斯放散初期，菲克定律比达西定律更适合于描述瓦斯放散特征。杨其銮和王佑安（1988）指出控制煤屑瓦斯放散的主要环节是较小孔隙中的瓦斯扩散运动，该过程可用菲克扩散方程进行描述，与实测值对比后发现，对于破坏程度较低的煤，数值计算结果与实测值吻合程度较高，而变形强烈的构造煤中二者偏离程度较为明显。温志辉（2008）利用巴雷尔公式计算了解吸前 3min 的瓦斯解吸量，并用该阶段实测损失量对其进行了验证，结果显示，对于原生结构煤，巴雷尔公式估算的损失量为其实际损失量的 75% 以上，而构造煤估算的损失量仅为实际损失量的 22.36%～31.44%，这说明巴雷尔公式无法真实反映强变形构造煤的解吸初期的解吸过程。贾靳（2015）对不同粒径样品的解吸实测数据采用不同经验公式进行了拟合对比发现，巴雷尔式拟合效果最差，且随着粒径的减小，相关系数逐渐降低，孙重旭式拟合效果较对数式略低。刘彦伟（2011）对比了软煤和硬煤瓦斯放散量实测值的经验公式拟合性，发现多数经验公式在应用于软煤时偏差较大，尤其是对解吸初期的瓦斯放散量的估计。张慧杰等（2018）对比了不同煤体结构煤对瓦斯放散数学模型的适用性发现，乌斯

基诺夫式和王佑安式对构造煤放散曲线的拟合程度最高,而孙重旭式、杨其銮式分别与瓦斯放散初期和中期的解吸数据存在较大偏差。

2. 瓦斯解吸与放散特性

众学者已对构造煤的瓦斯解吸规律开展了系统的研究,除了在室内开展的甲烷等温吸附/解吸实验外,瓦斯放散法由于操作简单、测试结果应用性强等优点,还常被用来定量表征不同煤体结构煤的瓦斯解吸与放散特征,总的来说,相比于原生结构煤,构造煤具有初始瓦斯解吸速度大、解吸速度衰减快、解吸率高等特点。

瓦斯放散初速度作为描述煤中瓦斯放散特征的主要参数,是指在1个大气压下吸附平衡后,解吸开始60s内的瓦斯放散量与开始10s内的瓦斯放散量的差值。在该定义中,放散过程描述了在压力梯度或浓度梯度下,甲烷分子脱离孔隙表面(解吸),向大孔、裂隙系统扩散(扩散),以及扩散、渗流至煤基质块外的整个过程,因而放散特征表征的不是单纯的纯扩散或纯渗透过程,即瓦斯放散初速度描述了煤中吸附态瓦斯的解吸—扩散—渗流的整个过程,此外还可间接表征煤的破坏程度和孔-裂隙结构特征。

煤的瓦斯放散初速度指标(ΔP)测定方法:将从新暴露工作面上采集的煤样或新钻取的煤心样(不少于250g)粉碎至0.2~0.25mm,缩分出3.5g作为一份试样,同一样品共取两份。对试样进行真空脱气后,在设定平衡压力下吸附瓦斯直至吸附饱和,然后记录常压下解吸开始10~60s内释放出的瓦斯量(用mmHg表示)。

淮北矿区不同类型构造煤甲烷等温吸附-解吸实验(平衡水分基,温度30℃,最高平衡压力8MPa)结果显示(表7-7),构造煤甲烷解吸曲线大体可分为两种类型,Ⅰ类解吸量在解吸初期出现负值,即解吸过程中随着平衡压力的减小甲烷吸附量先有所增加后再逐渐减小,指示煤样解吸性能较差;Ⅱ类解吸曲线表现为吸附量随压力降低而逐渐减小,同一平衡压力解吸分支和吸附分支大体重合,说明煤样具有较好的甲烷解吸性能。测试样品中,块状碎裂煤SY-09、碎斑煤SY-13和弱韧性变形揉皱煤SY-15表现为Ⅰ类解吸曲线,鳞片煤SY-14和强韧性变形揉皱煤SY-16表现为Ⅱ类解吸曲线,可见不同的变形环境和变形程度可对构造煤甲烷解吸性能产生不同的影响,脆性碎裂变形的影响不明显,一定强度的韧性变形会在一定程度上促进构造煤解吸性能的提高。

表 7-7 淮北矿区不同类型构造煤甲烷等温吸附–解吸实验结果

SY-09(碎裂煤)		SY-13(碎斑煤)		SY-14(鳞片煤)		SY-15(弱变形揉皱煤)		SY-16(强变形揉皱煤)	
压力/MPa	吸附量/(m³/t)	压力/MPa	吸附量/(m³/t)	压力/MPa	吸附量/(m³/t)	压力/MPa	吸附量/(m³/t)	压力/MPa	吸附量/(m³/t)
8.17	6.53	8.39	10.84	8.56	12.46	8.76	16.53	8.73	11.10
5.53	8.84	5.62	12.25	5.48	10.21	5.29	20.42	5.48	10.52
3.75	10.03	3.77	12.72	3.56	9.54	3.27	20.90	3.56	9.83
2.57	10.63	2.56	12.70	2.36	8.33	2.07	20.56	2.36	8.58
1.80	10.61	1.79	12.13	1.61	7.25	1.40	19.54	1.61	7.47
1.28	10.48	1.28	11.66	1.13	6.34	0.97	18.77	1.13	6.53

SY-09（碎裂煤）		SY-13（碎斑煤）		SY-14（鳞片煤）		SY-15（弱变形揉皱煤）		SY-16（强变形揉皱煤）	
压力/MPa	吸附量/(m³/t)	压力/MPa	吸附量/(m³/t)	压力/MPa	吸附量/(m³/t)	压力/MPa	吸附量/(m³/t)	压力/MPa	吸附量/(m³/t)
0.93	10.24	0.94	11.05	0.83	5.60	0.72	17.96	0.83	5.77
0.71	9.97	0.72	10.45	0.62	4.96	0.54	17.31	0.62	5.11
0.56	9.70	0.56	9.99	0.50	4.32	0.43	16.80	0.50	4.45
0.45	9.46	0.46	9.58	0.36	3.90	0.37	16.37	0.36	4.02

注：表中所示吸附量均经过干燥无灰基校正。

不同煤体结构煤的室内瓦斯解吸实验表明（图 7-11～图 7-13）：煤的瓦斯解吸及放散速度与煤体结构破坏程度显著正相关，构造煤的瓦斯解吸及放散初速度、初期累计放散量及放散速度衰减速率均明显高于原生结构煤（彭立世，1985；朱鹤勇，1987；彭金宁等，2005；富向等，2008；赵东等，2010；张加琪，2016；任青山等，2018）。构造煤瓦斯放散初期的放散速度及衰减速度均高于原生结构煤，导致放散初期相同时间内构造煤的瓦斯放散量远高于原生结构煤，瓦斯扩散参数和扩散系数是原生结构煤的 2～10 倍（李云波等，2013）；同时，构造煤较为发育的大孔、中孔及构造裂隙拓宽了瓦斯解吸的通道并缩短了其放散至煤体外的距离，是强烈变形构造煤较高瓦斯放散初速度的主要原因（姜家钰，2014）。

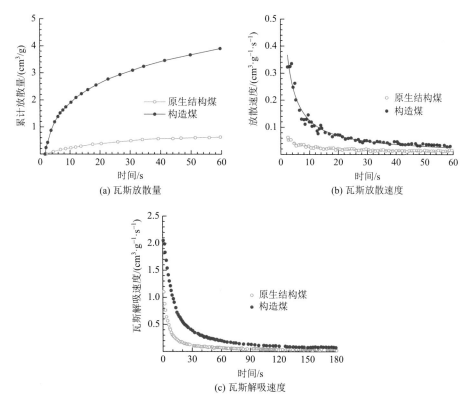

(a) 瓦斯放散量

(b) 瓦斯放散速度

(c) 瓦斯解吸速度

图 7-11　原生结构煤与构造煤瓦斯放散量及放散速度曲线（据富向等，2008；温志辉，2008）

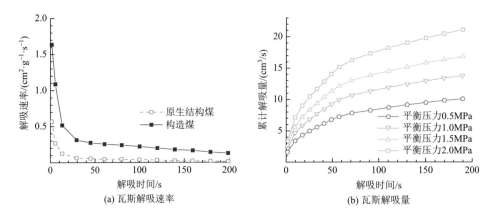

(a) 瓦斯解吸速率

(b) 瓦斯解吸量

图 7-12　六盘水矿区正高煤矿瓦斯解吸速率及解吸量曲线（据任青山等，2018）

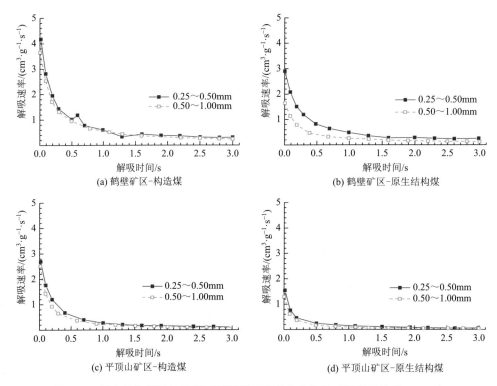

(a) 鹤壁矿区-构造煤

(b) 鹤壁矿区-原生结构煤

(c) 平顶山矿区-构造煤

(d) 平顶山矿区-原生结构煤

图 7-13　原生结构煤及构造煤瓦斯解吸速度变化曲线图（据李云波等，2013）

不同粒径煤的瓦斯解吸实验表明，存在一个极限粒径，当测试粒径小于该粒径时，煤的瓦斯放散强度（放散量、放散率等）及放散初速度随粒径的减小而增大（Yang and Wang，1986；许江等，2009；李云波等，2013；任喜超，2016），当煤样粒径大于该粒径时，瓦斯解吸强度随粒径的减小变化不显著。晋城矿区 3 号煤的块状、粒状及粉末状等不同状态样品的常压和带压（2.5MPa）甲烷解吸实验均表明，粒状样品累计解吸量与解吸速率均高于块状；同时，解吸量-时间曲线显示相同条件下粒状煤样解吸初期解吸速率明显高于块状煤样，且煤样的粒度越小（均小于极限粒度），解吸初速度越大（图 7-14）（葛燕燕等，2015）。该规律与我国其他矿区煤样解吸特征随粒径变化规律较为一致（魏建平等，2008；尚显光，2011；聂百胜等，2013；贾靳，2015）（图 7-15 和图 7-16）。此外，有学者一般将分析粒径对煤样解吸及放散特征的影响归因于：小粒径煤样的孔隙结构更简单，解吸出的瓦斯运移路径更短；小粒径煤样的外表面积更大，解吸初期与外界的初始接触面积更大，吸附态瓦斯容易解吸并放散至环境中；煤中封闭孔在研磨过程中被破坏进而增加了瓦斯进出煤体的通道（贾靳，2015）。

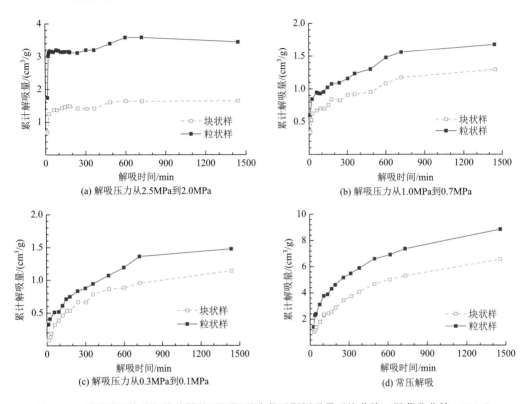

图 7-14　晋城矿区块状与粒状样品不同解吸阶段瓦斯解吸量对比曲线（据葛燕燕等，2015）

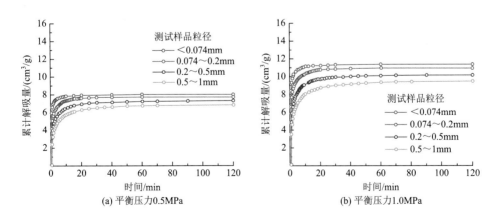

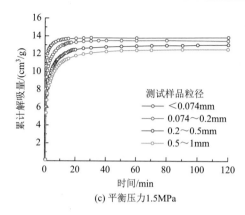

图 7-15　淮北矿区海孜矿不同粒径煤样瓦斯解吸量与时间的关系（据贾靳，2015）

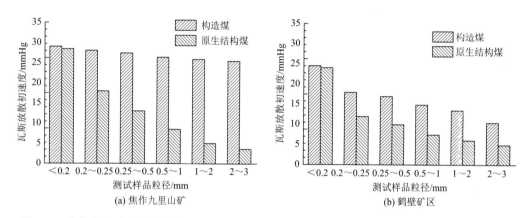

图 7-16　焦作矿区不同煤体结构煤瓦斯放散初速度与测试样品粒径关系变化图（据尚显光，2011）

通过对不同煤体结构煤及不同测试粒径煤样瓦斯解吸及放散实验结果的综合分析，发现煤的瓦斯解吸和放散规律与煤体结构存在显著相关性。一般地，发生了强烈变形的构造煤，其原生煤体结构被严重破坏，构造裂隙系统异常发育，煤体多由粒径较小的碎粒和碎粉构成，瓦斯解吸及放散初期的解吸及放散速度远高于未变形及弱变形构造煤，导致解吸及放散初期瓦斯累计解吸量及放散量明显较高，使其具有卸压后快速、大量放散瓦斯的潜力，是导致碎粒煤及韧性变形构造煤分布区高瓦斯突出危险性的重要原因。

7.1.3　构造煤瓦斯渗透性

煤层渗透性反映了瓦斯沿煤层流动的难易程度，是煤与瓦斯突出危险性评价的重要指标之一。

1. 煤中瓦斯渗流机理及表征方法

瓦斯在煤中的渗流性能与应力状态、煤层埋深、孔-裂隙结构、煤体破坏程度及水文地质条件等因素密切相关（周世宁和孙辑正，1965；周世宁和林柏泉，1999）。煤的中孔、大孔及裂隙结构、煤体破坏程度等内在因素对煤的渗透性起着主导作用。瓦斯在煤中的流动状态取决于孔-裂隙结构，一般认为中孔（直径100～1000nm）为瓦斯缓慢流动的层流渗透区，而在大孔（直径1000～10000nm）中表现为速度较快的层流渗透，在>10000nm的裂隙系统主要为快速流动的紊流渗透。因此，煤的中孔、大孔及裂隙体积构成煤的渗流空间，该部分空隙越发育、体积占比越高，煤的渗透性越好。

　　在瓦斯抽放、瓦斯突出预测和防治等过程中，一般采用煤层的透气性系数（λ，$m^2/MPa^2\cdot d$）来表征煤层的透气性，透气性系数是指在1m长的煤体上，当压力平方差为$1MPa^2$时，通过$1m^2$煤体的断面，一天流过的瓦斯量（m^3）。由于煤层透气性系数与所处应力状态关系密切，而实验室难以真实地模拟煤层原位温压条件，所以一般采用现场直接测试的方法，主要包括马可尼压力法、克氏压力法、克里切夫斯基流量法、钻孔径向流量法及渗透率换算法等（董庆祥，2015）。其中，钻孔径向流量法基于达西定律，结合瓦斯状态方程和连续性方程推导出瓦斯径向不稳定流动方程，进而推导出煤层透气性系数，该方法的理论假设更接近于真实地层条件、测试结果稳定且实用性较好，目前在我国被普遍采用（蒋承林，1988）。此外，通过煤层气试井法获得煤层的有效渗透率，进而换算得到煤层的透气性系数，也是现场确定透气性系数的有效方法。

　　在煤层气勘探开发过程中，煤储层渗透性是评价煤层气开发利用潜力的重要指标（薄冬梅等，2008）。在一定压差下，煤（岩石）允许流体通过的性质称为渗透性，一般用渗透率（K）表示。绝对渗透率（或克氏渗透率）指多孔介质中只存在单相流体时（该流体与介质不发生物理化学反应），介质允许该流体通过的能力，绝对渗透率与流体性质无关。单相渗透率指单相流体通过多孔介质的渗透率，实验室内通过稳态法和非稳态法测试得到的原始渗透率数据多属于单相渗透率（以下简称渗透率）。有效渗透率（或相渗透率）指当介质中存在多相流体时，该多孔介质允许每一相流体通过的能力，在此条件下，各相流体的有效渗透率与绝对渗透率的比值称为该相流体的相对渗透率，有效渗透率及相对渗透率除了受介质孔-裂隙结构控制外，还与各相流体的饱和度密切相关。

　　前人对煤储层渗透率进行了大量的研究，主要认识有：①裂隙系统是煤中流体渗流的主要通道，裂隙系统越发育，渗透性越好（于不凡，1985；傅雪海和秦勇，1999；傅雪海等，2001a，2001b；桑树勋等，2001；琚宜文等，2005c；陈富勇等，2010）；②应力状态对煤渗透率的影响可分为有效应力负效应、气体滑脱正效应及煤基质收缩/膨胀效应等（Fu，2003；方爱民等，2005；傅雪海等，2007），有效应力增加会使裂隙系统闭合，使煤的绝对渗透率下降，一般地，随着有效应力的增加，煤样渗透率先快速下降，后趋于平稳，渗透率-有效应力一般表现出负指数函数关系（式7-7）（李树刚等，2013；王海乐，2014）；③煤层及煤样的渗透性非均质性差异明显，瓦斯沿煤层层理面的渗透性明显大于垂直层理面，优势裂隙方向上渗透率明显高于其他方向。

$$K = K_0 e^{-b\sigma} \tag{7-7}$$

式中，K为有效应力σ下煤样的渗透率；K_0为未承压煤样的渗透率；有效应力σ由上覆地层压力、孔隙流体压力及孔隙度共同决定；b 为经验系数，可用来表征渗透率的衰减速率，b 值越大，渗透率随有效应力增大衰减越快。

目前对构造煤渗透率的研究方法，主要可分为现场测试法和室内实验法。

现场测试法主要包括试井法、测井法（何继善和吕绍林，1999；张奉东，2010；王敦则等，2003；傅雪海等，2003；Chen et al.，2008；黄波，2018）。注入/压降试井技术是试井渗透率测试时广泛采用的测试技术，该方法通过注入泵以恒定的排量向储层中注水一段时间，在井筒周围产生高于原始储层压力的压力分布区，而后关井，使注水压力和原始储层压力逐渐趋于平衡，记录注水期和关井期的井底压力数据，并借助试井解释软件求取试井渗透率。测井法基于煤储层渗透性是煤层微裂隙效应的外在表现这一原理对储层渗透率进行分析计算，首先需要采用一定的测井系列（电阻率、自然电位、声波测井等）计算煤层裂隙特征参数，并用交会图技术得到相关方程，进而根据一定的计算方法（F-S 方法、基于达西定律推导得到的渗透率公式等）计算得到煤储层裂缝渗透率，目前应用较多的为双侧向测井法（梁霄等，2017）。

室内实验法主要可分为稳态法和非稳态法（周显民，1989；孙军昌等，2013）。稳态法通过将气体或水以恒定的速度注入煤柱样，直到沿柱样轴线方向的压力梯度趋于稳定，达到平衡状态，测试过程中记录柱样出口端流速和驱替压差，然后根据达西定律计算得到气或水的有效渗透率。压力脉冲衰减法是非稳态法中最常采用的测试方法，该方法基于一维非稳态渗流理论，通过在待测柱样入口段施加一定的压力脉冲，记录该压力脉冲在柱样中的衰减数据，然后对上下游压力-时间曲线回归计算渗透率（陈浩等，2018）。

为了尽可能保持样品的原始状态，渗透率测试一般推荐采用具有一定尺寸的原煤柱样进行测试（柱样长度与柱面直径比为 1：1～2：1）。但由于构造煤结构弱面较为发育，力学强度一般较低，采样及钻取标准柱样较为困难，对构造煤原煤样品进行的实验较少（许小凯等，2015）。

2. 不同类型构造煤的瓦斯渗透特性

1）研究进展

工程实践表明，在未扰动条件下突出煤层透气性较非突出煤层差。学者对原生结构煤及构造煤开展了系统的井下及室内渗透性能测试后发现，突出煤层（或构造煤分层）瓦斯透气特征明显区别于原生结构煤：在原位地应力及构造应力作用下，构造煤（尤其是变形强烈的碎粒煤、糜棱煤等）孔-裂隙结构多受挤压而呈闭合状，透气性能较差（于不凡，1985；叶建平，1995；周世宁，1990），瓦斯不易排出而易积聚较多游离态瓦斯，瓦斯含量及瓦斯压力均较高；采动作用导致应力状态改变而出现卸压带，构造煤分带内裂隙系统迅速张开并逐渐发展，透气性显著提高，表现出较高的瓦斯渗流速率。

苏联矿业研究所在实验室内对顿巴斯突出煤层和非突出煤层样品进行渗透率测试发现，室内测得的突出层煤样渗透率明显高于突出危险性小及非突出煤层，其渗透率平均为非突出层的 1.5 倍（霍多特，1966）。

基于压降法测得的我国淮南煤田新集矿区不同煤体结构煤的试井渗透率显示：碎裂煤、碎斑煤等具有一定变形强度的脆性系列构造煤渗透率一般明显高于原生结构煤，而揉皱煤渗透率略高于原生结构煤（于不凡，1985），该结果与陈富勇等（2010）、Fu 等（2009）对淮南煤田主采煤层试井渗透率的表征结果一致（表 7-8）。叶建平（1995）分析了平顶山矿区构造煤与非构造煤的渗透性差异后指出，变形强烈的碎粒煤、糜棱煤，其原生结构被严重破坏，裂隙不成系统，煤粉末较为发育，不利于煤层气的渗流。我国阳泉矿区突出煤和非突出煤层孔渗特征对比也显示，随着煤体结构破坏程度的增加，煤的渗流孔体积逐渐增大，虽然在地应力作用下煤层原始透气系数极低，但由于煤层瓦斯在整个煤层中的流动取决于裂隙发育情况，在煤层卸压后，透气系数急剧增加，瓦斯涌出量随之剧增（于不凡，1985；周世宁，1990）。

表 7-8　淮南新集矿构造煤煤层气试井渗透率测试结果（据陈富勇等，2010）

孔号	试井位置	构造煤类型	煤层	深度/m	储层压力/MPa	试井渗透率/（$10^{-3}\mu m^2$）
CQ-02	新集矿区	碎斑煤	13-1	503	4.97	0.255
		碎裂煤-碎粒煤	8	655	7.34	0.388
		原生结构煤-碎裂煤	6	705	7.36	0.086
XS-01	新集矿区	揉皱煤	8	609	5.95	0.138
		碎裂煤	1	781	7.81	0.211

对于实验室内煤的渗透率测试，由于构造煤力学强度一般较低，难以获得符合标准的测试柱样，因而学者常采用前处理方法先对构造煤块样进行加固再进行取样及测试。琚宜文等（2005c）采用超低温冻结法成功钻取到不同变形机制、不同变形程度的构造煤圆柱样，并进行了系统的气、水相渗透率测试。CH_4 和 He 的气相渗透率测试结果显示（图 7-17和表 7-9），构造煤裂隙孔隙度一般明显高于原生结构煤，渗透率均好于原生结构煤：碎裂煤、碎斑煤和片状煤等变形较弱或中等的构造煤，其渗透率分布在 0.1～5mD，明显好于原生结构煤；揉皱煤和韧性结构煤等韧性变形系列构造煤渗透率好于变形极弱的碎裂煤，主要由于韧性变形之后又叠加了一定程度的脆性破裂。

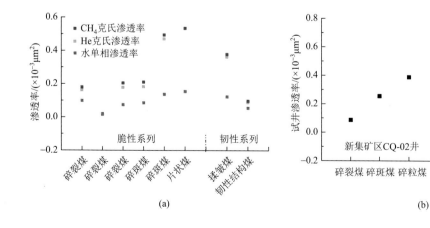

(a)　　　　　　(b)

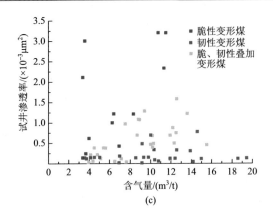

图 7-17　不同煤体结构煤的渗透率特征（据琚宜文等，2005c）

表 7-9　构造煤气、水单相渗透率测试结果（据琚宜文等，2005c）

变形序列	构造煤类型	样品号	$R_{o, max}$/%	V_{daf}/%	视裂隙孔隙度/%	CH_4 克氏渗透率/($\times 10^{-3} \mu m^2$)	He 克氏渗透率/($\times 10^{-3} \mu m^2$)	水单相渗透率/($\times 10^{-3} \mu m^2$)
脆性变形	碎裂煤	HZ01	2.97	23.19	4.1	0.162	0.180	0.099
		QN03	1.23	38.35	1.5	0.019	0.020	0.017
		TY10	0.85	38.78	2.4	0.178	0.205	0.075
	碎斑煤	TY02	1.51	34.18	2.6	0.183	0.211	0.087
		XY02	1.99	38.97	3.1	0.471	0.495	0.138
	片状煤	ZJ01（垂向）	0.95	38.59	2.9	0.534	0.535	0.155
		ZJ01（侧向）	0.95	38.59	2.9	1.630	2.120	0.359
韧性变形	揉皱煤	BJ05	1.08	36.23	2.7	0.362	0.378	0.124
	韧性结构煤	XY06	2.21	28.51	2.0	0.089	0.098	0.056

　　一般认为，脆性或脆-韧性叠加变形煤的渗透率明显高于未变形或仅发生韧性变形的煤（琚宜文等，2005c；宋岩等，2013）。碎裂煤中较为发育的外生裂隙，切穿并贯通了煤体的内生裂隙系统，其渗透率明显高于原生结构煤；碎粒煤中外生裂隙极发育，层理紊乱，且煤粉对裂隙的充填严重影响了裂隙的连通性，渗透性相对变差；糜棱煤中煤体完全呈粉末状、鳞片状，一般无连通性较好的裂隙结构，渗透性极差。因而，在不同煤体结构交替出现的煤层，碎粒煤和糜棱煤作为低渗屏障，限制了碎裂煤分层的高渗透性，对煤层渗透性起着更为明显的控制作用（钟玲文等，2004）。

　　2）淮北矿区构造煤的瓦斯渗流特征

　　采用压力脉冲衰减法，测试了淮北矿区不同类型构造煤的柱样渗透率，并探讨了构造煤孔-裂隙结构对其渗透率的控制作用。

　　（1）样品制备及实验条件。

　　以淮北矿区朱仙庄矿和桃园矿的脆性、韧性系列构造煤为例（对应样品基础信息及变形特征见图 7-3），采用压力脉冲衰减法测试了不同类型构造煤的 N_2 单相渗透率。由于韧性变形煤样，尤其是强变形揉皱煤及糜棱煤样煤体强度低，用钻样机直接钻取测试煤柱不易实现，故渗透率柱样制作采用人工磨制的方法：先用不同标号砂纸手动磨制出大体符合测试要求（直径为 2.5cm；长度为 3～5cm）的煤柱样；然后使用环氧树脂胶和煤粉混胶填补明显的凹坑或缺口，环氧树脂胶固化时间较短，基础 3:1～4:1 比例下固化时间约 3h，为了进一步提高固化速度，本次设置 A 胶与 B 胶质量比为 2:1，实测固化时间 < 10min，煤粉选取同一样品 < 80 目粉末样（胶和煤粉质量比 3:1），防止胶体由于表面张力进入柱样微裂隙；最后用细砂纸将煤柱磨制成直径 2.5cm、顶底面平行的标准渗透率柱样。共磨制成原生结构煤及不同类型构造煤标准测试柱样 14 件（部分标准测试柱样见图 7-18）。

图 7-18 部分韧性变形系列构造煤宏观变形特征及标准柱样

(a) 及 (f) 为 TM-3，揉皱煤；(b) 及 (g) 为 TM-4，揉皱煤；(c) 及 (h) 为 TM-5，糜棱煤；(d) 及 (i) 为 ZM-5，揉皱煤；(e) 及 (j) 为 ZM-8，糜棱煤

为了尽可能地模拟地层原位温压条件，同时考察构造煤的渗透性对有效应力增加的敏感程度，测试采用保持测试压力（即孔隙压力）不变，逐级加载围压再卸载围压的方式（加载方式见表 7-10）。参考研究区矿井瓦斯压力实测值（研究区目标煤层段瓦斯压力为 2～3MPa），测试压力（即气体压力，P_t）保持在 3MPa；测试围压（P_c，对应上覆地层压力）根据研究区上覆岩层压力梯度（平均为 22.62kPa/m）和目标煤层埋深（400m 左右）进行设置，围压加载范围设置为 4～10MPa；室温保持在 25℃；上下游压差设为 10psi[①]，终点压差小于 0.5psi；压力状态平衡时间设为 300s。孔隙内部气体压力（P_t）稳定，在样品上下游间施加气体压力差，根据上下游压力变化及样品形态参数（长度、横截面积），由特定公式（Brace et al.，1968）计算得到实验渗透率。实验中，由于脆性系列构造煤加载过程中围压设置过高，样品均出现明显的破碎，因而部分脆性系列构造煤未进行卸载段渗透率的测量。

---

① psi 为压力单位，1psi = 6.89476×10³Pa。

表 7-10　韧性系列构造煤渗透率测试值　　　　　　　（单位：mD）

样品编号	构造煤类型	加载过程围压/MPa									卸载过程围压/MPa			
		4	4.5	5	5.5	6	6.5	7	8	10	8	6	5.5	4
ZM-1	原生结构煤	1.44	1.11		0.90		0.68		0.49	0.30	0.38		0.53	0.84
ZM-2	揉皱煤	10.12			5.91			3.13	2.95	1.93	1.87	2.04		2.40
ZM-5	揉皱煤	0.28	0.22	0.20	0.17		0.14		0.10	0.08	0.09	0.12		0.20
ZM-8	糜棱煤	1.41	1.29	1.12			0.89		0.77	0.62	0.70	0.79		0.98
TM-1	原生结构煤	0.46	0.34		0.28		0.23		0.18	0.13	0.13	0.15		0.23
TM-2	鳞片煤					0.34			0.10	0.05				
TM-3	揉皱煤	1.81	1.10	0.94	0.80	0.67			0.44	0.25	0.30	0.40		0.66
TM-4	揉皱煤	0.33	0.26	0.23	0.21		0.19		0.16	0.12	0.13	0.15		0.21
TM-5	糜棱煤	2.13	1.60	1.51	1.24		1.00		0.73	0.48	0.54	0.60		0.83

注：$1D = 0.986923 \times 10^{-12} m^2$。

（2）渗透率及应力敏感性。

不同类型构造煤样渗透率测试结果显示，随有效应力 σ 增加，渗透率 K 呈负指数形式下降（表 7-10 和图 7-19）。有效应力 σ 采用李传亮等（1999）导出的多孔介质本体有效应力计算公式：

$$\sigma = P_c - P_t \tag{7-8}$$

式中，P_c、P_t、σ 分别为上覆地层压力、孔隙内部气体压力及本体有效应力，MPa。原位温压条件下（温度 25℃，孔隙内部气体压力 3MPa，围压 8MPa）韧性系列构造煤样渗透率数据较为分散，朱仙庄矿韧性变形构造煤渗透率分布在 0.10～2.95mD（原生结构煤 ZM-1 渗透率为 0.49mD），桃园矿韧性变形构造煤渗透率分布在 0.10～0.73mD（原生结构煤 TM-1 渗透率为 0.18mD），说明韧性变形煤渗透性非均质性较强。典型韧性变形煤样品（ZM-5、TM-4 等）的渗透率明显小于原生结构煤，主要归因于煤体发生的韧性变形导致了内生裂隙及变形初期产生的彼此连通的裂隙系统被严重损坏，且在应力作用下，裂隙多呈闭合状态，同时变形过程中产生的糜棱质煤颗粒堵塞了煤中渗流通道，使得煤体渗流通道被严重破坏，煤的渗透性变差。

此外，本次实验测得的个别韧性系列构造煤样品的渗透率大于原生结构煤，除了柱样制作过程中人为造成的脆性破裂，可能在一定程度上增加了煤样的渗透性外，研究区矿井构造演化及煤层赋存特征显示，本区 8 号煤在地质历史时期经历了多次不同性质构造应力的叠加改造作用：燕山运动早中期 NWW—SEE 向挤压构造应力作用下整体发生弯曲变形及局部增厚，该期构造运动控制了研究区韧性变形系列构造煤的变形特征及总体分布；燕山运动晚期及喜马拉雅构造期，在拉张构造应力背景下发育了一系列张性断层，局部位置可见脆性变形系列构造煤分布，在韧性变形煤上也叠加了一定程度的脆性破裂。

井下观测及矿井生产过程中所绘工作面剖面图显示，朱仙庄矿Ⅱ832 工作面、桃园矿

8203 工作面上除了煤层整体发生明显弯曲变形和局部增厚外，还发育有数条小型正断层，说明测试构造煤样品除了经历强烈的剪切挤压构造应力作用，发生基质碎粒流变等强

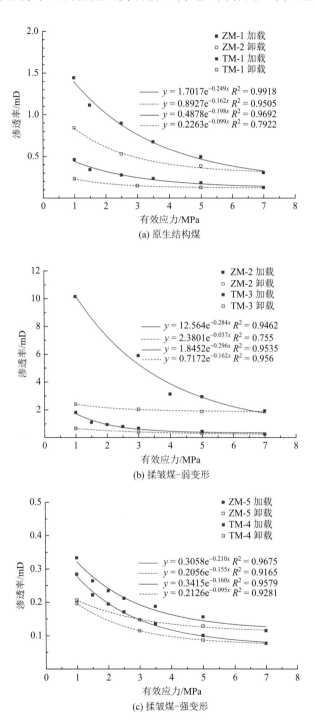

(a) 原生结构煤

(b) 揉皱煤-弱变形

(c) 揉皱煤-强变形

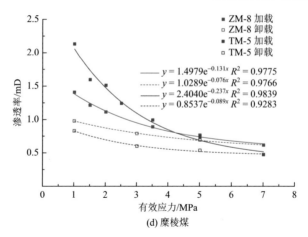

图 7-19　韧性变形系列构造煤渗透率-有效应力曲线

烈韧性变形外，后期由于构造应力性质的改变，还可在伸展应力背景下叠加一定程度的脆性破裂。采样点位置分布图（图 7-20）也显示，在韧性变形系列构造煤发育部位一般还发育有脆性变形系列构造煤，ZM-2、TM-5 等煤样采样点附近尤为明显，在渗透率较高煤样采集位置附近还多可见小型正断层发育。

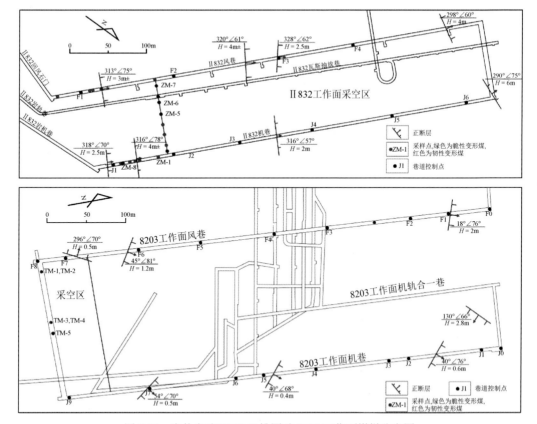

图 7-20　朱仙庄矿 II 832 及桃园矿 8203 工作面煤样分布图

　　宏-微观变形特征也显示（图 7-21），具有异常高值渗透率的韧性系列构造煤其煤体内除了发育强烈的韧性流变特征外，还发育一定的脆性破裂痕迹，使得部分韧性系列构造煤中渗流通道较为发育，其实验渗透率明显大于原生结构煤及其他构造煤样。

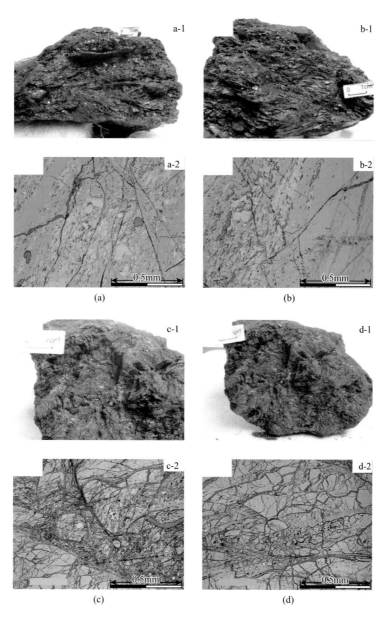

图 7-21　部分韧性变形煤样宏-微观变形特征

（a）～（b）为 ZM-2，揉皱煤；（c）～（d）为 TM-5，糜棱煤

　　图 7-19 显示，不同煤体结构煤的渗透率均随有效应力增加而急剧降低，且大体遵循负指数函数形式。为此，采用实测数据分别拟合得到各煤样的渗透率衰减负指数函数式，

并通过指数项系数的绝对值 b 来定量表征加载及卸载过程中渗透率的衰减及恢复速率，进而评价不同类型构造煤样渗透率的有效应力敏感性（表 7-11）。b 值越大，指示渗透率在加载过程中衰减越快或在卸载过程中恢复越快。

表 7-11　不同煤体结构煤加卸载过程中渗透率–有效应力拟合关系式

样品编号	构造煤类型	加载曲线			卸载曲线		
		拟合曲线	b_{load}	拟合度	拟合曲线	b_{unload}	拟合度
ZM-1	原生结构煤	$y = 1.7017e^{-0.249x}$	0.249	$R^2 = 0.9918$	$y = 0.8927e^{-0.162x}$	0.162	$R^2 = 0.9505$
ZM-2	揉皱煤	$y = 12.564e^{-0.284x}$	0.284	$R^2 = 0.9462$	$y = 2.3801e^{-0.037x}$	0.037	$R^2 = 0.755$
ZM-5	揉皱煤	$y = 0.3058e^{-0.210x}$	0.210	$R^2 = 0.9675$	$y = 0.2056e^{-0.155x}$	0.155	$R^2 = 0.9165$
ZM-8	糜棱煤	$y = 1.4979e^{-0.131x}$	0.131	$R^2 = 0.9775$	$y = 1.0289e^{-0.076x}$	0.076	$R^2 = 0.9766$
TM-1	原生结构煤	$y = 0.4878e^{-0.198x}$	0.198	$R^2 = 0.9692$	$y = 0.2263e^{-0.099x}$	0.099	$R^2 = 0.7922$
TM-2	鳞片煤	$y = 1.8452e^{-0.477x}$	0.477	$R^2 = 0.9661$	—	—	—
TM-3	揉皱煤	$y = 0.3415e^{-0.296x}$	0.296	$R^2 = 0.9535$	$y = 0.2126e^{-0.162x}$	0.162	$R^2 = 0.956$
TM-4	揉皱煤	$y = 0.5216e^{-0.160x}$	0.160	$R^2 = 0.9579$	$y = 0.273e^{-0.095x}$	0.095	$R^2 = 0.9281$
TM-5	糜棱煤	$y = 2.4040e^{-0.237x}$	0.237	$R^2 = 0.9839$	$y = 0.8537e^{-0.089x}$	0.089	$R^2 = 0.9283$

注："—"表示未进行对应实验，无数据。

统计发现，研究区韧性变形煤柱样渗透率对有效应力的增加均较为敏感，加载过程中 b 值（b_{load}）主要集中在 0.131～0.296，韧性系列构造煤 b_{load} 整体表现出"较弱变形的揉皱煤（0.290）＞原生结构煤（0.224）＞强变形揉皱煤（0.185）≈糜棱煤（0.184）"的变化趋势；脆性变形煤 b_{load} 集中在 0.185～0.577，且一般脆性变形系列构造煤 b 值明显大于原生结构煤。b_{load} 变化特征表明，脆性系列构造煤及变形强度较低的韧性变形煤渗透率在有效应力增加过程中衰减速率一般明显高于原生结构煤，而强变形韧性变形系列构造煤渗透率衰减速率较低。

在卸载过程中，同一样品 b 值（b_{unload}）均明显小于 b_{load}，朱仙庄矿及桃园矿韧性变形煤 b_{unload} 集中在 0.037～0.162，而 b_{load} 集中在 0.131～0.477，在构造煤中该差异更为显著；此外，原生结构煤及变形较弱的韧性系列构造煤 b_{unload} 明显大于强变形韧性构造煤。指示构造煤在加载过后渗透率恢复速度明显小于原生结构煤，应力作用对构造煤裂隙结构造成的不可逆性损伤更为严重，同为韧性变形构造煤，叠加一定脆性变形痕迹的弱变形煤类其在卸载过程中渗透率恢复程度及速度较高。

进一步地，选取渗透率损害率（D_K）定量表征加卸载后由于不可逆损伤造成的渗透率损害程度［式（7-9）］，D_K 越大说明卸载后恢复至该有效应力时，渗透率损伤程度越高，即渗透率恢复程度越低。

$$D_{K_i} = \frac{K_i - K_i'}{K_i} \times 100\% \qquad (7\text{-}9)$$

式中，K_i 和 K_i' 分别表示加载、卸载阶段同一有效应力 σ_i 时的渗透率值。

渗透率损害率统计结果显示（表 7-12）：同一有效应力下，不同类型构造煤的渗透率损害率随原生结构煤—弱变形揉皱煤—强变形揉皱煤—糜棱煤呈现"先增后减"的趋势，总体表现为"弱变形揉皱煤＞原生结构煤＞强变形揉皱煤及糜棱煤"。原位温压条件下（围压 8MPa，对应于表 7-12 中有效应力约 7.5MPa），原生结构煤、弱变形揉皱煤、强变形揉皱煤、糜棱煤的 D_K 均值分别为 26.96%、33.37%、15.74%、18.07%。

表 7-12　原生结构煤及韧性变形系列构造煤渗透率损害率汇总表

编号	煤体结构类型	恢复至不同有效应力时渗透率损害率					
ZM-1	原生结构煤	有效应力/MPa	3.82	4.32	4.82	5.32	6.32	7.82
		渗透率损害率/%	41.77	33.85	37.06	41.01	30.28	22.28
ZM-2	揉皱煤	有效应力/MPa	3.62	4.12	4.62	5.12	6.12	7.62
		渗透率损害率/%	76.36	74.59	72.34	69.42	55.77	36.42
ZM-5	揉皱煤	有效应力/MPa	3.73	4.23	4.73	5.23	6.23	7.73
		渗透率损害率/%	30.91	20.69	20.09	20.93	20.39	13.82
ZM-8	糜棱煤	有效应力/MPa	3.55	4.05	4.55	5.05	6.05	7.55
		渗透率损害率/%	30.41	23.30	20.61	25.46	14.18	9.66
TM-1	原生结构煤	有效应力/MPa	3.86	4.36	4.86	5.36	6.36	7.86
		渗透率损害率/%	49.76	38.14	38.46	38.87	39.09	31.63
TM-2	鳞片煤	有效应力/MPa	—	—	—	—	6.23	7.73
		渗透率损害率/%	—	—	—	—	0.12	0.02
TM-3	揉皱煤	有效应力/MPa	3.76	4.26	4.76	5.26	6.26	7.76
		渗透率损害率/%	63.31	45.62	43.65	41.88	42.78	30.32
TM-4	揉皱煤	有效应力/MPa	3.64	4.14	4.64	5.14	6.14	7.64
		渗透率损害率/%	38.13	27.40	24.51	23.38	23.89	17.66
TM-5	糜棱煤	有效应力/MPa	3.53	4.03	4.53	5.03	6.03	7.53
		渗透率损害率/%	61.10	51.64	52.70	47.06	41.15	26.48

注："—"表示未进行对应实验，无数据。

（3）孔-裂隙结构对渗透特性的控制作用。

7.1.1 节已对渗透率测试样品的孔隙-显微裂隙结构进行了定量表征，但对于显微裂隙系统，仅在压汞测试数据中有部分体现。由于裂隙结构对渗透性起着主要控制作用，有必要进一步对不同类型构造煤的显微裂隙图像进行进一步统计分析。在此基础上，对各孔-裂隙结构参数与渗透性参数（渗透率及其应力敏感性参数）相关性进行定量表征。

在对淮北矿区朱仙庄矿及桃园矿不同类型构造煤裂隙系统镜下观测分析的基础上，随机选取十个直径为 1000μm 的圆形区域，统计圆形范围内可分辨的显微裂隙结构信息。考虑到图像统计工作的可操作性及压汞法主要对 <183μm 的孔隙-显微裂隙结构进行表征，主要统计长度 >100μm 的显微裂隙信息。先将统计区域划分为 100μm×100μm 的正方形格子，再依次统计每个方格中长度为 100～100√2 μm 的裂隙（将其定义为等效微米级裂隙）的条数及与层理面的夹角（即从裂隙走向顺时针旋转到层理面的角度），再分别统计视域内不同粒径颗粒（<10μm、10～100μm 及 >100μm）分布面积的百分比。统计结果见表 7-13。

表 7-13　不同韧性变形煤微米级裂隙参数统计表

样品编号	煤体结构类型	分层延伸方向	走向区间内等效裂隙条数（100～100 $\sqrt{2}$ μm）/条					煤碎粒分布面积分布/%		
			0°～45°	45°～90°	90°～135°	135°～180°	总数	0～10μm	10～100μm	>100μm
ZM-1	原生结构煤	40°	9.4	1.4	8.6	1.0	20.4	8.5	22.75	68.75
ZM-2	揉皱煤	—	8.4	25.2	33.2	14.8	81.6	8.5	60.75	30.75
ZM-3	揉皱煤	—	17.6	27.0	43.0	39.8	127.4	8.5	82.50	9.00
ZM-4	揉皱煤	—	39.8	27.4	27.4	50.0	144.6	6.5	81.00	12.50
ZM-5	揉皱煤	—	17.0	20.8	16.8	8.6	63.2	8.5	22.75	68.75
ZM-6	揉皱煤	—	23.4	19.4	10.4	12.4	65.6	2.0	64.25	33.75
ZM-7	糜棱煤	—	26.0	18.4	22.0	26.8	93.2	29.5	63.00	7.50
ZM-8	糜棱煤	—	18.6	8.0	12.2	31.0	69.8	28.0	63.25	8.75
TM-1	原生结构煤	70°～75°	0.8	4.4	1.2	4.4	10.8	0	0	100.00
TM-2	鳞片煤	70°～75°	3.6	22.8	19.2	2.2	47.8	0	0.75	99.25
TM-3	揉皱煤	—	19.6	35.4	9.8	12.2	77.0	6.0	32.50	61.50
TM-4	揉皱煤	—	8.8	20.4	37.0	22.4	88.6	7.5	62.00	30.50
TM-5	糜棱煤	—	24.0	19.2	14.8	28.6	86.6	22.0	75.00	3.00

注："—"表示分层延伸方向难以辨认。

　　结果显示，随着构造变形的增强，等效微米级裂隙及碎粒粒径分布呈现规律性的变化（图 7-22 和图 7-23）：①韧性变形系列构造煤等效微米级裂隙密度相较于原生结构煤大幅增加，且随韧性变形增强先增后减，在弱变形构造煤中达到最大，达到极值之后随着变形继续增强而有所降低。②鳞片煤及原生结构煤的裂隙定向性最好（裂隙夹角的聚类性增

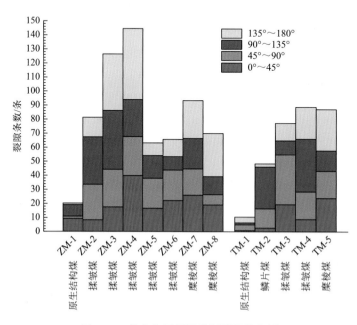

图 7-22　各方向区间微米级裂隙分布图

加)，弱变形揉皱煤次之，强变形揉皱煤及糜棱煤裂隙定向性最差。③原生结构煤与鳞片煤中主要为＞100μm 的煤岩块体；揉皱煤以 10～100μm 煤颗粒为主，个别块体脆性破裂作用较弱、较为完整，以＞100μm 煤碎块为主，随着构造变形的增强，揉皱煤中粒径＜100μm 的煤岩碎粒有增加趋势；糜棱煤中＜10μm 碎粒占比明显增加，而＞100μm 煤碎块占比大幅减小。

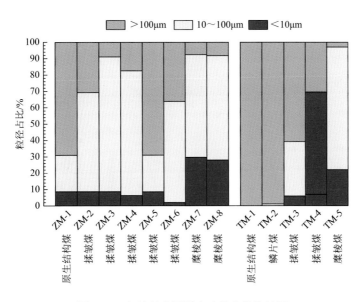

图 7-23　各粒径范围煤岩碎粒占比统计图

　　宏观变形特征显示，渗透率较高的煤样，多叠加有一定程度的脆性变形，煤体碎块主要为＞10mm 的扭曲片状、透镜状及尖棱状碎块。渗透率低的煤样，不同尺寸碎块及煤岩碎基均有发育，断面碎粒碎粉化严重。微米级裂隙密度与原位条件渗透率呈较好的正相关性［图 7-24（a）］，高渗透率煤样 ZM-2、ZM-8、TM-3 及 TM-5 均发育较多的等效微米级裂隙，而渗透率较低煤样 ZM-1、ZM-5 及 TM-2 微米级裂隙较少。同时，高渗透率煤样 ZM-2、ZM-8 及 TM-3 微米级裂隙定向性中等，裂隙在两个方向区间内相对集中，其他方向上也有一定程度发育，而定向性较差的煤样 ZM-5、TM-4 及定向性极好的煤样 TM-2 在储层温压条件下渗透率较低。镜下粒度分布规律显示［图 7-24（b）］，10～100μm 粒径范围内的煤岩块体占比较高的煤样（如 ZM-2、ZM-8、TM-5 等），一般有较高的渗透率值，说明经历了一定程度机械破碎的煤样，既具有较为发育、连通性较好的裂隙系统，＜10μm 的煤粉又不发育，裂隙渗透性较好，而裂隙极不发育，煤体完整的原生结构煤及煤粉较为发育的强变形煤渗透性较差。

　　加载过程中渗透率损害速率较高的煤样，宏观上在较大块体上可见揉皱变形，＜5mm 的碎粒碎粉很少发育。卸载过程中渗透率恢复较快的煤样，多为原生结构煤及大小碎块、碎粒均有发育的煤样，恢复速率较低的煤样则为弱变形揉皱煤及糜棱煤等。微米级裂隙密度与卸载过程中渗透率恢复速率呈较好的负相关性，与加载过程中渗透率损害速率也呈一定的负相关性（图 7-25）；镜下微米级裂隙方向性统计结果显示，裂隙定向性与加载过程中渗透率损害速率呈正相关，裂隙定向性较好的煤样（如 ZM-2、TM-2），在加载过程中渗透率衰减最快［图 7-25（a）］；镜下煤碎粒粒径分布统计结果显示［图 7-25（b）］，煤中粒径＜10μm 的煤碎粒占比与渗透率恢复速率成负相关，粒径＞10μm 煤碎粒占比与煤柱样渗透率损害速率成正相关。

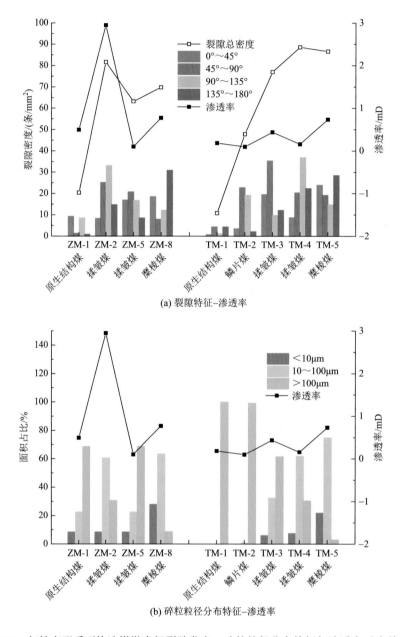

(a) 裂隙特征–渗透率

(b) 碎粒粒径分布特征–渗透率

图 7-24 韧性变形系列构造煤微米级裂隙发育、碎粒粒径分布特征与渗透率对应关系图

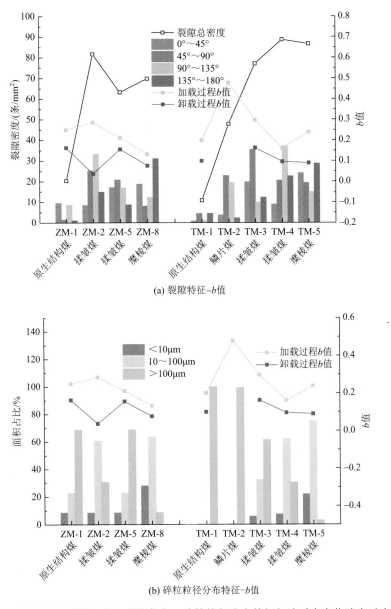

(a) 裂隙特征–b值

(b) 碎粒粒径分布特征–b值

图 7-25 韧性系列构造煤微米级裂隙发育、碎粒粒径分布特征与渗透率变化速率对应关系图

煤中优势裂隙发育特征与渗透率损害率关系密切：原生结构煤 ZM-1、TM-1 中宏观裂隙极少发育，加卸载后渗透率损害率较小，一般为 40%～50%；煤样 ZM-2、TM-3、TM-5 等煤中一组优势裂隙较为发育，且煤体尺寸＞10mm 碎块占比较大，加卸载后渗透率损害率较高，一般在 60%～80%；而宏观裂隙方向杂乱、裂隙尺寸小且形态不规则，煤体中＜5mm 的碎粒、碎粉占比较大的 ZM-5、ZM-8、TM-4 等煤样，煤柱样加卸载后渗透率损害率最小，多在 30%～40%。微米级裂隙定向性与渗透率损害率呈较好的正相关性，如煤样 ZM-2 在 45°～90° 及 90°～135°方向区间内的优势裂隙发育较为明显，对应较大的渗透率损害率，而定向性较差的 ZM-5、ZM-8、TM-4 等煤样，微米级裂隙在各个方向上均有一定程度发

育，渗透率损害率一般较小［图 7-26（a）］。同时，煤中 10～100μm 的煤碎粒占比越大，渗透率损害率越高，而＞100μm 煤碎粒占比与渗透率损害率呈较好的负相关性［图 7-26（b）］，说明煤中宏观裂隙及镜下＞100μm 裂隙越发育，方向性越差，经历加卸载后渗透率损害率越低。

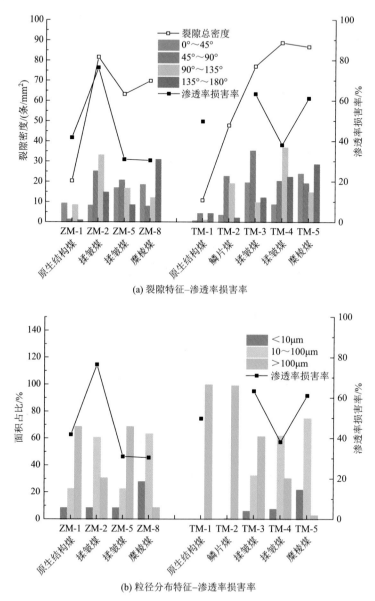

(a) 裂隙特征–渗透率损害率

(b) 粒径分布特征–渗透率损害率

图 7-26　微米级裂隙发育、微米级煤碎粒粒径分布特征与渗透率损害率损害率对应关系图

为了分析韧性变形煤孔隙-显微裂隙系统与其渗透性之间的相关性，分别计算了各孔隙性参数（孔容、孔比表面积、孔径分布、孔隙弯曲性及复杂性参数等）与原位温压条件下渗透率（$K_{in-situ}$）、渗透率衰减及恢复速率（b_{load} 与 b_{unload}）、渗透率损害率（D_K）等渗透性参数之间的皮尔逊相关系数（r）（表 7-14）。

表 7-14　孔隙性参数与渗透性参数相关系数汇总表

皮尔逊相关系数	$K_{in\text{-}situ}$	b_{load}	b_{unload}	$D_{K, 4MPa}$	皮尔逊相关系数	$K_{in\text{-}situ}$	b_{load}	b_{unload}	$D_{K, 4MPa}$
TPV_{MIP}	0.798	0.237	−0.120	0.345	排驱压力	−0.850	−0.932	−0.538	−0.980
$V_{3\sim100nm, MIP}$	0.724	0.082	−0.255	0.205	$V_{2\sim10nm, N_2}$	0.727	−0.002	−0.607	0.350
$V_{100\sim1000nm, MIP}$	0.801	0.043	−0.434	0.270	$V_{10\sim20nm, N_2}$	0.794	0.053	−0.555	0.388
$V_{1000\sim10000nm, MIP}$	0.703	0.293	0.059	0.312	$V_{20\sim30nm, N_2}$	0.813	0.076	−0.533	0.404
$V_{>10000nm, MIP}$	0.471	0.733	0.746	0.545	$V_{30\sim40nm, N_2}$	0.838	0.104	−0.502	0.423
D_{s1}	0.699	0.068	−0.245	0.179	$V_{40\sim50nm, N_2}$	0.840	0.108	−0.499	0.426
D_{s2}	0.704	0.245	−0.390	0.577	$TPV_{2\sim50nm, N_2}$	0.801	0.064	−0.545	0.397
退汞效率	−0.683	−0.216	0.021	−0.251	TSA_{N_2}	0.725	0.003	−0.604	0.356
孔隙弯曲性系数 τ	0.764	0.055	−0.350	0.229	D_{FHH}	0.251	0.489	0.653	0.250

　　结果显示（图 7-27），$K_{in\text{-}situ}$ 与孔隙体积表现出明显的正相关性：$K_{in\text{-}situ}$ 与压汞法总孔容（TPV_{MIP}）相关系数为 0.798，与低温氮气吸附法总孔容相关性为 0.801，且与过渡孔及中孔体积相关性最好。相反的，$K_{in\text{-}situ}$ 与进汞排驱压力（压汞法测试中汞开始大量进入

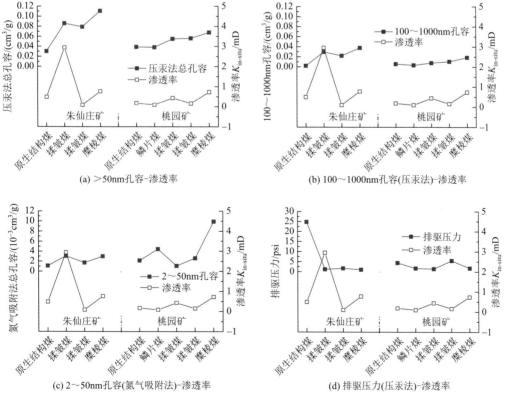

图 7-27　不同煤体结构煤的孔隙结构与渗透性相关性

煤样时所需要的最低压力,最大孔隙喉道越大,排驱压力越小)表现为显著负相关。而与各孔径段孔隙表面分形维数(压汞法>1000nm 孔隙表面分形维数 D_{s1}、压汞法 100～1000nm 孔隙表面分形维数 D_{s2}、氮气吸附法表面分形维数 D_{FHH})相关性较不显著。

加卸载过程中渗透率变化速率(b_{load} 和 b_{unload})与基于压汞法获得的显微裂隙体积 $V_{>10000nm}$ 成显著正相关,皮尔逊相关系数分别为 0.733 和 0.746,说明较为发育的显微裂隙结构增加了韧性变形系列构造煤的渗透率应力敏感性。同时,在渗透率变化速率与排驱压力间存在明显的负相关性(-0.932),在微孔及较小孔径段过渡孔体积与渗透率恢复速率间也表现出一定的负相关性(分别为-0.607、-0.555)。渗透率损害率也主要与显微裂隙体积 $V_{>10000nm}$ 及排驱压力 DP 显著相关,皮尔逊相关系数分别为 0.545 及-0.980。

至此,可将不同类型构造煤渗透性变化特征概括为:脆性系列构造煤及叠加一定程度脆性变形的韧性系列构造煤其渗透率明显大于原生结构煤,且脆性变形越强,渗透性越好,而强烈变形揉皱煤及糜棱煤等构造煤渗透率变化较为复杂,可大体保持同一水平,也可明显大于原生结构煤;部分渗透率较高的弱变形韧性系列构造煤,其渗透率对应力增加更为敏感,即在有效应力增加过程中衰减速率越快,在卸压过程中渗透率恢复速率也越快,具有积聚大量游离态瓦斯的介质条件及卸压后快速放散瓦斯的潜力;构造煤孔-裂隙结构在应力作用下会不同程度地发生不可逆损伤,使得加卸载后渗透率难以恢复到较高水平。

孔隙结构对渗透性的控制作用主要表现在:孔隙体积(尤其是中孔及更大孔隙)的增加以及孔隙喉道的较大尺寸对瓦斯渗流有利,而各孔径段孔隙表面分形维数与渗透性关系较不显著;显微裂隙结构越发育,最大孔隙喉道尺寸越大,加卸载过程中渗透率变化越快,应力导致的渗透率不可逆损害程度也越高。

韧性变形系列构造煤的裂隙系统对其渗流性能起着主要的控制作用:渗透率较高的煤样,其微米级裂隙结构越发育,裂隙定向性处于中等水平,同时煤体一般发生了一定的机械破碎作用,煤岩块体主要为 10～100μm 的碎粒,<10μm 煤粉较不发育;微米级裂隙越发育,裂隙定向性较差的煤样,加卸载过程中渗透率变化速率相对越小,且应力导致的渗透率非可逆性损害程度较低,煤体相对完整、粒径较大,有利于卸载后渗透率的快速恢复,损害程度也较低。

7.1.4 构造煤力学特性

煤与瓦斯突出是一个含气多孔介质的力学破坏过程,煤体结构的不同程度的破坏是这一力学过程的物质基础。不同类型构造煤,其颗粒粒径组成及接触关系与原生结构煤明显不同,其孔-裂隙结构具有明显的非均质性和各向异性,表现出与原生结构煤明显不同的抵抗外来破坏的能力,其力学及变形行为、强度特征等也与原生结构煤存在显著差异(杨陆武和郭德勇,1996;杨陆武与彭立世,2001;李树刚和张天军,2011;李传明,2013;彼特罗祥,1983;张军伟等,2015)。

煤的变形性质是指煤在力的作用下其形态和尺寸的变化,常用弹性模量和泊松比两个参数来表示。材料在弹性变形阶段,其应力和应变呈正比例关系,符合胡克定律,其比例常数称为弹性模量，是衡量材料产生弹性变形难易程度的指标。泊松比是材料在单向受拉或受压时，横向正应变与轴向正应变的绝对值的比值，是反映材料横向变形能力的弹性常数。

表征煤强度特征的参数主要包括：煤的抗剪强度、抗压强度、抗拉强度、黏结力（或称凝聚力）和内摩擦角等。煤的强度准则一般采用莫尔强度准则，即煤的破坏主要为剪切破坏，当某一截面上的剪应力 τ 达到强度极限值（抗剪强度 τ_0）时，煤体开始发生剪切破坏。待测煤岩体 τ_0 与该界面上的正应力表现出特定的函数关系（式 7-10），可通过三轴压缩实验进行确定。实验过程中，可以获得煤体破坏时的一组极限应力圆，其包络线即为煤的破坏曲线。通过剪应力、正应力构成的包络线的渐近线拟合方程即可得到内摩擦角及黏结力。

$$\tau = \sigma_n \tan\varphi + C \qquad\qquad (7\text{-}10)$$

式中，τ 为剪应力；σ_n 为正应力；φ 为内摩擦角；C 为黏结力。

对煤力学及强度特征的研究方法主要包括岩石力学实验、煤样波速及密度测试、煤的坚固性系数测定等。借助力学实验系统对不同煤体结构煤进行变形实验，获得加载过程中煤样逐渐变形直至破坏的全应力-应变曲线，是直接描述其变形行为及力学特征的重要手段（王琪和张阳，2019）。但由于构造煤一般构造裂隙及摩擦面异常发育、煤体较为松软破碎、力学强度较低，难以加工得到具有一定尺寸的符合测试标准的测试柱样或块样，因而对不同煤体结构煤原煤样进行的变形实验较少，且相关研究一般均需先采用适合的胶体对煤体进行一定的浇注，再获得标准测试柱样或块样以进行强度测试及变形行为测试。

除了对不同煤体结构煤的原煤样进行系统的力学变形实验及强度测试，煤的坚固性系数也常作为构造煤强度的宏观衡量指标。煤的坚固性系数指破碎单位面积的煤颗粒所消耗的功，是煤的坚固性强度及煤块抵抗破坏能力的综合性指标，目前应用较多的是落锤捣碎法（徐乐华和蒋承林，2011）。落锤捣碎法测定坚固性系数的流程如下：将从新暴露的煤层中采集的煤样用小锤碎制成块度 20～30mm 的小块，称取制备好的试样 50g 为一份，每 5 份为一组，共称取 3 组。将一份试样装入捣碎筒，并进行落锤破碎实验（锤重 2.4kg；高度 600mm），每份冲击 3 次，将每组中的 5 份试样全部捣碎后，通过孔径 0.5mm 的分样筛，将筛下的煤粉末装入计量筒中，量取粉末高度，然后根据 $f = 20n/L$ 计算同一样品 3 组的平均值作为测试煤样的坚固性系数（式中，f 为煤的坚固性系数；n 为每份试样冲击次数；L 为每组试样筛下煤粉的计量高度，mm）。

杨陆武和徐龙（1996）利用松香石蜡混合液浸煮的方法在保持煤体结构完整性和原始颗粒接触状态的基础上，获得了符合测试条件的不同煤体结构煤的块状样品，并进行了抗压、抗拉强度及坚固性系数测试，结果显示（表 7-15），Ⅳ类煤弹性模量（平均为 2200MPa）明显小于Ⅰ类煤（平均为 6400MPa），Ⅳ类泊松比（平均为 0.364）远大于Ⅰ类煤（平均为 0.175），说明在应力增大过程中Ⅳ类煤容易被破坏，且容易在侧向上发生膨胀变形，会先于非突出煤体发生破坏；强度特征显示，构造煤的单轴抗压强度 R（1.28～2.48MPa，平均为 1.83MPa）、抗拉强度 R_t（0.069～0.188MPa，平均为 0.106MPa）及坚固性系数（0.172）均明显小于原生结构煤〔平均分别为 5.13MPa（4.28～6.14MPa）、0.218MPa（0.159～0.273MPa）及 0.493MPa〕。构造煤独特的力学及强度特征使其成为煤与瓦斯突出的危险地带。

表 7-15　不同煤体结构煤的力学特征对比表（据杨陆武和徐龙，1996）

结构类型	宏观地质特征	力学参数（范围/平均值）				
		E/MPa	σ	R/MPa	R_t/MPa	f
I	层状或似层状、条带状、块状结构，煤岩类型界线清晰，内生裂隙发育，手试强度高	≥6000 6400	≤0.3 0.175	≥5 5.13	≥0.15 0.218	≥0.4 0.493
IV	原生结构遭到破坏，光泽暗淡，呈土状、粉状、斑状结构，手试强度低	<3000 2200	>0.3 0.364	≤2 1.83	≤0.15 0.106	<0.25 0.172

　　宣德全（2012）采用锯槽加框浇筑法（聚氨酯）获得了多组原生结构煤及构造煤的原煤测试样品，开展了应力加载过程中变形破坏实验研究。应力-应变曲线显示（图 7-28），不同煤体结构煤的变形破坏过程均大致可分为压实阶段、类弹性变形阶段、弹塑性变形阶段、破坏阶段和残余塑性变形阶段五个阶段(分别对应图 7-28 中的 I～V)。压实阶段主要反映煤体内孔隙、裂隙等逐渐闭合而刚度逐渐增大的非线性压实过程，构造煤在该阶段的非线性压实变形较原生结构煤明显，一般在峰值应力 23%处曲线开始出现线性特征（原生结构煤约 15%），说明构造煤内部裂隙系统较原生结构煤更为发育；类弹性变形阶段，该阶段构造煤应力-应变曲线的斜率明显小于原生结构煤，说明构造煤具有较小的弹性模量，构造煤屈服强度一般为 4.6MPa，明显低于原生结构煤的 15MPa；在弹塑性变形阶段，应力-应变曲线偏离弹性变形阶段的近似直线段而向下弯曲，表现为煤样发生塑性变形，但未发生宏观失稳破坏，构造煤该变形阶段一般持续时间较长，说明构造煤塑性变形相比于原生结构煤更强；破坏阶段，煤体内裂纹快速贯通和发展，宏观上煤样发生破坏，变形增加过程中应力快速下降，煤样失去承载能力；煤样发生破坏之后，在残余塑性变形阶段，应力迅速降低，直至下降到某一临界值（即残余应力），之后曲线大体水平，构造煤可在第IV、V阶段表现出逐级屈服现象，且残余应力小于原生结构煤，说明构造煤在破坏之后表现出明显的塑性特征。

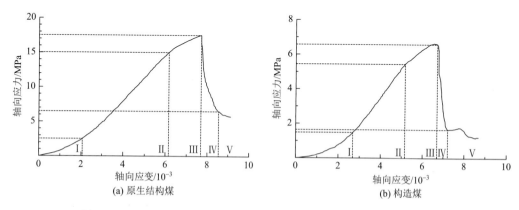

图 7-28　原生结构煤与构造煤应力-应变曲线对比图（据宣德全，2012）

　　为了分析构造煤的杨氏模量、泊松比等岩石物理特征，从淮北矿区所采集的样品中，选取不同类型构造煤的典型样品，在干燥条件下采用不同规格的砂纸将其分别制备成两面平整的板状样品和圆柱状样品，进行纵横波速度测试和超声波各向异性实验，然后基于煤样的纵横波速度及真密度测试结果，计算得到煤样泊松比、弹性模量等弹性特征参数（Mavko et al，2009）。煤样泊松比计算公式见式（7-11）和式（7-12）；煤样各类弹性模量的计算方法均源于基础公式 速度$=\sqrt{模量/密度}$，不同弹性模量的计算公式见式（7-13）～式（7-15）：

$$\gamma = \frac{V_P}{V_S} \geqslant \sqrt{2} \tag{7-11}$$

$$\sigma = \frac{\frac{1}{2}\gamma^2 - 1}{\gamma^2 - 1} \tag{7-12}$$

式中，γ 为纵横波速度比；σ 为泊松比；V_P 为纵波速度，m/s；V_S 为横波速度，m/s。

$$V_P = \sqrt{\frac{K + \frac{4}{3}\mu}{\rho}} = \sqrt{\frac{\lambda + 2\mu}{\rho}} \tag{7-13}$$

$$V_S = \sqrt{\frac{\mu}{\rho}} \tag{7-14}$$

$$V_E = \frac{E}{\rho} = \sqrt{\frac{(1+\sigma)(1-2\sigma)V_P^2}{1-\sigma}} \tag{7-15}$$

式中，V_E 为杨氏速度，m/s；ρ 为密度，kg/m^3；σ 为泊松比；K 为体模量，Pa；λ 为拉梅系数，Pa；μ 为剪切模量，Pa；E 为杨氏模量，Pa。

结果显示（图 7-29 和表 7-16），同一变形系列，构造煤的泊松比随变形程度增加而逐渐降低，对于板状样品测试系列，原生结构煤、碎裂煤、碎斑煤、碎粒煤、片状煤的泊松比分别为 0.30～0.36（平均为 0.34）、0.20～0.34（平均为 0.28）、0.08～0.34（平均为 0.25）、0.04～0.32（平均为 0.19）、0.20～0.34（平均为 0.27），脆-韧性过渡系列鳞片煤泊松比为 0.11～0.18（平均为 0.15），韧性变形系列构造煤中，揉皱煤与糜棱煤泊松比值较为接近，分别为 0.11～0.18（平均为 0.15）、0.1 左右；圆柱状样品系列，原生结构煤、碎裂煤、碎

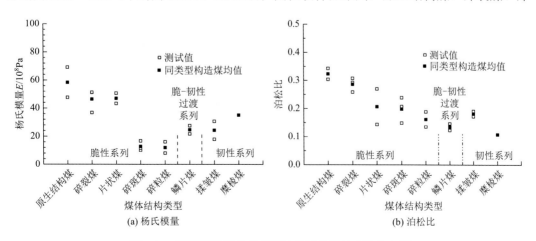

图 7-29 不同煤体结构类型圆柱状样品弹性参数分布图

斑煤、碎粒煤的泊松比分别为 0.25～0.40、0.25～0.35、0.15～0.30、0.07～0.30，片状煤、鳞片煤的泊松比分别为 0.1～0.3、0.05～0.25，揉皱煤、糜棱煤的泊松比较为相似，分别为 0.1～0.3、0.08～0.25。不同类型构造煤样品的弹性特征存在较为明显的差异：原生结构煤弹性模量一般处于相对高值，且分布较为稳定；碎裂煤及片状煤等变形较弱的构造煤弹性模量与原生结构煤差别不大，基本处于同一水平，碎斑煤、碎粒煤、揉皱煤、糜棱煤等强变形脆性、韧性系列构造煤，其弹性模量明显较低。

表 7-16　不同类型构造煤圆柱状样品的岩石物理参数计算结果

编号	变形系列	类型	泊松比（中位数）	剪切模量/10^8Pa	拉梅系数/10^8Pa	体模量/10^8Pa	杨氏模量/10^8Pa
L27	未变形或弱变形	原生结构煤	0.35	17.96	39.46	51.43	47.62
Z18		原生结构煤	0.30	26.24	40.66	58.15	69.17
Z21	脆性变形系列	碎裂煤	0.25	14.81	14.83	24.70	36.83
Z57		碎裂煤	0.32	19.79	34.15	47.34	51.16
T7		碎裂煤	0.30	19.67	29.25	42.36	51.22
Z61		碎斑煤	0.24	6.26	7.41	11.58	16.77
Z3		碎斑煤	0.21	4.15	3.14	5.91	10.12
Z22		碎斑煤	0.13	5.26	1.58	5.08	11.63
Z58		碎粒煤	0.11	3.66	0.87	3.30	7.96
Z56		碎粒煤	0.16	6.48	4.25	8.57	16.13
L24		片状煤	0.14	22.53	8.18	23.20	50.62
Z46		片状煤	0.26	17.09	18.57	29.96	43.32
T18	脆-韧性过渡系列	鳞片煤	0.17	11.68	6.33	14.12	27.60
Z47		鳞片煤	0.11	8.83	4.77	10.65	21.76
Z12	韧性变形系列	揉皱煤	0.17	6.74	5.90	10.39	17.95
Z39		揉皱煤	0.18	13.14	7.16	15.92	30.68
T24		糜棱煤	0.11	14.91	6.27	16.20	35.16

　　除了变形行为及弹性参数，构造煤及原生结构煤的强度特征也存在较为明显的差异，一般地，构造煤的黏结力、内摩擦角及坚固性系数均明显低于原生结构煤，且随煤体破坏程度的增加，煤的黏结力、内摩擦角及坚固性系数逐渐降低（于不凡，1985）。苏联顿巴斯突出煤层力学强度特征对比显示，软煤、中硬煤及硬煤的黏结力分别为 0.14～0.33MPa、0.54～0.76MPa 及 0.95～1.84MPa，且在 0～5MPa 正应力下的内摩擦角分别为 22°～32°、36°～39° 及 35°～42°，说明随煤体破坏程度的增加，抗剪切能力逐渐降低。焦作矿业学院（现河南理工大学）瓦斯地质研究所于 1993 年[①]对采集于我国不同矿区的不同煤体结构煤的力学特性进行系统测试发现，不同煤体结构煤的力学特性存在明显差异，构造煤抗拉、抗压强度明显小于原生结构煤。我国临汾矿区台吉三井 10 号煤层的软、硬煤分层无压缩条件下的抗剪强度对比特征显示，软煤分层抗剪强度（τ_0）平均为 0.29MPa，而硬煤分层

① 数据引自 1993 年焦作矿业学院瓦斯地质研究所完成的《煤体结构力学特征及煤体结构类型的定量划分》报告。

平均为 1.75MPa(图 7-30)；压应力在 0～5MPa 范围内时，硬煤内摩擦角为 43°～47°，黏结力为 1.6～1.75MPa，而软煤分别为 21°～23°，0.14～0.29MPa，软煤分层的内摩擦角及黏结力均明显小于硬煤分层，说明其抗剪切破坏能力弱于硬煤分层。我国北票矿区不同破坏类型煤的强度特征也表现出类似的规律（图 7-31 和表 7-17）。

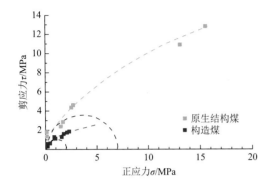

图 7-30　临汾矿区北票台吉三井 10 号煤包络线
（据于不凡，1985）

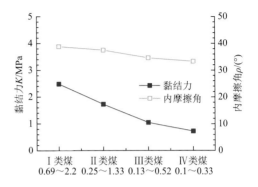

图 7-31　北票矿区不同破坏类型煤的强度特征变化曲线（据于不凡，1985）

表 7-17　北票矿区不同破坏类型煤的强度特征（据于不凡，1985）

强度特性	I 类煤	II 类煤	III 类煤	IV 类煤	V 类煤
黏结力 K/MPa	2.48	1.73	1.05	0.73	
内摩擦角 ρ/(°)	38.8	37.5	34.6	33.3	
坚固性系数 f	0.69～2.2	0.25～1.33	0.13～0.52	0.1～0.33	<0.1

　　一般认为，构造煤中广泛发育的构造节理、滑动摩擦面、次生面理及线理等结构弱面，极大地降低了其力学强度，减弱了其抵抗外力变形的能力。除此之外，构造应力变质作用下煤结构的变化以及导致的有机显微组分硬度的差异，也被认为是不同煤体结构煤宏观物理力学性质差异的重要原因。秦勇和李淑琴（1990）系统测定了甲、乙、丙三类不同煤体结构煤（分别对应原生结构煤、碎裂、碎粒煤和糜棱煤）的维氏显微硬度，结果显示，同一变质程度煤中，碎粒煤和糜棱煤镜质组的显微硬度明显低于原生结构煤及碎裂煤，并指出构造应力对强烈变形构造煤煤体的强烈破坏极大地降低了其力学强度。张玉贵等（2007）从构造应力作用下煤结构变化及构造煤的生烃特征角度，探讨了构造煤分子结构演化与瓦斯突出的相关性，指出构造煤大分子结构中芳香化程度高，低分子化合物含量大且分子间作用力较小，造成构造煤结构的不均一性以及构造煤分子间的间隙较大，煤体强度明显低于原生结构煤，同时构造裂隙对煤体的强烈破坏作用以及煤中瓦斯的吸附作用均降低了煤的力学稳定性，二者共同导致构造煤相比于原生结构煤力学强度较低，稳定性差，易于发生煤与瓦斯突出。

7.1.5　构造煤瓦斯突出危险性评价

煤与瓦斯突出作为煤矿生产实践中发生的一种地质动力现象，是煤层的应力状态、煤层瓦斯和煤体物理力学性质综合作用的结果（李中锋，1997；焦作矿业学院瓦斯地质研究室，1990；于不凡，1985；梁冰，2000；王恩义，2004；李希建和林柏泉，2010）。地应力（包括上覆岩层重力及自重应力、构造应力和采动应力）通过破坏煤体、增加煤体瓦斯压力及弹性应变能对煤与瓦斯突出产生作用，是发生煤与瓦斯突出的动力来源和激发因素；煤中瓦斯吸附在煤体表面可显著降低其强度，瓦斯压力则起着维持瓦斯压力梯度以不断抛出煤体的作用；煤体结构破碎程度影响煤层的力学强度以及煤中瓦斯的解吸、渗流能力，工程实践及室内实验测试均表明，强变形构造煤分布区煤体结构松软，具有较低的力学强度，是发生煤与瓦斯突出的物质基础和必要条件（张庆贺，2017）。

煤与瓦斯突出预测按照预测目标可包括区域预测和局部预测（聂百胜等，2003；孙知应和常松岭，2008；魏风清，2010；杨靖等，2011）。区域预测（或称长期预测、远期预测）目的在于预测井田、水平和工作面区域煤与瓦斯突出危险性；局部预测（或日常预测）则是预测井下采掘工作面附近煤与瓦斯突出危险性（樊栓保，2000；程五一等，2005）。区域预测方法主要包括单项指标法（煤的破坏类型、瓦斯放散初速度、坚固性系数、瓦斯压力、瓦斯含量、煤层埋藏深度、挥发分、电阻率及煤的超微观结构等）、综合指标法（K值、D值及揉皱指数R值等）。

煤的破坏类型（或煤体结构）是评价煤与瓦斯突出危险性的主要指标之一（中国煤炭学会，1989）。2009年发布的《防治煤与瓦斯突出规定》及2019年发布的《防治煤与瓦斯突出细则》中均规定：突出煤层和突出矿井鉴定的指标主要包括煤的破坏类型、瓦斯放散初速度（ΔP）、煤的坚固性系数（f）和煤层瓦斯压力（P）等。各煤层突出危险性指标临界值及范围分别规定为：软分层煤煤体结构属于Ⅲ、Ⅳ、Ⅴ类，瓦斯放散初速度$\Delta P \geqslant 10$，煤的坚固性系数$f \leqslant 0.5$，煤层原始瓦斯压力$P \geqslant 0.74$MPa。

根据2019年发布的《防治煤与瓦斯突出细则》，按照煤层破坏程度的不同，可将煤分为Ⅰ类——未破坏煤、Ⅱ类——破坏煤、Ⅲ类——强烈破坏煤（片状煤）、Ⅳ类——粉碎煤（粒状煤）和Ⅴ类——全粉煤（土状煤）。研究表明，随破坏程度的增加，煤的孔隙度逐渐增大，在卸压过程中瓦斯放散速度增加，但在原位压力条件下，由于破坏程度高的煤中裂隙开度一般较小，其原位透气性较差，易造成较高的瓦斯含量及瓦斯压力；同时，随破坏程度的增加，煤的强度逐渐降低，导致破坏程度较强的煤层煤与瓦斯突出危险性较高。由于不同煤体结构煤其在煤与瓦斯突出中的具体贡献不同，常通过揉皱指数R值对具有不同煤分层的煤层的瓦斯突出危险性进行定量表征［式（7-16）］（焦作矿业学院瓦斯地质研究室，1990；杨陆武和郭德勇，1996）：

$$R = \frac{0.2(M_{\mathrm{I}} + M_{\mathrm{II}}) + 0.5M_{\mathrm{III}} + 0.7M_{\mathrm{IV}}}{M} \tag{7-16}$$

式中，R为煤层的揉皱指数；M_{I}、M_{II}、M_{III}、M_{IV}分别为原生结构煤、碎裂煤、碎粒煤、糜棱煤的分层厚度；M为煤层断面总厚度。

强变形构造煤（碎斑煤、碎粒煤、薄片煤、鳞片煤、揉皱煤及糜棱煤）的坚固性系数明显低于原生结构煤及弱脆性变形煤（初碎裂煤、碎裂煤及片状煤），而其瓦斯放散初速度明显高于未变形及弱变形煤，是煤与瓦斯突出危险地带。焦作矿业学院瓦斯地质研究室（1990）依据煤体破碎程度、裂隙及揉皱发育程度、手试强度、光泽及层理等将煤体结构分为四种类型：Ⅰ类（原生结构煤）、Ⅱ类（碎裂煤）、Ⅲ类（碎粒煤）及Ⅳ类（糜棱煤），并分别给出了四类煤体结构瓦斯突出危险性评价指标的大致范围，四类煤坚固性系数分别为>0.8、0.8～0.3、<0.3、<0.3；瓦斯放散初速度分别为<10、10～15、>15、>20，将碎粒煤及糜棱煤划分为易突出煤层。

焦作矿业学院瓦斯地质研究所等于 1993 年[①]对平顶山矿区 8 号煤及 12 号煤不同煤体结构煤的大量观测点和数百件样品进行了系统测试，总结出不同煤体结构煤的瓦斯突出参数（f 值、ΔP）（图 7-32）：Ⅲ、Ⅳ类煤 f 值集中分布在 0.1～0.2，Ⅰ、Ⅱ类煤 f 值集中分布在 0.3～0.8；Ⅰ、Ⅱ类煤 ΔP 值主要分布在 1.5～5.5，Ⅲ、Ⅳ类煤一般均大于 5.5；随变形程度增加，f 值逐渐减小，而 ΔP 逐渐增加。说明Ⅲ、Ⅳ类煤的瓦斯突出危险性明显大于原生结构煤及弱变形构造煤。我国其他矿区不同煤体结构煤的突出危险性指标也指示强变形构造煤坚固性系数较低、瓦斯放散初速度较高、瓦斯突出危险性较高（张光德，1995；王生全，1999；刘彦伟，2011）。

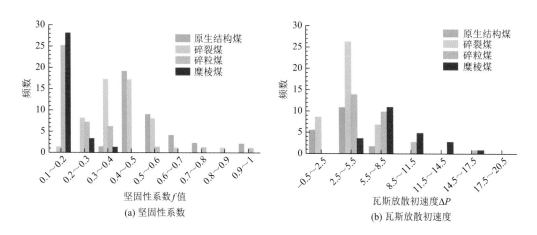

图 7-32　平顶山矿区 8 号煤及 12 号煤Ⅰ～Ⅳ类煤坚固性系数和瓦斯放散初速度对比直方图

结合淮北矿区不同类型构造煤瓦斯吸附、解吸、渗流及物理力学特征等相关实验测试结果和前人对煤体结构瓦斯特性及与瓦斯突出关系的认识。著者认为，强变形构造煤分布区较高的煤与瓦斯突出危险性归因于其独特的瓦斯吸附、解吸及放散、渗流及力学性质。首先，构造变形过程中，煤中介孔、大孔结构及构造裂隙的大量出现，极大地增加了煤的游离态瓦斯赋存空间及瓦斯与煤表面的接触面积，构造煤吸附速率

---

① 数据引自焦作矿业学院瓦斯地质研究所、平顶山矿务局瓦斯所、平顶山矿务局八矿与十二矿共同完成的《平顶山东矿区煤体结构破坏规律及预测方法研究》报告。

也显著增加，使得在较低瓦斯压力下易于吸附更多的瓦斯；在地应力、煤粉末及矿物质充填等综合作用下，构造煤孔-裂隙结构多处于受压闭合状态，其原位透气性极差，加之构造煤孔-裂隙结构分布的非均质性，导致瓦斯分布的显著非均质性及局部高瓦斯压力与高瓦斯含量；强变形构造煤中结构弱面的大量出现及由瓦斯吸附、煤结构演化等作用导致的煤体强度的显著下降，加之该类构造煤一般分布于构造应力相对集中区，应力条件较为复杂，共同导致强变形构造煤分布部位成为煤层发生失稳破坏的危险区；低渗构造煤分层（尤其是叠加一定脆性变形或与脆性变形煤分层叠合发育）渗透性在卸载过程中的快速恢复及该类煤分层小粒径煤颗粒上吸附态瓦斯的快速解吸，使得其在应力状态改变时具有快速放散大量瓦斯的能力，强变形煤极差透气性及一定的塑性变形能力保证了突出过程中煤壁内较高的瓦斯压力梯度及地应力梯度，导致煤与瓦斯突出由外到内的不断发展。

7.2　糜棱煤甲烷吸附分子模拟及瓦斯突出微观机理

基于元素分析、^{13}C NMR、FTIR 和 HRTEM 的测试结果，综合运用 Origin 7.5 和 Materials Studio 2017 软件，Fringe 3D 和 Volume 3D 脚本（Louw，2013），进行糜棱煤分子结构建模，进而在 Materials Studio 2017 软件中进行甲烷的吸附的巨正则蒙特卡罗模拟（grand canonical Monte Carlo，GCMC），通过与原生结构煤与甲烷相互作用的对比，阐释糜棱煤的瓦斯特性及微观相互作用机理，分子结构构建与 Materials Studio 2017 的分子模拟工作均在宾夕法尼亚州立大学完成。

7.2.1　糜棱煤甲烷吸附分子模拟

1. 糜棱煤大分子结构

依据元素分析、^{13}C NMR、FTIR 和 HRTEM 分析测试结果，通过 Louw 所开发的一系列脚本和代码，在 Fringe 3D 和 Volume 3D 软件下建立糜棱煤样品 T24 的分子结构模型。首先将 HRTEM 结果导入 Materials Studio 2017 软件的 3D Atomistic Document 文件中，随机选取 89 个芳香片层作为建模基础。选中的片层被划分为堆叠、线性奇异分子和弯曲晶格条纹三种类型（Zhong et al.，2018），然后将这些条纹置于 80Å×80Å×80Å 的立方体内，该立方体的尺寸一般是通过密度模拟来确定。

将 IPTK 得到的 HRTEM 晶格长度、方向性和位置数据利用 Fringe 3D 导入 Materials Studio 2017 软件中，利用 Movement 工具，手动删除芳环之间的链接项，使之成为单独的芳香片层，并将所有晶格条纹几何坐标设置为（0，0，0），保存成单独的 PDB 文件。图 7-33（a）和 7-33（b）为芳香片层模型，相较于以往通过 ^{13}C NMR 和 FTIR 模型建立的分子结构而言，该模型获取了芳香条纹长度、相对分子质量分布、短程有序性和芳香率等基本特征。图 7-33（b）的芳香片层模型包含 1472 条芳香条纹（弯曲晶格条纹数目为 662，直晶格条纹数目为 810），分子式为 $C_{42743}H_{57928}$，共计 100671 个原子。然后选取典型片区构建糜棱煤分子结构模型［图 7-33（c）］，该片区包含 88 个芳香片层，并通过 Curvature 脚本获得了芳香片层的曲率分布，由此便通过 Volume 3D 脚本获得了一个 3D 立体模型（Wang et al.，2015）。最后依据元素分析、^{13}C NMR 和 FTIR 结果来确定含氧官能团、甲基、亚甲基、次甲基和季碳的数量［图 7-33（c）］，并利用 Materials Studio 2017 脚本来添加含氧官能团和脂肪侧链以满足模型 C/H 比（Castro-Marcano et al.，2012a），最终获得了糜棱煤 T24 的分子结构模型，$C_{21581}H_{13485}O_{161}$，该模型相对分子质量为 41957Da［图 7-33（d）］。

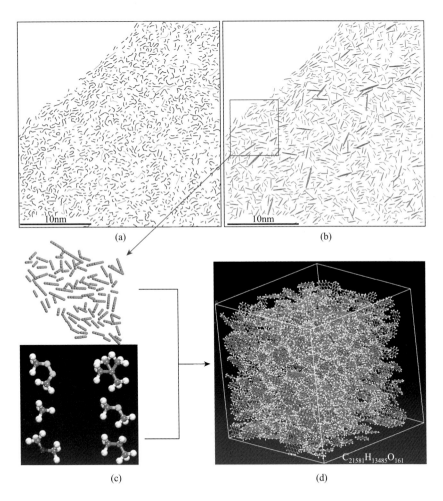

图 7-33 糜棱煤大分子结构建模流程

首先对构建的模型进行能量优化，以获取最低的能量构型。具体方法为利用 Forcite 模块中的 Energy 任务项进行，计算精度设置为 Fine，分子力场和电荷相互作用分别选用 Universal 和 Use current 方法。电子相互作用和范德瓦耳斯力的统计方法分别采用 Ewald & Group（Ewald，1921）和 Atom based 方法（Karasawa and Goddard，1992）。二者的截断距离和缓冲距离分别设置为 15.5Å 和 0.5Å，截断方法采用三次样条曲线进行法。进行 3～4 次能量优化后，选用 Geometry Optimization 任务项进行几何优化，几何优化的计算程序采用 Smart 方法，计算精度保持为 Medium，力和能量收敛准则分别为 0.001kcal/mol 和 0.5kcal/（mol·Å^{-1}），最大迭代步数为 500。在最初优化过程中，分子级作用力逐渐降低 [图 7-34（a）]，直到保持稳定 [图 7-34（b）]。总势能随着优化过程的进行逐渐降低，最后稳定于 51044.176075kcal/mol，其中价能为 27245.678kcal/mol，非价能为 23798.498kcal/mol [图 7-34（c）]，并输出此时的几何优化最优能量构型 [图 7-34（d）]。

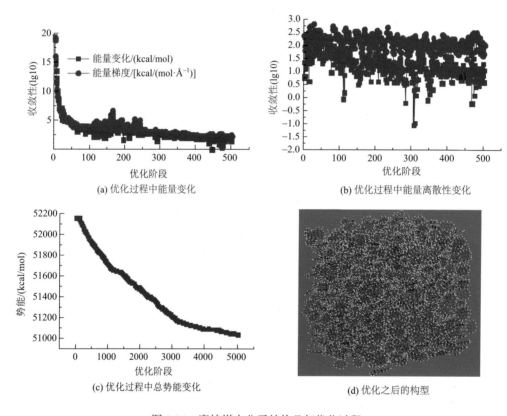

(a) 优化过程中能量变化

(b) 优化过程中能量离散性变化

(c) 优化过程中总势能变化

(d) 优化之后的构型

图 7-34　糜棱煤大分子结构几何优化过程

几何优化后随即进行退火动力学模拟，以克服分子结构能垒，温度循环设置为 5 个，初始温度和中间温度分别设置为 300K 和 500K，每个循环的温度梯度设置为 5 个，每个梯度的动力学步数为 100，动力学系综选用正则系统（NVT）进行，初始速度为随机分布，时间步长为 1fs[①]，每次循环之后均进行几何优化过程，以输出最优能量构型。温控方法采用 Nose-Hoover 方法进行，能量偏差为 50000kcal/mol。退火后的总势能

————————

①1fs=10^{-12}s。

为 51044.176kcal/mol，较之于几何优化后，基本保持不变，表明糜棱煤分子结构能量已经达到几何与能量最优，可进一步添加周期性边界条件。

退火模拟后，需要利用 Amorphous Cell 模块来添加周期性边界条件，具体来说，使用 Construction 任务项，计算精度控制为 Medium，分子密度设置为 1.26g/cm³，与文献中的结果一致（Zhao et al.，2016a），此时晶胞尺寸为 71.3Å×71.3Å×71.3Å，添加周期性边界条件后的大分子结构模型见图 7-35（a），随后对周期性模型进行孔径分析，基于康诺利（Connolly）表面理论和计算法则（Connolly，1983a），利用 Materials Studio 2017 中的 Atom Volumes & Surfaces 工具，计算过程同时利用 Connolly surface 和 Solvent surfaces 两个任务项，网格分辨率设置为 Coarse，间隔为 0.75Å，范德瓦耳斯尺度因子（vdW scale factor）和最大溶剂半径（Max. solvent radius，MSR）分别设置为 1.0000Å 和 2.0000Å，Connolly 半径为 1.0000Å，计算得到的大分子内孔径分布见图 7-35（b），煤分子由两部分组成，一是原子骨架所占据的体积，另外一部分是自由体积（Connolly，1983a，1983b），其中，糜棱煤大分子占据体积表示为 310592.12～311604.80Å³，自由体积分别为 200395.20～201407.88Å³，孔隙度较大，这是由于选用的网格间距较低，对应的比表面积为 140620.18～142655.28Å²。

(a)　　　　　　　　　(b)

图 7-35　添加周期性边界条件的糜棱煤大分子结构以及大分子内孔隙分布

灰色和蓝色分别表示被占据体积和空隙体积，红色表示原子体积场分布

为探讨糜棱煤大分子结构微孔径分布特征，不断调整 Connolly 半径和最大溶剂半径来计算微孔结构参数，具体结果见表 7-18 和表 7-19，糜棱煤大分子孔隙结构参数随着康诺利半径和溶剂分子半径的变化见图 7-36，其中，Connolly 半径和最大溶剂半径均在 0.2～4.0Å，步长为 0.2Å。分子探针直径越小，所测得的微孔体积和比表面积越接近于模型结构真实的微孔结构信息。用 Connolly 方法和溶剂方法计算得到的自由体积随着相应探针半径的增大均逐渐降低，具体来说，Connolly 比表面积和自由体积逐渐降低，而溶剂法所测得的自由体积和比表面积随着探针分子直径的增大先逐渐降低而后保持稳定。随着探针直径的变化，Connolly 方法测得的自由体积为 75163.14～264909.95Å³，比表面积为 46808.5～216948.04Å²，高于溶剂方法所测得的自由体积值（851.77～186269.93Å³），这是由于 Connolly 方法是通过注入合适大小的溶剂分子探针，使其沿目标分子滚动，探针的轨迹为分子可及表面，相对而言，分子的可及表面高于分子表面本身（杨禄等，2017）。

可进入溶剂比表面积表示溶剂分子可进入的孔隙容积，是表征甲烷扩散的有效空间，糜棱煤大分子可进入微孔空间为 $968.85\sim135045.46\text{Å}^2$，占总比表面积的 $73.54\%\sim98.40\%$，远高于原生结构煤，这与糜棱煤较高的甲烷吸附能力是相符的。$1.6\sim3.4\text{Å}$ 的可进入微孔比表面积比例较低，为 $72\%\sim82\%$，平均为 77%（图 7-37），总体而言，可进入微孔比表面积随着探针直径的增大在 $0.2\sim2.0\text{Å}$ 逐渐降低，然后在 $2.0\sim2.4\text{Å}$ 和 $3.0\sim4.0\text{Å}$ 又逐渐升高。

表 7-18　糜棱煤大分子孔隙结构参数随着康诺利半径的变化

康诺利半径/Å	康诺利表面		
	占据体积/Å³	自由体积/Å³	比表面积/Å²
0.2	247090	264909.95	216948.04
0.4	255863.12	256136.88	197617.9
0.6	267788.75	244211.25	178454.95
0.8	281009.17	230990.83	162404.18
1.0	294651.72	217348.28	148123.02
1.2	308525.8	203474.2	135039.65
1.4	322183.39	189816.61	123336.69
1.6	335168.93	176831.07	112789.58
1.8	347343.24	164656.76	103533.86
2.0	358806.62	153193.38	95339.59
2.2	369426.59	142573.41	88006.77
2.4	379204.4	132795.6	81447.81
2.6	388389.98	123610.02	75602.92
2.8	396898.92	115101.08	70494.715
3.0	404838.61	107161.39	65386.51
3.2	412108.34	99891.66	61002.21
3.4	418962.21	93037.79	56957.86
3.6	425342.97	86657.03	53290.17
3.8	431266.49	80733.51	49923.05
4.0	436836.86	75163.14	46808.5

表 7-19　糜棱煤大分子孔隙结构参数随着最大溶剂半径的变化

最大溶剂半径/Å	溶剂表面			光滑的可接触溶剂表面		
	占据体积/Å³	自由体积/Å³	比表面积/Å²	占据体积/Å³	自由体积/Å³	比表面积/Å²
0.2	325730.07	186269.93	137234.61	326807.95	185192.05	135045.46
0.4	353923.35	158076.65	126431.94	355085.24	156914.76	123918.19
0.6	379710.11	132289.89	114981.12	380705.66	131294.34	112722.35
0.8	403282.18	108717.82	101032.79	405091.47	106908.53	97365.61
1.0	424967.23	87032.77	84183.12	427644.17	84355.83	79127.52

续表

最大溶剂半径/Å	溶剂表面			光滑的可接触溶剂表面		
	占据体积/Å³	自由体积/Å³	比表面积/Å²	占据体积/Å³	自由体积/Å³	比表面积/Å²
1.2	443570.78	68429.22	67947.73	446933.98	65066.02	61841.76
1.4	458500.18	53499.82	54484.75	463039.47	48960.53	46667.11
1.6	470388.19	41611.81	43680.63	475342.09	36657.91	35780.15
1.8	479846.27	32153.73	34979.57	485010.82	26989.18	26711.04
2.0	487426.53	24573.47	27700.1	492105.42	19894.58	20371.86
2.2	493416.93	18583.07	21575.93	496668.54	15331.46	16300.38
2.4	498164.36	13835.64	16549.49	500392.43	11607.57	12846.55
2.6	501726.09	10273.91	12675.4	503234.87	8765.13	10151.65
2.8	504482.85	7517.15	9669.57	505616.73	6383.27	7739.07
3.0	506584.69	5415.31	7277.8	507727.35	4272.65	5247.33
3.2	508145.72	3854.28	5284.64	508884.22	3115.78	3921.84
3.4	509328.08	2671.92	3771.68	509730.98	2269.02	3007.71
3.6	510150.18	1849.82	2642.65	510394.26	1605.74	2162.09
3.8	510749.09	1250.91	1772.42	510922.54	1077.46	1400.88
4.0	511148.23	851.77	1163.24	511239.76	760.24	968.85

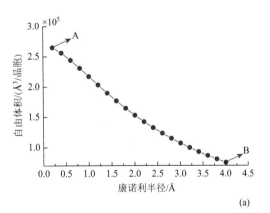

(a)

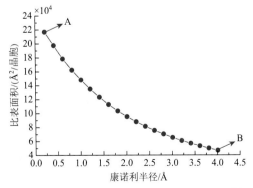
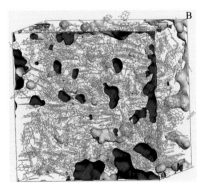

(b)

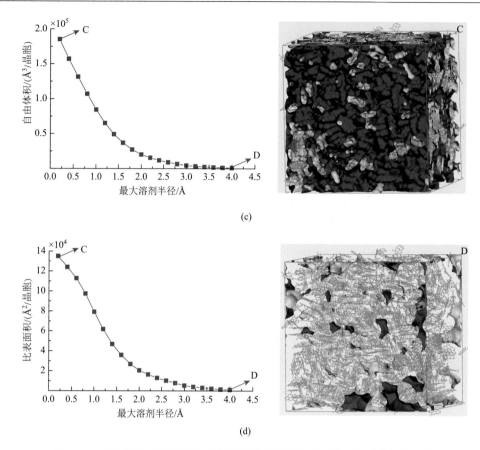

(c)

(d)

图 7-36　糜棱煤大分子孔隙结构参数随着康诺利半径和溶剂分子半径的变化

灰色和蓝色分别表示被占据体积和空隙体积；A. Connolly 半径为 0.2Å，最大溶剂半径为 2.0000Å；B. Connolly 半径为 4.0000Å，
最大溶剂半径为 2.0000Å；C. Connolly 半径为 1.0000Å，最大溶剂半径为 0.20000Å；D. Connolly 半径为 1.0000Å，最大溶剂
半径为 4.0000Å

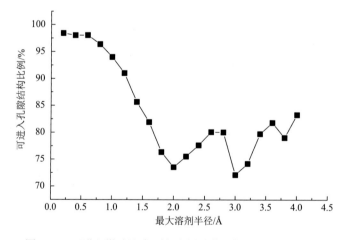

图 7-37　可进入微孔比表面积比例随着溶剂分子直径的变化

2. 糜棱煤吸附的分子模拟

1）巨正则蒙特卡罗模拟

蒙特卡罗模拟是以统计抽样为基础，基于随机数，通过对随机变量的统计来进行抽样或模拟，以求得某个变量的数字特征。巨正则蒙特卡罗模拟是指在巨正则系综（grand canonical ensemble）中进行的温度、体积和化学势都固定不变的蒙特卡罗模拟（董夔，2015）。吸附构型利用 Locate 任务项完成，采样方法选用 Metropolis 规则完成，具体为交换（exchange）被接受的概率为 39%，构象异构体（conformer）被接受的概率为 20%，旋转（rotate）被接受的概率为 20%，转化（translate）被接受的概率为 20%，重新生长（regrow）被接受的概率为 1%（Metropolis et al.，1953），使得体系的能量降低，形成新的构象。计算精度（quality）控制为 Medium，最大加载步数（maximum loading steps）和输出步数（production steps）均为 100000，温度循环（temperature cycle）数为 4，吸附的温度（final temperature）分别设置为 275K，每一个 GCMC 模拟均进行几何优化过程（optimize geometry），几何优化的运算法则（algorithm）采用 Smart 方法，能量和力的收敛标准分别为 0.001kcal/mol 和 0.5kcal/(mol·Å^{-1})，最大迭代次数（Max. iterations）为 500。分子力场的电荷计算采用 Use current 方法进行，电子相互作用和范德瓦耳斯力的统计方法分别采用 Ewald & Group（Ewald，1921）和 Atom based 方法（Karasawa and Goddard，1992）进行。埃瓦尔德精度（Ewald accuracy）和截断距离（cutoff distance）分别为 0.001kcal/mol 和 12.5Å。静电作用计算精度为 4.186×10^{-3}kJ/mol，计算过程逐渐增加吸附质分子的个数，输出吸附构型以及各个能量大小，Dreiding 的能量构成为（Mayo et al.，1990）

$$E_{\text{total}} = E_{\text{Val}} + E_{\text{Non}} \tag{7-17}$$

$$E_{\text{Non}} = E_{\text{Van}} + E_{\text{ele}} + E_{\text{hy}} \tag{7-18}$$

$$E_{\text{Val}} = E_{\text{Bo}} + E_{\text{An}} + E_{\text{Tor}} + E_{\text{In}} \tag{7-19}$$

式（7-17）~式（7-19）中，E_{total} 为吸附体系的总能量；E_{Val} 和 E_{Non} 分别为共价键能和非键合作用能；E_{Bo}、E_{An}、E_{Tor} 和 E_{In} 分别为键能、键角能、键弯曲能和键反转能；E_{Van}、E_{ele} 和 E_{hy} 分别为范德瓦耳斯能、库伦能和氢键作用能。该力场在煤分子模拟领域中被广泛使用（Nakamura et al.，1995；Carlson，1992；Takanohashi and Kawashima，2002；Takanohashi et al.，1998）。GCMC 甲烷和二氧化碳吸附模拟流程见图 7-38。

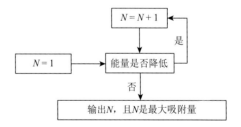

图 7-38　GCMC 甲烷和二氧化碳吸附模拟流程图

2）单组分吸附

吸附剂采用周期性边界条件下的糜棱煤大分子最优能量构型进行，而吸附质为结构优化后的甲烷和二氧化碳分子，首先对甲烷分子进行几何与能量优化及退火过程。优化过后对于甲烷和二氧化碳分子而言，E_{Non} 及其子项（E_{Van}、E_{ele}、E_{hy}）均为 0kcal/mol，对于甲烷，E_{Bo}、E_{An}、E_{Tor} 和 E_{In} 分别为 30.495kcal/mol、128.232kcal/mol、0kcal/mol 和 0kcal/mol。

对于二氧化碳，E_{Bo}、E_{An}、E_{Tor} 和 E_{In} 均为 0kcal/mol。二者的键长和键角参数为 $l_{C-H} = 1.09$Å，$\alpha_{C-H} = 109.47°$，$l_{C-O} = 1.15$Å，$\alpha_{C-O} = 180.00°$，和经验值相符，按照图 7-38 的流程进行 GCMC 模拟。逐渐增加吸附质过程中，吸附体系键合相能量（E_{Bo}、E_{An}、E_{Tor}、E_{In}）均为 0kcal/mol，体系放出热量，致使总能量（E_{total}）逐渐降低。图 7-39（a）和图 7-39（b）分别为糜棱煤大分子结构模型吸附不同数量 CH_4 和 CO_2 分子后吸附体系能量变化，值得一提的是，分别计算吸附到镜质组表面前后的 CH_4 和 CO_2 键长、键角，均未改变，表明吸附作用不会引起吸附质的形变。由图 7-39（b）知，镜质组分子吸附 80 个 CH_4 后达到吸附饱和，无论在吸附还是排斥作用阶段，都是以范德瓦耳斯能为主。饱和状态下吸附体系的 E_{Val} 各子项均为 0kJ/mol。

甲烷和二氧化碳在煤大分子表面的吸附作用以范德瓦耳斯力为主，吸附平衡时电子相关能比例达 38.06% 左右，表明伦敦色散力在吸附过程中起着重要作用，前人研究成果同样表明吸附作用主要源于伦敦色散力（Qiu et al.，2012；White et al.，2005）。石墨中芳香碳层之间的结合能约为 5.4kJ/mol，也属于范德瓦耳斯力作用范畴（Kaplan et al.，1986；刘珊珊和孟召平，2015）。Liu 等（2014）基于石墨烯模型利用第一性的密度泛函理论（first principle density functional theory，FPDFT）计算了甲烷在不同位置及取向的吸附能，不同的表面原子修饰石墨烯时，其吸附能最低为 –0.179eV。Rubeš 等（2010）基于石墨模型利用密度泛函/耦合簇理论（DFT/CC）计算了甲烷在其表面的吸附参数，吸附能为 –11.71kJ/mol；Thierfelder 等（2011）利用量子化学从头算法（MP2）计算了甲烷与石墨烯的相互作用，吸附能为 –0.117kJ/mol，均远大于糜棱煤大分子结构模型，一方面在于镜质组表面含有大量的表面基团及高度的非均质性（Hao et al.，2013），而石墨/石墨烯高度的对称性导致其瞬时偶极矩远小于糜棱煤大分子结构模型，伦敦色散力低于镜质组，另一方面在于糜棱煤大分子结构模型（$C_{2158}H_{13485}O_{161}$，71.3Å×71.3Å×71.3Å）尺寸较大，致使其吸附作用能远低于石墨（$C_{24}X_{12}$）及石墨烯模型。Qiu 等（2012）采用色散作用修正的密度泛函理论（DFT-D3）分别计算了 CH_4 与 C_6H_8、芘（$C_{10}H_{16}$）及蔻（$C_{24}H_{12}$）的表面吸附相互作用能，同样表明随着多环芳香模型尺寸的增大而逐渐增大。糜棱煤与甲烷相互作用饱和的范德瓦耳斯能（–195.24kJ/mol）高于张时音等（2005）借助位力方程计算出的煤与水相互作用的范德瓦耳斯能（–262kJ/mol），主要是不同显微组分对甲烷吸附的差异性引起的，低中煤级煤中的丝质体含量越低，半丝质体含量越高，煤的吸附能力越强（Crosdale et al.，1998）。同理分析可知镜质组吸附 185 个 CO_2 后，达到饱和，此时，范德瓦耳斯能分别为 –1197.88kJ/mol。整个过程中，氢键能均无贡献，库伦能占主导作用。

3）二元组分吸附

基于 GCMC 方法，利用 Locate 任务项，分别设置不同摩尔比的甲烷和二氧化碳在糜棱煤大分子结构表面的吸附构型，二者的分子数量的总和保持为 300，计算分两组进行，第一组，CO_2：CH_4 摩尔比分别为 1:1、2:1、3:1、4:1 和 5:1；第二组，CO_2：CH_4 摩尔比分别为 1:1、1:2、1:3、1:4 和 1:5，并计算吸附过程中能量和体系总熵的变化，吸附构型和体系能量和总熵的变化分别见图 7-40、图 7-41 和表 7-20、表 7-21。无论在任何体系中，吸附前后体系熵的总量降低，这与自然界孤立系统的"熵增加"原理是不相符的，这是因为吸附体系并非孤立系统，过程中会向外界系统释放能量，使得体系的能

图 7-39 二氧化碳和甲烷在糜棱煤大分子结构模型中的饱和吸附量

量降低，向着混乱度减小的方向变化，熵值降低。第一组吸附体系熵值降低（−414.7～−249.9kcal/mol，平均为−303.44kcal/mol）普遍高于第二组吸附体系（−847.06～−331.37kcal/mol，平均为−611.83kcal/mol），这表明在吸附质体系中，增加二氧化碳的摩尔分数相比较增加甲烷的摩尔分数而言，会使吸附体系的无序程度增加更大，这意味着增加二氧化碳的摩尔分数会使得吸附体系向着更加稳定的方向演化。第一组吸附体系吸附相应的甲烷和二氧化碳分子数以后，范德瓦耳斯能分别为−1414.738kcal/mol、−1385.038kcal/mol、−1397.317kcal/mol 和 −1509.468kcal/mol，而第二组分别为 −1890.321kcal/mol、−1441.715kcal/mol、−1048.772kcal/mol 和−1465.986kcal/mol。同样可以看出，当增加二氧化碳的摩尔分数时，体系的总势能有降低趋势，而增加吸附质中甲烷的摩尔分数时，体系的总势能有升高趋势，进一步表明了糜棱煤对于二氧化碳的吸附能力强于甲烷，二氧化碳在糜棱煤中具竞争吸附优势，与单组分吸附构型计算结果一致。

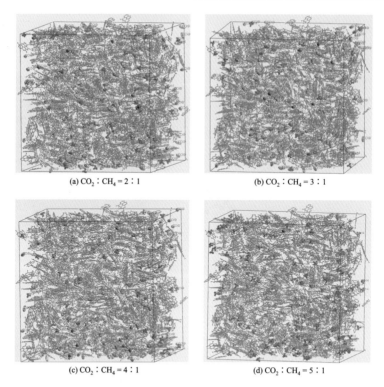

(a) CO_2 : CH_4 = 2 : 1　　　　　　　　　　　　　(b) CO_2 : CH_4 = 3 : 1

(c) CO_2 : CH_4 = 4 : 1　　　　　　　　　　　　　(d) CO_2 : CH_4 = 5 : 1

图 7-40　糜棱煤大分子结构模型吸附不同摩尔比的二氧化碳和甲烷时的吸附构型（一）

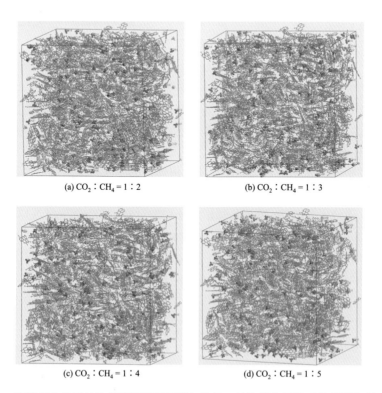

(a) CO_2 : CH_4 = 1 : 2　　　　　　　　　　　　　(b) CO_2 : CH_4 = 1 : 3

(c) CO_2 : CH_4 = 1 : 4　　　　　　　　　　　　　(d) CO_2 : CH_4 = 1 : 5

图 7-41　糜棱煤大分子结构模型吸附不同摩尔比的二氧化碳和甲烷时的吸附构型（二）

表 7-20 不同摩尔比的甲烷和二氧化碳在糜棱煤大分子结构表面二元竞争吸附计算结果（第一组）

CO$_2$：CH$_4$	初始总熵/ （kcal/mol）	最终熵/（kcal/mol）	键能/（kcal/mol）	键角能/（kcal/mol）	范德瓦耳斯能/（kcal/mol）
1：1	−687.91	−986.95	391.297	391.297	−1435.675
2：1	−557.63	−816.44	521.729	76.564	−1414.738
3：1	−462.05	−711.95	586.945	86.135	−1385.038
4：1	−384.6	−679.36	626.075	91.877	−1397.317
5：1	−945.19	−1359.89	130.432	19.141	−1509.468

表 7-21 不同摩尔比的甲烷和二氧化碳在糜棱煤大分子结构表面二元竞争吸附计算结果（第二组）

CO$_2$：CH$_4$	初始总熵/ （kcal/mol）	最终熵/（kcal/mol）	键能/（kcal/mol）	键角能/（kcal/mol）	范德瓦耳斯能/（kcal/mol）
1：2	−747.84	−1591.17	260.865	38.282	−1890.321
1：3	−885.98	−1217.35	195.648	28.712	−1441.715
1：4	−869.28	−1716.34	156.519	22.969	−1048.772
1：5	−890.87	−1316.41	130.432	19.141	−1465.986

7.2.2 糜棱煤发育区煤与瓦斯突出微观机理

1. 孔隙结构对扩散过程的控制机理

甲烷分子在纳米孔中扩散可以分为两阶段：①连续扩散或黏性浮动，引起的分子间碰撞；②纳米孔中的传质（Cui et al.，2004），主要由库仑力、色散力和诱导力控制的克努森（Knudsen）扩散控制。这两种扩散机制是由超微孔（<1nm）中的碰撞、吸附层间的表面扩散和构型扩散引起的。对于平行板状孔而言（图 7-42），孔隙宽度假设为 L，吸附质分子与孔壁的距离为 z，则吸附质分子相对于孔壁的 Steele 势能函数为（Cui et al.，2004）

$$\phi(z) = \psi(z) + \psi(L-z) \quad （0<Z<L） \tag{7-20}$$

$$\psi(z) = 4\pi\rho_{atoms}\varepsilon_{gs}\sigma_{gs}^2 \cdot \left[\frac{\sigma_{gs}^{10}}{5(z)^{10}} - \frac{1}{2}\sum_{i=1}^{4} \frac{\sigma_{gs}^4}{[z+(i-1)\cdot\sigma_{ss}]^4} \right] \tag{7-21}$$

式中，$\varepsilon_{gs} = (\varepsilon_{gg}\times\varepsilon_{ss})^{0.5}$，$\sigma_{gs} = (\sigma_{gg}+\sigma_{ss})/2$；$\rho_{atoms}$ 为单位晶格中的分子数量，114nm^{-3}（Steele，1974）；对于甲烷而言，σ_{gg} 和 σ_{ss} 分别为吸附质和吸附剂之间的有效距离，分别为 0.3758nm 和 0.335nm（Shieh and Chung，2015）。ε_{gs} 为交叉势阱深度。ε_{gg}/k 和 ε_{ss}/k 分别为 148.1K 和 24.0K，k 为玻尔兹曼常数；（ε_{gg}，ε_{ss}）和（σ_{gg}，σ_{ss}）为煤分子和甲烷分子之间的洛伦兹-琼斯（Lorentz-Jones）特征参数。

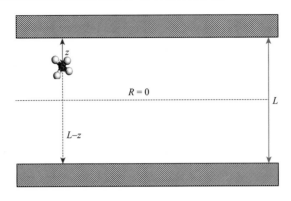

图 7-42　平行板状孔模型

图 7-43 （a）和 7-43 （b）显示了甲烷与孔壁之间的相互作用势能和距离孔几何中心距离（R）的关系。据此可以将甲烷分子在微孔中的扩散分为以下四个阶段。

（1）当孔隙半径 $L \geqslant 1.5$nm 时，最大相互作用势出现于孔几何中心位置，且在孔壁附近出现两个最小值点。两个最小值点随着孔隙宽度的增加，基本保持不变，预示着甲烷在>1.5nm 的孔隙中基本不受孔壁两侧势能场的影响，质量传递主要是由吸附相的 Knudsen 扩散和表面扩散引起的（Burggraaf，1999）。

（2）当孔径在 0.7～1.5nm 时，在 $z=0$ 的位置存在一个负的势能值和两个最小势能点，分别来自两侧孔壁。当降低 L 值时，$z=0$ 处的负的势能值低于表面自由能，然而，当 $z=0$ 时，促进 CH_4 从吸附点（位于最低电位）解吸到气相所需的能量随着 L 的降低而降低。此时的质量传输主要以活化解吸和 Knudsen 扩散为主。

（3）当孔隙宽度在 0.5～0.7nm 时，仅在 $z=0$ 处存在一个负的最低点，且随着 L 的降低逐渐降低。在这种类型的微孔中，$z=0$ 处的最大势能点消失，对应着无气相存在。要发生扩散，需克服吸附能垒，此时气体质量传输以构型扩散为主。

（4）当 $0.2 \leqslant L \leqslant 0.5$nm 时，在 $z=0$ 处的最低势能逐渐升高且随着 L 的进一步降低变为正值。同时，甲烷和孔隙表面的作用力为排斥力，甲烷难进入孔隙内部［图 7-43 （b）］。在计算了图 7-43 （a）和图 7-43 （b）的最低势能之后，孔隙宽度 L 与其最低势能值的关系见图 7-43 （c），由此可知，甲烷可以进入>0.6nm 的孔隙中，且在 $L=0.7$nm 的孔隙中具有最低的势能，表明对于甲烷和煤组成的吸附系统而言，在孔隙半径约等于甲烷直径的孔隙中是吸附最稳定的。然后，最低势能逐渐升高且在 $L=1.4$nm 稳定于−320kJ/mol。

2. 不同构造煤的扩散特性的孔隙控制

受强韧性变形的改造作用，糜棱煤的大孔发育较高。进汞与退汞曲线分别呈 S 形和反 S 形，为典型的双 S 形曲线类型，阶段孔容高于鳞片煤，大孔孔隙结构以 100～1000nm 占绝对优势，其他孔阶段的孔隙发育程度较低，如<100nm 和>1000nm 的孔隙阶段。糜棱煤的孔隙结构连通性最低，孔隙结构的配置较差，不利于甲烷的渗流。双 S 形曲线类型反映了墨水瓶孔和细颈瓶孔的存在，同样也表明了糜棱煤较差的甲烷渗流能力。揉皱煤和糜棱煤的介孔孔隙体积高于原生结构煤和脆性、过渡型系列构造煤，这与其较高的瓦斯含

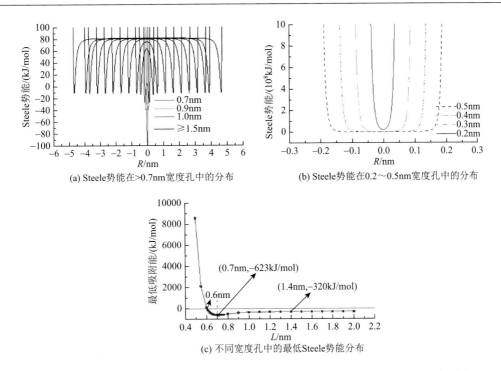

图 7-43 Steele 势能在 0.2～2.0 宽度孔中的分布及不同宽度孔中的最低 Steele 势能分布

量和瓦斯压力是相符的。介孔孔容和比表面积随着孔隙半径的增大而逐渐降低，这一点同样不利于甲烷的扩散。原生结构煤峰 1 和峰 2 均向小孔径方向偏移，而峰 4 的位置保持不变。揉皱煤中四个峰的峰位置分别为 0.48nm、0.52nm、0.63nm 和 0.82nm，糜棱煤中的峰 1、峰 2 和峰 4 与揉皱煤相同，但峰 3 位于 0.66nm 处。糜棱煤中微孔孔容分布峰 1 位于 0.48nm 处，且峰值远高于其他峰值。Cui 等（2004）研究表明，孔径分子接近于甲烷和二氧化碳分子时最有利于甲烷吸附，糜棱煤的最高峰值孔径为 0.48nm，接近于 1 个甲烷分子的直径；另外，分子模拟的结果也表明，煤岩镜质组大分子结构吸附甲烷的平衡距离一般为 1.64～3.78Å（Song et al.，2017f，2017c，2017e，2018，2019），糜棱煤的优势微孔孔径具备吸附甲烷的最佳孔径特征。

将 Steel 势能分布与构造煤微孔分布特征相结合，构造煤的微孔比表面积主要分布在 0.1～0.7nm［图 7-44（a），（b）］，有利于煤层气解吸初期的构型扩散的发生，尤其对于揉皱煤和糜棱煤而言。在揉皱煤和糜棱煤中，0.1～0.7nm 的比表面积占 80.93% 和 83.94%，表明糜棱煤中存在大量的吸附位。碎裂煤中占 62.18%，有利于煤层气解吸。0.7～0.1nm 的孔隙比表面积随着构造变形的增强而总体升高［图 7-44（a）］。类似地，其百分比随着构造变形的增强逐渐升高，这一部分孔隙对应着活化解吸和 Knudsen 扩散，是控制着甲烷在介孔中扩散的重要因素。在原生结构煤中，尽管活化解吸和 Knudsen 扩散孔占的比例较高，但甲烷吸附能力较弱，构型扩散系数较低。对于碎裂煤，构型扩散和 Knudsen 孔隙比较接近，当甲烷从一个吸附位点通过构型扩散跳跃到邻近的另外一个吸附位点时，有足够数量的活化解吸和 Knudsen 扩散孔，从而有利于甲烷的解吸。揉皱煤和糜棱煤中构型扩散孔隙数量充足，然而，活化解吸和 Knudsen 扩散孔数量不足，导致其容易发生煤与瓦斯突出事故。

　　综上所述，在构造煤中有足够数量的纳米级孔隙，因此 Knudsen 流动较为充足，传统的达西（Darcy）流数量不足（Cui et al.，2004），Knudsen 扩散和表面扩散受控于微孔的总体发育情况。1.0～1.4nm 的孔隙比表面积百分比较低 [图 7-44（c），（d）]，其比例随着脆性变形的增强而升高，随着韧性变形的增强逐渐降低，碎裂煤中最高的 1.0～1.4nm 孔隙同样有利于 Knudsen 扩散。在脆性—脆-韧性—韧性变形系列中，构型扩散孔隙数量逐渐升高而表面扩散和 Knudsen 扩散孔隙数量逐渐降低，表明尽管揉皱煤和糜棱煤有较高的甲烷吸附能力和构型扩散孔比例，但二者均较为缺乏表面扩散和 Knudsen 扩散孔。平行板状孔有利于甲烷扩散，而墨水瓶孔则不利于甲烷扩散（De Boer，1958）。原生结构煤和碎裂煤中有足够数量的平行板状孔，故其具有较好的孔隙连通性。另外，揉皱煤和糜棱煤含有大量的 3.3～10.0nm 的墨水瓶孔而缺乏平行板状孔，不利于气体扩散。因此，揉皱煤和糜棱煤分布区具有较高的气体含量和较低的渗透率。碎裂煤具有相对均匀分布的 0.1～0.7nm、0.7～1.0nm 和 1.0～2.0nm 孔隙分布，结合孔隙形态分析可知，碎裂煤中有平行板状孔发育而墨水瓶孔数量较少，因此孔隙连通性较高，有利于瓦斯的扩散。综上可知，糜棱煤中特殊的孔隙结构配置，缺少表面扩散和 Knudsen 扩散孔，造成了其较低的透气性。

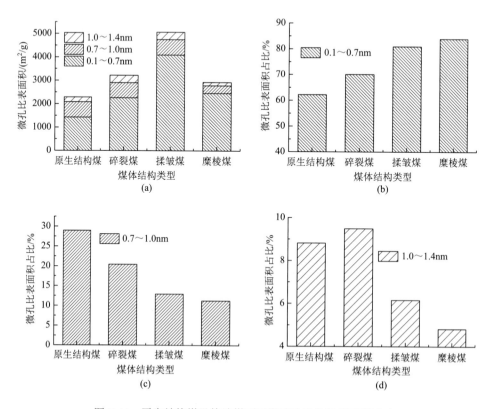

图 7-44　原生结构煤及构造煤不同微孔阶段的比表面积分布

3. 糜棱煤发育区煤与瓦斯突出机理探讨

煤与瓦斯突出是受应力场、热力场和化学场的共同控制而发生的（Fan et al., 2019），煤的变形产气和突出过程已经被高温高压试验所证实（Xu et al., 2014），应变能可促使脆性变形煤大分子结构的变形和韧性变形煤大分子单元的断裂，导致煤岩大分子结构单元发生晶格缺陷和滑移；由于化学结构的改变，气体不断产生和凝聚（姜波和秦勇，1997）；另外，变形产气过程中，会消耗大量的有机质，从而产生纳米孔，提高了甲烷的赋存能力和瓦斯压力。

结合分子模拟的成果可知，糜棱煤镜质组单个分子饱和吸附甲烷的能力（饱和吸附量和等温吸附热）强于原生结构煤镜质组，更强于其他碳结构模型（石墨和石墨烯），这一点深刻影响着糜棱煤发育区热力场和应力场特征。相建华等（2014）通过构建兖州煤分子结构模型，模拟了甲烷和二氧化碳的竞争吸附，结果表明，在真实地质条件下由于压力作用形成的应变煤，与流体相互作用时会发生不同程度的分子溶胀。煤分子的溶胀率与吸附甲烷分子的数量呈正相关关系（Song et al., 2018），糜棱煤的甲烷吸附能力强于原生结构煤和其他类型构造煤，因此，其分子溶胀率较高，在应力场和化学场相互作用下，使得气体运移通道变窄，加剧了其高瓦斯压力和含气量的特性；同时不利于其发育区煤层气的产出。另外，结构缺陷可以提高有机大分子对气体的吸附性能（Pipornpong et al., 2011；Ouyang et al., 2018）。SW 和 MV 缺陷所产生的"缺陷孔隙"以及电荷分布不均一性强于 DV 和 SV 缺陷，因此，煤大分子结构含有 SW 和 MV 缺陷的甲烷吸附能力强于 DV 和 SV 缺陷，因此，从结构缺陷的角度而言，糜棱煤也同样具有强甲烷吸附能力。此外，在相同的分子探针条件下，Connolly 方法和溶剂方法计算得到的糜棱煤大分子结构的自由体积值明显高于原生结构煤的计算结果（Song et al., 2019），佐证了结构缺陷对煤大分子孔隙结构发育的促进作用。

传统观点认为，糜棱煤发生煤与瓦斯突出主要是由"气囊"引发，即在大量的墨水瓶孔发育的煤体中，在压力平衡条件下处于"憋气"状态，一旦"瓶口处"的压力降低，瓦斯便大量解吸变为游离态，大量瓦斯冲破孔壁向外运移，从而发生煤与瓦斯突出事故（降文萍等，2011；李凤丽等，2017）。实际上，糜棱煤发育区瓦斯特性在应力场、热力场、化学场和运移场方面均存在其特殊性，纳米孔的广泛发育和物理化学结构的非均一性（主要来自结构缺陷和长芳香条纹的广泛发育）促使煤体赋存甲烷能力增强，分子溶胀作用使得糜棱煤力学性质进一步降低，从而更容易受到开发扰动；甲烷解吸时等量吸附热大量释放，改变了原有的热力场平衡，可进一步加剧甲烷的解吸速率，促进高能瓦斯的规模化形成。一旦瓦斯解吸，通过构型扩散脱离吸附态，通过表面扩散进入微孔和介孔体系中，Steel 势能函数和糜棱煤微孔孔径分析表明，糜棱煤微孔缺少活化解吸和 Knudsen 扩散孔，扩散通道配置不利于甲烷扩散至大孔和微裂隙中，从而造成瓦斯进一步集聚，一旦受到轻微扰动，便引发煤与瓦斯突出事故，这一过程是糜棱煤孔裂隙配置和大分子结构特征共同控制的。

8 构造煤及瓦斯突出预测与评价

构造煤形成的构造动力学机制是揭示构造煤发育及分布规律的重要研究内容,也是瓦斯突出预测的重要基础;构造煤的地球物理判识是重要的手段与技术方法,地质与地球物理密切结合的综合研究将进一步提高矿井瓦斯突出预测的准确性及可信性。

8.1 构造煤发育规律构造动力学预测

不同类型构造煤的瓦斯特性存在较为显著的差异,其在矿井中的发育及分布直接影响了瓦斯突出威胁的区域性差异,因此,构造煤发育及分布规律是瓦斯突出预测与评价的重要基础及关键科学问题。构造应力是促使构造煤形成的关键影响因素,不同性质、不同方向和不同强度的区域构造应力场作用控制了矿区及矿井中不同类型、不同性质构造的发育及分布,进而在矿井构造的作用下导致了煤体的变形和构造煤的发育。我国煤田大多经历了不同期次的构造作用,不同期次构造的相互叠加与改造不仅使矿井构造复杂化,还进一步影响到煤体的变形及构造煤的分布。在区域构造演化历史中,若某一期次的构造运动,对矿井构造格局的奠定起到关键的控制作用,则可称之为关键构造期次。关键构造期次的应力作用对构造煤的发育同样起到了关键的控制作用,关键构造期次形成的构造煤经历后期构造作用的叠加与改造,不仅使构造煤的变形进一步复杂化,构造煤的分布规律也趋于复杂化。因此,只有从构造演化动力学的角度开展研究,才有可能揭示构造煤的发育及分布规律,为矿井瓦斯突出预测与评价奠定重要的理论基础。

8.1.1 研究思路与技术路线

构造煤发育及其分布规律构造动力学评价与预测的核心问题集中体现为构造应力作用的性质、大小、方向和来源,以及不同期次构造应力场的演化及其作用特征研究。围绕区域构造背景及演化—矿区(矿井)地质特征及其叠加改造规律—构造煤特征、分布规律及其构造控制—不同类型构造煤瓦斯特性这一主线,采用构造地质、瓦斯地质、数学地质和地球物理等多学科相结合的综合研究方法,以及煤的物理结构、化学结构、瓦斯特性和岩石力学性质等多手段相结合的研究思路与技术路线,最终实现构造煤发育及瓦斯突出危险区预测与评价的研究目标(图8-1)。

8.1.2 研究内容

构造煤构造动力学预测的研究内容主要包括区域构造背景及演化历史、矿井构造发育及其叠加改造特征、构造煤变形特征及分布规律、构造煤瓦斯特性以及瓦斯生成、运移、聚集、散失（以下简称生、运、聚、散）构造动力学等方面。

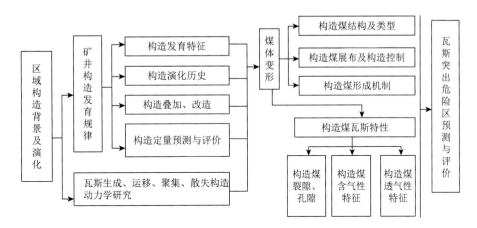

图 8-1　瓦斯突出预测构造动力学研究技术流程

1. 区域构造及演化历史研究

煤盆地发育于一定的区域构造背景下，沉积体系及聚煤规律因区域地质背景的不同具有一定的差异性，而煤层的赋存及其变形、变位受煤系形成后的构造改造及控制作用更为深刻。区域构造控制了煤田或矿井构造的发育，不同的煤田由于所处的区域构造背景不同，构造发育及演化将表现出显著的差异性，因此，区域构造分析对于深刻认识研究区的构造发育特征及演化规律是十分重要的基础性研究。

中国大陆是一个由众多较稳定地块和构造活动带经多次拼合而成的复合陆块（任继舜，1990），平面上和垂向上均具有显著的非均匀性，发育于这一复合大陆之上的煤盆地，后期改造显著，呈现变形的分区、分带特征，构造样式错综复杂（曹代勇等，2016）。研究工作中，应结合研究区的地质实际，分析其区域构造位置及其构造属性，是处于相对稳定的板块内部还是处于板块边缘的构造活动带，不同的构造位置决定了煤田或矿井构造的变形强度、性质及其复杂程度，可以进一步确立研究工作的重点及难点问题，使研究内容针对性更强、研究目标更明确。区域构造应力场分析是区域构造背景研究的重要内容，也是控制矿井构造发育的关键因素，不同时期、不同方向、不同性质及不同强度的构造应力场对矿井构造的发育及煤体的变形和改造作用存在显著差异。区域挤压构造应力是矿井逆断层、纵弯褶皱及层滑构造发育最为重要的应力作用性质，并进一步影响和控制了构造煤的发育及分布；而区域伸展构造应力对矿井构造煤形成的影响较小，煤体变形较弱。因此，区域挤压构造应力场对矿井构造格局的奠定和构造煤的发育起到了关键的控制作用，也是区域构造背景分析中的关键研究内容。前人对研究区的区域构造背景、构造特征、发展演化和构造应力场等方面可能都开展了不同程度的基础性或专门研究工作，为进一步开展矿区或矿井构造地质研究奠定了重要的基础。研究工作中应系统收集前人的相关研究成果，通过资料的归纳、分析和系统总结，取得区域构造背景、演化历史及构造应力场作用特征的规律性认识，为矿井构造发育特征及演化历史研究提供理论及技术支撑。

针对性的野外地质观测及构造变形特征研究是区域构造背景分析的重要工作环节。由于中国大陆及其周边板块作用的复杂性，不同学者研究目的、内容和区域的差异性，对区域构造演化的理解和认识可能会存在一定的偏差，有时甚至会出现相互矛盾的结论和认识。研究工作中应依据研究区的主体构造特征，开展有针对性的区域野外地质工作，以区域地质实际所反映的构造特征加强对区域构造演化及其对研究区构造控制机制的认识。例如，阳泉矿区两期叠加褶皱中以 NNE—NE 向发育更为强烈，是矿区的主体构造，为区域关键构造期次应力场作用的结果。为此，研究工作中以阳泉矿区东部与 NNE—NE 向褶皱具有密切联系的 NNE 向太行山断褶带为重点区域开展了较为详尽的野外地质观测和分析，研究表明，太行山断褶带中 NNE 向断层及褶皱较为发育，反映了区域 NWW 向挤压应力的作用特征，而且断裂构造带的变形特征及断层面上的擦痕指示了 NNE 向断层具有多期不同性质构造活动的特征，并结合其他构造及不同构造间相互叠加、改造及限制等关系的观测，分析区域构造演化特征及其构造表征。结合区域构造演化历史的分析与认识，确定 NWW 向区域挤压应力发生于燕山运动时期，动力来源于西太平洋板块以低缓角度快速地向亚洲大陆俯冲，是奠定阳泉矿区构造格局的关键构造期次。

2. 矿井构造发育及其叠加改造特征研究

矿井构造是在区域应力场的影响下形成和演化的，对区域构造演化具有显著的响应特征。因此，矿井构造在成因机制上与区域构造的应力作用应是协调的，不同期次的区域应力作用在矿井构造中的响应是不同的，但对关键构造期次应力作用的响应是最为强烈和显著的。

1）矿井构造发育特征研究

同一区域构造应力场作用下，矿井构造发育具有一定的规律性，主要表现在方向性、成带性、等距性和分区性等方面。

（1）方向性特征。

矿井构造发育以方向性特征最为显著，不同方向的任何不同类型、不同性质构造的发育与区域构造应力场在力学机制上是协调的，而不应是矛盾的，从而表现出方向性特征；相同方向的一组构造在力学性质上应是相同的，即具有同向性特征，如果相同方向构造的力学性质不同，则不应将其归为一组同向性构造。例如，在挤压应力场作用下，具有压性力学性质的褶皱和逆断层的走向沿近垂直于最大应力的方向延伸，而具有拉张性质的正断层的走向则与压性构造近于垂直，阳泉矿区 NNE—NE 向褶皱正是在燕山期 NW—SE 区域挤压关键构造期次形成的，并成为控制矿井构造格局的主要构造类型。

（2）成带性特征。

在矿井构造中以沿某方向密集分布小断层的发育为构造成带性较为典型的特征，构成了较为复杂的构造变形带，如与层滑断层相伴生的叠瓦式逆断层（图 8-2）及书斜式正断层的发育往往局限于一定的区域内，在断层的影响下可能还会导致次级褶皱的发育，使构造进一步复杂化。矿井中正断层的阶梯式及地堑、地垒式构造的发育也具有成带性的特点（图 8-3）。

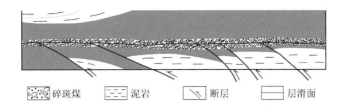

碎斑煤　　泥岩　　断层　　层滑面

图 8-2　四川白皎矿底断顶顺层构造带（据徐凤银，1988，修改）

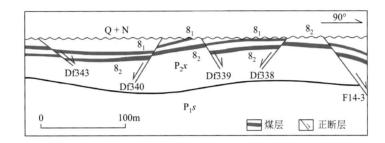

图 8-3　淮北五沟矿正断层地堑、地垒式构造带（据姜涛，2014，修改）

（3）等距性特征。

构造的等距性是指在相同构造环境中，相邻构造形迹或构造带往往具有大体相等间距的性质（王桂梁等，1992a），如新景矿 NNE—NE 向褶皱发育的等距性较为显著（图 3-29），相邻褶皱的间距为 1～1.5km；涡北井田 NEE 向的刘楼、F_{26} 和 F_9 等正断层的等间距性特征也较为显著，间距约为 1.5km，近 NS 向的 F_{12}、F_{22} 和 F_{63} 也具有等间距性，间距约为600m（图 3-19）。

（4）分区性特征。

构造的分区性反映了一个矿区或矿井构造发育的非均一性，可以按照构造的发育特征、组合型式及其复杂程度划分出不同的构造分区，本书的重点研究区阳泉矿区及淮北矿区都具有明显的构造分区性特征。

2）构造变形特征分析

不同性质及不同类型的构造是在不同的应力作用下形成的，具有各自独特的变形特征和演化路径，不同的矿区或矿井由于地质条件及所处构造位置不同，即使在相同性质的构造应力作用下构造变形也会表现出显著的差异性。在矿井构造变形特征研究中，应以相关的地质勘探、矿井揭露和地球物理勘探资料综合分析为基础，获取矿井构造发育规律的基本认识，以矿井中主要及控制性构造为重点研究内容，开展系统、详尽的构造变形特征的观测，探讨其发育特征、演化路径和应力-应变环境，并结合区域构造背景分析揭示其形成的构造动力学机制。例如，对于同向的一组构造，通过代表性的断层或褶皱的分析，就有可能把握了这一组构造的主要变形及形成的应力作用特征，为矿井构造的形成及演化历史分析奠定重要基础。

3）矿井构造的叠加与改造特征分析

我国绝大多数矿井都经历了多期构造作用的影响，表现出不同期次构造叠加与改造，形成了较为复杂的矿井构造图像，只有从历史演化的角度进行认真分析，才有可能深刻认识矿井构造发育特征及其规律性。区域构造背景及演化历史分析为矿井构造发育规律研究奠定了基本框架，矿井构造的演化对区域构造具有显著的响应特征。

（1）构造的分期。

前述矿井构造发育的规律性是指对同期构造而言，尤其是方向性、等距性和成带性特征具有鲜明的同期统一构造应力场的作用特征，而非同期构造则不具备这样的规律性。这就要求在分析中要依据力学原理进行构造期次的划分，只有那些符合力学机制的构造才有可能是同期构造，而不同期次的构造由于应力作用性质及方向的不同，用统一的构造应力场必然是解释不通的或者是相互矛盾的，这样就可以将不同期次的构造与某一期区域构造应力场的配置关系加以区分，从而确定某一期区域构造应力场作用下构造的发育及分布特征。

（2）构造的叠加与改造特征。

矿区或矿井中不同期次构造的发育必然会产生相互交织和叠加改造，李四光指出构造叠加是指两个或两个以上的构造体系或其中一部分在同一地区重叠发生的现象（王桂梁等，1992a），对构造的叠加与改造现象的认识和理解，可以进一步明确对矿井构造发育期次的划分。

①叠加褶皱。叠加褶皱是常见的一种构造叠加现象，是一个区域经历了两期以上的褶皱作用，后期褶皱叠加于早期褶皱之上，当两期褶皱的轴向近于垂直时称为横跨或斜跨褶皱，而两期褶皱的轴向近于一致时则称为共轴褶皱。中生代以来我国不同期次的构造应力场的作用方向存在较大差别，如印支期近 NS 向的挤压体制，到燕山期则转变为 NWW-SEE向的挤压，因此叠加褶皱的主要类型为横跨褶皱。阳泉矿区新景矿由于两期褶皱的叠加而出现了盆形、马鞍状和穹状凸起等叠加褶皱类型，显示出多期变形的特点，早期近 EW 向褶皱多呈短轴、断续状，而后期 NNE 向褶皱的延伸稳定，规模较大。

②断层力学性质的转换。断层力学性质的转换是一种重要的叠加构造，早期形成的断层在后期不同构造应力场作用下再次活动，力学性质和位移都可能会发生明显的变化。断层性质的转换在矿井中是一种十分普遍的现象，我国矿井中目前发育的多组不同方向的断层以正断层为主要类型，在力学机制上难以用统一构造应力场作用来解释，与我国煤田经历的强烈的构造挤压作用也是不吻合的，其中的一些断层必然经历了力学性质的转换，即早期的压剪性断层由于后期应力场性质的转变或应力松弛而转换为张性或张剪性正断层，可以通过分析断裂构造带的变形特征揭示断层不同性质的多期活动性特征；而有些断层也可能由早期正断层性质转变为逆断层性质，如反转构造。

③构造改造。后期构造对早期构造的改造作用可能是一种更为复杂的构造演化过程，也使得矿井构造更加复杂化。后期构造可切割早期构造，使早期构造的连续性受到破坏，在沿后期构造运移的过程中，早期构造的性质及变形特征都可能会发生一定的变化，延展方向也会发生不同程度的改变。

4）矿井构造定量预测与评价

矿井构造是影响构造煤发育的关键控制因素，构造煤的分布又直接影响了矿井瓦斯的非均质性特征,因此矿井构造预测与评价是矿井瓦斯分布规律研究重要而基础的工作。构造预测是应用构造地质学及相关学科的理论与方法,对矿井中未开采区的构造类型、变形特征和展布规律进行预测与评价。

(1)矿井构造发育规律预测。

矿井构造发育规律预测是矿井构造预测中最基础和最常用的一种方法,是在充分分析已有地质资料和区域构造背景分析的基础上,通过不同构造发育的内在联系及其规律性的揭示,依据构造发育和演化规律对未知区构造发育特征及分布规律进行预测与评价。

(2)矿井构造定量预测与评价。

矿井构造定量预测工作始于20世纪70年代末至80年代初期,相继提出的"构造指数法"和"等性块段法"等,实质上仍属于定性或半定量的方法,90年代以来,数理方法和计算机技术的应用促进了矿井构造预测从定性的规律性探求向定量评价与预测的发展。

数理评价方法是在矿井构造发育及演化规律分析的基础上,应用数学方法和计算机技术手段,通过评价指标的定量化研究,对矿井构造复杂程度做出定量化评价。常用的方法主要有模糊综合评判法(徐凤银和龙荣生,1988;王生全,1997)及评价指标的确定与优选(徐凤银等,1991;徐凤银和龙荣生,1991)、灰色关联分析和等性块段综合指数评价方法(舒建生等,2010)、BP神经网络(朱宝龙和夏玉成,2001)、模糊人工神经网络(汪吉林和姜波,2005)以及自组织建模技术(GMDH)与BP人工神经网络结合的GMDH-BP方法(夏玉成等,1997b)。借助于计算机技术,开发出量化预测评价指标的自动统计系统(夏玉成等,2000)以及矿井地质构造定量评价信息系统(邱向荣等,2002)。由于断裂网络是一种复杂的、具有自相似性的分形体系(谢和平和Sanderson,1994),分形分维理论与方法较为广泛地应用于矿井断裂网络的复杂程度评价(徐志斌等,1996;夏玉成等,1997a;汪吉林等,2008)。

3. 构造煤变形特征及分布规律研究

构造煤的宏-微观变形特征反映了煤的变形强度及变形性质,是构造煤类型划分的重要依据,而不同类型构造煤的孔-裂隙结构及化学结构特征是构造变形在微观尺度的体现,并且对瓦斯的赋存及突出均具有重要影响。矿井构造的类型及性质影响了煤的变形行为,对不同类型构造煤的空间分布具有重要控制作用。

1)构造煤变形特征

构造煤的宏观变形一般指在矿井或手标本上观测的构造变形现象,而微观变形则是指在显微镜下观测的构造煤微观变形结构与构造。

(1)宏观变形特征。

构造煤宏观变形特征观测与分析是构造煤研究的重要环节,也是构造煤类型划分的基础。与原生结构煤相比,构造煤主要体现在煤岩体发生了构造变形,并且具有不同结构、构造特征,在宏观尺度上主要表现为原生结构的破坏及保留程度、力学强度、碎裂程度及揉皱和流动构造等。这些特征具有较好内在联系和关联性,随着煤脆性变形程度的增强,煤的碎裂程度增高,由碎裂结构逐渐过渡到碎粒(粉)结构,煤原生层理、条带状结构及煤岩组分等从较为清晰和可分辨逐渐过渡为不清晰及不可分辩，煤的力学强度逐渐降低，从较坚硬及不易捏碎逐渐过渡为松软及易捏成碎粒（粉）；揉皱和流动构造发生在煤的韧性变形中，力学强度低，原生结构构造不可辩；有些构造煤在宏观尺度上表现为一组裂隙密集发育，构造煤呈片状或鳞片状结构。根据以上宏观变形特征可以进行构造煤类型的初步判识。

（2）微观变形特征。

构造煤显微变形结构的观测和分析内容主要有显微裂隙发育的组数、特征及密度，碎斑和碎基的大小、含量及排列的定向性，微褶皱的形态及变形强度特征以及各种流动构造。各类构造煤的显微变形特征及其鉴定标志在第 4 章进行了详尽的阐释，此处不再赘述。

2）构造煤分布规律研究

断裂、褶皱及层滑构造是影响矿区或矿井构造煤发育的主要构造类型，在不同构造的控制下不同类型构造煤的发育程度及其分布具有一定的规律性。通过矿井构造发育规律分析及构造的定量预测与评价研究，对未采区构造发育及分布特征有了较为深刻的认识，再依据不同类型、不同性质构造对煤变形和构造煤发育的控制机理分析，则可以较好地整体把握矿井构造煤发育及分布规律。

4. 构造煤瓦斯特性研究

煤的瓦斯特性主要包括吸附/解吸、透气性、瓦斯压力及物理力学性质等，不同类型构造煤独特的物理和化学结构导致瓦斯特性存在显著差异性，深入探讨其内在联系是依据构造煤进行煤与瓦斯突出预测的关键研究内容。

井下、手标本及显微镜等多种尺度构造煤变形特征的观测及分析，从而进行构造煤类型的精确划分，是探讨不同类型构造煤瓦斯特性的重要基础与前提；构造煤孔-裂隙结构的多尺度表征及其演化规律，是揭示构造煤孔-裂隙结构与瓦斯特性内在联系的关键内容。

不同变形系列、不同变形程度构造煤瓦斯吸附特性存在的显著差异，是影响瓦斯赋存及分布特征的重要原因，可通过开展系统的甲烷等温吸附实验进行表征，弱脆性变形构造煤（初碎裂煤、碎裂煤及片状煤等）甲烷吸附常数与原生结构煤无显著差异，碎斑煤、碎粒煤、薄片煤、鳞片煤、揉皱煤及糜棱煤等强变形构造煤在低压段的较高吸附速率均不同程度地高于未变形及弱脆性变形煤，导致强变形构造煤分布区一般具有较高瓦斯压力及瓦斯含量，此外，构造煤大分子结构的构建及甲烷吸附的分子模拟则有可能揭示强变形构造煤具有较高瓦斯吸附能力的微观机制。

构造煤瓦斯解吸及放散特征，可综合反映瓦斯在煤中解吸-扩散-渗流的难易程度，是评价构造煤瓦斯突出危险性的良好指标，随着煤体构造变形的增强，瓦斯解吸初速度、解吸量及解吸率等均明显增高，增加了其在扰动后迅速放散出大量瓦斯的能力。

渗透性是影响瓦斯运移及突出的重要因素，煤柱样渗透率、煤层透气性系数等指标可较好地反映瓦斯在不同类型构造煤中的渗流能力，原位地应力条件下具有一定脆性变形煤的透气性一般较好，而强变形构造煤透气性一般较差，因而造成瓦斯赋存的非均质性及局部大量瓦斯的积聚。

此外，由于构造煤裂隙、次生线理、面理构造较为发育、煤颗粒尺寸及接触关系存在明显差异，其变形行为及强度特征也明显有别于原生结构煤，强变形构造煤具有更为明显的塑性变形特征，且弹性模量、泊松比、抗拉、抗压、抗剪强度、黏结力、内摩擦角及坚固性系数等均明显低于原生结构煤，因而力学稳定性差，易于发生煤与瓦斯突出。

5. 瓦斯生、运、聚、散构造动力学研究

煤层瓦斯自生成到现今的保存经历了一系列构造动力学过程，现今的保存条件及保存量是这一系列过程的最终结果，也是瓦斯突出的重要控制因素之一。瓦斯演化过程是一个动态平衡的过程，其核心是物质平衡，即瓦斯的生成量与其在煤储层中的赋存量和散失量呈动态平衡关系。因此瓦斯生、运、聚、散构造动力学过程及其影响因素研究是深刻认识矿井瓦斯赋存特征的重要基础。

1）构造-埋藏史

在整个煤的热演化过程中各阶段都能形成的 CH_4，是煤化过程中的主要烃类产物，也是瓦斯的主要成分。煤是以腐殖质为主的沉积物质逐渐堆积演化而形成的可燃有机岩，其基本结构单元是带侧链官能团并含杂原子的缩合芳香体系，煤层甲烷主要是在煤的热演化变质作用过程中形成的。煤的成烃演化过程可以分为生物地球化学作用（相当于生物煤化作用）和热力地球化学作用（相当于煤变质作用）两个大的阶段，在泥炭沼泽中，成煤植物遗体经受生物化学作用便开始产生生物气，但多数泥炭化作用产生的生物气因保存条件差而散失殆尽，煤层气得以保存始于褐煤阶段。从褐煤阶段开始，随着煤层埋深的加大，在温度和压力的作用下发生热力地球化学变化，从而完成从褐煤向烟煤和无烟煤的转变，并伴随着大量 CH_4 气体的产生。根据煤的热解实验或理论计算，煤化作用过程中产生的气体量随煤级增高而迅速增加，有关研究表明，形成 1t 长焰煤、焦煤和无烟煤可以分别生成 100~130m^3、201~232m^3 和 267~461m^3 瓦斯气体（张子敏，2009）。

煤层的埋藏深度是影响煤区域变质作用和变质程度的关键因素，进而影响一定区域煤层的产气量。我国不同煤田由于构造演化历史的不同，煤层的埋藏历史及煤的变质程度存在较大差异，从而影响了煤层瓦斯的生成量，并对现今瓦斯的赋存具有一定影响，构造-埋藏史分析可以较好地揭示煤变质作用演化历史及煤层瓦斯生成过程及生成量。

区域构造演化是煤层埋藏史差异性的主要控制因素，是煤层埋藏史研究的基础，含煤岩系形成后区域地壳的沉降与隆升导致上覆地层沉积和剥蚀的差异性。地壳的持续沉降接受了一套稳定的沉积盖层，煤层的埋藏深度不断增大，促进了煤层变质作用的进程，煤级不断增高，瓦斯的生成量也不断增加；地壳的隆升不仅使煤层的埋深不再增加，反而因上覆沉积岩层遭受剥蚀使煤层埋深变浅，终止了煤的变质作用及产气过程。

瓦斯的最大生成量取决于煤层曾经达到的最大埋深，区域升、降构造活动的差异性导致我国晚古生代煤层（尤其是华北地区）的构造-埋藏史的区域性分异，影响了不同煤级煤的区域分布及瓦斯生成量。秦勇等（1997）对山西南部晚古生代煤的煤化作用研究表明，煤层的埋深经历了海西运动后期和印支运动期的快速埋藏时期和燕山运动早期地壳在相对稳定的背景下稳定和波动交替时期，煤的变质程度普遍达到气肥煤，瓦斯的生成量为 46.47~81.45m^3/t，之后进入煤层的显著抬升阶段，结束了区域变质和埋藏的演化历史，煤层不仅停止生烃作用，并且由于全面的抬升及埋深变浅，已生成的瓦斯发生大量逸散。淮北矿区宿南向斜海西期至燕山早期的构造-埋藏史与山西南部相类似，也经历了海西后期和印支运动期的快速埋藏和中、早侏罗世稳定和波动交替埋藏期（韦重韬等，2007），煤的变质程度达到气肥煤。反映了华北地台在这一时期构造演化的统一性，而现今煤的变质程度及煤层瓦斯生成量的差别主要决定于后期构造及岩浆活动的差异性。

2）古地热史

温度是影响煤变质的主要因素，煤的变质程度随着温度的增高而增强。区域岩浆活动的差异性是局部地热异常重要的成因机制，局部高地热异常对煤级分布格局起着决定性的控制作用。华北地区中生代构造-热事件发生在晚侏罗世-早白垩世（任战利，1999），山西地区所有的中生代火成岩同位素年代测量数据表明岩浆侵入和喷发发生在侏罗纪到白垩纪，其主要分布于 110～150Ma，主峰值在 120～140Ma（任战利等，2005），山西南部煤层埋藏处于显著抬升阶段，但由于燕山运动中期岩浆热事件的作用，煤层受热温度达170～280℃，古地温梯度普遍超过 6℃/100m。沁水盆地上古生界石炭-二叠系煤的变质程度表现为东西两侧边缘低、中部和南北两端高，南端最高的特点，阳城—翼城煤镜质组最大反射率达 3.54%，煤的变质程度由燕山早期的肥煤进一步变质到无烟煤，进入到第二次生气阶段，阶段生气量高达 277.65m³/t（秦勇等，1997）。阳泉矿区位于沁水盆地北部，在异常岩浆热的作用下，煤级迅速增高，普遍达到了无烟煤级别，同样进入了第二次生气高峰期，生成大量瓦斯气体；而淮北矿区岩浆活动较弱，除局部岩体与煤层接触带上出现天然焦、煤级升高外，对煤层的整体变质影响较小，煤层生气性较弱。

煤的热变质过程中的生气潜力是巨大的，但气体生成后经受了长期的地质演化和散失过程，现今煤层瓦斯含量最高为 50m³/t 左右，仅是煤层瓦斯生成量很小的一部分。因此，研究煤层瓦斯的散失及保存地质条件是十分重要的，其中构造演化及其对煤层的改造作用是关键的研究内容。

3）构造改造史

煤热演化过程中所产生的瓦斯气体为煤层瓦斯的赋存和聚集提供了重要的物质基础，不同的热演化程度决定了煤层的原始含气量，后期的构造演化及其对瓦斯运移、散失及聚集的影响则是现今煤层瓦斯含量及其非均质性分布十分关键的控制因素。

煤层瓦斯生成后的地壳抬升或相对稳定的地质环境，上覆岩层遭受长期的风化与剥蚀使煤层的埋藏深度变浅，有利于瓦斯的散失，使得煤层瓦斯含量大大降低。强烈的构造活动及不同类型、不同性质构造的发育是矿井瓦斯非均质性分布更为关键的控制因素。不同类型及不同性质的构造对瓦斯散失及赋存的控制作用存在显著差异性，伸展型构造中张性及开放性构造的发育为瓦斯散失提供了有利条件，不利于瓦斯的保存，使得煤层瓦斯含量降低。压剪型构造中多为封闭性构造，不利于瓦斯的散失，煤层中往往瓦斯含量较高。另外，压剪应力作用往往导致煤动力变质作用的发生，在动力变质作用过程中会伴随一定瓦斯气体的生成，周建勋等（1994）、姜波和秦勇（1998b）通过煤的高温高压实验证实了煤变形变质过程中产气现象，部分样品甚至发生"突出"现象，在一定程度上反映出气体的生成量较大。赵志根等（1998）对淮南矿区、淮北宿东矿区的研究显示，同一煤层构造煤比正常煤镜质组反射率高 0.05%～0.20%，将产生 10～20m³/t 的烃气，相当于同煤级视煤气发生率的 10%左右，但由于是在强烈的构造变形过程中生成的，对瓦斯的非均质性分布具有直接影响，强变形构造煤中瓦斯含量高可能就有动力变质生气的贡献。

我国古生界煤层经历了多期构造演化，不同煤田构造演化路径、不同时期应力作用特征不同导致煤层含气量区域分布的差异，只有通过构造改造的系统性分析才有可能揭示其含气性的本质。

4）瓦斯演化史数值模拟研究

瓦斯生、运、聚、散的演化史是正确认识瓦斯富集规律重要而基础性的工作。在研究区沉积埋藏史、构造演化史、煤化作用史、有机质生气史和流体活动史研究及取得规律性认识的基础上，构建地质历史时期瓦斯生、运、聚、散的动态平衡动力学模型，开发相关的计算机模拟软件，运用数值模拟方法定量研究瓦斯地质演化构造动力学过程在瓦斯突出预测与评价中具有重要的理论及实践意义。

8.2 构造煤地球物理响应及判识

常规识别构造煤的方法主要有井下观测与采样分析法和钻孔取心分析法等。井下观测与采样分析法是获取井下构造煤发育情况最直接、准确的一种方法，通过煤矿井下煤壁观测与构造煤样品的采集和室内分析，可以确切地获得开采范围内构造煤的发育类型、发育位置以及发育厚度等地质信息，但无法掌握未采区煤层中构造煤的发育情况（孙四清等，2006）。钻孔取心分析法常因煤层打薄、打丢、取心率低或因煤心人为破碎严重而无法准确分析构造煤的发育情况，同时存在"一孔之见"的问题（陈萍等，2014）。近年来，地球物理勘探手段（测井、地震等）被广泛应用于煤储层物性的评价与预测（常锁亮等，2008；彭苏萍等，2008；刘大锰等，2010；王连刚和李俊乾，2010）。由于物探方法可提供高精度的煤储层地质信息，可用于划分煤体宏观结构（确定煤层深度、厚度及夹矸层等）、确定煤体的物理参数（孔隙度、渗透率、地层孔隙压力及温度等），已经成为煤储层研究中不可缺少的一个重要组成部分。

8.2.1 构造煤地球物理特征

测井是利用岩层的地球物理特性记录其对应的地球物理响应值，信息量较为丰富准确，因此测井曲线常应用于构造煤的识别研究中。传统的测井曲线识别法根据构造煤和原生结构煤之间的物性差异在测井曲线上产生不同的测井响应特征，如构造煤相对于原生结构煤存在视电阻率低、自然伽马低、人工伽马高和声波时差高等特点，但不足的是人工定性判识构造煤存在主观性较强的问题（张玉贵等，1995；王定武，1997；严家平和王定武，1999；龙王寅等，1999）。

为了更准确地识别构造煤，前人分别从构造煤地球物理特征和识别方法上进行了大量研究。在地球物理特征方面，构造煤的纵横波速度、弹性模量等特征的认识是实现构造煤地震探测的基础条件之一，因此，近些年构造煤弹性特征的研究逐渐得到重视（郭德勇等，1998；彭苏萍等，2004，2005）。通过实验室超声波测试发现，构造煤相对于原生结构煤在纵横波速度、品质因子和弹性模量等方面存在差异，且这种差异随着构造煤的煤体结构破坏程度的增大而增大，因此，该实验结果表明从地震反演的角度预测构造煤是可行的（Wang and Zhang，2013；Wang et al.，2014a）。在构造煤的识别方法方面，三维地震勘探技术具有横向分辨率高的特点，同时通过三维地震反演可大大提高对地下构造和地层岩性的勘探和识别程度，因此，三维地震反演技术常应用于构造煤的识别研究中。目前针对构造煤的煤体结构、储层物性研究方面，振幅随偏移距变化（amplitude variation with offset，AVO）技术及地震属性技术，受到众多学者的重视，并得到广泛应用。测井方法纵向分辨率高，但多为一孔之见，地震方法横向分辨率高，却受限于技术手段，无法直接反映储层物性信息。自 20 世纪 80 年代兴起的岩性地震反演技术，充分利用了地震资料横向高分辨率和测井资料纵向分辨率高的优点，突破了传统意义上的地震分辨率的限制，理论上可得到与测井资料相同的分辨率（李娟娟，2013）。

1. 电阻率测井

煤是以氢化芳香核及缩聚芳香核为主体结构的大分子有机物为主，并包含一定无机矿物和水分的混合物（张广洋等，1995）。同时煤是一种高阻体或半导体，煤的导电性质主要由电子导电和离子导电构成（钟蕴英等，1989），煤作为一种固体电介质，其电子导电特性是非常明显且普遍存在的，在干燥煤体导电中起主导作用（Wu，1998；陈鹏，2013）。煤体离子导电由水分和矿物质引起，矿物质溶解于水中并在煤体孔隙、裂隙中形成离子溶液从而造成离子导电性增强，同时在煤体受力条件下，晶体矿物晶格错位与宏观缺陷等作用越剧烈，离子导电越明显（陈鹏，2013）。煤的导电性能影响因素众多，如温度、灰分、水分、变质程度、煤大分子结构、煤体结构、孔裂隙结构、含气性和载荷等，研究表明，煤的电阻率与水分、矿物含量、煤体破坏程度、温度、变质程度呈负相关关系（张广洋和谭学术，1994；刘保县等，2004；王云刚等，2010；马东民等，2018）。何继善和吕绍林（1999）系统开展了平顶山煤业集团有限责任公司八矿、鹤壁市矿务局六矿、焦作矿务局朱村矿和白沙矿务局红卫煤矿等 7 对煤与瓦斯突出矿井不同变质程度、不同煤体结构的 107 件煤样的电阻率测试（表 8-1），从测试结果的情况看，瓦斯突出煤体和非突出煤体的电阻率存在着很大的差异，且不同变质程度煤的电阻率也表现出不同的特征，对烟煤来说非突出煤体的电阻率是突出煤体的 10 倍以上。文光才（2003）对平煤十矿的构造煤和非构造煤的电性参数进行了对比实验，发现非构造煤的电阻率是构造煤的 5.39 倍；汤友谊等（2005b）针对不同煤体结构类型的煤分层，利用 DZ-ⅡA 型防爆数字直流电法仪在淮南矿区进行了电阻率值的煤壁测试研究，对于淮南中低变质程度的烟煤而言，硬煤的视电阻率值一般约为软煤的 3.7 倍，同一煤体结构类型的煤分层，视电阻率值具有一定的规律；陈健杰等（2011）使用 4263B 型 LCR 测试仪测试了中低频率下原生结构煤和构造煤的视电阻率，测试结果表明，在 1kHz、10kHz 和 100kHz 测试频率下，构造煤的电阻率均小于原生结构煤的电阻率。此外众多研究者基于钻孔煤层测井曲线分析也指出构造煤的视电阻率小于原生结构煤（彭苏萍等，2008；陈健杰等，2011；陈业涛，2015；陈博等，2019），主要为煤层受到构造应力破坏后，构造软煤分层的裂隙增多，孔隙度和水分含量增大，离子导电性增强，导致构造软煤的电阻率降低（汤友谊等，2005a）。但是对无烟煤来说，研究者一般认为构造煤视电阻率与原生结构煤相比表现为低幅值（刘静等，2013；程相振等，2016；张坤鹏等，2016；张俊杰和赵俊龙，2019），也有部分学者指出，随着构造变形程度的增高，电阻率却增大（吕绍林和何继善，1997，1998；何继善和吕绍林，1999；傅雪海和秦杰，1999；张许良等，2009；黄波，2018；梅放等，2019），可能为构造煤吸附和保存了更多的高阻瓦斯气体所致，表明在高煤级煤层电阻率测井同煤体结构相关性较差，电阻率测井更适于中煤级煤层煤体结构识别（梅放等，2019）。

表 8-1　煤瓦斯突出煤体的电阻率参数（据何继善和吕绍林，1999）

煤级	采样地点	样品数/件	电阻率/($\Omega \cdot m$)	幅频率/%	煤结构类型
无烟煤	焦作朱村矿	13	46~431	0.4~6.9	非突出煤体
无烟煤	焦作朱村矿	12	635~1579	2.3~13.0	瓦斯突出煤体
无烟煤	白沙红卫矿	25	278~1994	3.2~22.1	瓦斯突出煤体
贫瘦煤	鹤壁六矿	13	787~3768	3.0~11.0	非突出煤体
贫瘦煤	鹤壁六矿	12	79~492	−0.4~3.4	瓦斯突出煤体
烟煤	平顶山八矿	13	787~3140	−0.1~8.1	非突出煤体
烟煤	平顶山八矿	19	30~533	−1.0~8.4	瓦斯突出煤体

2. 井径测井

煤田井径测井的工作原理是在裸眼井中，地下各岩层的岩石强度不同及各岩层受钻井液冲洗、浸泡和与钻头碰撞的差别导致各地层段井径大小有一定差别，如果地层中出现溶洞、裂隙及挤压破碎带等，井径变化更为明显（李华彬，2017）。对于煤层而言，井径主要受钻井液体系、钻井液密度、地层浸泡时间、煤岩煤质和地质构造五个方面影响（程相振等，2016）。对于同一钻孔的煤层而言其钻井液与钻进速度是一致的，井径主要受煤岩煤质和地质构造的影响，井径曲线可分为"直线型""锯齿型"和"大肚型"等类型，在不同煤体结构的煤层中，裂缝发育程度和变形程度不同，造成钻井过程中煤层破裂、坍塌的程度不同，煤体结构与井径曲线存在较好的相关性，得出原生型、过渡型及碎裂型煤体结构对应的井径范围（乔伟等，2010；程相振等，2016）。构造煤井径测井特征表现为煤岩破碎程度越大，钻井过程中越易出现井壁坍塌，扩径越严重，井径随着煤体结构的复杂化而扩大（倪小明和石书灿，2011；陈博等，2019；梅放等，2019）。同时近年来研究者也进一步开展了不同煤体结构井径的定量统计分析及煤体结构测井定量判识模型的系统研究工作（陈跃等，2013，2014；王保玉，2015；孟召平等，2015b；陈博等，2019）。

3. 自然电位测井

煤层的自然电位是由氧化还原电动势造成的（党春华，2010），这种电位由简单的电极组合测得，即测量井内电位与地表电极固定电位之间的差值（傅雪海等，2007）。基于煤层自然电位的氧化还原电动势特殊性，在煤田自然电位测井领域运用较多的为含煤地层岩性识别、含水层识别、水力压裂裂缝扩展、岩石注水-注浆等领域（田贵发等，2007；李宏和张伯崇，2006；姜春露等，2012）。自然电位识别煤体结构的相关研究较少，要认识自然电位与煤体结构响应的关系，需从影响自然电位的因素出发。影响自然电位的主要因素有煤中有机物质、煤层中硫化物、泥质含量、地层电阻率、煤岩工业组分含量等因素。随着煤体破坏程度的增大，煤的成熟度增高，氧化反应增强，所带的正电荷增多，其自然电位也显示出明显的正异常。因此，构造煤比原生结构煤具有更高的自然电位（张许良等，2009）。薛念周和刘保华（2011）研究了淮南潘集某矿 3 号煤层的电阻率和自然电位曲线，表明自然电位曲线在煤层处呈突出的正值异常与电阻率曲线的低阻部位呈极好的对应性。孟召平等（2015b）通过晋城矿区煤体结构测井响应特征研究指出随着煤体破碎程度增高，也就是由完整结构、块裂结构到碎裂结构和碎粒-糜棱结构，测井参数的自然电位值逐渐增大。

4. 自然伽马测井

自然伽马测井是沿井身测量岩层的天然伽马射线强度的方法，岩石一般都含有不同数量的放射性元素，并且不断地放出射线，在沉积岩中含泥质越多，其放射性越强（傅雪海等，2007）。煤层在自然伽马射线上常显示为低的总天然放射性，但是若煤中含有较多的黏土矿物或煤层中有夹矸存在，那么将会增加测得的天然放射性（傅雪海等，2007；陈跃等，2013）。构造煤的孔隙和裂隙均较发育，单位体积内放射性物质的含量减小，所以在自然伽马曲线上表现为低异常（傅雪海和秦杰，1999；张许良等，2009；陈跃等，2013；滕娟，2016）。孟召平等（2015b）和王保玉（2015）则指出寺河和赵庄井田随着煤体破碎程度的增大，自然伽马测井响应值也相应增大，这是由煤中黏土矿物含量和比表面积增高所致。李剑等（2017）在鄂尔多斯盆地渭北区块煤层岩心宏观描述和煤体结构划分的基础上，结合煤层不同煤体结构的测井响应特征分析认为随着煤体变形程度的增加其自然伽马值增大。

5. 伽马-伽马测井

伽马-伽马测井是在钻孔内放置一个伽马放射源，并测量被岩层散射的伽马射线强度，由于被测定的散射伽马射线强度与岩石的密度有关，故也称为密度测井（傅雪海等，2007）。随着煤体破坏程度的增强，煤岩结构疏松、孔隙度增大、构造裂隙发育，煤的密度减小，吸收的伽马射线减少，散射的伽马射线增多，其强度就增大。因此，构造煤比原生结构煤具有更小密度和更大的人工伽马值（傅雪海和秦杰，1999；傅雪海等，2003；张许良等，2009；孟召平等，2015b；滕娟，2016；陶传奇等，2017；陈博等，2019）。同时煤层密度受灰分含量影响，灰分含量与自然伽马和密度测井值均成正相关（任攀虹等，2013）。

6. 声波时差测井

声波时差测井是通过测量声波在岩层中旅行一段距离所需要的时间来反映岩层的速度特征。声波时差测井是利用不同种类或成因的岩石在矿物成分、组织结构、弹性力学性质方面的差异，导致其声波传播速度、衰减规律和频率特征的不同，记录井下地层剖面的岩石声学性质的测井方法（傅雪海等，2007）。随着煤体破坏程度的增加，煤的强度降低，结构更加疏松，瓦斯含量增大，声波的传播速度降低，声波时差与岩层的声速成反比，显示其声波时差增高（傅雪海和秦杰，1999；孙四清等，2006；陶传奇等，2017；陈博等，2019）。

7. 煤体超声波特征

无论是采用测井约束地震反演方法，还是岩性地震反演方法，波阻抗参数或弹性波阻抗参数都是最佳的数据资料（林建东等，2003；刘爱群和盖永浩，2007；彭苏萍等，2008）。对于构造煤而言，其岩石物理特征中的弹性参数（纵横波速度及泊松比）和弹性模量是最基本的岩石物理参数。吕绍林和何继善（1997）讨论了用超声波探测瓦斯突出煤体的基础和条件。何继善和吕绍林（1999）对瓦斯突出煤体和非突出煤体的超声波波速、波谱、泊松比及弹性模量进行了测定。李涛等（2006）利用时距曲线法对煤体超声波速的检测，根据波速与煤体结构类型间的量化关系，实现了煤体结构类型的判识及对煤与瓦斯突出的预测。李涛等（2011）根据构造煤的结构特点及超声波在煤体中的传播特性和规律，并综合考虑波速、衰减系数等与煤体结构类型相关的参量，提出了一种以超声波反射法和 BP 神经网络为基础的煤体结构类型判识模型。王赟等（2013）通过对不同变质程度的构造煤进行超声波速度测试，探讨了构造煤的超声弹性特征与密度、镜质组最大反射率及品质因子之间的关系，揭示了构造煤与原生结构煤存在明显的弹性差异。杨春等（2014）根据原生结构煤与构造煤的弹性特征，建立了 3 种典型的煤层夹构造煤地震地质模型，采用反射率法，证明利用现有的纵波地震反演技术可以预测构造煤的存在。陈红东（2017）以宿州矿区为研究对象，采用速度（P 波和 S 波）、弹性参数（V_P/V_S 和泊松比）等弹性性质研究了构造煤的地球物理识别参数和速度各向异性特征。

8.2.2 煤体结构的测井判识方法

早期煤田地质勘探主要进行了一些常规传统的测井，如自然电位测井、自然伽马测井、密度测井、电阻率测井等，煤层相较于其顶底板岩层，测井响应特征主要表现为高声波时差、高中子孔隙度、高电阻率、低密度、低自然伽马、自然电位异常和井径扩径等测井曲线特征（傅雪海和秦杰，1999）。在利用测井信息判断煤体结构类型的研究中，前人多选用了自然伽马测井、电阻率测井、声波时差测井和密度测井等测井信息，达到了定性判识煤体结构分层特征的目的。龙王寅等（1999）利用矿井煤体结构样品的取心观测结果与临近钻孔的测井响应对比，确定了不同煤体结构类型与测井曲线形态的对应关系，建立了利用测井曲线形态和变化趋势识别煤体结构类型的方法。彭苏萍等（2008）详细分析和研究了不同结构煤层的测井曲线特征及其与煤层气富集之间的关系，基于对淮南、淮北、永城、邢台等矿区勘探试验，总结了不同煤体结构类型的测井曲线形态特征（表 8-2）。陈跃等（2013，2014）结合深侧向电阻率测井、双井径测井和自然伽马测井三种测井技术，预测了鄂尔多斯盆地韩城地区 3 号、5 号及 11 号煤层的煤体结构煤储层的展布规律。何游（2015）通过对韩城地区煤岩取心的灰分进行校正，总结了不同煤体结构测井响应的差异性：遭受构造运动破坏作用的煤储层表现为煤岩密度幅值减小，声波时差幅值增大和井径扩张等测井曲线特征。孟召平等（2015b）分析了沁水盆地南部晋城地区煤体结构的井径测井、声波时差测井、补偿中子测井和自然伽马测井信息，结果表明随着煤体结构破碎程度的增强，自然伽马测井表现为幅值增大，密度测井和电阻率测井表现为幅值减小。梅放等（2019）基于对前人成果中各测井方法使用情况的统计和对成果中测井参数与煤体结构相关性的分析，探讨不同测井方法在中煤级煤层和高煤级煤层的适用性。

表 8-2　不同煤体结构类型的测井曲线形态特征（据彭苏萍等，2008）

测井技术	原生结构煤（Ⅰ类）	碎裂煤（Ⅱ类）	构造煤（Ⅲ类）
视电阻率	高幅值、界面陡直、峰顶圆滑	幅值比Ⅰ类略有降低，多呈微台阶状或微波浪状	幅值明显降低。上、下界面台阶状、凸形或箱形
人工放射性伽马	高幅值、峰顶一般近似水平锯齿状	幅值比Ⅰ类有增大	大多数幅值明显增大
自然伽马	低幅值，呈近似缓波浪状	幅值变化不明显	幅值变化不明显
声波时差	高幅值、峰顶一般呈缓波浪状	幅值比Ⅰ类略有增大	幅值明显增大，峰顶多呈参差齿状或大的波浪起伏状

随着科学进步和技术的发展，一些定量的方法逐渐被应用于煤体结构的测井曲线判识中。常松岭（2005）利用 MATLAB 小波分析技术，提高了测井曲线在垂向上的分辨率，为煤体结构薄层判识提供了新方法。Fu 等（2009）结合自然伽马测井、视电阻率测井、密度测井和声波时差四种测井数据，以 0.5m 为纵向分辨率，运用聚类分析法预测了淮南和淮北矿区煤体结构的分布特征。姚军朋等（2011）提出了煤体结构定量判识指数（孔隙结构指数 m）的概念，通过阿奇公式（Archie equation）建立了测井数据（包括电阻率、声波时差、密度和井径等测井数据）与孔隙结构指数 m 的定量关系，从而达到了利用测井数据定量判识煤体结构的目的。谢学恒和樊明珠（2013）统计了不同煤体结构类型煤储层对应的测井幅值范围，提出了将煤体结构指数 n 作为定量判识煤体结构的指标，建立了利用密度测井、声波时差测井和井径测井定量判识煤体结构的经验公式，提高了煤体结构判识的效率和准确性。但是，测井结果受多种因素影响，不同区域不同地质条件下煤体结构的测井响应特征差异较大，针对研究区地质实际构建煤体结构的测井响应判识技术与方法才能够进一步提高判识的精度和准确性。

1. 煤体结构测井曲线定性判识

煤体结构测井曲线定性判识法是根据视电阻率曲线和密度曲线解译出的煤体结构的形态和幅值，综合考虑多项曲线（自然伽马曲线、井径曲线和声波时差曲线）的指标意义，定性地判识煤体结构（傅雪海等，2003；汤友谊等，2005a、2005b）。煤田地质勘探工作是一个长期且持续的过程，早期勘探钻孔的测井资料多为模拟测井资料，存在精度差、曲线单一、可比性差的缺点，测井曲线类型一般为视电阻率曲线、密度曲线和自然伽马曲线（朱冠宇，2017）。近期补勘施工钻孔的测井更为精细，增加了井径测井和声波时差测井，研究区煤层测井资料的混杂性使得研究者一般多采用定性分析的方法进行煤体结构判识。

1）判识依据

通过测井曲线确定不同类型构造煤的划分依据，首先是要掌握所研究煤层的测井曲线幅值范围，再结合原生结构煤与不同类型构造煤的岩石地球物理参数与前人总结的测井曲线形态特征（表8-2），掌握所研究煤层的测井曲线幅值及形态在区域和层域上的变化规律。在进行同一煤层相邻钻孔和同一钻孔相邻煤层的对比分析后，结合井下煤壁观测，检验解译结果的合理性。随着对照点数据的增多，由点到面，逐步扩大到整个矿区，最终建立起研究区内测井曲线对煤体结构的响应指标。

由于视电阻率曲线和密度曲线对煤层变形的响应更为灵敏，在此采用以视电阻率曲线和密度曲线为主，自然伽马曲线、井径曲线和声波时差曲线为辅建立了煤体结构的定性判识方法（图8-4）。

（1）Ⅰ类煤体结构。Ⅰ类煤体结构相对于顶底板岩层，视电阻率曲线呈中高-高幅值，界面陡直、峰顶圆滑、对称；密度曲线呈负异常响应，中-低幅值，峰顶一般为近水平的小锯齿状；自然伽马曲线呈负异常响应，低幅值，峰顶多呈近水平的锯齿状；井径曲线呈正异常响应，中-低幅值，峰顶较平缓；声波时差曲线呈正异常响应，低幅值，峰顶多呈波浪状。主要包括构造变形较弱、原生结构保存较好的原生结构煤和变形程度较弱的初碎裂煤及碎裂煤。

（2）Ⅱ类煤体结构。视电阻率曲线中幅值，与Ⅰ类煤体结构交界处多有台阶状跃迁，分层较薄时一般为单峰型，对称性较差，分层较厚时峰顶为参差不齐的尖峰形态；密度曲线为中幅值，峰顶比Ⅰ类煤呈幅度更大的波浪状；自然伽马曲线为中-中高幅值，界面倾斜，峰顶为锯齿状或波状起伏；井径曲线为中幅值，与Ⅰ类煤相比略有升高，扩径现象不明显；声波时差曲线为中幅值，与Ⅰ类煤相比峰顶波动加大。主要包括构造变形较强的碎斑煤、片状煤和薄片煤。

（3）Ⅲ类煤体结构。视电阻率曲线为低幅值，分层较薄时一般为斜率较低的尖凸状，分层较厚时呈现出缓波状；密度曲线一般为高幅值，在与顶底板、夹矸相接处受干扰会呈低幅值异常；自然伽马曲线为高幅值，在与顶底板、夹矸相接处受干扰会呈低幅值异常；井径曲线为高幅值，峰顶平缓，分层较厚时呈方块状；声波时差曲线为高幅值响应，峰顶多为不规则的小锯齿状，当Ⅱ类和Ⅲ类组合煤体互层分布时，声波曲线呈现波状起伏形态。主要包括强构造变形的碎粒煤、鳞片煤、揉皱煤和糜棱煤。

2）判识流程

建立研究区内构造煤定性判识标准后，可以根据测井曲线解译出的分类结果进一步进行分层与定厚。由于早期资料大多仅有视电阻率、密度和自然伽马曲线三种测井方法，且视电阻率曲线对煤层的响应较后两者更灵敏、明显，故选择视电阻率曲线作为煤层定厚的主曲线。在所研究煤层测井曲线判识结果与钻孔附近工作面或巷道煤壁观测结果基本吻合的基础上，按如下三点准则对煤层进行煤体结构的分层、定厚（孙四清等，2006；朱冠宇，2017）：

（1）以视电阻率曲线和密度曲线为主曲线，注意其与其他辅助曲线的基本同步反映。

（2）当构造煤分层较薄时，直接用煤层的视电阻率曲线中相对低幅值的上、下拐点作

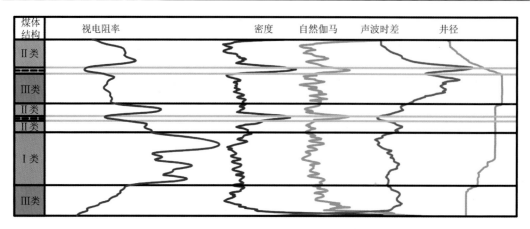

图 8-4 朱仙庄煤矿 08-1 孔煤体结构测井曲线定性判识图

为构造煤分层的界点定厚;当构造煤分层较厚时,可用 1/3~1/2 相对低幅值点作为构造煤分层界限点定厚。

(3)当曲线形态变化相同或类似时,保持定厚的一致性。

2. 煤体结构测井曲线定量判识

为了进一步提高判识精度和工作效率,对研究区的构造煤进行了测井曲线定量判识研究,输入视电阻率、密度、自然伽马和声波时差四条测井曲线参数,分别通过小波变换处理后获得低频和中频分量。以处理后获得的八条曲线作为数据集,采用欧几里得距离最长距离法对其进行聚类分析,结合不同类型构造煤测井曲线响应特征,从而实现煤体结构测井曲线的定量判识。

1)小波变换

小波变换的概念是 1984 年法国地球物理学家 Morlet 在分析处理地球物理勘探资料时提出来的,是一种在傅里叶变换基础上发展起来的信号分析方法,其把信号从一维时间域变换到二维时间-频率域,对信号进行多尺度的划分和细节化处理,实现信号多分辨率分析的目的。与傅里叶变换不同的地方就是在时域和频域同时具有良好的局部化性质,既保留了傅里叶变换的优点,又弥补了傅里叶变换的不足,很适合于分析非平稳的信号和提取信号的局部特征。虽然小波分析具有上述优点,但当信号信噪比较低时,小波变换很难把信号与噪声很好地分离(周宇峰和程景全,2008)。

对任意信号 $\delta(t)$ 在小波基 $\psi(t)$ 的伸缩(a)和平移(b)下进行展开,得到一个具有双参数 a 和 b 的函数 $\mathrm{WT}_x(a,b)$:

$$\mathrm{WT}_x(a,b) = \frac{1}{\sqrt{|a|}} \int_{-\infty}^{+\infty} \delta(t) \overline{\psi[(t-b)/a]} \, \mathrm{d}t \qquad (8\text{-}1)$$

式中,b 为位移因子;a 为尺度因子。即通过伸缩和平移小波基函数对信号进行多尺度的变换,将一个一维的时间信号函数投影到二维时间-尺度平面域内,对信号进行多尺度的划分和细节化处理,以实现信号多分辨率分析的目的。尺度因子 a 大,表示小波基 $\psi(t)$ 被拉伸,变换后的信号代表原信号 $\delta(t)$ 的低频分量;尺度因子 a 小,表示小波基 $\psi(t)$ 被压缩,变换后

的信号代表原信号 $\delta(t)$ 的高频分量。此外，小波基函数 $\psi(t)$ 的选择是非常重要的，要求小波基函数具有一定的平滑性、正则性和对称性。平滑性影响频率的分辨率，平滑性越高，频率分辨率越高；正则性影响小波的平滑性，正则性越好，小波的平滑性越好；对称性则确保信号不失真。小波变换目前已经广泛应用于信号处理、图像分析、地球科学等领域。

　　研究工作中，小波变换采用 sym8 小波基函数，它具有平滑性、正则性和近似对称性的特点。马国栋等（2017）以芦岭煤矿 L50 井煤层段自然伽马测井曲线为例，首先对其进行归一化，选用 sym8 小波对其进行小波变换（图 8-5）。其中，图 8-5（a）为原曲线；图 8-5（b）为大尺度信号，代表低频分量；图 8-5（c）为中尺度信号，代表中频分量；图 8-5（d）为小尺度信号，代表高频分量，主要为随机干扰。因此，通过小波变换实现了对原曲线进行分频处理的目的，由低频分量和中频分量曲线重构得到图 8-5（e）中重构曲线。相对于原曲线，重构曲线变得平滑，但依然保留了反映岩性的有用信息，达到了去除噪声的效果。

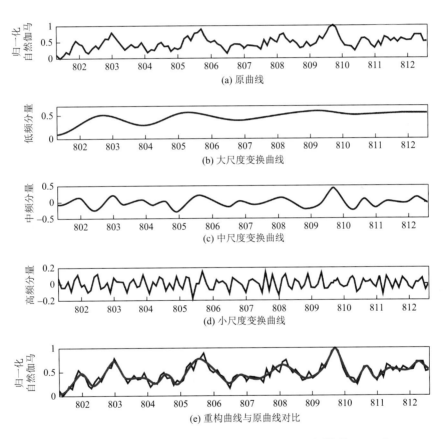

图 8-5　测井曲线小波多尺度分析及曲线重构（据马国栋等，2017）

2）聚类分析

　　在地球科学领域中，聚类分析在岩性划分和识别方面得到了较好的应用，根据相同岩性对应的测井响应相似、不同岩性对应的测井响应不同的特点，应用聚类分析法对测井曲线进行聚类分析，达到利用测井曲线进行岩性自动的划分和识别的效果（王祝文等，2009；

钟亚军等，2014）。聚类分析方法较多，计算样本间距离的方法有欧几里得距离、相关距离和汉明距离等，计算类与类之间的距离有最短距离法、最长距离法和平均距离法等，不同方法的聚类结果差异较大，所以聚类方法的选择同样至关重要。

聚类分析是将一个样本数据集按照其之间的相似性进行分类的过程，体现了"物以类聚"的思想。设样本数据集 $X = \begin{Bmatrix} x_{11} & \cdots & x_{1m} \\ \vdots & & \vdots \\ x_{n1} & \cdots & x_{nm} \end{Bmatrix}$，其中每一行代表一个样本，$n$ 为样本的数目，m 为每个样本所具有的特征数据的类数，即每一个样本 x_i 都由一组特征数据 $\{x_{i1}, x_{i2}, \cdots, x_{im}\}$ 组成，聚类分析是在相似的基础上来进行分类的。通常将样本与样本和类与类之间的距离作为衡量相似程度的一个指标，聚类分析中计算样本间距离的方法有欧几里得距离、相关距离和汉明距离等。在构造煤识别方法的研究中采用的是欧几里得距离，其计算公式为

$$D_{(x_i, x_j)} = \sqrt{\sum_{n=1}^{m} (x_{in} - x_{jn})^2} \tag{8-2}$$

式中，i、j 为样本序号；n 为特征数据的序号，即第 i 个和第 j 个样本间的欧几里得距离为其对应的特征数据的绝对距离平方和的算术平方根。通过计算每个样本之间的距离后，将距离最小的两个样本归为一类，即距离最小的两个样本最为相似，再计算新类与其余类之间的距离。在构造煤识别方法的研究中采用最长距离法进行分类，即通过计算两类所有样本两两间的距离，将其中最长的距离作为两类间的距离，再将距离最近的两类合并，以此类推，直至将所有样本归为一类。这样便保证了类别相同的样本具有较高的相似性，类别不同的样本具有较低的相似性，即实现了样本的分类。

3）定量判识

以淮北矿区芦岭矿为例，为了判识 8 号煤层的煤体结构类型，提取 8 号煤层的视电阻率、密度、自然伽马和声波时差 4 条测井曲线，并按照 0.1m 的间隔进行数字化采样。为了便于分析，将所有测井曲线归一化处理。以归一化后的测井曲线为输入，采用 sym8 小波基函数分别对测井曲线进行小波变换，分别得到各类测井曲线的低频分量、中频分量和高频分量。图 8-6 为芦岭煤矿 2010-11 井 8 号煤层段的测井曲线小波变换结果，其中每类测井曲线高频分量为随机噪声干扰，与岩性变化无关，将其舍去；低频分量中含有测井曲线的宏观特征信息，可以反映岩性的总体变化趋势，用于识别局部层段中厚度比例较大的岩性；中频分量中含有测井曲线的细节信息，反应岩性的细节变化特征，用于识别局部层段中厚度比例较小的岩性。故保留低频分量和中频分量作为样本的特征数据，共 8 类。采用欧几里得最长距离法对其进行聚类分析，划分不同的煤体结构类型。

聚类分析结果共把煤层段岩性分为 5 类：原生结构煤、泥质夹矸、碎裂煤、碎粒煤和糜棱煤。原生结构煤和泥质夹矸在局部层段中厚度比例较小，用测井曲线中频分量进行识别。原生结构煤在视电阻率中频分量、密度中频分量和自然伽马中频分量上均表现为高值，在声波时差中频分量上表现为低值。泥质夹矸其胶结性较好，放射性较大，导致其在自然伽马和密度中频分量上相对原生结构煤响应较高，在视电阻率和单收时差中频分量上和原

生结构煤响应一致。碎裂煤、碎粒煤和糜棱煤在局部层段中厚度比例较大，用测井曲线低频分量进行识别。在视电阻率低频分量上，糜棱煤相对其他两类构造煤表现为低异常；在密度低频分量上，碎裂煤和糜棱煤相对碎粒煤表现为高异常，碎裂煤和糜棱煤区分不明显；在自然伽马低频分量上，糜棱煤响应最高，其次为碎裂煤，最小为碎粒煤；在声波时差低频分量上，碎粒煤和糜棱煤表现为高异常，碎裂煤表现为低异常。

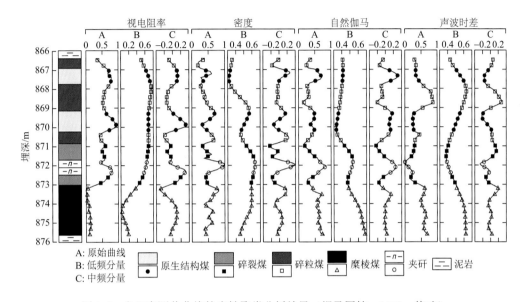

图8-6　多尺度测井曲线的岩性聚类分析结果（据马国栋，2018，修改）

为了进行对比，将未经过小波多尺度处理的测井曲线通过相同的聚类分析法进行煤体结构类型的划分（图 8-7）。聚类分析仅能将岩性分为原生结构煤、碎粒煤、糜棱煤和泥质夹矸 4 类。由于原生结构煤和碎裂煤的物理性质较为相似，测井响应差异较小，同时受到测井过程中随机干扰的影响，岩性难以区分。同时对比图 8-7 中的识别结果，由于受到测井过程中随机干扰的影响，且不同岩性的厚度差异较大，部分碎裂煤和碎粒煤也难以区分，煤体结构识别的能力大大降低。综上所述，测井曲线经过小波多尺度处理后的煤体结构类型的识别能力明显高于未经过处理的识别能力。

由于碎裂煤和碎粒煤煤体结构破坏程度介于原生结构煤和糜棱煤之间，将其归为过渡煤类型，根据 8 号煤层各类构造煤发育厚度统计结果计算不同类型的煤体结构所占煤层总厚度的百分比，并绘制出煤体结构三元相图（图 8-8）。图中三角形的三条轴分别代表钻孔中原生结构煤、过渡煤和糜棱煤所占煤层总厚度的百分比（0%～100%）。根据三元相图分析，可划分为Ⅰ、Ⅱ、Ⅲ和Ⅳ四种煤体结构组合类型。Ⅰ类组合中原生结构煤所占比重最大，Ⅱ类组合中过渡煤所占比例最大，Ⅲ类组合中糜棱煤所占比重较大，Ⅳ类组合介于Ⅰ、Ⅱ、Ⅲ类组合之间。根据钻孔在研究区芦岭煤矿Ⅱ6 采区的平面分布位置，利用测井判识的钻孔煤体结构组合类型，绘制出煤体结构组合类型平面分布图（图 8-9）。

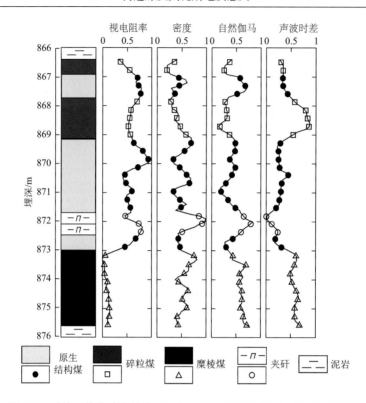

图 8-7　原始测井曲线岩性聚类分析结果（据马国栋等，2017，修改）

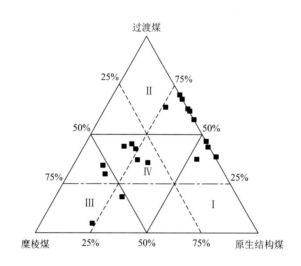

图 8-8　煤体结构三元相图（据马国栋等，2017）

3. 多元三幅值煤体结构地质综合测井判识

实际操作中不难发现，由于煤体测井曲线会受到其变形程度、黏土矿物含量、分层厚度和顶底板岩性等地质因素以及泥浆、井径、仪器和测井记录等非地质因素的综合影响，测井曲线形态特征很难与煤体结构类型进行准确对应（表 8-3），煤体结构划分时主观性很大，同时测井参数的归一化处理也常会导致单一煤体结构类型的严重误判。基于以上分析，提出了多元三幅值煤体结构地质综合测井判识方法。

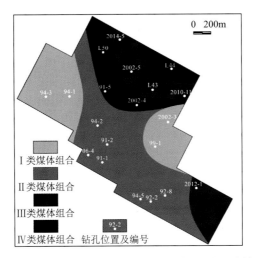

图 8-9　芦岭煤矿Ⅱ6采区煤体结构组合类型分布图（据马国栋等，2017）

表 8-3　不同煤体结构类型测井曲线参数特征统计表

测井曲线组合类型	视电阻率	密度	自然伽马	井径	声波时差	主要煤体结构类型	地质特征
Ⅰ类A型	高	中	中	低	低	原生结构煤、初碎裂煤、碎裂煤	低黏土矿物含量、弱构造变形
Ⅰ类B型	中	低	低	低	低	原生结构煤	低黏土矿物含量、内生裂隙发育
Ⅰ类C型	中	高	高	低	低	原生结构煤、初碎裂煤、碎裂煤	高黏土矿物含量、弱构造变形
Ⅰ类D型	中-高	低	高	低	低	碎裂煤、片状煤	高黏土矿物含量、裂隙发育
Ⅱ类A型	中	中	中	中	高	碎斑煤、薄片煤	低黏土矿物含量、构造变形较强
Ⅱ类B型	中	高	高	中	中	碎斑煤、片状煤、薄片煤	高黏土矿物含量、构造变形较强
Ⅲ类A型	低	低	低	高	高	碎粒煤、揉皱煤和糜棱煤	低黏土矿物含量、强烈构造变形
Ⅲ类B型	低	高	高	高	高	鳞片煤、揉皱煤	高黏土矿物含量、强烈韧性变形
Ⅲ类C型	低	低	中-高	高	高	碎粒煤、糜棱煤	高黏土矿物含量、强烈碎粒变形

1）测井曲线组合类型

煤层测井曲线常表现为波动状起伏，煤层段各测井曲线存在极大值、极小值、单调递变段和局部异常段，一般密度曲线和自然伽马曲线波动频率最大，幅值差异小，而视电阻率曲线波动频率最小，幅值差异最大，井径与声波时差曲线处于两者之间。与煤层顶底板岩层相比，煤层表现出"高视电阻率、高声波时差、低密度、低自然伽马和井径略扩径"的测井曲线特征，由于煤层中夹矸层的主要矿物成分一般为黏土矿物，夹矸层表现出"低视电阻率、低声波时差、高密度、高自然伽马和井径略扩径"的测井曲线特征，同时根据煤层测井曲线各指标波动变化情况，在进行"高值、中值、低值"三幅值划分的基础上，根据测井曲线的峰值和谷值所对应的测井曲线特征点参数特征（图8-10），可进一步划分出Ⅰ类A型、Ⅰ类B型、Ⅰ类C型、Ⅰ类D型、Ⅱ类A型、Ⅱ类B型、Ⅲ类A型、Ⅲ

类 B 型和Ⅲ类 C 型的测井曲线组合类型与煤体结构类型（表 8-3）。

Ⅰ类 A 型：一般作为该煤煤体结构测井判识对比的参考值，具有"高视电阻率、中等密度、中等自然伽马、低井径和低声波时差"的测井参数特征（图 8-10），为典型的弱构造变形、低黏土矿物含量的原生结构煤、初碎裂煤和碎裂煤的测井曲线特征，常为视电阻率曲线极大值所对应的测井曲线特征点曲线组合类型。

Ⅰ类 B 型：视电阻率中等响应，密度、自然伽马、声波时差与井径均为低值响应，视电阻率、密度和自然伽马曲线相对Ⅰ类 A 型均有所降低，具有"中等视电阻率、低密度、低自然伽马、低井径和低声波时差"的测井参数组合特征，体现了煤体裂隙系统较为发育，但井径和声波时差较小，反映了垂层裂隙的发育，推测为煤层内生裂隙发育层段。

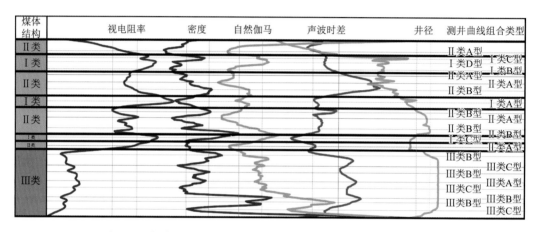

图 8-10　芦岭煤矿 2010-11 孔煤体结构多元三幅值综合测井判识图

Ⅰ类 C 型：视电阻率中等响应，密度与自然伽马高值响应，声波时差与井径低值响应，为煤层中黏土矿物含量的增高从而造成的密度与自然伽马的正异常，同时也使得电阻率降低呈现负异常。煤层构造变形较弱、声波时差与井径未发生增大而表现为负异常，具有"中等视电阻率、高密度、高自然伽马、低井径和低声波时差"的测井参数组合特征，为高黏土矿物含量、弱构造变形的原生结构煤、初碎裂煤和碎裂煤。

Ⅰ类 D 型：视电阻率高值响应、密度低值响应、自然伽马高值响应，声波时差与井径低值响应，为煤层中黏土矿物含量的增高从而造成的自然伽马的正异常，但煤层构造变形也有所增强、孔裂隙系统发育，使得密度仍呈负异常、电阻率仍为正异常、较Ⅰ类 A 型有所降低，具有"中-高视电阻率、低密度、高自然伽马、低井径和低声波时差"的测井参数组合特征，为高黏土矿物含量、裂隙发育的碎裂煤和片状煤。

Ⅱ类 A 型：视电阻率、密度、自然伽马与井径中等响应，声波时差高值响应，煤体发生较为强烈的脆性变形、孔裂隙系统发育，从而导致视电阻率、密度与自然伽马的降低，声波时差与井径则发生增长，而呈现的"中等视电阻率、中等密度、中等自然伽马、中等井径和高声波时差"测井曲线组合特征，为低黏土矿物含量的、发生了较为强烈构造变形的碎斑煤和薄片煤。

Ⅱ类 B 型：视电阻率中等响应，密度、自然伽马高值响应，声波时差与井径中等响应，为煤体发生较为强烈的脆性构造变形、孔裂隙系统发育，从而导致视电阻率的降低、声波时差与井径的增长，而较高的黏土矿物含量则导致了密度与自然伽马的升高，呈现出"中等视电阻率、高密度、高自然伽马、中等井径和中等声波时差"测井曲线特征，为高黏土矿物含量的、发生了较为强烈构造变形的碎斑煤、片状煤与薄片煤。

Ⅲ类 A 型：视电阻率、密度与自然伽马低值响应，声波时差与井径高值响应，为典型的煤体强烈构造变形破碎、孔-裂隙系统发育而呈现的"低视电阻率、低密度、低自然伽马、高井径和高声波时差"测井曲线综合特征，为低黏土矿物含量的、发生了强烈构造变形的碎粒煤、揉皱煤和糜棱煤。

Ⅲ类 B 型：视电阻率低值响应，密度、自然伽马、声波时差与井径均为高值响应，具有"低视电阻率、高密度、高自然伽马、高井径和高声波时差"的测井参数特征，为煤体高黏土矿物含量而导致的密度和自然伽马发生显著正异常，高井径、高声波时差和低视电阻率则反映了煤体强烈的构造变形和裂隙系统的发育，推测其煤体结构类型为高黏土矿物含量的鳞片煤和揉皱煤。

Ⅲ类 C 型：视电阻率和密度低值响应，自然伽马、声波时差与井径高值响应，自然伽马的正异常、高幅值反映了较高的黏土矿物含量，但其密度值仍较低，则是由于构造强烈变形、细小裂隙的密集发育、孔隙度急剧增大，而使得密度降低，这与碎粒煤和糜棱煤的变形特征相一致，同时声波时差与井径正异常也反映了煤体的强烈变形，可见"低视电阻率、低密度、中-高自然伽马、高井径和高声波时差"的测井参数特征反映了发生强烈碎粒化和糜棱化的碎粒煤和糜棱煤构造煤类型。

2）判识流程

（1）根据煤层与夹矸层的测井曲线特征，结合钻探成果，进行煤层与煤层结构的判识与划分（图 8-11）；

（2）根据简单结构煤层或复杂结构煤层中的煤分层的视电阻率曲线形态，可分为单峰型和多峰型两种类型；

（3）通过井田内同一煤层的测井曲线幅值对比，对煤层不同类型的测井曲线进行"高值、中值和低值"的三幅值划分；

（4）划分煤层视电阻率曲线的峰值和谷值所对应的测井曲线特征点，剖析其测井曲线组合类型，得出该点反映的煤体结构类型；

（5）对于单峰对称型视电阻率曲线，该段煤层的煤体结构类型即为该测井曲线特征点所反映的煤体结构类型；

（6）对于单峰不对称型视电阻率曲线，其一侧常出现 S 形或 Z 形次级波动起伏，S 形或 Z 形曲线的拐点处常对应其他测井曲线的幅值突变点，可作为不同类型煤体结构的分界点，其煤体结构类型分别根据其测井曲线组合类型进行划分；

（7）对于多峰型视电阻率曲线分别根据其波峰和波谷处测井曲线组合类型，以相邻测井曲线特征点间曲线的拐点处和其他测井曲线的幅值突变点为分界点，进行不同煤体结构类型的划分；

（8）基于以上分析，垂向上由点至段、平面上由点至线至面进行研究区的煤体结构判识和分布规律研究。

　　测井曲线三幅值的划分应在充分了解研究区地质情况的基础上进行，一般情况下煤层中总会存在变形较弱的Ⅰ类煤体结构类型发育，对于多峰型测井曲线，则可以根据煤层测井曲线的相对幅值大小进行三幅值划分；而对于单峰型测井曲线和强烈构造变形所形成的整个煤层均为构造煤发育时，因为没有Ⅰ类和Ⅲ类煤体结构类型作为对比，难以进行三幅值的准确划分，此时可参考该煤层相同施工条件下其他钻孔测井曲线幅值进行对比分析，综合各测井曲线特征进行三幅值划分。除此之外还应注意以下几点：①测井曲线的幅值会受到煤体厚度的影响，一般分层厚度越薄，视电阻率正异常的幅值则越低；②测井曲线的幅值存在边界效应，在煤层顶部和底部测井曲线会受到顶底板岩性的影响，存在单调递变段，尤其是视电阻率和井径曲线表现得最为显著；③煤体视电阻率受到变形程度、分层厚度、黏土矿物含量及边界效应的综合影响，对于煤层的顶部和底部以及薄分层煤体在三幅值划分时常会造成视电阻率幅值偏小的误判，分析发现测井曲线的厚度效应和边界效应对于波动频率较高的密度曲线和自然伽马曲线的影响较小，进一步可根据密度曲线和自然伽马曲线的幅值特征对视电阻率的幅值和测井曲线组合类型进行判识。

　　煤体测井曲线受到煤体变形程度、分层厚度、黏土矿物含量和边界效应的综合影响，通过煤体结构测井曲线定性判识、定量判识和多元三幅值煤体结构地质综合测井判识的对比分析（图8-11）发现，多元三幅值煤体结构地质综合测井判识方法可明确曲线波动地质原因，从而提高判识精度。

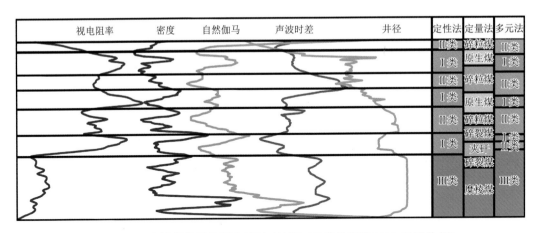

图 8-11　不同方法煤体结构测井判识对比图（以芦岭煤矿 2010-11 孔为例）

8.2.3　基于波阻抗反演的构造煤预测

　　煤体的弹性参数及力学参数，如超声波速度、弹性参数及其与速度的相关性等，已被用于分析煤体中裂隙的发育方向及发育密度。但前人的研究主要侧重于原生结构煤的弹性特征测试与分析，对于构造煤的相关研究较为薄弱且不够系统（王赟等，2013；Wang et al.，2014a）。不同类型构造煤中构造裂隙特征存在明显差异，致使构造煤的煤体结构及煤体强度存在显著差异，对于变形强烈的构造煤样品，其煤体完整性极易受到外力破坏，因而很难加工为特定形态的样品，对构造煤弹性参数的测定及分析研究造成较大障碍。

1. **构造煤弹性与岩石物理特征**

陈红东（2017）利用不同规格的砂纸对各类构造煤样品进行细致磨制处理，在不破坏样品完整性的前提下，加工成符合测试条件的样品。进行不同类型构造煤超声波速度及弹性特征系统测试，并结合构造煤的变形环境及其裂隙结构特征，分析和讨论不同类型构造煤弹性特征的变化规律及影响因素。

构造煤超声波速度测试实验在中国石油化工股份有限公司石油物探技术研究院地球物理实验中心应用自主研制的超声波测试仪器进行，通过对超声波实验的纵横波波形初至时刻的拾取，结合测量的样品厚度与密度数据，进而计算纵横波波速、纵横波速度比、泊松比、波阻抗等超声波实验参数和岩石物理参数。

原生结构煤与不同类型构造的弹性参数分布特征差异显著，随煤体变形程度的增强，不同类型构造煤的纵波（V_P）、横波（V_S）、V_P/V_S和泊松比数值整体呈降低趋势（图8-12）。

原生结构煤的V_P、V_S、V_P/V_S和泊松比均相对最大，在脆性变形环境中（碎裂煤到碎粒煤），碎裂煤的弹性参数数值与原生结构煤相近，并与碎斑煤区分显著；碎斑煤的弹性参数值分布范围较大，属于碎裂煤与碎粒煤之间的过渡阶段，部分碎斑煤的V_P和V_S与碎粒煤接近，但碎斑煤的V_P/V_S和泊松比数值明显高于碎粒煤；碎粒煤的弹性参数数值为整个脆性变形系列中最低的。片状煤与鳞片煤的弹性参数值差异显著，其中片状煤与碎裂煤较为接近，鳞片煤处于较低水平。揉皱煤和糜棱煤的V_P、V_S数值相近，糜棱煤的V_P/V_S和泊松比数值相较揉皱煤有所降低。

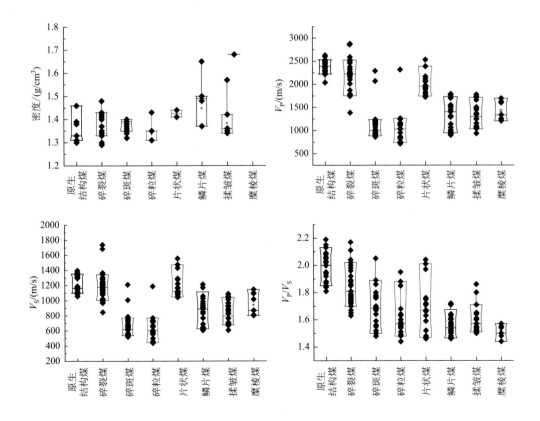

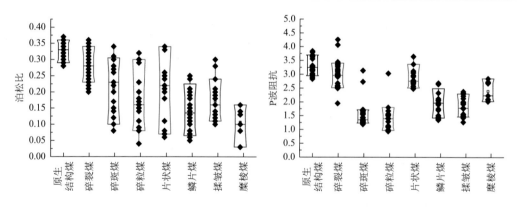

图 8-12　不同煤体结构类型煤样弹性与岩石物理参数直方图

进一步开展了构造煤的纵横波速度各向异性研究,揭示了不同类型构造煤纵横波速度各向异性的变化规律。原生结构煤及不同类型构造煤的 V_P、V_S 各向异性分布特征差异显著,原生结构煤的 V_P、V_S 的各向异性数值均小于 0.1,是所有煤体类型中最低的,同时原生结构煤的 V_S 各向异性高于 V_P;在脆性变形环境中（碎裂煤至碎粒煤）,随变形程度的增强,不同类型构造煤的 V_P、V_S 的各向异性数值逐渐增高;碎裂煤的 V_P 各向异性强于 V_S;碎斑煤的 V_P、V_S 各向异性相近;碎粒煤的 V_P、V_S 各向异性与碎斑煤一致;剪切变形环境下的片状煤和鳞片煤的 V_P、V_S 各向异性显示明显高值,可达 0.3 甚至更高;塑性变形环境下的揉皱煤和糜棱煤 V_P、V_S 的各向异性值主要分布于 0.2～0.4,糜棱煤高于揉皱煤,并且揉皱煤较稳定。可见,构造煤速度各向异性变化规律主要为在脆性变形环境下,随煤体变形程度增强煤体速度各向异性数值逐步增高,剪切环境下构造煤显示明显高值,塑性变形环境下构造煤较高。

结合构造煤变形特征、孔隙结构特征与 3D CT 扫描实验分析,揭示了构造裂隙的发育特征是导致不同类型构造煤速度各向异性差异的重要因素。原生结构煤以网格状的内生裂隙为主,裂隙方位各向异性较差,从而导致在不同方位上测得的纵波速度差异很小。在脆性变形环境中,碎裂煤的内生裂隙保存较好,斜交层理构造裂隙稀疏发育,致使碎裂煤的裂隙结构各向异性增强,速度各向异性增高;碎斑煤的构造裂隙发育紊乱,使得裂隙方位各向异性增强,速度各向异性增高;碎粒煤受煤体内部密集细微的构造裂隙发育影响,裂隙方位的各向异性更为明显,速度各向异性进一步增高。在剪切变形环境下,片状煤中发育一组优势方位的构造裂隙,速度各向异性特征呈现相对高值;典型鳞片煤的构造裂隙密集发育,方向性显著,速度各向异性处于较高数值,对于煤体内部发育多组不同方位构造裂隙的鳞片煤,其速度各向异性数值较低;揉皱煤和糜棱煤,受弧形弯曲裂隙和煤体组分揉皱变形的影响,裂隙延伸的方向不稳定,裂隙方位各向异性明显,致使两者的速度各向异性数值较高。

在不同类型构造煤的岩石物理参数系统测试分析的基础上,建立了构造煤的岩石物理识别模版（图 8-13）。对于不同类型构造煤而言,纵横波速度比（V_P/V_S）和波阻抗参数对煤体变形类型响应最为敏感,同时煤体的原生结构保存程度是影响煤体岩石物理参数的关键因素。基于原生结构煤和不同类型构造煤的结构特征分析,原生结构煤、碎裂煤和片状煤的原生结构和层理保存较为完好,P 波阻抗数值均大于 $2.5\times10^6 \mathrm{kg/(m^2 \cdot s)}$,同时原生结构煤、碎裂煤和片状煤的 V_P/V_S 和 P 波阻抗数值区分较为明显，图 8-13 中的 A 区主要为原生结构煤的分布范围，B 区主要为碎裂煤的分布范围，C 区主要为片状煤的分布范围；对于脆性变形环境下的碎斑煤和碎粒煤，两者的 P 波阻抗数值部分重合，但 V_P/V_S 区分较为明显，D 区主要为碎斑煤的分布范围，E 区除了有碎粒煤外，鳞片煤、揉皱煤和糜棱煤也分布其中，因此 E 区主要为强变形构造煤的分布区，属于煤矿瓦斯突出最具威胁的构造煤类型。

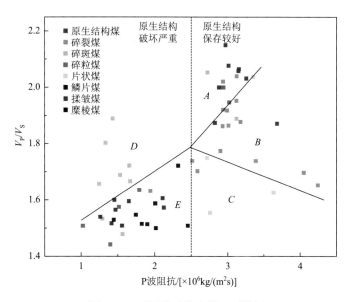

图 8-13　不同类型构造煤识别模版

2. 构造煤分布规律预测

通过芦岭煤矿各类煤体结构煤样实验室超声波测试，获得四类煤体的密度、P 波速度和 P 波阻抗值（表 8-4），结合 II 6 采区钻孔测井曲线煤体结构判识，获得各钻孔测井判识的不同类型煤体结构的比例，计算出各个钻孔整个煤层段的 P 波速度和 P 波阻抗的算术平均值。进而可以得到不同煤体结构组合类型的 P 波速度与 P 波阻抗交会图（图 8-14），图中Ⅲ、Ⅳ、Ⅱ和 Ⅰ类煤体结构组合类型的 P 波速度和 P 波阻抗值呈现依次增大的趋势，同时四类煤体结构组合的 P 波速度和 P 波阻抗可被直线 L1、L2 和 L3 划分开来，得到四类煤体结构组合类型的 P 波速度和 P 波阻抗值范围（表 8-5）。

表 8-4　实测煤样的密度和 P 波速度（据马国栋，2018）

煤体结构类型	密度 ρ/(g/ml)	P 波速度 V_P/(m/s)	P 波阻抗 Z_P/[(m/s)·(g/cm^3)]
原生结构煤	1.46	3008.33	4392.16
碎裂煤	1.43	2389.74	3417.33
碎粒煤	1.36	1745.71	2374.17
糜棱煤	1.40	1401.69	1962.37

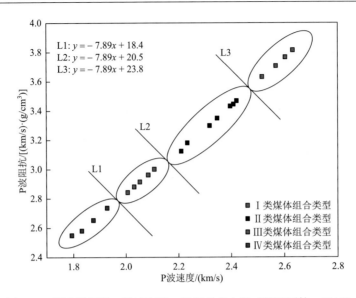

图 8-14　钻孔煤层段 P 波速度和 P 波阻抗交会图（据马国栋，2018）

表 8-5　不同煤体结构组合类型 P 波速度和 P 波阻抗值分布（据马国栋，2018）

煤体结构组合类型	P 波速度 V_P/(m/s)	P 波阻抗 Z_P/[(m/s)·(g/cm³)]
Ⅰ类	2450~2750	3550~3950
Ⅱ类	2150~2450	3100~3550
Ⅲ类	1750~1950	2500~2800
Ⅳ类	1950~2150	2800~3100

　　根据实测的不同结构煤体的密度和 P 波速度值，对芦岭煤矿Ⅱ6采区内20个钻孔已识别的不同结构煤体处的测井曲线进行精确修正，以修正后的密度和 P 波速度测井曲线为输入进行地震波阻抗反演，获得 P 波速度数据体和 P 波阻抗数据体，图 8-15 为典型包含四种类型煤体结构组合类型的连井地震剖面和反演剖面对比，可以看出声波阻抗反演大大提高了地震剖面的垂向分辨率，同时反演结果中目标体 8 号煤层Ⅰ、Ⅱ、Ⅳ和Ⅲ类煤体结构组合类型的 P 波阻抗值和 P 波速度值依次减小。通过计算地震反演结果中 8 号煤层段 P 波速度和 P 波阻抗算术平均值可以得到研究区 P 波速度和 P 波阻抗反演切片（图 8-16）。

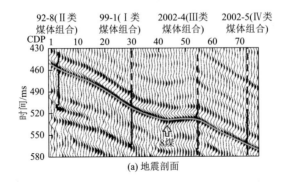

(a) 地震剖面

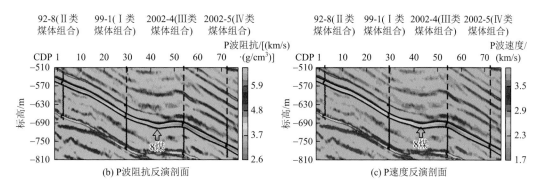

图 8-15 连井地震剖面和反演剖面对比（据马国栋，2018）

CDP 为共深度点道集

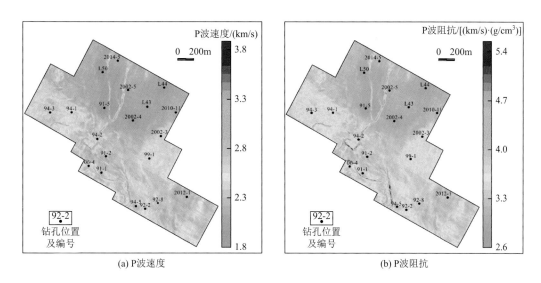

图 8-16 声波阻抗反演切片（据马国栋，2018）

为了更好地对研究区进行煤体结构组合类型发育区域的圈定，利用 P 波速度和 P 波阻抗反演切片进行交会分析（图 8-17）。同样利用直线 L1、L2 和 L3 和表 8-5 中不同煤体结构组合类型的 P 波速度和 P 波阻抗值范围对研究区进行了煤体结构组合类型的定量划分，可得到 Ⅰ、Ⅱ、Ⅲ和Ⅳ类煤体结构组合类型及其平面分布规律（图 8-18）。

基于测井曲线分析得到的构造煤分布范围以定性划分为主（图 8-9），煤体结构分布规律预测的精度及可信度与钻孔的分布位置及密集程度密切相关；基于不同类型构造煤的实测纵波速度和岩石物理参数，综合三维地震数据的横向高分辨率和多种测井响应信息，可以实现不同煤体结构类型分布规律较为精确的判识，不同煤体结构组合类型的分布范围及边界形态清晰（图 8-18），相较于测井曲线判识结果更为准确，大大提高了判识精度，体现了声波阻抗反演横向高分辨率的优越性。

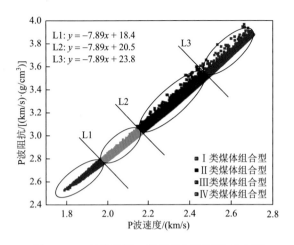

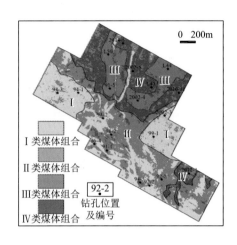

图 8-17 P 波速度和 P 波阻抗反演切片交会图
（据马国栋，2018）

图 8-18 煤体组合类型平面分布图
（据马国栋，2018）

8.3 瓦斯突出预测与评价

为了实现对煤与瓦斯突出危险性的准确评价，需要科学的评价指标和量化标准进而制定有针对性的防治或防范措施，国内外学者进行了大量探索与研究，2009 年由国家安全生产监督管理总局修订发布《防治煤与瓦斯突出规定》，其中规定钻屑瓦斯解吸指标 Δh_2、钻孔瓦斯涌出初速度 q、钻屑量 S 三个指标，为判断是否具有煤与瓦斯突出危险的基本指标。不同类型构造煤的瓦斯含量、瓦斯压力及力学性质均存在一定的差异性，将直接影响到煤层钻屑的瓦斯解吸特征。煤与瓦斯突出区域性预测的方法主要有单项指标法、按照煤的变质程度、按照煤的变形特征、综合指标 D 与 K 法、地质指标、综合指标 B、地质统计法、多因素综合预测法和物探法预测突出构造带与危险区 9 种。

8.3.1 新景矿瓦斯突出预测与评价

2004 年 11 月 11 日新景矿 3 号煤层芦北采区 7303 工作面正常割煤时发生了第一次煤与瓦斯突出，突出煤量 70t，瓦斯量 11560m³，造成 1 人死亡。2005 年经煤炭科学研究总院抚顺分院鉴定，新景矿 3 号煤层为突出煤层，矿井为突出矿井。自开采以来新景矿共发生160 余次煤与瓦斯突出，其中强度最大的一次为 2007 年 1 月 30 日发生于芦北采区 3 号煤层北二切巷掘进工作面，突出煤量 90t、瓦斯量 10000m³。随着开采深度和开采强度的加大，开采区域向地质构造相对复杂的矿井西部推进，瓦斯突出综合指标 D 值呈现增大的趋势，由 1.39 增至 6.72；瓦斯压力增加到 1.75MPa 以上，突出危险性增大。主要表现为煤体松散破碎的构造煤发育区具有较高的瓦斯含量和瓦斯压力、造成瓦斯喷出和瓦斯突出等事故的发生，瓦斯突出防治已成为严重制约矿井安全生产和经济效益的重大问题。

1. 瓦斯成分及分带性

新景煤矿 3 号煤层瓦斯组分以 CH_4 为主，占 8.72%～93.59%，平均为 53.82%；其次为 N_2，约占 39.69%，CO_2 含量较少，约 6.48%，其他气体组分少见，绝大多数瓦斯成分测试点的 CH_4 浓度大于 20%，瓦斯分带多属于 N_2-CH_4 带；15 号煤层瓦斯组分与 3 号煤层基本相似，也属于 N_2-CH_4 带（表 8-6）。

表 8-6 煤层瓦斯成分及其分带统计表

煤层	瓦斯成分/%			瓦斯带
	CH_4	CO_2	N_2	
3 号	8.72～93.59	0.59～27.12	5.82～89.77	N_2-CH_4 带
15 号	5.37～95.84	1.18～29.36	0.97～84.88	N_2-CH_4 带

新景煤矿瓦斯化学组分与埋深之间的关系十分离散（图 8-19），反映了除了埋深外还受到其他地质因素的影响，甲烷浓度整体有随埋深的增大而增高的趋势［图 8-19（a）］，但规律性不是十分显著。较低的甲烷浓度与较高的氮气浓度则表明了新景煤矿内仍普遍存在较为开放的瓦斯赋存空间。

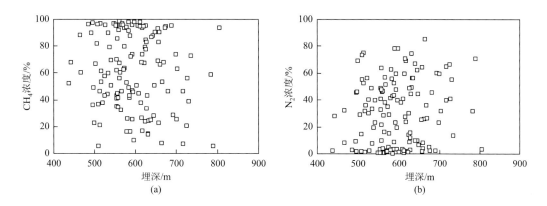

图 8-19 瓦斯成分随埋深变化关系图

2. 瓦斯含量与瓦斯压力分布规律

1）瓦斯含量

根据新景煤矿钻孔瓦斯实测地质资料，结合矿井生产过程中井下瓦斯含量、瓦斯压力与瓦斯涌出量测试成果，绘制了新景煤矿 3 号煤层瓦斯含量分布图（图 8-20）。新景煤矿 3 号煤层瓦斯含量高，为 5.80～27.10m³/t，平均为 12.69m³/t，其中 8m³/t 以上的测点占 70% 以上，一般为 10～25m³/t；瓦斯含量分布格局较为复杂，总体表现出"北高南低、西高东低、高低相间、带状展布"的分布规律，可进一步划分出西部高瓦斯区、中部 NE 向低瓦斯带、南部 NE 向高瓦斯带和东南部低瓦斯区。

图 8-20　新景煤矿 3 号煤层瓦斯含量分布图

（1）西部高瓦斯区：位于井田中西部，范围最大、约占井田面积的一半，瓦斯含量均大于 $15m^3/t$，且存在次级 A 区、C 区和 E 区高瓦斯区以及 B 区和 D 区较高瓦斯区，形成 NE 向展布、串珠状分布的高瓦斯区和较高瓦斯区相间发育的分布规律。

（2）中部 NE 向低瓦斯带：位于井田中部，呈 NE 向不规则带状延伸，北部与西部高瓦斯区相邻发育，瓦斯含量一般为 $8\sim10m^3/t$，局部小于 $8m^3/t$。

（3）南部 NE 向高瓦斯带：位于井田南部，呈 NE 向狭窄条带状延伸，瓦斯含量均大于 $14m^3/t$，且具有自西南部向东北部逐渐降低的变化趋势，最大瓦斯含量约 $25m^3/t$。

（4）东南部低瓦斯区：位于井田东南部，分布范围较广，瓦斯含量均小于 $10m^3/t$。

2）瓦斯压力

煤层瓦斯压力是指煤孔隙中所含游离瓦斯的气体压力，即气体作用于孔隙壁的压力。煤层瓦斯压力是判定煤层突出危险性的重要指标之一。新景煤矿 3 号煤层实测瓦斯压力波动变化较大，其中最小值为 0.25MPa，最大值为 1.95MPa，平均 0.72MPa，西部在 7301-7306 工作面区域出现瓦斯压力低异常区，最小值为 0.32MPa。在 7202、7204、7309-7312 工作面区域瓦斯压力较大，均大于 1MPa，与含气量分布规律较为一致。瓦斯压力和瓦斯含量的数据统计分析发现，除少数异常点外，瓦斯含量与瓦斯压力数值呈现出较为明显的正相关性（图 8-21）。

3. 瓦斯富集与突出的地质控因

影响瓦斯赋存的地质因素较多，地质构造特征、煤的变质程度、含煤岩系的组合特征、煤层埋深、水文地质特征和煤的后生冲蚀均不同程度地对瓦斯赋存有所影响（张子敏和张玉贵，2005b；张坤鹏，2015）。

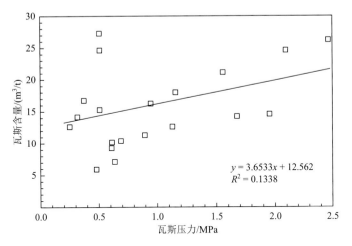

$y = 3.6533x + 12.562$
$R^2 = 0.1338$

图 8-21　新景煤矿 3 号煤层瓦斯含量与瓦斯压力关系

1）煤层埋深

一般瓦斯含量与煤层埋深的相关性是比较显著的，因为随着煤层埋深的增加，温度、压力随之增大，有利于瓦斯的吸附，同时上覆基岩厚度增大，不利于瓦斯的逸散，相应的瓦斯含量就会增大。因此瓦斯含量与煤层埋深一般呈正相关关系（张子敏和张玉贵，2005b）。

新景矿瓦斯含量和相对瓦斯涌出量［图 8-22（a）和图 8-23（a）］均具有随埋深的增大而增高的趋势，由于新景矿位于太行山北段西侧刘备山南麓的低中山区，地表地形复杂，

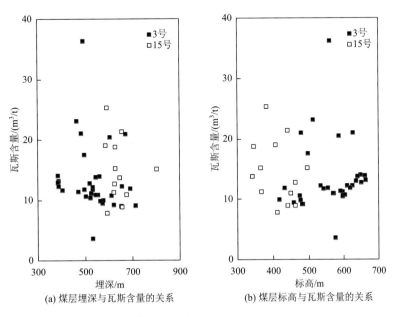

(a) 煤层埋深与瓦斯含量的关系　　　　(b) 煤层标高与瓦斯含量的关系

图 8-22　煤层埋深和标高与瓦斯含量关系图

沟谷纵横，为消除地形起伏的影响，进一步分析瓦斯含量与煤层底板标高的关系发现，瓦斯含量随着煤层底板标高的增大而减小 [图 8-22（b）]，相对瓦斯涌出量也表现出相一致的规律 [图 8-23（b）]，但瓦斯含量和相对瓦斯涌出量与煤层标高之间的离散性也均较强。

新景矿煤层埋深西部深东部浅，东南部煤层埋藏深度浅、靠近煤层露头和瓦斯风氧化带，为矿井东南部低瓦斯区发育的主控地质因素，同时随着向西部开采煤层埋藏深度的增大，瓦斯含量增大、瓦斯地质灾害形势日趋严峻。

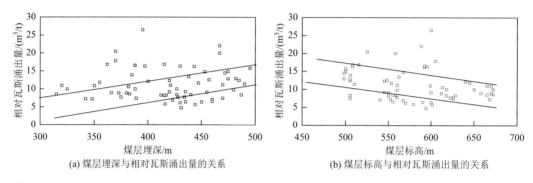

（a）煤层埋深与相对瓦斯涌出量的关系　　　（b）煤层标高与相对瓦斯涌出量的关系

图 8-23　煤层埋深和标高与相对瓦斯涌出量关系图

2）煤层变薄带

河流冲刷导致煤层变薄带的发育是影响新景煤矿 3 号煤层厚度与瓦斯含量变化的主要因素之一，在局部区域对煤层厚度变薄影响相对严重，给矿井生产造成较大困难。矿井内冲刷带分布范围较广，多呈条带状展布，宽度由几十米到上百米，长度由几百米到上千米。3 号煤层的西部高瓦斯区和南部 NE 向高瓦斯带内均有较大范围的冲刷带发育，构造应力作用下可能会导致古河流冲刷薄煤带构造变形强化区的发育，造成局部构造变形的增强与构造煤的发育，构造煤的类型主要为碎裂煤、碎斑煤与碎粒煤，形成瓦斯含量和瓦斯压力均较高的瓦斯富集区。生产实际情况揭示，当靠近冲刷带附近时，瓦斯含量明显增大，如 7202 工作面，在接近冲刷带时瓦斯涌出量明显增大，最大相对瓦斯涌出量达 12.33m³/t（图 8-24）。

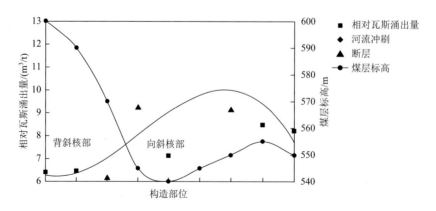

图 8-24　新景矿 7202 工作面河流冲刷对瓦斯涌出量的影响

3）矿井构造

新景矿宽缓多期叠加褶皱控制了矿井主体构造形态，断层以稀疏发育的小型正断层为主。3 号煤层的四个瓦斯分区总体上呈 NE 向展布，与矿井以 NE 向构造为主的特征相一致，体现了 NE 向构造对瓦斯分布的主控作用；同时各瓦斯分区内局部高瓦斯与低瓦斯异常区块则呈 NWW 向串珠状、交替展布，反映了 NWW 向构造对瓦斯的赋存也具有重要影响（图 8-20）。井下实测发现向斜构造的发育有利于瓦斯的富集，表现为向斜核部煤层瓦斯含量较高，7202 工作面和 7304 工作面生产过程中，由向斜翼部至核部瓦斯相对涌出量明显增加（图 8-25），并且于 2005 年 6 月 27 日在 7202 工作面向斜核部发生了煤与瓦斯突出事故，突出煤量 29t，瓦斯量 1500m^3。而背斜核部煤层瓦斯含量一般较低（图 8-24），在 7202 工作面和 71123 工作面穿过背斜核部的过程中相对瓦斯涌出量均明显降低（图 8-26）。除此之外，叠加褶皱的发育及其对瓦斯赋存的影响作用进一步加剧了瓦斯分布的复杂性，生产中发现向斜与向斜叠加而成的盆形构造以及向斜与背斜叠加而成的马鞍状构造部位矿井瓦斯涌出量常显著增长，而背斜与背斜叠加形成的穹状隆起部位则会相对降低，西部高瓦斯区中 A 区和 C 区高瓦斯区均位于向斜构造叠加而成的盆形构造，中部 NE 向低瓦斯带内呈 NW 向展布的、瓦斯含量小于 8m^3/t 的局部区块则可能与 NWW 向背斜构造的发育有关。

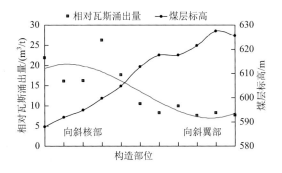 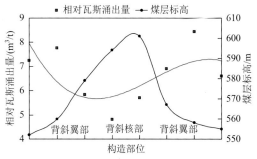

图 8-25　7304 工作面向斜对相对瓦斯涌出量的影响　　图 8-26　71123 工作面背斜对相对瓦斯涌出量的影响

新景矿断层以小型为主，对瓦斯的影响较小，但会造成局部瓦斯涌出量的变化。断层对瓦斯含量的影响不仅取决于断层的规模和性质，断层作用下构造煤的发育对瓦斯的赋存具有一定的影响。一般井田内普遍发育的张性正断层会造成瓦斯含量的降低，但是由于断层伴生和派生强变形构造煤的发育，常会导致瓦斯涌出量的急剧增长，7202 工作面回采 3 号煤层过程中，揭露一组 0.5～0.9m 的正断层，造成工作面的瓦斯含量明显增大（图 8-24）。2004 年 11 月 11 日在 7303 工作面落差为 2.2m 正断层上盘 3 号煤层发生了煤与瓦斯突出事故，突出煤量 70t，瓦斯量 11560m^3。

4）煤体结构

构造作用下煤体的变形往往存在非均质性，即使在同一煤层中也会存在不同结构煤体的分层性发育。新景矿 3 号煤层构造与煤体结构分析显示，构造变形较为强烈的区域，II 类与III类煤体结构的发育具有互为消长关系，而煤层整体结构特征影响了瓦斯的赋存与突出。为了显现煤体结构破坏程度、范围及其对瓦斯赋存的影响，特提出煤体结构破坏值的概念。所谓煤体结构破坏值即指钻孔中某一煤层的破坏程度，可以用某个具体的数值来代表，该数值即该钻孔某煤层煤体结构破坏值（B）。在不同类型构造煤变形特征分析的基础上，应用测井曲线对每个钻孔 3 号煤层煤体结构进行判识及分层定厚，计算出该钻孔不同煤体结构分层所占煤层厚度的百分比（不含夹矸层），将 I、II、III 类煤体结构厚度百分比分别乘以不同的破坏系数（b_I、b_{II} 和 b_{III}），然后依据式（8-3）计算出该钻孔煤体结构的破坏值：

$$B = b_I \times I\% + b_{II} \times II\% + b_{III} \times III\% \tag{8-3}$$

根据新景矿测井解释的实际结果，将 b_I、b_{II} 和 b_{III} 分别取值 1、2 和 6，则 B 值可以较好地反映新景矿 3 号煤层的破坏程度。全层煤体结构为 I 类时，则该钻孔煤体破坏值为 1，且为破坏值的下限，煤体变形程度低；B 值大于 1 时，则出现 II 类煤，直至全层为 II 类煤时 B 值达到 2；一旦有 III 类煤体结构发育，B 值普遍大于 2，标志着强变形 III 类煤体结构的发育，并且随着 III 类煤体结构厚度百分比的增加，B 值逐渐增大。

　　新景矿统计资料分析表明，3 号煤层瓦斯含量整体较高，而煤体破坏程度与瓦斯含量具有一定的正相关关系（图 8-27），即随着煤体结构破坏程度的增大，瓦斯含量具有增大的趋势。这是因为随着煤体结构破坏程度的增大，构造煤的孔容、比表面积以及瓦斯吸附能力增强，且强烈破坏的构造煤瓦斯渗流通道不畅，易造成瓦斯的聚集，形成高瓦斯地区。

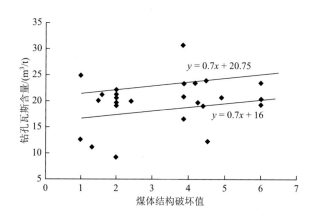

图 8-27　新景煤矿 3 号煤层煤体结构与钻孔瓦斯含量关系图

　　根据新景矿 112 口钻孔测井曲线煤体结构判识和煤体结构破坏值计算结果，绘制出新景煤矿 3 号煤层煤体结构破坏值等值线图，再叠加上瓦斯含量等值线，得到煤体破坏值等值线与瓦斯含量关系及突出点位置图（图 8-28），较为清晰地反映了煤体结构破坏值与瓦斯含量的关系。3 号煤层 B 值在矿井中、西部区域普遍高于东部区域。在簸箕掌向斜以东的区域内，除北部和中部受 NNE 向簸箕掌向斜和 NE 向褶皱的影响，局部 B 值大于 2 甚至更高外，大部分区域 B 值小于 1.4，表明煤体的变形强度低，以 I 和 II 类煤体结构为主，再者，该区域接近煤层露头区、埋深浅，瓦斯含量较低，一般都在 6m^3/t 以下，生产中没有发生瓦斯突出现象；向北、西随着远离煤层露头区和地形的增高，煤层的埋深相应增大，再加上近 EW 向与 NNE 向褶皱的叠加，瓦斯的含量逐渐增高，瓦斯含量可以高达 20m³/t，瓦斯动力现象逐渐显现，如在 NEE 向瓦斯高值带上，芦湖东向斜近轴部位置及簸箕掌向斜与一近 EW 向向斜的叠加部位，在生产中分别发生了瓦斯喷出的动力现象，瓦斯喷出量差别较大，为数十立方米至超过 1000m³。

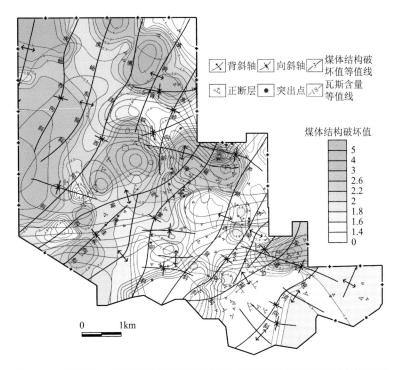

图 8-28　新景矿 3 号煤层煤体结构破坏值与瓦斯含量关系及突出点位置图

　　簸箕掌向斜以西的矿井中及北部区域，煤体的破坏强度显著增高，大部分区域内 B 值大于 2，表明在煤体结构中有强变形Ⅲ类煤的发育，煤层瓦斯含量普遍增大，一般均在 20m³/t 以上，瓦斯突出危险性大大增加。在已开发的区域内，煤与瓦斯突出现象发生较为频繁，如簸箕掌向斜的北部与近 EW 向褶皱叠加区域，B 值在 2 以上，局部达到 5，瓦斯含量普遍高于 20m³/t（局部 >26m³/t），生产中发生煤与瓦斯突出（突出煤量 70 余 t、瓦斯超过 10000m³）；在佛洼背斜和簸箕掌向斜的中部，在 B 值大于 2 和瓦斯含量大于 $10^3/t$ 的区域范围内发生多起煤与瓦斯突出事故。这些特征说明，B 值与煤层瓦斯含量具有一定的联系，并且对瓦斯突出具有一定的指示作用，新景矿的特征也反映出随着矿井生产向西部的推进，B 值增大、瓦斯含量增高，面临的瓦斯突出威胁将会增大。

4. 瓦斯突出地质预测

　　根据《煤与瓦斯突出危险性区域预测方法》（GB/T 25216—2010）和《防治煤与瓦斯突出规定》（国家安全生产监督管理总局，2009）最新规定，煤与瓦斯突出危险性区域预测可以依据煤层瓦斯含量、瓦斯压力等指标进行划分，各指标临界值如表 8-7 所示。

表 8-7　根据煤层瓦斯压力和瓦斯含量进行区域预测的临界值

瓦斯含量 $W/(m^3/t)$	瓦斯压力 P/MPa	区域类别
$W<8$	$P<0.74$	无突出危险区
除上述情况以外的其他情况		突出危险区

　　依据已有瓦斯突出典型案例分析,可知新景煤矿瓦斯突出全部发生在煤层瓦斯含量大于 $8m^3/t$ 的区域,且煤体结构破坏程度相对较大。西部未采区 3 号煤层的瓦斯含量分布非均质性较强,最大值甚至超过 $30m^3/t$,如图 8-20 的 C 区,其他区域虽然有所减小,但瓦斯含量均在 $10m^3/t$ 以上。3 号煤层为无烟煤,在煤变质过程中产生了大量的瓦斯气体,而后期的构造变形较弱,以微弱褶皱发育为主要特征,断层则以发育于煤层中的小断层为主,使得煤层顶板的完整性较强。3 号煤层顶板泥岩发育,厚度在 $0.5\sim9m$,平均 3m,透气性差,属致密盖层,不利于瓦斯的渗流和逸散,对煤层中瓦斯赋存起到了良好的封盖作用。由此可见,新景矿 3 号煤层变质程度高、断层破坏弱、顶板封盖性强,为其高瓦斯含量提供了保障,而矿井构造和构造煤的发育则是瓦斯非均质性分布及煤与瓦斯突出的主控地质因素,瓦斯突出事故多发生于局部挤压应力作用、薄煤层弯流褶皱作用和顺层剪切力偶作用下强变形构造煤发育区。因此,针对全矿井高瓦斯和构造煤发育的特点,若以瓦斯含量 $8m^3/t$ 为界,则西部未采区均为瓦斯突出危险区;如果以煤体结构破坏值大于 3 或者煤层瓦斯含量大于 $20m^3/t$ 为临界值,可将瓦斯突出危险区进一步划分出瓦斯严重突出危险区(图 8-29),在未来的生产中瓦斯突出预测与防治的任务十分艰巨。

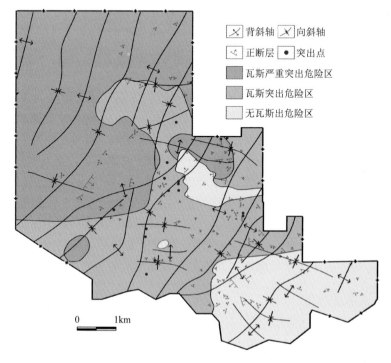

图 8-29　新景矿 3 号煤层瓦斯突出危险区预测图

8.3.2 芦岭矿瓦斯突出预测与评价

芦岭矿自建井以来至 2002 年底 8 号煤层发生了煤与瓦斯突出或瓦斯动力现象 26 次（表 8-8），突出次数占淮北矿区突出总数的 66.7%（李丽和王楠，2009）。特别是 2002 年 4 月 7 日 4 时 25 分发生在 II 818 工作面 3 号石门的特大煤岩与瓦斯突出，共突出煤岩量 8924t，涌出瓦斯达 123 万余 m^3，死亡 13 人，为淮北矿业历史上突出强度最大的煤与瓦斯突出事故。依照 2016 年《煤矿安全规程》第一百八十九条的相关规定：在矿井井田范围内发生过煤（岩）与瓦斯（二氧化碳）突出的煤（岩）层或者经鉴定、认定为有突出危险的煤（岩）层为突出煤（岩）层。在矿井的开拓、生产范围内有突出煤（岩）层的矿井为突出矿井。因此，芦岭矿属煤与瓦斯突出矿井，主采煤层 8 号煤为突出煤层。

表 8-8 芦岭矿 8 号煤层煤与瓦斯突出情况汇总表

| 序号 | 突出日期 | 垂深/m | 煤厚/m | 主要影响因素 | 突出情况 | | | 备注 |
					煤量/t	瓦斯量/m³	瓦斯压力/MPa	
1	1965.08	425	9.0	—	18	300	2.25	—
2	1972.10	365	12.2	褶皱	234	2841	1.78	8、9 合层
3	1975.12	321	9.1	断层	32	513	1.75	—
4	1977.05	321	10.0	—	200	1600	1.75	8、9 合层
5	1978.09	378	7.2	—	20	521	—	上、下未开采
6	1980.06	347	8.5	—	12	600	—	—
7	1981.10	347	8.5	—	20	938	1.50	—
8	1984.06	386	8.5	断层	48	1584	—	—
9	1985.01	413	8.0	断层	51	1930	—	—
10	1985.05	404	9.0	断层	66	5545	—	—
11	1988.07	379	12.7	断层	174	1500	—	—
12	1989.02	396	10.5	—	35	6528	—	8、9 合层
13	1993.01	460	8.0	—	120	1890	—	—
14	1997.10	552	8～15	强变形构造煤	0.1	—	—	$f=0.3$, 8、9 合层变厚
15	1997.12	552	2.0	层滑、煤厚变化	278	5000	—	$f=0.4$, 煤层增厚
16	1998.04	552	8～13	强变形构造煤	—	—	—	$f=0.2～0.4$, 8、9 合层变厚
17	1998.10	483	10～13	强变形构造煤	500	2000	—	$f=0.2$, 煤层变厚
18	1999.09	552	9-14	强变形构造煤	20	1000	—	$f=0.2$, 8、9 合层变厚
19	1999.12	454	10	强变形构造煤	30	13000	—	$f=0.3$
20	2000.04	454	11	逆断层、强变形构造煤	20	2000	—	$f=0.3$
21	2000.06	435	12	顶板破碎、强变形构造煤	3	100	—	$f=0.3$

续表

| 序号 | 突出日期 | 垂深/m | 煤厚/m | 主要影响因素 | 突出情况 | | | 备注 |
					煤量/t	瓦斯量/m³	瓦斯压力/MPa	
22	2002.04	613	8~13	构造煤	8924	1230000	—	$f=0.2$，8、9合层变厚
23	2002.05	583	8.0	褶皱、强变形构造煤	0.5	200	—	$f=0.3$
24	2002.06	583	8.0	强变形构造煤	0.2	150	—	$f=0.3$
25	2002.06	615	8~12	8、9合层变厚	—	—	—	CH_4浓度10%
26	2002.10	613	8~13	强变形构造煤	20	2200	—	$f=0.2$，8、9合层变厚

注："—"表示无数据。

1. 瓦斯成分及分带性

芦岭煤矿8号煤层瓦斯组分以CH_4为主，占23.38%~97.79%，平均为86.51%，其次为N_2，CO_2含量较少，绝大多数瓦斯成分测试点的CH_4浓度大于80%，瓦斯分带多属于CH_4带（图8-30）。结合煤矿生产瓦斯地质探测分析，8号煤层瓦斯风化带下界标高为−220m左右，埋深约为240m。

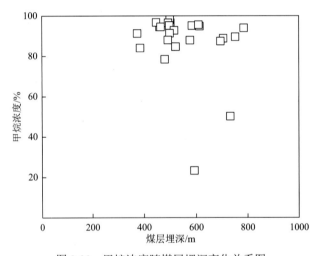

图8-30 甲烷浓度随煤层埋深变化关系图

2. 瓦斯含量与瓦斯压力分布规律

1）瓦斯含量

根据芦岭煤矿钻孔瓦斯实测地质资料分析，8号煤层瓦斯含量较高，为1.91~14.59m³/t，平均9.02m³/t，其中8m³/t以上的测点占70%以上，一般为9~12m³/t，已发生的26次瓦斯突出事故点的瓦斯含量均大于8m³/t（图8-31）。瓦斯含量分布格局较为复杂，与煤层的埋深具有一定联系，即随着埋深的加大，瓦斯含量也呈增高的变化趋势，总体表现为"NW向不规则带状展布、局部异常分布"的变化规律，可进一步划分出西北部低瓦斯区、中部较低瓦斯区和中南部近EW向高瓦斯带3个瓦斯异常区。

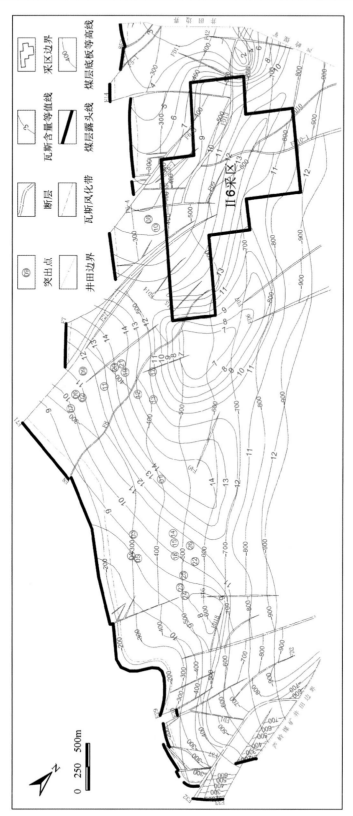

图 8-31 芦岭煤矿 8 号煤层瓦斯含量及突出点分布图

（1）西北部低瓦斯区：位于井田的西部，分布于 8 号煤层隐伏露头内侧，呈 SE-NW 向不规则条带状展布，是整个矿井中瓦斯含量最低的区域，一般小于 8m³/t；最低值小于 2m³/t，位于该区域的西北端，范围十分局限，向周边瓦斯含量逐渐增大，瓦斯含量等值线表现为 NE 密集，向 SW 撒开的分布特征。这一低瓦斯区的发育可能与 NW 向 FD₁₃、NE 向 F₄₂ 和 NE 向 FD₁₄ 等较大规模正断层的发育所导致的瓦斯散失作用有关。

（2）中部较低瓦斯区：位于矿井中部，NW 向紧邻 II 6 采区，是矿井内瓦斯含量较低的区域，在该区的中部很局限的范围内瓦斯含量小于 7m³/t，向四周则逐渐增大。

（3）中南部近 EW 向高瓦斯带：位于井田中南部、紧邻中部较低瓦斯区，分布范围大，呈近 EW 向不规则条带状展布，实测矿井最大瓦斯含量（14.49m³/t）的勘探钻孔即位于该区，瓦斯含量普遍在 10m³/t 以上，芦岭矿已发生的瓦斯突出事故绝大多数位于该区域内。

需要指出的是，矿井南部为构造复杂区，不同方向、不同规模的逆断层和正断层发育较为密集，必然会导致强变形构造煤的强烈发育进而影响到瓦斯的赋存，但由于缺少瓦斯实测数据，含量等值线是按照变化规律推测的，实际的瓦斯含量变化可能较为复杂。

2）瓦斯压力

芦岭矿 8 号煤层实测最大瓦斯压力值为 3.5MPa，最小为 0.27MPa，平均为 1.75MPa，一般为 1～3MPa。瓦斯压力变化较大，且表现出随着煤层埋深的增大而增加的正相关规律（图 8-32），瓦斯压力梯度为 0.89MPa/100m，但不同区块瓦斯压力和瓦斯压力梯度还存在一定的差异。

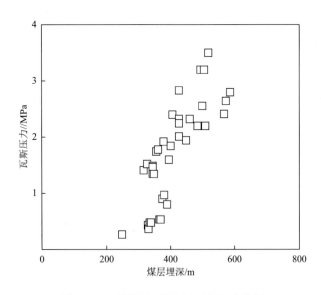

图 8-32　8 号煤层瓦斯压力随埋深变化图

3. 瓦斯富集与突出的地质控因

淮北矿区地质构造变化带、煤层厚度突变带、倾角变化带及褶曲轴部等应力集中区是煤与瓦斯突出的多发地带。其中断层带、断层尖灭带及其附近共发生突出 12 次，占突出总次数的 36.4%；煤层厚度突变带，共发生突出 6 次，占突出总数的 18.2%；褶曲轴部及其附近共发生突出 4 次，占突出总次数的 12.1%；煤层倾角突变带，共发生突出 2 次，占突出总数的 6%；其他区共发生突出 9 次，占突出总数的 27.3%（李丽和王楠，2009）。

1）煤层埋深

芦岭煤矿瓦斯风化带较浅，瓦斯风化带深度一般小于 300m，勘探钻孔实测瓦斯含量呈随煤层埋深的增大而增加的变化趋势，但相关性较差（图 8-33）。井下实测瓦斯压力、瓦斯涌出量和瓦斯突出均表现出随着煤层埋深的增大而增强的趋势。矿井瓦斯涌出量随着产量及开采深度的增加而逐年上升，瓦斯绝对涌出量从 1970 年的 4.86m³/min，到 1997 年达 77.15m³/min，瓦斯相对涌出量从 1971 年的 11.98m³/t，到 2004 年上升为 22.24m³/t，浅部突出或动力现象多发生在石门揭煤时由于 8 号煤松软易垮而导致的中、小型倾出和压出，随着深部瓦斯压力和含气量的增大，煤与瓦斯突出的规模和强度有可能增强。

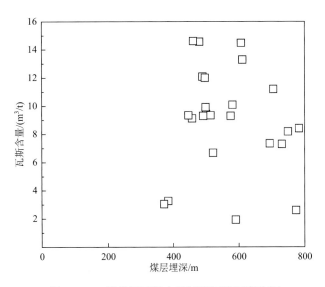

图 8-33　8 号煤层瓦斯含量随煤层埋深变化图

2）矿井构造

芦岭矿由于位于西寺坡逆冲推覆构造的上覆系统，构造煤变形十分强烈，构造煤的发育以强烈韧性变形的揉皱煤和糜棱煤为主，是芦岭矿瓦斯地质条件复杂的关键控制因素，而矿井中、小规模断层及层滑构造的发育则影响了构造煤发育的非均质性。芦岭井田现今水平应力远大于垂直应力，实测最大主水平应力为垂直应力的 2.5 倍，为 SE 方向（李伟和连昌宝，2007），与燕山期形成的 NW 向逆断层和褶皱呈高角度相交，增强了断层的封闭性而不利于瓦斯的散失。同时断层带及牵引褶曲附近构造煤发育，煤体破碎严重，煤层厚度变化显著，具有明显的塑性流变特征，瓦斯含量明显增高，因此断层带及牵引褶曲附近常为高瓦斯异常区和煤与瓦斯高突出危险区。

芦岭矿 8 号煤层层滑构造特别发育,层滑构造造成了煤厚的急剧变化,剖面上呈煤包、串珠状,平面上发育大面积无煤区,煤层原生结构遭受强烈破坏和构造煤的发育,煤层内滑动面增多,煤体暗淡无光泽,呈粉末状(周宗勇,2003),由于煤体孔隙度大、渗透性差而成为瓦斯的富集带,如Ⅱ816-1 工作面东西两翼均发育有走向延伸 50~100m、倾向延伸 200~300m 的薄煤带,在工作面掘进和回采过程中常出现瓦斯异常涌出现象,薄煤带两侧工作面瓦斯涌出量差异很大。

芦岭矿瓦斯突出也多发生在地质构造比较复杂的地带,突出点附近常有褶曲或断层的发育(表 8-8),通过对突出情况的调查及生产实际揭露情况的综合分析,矿井构造和构造煤是引起煤与瓦斯突出的主要因素。1997 年"12.5"事故,施工Ⅱ8142 煤眼时,8 号煤厚度 2m,顶底板均无异常,认为是煤层自然变薄(周宗勇,2003)。在掘进至 8 号煤顶板时发生煤与瓦斯突出。后经证实,附近发育有层滑构造,煤厚急剧变化(2.0~15.26m),瓦斯分布极不均衡。

3)构造煤

芦岭矿突出点均有强变形构造煤软煤分层发育(表 8-8),8 号煤层在整个井田范围内基本上都分布有不同厚度的强变形构造煤软分层,强变形构造煤内部微米级细微裂隙密集发育,煤体强度急剧降低,坚固性系数 f 为 0.16~0.53,一般为 0.2~0.3。井下观测发现,8 号煤层构造煤以强变形的糜棱煤、揉皱煤、鳞片煤和碎粒煤为主,分别占井下煤体结构观察点的 27%、23%、18%和 18%,碎斑煤和碎裂煤较少,共占 14%。井田 8 号煤层中构造煤所占厚度比例 65%~90%(陈富勇和李翔,2009),剖面上有"硬-软-硬-软"、"软-硬-软"等 2~4 种组合,每一类型的构造煤可呈条带状或透镜状、串珠状分布,一般底分层为揉皱煤和糜棱煤,强度很低;平面上,整个井田自东向西,构造煤的发育并不完全一致,东部构造煤厚度占全层的 75%~80%,中部构造煤最为发育,构造煤厚度占全层的95%以上,特别是在中部的四及Ⅱ四采区,几乎全层都是构造煤;西部构造煤所占比例最低,占全层厚度的 65%~70%,构造煤厚度所占煤层厚度的比例随着深度的增加呈上升趋势。大部分突出点的煤几乎均呈粉末状,所以煤体结构松软是导致芦岭矿整个井田范围内发生瓦斯突出的主导因素之一。

4. 瓦斯突出地质预测

以上分析表明,芦岭矿地质构造和构造煤的发育为瓦斯赋存及煤与瓦斯突出最为关键的控制因素,下面以芦岭矿构造相对较为复杂的Ⅱ6 采区为例,在矿井构造、构造煤的发育与分布及瓦斯含量变化分析的基础上,对采区瓦斯突出危险性进行预测与评价。

1)构造特征

Ⅱ6 采区 8 号煤层总体为倾向 NE、倾角约 20°的单斜构造,褶皱不发育,断裂构造发育强烈,其中 NW 和 NNE 向断层规模较大,是控制采区构造格局的主要构造。NW 向断层以逆断层为主,是矿井构造煤发育具有关键控制作用的构造类型,其形成与徐宿推覆构造的演化密切相关,如 FD_{10} 和 FS_{52} 等,断层倾向 SW,断距达数十米。采区西北区域构造复杂,断层密集发育,以近 EW 向和 NNW 向为主,更次一级的断层走向较为分散,断层规模较小,发育密集,断层的性质以正断层为主,逆断层也有一定程度的发育,规模较大的有近 EW 向的 FS_1 和 FS_7 等；采区中部断层发育程度减弱，以 NW 向断层的发育为显著特征，断层性质以逆断层为主，也有少量同向正断层发育，可能为后期断层性质的转换所致；采区东部断裂发育程度进一步减弱，NW 向及近 NS 向断层稀疏发育，断层性质以逆断层为主（图 8-34）。

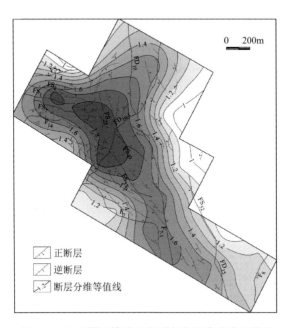

图 8-34　8 号煤层构造及断裂复杂程度分维评价图

2）断裂复杂程度定量评价

为了定量评价Ⅱ6 采区断裂构造的复杂程度，采用网格覆盖法计算断裂构造的分维值。从断裂构造分维等值线图（图 8-34）可以看出，断裂分维值在 1～1.8 变化，总体呈 NW 向条带状展布，反映了断裂构造在采区分布的非均质性和复杂性。采区中部分形维数大于 1.5，为构造复杂区，呈 NW 向条带状展布，分维值最高的区域为西北部，高达 1.8 以上，表明该区为采区断裂构造复杂程度最高的区域，这与该区小断层密集发育的特征是吻合的。由高值区向外，断裂分维值逐渐减小，表明断裂的复杂程度逐渐减弱。

3）构造煤分布规律

芦岭矿构造煤发育强烈且分布普遍，由于强变形Ⅲ类煤体结构对瓦斯突出具有关键控制作用，在构造煤宏观、微观变形特征分析的基础上，对采区内 18 个钻孔测井曲线进行了煤体结构的判识，依据判识结果绘制了Ⅲ类煤体结构厚度等值线图（图 8-35）。由图 8-35 可见，Ⅲ类煤体结构在整个Ⅱ6 采区几乎全区发育，反映了采区在构造作用下煤体发生了强烈构造变形，但Ⅲ类煤体结构的厚度存在较大差异。Ⅲ类煤体结构厚度等值线总体呈 NW-SE 向延伸，高值区位于采区中部，最厚的区域超过 7m，7m 等值线在西北和东南端均呈闭合状，与 FD_{10} 等 NW 向逆断层的发育位置和延伸方向具有较好的一致性；西北部分布范围较广，7m 等值线呈向 SE 的撒开状，最宽处可达 600m 以上，向

SE 方向迅速变窄，窄处仅有约 80m 宽。从厚度高值带向外Ⅲ类煤体结构厚度逐渐减薄，最薄处小于 1m。Ⅲ类煤体结构厚度减薄的区域主要分布于采区的边部，以西南边界处最为显著，厚度不足 1m，1m 等值线亦呈 NW 向延伸，但在西部边界转为近 NS 向。另外，在采区的北部和东部边界也存在Ⅲ类煤体结构厚度较薄的区域，厚度一般小于 3m，但分布范围十分有限。

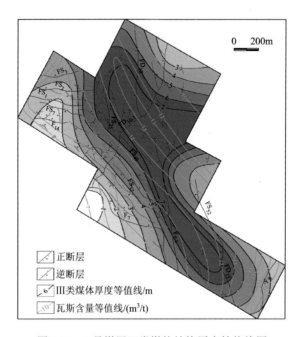

图 8-35　8 号煤层Ⅲ类煤体结构厚度等值线图

4）瓦斯突出预测与评价

Ⅱ6 采区 8 号煤层具有构造复杂、Ⅲ类煤体结构厚度大、发育普遍及瓦斯含量较高的特点，使得该区面临的瓦斯突出危险程度高。采区瓦斯含量与Ⅲ类煤体结构厚度具有一定的正相关性，采区中部的Ⅲ类煤体结构厚度大的区域，瓦斯含量与Ⅲ类煤体结构厚度等值线具有较为一致的总体变化规律，中部瓦斯含量等值线 NW-SE 向展布规律十分显著，Ⅲ类煤体结构厚度的高值区与高瓦斯含量吻合程度较高；东部随Ⅲ类煤体结构厚度的减薄，瓦斯含量逐渐降低的趋势也十分显著；北部也具有类似的变化趋势，但瓦斯含量降低的幅度有所减小；仅在中北部较小的范围内，Ⅲ类煤体结构厚度与瓦斯含量的正相关性不够显著。这一特征表明，Ⅲ类煤体结构的发育对瓦斯含量具有深刻影响。以瓦斯含量小于 8m³/t 为界，将采区划分为突出危险区和无突出危险区 2 种类型（图 8-36），突出危险区分布范围广，几乎覆盖了整个采区，仅在采区南西及西部边界非常局限的范围为无突出危险区，充分体现了矿井构造及构造煤发育对瓦斯赋存及突出的控制作用。

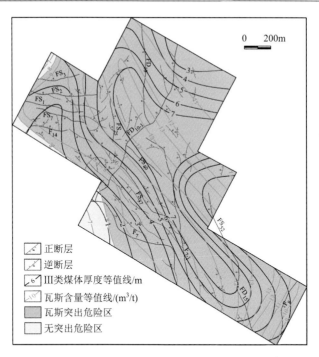

图 8-36　芦岭煤矿Ⅱ6采区8号煤层瓦斯突出危险区预测与评价图

参 考 文 献

薄冬梅，赵永军，姜林. 2008. 煤储层渗透性研究方法及主要影响因素. 油气地质与采收率，15（1）：18～21.

鲍芳，李志明，张美珍，等. 2012. 激光拉曼光谱在有机显微组分研究中的应用. 石油实验地质，34（1）：104～108.

彼特罗祥. 1983. 煤矿沼气涌出. 宋世钊，译. 北京：煤炭工业出版社.

毕建军，苏现波，韩德馨，等. 2001. 煤层割理与煤级的关系. 煤炭学报，26（4）：346～349.

蔡顺益. 1986. 用扫描电镜研究突出煤的微结构. 矿业安全与环保，（4）：25～35.

曹代勇. 1990. 安徽淮北煤田推覆构造中煤镜质组反射率各向异性研究. 地质论评，36（4）：333～340.

曹代勇，李小明，魏迎春，等. 2005. 构造煤与原生结构煤的热解成烃特征研究. 煤田地质与勘探，33（4）：39～41.

曹代勇，李小明，张守仁. 2006. 构造应力对煤化作用的影响——应力降解机制与应力缩聚机制. 中国科学：地球科学，36（1）：59～63.

曹代勇，宁树正，郭爱军，等. 2016. 中国煤田构造格局及其基本特征. 矿业科学学报，1（1）：1～8.

曹代勇，钱光谟，关英斌，等. 1998. 晋获断裂带发育对煤矿区构造的控制. 中国矿业大学学报，27（1）：5～8.

曹代勇，张守仁，任德贻. 2002. 构造变形对煤化作用进程的影响——以大别造山带北麓地区石炭纪含煤岩系为例. 地质论评，48（3）：313～317.

曹涛涛，宋之光，罗厚勇，等. 2015. 煤、油页岩和页岩微观孔隙差异及其储集机理. 天然气地球科学，26（11）：2208～2218.

曹现志，李三忠，刘鑫，等. 2013. 太行山东麓断裂带板内构造地貌反转与机制. 地学前缘，20（4）：88～103.

曹运兴，彭立世，侯泉林. 1993. 顺煤层断层的基本特征及其地质意义. 地质论评，36（6）：522～528.

曹运兴，张玉贵，李凯琦，等. 1996. 构造煤的动力变质作用及其演化规律. 煤田地质与勘探，24（4）：15～18.

常松岭. 2005. 基于小波包的提高声波测井中构造煤薄层分辨率研究//中国煤炭学会瓦斯地质专业委员会全国瓦斯地质学术研讨会.

常锁亮，刘大锰，王明寿. 2008. 煤层气勘探开发中地震勘探技术的作用及应用方法探讨. 中国煤层气，（2）：23～27.

陈博，汤达祯，张玉攀，等. 2019. 韩城矿区 H3 井组煤体结构测井反演及三维地质建模. 煤炭科学技术 47（7）：88～94.

陈富勇. 2008. 淮北矿区芦岭煤矿构造煤发育特征. 中国煤炭地质. 20（2）：12～14.

陈富勇，琚宜文，李小诗. 2010. 构造煤中煤层气扩散-渗透特征及其机理. 地学前缘，17（1）：195～201.

陈富勇，李翔. 2009. 淮北芦岭煤矿构造煤发育特征及成因探讨. 中国煤炭地质，21（6）：17～20.

陈浩，秦勇，李贵中，等. 2018. 基于脉冲衰减法的煤岩渗透率应力敏感性研究. 煤炭科学技术，46（6）：168～172.

陈红东. 2017. 构造煤地质-地球物理综合响应及其判识模型——以宿县矿区为例. 徐州：中国矿业大学.

陈健杰，江林华，张玉贵，等. 2011. 不同煤体结构类型煤的导电性质研究. 煤炭科学技术，39（7）：90～92，101.

陈练武. 1997. 韩城矿区北区破坏煤特征及影响因素分析. 地球科学与环境学报，（s1）：19～22.

陈练武.1998，煤层割理研究在韩城矿区煤层气评价中的意义.地球科学与环境学报，20（1）：35～37.

陈鹏.2013.煤与瓦斯突出区域危险性的直流电法响应及应用研究.徐州：中国矿业大学.

陈萍，张荣飞，唐修义.2014.对利用测井曲线判识构造煤方法的认识.煤田地质与勘探，42（3）：78～81.

陈善庆.1989.鄂、湘、粤、桂二叠纪构造煤特征及其成因分析.煤炭学报，（4）：1～9.

陈尚斌，朱炎铭，王红岩，等.2012.川南龙马溪组页岩气储层纳米孔隙结构特征及其成藏意义.煤炭学报，37（3）：438～444.

陈玮胤，姜波，屈争辉，等.2012.碎裂煤显微裂隙分形结构及其孔渗特征.煤田地质与勘探，40（2）：31～34.

陈业涛.2015.基于测井解释的安泽区块煤体结构判识.徐州：中国矿业大学.

陈悦，李东旭.2006.压汞法测定材料孔结构的误差分析.硅酸盐通报，25（4）：198～201.

陈跃，汤达祯，许浩，等.2013.基于测井信息的韩城地区煤体结构的分布规律.煤炭学报，38（8）：1435～1442.

陈跃，汤达祯，许浩，等.2014.应用测井资料识别煤体结构及分层.煤田地质与勘探，（1）：19～23.

陈振宏，贾承造，宋岩，等.2008.高煤阶与低煤阶煤层气藏物性差异及其成因.石油学报，29（2）：179～184.

程丽媛，李伟.2016.基于压汞法的构造煤基质压缩特性及其对孔隙结构的影响.煤矿安全，47（2）：175～179.

程五一，张序明，吴福昌.2005.煤与瓦斯突出区域预测理论及技术.北京：煤炭工业出版社.

程相振，胡秋嘉，杨莹莹.2016.井径曲线与煤体结构关系探讨——以沁水盆地南部樊庄区为例.非常规油气，3（3）：35～38.

大牟田秀文.1982.煤层瓦斯涌出机理.焦作矿业学院科研处，译.焦作：矿业译丛.

党春华.2010.自然电位测井原理与应用.煤炭技术，29（8）：132～133.

邓芹英，刘岚，邓慧敏.2003.波谱分析教程.北京：科学出版社.

董燮.2015.太原西山西铭8号煤大分子结构构建及甲烷吸附机理研究.太原：太原理工大学.

董庆祥.2015.基于瓦斯压力恢复曲线的煤层透气性系数测定方法研究.焦作：河南理工大学.

董树文，张岳桥，龙长兴，等.2007.中国侏罗纪构造变革与燕山运动新诠释.地质学报，81（11）：1449～1461.

渡边伊温，辛文.1985.关于煤的瓦斯解吸特征的几点考察.煤矿安全.（4）：52～60.

段连秀，王生维，张明.1999，煤储层中裂隙充填物的特征及其研究意义.煤田地质与勘探，27（3）：33～35.

樊明珠，王树华.1997.煤层气勘探开发中的割理研究.煤田地质与勘探，（1）：29～32.

樊栓保.2000.国内外煤与瓦斯突出预测的新方法.矿业安全与环保，27（5）：17～19.

方爱民，侯泉林，琚宜文，等.2005.不同层次构造活动对煤层气成藏的控制作用.中国煤田地质，17（4）：15～20.

付常青，朱炎铭，陈尚斌.2015.成岩作用对滇东地区筇竹寺组页岩孔隙特征的控制机制.煤炭学报，40（s2）：439～448.

傅雪海，姜波，秦勇，等.2003.用测井曲线划分煤体结构和预测煤储层渗透率.测井技术，27（2）：140～143.

傅雪海，陆国桢，秦杰，等.2018.用测井响应值进行煤层气含量拟合和煤体结构划分.测井技术，（2）：32～35.

傅雪海，秦杰.1999.用测井响应拟合煤层气含量和划分煤体结构.测井技术，（2）：112～115.

傅雪海，秦勇.1999.现代构造应力场中煤储层孔裂隙应力分析与渗透率研究//全国青年地质工作者学术讨论会.

傅雪海，秦勇，李贵中.2001a.煤储层渗透率研究的新进展.辽宁工程技术大学学报，20（6）：739～743.

傅雪海，秦勇，李贵中.2001b.沁水盆地中——南部煤储层渗透率主控因素分析.煤田地质与勘探，

29（3）：16～19.

傅雪海，秦勇，薛秀谦，等.2001c.煤储层孔、裂隙系统分形研究.中国矿业大学学报，30（3）：225～228.

傅雪海，秦勇，韦重韬.2007.煤层气地质学.徐州：中国矿业大学出版社.

傅雪海，秦勇，叶建平，等.2000.中国部分煤储层解吸特性及甲烷采收率.煤田地质与勘探，28（2）：19～21.

傅雪海，秦勇，张万红.2005.基于煤层气运移的煤孔隙分形分类及自然分类研究.科学通报，50（s1）：51～55.

富向，曹垚林，杨宏伟，等.2006.最小突出压力下瓦斯瞬时放散速度指标 V_1 的实验研究.煤矿安全，（9）：4～6.

富向，王魁军，杨天鸿.2008.构造煤的瓦斯放散特征.煤炭学报，33（7）：775～779.

高魁，刘泽功，刘健，等.2013.构造软煤的物理力学特性及其对煤与瓦斯突出的影响.中国安全科学学报，23（2）：129～133.

高凌蔚，窦廷焕，苗康运.1979.煤系地层中常见的碎裂变质岩.煤田地质与勘探.（2）：78～87.

葛燕燕，秦勇，傅雪海，等.2015.不同粒径煤样常压与带压解吸对比实验研究.中国矿业大学学报，44（4）：673～678.

郭德勇，韩德馨，冯志亮.1998.围压下构造煤的波速特征实验研究.煤炭科学技术，26：21～24.

郭德勇，韩德馨，袁崇孚.1996.平顶山十矿构造煤结构成因研究.中国煤田地质，8（3）：22～25.

郭德勇，叶建伟，王启宝，等.2016.平顶山矿区构造煤傅里叶红外光谱和 ^{13}C 核磁共振研究.煤炭学报，41（12）：3040～3046.

郭盛强，穆桂松，华四良，等.2005.煤中剪切指向标志的类型讨论.煤田地质与勘探，33（3）：5～7.

郭盛强，苏现波.2010.煤晶体结构受构造变形影响的研究.河南理工大学学报（自然科学版），29（5）：607～611.

国家安全生产监督管理总局.2008a.煤层瓦斯含量井下直接测定方法（AQ/T1066—2008）.北京：中国标准出版社.

国家安全生产监督管理总局.2008b.钻屑瓦斯解吸指标测定方法（AQ/T1065—2008）.北京：中国标准出版社.

国家安全生产监督管理总局.2009.煤的瓦斯放散初速度指标（ΔP）测定方法（AQ 1080—2009）.北京：中国标准出版社.

国家安全生产监督管理总局，国家煤矿安全监察局.2009.防治煤与瓦斯突出规定.北京：煤炭工业出版社.

国土资源部油气资源战略研究中心.2010.全国石油天然气资源评价.北京：中国大地出版社.

韩军，张宏伟，霍丙杰.2008.向斜构造煤与瓦斯突出机理探讨.煤炭学报，33（8）：908～913.

韩树棻.1990.两淮地区成煤地质条件及成煤预测.北京：地质出版社.

韩阳光，颜丹平，李政林.2015.在 CorelDRAW 平台上进行 Fry 法有限应变测量的新技术.现代地质，29（3）：494～500.

韩玉英.1984.变形化石的有限应变分析（上）.煤田地质与勘探，（2）：6～11.

郝吉生，袁崇孚，张子戌.2000.构造煤及其对煤与瓦斯突出的控制作用.焦作工学院学报（自然科学版），19（6）：403～406.

何继善，吕绍林.1999.瓦斯突出地球物理研究.北京：煤炭工业出版社.

何俊，陈新生.2009.地质构造对煤与瓦斯突出控制作用的研究现状与发展趋势.河南理工大学学报（自然科学版），28（1）：1～7.

何游.2015.韩城地区煤体结构判识方法及分布规律研究.太原：太原理工大学.

贺天才，秦勇.2007.煤层气勘探与开发利用技术.徐州：中国矿业大学出版社.

洪世铎，孙士孝，刘玉龙.1986.碳酸盐岩孔隙结构与退汞效率的研究.新疆石油地质，7（3）：54～63.

侯泉林，李培军，李继亮. 1995. 闽西南前陆褶皱冲断带. 北京：地质出版社.

侯泉林，雒毅，宋超，等. 2014. 中煤级煤变形产气过程及其机理探讨. 煤炭学报，39（8）：1675～1682.

侯泉林，张子敏. 1990. 关于"糜棱煤"概念之探讨. 焦作矿业学院学报，19（2）：21～26.

胡广青，姜波，陈飞，等. 2012. 不同类型构造煤特性及其对瓦斯突出的控制研究. 煤炭科学技术，40（2）：111～115.

胡广青，姜波，吴胡. 2011. 中梁山矿区煤的孔隙特征及其对吸附性的影响. 中国煤炭地质，23（5）：8～12.

胡千庭，赵旭生. 2012. 中国煤与瓦斯突出事故现状及其预防的对策建议. 矿业安全与环保，39（5）：1～7.

黄波. 2018. 西山—古交区块煤体结构及优质储层预测模型. 徐州：中国矿业大学.

黄德生. 1992. 地质构造控制煤与瓦斯突出的探讨. 地质科学，（A12）：201～207.

霍多特. 1966. 煤与瓦斯突出. 宋士钊，王佑安，译. 北京：中国工业出版社.

霍永忠，张爱云. 1998. 煤层气储层的显微孔裂隙成因分类及其应用. 煤田地质与勘探. 26（6）：28～32.

姬新强. 2016. 韩城矿区构造煤分子结构演化特征. 太原：太原理工大学.

姬新强，要惠芳，李伟. 2016. 韩城矿区构造煤红外光谱特征研究. 煤炭学报，41（8）：2050～2056.

吉磊. 1995. 江西武功山东区大型韧性剪切带的显微构造特征. 地质科学，30（1）：95～103.

贾建波，曾凡桂，孙蓓蕾. 2011. 神东 2-2 煤镜质组大分子结构模型 ^{13}C-NMR 谱的构建与修正. 燃料化学学报，39（9）：652～657.

贾靳. 2015. 海孜煤矿 86 采区 7#煤层粉化煤体瓦斯解吸规律研究. 徐州：中国矿业大学.

姜波，琚宜文. 2004. 构造煤结构及其储层物性特征. 天然气工业，24（5）：27～29.

姜波，李明，程国玺，等. 2019. 矿井构造预测及其在瓦斯突出评价中的意义. 煤炭学报，44（8）：2306～2317.

姜波，李明，屈争辉，等. 2016. 构造煤研究现状及展望. 地球科学进展，31（4）：335～346.

姜波，秦勇. 1997. 煤变形的高温高压实验研究. 煤炭学报，22（1）：80～84.

姜波，秦勇. 1998a. 变形煤的结构演化机理及其地质意义. 徐州：中国矿业大学出版社.

姜波，秦勇. 1998b. 高温高压下煤超微构造的变形特征. 地质科学，33：17～24.

姜波，秦勇，范炳恒，等. 2001. 淮北地区煤储层物性及煤层气勘探前景. 中国矿业大学学报，30（5）：433～437.

姜波，秦勇，琚宜文，等. 2005. 煤层气成藏的构造应力场研究. 中国矿业大学学报，34（5）：564～569.

姜波，秦勇，琚宜文，等. 2009. 构造煤化学结构演化与瓦斯特性耦合机理. 地学前缘，（2）：262～271.

姜波，王桂梁. 1995. 走滑断裂在煤田构造中的作用及意义. 中国矿业大学学报，24（1）：14～20.

姜波，徐凤银，刘仰露，等. 2002. 柴达木北缘煤镜质组光性组构及应力-应变分析. 中国矿业大学学报，31（6）：561～564.

姜春露，姜振泉，刘盛东，等. 2012. 基于地电场响应的多孔岩石注水-注浆模拟试验. 煤炭学报，37（4）：602～605.

姜家钰. 2014. 构造煤结构演化及其对瓦斯特性的控制. 焦作：河南理工大学.

姜涛. 2014. 淮北煤田五沟矿构造特征及其控煤作用. 徐州：中国矿业大学.

姜文，唐书恒，张静平，等. 2013. 基于压汞分形的高变质石煤孔渗特征分析. 煤田地质与勘探，41（4）：9～13.

蒋承林. 1988. 煤层透气性系数测定方法的研究. 中国矿业学院学报，（2）：80～86.

蒋承林，俞启香. 1996. 煤与瓦斯突出过程中能量耗散规律的研究. 煤炭学报，21（2）：173～178.

降文萍，崔永君，张群，等. 2009. 不同变质程度煤表面与甲烷相互作用的量子化学研究. 煤炭学报，32（3）：292～295.

降文萍，宋孝忠，钟玲文. 2011. 基于低温液氮实验的不同煤体结构煤的孔隙特征及其对瓦斯突出影响. 煤炭学报，36（4）：609～614.

焦作矿业学院地质系瓦斯地质课题组. 1983. 用扫描电子显微镜对瓦斯突出煤层的研究. 煤矿安全技术,
　　（4）：21～28.

焦作矿业学院瓦斯地质课题组. 1983. 瓦斯突出煤层的煤体结构特征. 煤田地质与勘探,（3）：22～25.

焦作矿业学院瓦斯地质研究室. 1990. 瓦斯地质概论. 北京：煤炭工业出版社.

琚宜文, 姜波, 侯泉林, 等. 2004a. 构造煤结构-成因新分类及其地质意义. 煤炭学报, 29（5）：513～517.

琚宜文, 姜波, 王桂梁, 等. 2004b. 层滑构造煤岩体微观特征及其应力应变分析. 地质科学, 39（1）：
　　50～62.

琚宜文, 姜波, 侯泉林, 等. 2005a. 构造煤结构成分应力效应的傅里叶变换红外光谱研究. 光谱学与光谱
　　分析, 25（8）：1216～1220.

琚宜文, 姜波, 侯泉林, 等. 2005b. 华北南部构造煤纳米级孔隙结构演化特征及作用机理. 地质学报,
　　79（2）：269～285.

琚宜文, 姜波, 王桂梁, 等. 2005c. 构造煤结构及储层物性. 徐州：中国矿业大学出版社.

琚宜文, 王桂梁. 2002. 淮北宿临矿区构造特征及演化. 辽宁工程技术大学学报（自然科学版）, 21（3）：
　　286～289.

琚宜文, 王桂梁, 胡超. 2002. 海孜煤矿构造变形及其对煤厚变化的控制作用. 中国矿业大学学报, 31（4）：
　　374～379.

琚宜文, 王桂梁, 姜波. 2003. 浅层次脆性变形域中煤层韧性剪切带微观分析. 中国科学：D 辑. 33（7）：
　　626～635.

康天合, 靳钟铭, 赵阳升. 1994. 煤体内裂隙的结构特征与分布规律研究. 西安科技大学学报,（4）：
　　318～323.

李传亮, 孔祥言, 徐献芝, 等. 1999. 多孔介质的双重有效应力, 21（5）：288～292.

李传明. 2013. 煤层力学特征与瓦斯赋存状态演化采掘响应研究. 北京：中国矿业大学.

李凤丽, 姜波, 宋昱, 等. 2017. 低中煤阶构造煤的纳米级孔隙分形特征及瓦斯地质意义. 天然气地球科
　　学, 28（1）：173～182.

李宏, 张伯崇. 2006. 水压致裂试验过程中自然电位测量研究. 岩石力学与工程学报, 25（7）：1425～1429.

李华彬. 2017. 井径测井在煤田测井中的应用分析. 资源信息与工程,（1）：60～62.

李剑, 刘琦, 熊先钺, 等. 2017. 渭北区块煤体结构测井评价及其在射孔段优化中的应用. 煤田地质与勘
　　探,（6）：54～59.

李娟娟. 2013. 煤与瓦斯突出预测的岩性地震反演方法研究. 徐州：中国矿业大学.

李康, 钟大赉. 1992. 煤岩的显微构造特征及其与瓦斯突出的关系——以南桐鱼田堡煤矿为例. 地质学报,
　　66（2）：148～159

李丽, 王楠. 2009. 淮北矿区煤与瓦斯突出的瓦斯地质规律分析. 煤炭技术, 28（2）：127～129.

李明. 2013. 构造煤结构演化及成因机制. 徐州：中国矿业大学.

李明, 姜波, 兰凤娟, 等. 2012. 黔西—滇东地区不同变形程度煤的孔隙结构及其构造控制效应. 高校地
　　质学报, 18（3）：533～538.

李明, 姜波, 林寿发, 等. 2011. 黔西发耳矿区构造演化及煤层变形响应. 煤炭学报, 36（10）：1668～1673.

李明, 姜波, 刘杰刚, 等. 2018. 黔西土城向斜构造煤发育模式及构造控制. 煤炭学报, 43（6）：1565～1571.

李鹏鹏. 2014. 杜儿坪 2 号煤结构模型构建及其分子模拟. 太原：太原理工大学.

李三忠, 许书梅, 单业华. 2000. 渤海湾及邻区构造演化与盆地组合规律. 海洋学报, 22（增刊）：220～229.

李少华, 张昌民, 胡爱梅, 等. 2007. 煤储层孔隙度的协同模拟. 煤炭学报, 32（9）：980～983.

李树刚, 丁洋, 张天军, 等. 2013. 低渗煤样全应力应变过程渗透特性试验. 煤矿安全, 44（6）：5～8.

李树刚, 张天军. 2011. 高瓦斯矿煤岩力学性态及非线性失稳机理. 北京：科学出版社.

李涛, 高凌蔚, 刘天林. 1987. 煤岩流变分析//煤炭科学院勘探分院文集. 西安：陕西人民出版社.

李涛, 李辉, 王福忠. 2011. 基于 BP 神经网络的煤体结构类型判识模型研究. 煤矿安全, 42 (11): 19~22.

李涛, 王福忠, 李辉, 等. 2006. 超声波时距曲线法探测煤体结构类型机理研究. 煤炭技术, 25 (12): 100~102.

李伟, 连昌宝. 2007. 淮北煤田煤与瓦斯突出地质因素分析与防治. 煤炭科学技术, 35 (1): 19~22.

李希建, 林柏泉. 2010. 煤与瓦斯突出机理研究现状及分析. 煤田地质与勘探, 38 (1): 7~13.

李小明, 曹代勇. 2012. 不同变质类型煤的结构演化特征及其地质意义. 中国矿业大学学报, 41 (1): 74~81.

李小诗. 2011. 两淮煤田构造煤大分子—纳米级孔隙结构演化特征及其变形变质机理. 北京: 中国科学院研究生院.

李小诗, 琚宜文, 侯泉林, 等. 2011. 煤岩变质变形作用的谱学研究. 光谱学与光谱分析, 31 (8): 2176~2182.

李小彦, 司胜利. 2004. 我国煤储层煤层气解吸特征. 煤田地质与勘探, 32 (3): 27~29.

李晓泉, 尹光志. 2011. 不同性质煤的微观特性及渗透特性对比试验研究. 岩石力学与工程学报, 30 (3): 500~508.

李云波. 2011. 构造煤瓦斯解吸初期特征实验研究. 焦作: 河南理工大学.

李云波, 张玉贵, 张子敏, 等. 2013. 构造煤瓦斯解吸初期特征实验研究. 煤炭学报, 38 (1): 15~20.

李中锋. 1997. 煤与瓦斯突出机理及其发生条件评述. 煤炭科学技术, 25 (11): 44~47.

李子文, 郝志勇, 庞源, 等. 2015. 煤的分形维数及其对瓦斯吸附的影响. 煤炭学报, 40 (4): 863~869.

梁冰. 2000. 煤和瓦斯突出固流耦合失稳理论. 北京: 地质出版社.

梁霄, 周明顺, 艾林, 等. 2017. 煤储层渗透性核磁实验分析及测井评价. 能源与环保, 39 (2): 65~69.

林红, 琚宜文, 侯泉林, 等. 2009. 脆、韧性变形构造煤的激光 Raman 光谱特征及结构成分响应. 自然科学进展, 19: 1117~1125.

林建东, 霍全明, 吴奕峰. 2003. 多井约束三维地震反演技术在煤厚预测中的应用. 中国煤田地质, (3): 47~49.

刘爱群, 盖永浩. 2007. 测井约束反演过程中测井资料统计分析研究. 地球物理学进展, (5): 1487~1492.

刘保县, 徐龙君, 鲜学福, 等 2004. 煤岩多孔介质及其充瓦斯后的电特性研究. 岩石力学与工程学报, 23 (11): 1861.

刘贝, 黄文辉, 敖卫华, 等. 2014. 沁水盆地南部煤中矿物赋存特征及其对煤储层物性的影响. 现代地质, 28 (3): 645~652.

刘大锰, 姚艳斌, 蔡益栋, 等. 2010. 煤层气储层地质与动态评价研究进展. 煤炭科学技术, (11): 10~16.

刘洪林, 康永尚, 王烽, 等. 2008. 沁水盆地煤层割理的充填特征及形成过程. 地质学报, 82 (10): 1376~1381.

刘杰刚. 2018. 煤高温高压变形实验及其韧性变形机理——以宿县矿区烟煤为例. 徐州: 中国矿业大学.

刘静, 汪剑, 付蕾, 等. 2013. 郑庄地区煤岩结构的测井响应特征及分布规律研究. 中国煤层气, 10 (3): 9~14.

刘俊来, 杨光, 马瑞. 2005. 高温高压实验变形煤流动的宏观与微观力学表现. 科学通报, 50 (B10): 56~63.

刘珊珊, 孟召平. 2015. 等温吸附过程中不同煤体结构煤能量变化规律. 煤炭学报, 40 (6): 1422~1427.

刘咸卫, 曹运兴, 刘瑞, 等. 2001. 正断层两盘的瓦斯突出分布特征及其地质成因浅析. 煤炭学报, 25 (6): 571~575.

刘彦伟. 2011. 煤粒瓦斯放散规律、机理与动力学模型研究. 焦作: 河南理工大学.

刘彦伟, 潘辉, 刘明举, 等. 2006. 鹤壁矿区煤与瓦斯突出规律及其控制因素分析. 煤矿安全, 37 (12): 13~16.

刘艳华. 2002. 煤中氮/硫的赋存形态及其变迁规律研究. 西安: 西安交通大学.

刘逸, 王国清, 张兆斌. 2014. 激光拉曼光谱技术及其在石化领域的应用. 石油化工, 43 (10): 1214~1220.

刘玉龙. 1987. 关于毛细管压力回线测定与分析的几个问题. 石油实验地质, 9 (3): 283~286.

龙王寅, 朱文伟, 徐静, 等. 1999. 利用测井曲线判识煤体结构探讨. 中国煤田地质, 11 (2): 64～66.

鲁洪江, 邢正岩. 1997. 压汞和退汞资料在储层评价中的综合应用探讨. 油气采收率技术, 4 (2): 48～53.

吕绍林, 何继善. 1997. 瓦斯突出煤体的介电性质研究. 世界地质, 16 (4): 43～46.

吕绍林, 何继善. 1998. 瓦斯突出煤体的导电性质研究. 中南工业大学学报, 29 (6): 510～514.

马东民, 陈跃, 杨甫, 等. 2018. 低阶煤储层甲烷吸附解吸过程中导电性变化规律. 资源与产业, 20 (4): 5～12.

马国栋. 2018. 基于地震及测井资料的煤层及顶板砂岩岩性预测方法研究. 徐州: 中国矿业大学.

马国栋, 陈同俊, 崔若飞. 2017. 测井曲线识别构造煤实例研究. 地球物理学进展, 32 (3): 1208～1216.

马文璞. 1992. 区域构造解析——方法理论和中国板块构造. 北京: 地质出版社.

马杏垣, 刘和甫, 王维襄, 等. 1983. 中国东部中, 新生代裂陷作用和伸展构造. 地质学报, 57 (1): 22～32.

马杏垣, 索书田. 1984. 论滑覆及岩石圈多层次滑脱构造, 地质学报, 3: 205～213.

梅放, 康永尚, 李喆, 等. 2019. 中高煤阶煤层煤体结构识别测井法适用性评价研究. 煤田地质与勘探, 47 (7): 95～107.

门相勇, 韩征, 高白水, 等. 2017. 我国煤层气勘查开发现状与发展建议. 中国矿业, 26 (s2), 8～11.

孟召平, 刘珊珊, 王保玉, 等. 2015a. 不同煤体结构煤的吸附性能及其孔隙结构特征. 煤炭学报, 40 (8): 1865～1870.

孟召平, 刘珊珊, 王保玉, 等. 2015b. 晋城矿区煤体结构及其测井响应特征研究. 煤炭科学技术, (2): 58～63.

倪小明, 石书灿. 2011. 不同煤体结构组合下井径扩径的钻进主控因素. 西南石油大学学报(自然科学版), 33 (6): 135～139.

聂百胜, 何学秋, 王恩元, 等. 2003. 煤与瓦斯突出预测技术研究现状及发展趋势. 中国安全科学学报, 13 (6): 40～43.

聂百胜, 杨涛, 李祥春, 等. 2013. 煤粒瓦斯解吸扩散规律实验. 中国矿业大学学报, 42 (6): 975～981.

聂继红, 孙进步. 1996. 瓦斯突出煤的显微结构研究. 东北煤炭技术, (6): 40～42.

彭金宁, 傅雪海, 申建, 等. 2005. 潘庄煤层气解吸特征研究. 天然气地球科学, 16 (6): 768～770.

彭立世. 1985. 用地质观点进行瓦斯突出预测. 煤矿安全, (12): 6～11.

彭立世. 1986. 煤与瓦斯突出预测的地质指标. 煤炭科学技术, (1): 33～34.

彭少梅, 宋鸿林. 1991. 北京西山北岭向斜的有限应变分析及其意义. 桂林冶金地质学院学报, 11 (3): 260～268.

彭苏萍, 杜文凤, 苑春方, 等. 2008. 不同结构类型煤体地球物理特征差异分析和纵横波联合识别与预测方法研究. 地质学报, 82 (10): 1311～1322.

彭苏萍, 高云峰, 彭晓波, 等. 2004. 淮南煤田含煤地层岩石物性参数研究. 煤炭学报, 29: 177～181.

彭苏萍, 高云峰, 杨瑞召, 等. 2005. AVO 探测煤层瓦斯富集的理论探讨与初步实践. 地球物理学报, 48: 1475～1486.

亓宪寅, 杨典森, 陈卫忠. 2016. 煤层气解吸滞后定量分析模型. 煤炭学报, 41 (z2): 475～481.

钱光谟, 曹代勇, 徐志斌, 等. 1994. 煤田构造研究方法. 北京: 煤炭工业出版社.

乔伟. 2017. 软、硬煤结构特征与吸附特性研究. 煤炭科学技术, (11): 130, 138～142.

乔伟, 倪小明, 张小东. 2010. 煤体结构组合与井径变化关系研究. 河南理工大学学报 (自然科学版), 29 (2): 162～166.

秦勇. 1994. 中国高煤级煤的显微岩石学特征及结构演化. 徐州: 中国矿业大学出版社.

秦勇. 2006. 中国煤层气产业化面临的形势与挑战 (Ⅱ) ——关键科学技术问题. 天然气工业, 26 (2): 6～10.

秦勇, 姜波, 王继尧, 等. 2008. 沁水盆地煤层气构造动力条件耦合控藏效应. 地质学报, 82 (10): 1355～1362.

秦勇，李淑琴.1990. 煤的显微硬度——一种预测煤与瓦斯突出的可能参数. 矿业安全与环保，(6)：26～28.

秦勇，宋党育，王超.1997. 山西南部晚古生代煤的煤化作用及其控气特征. 煤炭学报，22(3)：230～235.

秦跃平，郝永江，刘鹏，等.2015. 封闭空间内煤粒瓦斯解吸实验与数值模拟. 煤炭学报，40(1)：87～92.

邱向荣，周云霞，曹代勇.2002. 地质构造量化指标的网格化统计算法研究. 地质与勘探，38(4)：64～66.

屈争辉.2010. 构造煤结构演化及其与瓦斯耦合机理研究. 徐州：中国矿业大学.

屈争辉.2011.构造煤结构及其对瓦斯特性的控制机理研究. 煤炭学报，(3)：533～534.

屈争辉，姜波，汪吉林，等.2015. 构造煤微孔特征及成因探讨. 煤炭学报，40(5)：1093～1102.

曲星武，王金城.1980. 煤的结构与变质因素的关系. 煤田地质与勘探，8(3)：20～28.

任纪舜.1990. 中国东部及邻区大陆岩石圈的构造演化与成矿. 北京：科学出版社.

任纪舜.2003. 新一代中国大地构造图——中国及邻区大地构造图(1∶5 000 000)附简要说明：从全球看中国大地构造. 地球学报，4(1)：1～2.

任纪舜，陈廷愚，牛宝贵，等.1990. 中国东部及邻区大陆岩石圈的构造演化与成矿. 北京：科学出版社.

任纪舜，姜春发，张正坤，等.1980. 中国大地构造及其演化. 北京：科学出版社.

任纪舜，赵磊，徐芹芹，等.2016. 中国的全球构造位置和地球动力系统. 地质学报，90(9)：2100～2108.

任攀虹，王凤琴，王娟，等.2013. 韩城矿区5#煤层含气性影响因素研究. 长江大学学报(自然科学版)，10(26)：14～16.

任青山，杨付领，艾德春，等.2018. 正高煤矿构造煤瓦斯解吸特征实验研究. 煤炭技术，37(8)：142～143.

任喜超.2016. 酸浸颗粒煤瓦斯解吸扩散规律实验研究. 焦作：河南理工大学.

任战利.1999. 中国北方沉积盆地构造热演化史研究. 北京：石油工业出版社.

任战利，肖晖，刘丽，等.2005. 沁水盆地中生代构造热事件发生时期的确定. 石油勘探与开发，32(1)：43～47.

桑树勋，秦勇，姜波，等.2001. 淮南地区煤层气地质研究与勘探开发潜势. 天然气工业，21(5)：19～22.

山西省地质矿产局.1989. 山西省区域地质志. 北京：地质出版社.

山西省地质调查院.2015a.1∶5 万昔阳测区区域地质调查报告. 太原：山西省地质调查院.

山西省地质调查院.2015b.1∶5 万和顺测区区域地质调查报告. 太原：山西省地质调查院.

尚显光.2011. 瓦斯放散初速度影响因素实验研究. 焦作：河南理工大学.

邵强，王恩营，王红卫，等.2010. 构造煤分布规律对煤与瓦斯突出的控制. 煤炭学报，35(2)：250～254.

申建，傅雪海，秦勇，等.2010. 平顶山八矿煤层底板构造曲率对瓦斯的控制作用. 煤炭学报，35(4)：586～589.

舒建生，贾建称，王跃忠，等.2010. 地质构造复杂程度定量化评价——以涡北煤矿为例. 煤田地质与勘探，38(6)：22～26.

舒良树，吴俊奇，刘道忠.1994. 徐宿地区推覆构造. 南京大学学报，30(4)：638～657.

宋晓夏，唐跃刚，李伟，等.2013. 中梁山南矿构造煤吸附孔分形特征. 煤炭学报，38(1)：134～139.

宋晓夏，唐跃刚，李伟，等.2014. 基于小角 X 射线散射构造煤孔隙结构的研究. 煤炭学报，39(4)：719～724.

宋岩，柳少波，琚宜文，等.2013. 含气量和渗透率耦合作用对高丰度煤层气富集区的控制. 石油学报，34(3)：417～426.

宋昱，姜波，李凤丽，等.2018. 低-中煤级构造煤纳米孔分形模型适用性及分形特征. 地球科学，43(5)：253～264.

宋昱，朱炎铭，李伍.2015. 东胜长焰煤热解含氧官能团结构演化的 ^{13}C-NMR 和 FT-IR 分析. 燃料化学学报，43(5)：519～529.

宋志敏，刘高峰，张子戈.2012. 变形煤及其吸附-解吸特征研究现状与展望. 河南理工大学学报(自然科学版），31（5）：497～500.

苏现波，方文东.1998.煤储层的渗透性及其分级与分类.焦作工学院学报，172（2）：94～99.

苏现波，冯艳丽，陈江峰.2002.煤中裂隙的分类.煤田地质与勘探，30（4）：21～24.

苏现波，刘国伟，郭盛强，等.2006.甲烷在煤表面的吸附势与煤阶的关系.中国煤层气，3（3）：21～23.

苏现波，宁超，华四良.2005.煤层气储层中的流体压裂裂隙.天然气工业，25（1）：127～129.

苏现波，司青，宋金星.2016.煤的拉曼光谱特征.煤炭学报，41（5）：1197～1202.

苏现波，谢洪波，华四良.2003.煤体脆-韧性变形微观识别标志.煤田地质与勘探，31（6）：18～21.

孙军昌，杨正明，郭和坤，等.2013.致密储层渗透率测试的稳态与非稳态法对比研究.岩土力学，34（4）：1009～1016.

孙四清，陈致胜，韩保山，等.2006.测井曲线判识构造软煤技术预测煤与瓦斯突出.煤田地质与勘探，34（4）：65～68.

孙岩.1998.断裂构造地球化学导论.北京：科学出版社.

孙知应，常松岭.2008.煤与瓦斯突出预测和防治.徐州：中国矿业大学出版社.

孙重旭.1983.样解吸瓦斯泄出的研究及其突出煤层煤样瓦斯解吸的特点//煤与瓦斯突出第三次学术论文选集，重庆研究所.

汤锡元，郭忠铭.1988.鄂尔多斯盆地西部逆冲推覆构造带特征及其演化与油气勘探.石油与天然气地质，9（1）：1～10.

汤友谊，孙四清，郭纯，等.2005a.不同煤体结构类型煤分层视电阻率值的测试.煤炭科学技术，33（3）：70～72.

汤友谊，孙四清，田高岭.2005b.测井曲线计算机识别构造软煤的研究.煤炭学报，30（3）：293～296.

唐东明.2010.聚类分析及其应用研究.成都：电子科技大学.

陶传奇，王延斌，倪小明，等.2017.基于测井参数的煤体结构预测模型及空间展布规律.煤炭科学技术，45（2）：173～177，196.

滕娟.2016.基于地球物理测井的煤体结构预测：以沁水盆地南部煤储层为例.北京：中国地质大学（北京）.

田贵发，潘语录，案安辉.2007.应用自然电位测井资料解释鱼卡煤田含水层.中国煤田地质，19（1）：71～73.

万天丰.1993.中国东部中、新生代板内变形构造应力场及其应用.北京：地质出版社.

汪吉林，姜波.2005.模糊人工神经网络在矿井构造评价中的应用.中国矿业大学学报，34（5）：609～612.

汪吉林，姜波，李耀民，等.2008.鲍店煤矿矿井构造复杂程度评价.中国煤炭地质，20（10）：80～82.

汪禄生，曹运江，谭西德，等.2002.利民煤矿煤与瓦斯突出的地质构造条件研究.焦作工学院学报（自然科学版），21（4）：251～256.

王保玉.2015.晋城矿区煤体结构及其对煤层气井产能的影响.北京：中国矿业大学.

王定武.1997.利用模拟测井曲线判识构造煤的研究.中国煤田地质，9（4）：70～73.

王敦则，蔚远江，覃世银，等.2003.煤层气地球物理测井技术发展综述.地球学报，24（4）：385～390.

王恩义.2004.煤与瓦斯突出机理研究.焦作工学院学报（自然科学版），23（6）：14～18.

王恩营，刘明举，魏建平.2009.构造煤成因-结构-构造分类新方案.煤炭学报.34（5）：656～660.

王恩营，殷秋朝，李丰良.2008.构造煤的研究现状与发展趋势.河南理工大学学报（自然科学版），27（3）：278～281.

王桂梁，曹代勇，姜波，等.1992a.华北南部的逆冲推覆、伸展滑覆与重力滑动构造.徐州：中国矿业大学出版社.

王桂梁，燕守勋，姜波.1992b.鲁西中新生代复合伸展构造系统.中国矿业大学学报，21（3）：1～12.

王桂梁，徐凤银.1999.芙蓉矿区层滑构造对瓦斯形成富集的制约作用.中国矿业大学学报，28（1）：

9～13.

王桂梁，朱炎铭．1988．论煤层流变．中国矿业学院学报，（3）：16～25．

王桂荣，辛峰，王富民，等．2001．用简单立方体随机网络模型模拟多孔介质的进-退汞过程．石油学报（石油加工），17（5）：42～48．

王海乐．2014．负压作用下构造煤瓦斯渗透特性实验研究．焦作：河南理工大学．

王鸿祯．1982．中国地壳构造发展的主要阶段．地球科学，18（3）：155～177．

王连刚，李俊乾．2010．地震技术在煤层气储层研究与物性预测中的应用．资源与产业，（2）：158～162．

王明寿，汤达祯，魏永佩，等．2006．沁水盆地北端煤层气储层特征及富集机制．石油实验地质，28（5）：440～444．

王琪，张阳．2019．单轴压缩条件下煤岩的全应力-应变过程//北京力学会第二十五届学术年会会议论文集．

王强，李力，田华，等．2011．反相气相色谱法研究改性活性炭对甲烷吸附热的影响．林产化学与工业，31（2）：101～104．

王生全．1997．模糊综合评判法在矿井构造复杂程度定量评价中的应用．西北地质，18（1）：44～48．

王生全．1999．煤与瓦斯突出预测中的煤体结构指标研究——以下峪口、桑树坪煤矿为例．西北地质，32（3）：28～32．

王生全，王贵荣，常青，等．2006．褶皱中和面对煤层的控制性研究．煤田地质与勘探，34（4）：16～18．

王生全，夏玉成．1996．渭北层滑构造的识别标志与基本类型．陕西煤炭技术，（2）：22～26．

王生维，陈钟惠，张明．1995．煤基岩块孔裂隙特征及其在煤层气产出中的意义．地球科学，20（5）：557～561．

王生维，陈钟惠．1995．煤储层孔隙、裂隙系统研究进展．地质科技情报，14（1）：53～59．

王生维，张明．1996．煤储层裂隙形成机理及其研究意义．地球科学：中国地质大学学报，21（6）：637～640．

王生维，侯光久，张明，等．2005．晋城成庄矿煤层大裂隙系统研究．科学通报，50（b10）：38～44．

王文侠．1987．湖南金竹山-渣渡矿区煤反射率的有限应变分析．中国矿业大学学报，（4）：62～68．

王文侠．1991a．涟源煤田无烟煤镜质组反射率异性组构与有限应变分析．煤炭学报，16（2）：94～102．

王文侠．1991b．涟源坳陷煤反射率变化及其与深部断裂构造的关系．煤田地质与勘探，（2）：20～25．

王新坤，邢军委，高万兴，等．2012．平顶山十三矿构造煤分布特征研究及成因分析．科技信息，（18）：111．

王有智，王世辉．2014．鹤岗煤田构造煤孔隙分形特征．东北石油大学学报，38（5）：61～66．

王佑安，杨思敬．1980．煤和瓦斯突出危险煤层的某些特征．煤炭学报，（1）：47～53．

王瑜，孙立新，周丽云，等．2018．燕山运动与华北克拉通破坏关系的讨论．中国科学：地球科学，48（5）：521～535．

王赞，张玉贵，许小凯．2013．六种不同变质程度煤的最大镜质组反射率与弹性参数的关系．地球物理学报，56（6）：2116～2122．

王云刚，魏建平，刘明举．2010．构造软煤电性参数影响因素的分析．煤炭科学技术，（8）：77～80．

王祝文，刘菁华，任莉．2009．基于K均值动态聚类分析的地球物理测井岩性分类方法．东华理工大学学报（自然科学版），32（2）：152～156．

韦重韬，姜波，傅雪海，等．2007．宿南向斜煤层气地质演化史数值模拟研究．石油学报，28（1）：54～57．

魏风清．2010．煤与瓦斯突出的物理爆炸模型及预测指标研究．焦作：河南理工大学．

魏建平，陈永超，温志辉．2008．构造煤瓦斯解吸规律研究．煤矿安全，405（8）：1～3．

魏荣珠，李好斌，徐朝雷，等．2017．对山西隆起区中新生代构造演化的认识．中国地质调查，4（1）：24～34．

温志辉．2008．构造煤瓦斯解吸规律的实验研究．焦作：河南理工大学．

文光才. 2003. 无线电波透视煤层突出危险性机理的研究. 徐州：中国矿业大学.

吴娟霞, 徐华, 张锦. 2014. 拉曼光谱在石墨烯结构表征中的应用. 化学学报, 72（3）：301～308.

吴俊, 金奎励, 童有德, 等. 1991. 煤孔隙理论及在瓦斯突出和抽放评价中的应用. 煤炭学报, (3)：86～95.

吴松涛, 邹才能, 朱如凯, 等. 2015. 鄂尔多斯盆地上三叠统长 7 段泥页岩储集性能. 地球科学：中国地质大学学报, 11：1810～1823.

吴湘滨, 彭少梅. 1996. 粤北新洲推覆体三维有限应变的分形特征. 大地构造与成矿学, 20（1）：81～84.

吴学益, 黄彩芳, 张开平, 等. 2002. 赣东北断裂带活化构造控制铜、金成矿及其模拟实验. 大地构造与成矿学, 26（2）：216～222.

吴智平, 侯旭波, 李伟. 2007. 华北东部地区中生代盆地格局及演化过程探讨. 大地构造与成矿学, 31：385～399.

夏玉成. 2001. 矿井构造量化预测技术的研究进展. 地质与勘探, 37（3）：61～63.

夏玉成, 樊怀仁, 胡明星, 等. 1997a. 霍州矿区断层构造的分形特征. 西安矿业学院学报, 17（1）：22～24.

夏玉成, 胡明显, 陈练武. 1997b. 矿井构造的 GMDH-BP 评价预测方法及其应用. 煤炭学报, 22（5）：466～470.

夏玉成, 贾海莉, 白鸿均. 2000. 量化预测评价指标的自动统计及信息浏览. 地质论评, 46(s1)：347～350.

相建华, 曾凡桂, 梁虎珍, 等. 2014. $CH_4/CO_2/H_2O$ 在煤分子结构中吸附的分子模拟. 中国科学：地球科学, 44（7）：1418～1428.

谢和平, Sanderson D J. 1994. 断层分形分布之间的相关关系. 煤炭学报, 19（5）：445～449.

谢学恒, 樊明珠. 2013. 基于测井响应的煤体结构定量判识方法. 中国煤层气, 10（5）：27～29.

徐凤银. 1988. 白皎井田的层滑构造. 煤田地质与勘探, (1)：21～24.

徐凤银, 龙荣生. 1988. 多层次模糊综合评判法在矿井断层预测中的应用. 西安矿业学院学报, (4)：24～30.

徐凤银, 龙荣生. 1991. 煤矿构造复杂程度评价指标的优选途径. 煤田地质与勘探, 19（1）：20～23.

徐凤银, 王桂梁, 龙荣生, 等. 1991. 矿井构造定量预测中评价指标权重的确定方法. 中国矿业大学学报, 20（4）：60～65.

徐嘉炜. 1995. 论走滑断层作用的几个主要问题. 地学前缘, 2（2）：125～135.

徐嘉炜, 王萍, 秦仁高, 等. 1984. 郯-庐断裂带南段深层次的塑性变形特征及区域应变场, 地震地质, 6（4）：1～18.

徐杰, 高战武, 宋长青, 等. 2000. 太行山山前断裂带的构造特征. 地震地质, 22（2）：111～122.

徐乐华, 蒋承林. 2011. 煤的坚固性系数和瓦斯放散初速度测定过程的影响因素分析. 煤炭技术, 31（1）：93～94.

徐耀琦, 石淑娴, 任玉琴. 1980. 突出煤与非突出煤的结构探讨——电子显微镜在瓦斯研究上的应用. 煤矿安全. (11)：10～15.

徐志斌, 王继尧, 张大顺, 等. 1996. 煤矿断层网络复杂程度的分维描述. 煤炭学报, 21（4）：358～363.

许江, 刘东, 彭守建, 等. 2009. 煤样粒径对煤与瓦斯突出影响的试验研究. 岩石力学与工程学报, 29（6）：1231～1237.

许江, 张丹丹, 彭守建, 等. 2011. 温度对含瓦斯煤力学性质影响的试验研究. 岩石力学与工程学报, 30（s1）：2730～2735.

许小凯, 陈亮, 孟召平. 2015, 构造煤原煤制样及渗流实验方法设计. 煤炭技术, 34（8）：276～278.

许亚坤. 2010. 构造煤的微观和超微观结构特征研究. 焦作：河南理工大学.

许志琴, 杨经绥, 李文昌, 等. 2013. 青藏高原中的古特提斯体制与增生造山作用. 岩石学报, 29（6）：1847～1860.

宣德全. 2012. 构造煤应力承载过程中的变形破坏特征实验研究. 焦作：河南理工大学.

薛光武, 刘鸿福, 要惠芳, 等. 2011. 韩城地区构造煤类型与孔隙特征. 煤炭学报, 36 (11): 1845~1851.

薛念周, 刘保华. 2011. 自然电位曲线的应用实例. 西部探矿工程, 12: 135~136.

严家平, 王定武. 1999. 利用测井曲线判别煤的破坏类型及意义. 东北煤炭技术, 3: 50~53.

燕守勋, 王桂梁, 邵震杰, 等. 1996. 鲁西地壳隆升的伸展构造模式. 地质学报, 70 (1): 1~11.

杨春, 王赟, 杨德义. 2014. 构造煤的地震可识别性特征. 煤炭学报, 39 (s2): 465~470.

杨福蓉. 1995. 煤高压吸附甲烷实验方法及其改进. 煤矿安全, (10): 12~15.

杨光, 刘俊来, 马瑞. 2005. 沁水盆地煤岩高温高压实验变形分析. 天然气工业. 25 (1): 70~73.

杨光, 刘俊来, 马瑞. 2006. 沁水盆地煤岩高温高压实验变形特征. 吉林大学学报: 地球科学版. 36 (3): 346~350.

杨靖, 陈飞, 胡广青, 等. 2011. 煤田地质勘探钻孔瓦斯突出危险性评价. 煤田地质与勘探, 39 (3): 14~18.

杨禄, 李美俊, 刘晓强, 等. 2017. 甲基二苯并噻吩的吸附性及油藏充注途径示踪机理之 Connolly 分子表面计算证明. 地球化学, 46 (4): 367~372.

杨陆武, 郭德勇. 1996. 煤体结构在煤与瓦斯突出研究中的应用. 煤炭科学技术, 24 (7): 49~52.

杨陆武, 彭立世. 2001. 以煤体结构为基础的煤与瓦斯突出简化力学模型//瓦斯地质新进展.

杨陆武, 孙茂远. 2001. 中国煤层气藏的特殊性及其开发技术要求. 天然气工业, 21 (6): 17~19.

杨陆武, 徐龙. 1996. 煤力学特征的对比试验分析及其在煤与瓦斯突出研究中的应用. 淮南矿业学院学报, 16 (4): 22~27.

杨其銮. 1986. 煤屑瓦斯放散随时间变化规律的初步探讨. 煤矿安全, (4): 4~12.

杨其銮. 1987. 煤屑瓦斯放散特性及其应用. 煤矿安全, (5): 2~7.

杨其銮, 王佑安. 1988. 瓦斯球向流动的数学模拟. 中国矿业学院学报, (3): 55~64.

杨涛, 聂百胜. 2016. 煤粒瓦斯解吸实验中的初始有效扩散系数. 辽宁工程技术大学学报 (自然科学版), 35 (11): 1225~1229.

杨新岳, David R G. 1993. 均匀离散分布的平面应变过程和 Fry 法应变测量. 大地构造与成矿, 17 (1): 83~92.

杨兆彪, 秦勇, 高弟, 等. 2011. 超临界条件下煤层甲烷视吸附量、真实吸附量的差异及其地质意义. 天然气工业, 31 (4): 13~16.

么玉鹏, 姜波, 李明. 2016. 淮北朱仙庄矿构造煤孔隙结构及其分形表征研究. 煤炭工程, 48 (5): 98~101.

姚军朋, 司马立强, 张玉贵. 2011. 构造煤地球物理测井定量判识研究. 煤炭学报, (s1): 94~98.

姚艳斌, 刘大锰, 汤达祯, 等. 2010. 沁水盆地煤储层微裂隙发育的煤岩学控制机理. 中国矿业大学学报, 39 (1): 6~13.

姚艳斌, 谢松彬, 刘大锰, 等. 2013. 一种采用低场核磁共振进行煤样甲烷吸附量测量的方法. 专利号: CN201310395279.3.

要惠芳, 康志勤, 李伟. 2014. 典型构造煤变形特征及储集层物性. 石油勘探与开发, 41 (4): 414~419.

叶建平. 1995. 煤岩特性对平顶山矿区煤储层渗透性的影响初探. 中国煤田地质, 7 (1): 82~85.

叶建平, 秦勇, 林大扬. 1998. 中国煤层气资源. 徐州: 中国矿业大学出版社.

于不凡. 1985. 煤和瓦斯突出机理. 北京: 煤炭工业出版社.

虞青松. 2013. 阳泉新景矿构造特征及其对瓦斯赋存的控制. 徐州: 中国矿业大学.

员争荣. 2000. 试论构造控制煤层气藏储集环境. 中国煤田地质, 12 (3): 22~24.

袁崇孚. 1986. 构造煤和煤与瓦斯突出. 煤炭科学技术, (1): 32~33.

袁亮. 2011. 煤与瓦斯共采: 领跑煤炭科学开采. 科学时报, 21 (B1): 2.

张奉东. 2010. 煤层气井裸眼与套管注入/压降测试渗透率对比分析. 煤田地质与勘探, 38 (3): 20~23.

张光德. 1995. 焦作矿区煤与瓦斯突出危险性区域预测. 焦作矿业学院学报, 14 (1): 71~75.

张广洋，谭学术. 1994. 煤的导电性与煤大分子结构关系的实验研究. 煤炭转化，（2）：10～13.

张广洋，谭学术，杜贵云，等. 1995. 煤的导电机理研究. 湘潭矿业学院学报，10（1）：15～18.

张国伟. 1988. 秦岭造山带形成与演化. 西安：西北大学出版社.

张红日，王传云. 2000. 突出煤的微观特征. 煤田地质与勘探，28（4）：31～33.

张泓，白清昭，张笑薇. 1995. 鄂尔多斯聚煤盆地的形成及构造环境. 煤田地质与勘探，23（3）：1～9.

张慧. 2001. 煤孔隙的成因类型及其研究. 煤炭学报，26（1）：40～44.

张慧，李小彦. 2004. 扫描电子显微镜在煤岩学上的应用. 电子显微学报，23（4）：467.

张慧，李小彦，郝琦，等. 2003. 中国煤的扫描电子显微镜研究. 北京：地质出版社.

张慧，王晓刚. 1998. 煤的显微构造及其储集性能. 煤田地质与勘探，26（6）：33～36.

张慧，王晓刚，员争荣，等. 2002. 煤中显微裂隙的成因类型及其研究意义. 岩石矿物学杂志，21（3）：278～284.

张慧杰，张浪，汪东，等. 2018. 构造煤的瓦斯放散特征及孔隙结构微观解释. 煤炭学报，43（12）：3404～3410.

张加琪. 2016. 煤结构对软硬煤瓦斯放散规律差异性的影响. 焦作：河南理工大学.

张家声，徐杰，万景林，等. 2002. 太行山山前中-新生代伸展拆离构造和年代学. 地质通报，21（4）：207～210.

张军，姜波，赵本肖. 2009. 冀东南构造演化与煤层赋存规律. 徐州：中国矿业大学出版社.

张军伟，姜德义，赵云峰，等. 2015. 分阶段卸荷过程中构造煤的力学特征及能量演化分析. 煤炭学报，40（12）：2820～2828.

张俊杰，赵俊龙. 2019. 老厂矿区煤体结构测井判识与分布规律. 地质与勘探，55（2）：126～134.

张坤鹏. 2015. 阳泉新景煤矿构造煤发育规律及其对瓦斯赋存的控制机理. 徐州：中国矿业大学.

张坤鹏，姜波，李明，等. 2016. 新景煤矿 3 号煤层煤体结构测井曲线判识及其分布规律. 煤田地质与勘探，（1）：123～127.

张丽萍，苏现波，曾荣树. 2006. 煤体性质对煤吸附容量的控制作用探讨. 地质学报，80（6）：910～915.

张莉，曾凡桂，相建华. 2013. 内蒙五牧场矿区 11 号煤层原煤大分子结构特征及其形成机制. 燃料化学学报，41（11）：1294～1302.

张连英，茅献彪，杨逾，等. 2006. 高温状态下石灰岩力学性能实验研究. 辽宁工程技术大学学报，25（增刊）：121～123.

张庆贺. 2017. 煤与瓦斯突出能量分析及其物理模拟的相似性研究. 济南：山东大学.

张庆玲，崔永君，曹利戈. 2004. 煤的等温吸附实验中各因素影响分析. 煤田地质与勘探，32（2）：16～19.

张群，杨锡禄. 1999. 平衡水分条件下煤对甲烷的等温吸附特性研究. 煤炭学报，24（6）：566～570.

张胜利. 1995. 煤层割理及其在煤层气勘探开发中的意义. 煤田地质与勘探，（4）：27～30.

张胜利，李宝芳. 1996. 煤层割理的形成机理及在煤层气勘探开发评价中的意义. 中国煤炭地质，（1）：72～77.

张时音. 2009. 煤储层固-液-气相间作用机理研究. 徐州：中国矿业大学.

张时音，桑树勋，刘长江，等. 2005. 煤储层固-液-气相间作用的等温吸附实验研究. 中国煤炭地质，17（2）：16～17.

张松扬，秦绪英. 2008. 煤层气勘探开发测井技术及应用发展. 勘探地球物理进展，31（6）：414～418.

张素新，肖红艳. 2000. 煤储层中微孔隙和微裂隙的扫描电镜研究. 电子显微学报，19（4）：531～532.

张遂安，叶建平，唐书恒，等. 2005. 煤对甲烷气体吸附-解吸机理的可逆性实验研究. 天然气工业，25（1）：44～46.

张铁岗. 2001. 平顶山矿区煤与瓦斯突出的预测及防治. 煤炭学报，26（2）：172～177.

张文静，琚宜文，卫明明，等. 2015. 不同变质变形煤储层吸附/解吸特征及机理研究进展. 地学前缘，

22（2）：232～242.

张小兵，张子敏，张玉贵.2009.力化学作用与构造煤结构.中国煤炭地质，21（2）：10～14.

张晓东，桑树勋，秦勇，等.2005.不同粒度的煤样等温吸附研究.中国矿业大学学报，34（4）：427～432.

张新民，庄军，张遂安.2002.中国煤层气地质与资源评价.北京：科学出版社.

张许良，单菊萍，彭苏萍.2009.地质测井技术划分煤体结构探析.煤炭科学技术，（12）：88～92.

张玉贵.2006.构造煤演化与力化学作用.太原：太原理工大学.

张玉贵，樊孝敏，王世国.1995.测井曲线在研究构造煤中的应用.焦作矿业学院学报，14（1）：76～78.

张玉贵，张子敏，曹运兴.2007.构造煤结构与瓦斯突出.煤炭学报，32（3）：281～284.

张玉贵，张子敏，谢克昌.2005.煤演化过程中力化学作用与构造煤结构.河南理工大学学报，24（2）：95～99.

张玉贵，张子敏，张小兵，等.2008.构造煤演化的力化学作用机制.中国煤炭地质，20（10）：11～13.

张子敏.2009.瓦斯地质学.徐州：中国矿业大学出版社.

张子敏，吴吟.2013.中国煤矿瓦斯赋存构造逐级控制规律与分区划分.地学前缘，20（2）：237～245.

张子敏，吴吟.2014.中国煤矿瓦斯地质规律及编图.徐州：中国矿业大学出版社.

张子敏，张玉贵.2005a.大平煤矿特大型煤与瓦斯突出瓦斯地质分析.煤炭学报，30（2）：137～140.

张子敏，张玉贵.2005b.瓦斯地质规律与瓦斯预测.北京：煤炭工业出版社.

张子戊，刘高峰，张小东，等.2009.CH_4/CO_2不同浓度混合气体的吸附-解吸实验.煤炭学报，34（4）：551～555.

张作清，龚劲松，卢继香.2013.密度测井在山西和顺地区煤层气储层评价中的应用.油气藏评价与开发，3（5）：66～70.

章云根.2005.淮南煤田构造煤发育特征分析.能源技术与管理，（3）：5～7.

赵东，冯增朝，赵阳升.2010.煤层瓦斯解吸影响因素的试验研究.煤炭科学技术，38（5）：43～46.

赵发军，陈学习，刘明举.2016.软煤和硬煤的甲烷吸附扩散特性对比.煤田地质与勘探，44（4）：59～63.

赵龙，秦勇，杨兆彪，等.2014.煤中超临界甲烷等温吸附模型研究.天然气地球科学，25（5）：753～760.

赵越，徐刚，张拴红.2004.燕山运动与东亚构造体制的转变.地学前缘，11（3）：319～328.

赵振国.2005.吸附作用应用原理.北京：化学工业出版社.

赵志根，陈资平，杨陆武.1998.浅析构造煤动力变质作用的生烃问题.焦作工学院学报，17（1）：26～29.

郑永飞，徐峥，赵子福，等.2018.华北中生代镁铁质岩浆作用与克拉通减薄和破坏.中国科学：地球科学，48（4）：379～414.

中国矿业学院瓦斯组.1979.煤和瓦斯突出的防治.北京：煤炭工业出版社：4～11.

中国煤炭学会.1989.以地质观点为主的瓦斯突出预测方法研究（第四部分）//河南平顶山：中国煤炭学会矿井地质探测技术研讨会.

中华人民共和国煤炭工业部.1988.防治煤与瓦斯突出细则.北京：煤炭工业出版社.

钟玲文，员争荣，李贵红，等.2004.我国主要含煤区煤体结构特征及与渗透性关系的研究.煤田地质与勘探，32（z1）：77～81.

钟玲文，张慧，员争荣，等.2002.煤的比表面积 孔体积及其对煤吸附能力的影响.煤田地质与勘探，30（3）：26～28.

钟玲文，张新民.1990.煤的吸附能力与其煤化程度和煤岩组成间的关系.煤田地质与勘探，（4）：29～35.

钟亚军，张宏涛，胡高贤，等.2014.利用matlab聚类分析工具箱划分碳酸盐岩岩性划分.科技与企业，28（16）：74～76.

钟蕴英，关梦殡，崔开仁，等 1989.煤化学.徐州：中国矿业大学出版社.

周博. 2018. 一种低场核磁共振等温吸附测试的容量法辅助系统及吸附量测量方法. 专利号：CN107576590A.

周建勋，王桂梁，邵震杰. 1993. 煤高温高压变形实验及其构造地质意义. 地球物理学进展，8（4）：54～60.

周建勋，王桂梁，邵震杰. 1994. 煤的高温高压实验变形研究. 煤炭学报，19（3）：324～332.

周世宁. 1990. 瓦斯在煤层中流动的机理. 煤炭学报，15（1）：15～24.

周世宁，何学秋. 1990. 煤和瓦斯突出机理的流变假说. 中国矿业大学学报，19（2）：1～8.

周世宁，林柏泉. 1999. 煤层瓦斯赋存与流动理论. 北京：煤炭工业出版社.

周世宁，孙辑正. 1965. 煤层瓦斯流动理论及其应用. 煤炭学报，2（1）：24～37.

周显民. 1989. 利用汞毛细管压力曲线预测砂岩孔隙：平均半径及空气渗透率的新方法. 石油勘探与开发，（5）：63～69.

周宇峰，程景全. 2008. 小波变换及其应用. 物理，37（1）：24～32.

周宗勇. 2003. 芦岭煤矿瓦斯地质规律. 矿业安全与环保，30（3）：58～59.

朱宝龙，夏玉成. 2001. 人工神经网络在矿井构造定量评价中的应用. 煤田地质与勘探，29（6）：15～17.

朱冠宇. 2017. 宿东矿区构造煤分布规律及构造控制机理. 徐州：中国矿业大学.

朱鹤勇. 1987. 煤的瓦斯放散初速度指标与煤体结构的关系//全国瓦斯地质学术交流会.

朱日祥，徐义刚. 2019. 西太平洋板块俯冲与华北克拉通破坏. 中国科学：地球科学，49：1346～1356.

朱兴珊，徐凤银，李权一. 1996. 南桐矿区破坏煤发育特征及其影响因素. 煤田地质与勘探，24（2）：28～31.

朱兴珊，徐凤银，肖文江. 1995. 破坏煤分类及宏观和微观特征. 焦作矿业学院学报，14（1）：38～44.

朱之培，高晋生. 1984. 煤化学. 上海：上海科学技术出版社.

邹艳荣，杨起. 1998. 煤中的孔隙与裂隙. 中国煤炭地质，10（4）：39～40.

邹银辉，张庆华. 2009. 我国煤矿井下煤层瓦斯含量直接测定法的技术进展. 矿业安全与环保，36（S1）：180～182.

Aguado M B D，Nicieza C G . 2007. Control and prevention of gas outbursts in coal mines，Riosa-Olloniego coalfield，Spain. International Journal of Coal Geology，69：253～266.

Airey E M. 1968. Gas emission from broken coal. International Journal of Rock Mechanics and Mining Sciences and Geomechanics Abstracts，5（6）：475～494.

Alvarez Y E，Moreno B M，Klein M T，et al. 2013. Novel simplification approach for large-scale structural models of coal：Three-dimensional molecules to two-dimensional lattices. Part 3：Reactive lattice simulations. Energy and Fuels，27（6）：2915～2922.

Bae J S，Bhatia S K. 2006. High-pressure adsorption of methane and carbon dioxide on coal. Energy and Fuels，20：2599～2607.

Bale H D，Schmidt P W. 1984. Smal-angle X-ray-scattering investigation of submicroscopic porosity with fractal properties. Physical Review Letters，53（6）：596.

Banhart F，Kotakoski J，Krasheninnikov A V. 2010. Structural defects in graphene. ACS nano，5（1）：26～41.

Barrer R M. 1951. Diffusion in and through Solid. Cambridge：Cambridge University Press.

Bartle K D，Martin T G，Williams D F. 1975. Chemical nature of a supercritical-gas extract of coal at 350℃. Fuel，54（4）：226～235.

Bartle K D，Perry D L，Wallace S. 1987. The functionality of nitrogen in coal and derived liquids：An XPS study. Fuel Processing Technology，15：351～361.

Beamish B B，Crosdale P J. 1998. Instantaneous outbursts in underground coal mines：An overview and association with coal type. International Journal of Coal Geology，35（1～4）：27～55.

Biesinger M C，Lau L W M，Gerson A R，et al. 2010. Resolving surface chemical states in XPS analysis of first row transition metals，oxides and hydroxides：Sc，Ti，V，Cu and Zn. Applied Surface Science，257（3）：

887~898.

Bolt B A，Innes. 1959. Diffusion of Carbon Dioxide from Coal. Fuel，38（2）：35~38.

Brace W F，Walsh J B，Frangos W T. 1968. Permeability of granite under high pressure. Journal of Geophysical Research，73（6）：2225~2236.

Burggraaf A J. 1999. Single gas permeation of thin zeolite（MFI）membranes：Theory and analysis of experimental observations. Journal of Membrane Science，155（1）：45~65.

Busch A，Gensterblum Y，Krooss B M. 2003. Methane and CO_2 sorption and desorption measurements on dry Argonne premium coals：Pure components and mixtures. International Journal of Coal Geology，55（2~4）：205~224.

Bustin R M. 1983. Heating during thrust faulting in the Rocky Mountains：Friction or fiction？. Tectonophysics，95（3~4）：309~328.

Bustin R M，Clarkson C R. 1998. Geological controls on coalbed methane reservoir capacity and gas content. International Journal of Coal Geology，38（66）：3~26.

Bustin R M，Ross J V，Moffat I. 1986. Vitrinite anisotropy under differential stress and high confining pressure and temperature：Preliminary observation. International Journal of Coal Geology，6（4）：343~351.

Bustin R M，Ross J V，Rouzaud J N. 1995. Mechanisms of graphite formation from kerogen：Experimental evidence. International Journal Coal Geology，28，136~151.

Cai Y D，Liu D M，Pan Z J，et al. 2013. Pore structure and its impact on CH_4 adsorption capacity and flow capability of bituminous and subbituminous coals from Northeast China. Fuel，103，258~268.

Cancado L G，Takai K，Enoki T，et al. 2008. Measuring the degree of stacking order in graphite by Raman spectroscopy. Carbon，46（2）：272~275.

Caniego F J，Martín M A，San José F. 2001. Singularity features of pore-size soil distribution：Singularity strength analysis and entropy spectrum. Fractals，9（3）：305~316.

Caniego F J，Martín M A，San José F. 2003. Rényi dimensions of soil pore size distribution. Geoderma，112（3~4）：205~216.

Cao D Y，Li X M，Zhang S R. 2007. Influence of tectonic stress on coalification：Stress degradation mechanism and stress polycondensation mechanism. Science in China Series D：Earth Sciences，50（1）：43~54.

Cao Y X，He D D，David C G. 2001. Coal and gas outbursts in footwalls of reverse faults. International Journal of Coal Geology，48：47~63.

Cao Y X，Mitchell G D，Davis A，et al. 2000. Deformation metamorphism of bituminous and anthracite coals from China. International Journal of Coal Geology，43（1~4）：227~242.

Carlson G A. 1992. Computer simulation of the molecular structure of bituminous coal. Energy Fuels，6：771~778.

Carniglia S C. 1986. Construction of the tortuosity factor from porosimetry. Journal of Catalysis，102（2）：401~418.

Castro-Marcano F，Lobodin V V，Rodgers R P，et al. 2012a. A molecular model for Illinois No. 6 Argonne Premium coal：Moving toward capturing the continuum structure. Fuel，95：35~49.

Castro-Marcano F，Winans R E，Chupas P，et al. 2012b. Fine structure evaluation of the pair distribution function with molecular models of the Argonne premium coals. Energy and Fuels，2012b，26：4336~4345.

Chakrabartty S K，Berkowitz N. 1974. Studies on the structure of coals. 3 some inferences about skeletal structures. Fuel，53（4）：240~245.

Chen S，Li G M，Peres A M，et al. 2008. A well test for in-situ determination of relative permeability curves. Society of Petroleum Engineers，1（1）：95~107.

Chou C L. 2012. Sulfur in coals: A review of geochemistry and origins. International Journal of Coal Geology, 100: 1~13.

Clarkson C, Wood J, Burgis S, et al. 2012. Nanopore-structure analysis and permeability predictions for a tight gas siltstone reservoir by use of low-pressure adsorption and mercury-intrusion techniques. SPE Reservoir Evaluation Engineering, 15 (6): 648~661.

Connolly M L. 1983a. Analytical molecular surface calculation. Journal of Applied Crystallography, 16 (5): 548~558.

Connolly M L. 1983b. Solvent-accessible surfaces of proteins and nucleic acids. Science, 221 (4612): 709~713.

Cookson D J, Smith B E. 1983. Determination of carbon C, CH, CH_2 and CH_3 group abundances in liquids derived from petroleum and coal using selected multiplet 13C nmr spectroscopy. Fuel, 62 (1): 34~38.

Crosdale P J, Beamish B B, Valix M. 1998. Coalbed methane sorption related to coal composition. International Journal of Coal Geology, 35 (1): 147~158.

Cui X J, Bustin R M, Dipple G. 2004. Selective transport of CO_2, CH_4, and N_2 in coals: Insights from modeling of experimental gas adsorption data. Fuel, 83 (3): 293~303.

Daines M E. 1968. Apparatus for the determination of methane sorption on coal at high pressures by a weighing method. International Journal of Rock Mechanics & Mining Sciences & Geomechanics Abstracts, 5 (4): 315~323.

Dasgupta N, Mukhopadhyay D, Bhattacharyya T. 2012. Analysis of superposed strain: A case study from Barr Conglomerate in the South Delhi Fold Belt, Rajasthan, India. Journal of Structural Geology, 34: 30~42.

De Boer J H. 1958. The shape of capillaries. The Structure and Properties of Porous Materials, 68: 92.

Dong L, Archambault J L, Reekie L, et al. 1993. Single pulse Bragg gratings written during fibre drawing. Electronics Letters, 29 (17): 1577~1578.

Douglas M, Frankl W. 1984. Diffusion models for gas production from coals. Fuel, 63 (2): 251~255.

Dunnet D. 1969. A technique of finite strain analysis using elliptical particles. Tectonophysics, 7: 117~136.

Dupin J C, Gonbeau D, Vinatier P, et al. 2000. Systematic XPS studies of metal oxides, hydroxides and peroxides. Physical Chemistry Chemical Physics, 2 (6): 1319~1324.

Eckmann A, Felten A, Mishchenko A, et al. 2012. Probing the nature of defects in graphene by Raman spectroscopy. Nano Letters, 12 (8): 3925~3930.

Esen O, Özer S C, Fisne A. 2015. Influence of geological structure on coal and gas outburst occurrences in Turkish Underground Coal Mines.EGU General Assembly Conference Abstracts, 17: 775.

Ettinger I L, Lidin G D, Dmitriev A M, et al. 1958. Systematic handbook for the determination of the methane content of coal seams from the seam pressure of the gas and the methane capacity of the coal. Washington: Institute of Mining, Academy of Sciences, USSR, US Bureau of Mines Translation No. 1505.

Ettinger I, Eremin I, Zimakov B, et al. 1966. Natural factors influencing coal sorption properties: Ⅰ. Petrography and the sorption properties of coals. Fuel, 45: 267~275.

Evans H, Brown K M. 1973. Coal structures in outbursts of coal and firedamp conditions. The Mining Engineer, 132 (148): 171~179.

Ewald P P. 1921.Die Berechnung optischer und elektrostatischer gitterpotentiale. Annalen der Physik, 369 (3): 253~287.

Faiz M, Saghafi A, Sherwood N, et al. 2007. The influence of petrological properties and burial history on coal seam methane reservoir characterization, Sydney basin, Australia. International Journal of Coal Geology, 70 (1~3): 193~208.

Fan C J, Elsworth D, Li S, et al. 2019. Thermo-hydro-mechanical-chemical couplings controlling CH_4 production and CO_2 sequestration in enhanced coalbed methane recovery. Energy, 173, 1054~1077.

Farmer I W, Pooley F D. 1967. A hypothesis to explain the occurrence of outbursts in coal, based on a study of West Wales outburst coal. International Journal of Rock Mechanics and Mining Sciences, (4): 189~193.

Faulon J L, Carlson G A, Hatcher P G. 1993. Statistical models for bituminous coal: A three-dimensional evaluation of structural and physical properties based on computer-generated structures. Energy and Fuels, 7 (6): 1062~1072.

Faulon J L, Mathews J P, Carlson G A, et al. 1994. Correlation between micropore and fractal dimension of bituminous coal based on computer generated models. Energy and Fuels, 8 (2): 408~415.

Fernandez-Alos V, Watson J K, Wal R V, et al. 2011. Soot and char molecular representations generated directly from HRTEM lattice fringe images using Fringe3D. Combustion and Flame, 158(9): 1807~1813.

Ferrari A, Robertson J. 2000. Interpretation of Raman spectra of disordered and amorphous carbon. Physical Review B, 61 (20): 14095~14107.

Firouzi M, Rupp E C, Liu C W, et al. 2014. Molecular simulation and experimental characterization of the nanoporous structures of coal and gas shale. International Journal of Coal Geology, 121 (1): 123~128.

Fisne A, Esen O. 2014. Coal and gas outburst hazard in Zonguldak Coal Basin of Turkey, and association with geological parameters. Natural Hazards, 74: 1363~1390.

Flores R M. 1998. Coalbed methane: From hazard to resource. International Journal of Coal Geology, 35 (1~4): 3~26.

Frank F C, Read Jr W T. 1950. Multiplication processes for slow moving dislocations. Physical Review, 79(4): 722.

Franz J A, Garcia R, Linehan J C, et al. 1992. Single-pulse excitation ^{13}C NMR measurements on the Argonne premium coal samples. Energy and Fuels, 6 (5): 598~602.

Fry N. 1979. Random point distributions and strain measurement in rocks. Tectonophysics, 60 (1~2): 89~105.

Fu X H. 2003. Research on permeability of multiphase medium of middle to high-rank coals. Journal of China University of Mining and Technology, 13 (1): 11~15.

Fu X H, Qin Y, Wang G G X, et al. 2009. Evaluation of coal structure and permeability with the aid of geophysical logging technology. Fuel, 88 (11): 2278~2285.

Fuchs W, Sandhoff A G. 1942. Theory of coal pyrolysis. Industrial and Engineering Chemistry Research, 34: 567~571.

Fujii T, De Groot F M F, Sawatzky G A, et al. 1999. In situ XPS analysis of various iron oxide films grown by NO 2-assisted molecular-beam epitaxy. Physical Review B, 59 (4): 3195.

Fukata N, Kasuya A, Suezawa M. 2001. Formation energy of vacancy in silicon determined by a new quenching method. Physica B-condensed Matter, 308: 1125~1128.

Fukuchi T. 1989. Theoretical study on frictional heat by faulting using ESR. International Journal of Radiation Applications and Instrumentation. Part A. Applied Radiation and Isotopes, 40 (10~12): 1181~1193.

Garbacz J K. 1998. Fractal description of partially mobile single gas adsorption on energetically homogeneous solid adsorbent. Colloids & Surfaces A Physicochemical & Engineering Aspects, 143 (1): 95~101.

Gardner S D, Singamsetty C S K, Booth G L, et al. 1995. Surface characterization of carbon fibers using angle-resolved XPS and ISS. Carbon, 33 (5): 587~595.

Genetti D, Fletcher T H, Pugmire R J. 1999. Development and application of a correlation of ^{13}C NMR chemical structural analyses of coal based on elemental composition and volatile matter content. Energy and Fuels, 13 (1): 60~68.

Geng W H, Nakajima T, Takanashi H, et al. 2009. Analysis of carboxyl group in coal and coal aromaticity by Fourier transform infrared (FT-IR) spectrometry. Fuel, 88 (1): 139~144.

Gillet S. 1949. Les invertebres marins de l'Oligocene de Basse-Alsace. Bulletin de la Société Géologique de France, 5: 51~74.

Given P H. 1960. The distribution of hydrogen in coals and its relation to coal structure. Fuel, 39 (2): 147~153.

Given P H. 1961. Dehydrogenation of coals and its relation to coal structure. Fuel, 40 (5): 427~431.

Groen J C, Peffer L A A, Pérezramírez J. 2003. Pore size determination in modified micro-and mesoporous materials. pitfalls and limitations in gas adsorption data analysis. Microporous and Mesoporous Materials, 60 (1): 1~17.

Grosvenor A P, Biesinger M C, Smart R S C, et al. 2006. New interpretations of XPS spectra of nickel metal and oxides. Surface Science, 600 (9): 1771~1779.

Grzybek T, Pietrzak R, Wachowska H. 2002. X-ray photoelectron spectroscopy study of oxidized coals with different sulphur content. Fuel Processing Technology, 77: 1~7.

Gülbin G, Namık M Y. 2001. Pore volume and surface area of the carboniferous coals from the Zonguldak basin (NW Turkey) and their variations with rank and maceral composition. International Journal of Coal Geology, 48: 133~144.

Guo Y T, Bustin R M. 1998. Micro-FTIR Spectroscopy of Liptinite Macerals in Coal. International Journal of Coal Geology, 36 (3): 259~275.

Haakon F. 2010. Structural geology. New York: Cambridge University Press, 140.

Han Y, Wang J, Dong Y, et al. 2017. The role of structure defects in the deformation of anthracite and their influence on the macromolecular structure. Fuel, 206: 1~9.

Hämäläinen J P, Aho M J. 1996. Conversion of fuel nitrogen through HCN and NH_3 to nitrogen oxides at elevated pressure. Fuel, 75 (12): 1377~1386.

Han Y Z, Xu R T, Hou Q L, et al. 2016. Deformation mechanisms and macromolecular structure response of anthracite under different stress. Energy and Fuels, 30 (2): 975~983.

Hao S X, Wen J, Yu X O, et al. 2013. Effect of the surface oxygen groups on methane adsorption on coals. Applied Surface Science, 264: 433~442.

Hart B S. 2008. Channel detection in 3-D seismic data using sweetness. AAPG Bulletin, 92 (6): 733~742.

Hashimoto A, Suenaga K, Gloter A, et al. 2004. Direct evidence for atomic defects in graphene layers. Nature, 430 (7002): 870~873.

Hatcher P G, Breger I A, Earl W L. 1981. Nuclear magnetic resonance studies of ancient buried wood—I. Observations on the origin of coal to the brown coal stage. Organic Geochemistry, 3 (1): 49~55.

Hatcher P G, Faulon J L, Wenzel K A, et al. 1992. A structural model for lignin-derived vitrinite from high-volatile bituminous coal (coalified wood). Energy and Fuels, 6 (6): 813~820.

Hattingh B B, Everson R C, Neomagus H W J P, et al. 2013. Elucidation of the structural and molecular properties of typical South African coals. Energy and Fuels, 27 (6): 3161~3172.

Heinrich K. 1881. Über die Verdichtung von Gasen an Oberflächen in ihrer Abhängigkeit von Druck und Temperature. Annalen der Physik und Chemie, 248 (4): 526~537.

Heredy L A, Wender I. 1980. Model structure for a bituminous coal. America Chemical Society, Division of Fuel Chemistry Preprints, (United States), 25: 814~817.

Hirsch B P. 1954. X-Ray scattering from coals. Proceedings of the Royal Society A, 226 (1165): 143~169.

Hou Q L, Li H J, Fan J J, et al. 2012. Structure and coalbed methane occurrence in tectonically deformed coals. Science China Earth Sciences, 55 (11): 1755~1763.

Huang Y，Cannon F S，Watson J K，et al. 2015. Activated carbon efficient atomistic model construction that depicts experimentally-determined characteristics. Carbon，83：1～14.

Ibarra J，Moliner R，Bonet A J. 1994. FTIR investigation on char formation during the early stages of coal pyrolysis. Fuel，73（6）：918～924.

Ibarra J，Oz E M，Moliner R. 1996. FTIR study of the evolution of coal structure during the coalification process. Organic Geochemistry，24（6）：725～735.

Iglesias M J，Jimenez A，Laggoun-Defarge F，et al. 1995. FTIR Study of Pure Vitrains and Associated Coals. Energy and Fuels，9（3）：458～466.

Iwata K，Itoh H，Ouchi K，et al. 1980. Average chemical structure of mild hydrogenolysis products of coals. Fuel Processing Technology，3（3）：221～229.

Jack G C. 1990. Glossary of atmospheric chemistry terms. Pure and Applied Chemistry，62：2167.

Jawhari T，Roid A，Casado J. 1995. Raman spectroscopic characterization of some commercially available carbon black materials. Carbon，33（11）：1561～1565.

Jiang B，Qu Z H，Wang G G X，et al. 2010. Effects of structural deformation on formation of coalbed methane reservoirs in Huaibei coalfield，China. International Journal of Coal Geology，82（3-4）：175-183.

Johnsson J E. 1994. Formation and reduction of nitrogen oxides in fluidized-bed combustion. Fuel，73（9）：1398～1415.

Jones J M，Pourkashanian M，Rena C D，et al. 1999. Modelling the relationship of coal structure to char porosity. Fuel，78（14）：1737～1744.

Ju Y W，Jiang B，Hou Q L，et al. 2005a. ^{13}C NMR spectra of tectonic coals and the effects of stress on structural components. Science in China Series D：Earth Sciences，48（9）：1418～1437.

Ju Y W，Jiang B，Hou Q L，et al. 2005b. Relationship between nanoscale deformation of coal structure and metamorphic-deformed environments. Chinese Science Bulletin，50（16）：1785～1796.

Ju Y W，Jiang B，Hou Q L，et al. 2009. Behavior and mechanism of the adsorption/desorption of tectonically deformed coals. Chinese Science Bulletin，54（1）：88～94.

Ju Y W，Li X S. 2009. New research progress on the ultrastructure of tectonically deformed coal. Progress in Natural Science，19（1）：1455～1466.

Ju Y W，Luxbacher K，Li X S，et al. 2014. Micro-structural evolution and their effects on physical properties in different types of tectonically deformed coals. International Journal of Coal Science and Technology，1（3）：364～375.

Ju Y W，Wang G L，Jiang B，et al. 2004. Microcosmic analysis of ductile shearing zones of coal seams of brittle deformation domain in superficial lithosphere. Science In China Series D：Earth Sciences，47（5）：393～404.

Jüntgen H. 1984. Review of the kinetics of pyrolysis and hydropyrolysis in relation to the chemical constitution of coal. Fuel，63（6）：731～737.

Kaplan I A G，Fraga S，Klobukowski M. 1986. Theory of molecular Interactions. Amsterdam：Elsevier.

Karacan C O，Okandan E. 2001. Adsorption and gas transport in coal microstructure：Investigation and evaluation by quantitative X-ray CT imaging. Fuel，80（4）：509～520.

Karasawa N，Goddard W A I. 1992. Force fields，structures，and properties of poly（vinylidene fluoride）crystals. Macromolecules，25（25）：7268～7281.

Katz A J，Thompson A H. 1985. Fractal sandstone pores：Implications for conductivity and pore formation. Physical Review Letters，54（12）：1325～1328.

Kelemen S R，Afeworki M，Gorbaty M L，et al. 2007. Direct characterization of kerogen by X-ray and solid-state ^{13}C nuclear magnetic resonance methods. Energy and Fuels，21（3）：1548～1561.

Lachenbruch A H. 1980. Frictional heating，fluid pressure，and the resistance to fault motion. Journal of Geophysical Research：Solid Earth，85（B11）：6097～6112.

Lama R D，Bodziony J. 1998. Management of outburst in underground coal mines. International Journal of Coal Geology，35（1～4）：83～115.

Langmuir I. 1916. The constitution and fundamental properties of solids and liquids. Journal of the American Chemical Society，（38）：102～105.

Laxminarayana C，Crosdale P J. 1999. Role of coal type and rank on methane sorption characteristics of Bowen Basin，Australia coals. International Journal of Coal Geology，40（4）：309～325.

Levine J R，Davis A. 1989. The relationship of coal optical fabrics to Alleghenian tectonic deformation in the central Appalachian fold-and-thrust belt，Pennsylvania. Geological Society of America Bulletin，101：1333～1347.

Levine J R，Davis A. 1990. Reflectance anisotropy of Carboniferous coals in the Appalachian Foreland Basin，Pennsylvania，U. S. A. International Journal of Coal Geology，16（1～3）：201～204.

Li H Y. 2001. Major and minor structural features of a bedding shear zone along a coal seam and related gas outburst，Pingdingshan coalfield，northern China. International Journal of Coal Geology，47（2）：101～113.

Li H Y，Ogawa Y. 2001. Pore structure of sheared coals and related coalbed methane. Environmental Geology，40（11～12）：1455～1461.

Li H Y，Ogawa Y，Shimada S. 2003. Mechanism of methane flow through sheared coals and its role on methane recovery. Fuel，82：1271～1279.

Li M，Jiang B，Lin S F，et al. 2011. Tectonically deformed coal types and pore structures in Puhe and Shanchahe coal mines in western Guizhou. Mining Science and Technology，21（3）：353～357.

Li M，Jiang B，Lin S F，et al. 2013. Characteristics of coalbed methane reservoirs in Faer coalfield，Western Guizhou. Energy Exploration and Exploitation，31（3）：411～428.

Li W，Jiang B，Moore T A，et al. 2017. Characterization of the chemical structure of tectonically deformed coals. Energy and Fuels，31（7）：6977～6985.

Li W，Liu H F，Song X. 2015a. Multifractal analysis of Hg pore size distributions of tectonically deformed coals. International Journal of Coal Geology，144～145：138～152.

Li W，Zhu Y M，Wang G，et al. 2015b. Molecular model and ReaxFF molecular dynamics simulation of coal vitrinite pyrolysis. Journal of Molecular Modeling，21（8）：188～195.

Lievens C，Ci D，Bai Y，et al. 2013. A study of slow pyrolysis of one low rank coal via pyrolysis–GC/MS. Fuel Processing Technology，116（4）：85～93.

Lisle R J. 1985. Geological strain analysis–a manual for the R_f/Φ technique.Oxford：Pergamon Press.

Liu H W，Jiang B，Liu J G，et al. 2018. The evolutionary characteristics and mechanisms of coal chemical structure in micro deformed domains under sub-high temperatures and high pressures. Fuel，222：258～268.

Liu J，Wen S M，Deng J S，et al. 2014. DFT study of ethyl xanthate interaction with sphalerite（110）surface in the absence and presence of copper. Applied Surface Science，311（311）：258～263.

Liu X Q，Xue Y，Tian Z Y，et al. 2013. Adsorption of CH_4 on nitrogen-and boron-containing carbon models of coal predicted by density-functional theory. Applied Surface Science，285（19）：190～197.

Louw E. 2013. Structure and combustion reactivity of inertinite-rich and vitrinite-rich South African coal chars：Quantification of the structural factors contributing to reactivity differences. Pennsylvania：The Pennsylvania State University.

Lowell S，Shields J E，Thomas M A，et al. 2004. Characterization of porous solids and powders：Surface area， pore size and density. Netherlands：Kluwer Academic Publishers.

Lu G W，Wei C T，Wang J L，et al. 2018. Methane adsorption characteristics and adsorption model applicability of tectonically deformed coals in the Huaibei coalfield. Energy and Fuels，32（7）：7485～7496.

Maciel G E，Bartuska V J，Miknis F P. 1979. Characterization of organic material in coal by proton-decoupled ^{13}C nuclear magnetic resonance with magic-angle spinning. Fuel，58（5）：391～394.

Maier K，Peo M，Saile B，et al. 1979. High–temperature positron annihilation and vacancy formation in refractory metals. Philosophical Magazine A，40（5）：701～728.

Martínez F S J，Martín M A，Caniego F J，et al. 2010. Multifractal analysis of discretized X-ray CT images for the characterization of soil macropore structures. Geoderma，156（1）：32～42.

Mathews J P，Chaffee A L. 2012. The molecular representations of coal – A review. Fuel，96（7）：1～14.

Mathews J P，Fernandez-Also V，Jones A D，et al. 2010. Determining the molecular weight distribution of Pocahontas No. 3 low-volatile bituminous coal utilizing HRTEM and laser desorption ionization mass spectra data. Fuel，89（7）：1461～1469.

Mathews J P，Hatcher P G，Scaroni A W. 2001a. Proposed model structures for upper freeport and Lewiston-Stockton vitrinites. Energy and Fuels，15（4）：863～873.

Mathews J P，Jones A D，Pappano P J，et al. 2001b. New insights into coal structure from the combination of HRTEM and laser desorption ionization mass spectrometry//11th International conference on Coal Science. Canada：San Francisco.

Mathews J P，Sharma A. 2012. The structural alignment of coal and the analogous case of Argonne Upper Freeport coal. Fuel，95（1）：19～24.

Mavko G，Mukerji T，Dvorkin J. 2009.The Rock Physics Handbook：Tools for seismic analysis in porous media. Cambridge：Cambridge University Press.

Mayo S L，Olafson B D，Goddard W A. 1990. DREIDING：a generic force field for molecular simulations. Journal of Physical Chemistry，94（26）：8897～8909.

McKenzie D，Brune J N. 1972. Melting on fault planes during large earthquakes. Geophysical Journal International，29（1）：65～78.

Meng Z P，Liu S S，Li G Q. 2016. Adsorption capacity，adsorption potential and surface free energy of different structure high rank coals. Journal of Petroleum Science and Engineering，146：856～865.

Metropolis N，Rosenbluth A W，Rosenbluth M N，et al. 1953. Equation of state calculations by fast computing machines. The Journal of Chemical Physics，21（6）：1087～1092.

Mitra-Kirtley S，Mullins O C，Branthaver J F，et al. 1993. Nitrogen chemistry of kerogens and bitumens from X-ray absorption near-edge structure spectroscopy. Energy and Fuels，7（6）：1128～1134.

Moffat D H，Weale K E. 1955. Sorption by coal of methane at high pressures. Fuel，34：449～462.

Mosher K，He J，Liu Y，et al. 2013. Molecular simulation of methane adsorption in micro-and mesoporous carbons with applications to coal and gas shale systems. International Journal of Coal Geology，109：36～44.

Mullen M J. 1989. Log Evaluation in well drilled for coalbed methane. Rocky Mountain Association of Geologists：113～124.

Muller J. 1996. Characterization of pore space in chalk by multifractal analysis. Journal of Hydrology，187（1–2）：215～222.

Muller J，McCauley J L. 1992. Implication of fractal geometry for fluid flow properties of sedimentary rocks. Transport in Porous Media，8（2）：133～147.

Müller-Plathe F，Rogers S C，van Gunsteren W F. 1992. Computational evidence for anomalous diffusion of small molecules in amorphous polymers. Chemical Physics Letters，199（4）：927～939.

Murphy P D B，Cassady T J，Gerstein B C. 1982. Determination of the apparent ratio of quaternary to tertiary aromatic carbon atoms in an anthracite coal by ^{13}C-^{1}H dipolar dephasing NMR. Fuel，61（12）：1233～1240.

Nakamura K，Takanohashi T，Iino M，et al. 1995. A model structure of Zao Zhuang bituminous coal. Energy and Fuels，9（6）：1003～1010.

Narkiewicz M R，Mathews J P. 2008. Improved low-volatile bituminous coal representation：Incorporating the Molecular-Weight Distribution. Energy and Fuels，22（5）：3104～3111.

Negri F，Castiglioni C，Tommasini M，et al. 2002. A computational study of the Raman spectra of large polycyclic aromatic hydrocarbons：Toward molecularly defined subunits of graphite. Journal of Physical Chemistry A，106（6）：3306～3317.

Nishioka M. 1992. The associated molecular nature of bituminous coal. Fuel，71（8）：941～948.

Nomura M，Artok L，Murata S，et al. 1998. Structural evaluation of Zao Zhuang coal. Energy and Fuels，12（12）：512～523.

Nomura M，Matsubayashi K，Ida T，et al. 1992. A study on unit structures of bituminous Akabira coal. Fuel Processing Technology，31（3）：169～179.

Oberlin A. 1992. High resolution TEM studies of carbonization and graphitization. Chemistry and Physics of Carbon，（22）：1～143.

Ohkawa T，Sasai T，Komoda N，et al. 1997. Computer-aided construction of coal molecular structure using construction knowledge and partial structure evaluation. Energy and Fuels，11（5）：937～944.

Okolo G N，Neomagus H W J P，Everson R C，et al. 2015. Chemical–structural properties of South African bituminous coals：Insights from wide angle XRD–carbon fraction analysis，ATR–FTIR，solid state ^{13}C NMR，and HRTEM techniques. Fuel，158：779～792.

Ouyang T，Qian Z，Hao X，et al. 2018. Effect of defects on adsorption characteristics of AlN monolayer towards SO_2 and NO_2：Ab initio exposure. Applied Surface Science，462：615～622.

Painter P C，Snyder R W，Starsinic M，et al. 1981. Concerning the application of FT-IR to the study of coal：A critical assessment of band assignments and the application of spectral analysis programs. Applied Spectroscopy，35（5）：475～485.

Pan J N，Hou Q L，Ju Y W，et al. 2012. Coalbed methane sorption related to coal deformation structures at different temperatures and pressures. Fuel，102（6）：760～765.

Pan J N，Meng Z P，Hou Q L，et al. 2013. Coal strength and Young's modulus related to coal rank，compressional velocity and maceral composition. Journal of Structural Geology，54：129～135.

Pan J N，Niu Q H，Kai W，et al. 2016. The closed pores of tectonically deformed coal studied by small-angle X-ray scattering and liquid nitrogen adsorption. Microporous and Mesoporous Materials，224：245～252.

Pan J N，Wang S，Ju Y W，et al. 2015a. Quantitative study of the macromolecular structures of tectonically deformed coal using high-resolution transmission electron microscopy. Journal of Natural Gas Science and Engineering，27：1852～1862.

Pan J N，Zhu H T，Hou Q L，et al. 2015b. Macromolecular and pore structures of Chinese tectonically deformed coal studied by atomic force microscopy. Fuel，139：94～101.

Pels J R，Kapteijn F，Moulijn J A，et al. 1995. Evolution of nitrogen functionalities in carbonaceous materials during pyrolysis. Carbon，33（11）：1641～1653.

Perry D L，Grint A. 1983. Application of XPS to coal characterization. Fuel，62（9）：1024～1033.

Perry S T，Hambly E M，Fletcher T H，et al. 2000. Solid-state ^{13}C NMR characterization of matched tars and chars from rapid coal devolatilization. Proceedings of the Combustion Institute，28（2）：2313～2319.

Pfeiferper P，Avnir D. 1983. Chemistry nonintegral dimensions between two and three. The Journal of Chemical

Physics，79（7）：3369~3558.

Pietrzak R. 2009. XPS study and physico-chemical properties of nitrogen-enriched microporous activated carbon from high volatile bituminous coal. Fuel，88（10）：1871~1877.

Pini R，Ottiger S，Burlini L，et al. 2010. Sorption of carbon dioxide，methane and nitrogen in dry coals at high pressure and moderate temperature. International Journal of Greenhouse Gas Control，4（1）：90~101.

Pipornpong W，Wanbayor R，Ruangpornvisuti V. 2011. Adsorption CO_2 on the perfect and oxygen vacancy defect surfaces of anatase TiO_2 and its photocatalytic mechanism of conversion to CO. Applied Surface Science，257（24）：10322~10328.

Pomerantz A E，Bake K D，Craddock P R，et al. 2014. Sulfur speciation in kerogen and bitumen from gas and oil shales. Organic Geochemistry，68（1）：5~12.

Pooley F. 1968. The use of the electron microscope as a tool in mining research. Mining Engineering，90：321~333.

Pre P，Huchet G，Jeulin D，et al. 2013. A new approach to characterize the nanostructure of activated carbons from mathematical morphology applied to high resolution transmission electron microscopy images. Carbon，52：239~258.

Qiu N X，Xue Y，Guo Y，et al. 2012. Adsorption of methane on carbon models of coal surface studied by the density functional theory including dispersion correction（DFT-D3）. Computational and Theoretical Chemistry，992（13）：37~47.

Qu Z H，Bo J，Wang J L，et al. 2017. Study of nanopores of tectonically deformed coal based on liquid nitrogen adsorption at low temperatures. Journal of Nanoscience and Nanotechnology，17（9）：6566~6575.

Ramsay J G. 1967. Folding and Fracturing of Rocks. New York：McGraw-Hill.

Rathi R，Priya A，Vohra M，et al. 2015. Development of a microbial process for methane generation from bituminous coal at thermophilic conditions. International Journal of Coal Geology，147~148（7）：25~34.

Retcofsky H L，Link T A. 1978. High resolution ^{1}H-，^{2}H-，and ^{13}C-NMR in coal research：Applications to whole coals，soluble fractions，and liquefaction products. Amsterdam：Elsevier.

Riedi R H，Crouse M S，Ribeiro V J，et al. 1999. A multifractal wavelet model with application to network traffic. IEEE Transactions on Information Theory，45（3）：992~1018.

Ritter U，Grøver A. 2005. Adsorption of petroleum compounds in vitrinite：Implications for petroleum expulsion from coal. International Journal of Coal Geology，62（3）：183~191.

Roberts M J，Everson R C，Neomagus H W J P，et al. 2015. Influence of maceral composition on the structure，properties and behaviour of chars derived from South African coals. Fuel，142：9~20.

Roberys J L. 1972. The mechanics of overthrust faulting：a critical review. 24th International Geological Congress：593~598.

Ross J V，Bustin R M. 1990. The role of strain energy in creep graphitization of anthracite. Nature，343（6253）：58~60.

Rouquerol J，Avnir D，Fairbridge C W，et al. 1994. Recommendations for the characterization of porous solids（Technical Report）. Pure and Applied Chemistry，66：1739~1752.

Rubeš M，Kysilka J，Nachtigall P，et al. 2010. DFT/CC investigation of physical adsorption on a graphite（0001）surface. Physical Chemistry Chemical Physics Pccp，12（24）：6438~6444.

Ruppel T C，Grein C T，Bienstock D. 1974. Adsorption of methane on dry coal at elevated pressure. Fuel，53（3）：152~162.

Ryncarz T，Majcherczyk T. 1986. Zagrożenie zjawiskami gazogeo-dynamicznymi w kopalniach Rybnick-iego

Okręgu Węglowego. III Sympozjum n/t. Kierunki zwalczania zagroźenia wyrzutami gazów i skał wkopalniach Dolnośląkiego Zagłębia Węglowego. Wałbrzych, Sobótka, Poland（in Polish）.

Saikia B K, Boruah R K, Gogoi P K. 2007. FT-IR and XRD analysis of coal from Makum coalfield of Assam. Journal of Earth System Science, 116（6）: 575~579.

Salmas C, Androutsopoulos G. 2001. Mercury porosimetry: Contact angle hysteresis of materials with controlled pore structure. Journal of Colloid and Interface Science, 239（1）: 178~189.

Satyendra, Nandi P, Walker P L. 1975. Activated diffusion of methane from coal at elevated pressure. Fuel, 54（2）: 81~86.

Schmitt M, Fernandes C P, Da Cunha Neto J A B, et al. 2013. Characterization of pore systems in seal rocks using nitrogen gas adsorption combined with mercury injection capillary pressure techniques. Marine and Petroleum Geology, 39（1）: 138~149.

Sevenster P G. 1959. Diffusion of Gases through Coal. Fuel, 38（1）: 403~418.

Shang N G, Silva S R P, Jiang X, et al. 2011. Directly observable G band splitting in Raman spectra from individual tubular graphite cones. Carbon, 49（9）: 3048~3054.

Sharma A, Kyotani T, Tomita A. 2000a. Comparison of structural parameters of PF carbon from XRD and HRTEM techniques. Carbon, 38（14）: 1977~1984.

Sharma A, Kyotani T, Tomita A. 2000b. Direct observation of layered structure of coals by a transmission electron microscope. Energy and Fuels, 14（2）: 515~516.

Sharma A, Kyotani T, Tomita A. 2001. Direct observation of raw coals in lattice fringe mode using high-resolution transmission electron microscopy. Energy and Fuels, 14（6）: 1219~1225.

Sharma A, Namsani S, Singh J K. 2015. Molecular simulation of shale gas adsorption and diffusion in inorganic nanopores. Molecular Simulation, 41（5）: 414~422.

Shen J, Qin Y, Fu X H, et al. 2015. Study of high-pressure sorption of methane on Chinese coals of different rank. Arabian Journal of Geosciences, 8（6）: 3451~3460.

Shepherd J T, Blomqvist C G, Lind A R, et al. 1982. Static（isometric）exercise. Retrospection and introspection. Circulation Research, 48: 179~185.

Shepherd J, Rixon L K, Griffiths L. 1981. Outbursts and geological structures in coal mines: A review. International Journal of Rock Mechanics and Mining Sciences Geomechanics Abstracts. Pergamon, 18（4）: 267~283.

Shi T, Wang X F, Deng J, et al. 2005. The mechanism at the initial stage of the room-temperature oxidation of coal. Combustion and Flame, 140（4）: 332~345.

Shieh J J, Chung T S. 2015. Gas permeability, diffusivity, and solubility of poly（4-vinylpyridine）film. Journal of Polymer Science Part B Polymer Physics, 37（20）: 2851~2861.

Shigemoto N, Sugiyama S, Hayashi H, et al. 1995. Characterization of Na-X, Na-A, and coal fly ash zeolites and their amorphous precursors by IR, MAS NMR and XPS. Journal of Materials Science, 30（22）: 5777~5783.

Sibson R H. 1977. Fault rocks and fault mechanisms. Journal of the Geological Society, 133（3）: 191~213.

Snape C E, Axelson D E, Botto R E, et al. 1989. Quantitative reliability of aromaticity and related measurements on coals by ^{13}C nmr A debate. Fuel, 68（5）: 547~548.

Sobkowiak M, Painter P. 1992. Determination of the aliphatic and aromatic CH contents of coals by FT-ir: studies of coal extracts. Fuel, 71（10）: 1105~1125.

Solomon P R, Carangelo R M. 1988. FT-IR analysis of coal: 2. Aliphatic and aromatic hydrogen concentration. Fuel, 67（7）: 949~959.

Solum M S, Sarofim A F, Pugmire R J, et al. 2001. ^{13}C NMR analysis of soot produced from model compounds and a coal. Energy and Fuels, 15 (4): 961~971.

Song Y, Jiang B, Lan F J. 2019. Competitive adsorption of $CO_2/N_2/CH_4$ onto coal vitrinite macromolecular: Effects of electrostatic interactions and oxygen functionalities. Fuel, 235: 23~38.

Song Y, Jiang B, Li F L, et al. 2017a. Structure and fractal characteristic of micro-and meso-pores in low, middle-rank tectonic deformed coals by CO_2 and N_2 adsorption. Microporous and Mesoporous Materials, 253: 191~202.

Song Y, Jiang B, Li M, et al. 2017b. Nano-porous structural evolution and tectonic control of low-medium metamorphic tectonically deformed coals—taking Suxian Mine Field as an example. Journal of Nanoscience and Nanotechnology, 17 (9): 6083~9095.

Song Y, Jiang B, Li W. 2017c. Molecular Simulation of $CH_4/CO_2/H_2O$ Competitive Adsorption on Low Rank Coal Vitrinite. Physical Chemistry Chemical Physics, 19 (27): 17773~17788.

Song Y, Jiang B, Liu J G. 2017d. Nanopore Structural Characteristics and Their Impact on Methane Adsorption and Diffusion in Low to Medium Tectonically Deformed Coals: Case Study in the Huaibei Coal Field. Energy and Fuels, 31 (7): 6711~6723.

Song Y, Jiang B, Mathews J P, et al. 2017e. Structural transformations and hydrocarbon generation of low-rank coal (vitrinite) during slow heating pyrolysis. Fuel Processing Technology, 167: 535~544.

Song Y, Zhu Y M, Li W. 2017f. Macromolecule simulation and CH_4 adsorption mechanism of coal vitrinite. Applied Surface Science, 396: 291~302.

Song Y, Jiang B, Qu M J. 2018. Molecular Dynamic Simulation of Self-and Transport Diffusion for $CO_2/CH_4/N_2$ in Low-Rank Coal Vitrinite. Energy and Fuels, 32 (3): 3085~3096.

Starsinic M, Otake Y, Walker P L, et al. 1984. Application of FT-i.r. spectroscopy to the determination of COOH groups in coal. Fuel, 63 (7): 1002~1007.

Steele W A. 1974. The interaction of gases with solid surfaces.Oxford: Pergamon.

Stone J, Cook A C. 1979. The influence of some tectonic structures upon vitrinite reflectance. Journal of Geology, 87: 479~508.

Suchy V, Frey M, Wolf M. 1997. Vitrinite reflectance and shear-induced graphitization in orogenic belts. A case study from the Kandersteg area, Helvetic Alps, Switzerland. International Journal of Coal Geology, 34 (1): 1~20.

Sudibandriyo M, Pan Z, Fitzgerald J E, et al. 2003. Adsorption of methane, nitrogen, carbon dioxide, and their binary mixtures on dry activated carbon at 318.2 k and pressures up to 13.6 MPa. Langmuir, 19(13), 5323~5331.

Sun Y Q, Alemany L B, Billups W E, et al. 2011. Structural dislocations in anthracite. Journal of Physical Chemistry Letters, 20 (2): 2521~2524.

Suuberg E M, Deevi S C, Yun Y. 1995. Elastic behaviour of coals studied by mercury porosimetry. Fuel, 74: 1522~1530.

Sylvester A G. 1988. Strike-slip faults. Geological Society of America Bulletin, 100: 1666~1703.

Takanohashi T, Iino M, Nakamura K. 1994. Evaluation of association of solvent-soluble molecules of bituminous coal by computer simulation. Energy and Fuels, 8 (2): 291~297.

Takanohashi T, Iino M, Nakamura K. 1998. Simulation of interaction of coal associates with solvents using the molecular dynamics calculation. Energy and Fuels, 12 (6): 1168~1173.

Takanohashi T, Kawashima H. 2002. Construction of a model structure for Upper Freeport coal using ^{13}C NMR chemical shift calculations. Energy and Fuels, 16 (2): 379~387.

Takanohashi T，Nakamura K，Iino M. 1999. Computer simulation of methanol swelling of coal molecules. Journal of Chemical Software，13（4）：922～926.

Talbot C J，Sokoutis D. 1995. Strain ellipsoids from incompetent dykes：Application to volume loss during mylonitisation in the Singö gneiss zone，central Sweden. Journal of Structural Geology，17（7）：927～948.

Tang D，Yang Q，Zhou C，et al. 2001. Genetic relationships between swamp microenvironment and sulfur distribution of the Late Paleozoic coals in North China. Science in China Series D：Earth Sciences，44（6）：555～565.

Tang D Z，Deng C M，Meng Y J，et al. 2015. Characteristics and control mechanisms of coalbed permeability change in various gas production stages. Petroleum Science，12（4）：684～691.

Tao S，Chen S，Tang D，et al. 2018. Material composition，pore structure and adsorption capacity of low-rank coals around the first coalification jump：A case of eastern Junggar Basin，China. Fuel，211：804～815.

Taylor T J. 1853. Proofs of subsistence of the firedamp of coal mines in a state of high tension in situ. North of England Institute of Mining Engineers Transactions，（1）：275～299.

Teichmüller M，Teichmüller R. 1966. Geological Causes of Coalification. Coal Science Advances Chemistry Search，55：133～155.

Thierfelder C，Witte M，Blankenburg S，et al. 2011. Methane adsorption on graphene from first principles including dispersion interaction. Surface Science，605（7）：746～749.

Thomas K M. 1997. The release of nitrogen oxides during char combustion. Fuel，76（6）：457～473.

Thommes M，Kaneko K，Neimark A V，et al. 2015. Physisorption of gases，with special reference to the evaluation of surface area and pore size distribution（IUPAC Technical Report）. Pure and Applied Chemistry，38（1）：25.

Tobisch O T，Fiske R S，Sacks S，et al. 1977. Strain in metamorphosed volcaniclastic rocks and its bearing on the evolution of orogenic belts.Geological Society of America Bulletin，88：23～40.

Tsakiroglou C D，Payatakes A C. 1998. Mercury intrusion and retraction in model porous media. Advances in Colloid and Interface Science，75：215～253.

Tuinstra F，Koenig J L. 1970. Raman spectrum of graphite. Journal of Chemical Physics，53（3）：1126～1130.

Twiss R J，Moores E M. 2007. Structural Geology. New York：W. H. Freeman and Company.

Van Niekerk D，Mathews J P. 2010. Molecular representations of Permian-aged vitrinite-rich and inertinite-rich South African coals. Fuel，89（1）：73～82.

Vander Wal R L，Tomasek A J，Pamphlet M I，et al. 2004. Analysis of HRTEM images for carbon nanostructure quantification. Journal of Nanoparticle Research，6：555～568.

Vázquez E V，Ferreiro J P，Miranda J G V，et al. 2008. Multifractal analysis of pore size distributions as affected by simulated rainfall. Vadose Zone Journal，7（7）：500～511.

Vitale S. 2014. Finite strain estimation from deformed elliptical markers：The minimized Ri（MIRi）iterative method. Journal of Structural Geology，68：112～120.

Vitale S，Mazzoli S. 2010. Strain analysis of heterogeneous ductile shear zones based on the attitudes of planar markers. Journal of Structural Geology，32（3）：321～329.

Wal R L V，Tomasek A J，Pamphlet M I，et al. 2004. Analysis of HRTEM images for carbon nanostructure quantification. Journal of Nanoparticle Research，6（6）：555～568.

Wang C A，Huddle T，Huang C，et al. 2017. Improved quantification of curvature in high-resolution transmission electron microscopy lattice fringe micrographs of soots. Carbon，117：174～181.

Wang C A，Huddle T，Lester E H，et al. 2016. Quantifying curvature in high-resolution transmission electron microscopy lattice fringe micrographs of coals. Energy and Fuels，30（4）：2694～2704.

Wang C A, Watson J K, Louw E, et al. 2015. Construction strategy for atomistic models of coal chars capturing stacking diversity and pore size distribution. Energy and Fuels, 29 (8): 4814~4826.

Wang E Y, Liu M J, Wei J P. 2009. New genetic-texture-structure classification system of tectonic coal. Journal of China Coal Society, 34 (5): 656~660.

Wang S W, Hou G J, Zhang M, et al. 2005. Analysis of the visible fracture system of coalseam in Chengzhuang Coalmine of Jincheng City, Shanxi Province. Chinese Science Bulle-tin, 50 (S1): 45~51.

Wang Y, Xu X K, Yang D Y. 2014a. Ultrasonic elastic characteristics of five kinds of metamorphicdeformed coals under room temperature and pressure conditions. Science China Earth Sciences, 59(9): 2208~2216.

Wang Y, Zhu Y, Chen S B, et al. 2014b. Characteristics of the nanoscale pore structure in Northwestern Hunan shale gas reservoirs using field emission scanning electron microscopy, high-pressure mercury intrusion, and gas adsorption. Energy and Fuels, 28 (2): 945~955.

Wang Y, Zhang Y G . 2013. Relationship between the maximum vitrinite reflectance and the elastic parameters of coal: A lab ultrasonic measurement of 6 metamorphic kinds of coals. Chinese Journal of Geophysics, 56 (6): 2116~2122.

Wardlaw N C, Mckellar M. 1981. Mercury porosimetry and the interpretation of pore geometry in sedimentary rocks and artificial models. Powder Technology, 29: 127~143.

Washburn E W. 1921. The dynamics of capillary flow. Physical Review Letters, 17 (3): 273~283.

Wender I. 1976. Catalytic synthesis of chemicals from coal. Catalysis Reviews, 14 (1): 97~129.

Weniger P, Kalkreuth W, Busch A, et al. 2010. High-pressure methane and carbon dioxide sorption on coal and shale samples from the Paraná Basin, Brazil. International Journal of Coal Geology, 84 (3-4): 190~205.

White C M, Smith D H, Jones K L, et al. 2005. Sequestration of carbon dioxide in coal with enhanced coalbed methane recovery a review. Energy and Fuels, 19 (3): 559~569.

Wileox R E, Harding T P, Seely D R. 1973. Basic wrench tectonics. AAPG Bulletin, 57: 74~96.

Winter K, Janas H. 1975. Gas emission characteristics of coal and methods of determining the desorbable gas content by means of desorbometers. 16th International Conference of Coal Mine Safety Research. Sept. 22~26.

Wu K L, Li X F, Guo C H, et al. 2016. A unified model for gas transfer in nanopores of shale-gas reservoirs: Coupling pore diffusion and surface diffusion. SPE Journal, 21 (5): 1583~1611.

Wu Y Q. 1998. Application of radio wave penetration coal mine disaster. Coalmine Safety and Health.Proceedings of the Internation-al Mining Technology. 98 Symposium. Chongqing, 14-16.

Xu J W. 1993. The Tancheng-Lujiang Wrench Fault System. Chichester: John Wiley and Sons Ldt.

Xu R T, Li H J, Guo C C, et al. 2014. The mechanisms of gas generation during coal deformation: Preliminary observations. Fuel, 117: 326~330.

Yalçin E, Durucan Ş. 1991. Methane capacities of Zonguldak coals and the factors affecting methane adsorption. Mining Science and Technology, 13 (2): 215~222.

Yamashita T, Hayes P. 2008. Analysis of XPS spectra of Fe^{2+} and Fe^{3+} ions in oxide materials. Applied Surface Science, 254 (8): 2441~2449.

Yang Q L, Wang Y A. 1986. Theory of methane diffusion from coal cuttings and its application. Journal of China Coal Society, 11 (3): 87~94.

Yang R T, Saunders J T. 1985. Adsorption of gases on coals and heat-treated coals at elevated temperature and pressure: 1. Adsorption from hydrogen and methane as single gases. Fuel, 64 (5): 616~620.

Yao Y B, Liu D M, Che Y, et al. 2009. Non-destructive characterization of coal samples from China using microfocus X-ray computed tomography. International Journal of Coal Geology, 80 (2): 113~123.

Yee D，Seidle J P，Hanson W B. 1993. Gas sorption on coal and measurement of gas content：Chapter 9，Hydrocarbons from coal. Tulsa：AAPG Studies in Geology 38：203-268.

Yehliu K，Wal R L V，Boehman A L. 2011. Development of an HRTEM image analysis method to quantify carbon nanostructure. Combustion and Flame，158（9）：1837～1851.

Yokoyama S，Uchino H，Katoh T，et al. 1981. Combination of ^{13}C-and ^{1}H-NMR spectroscopy for structural analyses of neutral，acidic and basic heteroatom compounds in products from coal hydrogenation. Fuel，60（3）：254～262.

Yonkee A. 2005. Strain patterns within part of the Willard thrust sheet，Idaho–Utah–Wyoming thrust belt. Journal of Structural Geology，27（7）：1315～1343.

Zhang B Q，Li S F. 1995. Determination of the surface fractal dimension for porous media by mercury porosimetry. Industrial and Engineering Chemistry Research，34（4）：1383～1386.

Zhang J F，Liu K Y，Clennell M B，et al. 2015. Molecular simulation of CO_2–CH_4 competitive adsorption and induced coal swelling. Fuel，160：309～317.

Zhang B，Liu W，Liu X. 2006. Scale-dependent nature of the surface fractal dimension for bi-and multi-disperse porous solids by mercury porosimetry. Applied Surface Science，253（3）：1349～1355.

Zhang Q，Giorgis S，Teyssier C. 2013. Finite strain analysis of the Zhangbaling metamorphic belt，SE China-crustal thinning in transpression. Journal of Structural Geology，49：13～22.

Zhao Y L，Feng Y H，Zhang X X. 2016a. Selective adsorption and selective transport diffusion of CO_2–CH_4 Binary Mixture in Coal Ultramicropores. Environmental Science and Technology，50（17）：9380～9389.

Zhao Y，Liu L，Qiu P H，et al. 2016b. Impacts of chemical fractionation on Zhundong coal's chemical structure and pyrolysis reactivity. Fuel Processing Technology，155：144～152.

Zhao Y P，Hu H Q，Jin L J，et al. 2011. Pyrolysis behavior of vitrinite and inertinite from Chinese Pingshuo coal by TG–MS and in a fixed bed reactor. Fuel Processing Technology，92（4）：780～786.

Zhao Y，Qiu P，Chen G，et al. 2017. Selective enrichment of chemical structure during first grinding of Zhundong coal and its effect on pyrolysis reactivity. Fuel，189：46～56.

Zhong Q F，Mao Q Y，Zhang L Y，et al. 2018. Structural features of Qingdao petroleum coke from HRTEM lattice fringes：Distributions of length，orientation，stacking，curvature，and a large-scale image-guided 3D atomistic representation. Carbon，129：790～802.

Zhu Q，Money S L，Russell A E，et al. 1997. Determination of the fate of nitrogen functionality in carbonaceous materials during pyrolysis and combustion using X-ray absorption near edge structure spectroscopy. Langmuir，13（7）：2149～2157.